1000MW
超超临界机组调试技术丛书
锅炉

江苏方天电力技术有限公司　编

中国电力出版社
CHINA ELECTRIC POWER PRESS

内 容 提 要

《1000MW超超临界机组调试技术丛书》是一套全面介绍我国目前发电机组调试和运行技术的著作，由江苏方天电力技术有限公司长期从事电源基建调试和技术服务的专家和技术人员，根据多台1000MW机组的调试经验汇集精心编撰而成。

《1000MW超超临界机组调试技术丛书 锅炉》主要介绍了超（超）临界的概念及国内外超（超）临界机组锅炉发展状况，列举了国内典型1000MW超（超）临界机组锅炉的特点和运行特性，对锅炉各系统如启动系统、汽水系统、燃烧系统、空气预热器及系统、引风机及系统、送风机及系统、一次风机及系统、制粉系统、炉水循环泵及系统的工作原理及系统组成进行分析，同时对调试单位分系统及整套启动调试工作进行了阐述，并对1000MW超（超）临界机组锅炉的性能试验及优化调整进行了介绍。

本书可供从事超（超）临界机组锅炉调试、运行、维修的工程技术人员及管理人员阅读，为同类型机组锅炉设备及系统的调试、运行、维修提供借鉴及参考。

图书在版编目(CIP)数据

锅炉/江苏方天电力技术有限公司编．—北京：中国电力出版社，2016.10

（1000MW超超临界机组调试技术丛书）

ISBN 978-7-5123-9253-3

Ⅰ.①锅… Ⅱ.①江… Ⅲ.①超临界机组-电厂锅炉 Ⅳ.①TM621.3

中国版本图书馆CIP数据核字(2016)第085055号

中国电力出版社出版、发行

（北京市东城区北京站西街19号 100005 http://www.cepp.sgcc.com.cn）

汇鑫印务有限公司印刷

各地新华书店经售

*

2016年10月第一版 2016年10月北京第一次印刷

787毫米×1092毫米 16开本 30.75印张 749千字

印数0001-2000册 定价**118.00**元

编　委　会

序

电力是现代化的基础和动力，是最重要的二次能源。电力的安全生产和供应事关我国现代化建设全局。近年来，大容量、高参数燃煤发电技术日益得到国家的重视。2014 年国务院发布《能源发展战略行动计划（2014～2020 年)》，明确将“高参数节能环保燃煤发电”作为 20 个能源重点创新方向之一。2016 年是“十三五”规划的开局之年，国家能源局发布了《2016 年能源工作指导意见》，在“推进能源科技创新”中明确了“超超临界机组二次再热、大容量超超临界循环流化床锅炉”的示范应用。2016 年发布的《十三五规划纲要》中，在“能源关键技术装备”里提出“700℃超超临界燃煤发电”等技术的研发应用。因此，在今后一段时间内发展超超临界发电技术将会是我国燃煤发电的主旋律。

近年来，高参数、大容量超超临界燃煤发电技术作为一项先进、高效、洁净的发电技术，在我国得到广泛推广与应用。2006 年 11 月，华能玉环发电厂 1000MW 超超临界燃煤发电机组的投产，标志着我国发展超超临界火力发电机组正式扬帆起航，2015 年 9 月，中国国电集团公司泰州电厂世界首台超超临界二次再热燃煤机组的顺利投产，标志着我国超超临界火力发电技术的发展进入了一个崭新的阶段。

发电机组的调试是全面检验主机及其配套系统的设备制造、设计、施工、调试和生产准备的重要环节，是保证机组能安全、可靠、经济、文明地投入生产，形成生产能力，发挥投资效益的关键性程序。在电力技术发展的长河中，我国培养了一批专业门类齐全、技术精湛、科技研发能力强、乐于奉献的调试专业人才队伍。他们努力钻研国内外电力工程调试前沿新技术，在长期调试工作中积累了丰富的调试经验，为我国电力技术发展作出了巨大贡献。

江苏方天电力技术有限公司在国内较早开展 1000MW 超超临界火电机组整体调试，迄今为止已顺利实施了 16 台 1000MW 机组的调试工作，并于 2015 年圆满完成了世界首台 1000MW 超超临界二次再热燃煤机组的调试，积累了较为丰富的技术经验，也得到了业界的一致好评。秉承解惑育人传承创新、共襄电力事业盛举的良好愿望，为了让火电行业技术人员和生产人员更快更好地了解和掌握超超临界火电机组的结构、系统、调试和运行等知识，江苏方天电力技术有限公司组织长期从事电源基建调试和技术服务的专家及技术人员编写了这套《1000MW 超超临界机组调试技术丛书》。本丛书包括《1000MW 超超临界机组调试技术丛书　锅炉》、《1000MW 超超临界机组调试技术丛书　汽轮机》、《1000MW 超超临界机组调试技术丛书　热控》、《1000MW 超超临界机组调试技术丛书　电气》、《1000MW

超超临界机组调试技术丛书　化学》、《1000MW 超超临界机组调试技术丛书　环保》六个分册，涵盖了 1000MW 超超临界机组主辅机、热控、电气、化学及环保等方方面面的调试知识。

本丛书兼顾 1000MW 超超临界火电机组的基础知识和工程实践，是一套实用的工程技术类图书。本丛书是从事 1000MW 超超临界火电机组工程设计、安装、调试、运行、维护的技术人员及生产人员使用的重要参考文献，是 1000MW 超超临界火电机组专业上岗培训、在岗培训、转岗培训、技术鉴定和技术教育等方面的理想培训教材，也可供高等院校相关专业师生阅读参考。

编者

2016 年 5 月

前 言

自 20 世纪 80 年代以来，我国电力工业得到了飞速的发展，发电机组的单机容量已经达到 1000MW，机组参数也由亚临界提高到超（超）临界。目前我国已经是世界上拥有超（超）临界机组最多的国家，600MW 及以上超（超）临界机组已经成为我国火力发电的主力机组，超（超）临界机组的安全、经济、稳定运行对国民经济的发展有着重要的意义。

随着超（超）临界火电机组的成功运行，我国取得了一些重要的调试和运行经验。近几年来，国内在锅炉设备设计、制造、调试、运行方面的技术、经验、能力等都有了很大的进步和发展。所有这些，都为加速我国大型超（超）临界火电机组锅炉的发展提供了必要的条件和基础。

（超）超临界机组调试过程中能否安全、经济、稳定运行，对机组投入商业运行后的状态起着至关重要的决定性作用。锅炉设备及系统从单体调试开始就必须执行完善、严谨的调试工作程序，分系统调试及整套启动调试工作更要秉持“精细化”调试工作思路，这对提高超（超）临界机组锅炉投运水平，提高锅炉运行稳定性、经济性具有事半功倍的效果。

为了提高超（超）临界机组锅炉的调试和运行技术水平，我们组织了一批长期从事电源基建调试和技术服务的专家及技术人员，立足工程建设实际，总结超（超）临界 1000MW 机组锅炉调试工程中的经验与案例，编写了《1000MW 超超临界机组调试技术　锅炉》，该书对指导今后超（超）临界机组锅炉的调试、运行工作和提升现场调试、运行人员的综合素质和技术水平，具有很大的好处。

本书共分五篇二十四章，其中第一～七章、第十七～二十一章由管诗骈、高绥强、张恩先编写，第八、九、十、十六章由徐颂梅、贾涛、蔡亮编写，第十一、十二、十三、十四、十五章由陈有福、陶谦、王亚欧、胡鹏编写，第二十二章由肖杰、马新立编写；第二十三、二十四章由岳峻峰、邹磊、许亦然编写，全书由管诗骈统稿。

本书在编写过程中，参阅了书中所列的参考文献以及相关电厂、制造厂、设计院和高等院校的技术资料、说明书、图纸等，得到这些单位的大力支持和帮助；中国电力出版社编辑不辞辛劳，多次指导编审工作，在此一并表示衷心感谢！

由于编者水平所限，时间仓促，谬误欠妥之处在所难免，敬请读者批评指正。

编者

2016 年 9 月

前言

目　录

第一篇　超超临界概念及超超临界锅炉发展状况

第一章　超超临界概念

第一节　概　　述

当前，世界能源消费结构中，化石燃料占88%以上，水电、核能和可再生能源等不排放CO_2的能源只占很小的比例。按照国际能源署（IEA）2006年的预测，到2030年，化石燃料仍然占世界能源消费的75%以上。由于人类活动，特别是化石燃料的大量使用，工业化以来，全球CO_2的平均浓度已从1750年（工业化前）的$280\times10^{-6}mg/m^3$上升到2009年的$387.35\times10^{-6}mg/m^3$［美国国家海洋和大气管理局（NOAA）数据］。表1-1列举了1959～2009年全球CO_2平均浓度。世界气象组织（WMO）于2014年4月发布了一份关于温室气体CO_2浓度的数据，该数据显示，包括日本、夏威夷、美国、德国在内的北半球12个观测点，检测出的CO_2浓度值均超过$400\times10^{-6}mg/m^3$。

表1-1　1959～2009年全球CO_2平均浓度

年份	全球CO_2平均浓度	年份	全球CO_2平均浓度
1959	315.98	1971	326.32
1960	316.91	1972	327.45
1961	317.64	1973	329.68
1962	318.45	1974	330.17
1963	318.99	1975	331.08
1964	319.62	1976	332.05
1965	320.04	1977	333.78
1966	321.38	1978	335.41
1967	322.16	1979	336.78
1968	323.04	1980	338.68
1969	324.62	1981	340.11
1970	325.68	1982	341.22

续表

年份	全球 CO_2 平均浓度	年份	全球 CO_2 平均浓度
1983	342.84	1997	363.47
1984	344.41	1998	366.50
1985	345.87	1999	368.14
1986	347.19	2000	169.40
1987	348.98	2001	371.07
1988	351.45	2002	373.17
1989	352.90	2003	375.78
1990	354.16	2004	377.52
1991	355.48	2005	379.76
1992	356.27	2006	381.85
1993	356.95	2007	383.71
1994	358.64	2008	385.57
1995	360.62	2009	387.35
1996	362.36		

按照目前的发展趋势，联合国气候变化专门委员会（IPCC）预测，到2050年，全球 CO_2 的平均浓度为 $550\times10^{-6}mg/m^3$，而到2100年将达到 $970\times10^{-6}mg/m^3$。

从全球看，为了从根本上解决气候变化问题，世界能源结构调整势在必行。从历史上看，人类进入近代工业社会以来，能源利用结构的调整共有三次：

第一次是18世纪下半叶英国产业革命后，由传统的柴薪能源迅速转向以煤为主的能源结构。

蒸汽机的出现加速了18世纪开始的产业革命，促进了煤炭的大规模开采。到19世纪下半叶，出现了人类历史上第一次能源转换。1860年，煤炭在世界一次能源消费结构中占24%，1920年上升为62%。从此，世界进入了“煤炭时代”。

第二次是19世纪70年代，电力代替了蒸汽机，电器工业迅速发展，煤炭在世界能源消费结构中的比重逐渐下降。1965年，石油首次取代煤炭占居首位，世界进入了“石油时代”。1979年，世界能源消费结构的比重是：石油占54%，天然气和煤炭各占18%，油、气之和高达72%。石油取代煤炭完成了能源的第二次转换。

第三次是现在，由于化石燃料储量有限和环境的压力日益增大，人类必须进行第三次能源结构的调整，转向建立以可再生能源等新能源为主体的持久能源结构体系。但无论世界还是中国，从根本上将能源结构调整到以基本上不排放 CO_2 的新能源为主体绝非短时间可以做到的。就电力工业而言，取消化石燃料的电源结构更是遥远将来的事情。

就火力发电而言，高效率就是低排放，最大限度地提高发电效率，充分发展超超临界技术是当前火电行业实现 CO_2 减排最现实、有效和成熟的技术。

一般情况下超临界压力机组比亚临界机组热效率高出2%～2.5%，超超临界压力（带二次再热）机组则比超临界压力机组热效率高出3%～5%。表1-2给出了亚临界、超临界和超超临界机组不同蒸汽参数下所对应的供电效率。因此，从20世纪80年代开始，当超临界机组已在苏联和西方先进工业国家普遍投入使用并成熟后，日本及欧洲等的先进工业国家为进一步提高机组效率，降低污染物排放，提出了超超临界机组概念。

表 1-2　　不同蒸汽参数下的供电效率

机组类型	蒸汽参数	再热	给水温度（℃）	供电效率（%）
亚临界	17MPa/540℃/540℃	1	275	35
超临界	24MPa/538℃/566℃	1	275	40
超超临界	25MPa/600℃/600℃	1	275	45
	35MPa/700℃/700℃	1	275	48.5
	30MPa/600℃/600℃/600℃	2	310	51
	35MPa/700℃/720℃/720℃	2	320	52.5
	37.5MPa/700℃/720℃/720℃	2	335	53

超超临界机组作为有效利用能源的一项新技术，具有工质参数高、机组效率高、环境污染小和可靠性高等特点。常规亚临界锅炉的典型参数为 18.2MPa/540℃/540℃，机组发电效率为 38%～39%。当锅炉主蒸汽参数超过水临界状态点的参数，即压力为 22.129MPa、温度为 374.15℃时，机组统称为超临界机组。在 20 世纪 70～80 年代，一般超临界锅炉的典型参数为 25.4MPa/543℃/541℃或 25.4MPa/543℃/ 569℃，对应的发电效率为 41%～42%。超超临界锅炉（Ultra Supercritical Boiler）在超临界锅炉的基础上采用更高的蒸汽压力和蒸汽温度，以进一步提高机组的热效率。在一定范围内，新蒸汽温度和再热蒸汽温度每提高 10℃，机组的热耗就可下降 0.25%～0.3%。如果增加再热次数，例如采用二次再热，在同样蒸汽参数下热耗可较采用一次再热下降，因而提高蒸汽的初参数、采用再热系统和增加再热次数都能提高循环的热效率。

各国，甚至各公司，对超超临界锅炉的定义也有所不同。例如，日本的定义为压力不小于 25.5MPa，或温度达到 593℃；丹麦定义为压力大于 28MPa；西门子（Siemens）公司则从使用材料的等级来区分超临界和超超临界锅炉；我国电力百科全书则将超超临界锅炉定义为蒸汽参数高于 27.5MPa 的锅炉。目前国际上普遍认同的超超临界锅炉是指主蒸汽压力不小于 28.5MPa 或主蒸汽压力不小于 25.4MPa 且主蒸汽温度不小于 585℃的锅炉。

第二节　超超临界热力学概念

火电厂工质用的是水，常规条件下对水进行加热，当水的温度达到给定压力下的饱和温度时，将产生相变，水开始从液态变成气态，出现一个饱和水与饱和蒸汽两相共存的区域，这时尽管加热仍在进行，但汽水两相的温度不再上升，直至液态水全部蒸发完毕，干饱和汽才继续升温，成为过热蒸汽。但当温度超过临界温度 t_c值时，水的液相就不存在，与临界温度相对应的饱和压力称为临界压力 p_c，临界点的压力和温度是水的液相和汽相能够平衡共存的最高值，为固有物性常数。水的临界参数为：t_c=374.15℃，p_c=22.129MPa。在临界点及超临界状态时，将看不见蒸发现象，水在保持单相的情况下从液态直接变成气态。一般将压力大于 p_c的范围称为超临界区，压力小于 p_c的范围称为亚临界区。从物理意义上讲，水的物性只有超临界和亚临界之分，超超临界和超临界只是

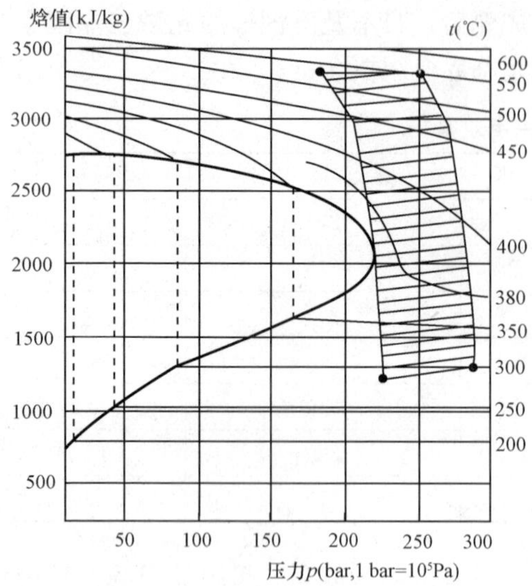

图 1-1　不同压力工质在 h-p 图上的加热过程

人为的一种区分。图 1-1 所示为不同压力工质在 h-p 图上的加热过程，图 1-2 为水在亚临界锅炉和超临界锅炉加热的相变过程示意图。

一、温度

热力循环分析表明，对于一定容量的机组，当蒸汽初压不变时，提高蒸汽初温，循环效率将会提高。同时，由于新蒸汽比容增大和低压缸排汽湿度减小，汽轮机的内效率也可提高，提高蒸汽的温度对提高机组热效率更有益。蒸汽初温的提高主要受材料的许用温度限制，当初温提高到一定程度，锅炉的过热器和再热器、汽轮机的高中压进汽部分的材料将需要采用热强度高的奥氏体合金钢。

关于蒸汽温度参数的选用，由于美国、日本和欧洲国家 600℃等级新型高温材料的开发成功，超超临界汽轮机的主蒸汽和再热蒸汽温度已普遍提高到 580～593℃，在 2003～2004 年投运的一些机组蒸汽温度超过了 600℃。根据分析，在一定的范围内，主蒸汽温度或再热汽温每提高 10℃，机组的热耗就可下降 0.25%～0.3%。从理论上讲，超超临界机组蒸汽参数提高，热效率也随之提高，在主蒸汽压力不变的情况下，主蒸汽和再热蒸汽温度从 538℃/566℃提高到 593℃/593℃，机组热效率能够改善 2%～2.5%。为了使超超临界机组降低制造成本，提高市场竞争力，开发热强性高、工艺

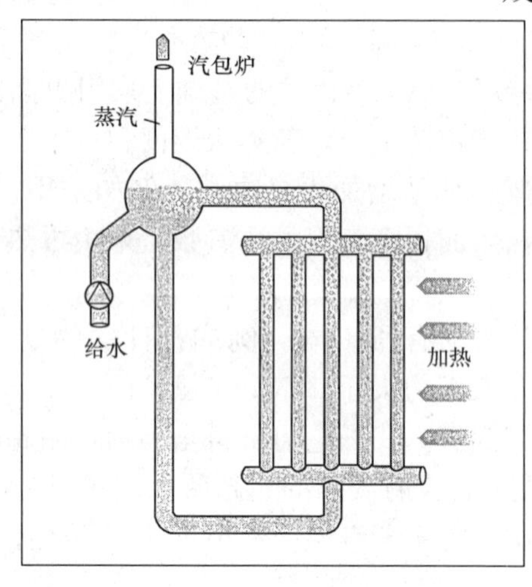

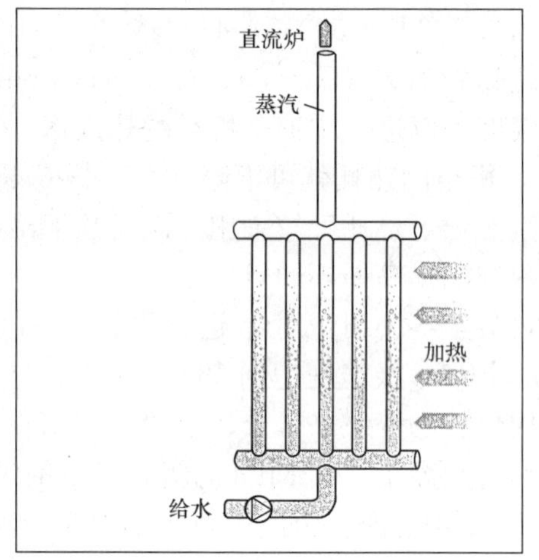

图 1-2　亚临界、超临界相变示意

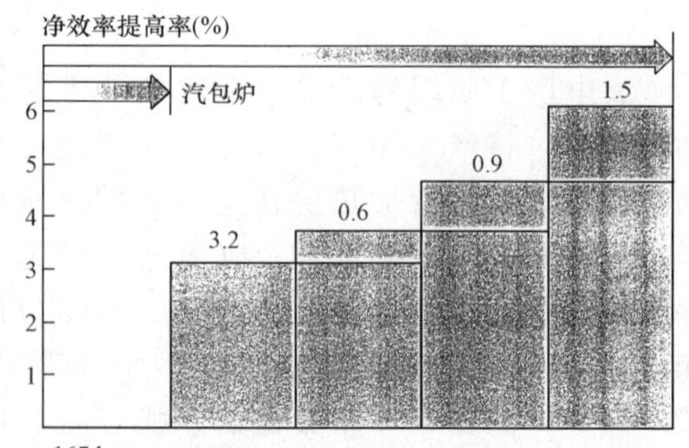

图 1-3　蒸汽初温对机组净效率提高的影响

性好、价格低廉的高温材料是最关键的问题。图 1-3 所示为在一定蒸汽压力下，提高蒸汽初温对机组净效率提高的影响。

二、压力

当新蒸汽初温不变仅提高初压时，一定范围内可提高机组热效率。但单独提高初压过大，机组热效率反而会降低，其主要原因是初压提高时蒸汽比容减小，将使汽轮机超高压通流部分叶片高度减小，甚至需要采用部分进汽，这样将使叶片级的二次流损失和轴封漏汽损失都增大，将抵消一部分提高压力参数所带来的好处。同时，低压缸的排汽湿度将随初压的提高而增加，加大湿气损失，使汽轮机的热效率下降。另外，初压过高又不采用二次再热，还将使低压缸末级叶片水蚀进入不可接受的程度。在初温一定的情况下存在一个最佳初压，超过最佳初压后，机组的热耗率将趋于上升，图 1-4 所示为初压与机组热耗率的关系。根据分析，在相同的初温下，将主蒸汽压力从 24.1MPa 提高到 31MPa，超超临界机组热效率能够改善 1%～1.5%。

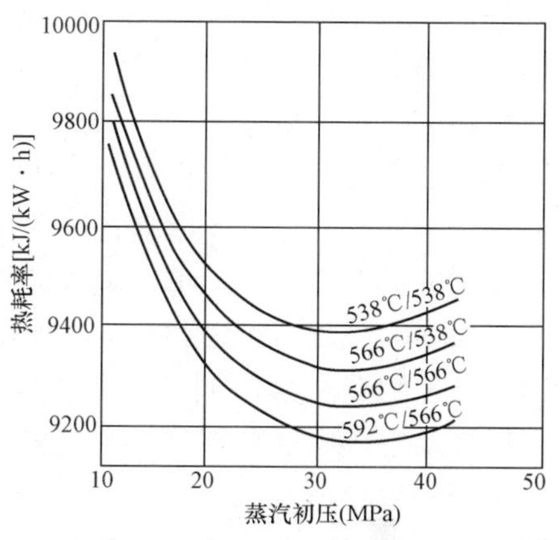

图 1-4 初压与机组热耗率的关系曲线

关于超超临界机组蒸汽压力的选用，欧洲国家选取比较高，基本上为 26～30MPa。日本选取比较低，除川越的两台机组选用了 31MPa 外，其他大部分机组为 24～25MPa。据分析，日本制造商认为将压力参数提得过高，汽轮机的超高压部分的通流部分气动损失增加，另外提高压力还需要增大机组用材量，提高机组的制造成本，产品的市场竞争力减弱。所以，日本在 1993～2003 年投运的超超临界机组的主蒸汽压力均为 24～25MPa，也就是超临界机组的压力参数水平。

现代超超临界机组为适应调峰的需要，还要求锅炉和汽轮机能够滑压运行。当机组负荷低于 75%～80%时，超超临界锅炉锅内压力已处于亚临界状态。设计超超临界锅炉时，还需要同时考虑锅炉在亚临界压力状态下运行的可靠性。但从经济性考虑，超超临界机组应尽量带基本负荷运行，否则将影响其高效节能的优势发挥。

三、再热

为了提高大容量机组的经济性，通常采用中间再热的办法提高热力循环的平均吸热温度，降低热耗。采用中间再热，还可以减小低压缸末级的排汽湿度，提高汽轮机效率和延长末级叶片寿命。目前，世界上投运的超超临界机组均采用中间再热。在材料性能允许的情况下，提高再热温度对经济性有利，通常再热温度与蒸汽初温选在同一水平，在中压缸进汽压力较低的情况下，为了减小排汽湿度，也有将再热蒸汽温度提高到高于主蒸汽温度的情况。

关于再热次数，采用二次再热循环比一次再热更能提高机组的热效率。二次再热循环的收益将进一步提高，在相同的蒸汽参数下采用二次再热循环能够得到的热效率改善为 1.5%～2.0%。但是同时要指出，超超临界机组采用二次再热能够得到热耗率改善，但同时必须评估由于锅炉受热面、蒸汽管道的增加，以及汽轮机的设备复杂性和材料价格而引起的电厂造价的增加，热效率提高获得的收益将有相当长时间用于抵冲增加的造价。从前面所列投运的超超临界机组列表分析，世界上已运行的超超临界机组采用二次再热循环并不多。在蒸汽初参数和再热温度一定时，再热压力相对于热经济性也有一最佳值。对于二次再热循环超超临界机组，一次及二次再热压力最优化的结果通常是，一次再热蒸汽压力选为低于热力学最优值，而二次再热蒸汽压力一般选为略高于其最优值，以降低低压缸的进口蒸汽温度。

四、容量

超超临界机组的容量一般情况下应选得大些，其理由：一是因为超高压部分蒸汽容积流量很小，如果机组容量选得不足够大，通流部分叶片高度过小，将引起气动损失增大，使提高参数带来的热经济性不明显；二是单机容量增大，降低了按千瓦分摊的设备费用、土建费用及其他辅助设施费用，可使电厂的投资明显降低。但是单机容量的增加主要受到全转速末级叶片长度的限制。美国和日本在1000MW以上的大容量机组之所以大量使用双轴汽轮机，是因为其电网频率为60Hz，在大容量和高转速的情况下，不得不采用双轴布置设计方案，即高压缸及再热中压缸部分采用全速设计，与一台全速发电机连接；低压缸部分采用半速设计，与另一台半速发电机连接，并与高中压全速轴系并列。双轴布置汽轮发电机组的造价比单轴布置高得多，而且要求较大面积的厂房和更复杂的电气系统。日本在用于3000r/min汽轮机的1092mm末级长叶片开发成功后，才开始着手进行1000MW单轴多缸汽轮机组的设计制造。因此超超临界机组的容量选择应根据汽轮机制造行业的设计制造能力水平合理选取。

超超临界机组容量的选择另一个因素源于GE和西屋公司超超临界技术的设计概念，其特点是以700MW容量作为汽轮机高中压合缸与分缸的分界线，容量超过700MW高中压采用分缸布置后，高压缸将改为双流结构，使高压缸叶片高度减小，热效率下降，制造成本产生向上的突跳。因此，日本投运的超临界和超超临界机组中，基本没有容量在700～900MW的机组。

五、给水加热级数

为了在超超临界蒸汽参数下最大限度地获得热耗率的改善，给水加热器的布置和最终给水温度要进行最优化。在选用较高蒸汽参数的情况下，给水加热器的数量将增大，给水加热的级数可以增加到10级，从而获得较高的最佳最终给水温度。同时在超超临界循环中，还选用温度高于冷再热点的加热器（HARP），以进一步提高最终给水温度，使机组进一步获得收益。研究实例证明，在热力学最优化点对热耗率进行比较，采用HARP带来的改善大约可达0.5%。同时采用HARP后，可以降低最佳再热器压力，而获得较高的最佳最终给水温度，这两个参数对锅炉的设计和造价将产生有利影响。

第三节　超超临界经济可行性

一、超超临界技术的技术经济评价

国家863课题“超超临界燃煤发电技术”的研究成果表明，在目前有代表性的洁净煤发电新技术中，超超临界发电技术、循环流化床发电技术（CFBC）、增压流化床联合循环发电技术（PFBC-CC）、煤气化联合循环发电技术（IGCC）在机组净效率、环保性能、可靠性、技术成熟程度、设备投资、电价、批量化生产等方面各具特点。这几种新技术的技术经济比较见表 1-3。

表 1-3　　几种火力发电方式在现阶段的技术经济比较

火电技术	效率	环保性能	可靠性	技术成熟程度	设备投资	电价	批量生产情况
超超临界	43%～47%	较优	最高	成熟	中等	中等	批量化
循环流化床	38%～40%	一般	中等	基本成熟	较低	较高	初步可批量化
增压流化床联合循环	41%～42%	一般	低	尚待成熟	次高	较高	大容量仅一台
整体煤气化联合循环	43%～45%	优	低	尚待成熟	最高	最高	示范阶段

数据来源：国家电力公司、中国华能集团公司《我国发展超超临界发电机组的技术选型研究》表 2-1。

综合比较几种新技术方式，只有整体煤气化联合循环发电技术的环保性能优于超超临界发电技术，但其设备造价高、技术不够成熟、可靠性差，目前仍处于示范阶段。而超超临界发电技术具有效率高、技术成熟、可靠性高、实现国产化生产较快等突出优势，更适合于我国国情。

该课题还研究了在不考虑脱硫设施、资本金内部收益率为 8%、标煤价格为 380 元/t、机组年利用小时数为 5000h 等条件下，超超临界机组同其他类型机组的经济性比较，据此所测算的可承受含税上网电价水平表明，对于较高的煤价和较高的年利用小时数，发展常规超临界机组和超超临界机组在经济上是有利的。同国产亚临界 600MW 机组和国产常规超临界 600MW 机组相比，示范超超临界 900MW 机组在经济上具有明显优势，平均上网电价分别可以降低 8 元/(MW・h) 和 4 元/(MW・h)，以机组年利用小时数为 5000h 计算，2×900MW 超超临界电厂相当于每年可获得 0.68 亿元和 0.34 亿元的额外利润（详见表 1-4）。

表 1-4　　不同类型机组的单位造价和上网电价

机组类型	单位投资（元/kW）	含税上网电价［元/(MW・h)］
国产亚临界 2×600MW	3372	294
国产常规超临界 2×600MW	3507	290
国产超超临界 2×600MW	3647	293
示范电厂 2×900MW 超超临界	3704	286

数据来源：国家电力公司、中国华能集团公司《我国发展超超临界发电机组的技术选型研究》表 5-13。

二、超超临界的优势

（1）热效率高。在发电循环中，蒸汽参数是决定机组的热经济性的重要参数。同时，提高汽轮机的效率对提高机组热经济性起决定性的作用，占其中 85%～90%的份额。燃煤火电机组的热力系统是按朗肯循环进行的，提高蒸汽的初参数（蒸汽压力和温度），采用再热系统和增加再热次数都能提高循环的热效率。在一定范围内，新蒸汽温度或再热蒸汽温度每提高 10℃，机组的热耗就可下降 0.25%～0.30%。如果增加再热次数，如采用二次再热，在同样蒸汽参数下热耗可较采用一次再热下降。

超临界机组的部分负荷效率明显高于相应的亚临界机组。在 75%负荷条件下，超临界机组的效率约降低 2%；50%负荷条件下，超临界机组的效率降低 5.5%～8%。标准亚临界

机组在75%负荷条件下，效率相应降低4%；50%负荷条件下，亚临界机组相应降低10%～11%。

上述数据显示超超临界的优势在于提高了机组效率，效率决定煤耗，由此可见超超临界机组最大的优势在于煤耗低，煤耗的降低既意味着企业的效益和竞争力，同时也意味着环保。

(2) 单机容量大，运行可靠性高。超超临界机组的单机容量可以达到1000MW以上，相对于其他洁净煤发电技术，很大程度降低了机组的单位造价。从目前超超临界机组运行情况来看，超超临界发电技术已经比较成熟，相对于其他洁净煤技术，机组运行可靠性最高。

(3) 污染物排放小。超超临界机组配以烟气净化系统（包括除尘、脱硝、脱硫设备），降低污染物排放。烟气通过静电除尘器后，除尘效率大于99.9%，出口含尘量小于50mg/Nm^3，而烟气通过选择性催化还原（SCR）脱硝反应装置，脱硝效率可达80%以上，而通过脱硫装置后，脱硫效率达到97%以上。

三、超临界和超超临界机组的可靠性

美国和德国等国家早期开发的超超临界机组投运初期曾出现一系列问题，导致超超临界机组的可靠性较低，影响了超临界和超超临界技术的进一步发展。后来，美国爱迪生电气研究所（EEI）通过对大型火电机组运行状况的专门调查、统计和分析，发现超临界机组和超超临界机组运行中出现的问题并不是主要由于采用超临界或超超临界参数引起的，而是因为蒸汽参数的选择超出了当时的金属材料技术水平，过分依赖并大量使用了奥氏体钢。此外，大多数超临界锅炉是按正压燃烧而不是按负压燃烧设计和运行的。为此，在以后的超临界机组的设计中选用了与金属材料技术水平相称的相对较低的压力和温度，从而使超临界机组的可靠性达到了亚临界机组的相同水平，而其经济性则高于亚临界机组。与此同时，美国、日本和欧洲各国开展了适应更高蒸汽参数的新型铁素体钢和改进奥氏体耐热钢的开发和研究，并取得了成功。在日本，450MW以上的机组均采用超临界参数，并采用美国成熟的技术，事故较少，因而并没有超临界机组可靠性比亚临界机组低的评价。

德国大电厂技术协会（VGB）1978～1987年对大容量超临界和亚临界机组的统计结果表明，亚临界和超临界机组的可用率基本相同，且与机组的容量和参数无关。

由此可见，现代燃煤电厂采用超超临界参数机组不会降低其可用率。近年来，超超临界技术在日本、欧洲乃至国内都得到迅速发展。超超临界机组已批量生产、投运，取得了良好的运行业绩，具有良好的可靠性、经济性和灵活性，这表明超超临界技术已代表了当代火力发电技术的国际先进水平和发展潮流，因而极大地增强了各国发展更先进的超超临界技术的信心。

第二章

超超临界锅炉发展情况

第一节 超超临界火电技术的发展历程

超超临界技术的发展至今已有 50 多年的历史，其间超超临界机组热力参数经历了高—低—高的演变过程。在超超临界技术的发展初期，蒸汽参数取得比较高，超过了当时的材料技术发展水平，致使超超临界机组的可用率和可靠性都较低，热力参数一度被降低到超临界水平。20 世纪 90 年代以来，由于环保及节约能源的需要，超超临界机组又进入了新一轮的发展时期。世界上超超临界火电技术几十年的发展过程可划分为三个阶段：

第一阶段，以美国 GE 公司和西屋公司为代表的超超临界参数发展起始阶段（20 世纪 50～70 年代）。西屋公司于 1959 年制造的首台超超临界机组的容量为 310MW，进汽压力为 34.5MPa，进汽温度达到 649℃，该机组目前仍在运行。当时有 5 台投运的超超临界机组温度达到 593℃，11 台机组为二次中间再热。由于机组可靠性的问题，在经历了初期超超临界参数后，从 60 年代后期开始至 70 年代，美国超临界机组大规模发展时期所采用的参数均降低到常规超临界参数：压力 24.1MPa，温度 538℃/566℃。直至 80 年代，美国超临界机组的参数始终稳定在这个水平。这个时期，美国的超临界机组总数达到 170 余台。

第二阶段，从 20 世纪 80 年代起的超临界机组优化及新技术发展阶段。该阶段仍以美国 GE 公司、西屋公司为中心。从 70 年代起，美国 GE 公司及西屋公司分别将超临界技术转让给日本（GE 公司转让给东芝、日立公司，西屋公司转让给三菱公司）和欧洲各国，超临界机组的市场从 80 年代起转移到了欧洲各国及日本。经过不断完善，美国常规超临界机组的可靠性问题得到解决，到 1985 年，美国超临界机组的运行可靠性已达到亚临界相同的水平。从 80 年代起，GE 公司和西屋公司对已投运的 170 台机组进行了大规模的优化及改造。通过改造，形成了一批经过验证的新设计方法、新结构，大大提高了机组的经济性、可靠性、运行灵活性。与此同时，GE 公司及西屋公司又将这些新的先进技术与日本日立公司、东芝公司、三菱公司联合进行了一系列超超临界机组的开发设计，使超超临界技术的发展进入了一个新的阶段。

第三阶段，20 世纪 90 年代新一轮超超临界参数的发展阶段。随着常规超临界技术的成熟，在环保及提高经济性目标的驱动下，从 90 年代开始，以日本（三菱公司、东芝公司、日立公司）、欧洲［西门子（Siemens）公司、ABB 公司］为中心，超超临界火电机组又进入了新一轮的发展阶段。在保证机组高可靠性、高可用率条件下采用更高的温度、更高的压力是目前发展阶段的主要特点。按压力温度和功率的不同，可将这个阶段超超临界机组的发展分为三个层次：

(1) 压力在25MPa左右，采用高温参数。温度按50℉一挡划分，相当于538℃(1000℉)、566℃(1050℉)、593℃(1100℉)。按材料的高温性能，产品实际应用的温度又有600℃/610℃(其材料与593℃相同)一挡。高温参数影响材料的选用和锅炉过热器、再热器，以及汽轮机进汽段部件(如阀门、进汽管、蒸汽室、叶片和转子)的设计。高温、高强度材料的成功应用使投入商业运行一系列超超临界机组的温度参数不断提高，近期欧洲及日本新订购机组，不论功率大小(375～1050MW)，进汽温度均提高到580～600℃。投运最大功率的高效超临界机组为日本三菱公司2000年投运的双轴(全/半速)1050MW机组，其参数达到25MPa/600℃/610℃。

(2) 在采用高温的同时，压力也提高到27MPa以上，如按500PSI(3.445MPa)为一挡，超超临界压力有27.6MPa(4000PSI)、31MPa(4500PSI)、34.5MPa(5000PSI)。压力参数不仅涉及有关部件的材料及强度结构设计，而且由于汽轮机排汽湿度的原因，为保证机组的正常运行，当压力提高到某一数值，必须采用更高的再热温度(如在31MPa下，温度应在600℃以上)或二次中间再热循环。在目前参数下，二次再热热效率得益1.3%～1.5%，而投资将增加10%～15%。因此，近十多年来，世界上超超临界压力二次再热机组只有丹麦两台热电联供415MW机组和一台西门子公司机组投运的报道。据有关统计资料，日本1990～2004年投运或即将投运的超超临界机组中，除1989/1990年有两台东芝超超临界机组采用700MW、31MPa/566℃/566℃/566℃外，其他超超临界机组的蒸汽压力参数均维持在24.1～25MPa。1998年以后提高蒸汽压力的主要业绩是西门子(Siemens)公司的产品，最高初压为西门子一台375MW、30MPa/580℃/600℃一次再热机组。

(3) 1000MW等级超超临界机组的开发。超大功率与汽轮机进汽超临界参数无直接关系，它涉及的关键之一是低压缸的排汽能力。功率越大加上背压越低(排汽比容越大)，就需要配置更大排汽面积的低压缸，或更多的低压缸数。在采用超超临界压力的二次再热循环时，在高压端又要求增加一个VHP(超超压力)汽缸。从汽缸总数一定的角度，增加了超超临界压力参数下对机组增大容量的限制。此外，当功率大于700MW等级时还必须考虑高中压分缸及发电机单轴功率限制等因素。从轴系长度限制的角度，目前单轴汽轮机有业绩的汽缸总数为5个，即一般可采用3个低压缸，但是对于具有VHP缸、容量大于700MW的超超临界汽轮机只能采用2个低压缸，四排汽。目前新的全速3000r/min大功率机组中已普遍采用高度为1000～1200mm的长叶片，排汽面积为9～11m^2。最长的有三菱公司用于50Hz机组的1218mm叶片(排汽面积为11.3m^2)，该叶片已用于两缸两排汽600MW机组。此外，西门子公司用于我国外高桥四缸四排汽超临界900MW机组的1143mm长叶片，其排汽面积达到12.5m^2。西门子用于60Hz机组的钛合金1067mm(相当50Hz的1280mm)叶片也开始用于产品。出于对低背压及更大功率超超临界机组减少低压缸数量的考虑，目前长叶片的技术储备已相当充分(极小动应力的ILB叶片形式，钛合金制造技术)，机组容量大型化和采用汽缸数的限制，将推动今后特大型钛合金叶片在汽轮机中的应用。为减少低压缸的数量，各国公司都致力于开发更长、排汽面积更大的末级长叶片。日本公司、西门子(Siemens)公司、阿尔斯通(ALSTOM)公司等在大功率机组中已开始使用钛合金末级长叶片。

第二节　国外超超临界机组发展历程

截止到21世纪初期，世界上很多国家均拥有超临界机组：美国有170台超临界机组，俄罗斯 224 台，日本 100 多台，德国 10 余台，意大利 13 台，南非、澳大利亚均有超临界机组。单机最大容量已达 1300MW。国际上超超临界机组的参数已经达到 27～32MPa，蒸汽温度为 566～600℃，热效率可以达到 42%～45%。

超超临界锅炉的起点是捷克人马克·本生于 1919 年申请的专利，随后德国、苏联和美国等国家开始进行中间试验机组工作。早期生产的超临界压力机组受当时工业制造水平的影响，直流锅炉的采用及其系统的复杂化，故障率很高，使其发展速度放慢。

20 世纪 80 年代以后，随着金属材料的进展，辅机及系统方面的成熟，超临界技术得以迅速发展，经过 40 多年的不断完善和发展，目前超临界机组已进入成熟和实用阶段，超超临界参数的机组也已经成功地投入商业运行。

一、美国超超临界技术发展历程

美国是世界上发展超临界技术最早的国家之一，早在 20 世纪 50 年代就开始从事超临界和超超临界技术的研究。1957 年美国第一台超临界 125MW 试验机组投产，安装在费洛电厂，参数为 31MPa/621℃/566℃/566℃，该机组由 B&W 公司和 GE 公司设计制造。第二台超临界机组为埃迪斯通电厂的 1 号机组，容量为 325MW，参数为 34.4MPa/650℃/566℃/566℃，该机组由 CE 和 WH 公司设计制造，是当时世界上容量最大、参数最高的机组。该机组在按设计参数运行 8 年后，因材料问题（锅炉过热器高温腐蚀和汽轮机高压缸蠕变变形等），自 1968 年起参数降至 31MPa/610℃/557℃/557℃，直至目前仍在运行。上述机组为超临界和超超临界机组商业性运行取得了大量宝贵经验。

（1）美国超临界机组发展起步早，发展快，装机容量大，但是早期发展出现过大起大落的问题。在第一、第二台超临界机组投运后，1960 年前后又投产多台超临界机组。由于这些机组在运行中暴露出很多问题，在 1962 年左右出现订货低潮。其后由于燃料费用比较贵，以及对已投运机组进行了一些改进，1964 年左右又出现订货高潮，但此时机组的参数一般已降至 24.12MPa/538℃/538℃等级，或稍高一些。1970 年美国超临界机组的订货容量占该年总订货容量的 64.27%，但以后又出现第二次订货低潮。1972 年投运了首台世界上单机容量最大的 1300MW 超临界机组，至 1994 年此类机组共投运 9 台。

美国早期超临界技术的发展对世界发展超临界技术起了比较大的促进作用，但在早期也出现了比较大的问题：

1）美国第一、第二台机组已采用超超临界参数，超越了当时的技术水平，以后出现了问题，参数又有回落。在技术未经验证的情况下，就大量推广应用，结果出现大起大落、盲目发展的情况。

2）在头几台机组出现问题后，对机组进行了改进设计。美国电力研究所（EPRI）把 20 世纪 50 年代设计的机组称为第一代燃煤超临界机组，60 年代设计的称为第二代燃煤超临界机组。但由于进度的原因，有些第二代机组可能先投产，有些第一代机组反而后投产，一时很难确定改进效果。后来在统计可靠性时，对这两种机组分别统计，才证明改进后的机组可靠性有了明显的提高。

3）其他问题。例如，早期有的辅机寿命很短，后来进行了改进；美国对超临界机组的调峰性能不像欧洲那样重视等。

（2）美国安装超临界机组的高峰是在 20 世纪 70 年代，至 1982 年美国超临界机组总订货容量占同期发电机组总订货容量的 25.22%。从 80 年代初开始，超临界机组的订货大幅度减少。1980～1989 年美国投运的 42 台机组中只有 7 台是超临界机组。出现此现象的主要原因在于单机容量增大过快，早期的超临界机组的锅炉事故偏多（蒸汽参数偏高，并采用热负荷偏高的大型正压锅炉），可用率低及维修费用高。美国煤价较低，热效率提高对机组运行经济性改善效果不显著。加之适宜带基本负荷的大量核电机组的迅速投产，以及当时超临界机组调峰能力较差，故当时的超临界机组不能适应市场需要。

20 世纪 80 年代，针对燃料价格上涨，环境保护要求日益严格的现状，EPRI 在总结了前期超临界机组的运行经验和教训后，认为超超临界技术发展过程中所发生的问题，主要不是采用超超临界参数所引起的。经过不断改进和完善，美国当时超临界机组的可用率已与亚临界机组相当。此外，根据当时的技术水平，EPRI 对超临界机组蒸汽参数和容量等进行了各方面可行性优化研究，认为在技术方面不需要做突破的条件下，超超临界机组采用蒸汽压力 31MPa，温度 566～593℃，二次中间再热，容量 700～800MW 为最佳，重新开发了蒸汽参数为 31MPa/593℃/593℃/593℃的二次再热超超临界机组。但是，由于美国电力工业大力发展高效的燃气-蒸汽联合循环，超超临界技术发展计划没有得到实施。不过，上述研究成果在亚洲和欧洲的一些国家得到了进一步开发、推广。

据统计，到 1986 年为止，美国已投运超临界机组 166 台，平均每台机组容量为 680MW；而到 1992 年为止，美国在役的 107 台 800MW 及以上火电机组均为超临界机组，最大单机容量为 1300MW。

20 世纪初期，美国 GE 公司还为日本设计制造了蒸汽参数分别为 26.6MPa/577℃/600℃和 25MPa/600℃/610℃的超超临界机组。

（3）美国煤炭储量非常丰富，随着天然气和燃油价格的上升，美国现在又认识到燃煤发电的重要性，超临界技术的发展又一次提到议事日程。迫于各种压力，美国在 2001 年启动 700℃超超临界机组研究项目——AD760，参与者有美国能源部、EPRI、国家实验室和锅炉制造厂等。

为了与 IGCC 竞争，美国 AD760 计划采取的起步参数比欧洲和日本更高，定为 37.9MPa/732℃/760℃，热效率将达到 47%左右。其设定的蒸汽参数目标显著高于欧洲的 700℃，其原因是该参数更适合美国的高硫煤种。AD760 研究内容包括概念设计与经济型分析、先进合金的力学性能、蒸汽侧氧化腐蚀性能、焊接性能、制造工艺性能、涂层、设计数据和方法等。

目前，美国已完成 732℃/760℃/35MPa/7.5MPa 的 750MW 机组的可行性分析，效率为 46%（HHV），两次再热机组为 48%（HHV），如果按照欧洲的 LHV 计算为 52%左右。但该项目的研究内容仅局限于锅炉材料研究，因此，没有汽机行业的机构和企业参与，美国 700℃超超临界发电技术和设备的研发时间表定为：2015 年完成各项研究项目，2017 年建设示范电厂。

二、欧洲各国超超临界技术发展历程

德国是研究、制造超临界机组较早的国家之一，1956 年投运了一台蒸汽参数为 34MPa/610℃/570℃/570℃、容量为 88MW 的超超临界机组，但这种机组因容量较小，未获得很大的发展。1972 年投运了一台 430MW 超临界机组（参数为 24.5MPa/535℃/535℃），1979 年投运了一台二次再热的 475MW 超临界机组（参数为 25.5MPa/530℃/540℃/530℃）。

德国近年来很重视发展超临界机组，目前最具有代表性的是1992年投运的斯道丁格电站5号机组，该机组容量为535MW，参数为26.2MPa/545℃/562℃，机组净效率可达43%。另外还有，1999年在Lippendorf电厂投运的933MW，蒸汽参数为26.7 MPa / 554℃/593℃的超超临界机组；2000年在Niederaubem电厂投运的965MW，蒸汽参数为26.9MPa/580℃/600℃的超超临界机组；在Hessler电厂投运的700MW，蒸汽参数为30MPa/580℃/600℃的超超临界机组。20世纪90年代，欧洲加快了建设超临界机组的步伐，建设了一批高效率的超临界和超超临界机组。在西欧大约有60台超临界机组在运行，大部分在德国、意大利和丹麦。

丹麦史密斯公司研究开发的前2台超超临界机组的容量为400MW，过热蒸汽出口压力为29MPa，二次中间再热、过热蒸汽和再热汽温为582℃/580℃/580℃，机组效率为47%，机组净效率达45%（采用海水冷却，汽轮机的背压为26kPa）；后来开发了参数为30.5MPa/582℃/600℃、容量为400MW的超超临界机组，该机组采用一次中间再热，机组设计效率为49%，这是目前世界上超临界机组中运行效率最高的机组。

（1）欧洲发展超临界起步早，发展步伐稳健。保护环境已成为发展和采用超临界技术的新的推动力，这在欧洲有明显的体现。

（2）欧洲重视科学研究，技术上有创新和自己的特点。欧洲开发成功螺旋管圈，再配合其他技术，可使超临界机组具有良好的调峰性能。现在欧洲又在开发新型的直流管圈。欧洲很多国家不仅有自己的国家研发计划、公司的研发计划，而且实施了不少欧洲的合作研发计划，成效显著，促进了欧洲国家超临界技术的发展。现在欧洲的超临界发电技术处于世界领先地位。

（3）欧洲非常重视提高机组的效率。在发展超临界机组时，不仅重视提高蒸汽参数，而且重视提高部件效率和改进、优化热力系统。

欧洲联盟（欧盟）在确定洁净燃煤发电节能减排的发展战略中，偏重于燃煤火力发电，因此，早在1998年就开始执行由丹麦ELSAM电力公司负责，组织欧盟45家公司参加的700℃超超临界AD700发展计划，计划2013年完成。关键部件将采用镍基合金，热效率由目前最好水平的47%提高到预期的52%～55%，CO_2排放降低15%。项目要解决的主要问题是研发满足运行条件的成熟高温材料，并通过优化设计降低建造成本。2014年将在欧洲建立第一个参数为35MPa/700℃/720℃的示范电厂。AD700发展计划是目前世界上进展最快，并唯一有示范电厂的700℃超超临界发电计划，AD700项目分六个阶段实施，具体内容如下：

1）第一阶段是可行性研究和材料基本性能研究（1998～2002年）。内容包括新材料开发、设备部件设计和研究AD700计划的技术经济可行性三个方面，取得成果如下：确定了所需材料；开始材料性能试验且多数已完成；热力计算结果取得了一致；可行性研究证明了项目竞争力；完成了新的锅炉设计，减少了镍基合金的使用量。

2）第二阶段是材料验证和初步设计（2002～2004年）。取得成果如下：关键部件的设计和测试；对设计进行优化，进一步减少镍基合金用量；完成第三阶段所需试验台的概念设计；一家商业运营电厂的策划。

3）第三阶段是建造试验装置（2004～2009年）。为此，九家主要欧洲发电企业组成了Emax集团，决定和有关委员会分担建造试验装置的成本。试验装置的第一个方案是，计划对炉壁、过热器、带高压旁路和安全阀的蒸汽管道进行全尺寸示范，并由Siemens和

ALSTOM两家汽轮机制造商分别制造一台高压汽轮机。这一试验装置原本将对汽/水循环的所有主要部件进行全尺寸示范，并可使 AD700 技术的商业化时间缩短五年左右。项目计划在 E. ON 的 Scholven 电厂 F 机组上安装一个规模较小的部件试验装置（CTF)。除汽轮机之外，CTF 包含的部件和全尺寸试验装置相同，但尺寸较小。CTF 的运行温度将达到 700℃。汽轮机阀门由 Siemens 和 ALSTOM 联合制造。

4）第四阶段、第五阶段和第六阶段是全尺寸电厂示范（E. ON 电力公司，2009～2014年)。2006 年 10 月 31 日，德国 E. ON 公司宣布建造 700℃的示范电厂。2007 年 9 月确定机组容量为 500MW 左右，2008 年底完成设计，2010 年开始建设，2014 年投入运行。机组净效率为 50%以上，投资 10 亿欧元。但从 2009 年起未见有关该项目的官方报导，2010 年的 E. ON 在建电厂列表也未见该项目。

三、日本超超临界技术发展历程

日本发展超超临界机组起步较晚，但发展速度很快、收效显著。自日立公司向美国 B&W 公司引进的第一台超临界机组（660MW、24.12MPa/538℃/566℃）于 1967 年在沛崎电厂投运后，日本其他公司也分别引进了美国和德国的超临界技术，同时建立了自己的试验台。很快由仿制过渡到应用自己的科研成果。

20 世纪 70 年代以来，由于电网负荷峰谷差增大，加之适合带基本负荷的核电站的兴起，要求火电机组承担中间负荷，能适应频繁快速启停的要求。但由美国引进的超临界技术不能适应在广泛范围内变负荷及快速经济启停，日本各公司从欧洲引进了超临界变压运行技术（螺旋管圈锅炉)，在政府支持下进行先仿制后本地化，并与国外公司合作，经过大量的试验及不断提高技术水平，为开发大型超超临界机组创造了条件，使超超临界机组不仅高效，而且具有与亚临界机组同样的可靠性与运行灵活性，能自如地适应变压运行带周期性调峰负荷的要求。后来，日本新建的火电站几乎都是变压运行机组，并以 500～1000MW 燃煤变压运行超超临界机组为主体。目前，日本因超超临界机组可靠性高、经济性好、技术发展快而跃居为发展超超临界机组的先进国家。

日本发展超超临界技术采用的是引进、仿制、创新的技术路线。先从国外引进成熟机组和制造技术，设备引进后立即组织力量进行技术消化和仿制，引进设备投运后即作为考核机组，通过试验掌握其运行性能。然后，结合日本本国的技术特点进行精心设计、施工和批量生产。从引进机组到自制机组只需 1～2 年时间，从亚临界到超超临界，从 300MW、600MW 到 1000MW，每上一个等级只需 3～4 年时间。

由于提高蒸汽参数可以进一步提高机组的热效率，日本在 24.1MPa/538℃/566℃超临界机组成熟的基础上，又制订了超超临界研究计划，第一步将蒸汽参数提高到 31MPa/566℃/566℃/566℃，第二步再提高到 34MPa/595℃/595℃/595℃。结合 EPRI 的研究成果，成功开发了超超临界机组。日本最初投运的两套超超临界机组，只是提高主蒸汽压力而未提高其温度，由于主蒸汽压力和温度不匹配，故采用两次再热以防汽轮机末级蒸汽湿度过高。这两台机组由三菱公司设计，容量为 700MW，蒸汽参数为 31.6MPa/566℃/566℃/566℃，已分别于 1989 年和 1991 年在川越电厂投运，运行情况良好，可用率也达到了很高的水平。

两次再热虽是成熟的技术，但系统复杂。31MPa、566℃两次再热与传统的 24.1MPa、566℃一次再热相比，其热效率提高约 5%；与 24.5MPa、600℃/600℃等级的超超临界机组相比，热效率仅提高0.5%。而采用31MPa主蒸汽压力和两次再热，机组制造成本明显提高，缺乏市场竞争力。所以，20世纪90年代以来日本各公司都转向生产高温参数的超超临界机组。

1990～2003年间，日本投运或预定投运一批压力为24.5MPa，温度提高至593℃/593℃、600℃/600℃和600℃/610℃的机组。1993年4月，日本首次由IHI在中部电力公司碧南3号机组（24.1MPa/538℃/593℃）上成功地运用了593℃的再热蒸汽温度。

1994年12月，东北电力公司能代2号机组投入运行，参数为24.1MPa/566℃/593℃。

1997年和1998年，由三菱公司设计，参数为24.1MPa/593℃/593℃和24.5MPa/600℃/600℃的两台1000MW超超临界机组分别在松蒲（2号）和三隅（1号）等电厂投入运行。1998年7月，由B&W公司和日立公司设计的容量为1000MW，参数为24.5MPa/600℃/600℃的超超临界机组在原町电厂（2号）投入运行。IHI设计的容量为700MW，蒸汽参数为24.1MPa/593℃/593℃的超超临界机组于1998年在七尾大田电厂（2号）投入运行。

2000年三菱公司设计的容量为700MW，蒸汽参数为24.1MPa/593℃/593℃的超超临界机组在敦贺电厂（2号）投入运行。

目前，日本蒸汽温度参数最高的机组是2000年在桔湾电厂投运的2台由石川岛播磨公司设计的容量为1050MW、蒸汽参数为25.5MPa/600℃/610℃的超超临界机组。日本各公司正在酝酿开发蒸汽参数为34.5MPa/620℃/650℃的超超临界机组。

日本在2008年G8会议之后，针对2050年CO_2减排50%的目标，提出了“冷地球计划”，列出重点发展的21个技术领域，洁净燃煤发电技术列为六个能源供给技术中的一个。随后于2008年推出了日本700℃超超临界发电技术和装备的九年发展计划“先进的超超临界压力发电（A-USC）（2008～2016年）”项目。由日本政府组织材料研究，电力及制造厂联合进行700℃超超临界装备的研发工作，明确在2015年达到35MPa/700℃/720℃及2020年实现750℃/700℃超超临界产品的开发目标。项目内容包括系统设计，锅炉、汽轮机、阀门技术开发、材料长时性能试验和部件的验证等。为了实现CO_2减排要求，对现有大量超临界机组，日本提出25MPa不变，采取700℃的一次再热USC＋AUSC改造方案，实现整个日本燃煤电厂的升级换代。此计划没有样机，其技术路线是在反动式的实验透平完成所有产品必须的材料部套试验后，直接推广到具体产品。目前项目处于初期阶段。

计划分工及进度情况：2008～2012年，主要部件及工艺实验；2012～2016年，锅炉部套及小汽轮机制造及实验。阀门工作参与研制的单位有日立公司、三菱公司、东芝公司和福士公司等；锅炉工作参与研制的单位有Babcock公司、IHI公司、三菱公司、国家材料研究中心等；汽轮机工作参与研制的单位有日立公司、三菱公司和东芝公司等。

欧盟及日本、美国计划主要研究内容汇总见表2-1。

表2-1　欧盟及日本、美国计划主要研究内容汇总

项目	欧盟	日本	美国
	AD700	A-USC	AD760
发展目标	500MW、37.5MPa/705℃/700℃ 机组净热效率≈50%（LHV）	650MW、35MPa/700℃/720℃ 机组净热效率≈46%	750MW、37.9MPa/732℃/760℃ 机组净热效率≈45%～47%

续表

项目	欧盟	日本	美国
	AD700	A-USC	AD760
周期	17年（1998～2014年）	9年（2008～2016年）	15年（2001～2015年）
计划时间表	1998～2002年总体设计和可行性研究 2002～2004年锅炉、透平设计 2004～2009年部件测试 2009～2014年示范电厂试车及投运	2008年以前已经完成第一阶段和第二阶段材料方面的研究 2008～2012年，主要部件及工艺试验 2012～2016年锅炉部件及小汽轮机制造及试验	2001～2006年材料研究 2006～2007年深入研究（包括纯氧燃烧的应用） 2008～2017年建造750MW示范电厂
主要任务	可行性研究 材料研究 电站设计（锅炉透平优化设计） 示范工程建设和运行	可行性研究和经济性分析 材料研究 锅炉优化设计、透平相关技术 高压试验透平	经济性和可行性研究 材料研究（锅炉、透平材料） 电站设计（锅炉、透平优化设计） 示范工程建设和运行
目前状态	关键部件的现场测试 示范电厂建设	完成第二阶段研究 材料长期测试，制造工艺研究	完成第二阶段研究 示范电厂设计建造

四、苏联（俄罗斯）超超临界技术发展历程

苏联是发展超临界机组最坚决的国家。1949年，苏联投运了第一台超超临界试验机组，其锅炉容量为12t/h，蒸汽参数为29.4MPa、600℃，经节流至12MPa后进入汽轮机。以后又投运了29.4MPa、650℃的100MW超超临界机组，作为改造中压锅炉的前置级。1963年，苏联第一台300MW超临界机组投入运行，机组参数为23.5MPa/580℃/565℃。投运初期，由于蒸汽参数偏高，材料出现高温腐蚀，以及设计、制造质量等各种技术原因，在运行中发生较多问题，技术经济指标与原设计要求相差较大。后经改进和长期不断完善，并将蒸汽温度降为540℃/540℃，才使机组的可靠性与超高压参数机组相当。但是，超临界蒸汽参数下，300MW机组容量偏小，汽轮机通流部分气动损失大，效率低，没有达到设计要求，其总体经济水平偏低。其后投运的500MW、800MW和1200MW机组基本上也采用了上述超临界参数（300MW与500MW机组蒸汽温度也有采用565℃/570℃的）。

列宁格勒金属工厂（LMZ）于1978年生产的一台K-1200-23.5-2型超临界汽轮机发电机组，其参数为23.5MPa/540℃/540℃，尽管已经投运20多年，但仍是当前世界上火电厂最大的单轴汽轮发电机组。该厂从1982年起生产新型的K-800-23.5-5型汽轮机，其出力现已提高到870MW。在此基础上，LMZ设计了K-900-24.2型汽轮机，容量为900～1000MW，参数为24.2MPa/538℃/566℃，汽轮机由5个缸组成，1个高压缸，1个双流中压缸和3个双流低压缸。

苏联所有300MW及以上容量机组全部采用超临界参数，因此，其超临界机组达200余台，占总装机容量的50%以上，且大多数为300MW机组。由于大量采用超临界机组，苏联火电机组的平均供电煤耗位居世界水平的前列，达到326g/(kW·h)。

苏联发展超临界技术主要依靠本国力量，以自我开发为主，初期也走过不少弯路，出现过各种各样的问题，但经过长期试验研究已具有一套比较完整的超临界技术和产品系列，超临界机组成为国内火力发电厂的主力机组。但是，由于300MW机组容量偏小，不适合电网

发展，500MW 燃煤机组由于可用率低及热耗高而没有大量采用，800MW 和 1200MW 机组只用于燃油与燃气，且 1200MW 机组的可用率也较低。由于不能吸收别国先进技术，苏联超临界技术发展不快，总体技术水平不高。

目前，俄罗斯研制的新一代大型超超临界机组参数为 28～30MPa/580～600℃。

五、韩国超超临界技术发展历程

韩国对超临界机组的国产化非常重视，虽然起步晚，但发展比较迅速。

韩国按标准化设计规划兴建超临界机组已有十几年的历史。20 世纪 90 年代，新安装了 16 台“标准”的 500MW 超临界机组。标准化设计采用的蒸汽压力为 25MPa，过热汽和再热汽温度大约为 558℃。标准化设计有助于减少设计和安装成本，提高可靠性，降低运行和维护费用。

第三节　我国超超临界锅炉现状

改革开放以来，我国通过对亚临界 300 MW、600 MW 机组引进技术的消化吸收、优化和创新，比较扎实地掌握了最新的大机组设计方法，为自主开发大容量超临界、超超临界机组奠定了良好的基础。

一、超临界技术的引进

我国从 20 世纪 80 年代后期起开始重视发展超临界火电机组，90 年代以来，我国先后从国外引进了容量为 350、600、900MW 的超临界机组，同时引进了一些设计制造技术。

1992 年，华能上海石洞口二厂在国内首次引进了 2 台 600MW（24.2MPa/538℃/566℃）超临界参数机组，锅炉是瑞士苏尔寿公司和 ABB-CE 公司供货的变压运行直流锅炉，汽轮机是 ABB 公司的产品，1 号机组于 1992 年 6 月投产，2 号机组于 1992 年 12 月投产。

之后，从俄罗斯引进的华能南京热电厂 2×300MW、营口电厂 2×300MW、天津盘山电厂 2×500MW、内蒙古伊敏电厂 2×500MW、辽宁绥中电厂 2×800MW 共 480 万 kW 的超临界机组陆续投运，其参数均为 22.5MPa/540℃/540℃。

福建漳州后石电厂由日本三菱公司和美国燃烧工程公司引进的 6×600MW（24.2MPa/538℃/566℃）超临界机组从 1999 年底起陆续投运。

上海外高桥二厂由 ALSTOM 公司引进，并由上海锅炉厂承担大部分制造任务的 2 台 900MW（24.9MPa/538℃/566℃）超临界机组于 2004 年月 11 月和 12 月分别投运。

二、超临界技术的国产化

通过对这些机组的成功投运和消化吸收，我国基本掌握了超临界机组电站的设计、调试、运行及检修技术，积累了丰富的应用经验并培养了大批技术人员。一些制造厂已拥有国外的整套技术，锅炉本体和辅机国产化率达 85%。

2000 年 4 月，我国把华能沁北电厂一期工程作为首座 600MW 超临界火电机组设备国产化项目的依托工程，2 台 600MW（24.2MPa/566℃/566℃）超临界机组于 2004 年 11 月和 12 月分别投产，锅炉采用东方电气集团东方锅炉股份有限公司引进日本巴布科克-日立公司技术制造的 DG1900/25.4-Π 型锅炉，汽轮发电机采用哈尔滨汽轮机厂有限责任公司引进日本三菱公司技术制造的 CLN600（24.2MPa/566℃/566℃）型汽轮发电机。

由哈尔滨锅炉厂应用三井巴布科克技术生产的华润常熟二电厂2台600MW（25.4MPa/538℃/566℃）超临界机组于2005年3月和6月分别投运。

三、超超临界机组的投产

随着超临界火电机组的成功运行，我国取得了一些重要的调试和运行经验。近几年来国内三大锅炉厂［哈尔滨锅炉厂有限责任公司（简称哈尔滨锅炉厂、哈锅）、东方电气集团东方锅炉股份有限公司（简称东方锅炉厂、东锅）、上海锅炉厂有限公司（简称上海锅炉厂、上锅）］在锅炉设备设计和制造方面的技术、经验、能力和技术装备水平等都有了很大的进步和发展。所有这些，都为加速我国大型超超临界火电机组锅炉的研制步伐和实现批量生产提供了必要的条件和基础。

（1）东方锅炉厂和日立公司合作在嘉兴建立了专门生产直流炉、超临界及超超临界锅炉的合资厂。该厂引进日立公司的超超临界锅炉技术，设计、制造600MW、1000MW超超临界锅炉。

（2）哈尔滨锅炉厂与英国三井巴布考克公司合作设计制造600MW超临界锅炉；与三菱重工合作设计、制造600MW、1000MW超超临界锅炉。

（3）上海锅炉厂与ALSTOM、CE公司合作设计制造600MW、1000MW超超临界锅炉。

2002年，大型超超临界火电技术的研发列入我国“十五”高科技发展计划项目“超超临界燃煤发电技术”，并且确定华能玉环电厂为依托工程和超超临界国产化示范项目。2003年国家计划项目“超超临界燃煤发电技术”子课题关于“我国发展超超临界发电机组的技术选型研究”通过专家验收。该报告提出的结论是：我国目前阶段合理优化的超超临界参数为一次再热，压力为25～28MPa，相应的发电效率预计为44.63%～44.99%，发电煤耗预计为（275～273）g/(kW·h)；单机容量推荐为600MW等级和1000MW等级两种。

华能玉环电厂规划装机容量为4台1000MW超超临界燃煤机组，一期建设2台1000MW机组，参数为26.25MPa/600℃/600℃，分别于2006年11月、12月建成投产，成为我国第一座单机装机容量达百万千瓦的电厂，这是中国百年电力史上具有划时代意义的里程碑，它引领我国电力工业跨入了百万千瓦超超临界发电的新时代。2007年11月3号、4号机组也相继投产。华能玉环电厂1000MW超超临界火电机组的锅炉、汽轮机和发电机三大主机，分别由哈尔滨锅炉厂、上海汽轮机公司、上海汽轮发电机公司设计制造。

2007年7月，山东邹县发电厂四期工程2台1000MW（26.25MPa/600℃/600℃）国产发电机组投运，分别于2006年12月、2007年1月投产。

哈尔滨电气集团公司为国电泰州电厂设计制造的2台1000MW超超临界成套机组于2007年12月、2008年3月分别投运；2007年12月4日，随着国电泰州发电有限公司1号发电机组的投产，中国发电装机总容量跨越了7亿kW。标志着中国电力工业结构调整取得积极进展，也标志着中国大型、高效、清洁发电机组设计、制造、建设的能力跻身于国际先进行列。

上海电站电气集团为上海外高桥第三发电有限公司设计制造的2台1000MW产超超临界燃煤发电机组于2008年3月、5月分别投运。

2007年8月，我国首台国产600MW超超临界燃煤发电机组——华能营口电厂二期3号机正式投产，营口电厂首台国产600MW超超临界机组是继华能玉环电厂首台国产1000MW

超超临界机组投入商业运行后我国电力工业发展的又一个零的突破。

在十多年中，我国三大发电设备集团（哈尔滨电气集团、上海电气电站集团、东方电气集团）通过技术引进和大量的研究工作，已完全掌握了超（超）临界成套机组的制造技术，具备了批量生产超（超）临界成套机组的能力。

图 2-1 为 2007～2013 年全球主要国家和地区累计装机容量分布情况，截止到 2011 年，中国电力装机容量达到 1056GW，超过美国电力装机容量（截止到 2011 年美国总计容量为 1045GW），成为世界用电量最大的国家。到 2015 年中国全社会用电量将达到 4.5×10^4 亿 kW·h，2020 年中国发电总装机容量预计达到 11.86 亿 kW。

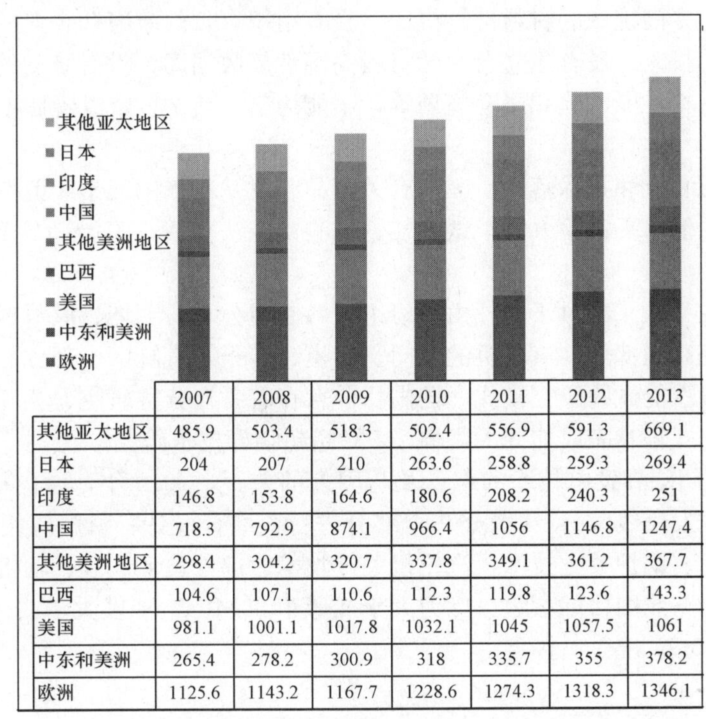

	2007	2008	2009	2010	2011	2012	2013
其他亚太地区	485.9	503.4	518.3	502.4	556.9	591.3	669.1
日本	204	207	210	263.6	258.8	259.3	269.4
印度	146.8	153.8	164.6	180.6	208.2	240.3	251
中国	718.3	792.9	874.1	966.4	1056	1146.8	1247.4
其他美洲地区	298.4	304.2	320.7	337.8	349.1	361.2	367.7
巴西	104.6	107.1	110.6	112.3	119.8	123.6	143.3
美国	981.1	1001.1	1017.8	1032.1	1045	1057.5	1061
中东和美洲	265.4	278.2	300.9	318	335.7	355	378.2
欧洲	1125.6	1143.2	1167.7	1228.6	1274.3	1318.3	1346.1

图 2-1　2007～2013 年全球主要国家和地区累计装机容量分布情况

截止到 2013 年 1 月 3 日，我国已投产百万千瓦超超临界机组 59 台：广东 12 台、江苏 12 台、浙江 10 台、河南 6 台、上海 4 台、山东 4 台、天津 2 台、辽宁 2 台、宁夏 2 台、广西 2 台、湖北 2 台、安徽 1 台。

四、超超临界技术的发展方向

通过 600℃超超临界机组的技术研发及工程实践，除锅炉、汽轮机部分高温材料及部分泵和阀门尚未实现国产化外，其他已基本形成了 600℃超超临界机组整体设计、制造和运行能力，建立起了完整的设计体系，拥有了相应的先进制造设备及加工工艺，这些为我国 700℃超超临界燃煤发电机组的发展奠定了良好的基础。

近年来，国内企业和相关科研院所也开展了相关研究。例如，材料制造方面已开展镍基合金转子材料的研究，现已完成原料采购和试验成分的选择，下一步开始冶炼小钢锭的研究。设备制造方面已开展“更高参数 1000MW 等级超超临界锅炉设计技术研究”课题，主要研究 31.5MPa/703℃/703℃等级超超临界锅炉的初步方案设计。一些企业也派出团队对

AD700 等计划进行了调研。

我国发展 700℃超超临界燃煤发电机组存在如下主要问题：

（1）高温材料的基础研究薄弱。材料研发是工业发展的基础，需要长时间、巨大的人力和物力的投入，在历次的技术转让中，材料的性能数据始终是作为机密被排除在转让范围之外。与欧盟国家、日本和美国等先进国家相比，我国缺乏自主产权的高温材料基础数据，这成为约束 700℃超超临界发电技术发展的瓶颈。虽然近年来，在国内钢铁生产公司、锅炉制造企业及相关研究院所的联合攻关下，在模拟国外高温材料的基础上，基本实现锅炉用高温材料的国产化，但与欧盟国家、日本和美国等先进国家相比，材料研究的差距仍很大，主要体现在：没有成立专门统一的材料性能机构；没有组织有效的政府和企业的合作；没有长期不断的财力和人力投入；没有建立自主的材料高温性能数据库；没有统一的材料性能考核标准；没有系统的材料性能试验和研究规划等，不能为新一代 700℃超超临界产品开发提供可靠的依据。

（2）试验研究装置和技术落后。国内有关产品开发基本采用几十年前按部套、局部、低参数和尺寸模拟的低水平试验方式，试验装置和测试方法落后，不能满足 700℃超超临界高端产品的要求。

（3）研究机构分散。相对于国外由政府组织各制造公司、毛坯、原材料制造厂和电力公司联合进行大规模高温部件（汽轮机的阀门、管道、转子及汽缸四大部件、锅炉高温部件材料）的工艺及材料性能试验研究模式，国内目前存在着各自分散研究、相互保密等问题，无相关组织联合的方式很难完成如此大规模 700℃超超临界技术研究。

根据 700℃超超临界发电技术的难点及与国外的差距，2010 年，国内提出了“700℃超超临界发电技术开发路线”。路线图分 9 个部分进行：综合设计、材料应用技术、高温材料和大型铸锻件开发、锅炉关键技术、汽轮机关键技术、部件验证试验、辅机开发、机组运行和示范电厂建设。路线图目标参数：压力大于或等于 35MPa，温度大于或等于 700℃，机组容量大于或等于 60 万 kW。

第三章

超超临界 1000MW 机组锅炉基本特点

新中国成立以来，我国发电设备制造业在经历 10 年创建、20 年发展、20 年上台阶、上水平的半个多世纪的团结奋斗，现已建设成一支以哈尔滨、上海、东方三大制造集团为主体的，具有相当规模、水平和实力的发电设备制造基地，形成了一支经验丰富、素质较高的科研、设计和制造的队伍，拥有一批制造工艺和装备较先进、生产厂房条件好的制造企业，尤其通过 300MW、600MW 亚临界火电机组的技术引进和消化吸收、国产化、优化，同时相关制造企业进行了大规模的技术改造，目前已形成了自主设计、制造的生产能力，为自主开发大容量超临界、超超临界机组奠定了良好的基础。

近年来，随着超超临界技术的发展，为了实现高效、节能和环保的要求，提高市场竞争力，各个机组的制造厂商设计制造的机组均向高参数发展。

我国目前有运行业绩的 1000MW 超超临界锅炉生产厂家分别为哈尔滨锅炉厂有限责任公司、东方电气集团东方锅炉股份有限公司、上海锅炉厂有限公司，北京巴布科克·威尔科克斯有限公司（简称北京巴威）第一个真正实施的 1000MW 超超临界锅炉坐落于浙江浙能中煤舟山煤电有限责任公司 2×1000MW 超超临界锅炉机组工程项目。

国内制造的 1000 MW 超超临界锅炉的总体型式有四种，见表 3-1。

表 3-1　国内制造的 1000MW 超超临界锅炉炉型

项目	哈锅	上锅	上锅	东锅、北京巴威
锅炉炉型	Π 型炉	Π 型炉	塔式炉	Π 型炉
燃烧方式	单炉膛八角切圆燃烧	单炉膛八角切圆燃烧	单炉膛四角切圆燃烧	单炉膛前后墙对冲燃烧
燃烧器型式	直流摆动燃烧器	直流摆动燃烧器	直流摆动燃烧器	旋流燃烧器
技术源头	MHI、Japan	ALSTOM（CE）	ALSTOM（EVT）	BHK、Japan、Babcok
水冷壁型式	上、下部水冷壁均采用内螺纹垂直管圈水冷壁，上、下部水冷壁间设有两级混合集箱，水冷壁入口装设节流孔板	下部水冷壁采用内螺纹螺旋管圈布置，上部水冷壁为垂直管圈，上、下部水冷壁间采用混合联箱过渡	下部水冷壁采用内螺纹管螺旋管圈布置，上部水冷壁为垂直管圈，上、下部水冷壁间采用中间混合联箱过渡	下部水冷壁采用内螺纹螺旋管圈布置，上部水冷壁为垂直管圈，上、下部水冷壁间采用混合联箱过渡
启动系统	分离器/贮水箱＋启动循环泵	分离器/贮水箱/疏水泵＋启动循环泵	分离器/贮水箱/疏水泵＋启动循环泵	分离器/贮水箱＋启动循环泵
最小直流负荷（%）	30	30	30	25～30
过热器系统	低过、分隔屏、屏过、高过	顶棚＋包墙、分隔屏、屏过、高过	一过、二过、三过	顶棚＋包墙、低过、屏过、高过

续表

项目	哈锅	上锅	上锅	东锅、北京巴威
过热器调温方式	燃水比、三级减温水、燃烧器倾角	燃水比、二级减温水、燃烧器倾角	燃水比、二级减温水、燃烧器倾角	燃水比、二级减温水
再热器系统	低温再热器、高温再热器	低温再热器、高温再热器	低温再热器、高温再热器	低温再热器、高温再热器
再热器调温方式	尾部调温挡板、燃烧器倾角、事故喷水	燃烧器倾角、事故喷水	燃烧器倾角、事故喷水	尾部烟气挡板、事故喷水

第一节　布　置　型　式

大型超超临界煤粉锅炉的整体布置主要采用Π型布置和塔式布置。T型布置方式常见于苏联超临界机组，如伊敏、盘山电厂500MW、绥中电厂800MW机组锅炉。

图3-1为三种布置方式示意图。目前，哈尔滨锅炉厂、东方锅炉厂1000MW超超临界锅炉均采用Π型布置，而上海锅炉厂1000MW超超临界锅炉常采用塔式布置，但仍有部分机组采用Π型布置。

采用哪种布置方式往往取决于锅炉厂家的传统技术。

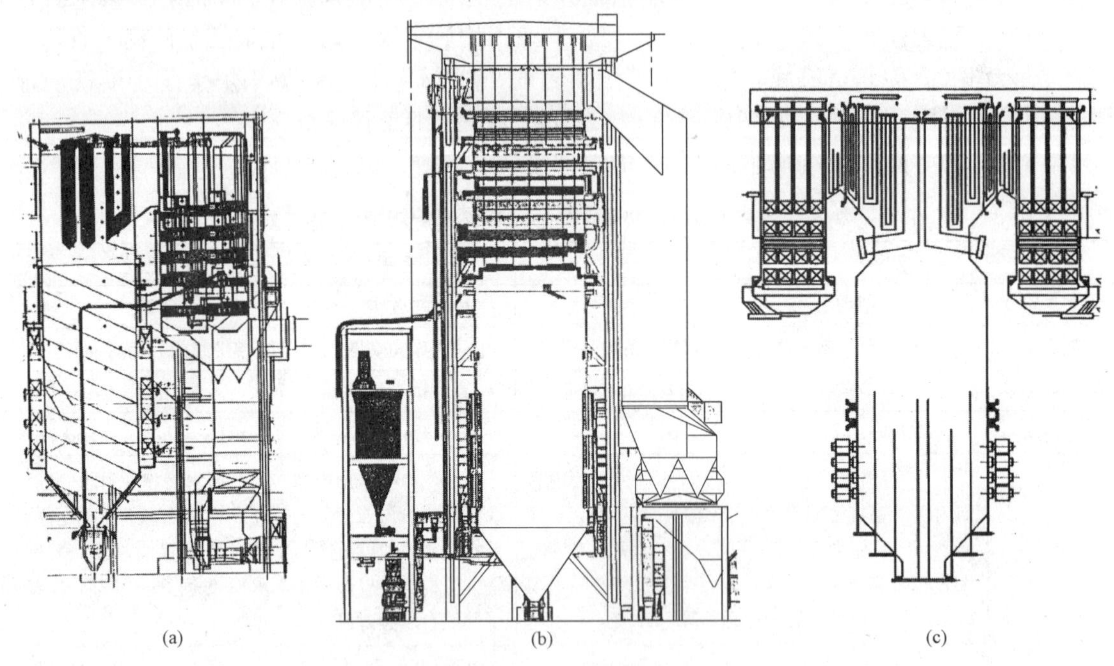

(a)　(b)　(c)

图3-1　三种布置方式

(a) Π型布置；(b) 塔式布置；(c) T型布置

一、Π型布置

Π型布置方式可用于切向及旋流对冲燃烧方式，其主要优点是：厂房及构架高度较低，锅炉排烟口在底层。送风机、引风机、除尘器、烟囱都可安置在地面，减轻了锅炉构架和厂房的负载。在尾部烟道中烟气向下流动，有利于尾部受热面做逆流布置，提高烟气自身吹灰的效果。

主要缺点是：占地面积较大；烟道转弯造成烟气速度场和飞灰浓度场不均匀，影响传热性能，引起局部磨损；折焰角与水平烟道结构复杂；炉顶穿墙管多，密封复杂，易于造成炉顶漏烟。此外，对流竖井的高度受炉膛高度限制，使大容量锅炉的尾部受热面布置困难，当热空气温度要求高时尤其如此。

二、塔式布置

塔式布置可用于切向及旋流对冲燃烧方式，锅炉中烟气一直向上流动，对流受热面布置在位于炉膛上方的烟道内。塔式布置有如下优点：

（1）将过热器、再热器和省煤器等受热面依次水平布置在炉膛上部，形成塔式布置，易于疏水，可减轻停炉后因蒸汽凝结在管内导致管子内壁腐蚀的问题，并在锅炉启动过程中，尤其是调试启动初期不会造成水塞。

（2）磨煤机可围绕炉膛四周布置，煤粉管道短，供粉均匀。塔式炉的过热器再热器管束均在前、后墙面上水平方向引入或引出，较 Π 型及 T 型布置，在炉顶顶棚引出密封要简单得多。

（3）烟气向上流动的过程中，大颗粒的飞灰受重力作用，灰粒速度低于气流速度。灰粒速度大约低于气流速度 1m/s，600MW 的锅炉一般省煤器处的平均烟气速度为 9m/s，则灰粒速度为 8m/s。磨损量与灰料速度的 3.5 次方成正比，磨损量能减少约 30%。因此，塔式布置的锅炉因灰粒流速较低、尾部受热面烟气速度均匀，对减轻受热面磨损效果十分显著。避免了 Π 型布置的锅炉中，因烟气流动折向使飞灰浓度局部提高所产生的局部磨损。

（4）尾部受热面烟气温度偏差小，对于四角切向燃烧方式，塔型炉的水平烟道烟气能量不平衡问题已不存在。

（5）占地面积小，锅炉外表面积小。

塔式布置有如下缺点：

1）锅炉高度要比其他方式高。安装及检修费用将提高。

2）对灰分较高的煤，上部过热器、再热器大量积灰塌落入炉膛，会引起燃烧不稳，甚至灭火。

三、T 型布置

T 型布置用于切向及旋流对冲燃烧方式。实际上将尾部烟道分成尺寸完全一样的两个对流竖井烟道，对称地布置在炉膛两侧，以解决 Π 型布置尾部受热面布置困难问题。也可使炉膛出口烟窗高度减小，减小烟气沿高度的热偏差。竖井内的烟气流速可降低，减少磨损。但占地面积比 Π 型布置更大，汽水管道连接系统复杂，金属消耗量大。苏联应用较多，在燃用多灰烟煤、无烟煤及褐煤等劣质煤的锅炉上应用较为适宜。

苏联由 100MW 发展到 200MW 机组容量时，开始采用 T 型布置，俄罗斯生产的大型超临界锅炉均采用 T 型布置。中国引进的俄罗斯机组采用 T 型布置的锅炉如下：

盘山发电厂 500MW 机组：T 型布置，ZGM-95 型中速磨煤机直吹式制粉系统，前后墙对冲旋流燃烧器。

伊敏发电厂 500MW 机组：T 型布置，风扇磨煤机直吹式制粉系统，前、后、左、右墙上各布置 2 个燃烧器，在炉内形成 1 个切圆。

辽宁绥中发电厂 800MW 机组：T 型布置，采用前后墙对冲旋流燃烧器。

四、锅炉整体布置型式的选择

由于 T 型布置蒸汽系统复杂，钢材耗量大，大型超超临界锅炉型式主要是 Π 型布置和塔式布置，两种型式均有应用经验。我国发展超超临界机组，锅炉整体布置型式不能一概而论，需要根据具体电厂、燃煤条件、投资费用、运行可靠性及经济性等方面，进行全面的技术经济比较选定。另外，锅炉布置型式与燃烧方式有一定关系，两者应合理搭配。

选用时应重视煤质特性，特别是煤的灰分。燃用高灰分煤，从减轻受热面磨损方面考虑，采用塔式布置较为合适。

采用切圆燃烧方式的锅炉，从减小炉膛出口烟温偏差角度考虑，应选用塔式布置型式。采用对冲燃烧方式的锅炉，可选用 Π 型布置型式。

地震风险也是选择锅炉布置型式考虑的因素，地震风险大的地区，采用 Π 型布置较好。

第二节　燃　烧　方　式

燃烧器在炉膛上的布置型式有墙式、角式及顶部布置（即 U 型或 W 型火焰）三种。锅炉燃烧器按其出口气流的流动性，可分为直流式燃烧器和旋流式燃烧器。

切向燃烧四角（六角、八角）一般采用直流式燃烧器，墙式燃烧器一般采用旋流式燃烧器，常采用前墙布置、前后墙对冲或两侧墙对冲布置。顶部布置可采用直流式燃烧器，近年来，也有旋流燃烧器用于顶部布置的，组织 W 型火焰。图 3-2 为切向、墙式（对冲燃烧）及顶部布置三种燃烧方式的示意图。

目前，国内超超临界 1000MW 机组锅炉燃烧方式一般采用带有直流燃烧器的单炉膛四角切圆燃烧方式、单炉膛八角双切圆燃烧方式（见图 3-3）和带有旋流燃烧器的单炉膛前后墙对冲燃烧方式。结合锅炉布置型式搭配有如下几种形式：

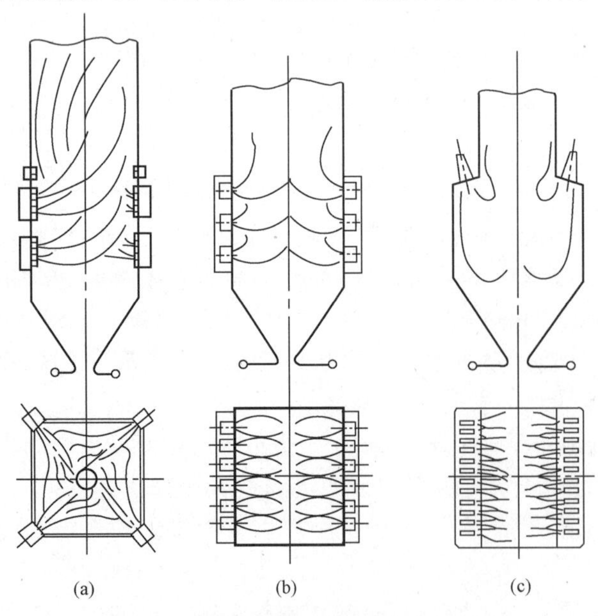

图 3-2　三种常用的煤粉燃烧方式示意

（a）切向燃烧；（b）墙式燃烧；（c）拱式燃烧

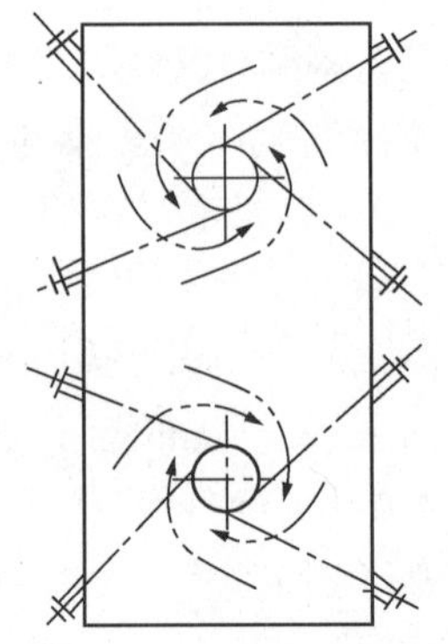

图 3-3　双切圆燃烧方式

（1）四角单切圆塔式布置。

（2）墙式对冲塔式布置。

（3）八角双切圆Π型布置。

（4）墙式旋流Π型布置。

一、切圆燃烧方式

1. 切向燃烧方式的特点

切向燃烧方式为煤粉气流从布置在炉膛四角的直流式燃烧器引入炉膛进行燃烧的方式。一般一、二次风口常为间隔布置，各风口的几何中心线都分别与中央的一个或几个假想圆相切。

切向燃烧的特点是靠各角来的风粉混合物协同动作，在炉内形成一个强旋流火球燃烧。煤粉着火和燃烧稳定性靠点火三角区和上游邻角过来的高温火焰的对流传热支持。火焰的形状不仅与燃烧器布置、参数有关，而且与炉膛形状及假想切圆直径有关。

高燃烧效率、稳定的热力特性和低排放等关键参数都是切向燃烧技术固有的特点。由于切向燃烧组成独特的空气动力结构，其主要特点如下：

（1）着火稳定性强。燃料冲燃烧器喷口喷出，受上游高温烟气加热，很快着火，激烈燃烧的射流末尾又冲撞下游邻角的燃料射流，形成切圆的四角射流相互碰撞加热实现能量交换，从而产生燃烧稳定的旋转上升火焰。下一层旋转上升火焰促进上一层的燃烧强化和火焰稳定；上一层的旋转气流同时加强对下层火焰的扰动，这种角与角和层与层之间的相互掺混扰动，保证了煤粉的着火稳定性。

（2）燃烧效率高。燃料进入炉膛内不旋转上升，在炉膛内部行程长、停留时间久，炉膛烟气充满度高，能最高效利用炉膛容积，为炭粒燃尽创造良好条件。同时火球的旋转使进入炉膛的煤粉和空气逐渐均匀地在整个炉膛中充分混合，利于燃尽。另外，切向燃烧的各股射流组合成一个旋转火球，混合强烈，能适应各股射流风量分配的不均匀性，具有适度的抗干扰能力，因此对燃料和空气的精确分配没有过高的要求。这也体现了切向燃烧煤种适应范围较大，具有一定的自我调节功能这一特点。

（3）防止结渣性能好。切向燃烧圆柱形旋转上升的“火球”居于炉膛中部，炉膛火焰充满度好，燃烧热力偏差影响较小，对水冷壁放热较均匀，烟气的尖峰热流及平均温度较低，这一点对于燃用低灰熔点的煤种特别有利于防止炉膛结渣。

采用同心切圆燃烧方式，由于一次风煤粉气流被偏转的二次风气流裹在炉膛中央，形成富燃料区，在燃烧区域及上部四周水冷壁附近则形成富空气区，这样的空气动力场组成减少了灰渣在水冷壁上的沉积，并使灰渣疏松，减少了墙式吹灰器的使用频率，提高了下部炉膛的吸热量。水冷壁附近氧量的提高也降低了燃用高硫煤时水冷壁的高温腐蚀倾向。

（4）水冷壁可靠性高。由于热负荷的均匀性使得水冷壁吸热量在同一截面内较均匀，可以有效避免局部过热现象的发生，使得水冷壁寿命和可靠性提高。

（5）NO_x 排放量较低。由于从角部进入炉膛的煤粉和二次风这两股平行气流之间混合程度较低，初始燃烧高温区（挥发分析出及初始炭颗粒燃烧）为还原性气氛，该区域位于炉膛中从燃料喷嘴至射流被炉膛的旋转火球卷吸之外。同时充分燃烧区烟气尖峰热流及平均温度较低，这一点有效抑制了 NO_x 排放量。另外，部分二次风气流在水平方向分级，在始燃烧阶段推迟了空气和煤粉的混合，这种分层燃烧方式也有利于控制 NO_x 的形成。

2. 四角单切圆燃烧方式

四角切向燃烧方式要求炉膛接近正方形，便于组织炉内单一火球的燃烧。超超临界百万机组锅炉如果依然采用单火球 Π 型炉，则要求炉膛出口高度增大，才能布置足够的辐射及对流受热面，这样除了炉膛出口后的左、右侧存在烟气能量不平衡外，上、下方向也会出现同样问题，另外过高的管屏内外圈管吸热量差异加大，外圈管受热行程长，则易过热。再者，由于超超临界参数锅炉主汽及再热汽温高达 600℃，即便选用新型奥氏体钢，也还是须考虑管屏下部迎火管段的超温问题。

前述问题对于墙式对冲燃烧方式 Π 型锅炉易于解决，其炉膛截面可布置为长方形，则炉膛出口高度也会降低呈长方形。

对四角燃烧方式，采用塔式布置，则前述问题也不存在，尽管炉膛截面接近正方形，但各级过热器、再热器受热面横向布置，烟气上升到炉顶才拐向下行烟道，经过多级受热面，而且出口面又较小，烟气流量分布不均现象已基本消失。

采用四角单切圆塔式布置燃烧方式，所有受热面都布置在前烟道内，而燃烧烟气在炉膛上部的对流受热面中径直向上，其速度场及温度场分布均匀，不存在流场不均匀造成的传热偏差。其切向燃烧方式在燃烧室出口处的烟气残余旋流在水平对流受热面的整流作用下迅速耗散，且残余旋流矢量与烟气的宏观速度矢量垂直，并不会造成屏间的不均匀传热。当然，尚未耗散的旋流会在单根管子的对称点产生局部较高的热通量，但布置在燃烧室出口处的受热面为一级过热器，管内蒸汽温度相对较低，局部较高的热通量不会导致管壁的超温。均匀的烟气流场分布形成了均匀的过热器及再热器烟气温度分布，并使得过热器、再热器蒸汽出口温度分布均匀。

3. 八角双切圆燃烧方式

在单炉膛双切圆燃烧锅炉中，如果正确选择切圆的旋向，将两个相对独立燃烧系统的对流热偏差与整体单一火焰辐射系统的辐射热偏差进行合理的搭配和补偿，则炉膛出口区域总的烟气热偏差将有可能大大降低。这也是 Π 型布置切向燃烧锅炉超大型化后采用单炉膛双切圆燃烧系统的原因。

由于单炉膛双切圆燃烧方式的旋转方向相反，炉膛出口烟气沿炉膛宽度方向旋向相反，相互叠加抵消，使炉膛出口烟温偏差大大降低，有利于锅炉安全运行。单炉膛双切圆燃烧方式由于燃烧器八角布置能降低一次风单只喷嘴热功率，有利于防止水冷壁结焦的产生。另外，单炉膛双切圆燃烧方式炉膛内温度场更加均匀，并且温度水平适中，使锅炉水循环更加可靠。

四角单切圆塔式布置与八角双切圆 Π 型布置是目前超超临界百万千瓦机组锅炉切向燃烧方式的两种较好选择。

四角单切圆塔式布置由于过热器、再热器和省煤器受热面布置炉膛上部，从根本上解决了由于水平烟道烟气能量不平衡问题所带来的过热器、再热器超温。而八角双切圆 Π 型布置则采用反向切圆相互补偿效应，可以大大减轻热偏差。在燃尽率方面，四角单切圆塔式布置采用多喷射燃烧器，八角双切圆 Π 型布置采用燃烧器八角布置，都对提高燃尽率有利。

二、对冲燃烧方式

将一定数量的旋流式燃烧器布置在两面相对的炉墙上，形成对冲火焰的燃烧方式。旋流式燃烧器主要靠自身形成的回流卷吸燃烧室内高温烟气来加热点燃煤粉，因此形成基本独立的火炬。对冲布置的火炬在燃烧室中心相遇对冲，然后转弯向上。

与燃烧器前墙布置相比，前后墙对冲布置时，炉内火焰充满情况较好，火焰在炉膛中部对冲，有利于增强扰动。

旋流式燃烧器前后墙对冲布置和直流式燃烧器切向布置相比，其主要优点是上部炉膛宽度方向上的烟气温度和速度分布比较均匀，使过热蒸汽温度偏差较小，并可降低整个过热器和再热器的金属最高点温度。

前后墙对冲燃烧方式在 1000MW 超超临界机组锅炉中有不少的应用，我国目前常见于东方锅炉厂和北京巴威。山东邹县发电厂四期工程 2 台 1000MW（26.25MPa/600℃/600℃）国产发电机组采用东方锅炉厂前后墙对冲燃烧方式锅炉，而北京巴威第一个真正实施的 1000MW 超超临界锅炉坐落于浙江浙能中煤舟山煤电有限责任公司 2×1000MW 超超临界锅炉机组工程项目。

墙式对冲燃烧方式用 Π 型布置可使炉膛出口呈长方形，管屏不必太高，则同屏管间壁温度会较小。另外，左、右侧烟气可基本调平，使沿炉宽度方向烟气量等偏差减小，也会管壁温均匀，对于主汽、再热汽温甚高的条件，偏差小，则安全性会随之提高。对再热器，因热循环经济性要求，其蒸汽压降应尽量减小，使再热器管内径较大，工质质量流速较低，蒸汽侧传热系数低于过热器管，故高温再热器是超温爆管的区域。对冲燃烧 Π 型炉尾部为双烟道，低温再热器一般布置在后竖井的前侧，其高温再热器（或再热器高温段）则位于水平烟道的后部或在低温再热器上部。此处已躲开了炉膛出口烟温最高且烟温分布最不均匀的区域，在达到相同蒸汽温度的情况下，管壁温可较低。

另外，墙式对冲燃烧方式以烟气挡板改变流经低温过热器及低温再热器的烟气量，从而调节再热汽温度。这种调节方式较四角燃烧方式炉多以摆动燃烧器在垂直方向角度的方式要有效，运行中再热器可不投减温水，使循环热效率不会因喷入减温水而降低。

三、W 型火焰燃烧方式

W 型火焰燃烧方式是将直流或弱旋流式燃烧器布置在燃烧室前后墙炉拱上，使火焰开始向下，再折回向上，在炉内形成 W 型火焰的燃烧方式。

W 型火焰燃烧方式由于炉膛温度水平高，NO_x 生成量高。为了提高着火稳定性，减少 NO_x 生成量，新设计的锅炉常将部分二次风分别由前后墙引入，并用垂直下行一、二次风动量与近似水平对冲的部分二次风和（或）三次风的动量比来调节 W 型火焰的形状。根据燃用煤质的不同，W 型火焰燃烧室四周敷设适量的卫燃带，用以提高火焰温度和燃尽度。

W 型火焰燃烧方式相对于前几种燃烧方式而言，下炉膛的截面积偏大，且四周敷设卫燃带，可使煤粉火焰具有较高温度，而又不易冲墙，减少结渣的危险；但是，由于炉膛截面积大，形状复杂，锅炉本体造价大致要增加 15%～25%。另外，形成和控制 W 型火焰使之充满整个炉膛，要求有成熟的设计经验和较高的运行水平。

W 型火焰燃烧方式对难燃的贫煤及无烟煤在燃烧稳定性上优于四角和墙式燃烧方式，目前 W 型火焰燃烧方式在我国基本应用在 300、600MW 亚临界煤粉锅炉上。

四、燃烧方式对煤种的适应性

煤粉锅炉燃烧方式主要决定于煤质特性，可归结为煤的着火稳定性、燃尽特性和煤灰结渣特性等，也与各制造公司传统及积累的经验有关。煤种与燃烧方式、制粉系统的匹配归纳如下：

（1）极易着火煤种（着火稳定性指数 $R_w \geqslant 5.59$ 或 $V_{daf} \geqslant 37\%$ 的褐煤）宜采用切向燃烧或对冲燃烧，采用直吹式制粉系统。

当入炉煤 $M_{ar} \geqslant 30\%$ 时，从干燥和防爆需要考虑，宜采用抽炉烟干燥的风扇磨煤机直吹式制粉系统，但对于 $M_{ar} < 35\%$时，$Q_{net,ar} > 10$MJ/kg 的褐煤也可采用中速磨煤机，并采用较高的热风温度（≥380℃）。

（2）易着火煤种及中等着火煤种（$R_w \geqslant 4.67$ 或 $V_{daf} \geqslant 20\%$的烟煤），宜采用切向燃烧或对冲燃烧方式，采用直吹式制粉系统，当煤的磨损性很强时，也可采用钢球磨煤机中间储仓乏气送粉系统。

（3）难着火煤种中，$4.24 \leqslant R_w < 4.67$ 或 $12\% \leqslant V_{daf} < 20\%$的贫煤，一般宜采用切向燃烧或对冲燃烧方式，采用钢球磨煤机中间储仓式制粉系统热风送粉、双进双出钢球磨煤机直吹式制粉系统或中速磨煤机直吹式制粉系统（当采用中速磨煤机时最好配用回转式分离器）。

（4）难着火煤种中，$4.0 \leqslant R_w < 4.24$ 或 $8\% \leqslant V_{daf} < 12\%$ 的煤种，当要求较强的调峰带低负荷能力、较高的燃烧效率或煤灰的结渣倾向很大时，宜优先采用 W 形火焰燃烧方式，否则可采用切向燃烧或对冲燃烧方式。

（5）极难着火煤种中，$R_w < 4.0$ 或 $V_{daf} < 8\%$的无烟煤，宜采用 W 形火焰燃烧方式，配钢球磨煤机中间储仓式热风送粉制粉系统、双进双出钢球磨煤机直吹式系统或高温热风置换的半直吹式制粉系统。

第三节　水 冷 壁 型 式

为了提高发电效率，降低单位造价和发电成本，使得新建火力发电机组向高参数、大容量的超超临界发电机组方向发展，为了使变压运行锅炉能够实现以每分钟 5%或更快的速度变负荷，并且能够完成频繁启动，同样能适应煤种的变化要求，目前我国超超临界 1000MW 机组锅炉炉膛水冷壁布置形式主要有两种：第一种是下部水冷壁采用内螺纹螺旋管圈布置，上部水冷壁为垂直管圈，上、下部水冷壁间采用混合联箱过渡，如图 3-4（a）所示；第二种是炉膛上、下部水冷壁均采用内螺纹垂直管圈水冷壁，上、下部水冷壁间设有两级混合集箱，水冷壁入口装设节流孔板，如图 3-4（b）所示。两种炉膛布置的上、下炉膛水冷壁间都有中间混合集箱，用以消除炉膛下部水冷壁工质吸热与温度偏差。

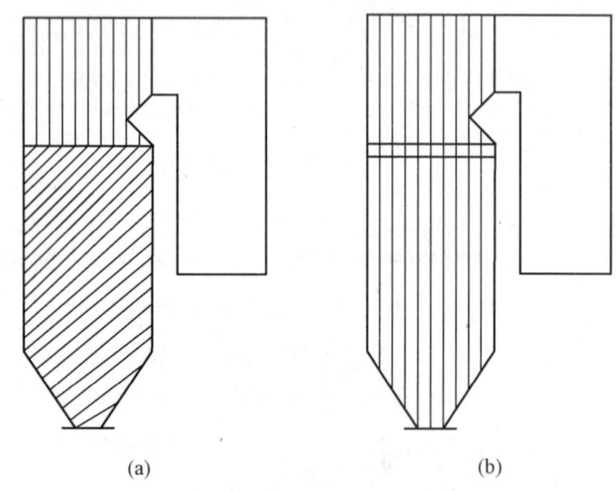

图 3-4　两种水冷壁的炉膛布置

一、螺旋管圈水冷壁

螺旋管圈水冷壁在超临界和超超临界锅炉上应用最广泛。欧洲各国、日本的其他电厂和我国均采用螺旋管圈水冷壁以适应机组变压运行。目前我国上海锅炉厂、东方锅炉厂生产的超超临界 1000MW 机组锅炉采用上述第一种炉膛水冷壁布置型式，即炉膛下部水冷壁采用内螺纹螺旋管圈布置，上部水冷壁为垂直管圈，上、下部水冷壁间采用混合联箱过渡。螺旋管圈水冷壁应用在超超临界锅炉上有如下特点：

（1）优点：

1）螺旋管圈水冷壁管间热偏差小。在螺旋管圈水冷壁的盘旋上升过程中，每根管子都经过炉膛四周，途经宽度、深度方向上热流密度分布不同的各个区域，所以每根管子的吸热都是比较均匀的。因此，螺旋管圈水冷壁平行管组中的各个并联管子，从整个长度来讲，热偏差较小，尤其当锅炉负荷变化、燃烧工况改变时，因热力不均产生的水冷壁热偏差将会相对较小。

另外，螺旋管圈水冷壁可采用较粗的（ϕ38mm 以上）管子，对管子制造公差所引起的水动力偏差敏感性较小，运行中不易堵塞；不需在水冷壁入口处和水冷壁下集箱进水管上装设节流孔圈以调节流量。

2）燃烧干扰能力强。螺旋上升的炉膛水冷壁管组，其中每根管子都通过炉膛内部不同的热负荷区域，即使采用四角切圆的燃烧方式，而且火焰中心发生较大偏移时，仍能保证不同管子的吸热偏差保持在较小的范围内，使各管出口温度差值保持在一定范围之内。这与光管垂直管圈水冷壁相比，在抗燃烧干扰方面的能力要强很多。

3）水动力稳定性高。从当前超超临界锅炉的运行与设计经验来讲，螺旋管圈水冷壁可获得相对较高的质量流量，对降低管子进口欠焓和消除脉动有着明显的作用，这对于保持水动力的稳定十分有利，并可有效地抑制类膜态沸腾和膜态沸腾等传热恶化现象的发生。另外，超超临界锅炉在热负荷最高的炉膛下辐射区采用内螺纹结构的螺旋管圈水冷壁，使传热系数大大提高，进一步避免了管子超温的可能，提高了水冷壁运行的安全性。

（2）缺点：

1）水冷壁阻力较大，与垂直管圈水冷壁相比，给水泵功耗增加 2%～3%。

2）水冷壁结构复杂，安装组合率低，现场工作量大，维护和维修也要复杂一些。

3）水冷壁挂渣比垂直管圈水冷壁重。

二、垂直管圈水冷壁

由于内螺纹管的结构特性，使得它在传热性能及水动力特性方面明显优于光管，它在锅炉上的应用给直流锅炉水冷壁采用垂直管圈型式开辟了崭新的途径。早在 20 世纪 70～80 年代，三菱重工等公司鉴于变压运行超临界机组的优势和传统螺旋管圈水冷壁在结构复杂等方面的不足，使他们在已有长期运行经验的复合循环锅炉的基础上，利用内螺纹管在抑制传热恶化产生、水动力特性良好等方面的优点，着手开发和研究超临界锅炉内螺纹管垂直管圈水冷壁。80 年代中期，日本三菱重工又在超临界领域做出重大突破，同时开发并生产出了世界上首台采用一次上升管圈的超临界锅炉变压运行机组，并在日本多家电厂投入运行。国内的哈尔滨锅炉厂引用三菱重工的技术已经成功生产出 1000MW 内螺纹管垂直管圈水冷壁超超临界锅炉机组，并在浙江玉环电厂顺利投产，至今运行稳定。

内螺纹管垂直管圈水冷壁有如下特点：

（1）优点：

1）结构简单，制造容易，厂内组装率高，安装方便，便于吊挂，许多生产工艺与成熟的亚临界锅炉水冷壁相近。

2）质量流速较螺旋管圈水冷壁小，工质流程比之螺旋管圈水冷壁更是大大缩短，因此系统阻力小，给水泵的功耗降低。

3）采用内螺纹管可提高传热性能，在亚临界负荷时防止下炉膛高热负荷区域发生膜态沸腾，在超临界负荷时能够防止类膜态沸腾的发生，变压性能好。

4）降低质量流速，使在低负荷时水动力特性转化为自然循环，有利于维持锅炉安全运行。

5）下辐射区采用一次上升内螺纹管垂直管圈水冷壁，结合较低的质量流速，克服了传统 UP 型锅炉的主要缺陷。

6）吹灰效果好，结渣倾向小，疏松型灰渣易于自行脱落，维护和检修工作简单。

（2）缺点：

1）对煤种变化的适应性较差，不如螺旋管圈水冷壁好。

2）垂直管圈水冷壁沿炉膛周界的水冷壁的出口温度偏差较螺旋管圈水冷壁稍大，但是可通过加装节流孔圈将此偏差值控制在合适的范围。

3）在变压运行特性方面相对于螺旋管圈水冷壁还是有不足之处。如果垂直管圈水冷壁所有管子平行连接，那么只有在采用较大容量的锅炉时才能保证水冷壁可靠冷却所必须的质量流速。

4）必须装设再循环泵，以保证启动和低负荷时必要的质量流速，从而增加了设备投资。

5）苏联的超临界锅炉的垂直水冷壁大多采用 ϕ32mm×6mm 的光管，CE 公司的复合循环锅炉的垂直水冷壁也采用 ϕ32mm×6mm 的光管，而日本的变压运行超临界锅炉垂直水冷壁采用 ϕ28mm×4mm 的内螺纹管，由于管径小，热敏感性强，对运行控制要求高。

这两种原本在结构上截然不同的水冷壁管圈相互吸收彼此的优点，克服缺点，相互靠近、相互融合。螺旋管圈水冷壁用于单切圆正方形炉膛的塔式或 Π 型锅炉，也大量用于对冲燃烧、矩形炉膛双切圆的 Π 型锅炉。而垂直管圈水冷壁已被 MHI 广泛采用，ABB-CE 公司的超超临界锅炉也将采用内螺纹管垂直管圈水冷壁。

第二篇 超超临界1000MW机组典型锅炉

第四章 上锅超超临界1000MW机组锅炉

第一节 概 述

上海锅炉厂有限公司生产的超超临界1000MW机组锅炉为塔式锅炉，不同于其他锅炉炉型，其在结构设计上有如下几大特点：

（1）塔式锅炉采用单炉膛单烟道布置方式，整体占地面积小；采用下部螺旋管圈和上部垂直管圈布置的水冷壁结构型式。

（2）除了悬吊管外，各级受热面均呈卧式布置在炉膛上部，尾部烟道中没有任何受热面。塔式锅炉的受热面布置方式有如下几大好处：

1）塔式锅炉做横卧布置的各级受热面都能疏水，有利于停炉保养和启动时蒸汽通畅流动，具备优异的备用和快速启动特点，因此有利于延长对流受热面的使用寿命。

2）横卧布置的各级受热面都能疏水，能排尽管内积水，使锅炉对过热器和再热器的酸洗成为可能。各级受热面呈横卧布置，启动阶段产生的氧化铁剥离物及金属颗粒极易被蒸汽冲走，并被旁路系统直接送入凝汽器。按德国规范，只有当凝结水合格，包括含铁量达标后才能冲转汽轮机，故SPE（即汽轮机固体粒子腐蚀）也就不再成为问题。

（3）悬吊结构规则，支撑结构简单。塔式锅炉整个受热面的悬吊是通过过热器悬吊管来实现的，由于除了水冷壁外，所有的受热面均为卧式布置，所有进出口集箱均布置在炉前或炉后。所有的集箱是通过炉外悬吊管来实现的。

（4）塔式锅炉采用单烟道型式，在受热面部分，烟气流向没有90°急转弯，烟气流场均匀，均匀的烟气流场分布形成了均匀的过热器、再热器烟气温度分布，使得过热器、再热器蒸汽出口温度分布均匀。

（5）塔式锅炉烟气流速方向和灰粒的重力方向相反，灰粒的运动速度低于烟速，所以同样的烟气流速条件下，塔式锅炉的磨损速率远低于其他炉型。

同时灰粒的运动特点也有利于燃尽，在相同的煤粉细度情况下，塔式锅炉的燃尽率要高于其他炉型。

（6）塔式锅炉的结构形式和受力体系不同于国内常规的双烟道布置的300、600MW和1000MW锅炉钢结构炉架。常规双烟道布置的锅炉钢架和平台框架及空气预热器框架是一个整体，塔式锅炉将钢结构分成主体钢架和辅助钢架。塔式锅炉钢结构主要结构组成如下：筒式框架、大板梁和炉顶桁架、锅炉两侧辅钢架、炉前辅钢架、钢平台和空气预热器钢架。

筒式框架、炉顶平台、大板梁及其炉顶钢架作为锅炉钢结构中的主钢架，承受锅炉受热面的主要荷载。筒式框架是锅炉的主要受力结构，其不但承受垂直力，而且也是传递水平力的主要结构。筒式框架自己组成一个稳定结构，两侧辅钢架、炉前辅钢架和钢平台依附在筒式框架上。这就给安装带来一个好处，只要将筒式框架、炉顶平台、大板梁及其桁架安装完毕后就可以吊受热面，安装钢结构和受热面可以同时进行，对缩短安装周期带来益处。

(7) 过热蒸汽采用二级喷水减温和燃水比调节来实现对汽温的调节。再热蒸汽的调温手段为摆动燃烧器、低负荷过量空气系数调节、在进口装设事故紧急喷水和在再热器之间装设微量喷水。

(8) 没有尾部后烟井，也就没有复杂的包覆过热器系统，整个汽水系统比较简单。

(9) 燃烧系统采用低 NO_x 同轴燃烧系统（LNCFS）。

LNCFS是一种经过考验的成熟技术，迄今在全球范围内已有超过200台的新建和改造锅炉的成功运行业绩，总的装机容量大于62 000MW。LNCFS在降低 NO_x 排放的同时，着重考虑提高锅炉不投油低负荷稳燃能力和燃烧效率。另外，LNCFS在防止炉内结渣、高温腐蚀和降低炉膛出口烟温偏差等方面，同样具有独特的效果。

第二节 锅 炉 简 介

某电厂2×1000MW机组锅炉为超超临界压力参数变压运行螺旋管圈直流锅炉，单炉膛塔式布置形式、一次中间再热、四角切圆燃烧、平衡通风、固态排渣、全钢悬吊构造、露天布置。锅炉燃用设计煤种和校核煤种均为烟煤。

锅炉总体布置如下所述。

锅炉炉膛宽度为21.48m，深度为21.48m，水冷壁下集箱标高为6.5m，炉顶管中心标高为122.45m，大板梁上端面标高为130.7m。锅炉设置有膨胀中心及零位保证系统，垂直高度的零点在大板梁顶部，水平零点位置在锅炉中心线。锅炉炉膛底部垂直高度最大位移为750.4mm。炉墙为轻型结构带梯形金属外护板，屋顶为轻型金属屋顶。

锅炉炉前沿宽度方向垂直布置6只汽水分离器，每个分离器与一级过热器相连。当机组启动，锅炉负荷小于最低直流负荷30%BMCR时，蒸发受热面出口的介质经分离器前的分配器后进入分离器进行汽水分离，蒸汽通过分离器上部管接头进入两个分配器后进入一级过热器，而不饱和水则通过每个分离器筒身下方的连接管进入下方疏水箱中，疏水箱设有水位控制。疏水箱下方的疏水管引至一个连接件。通过连接件一路疏水至炉水再循环系统，另一路接至大气扩容器中。

炉膛由膜式水冷壁组成，水冷壁采用螺旋管加垂直管的布置方式。炉膛上部依次分别布置有一级过热器、三级过热器、二级再热器、二级过热器、一级再热器、省煤器。锅炉上部的炉内受热面全部为水平布置，穿墙结构为金属全密封形式。所有受热面能够完全疏水干净。锅炉出口的前部、左右两侧和炉顶部分也是由管子膜式壁构成的，但是这些地方的管子内部是空的，没有流体介质。

除了水冷壁集箱之外，所有集箱都布置在锅炉上部的前后墙部位上。炉前集箱包括有一级过热器、二级过热器、三级过热器的进/出口集箱，省煤器进/出口集箱。炉后集箱包括有一级再热器、二级再热器的进/出口集箱，一级过热器后墙出口集箱。这些炉前/后的集箱一端由悬吊管支撑，另一端搁支在炉前/后墙水冷壁之上。

过热器采用三级布置，在每两级过热器之间设置喷水减温，主蒸汽温度主要靠燃水比和减温水控制。再热器两级布置，再热蒸汽温度主要采用燃烧器摆角调节，在一级再热器入口和二级再热器入口分别布置事故和微量减温水。

在 ECO 出口设置脱硝装置，脱硝采用 SCR 脱硝技术，反应剂采用液氨汽化后的氨气，反应后生成对大气无害的氮气和水。

尾部烟道下方设置两台三分仓回转容克式空气预热器，两台空气预热器转向相反，转子直径为 16.37m，空气预热器低温段采用抗腐蚀大波纹 SPCC 搪瓷板，可以防止脱硝生成的 NH_4HSO_4 的黏结。

风烟系统配置了 2 台由豪顿华工程有限公司生产的 ANN-3120/1600N 型送风机、成都凯凯凯电站风机有限公司生产的 GU23836-22 型一次风机和 2 台由成都电力机械厂生产的 YA18448-8Z 型引风机，一次风机和送风机采用动叶可调轴流风机，引风机采用进口静叶可调式轴流风机。

燃烧系统按照中速磨正压直吹系统设计，配备 6 台上海重型机械集团有限责任公司生产的 HP1163/Dyn 磨煤机和 6 台由上海发电设备成套设计研究所提供的型号为 CS2036HP 的电子称重式给煤机，正常运行中运行 5 台磨煤机。每台磨煤机引出 4 根煤粉管道到炉膛四角，炉外安装煤粉分配装置，每根管道分配成 2 根管道分别与 2 个一次风喷嘴相连，共计 48 个直流式燃烧器分 12 层布置于炉膛下部四角（每两个煤粉喷嘴为一层），在炉膛中呈四角切圆方式燃烧。紧挨顶层燃烧器设置有 CCOFA，在燃烧器组上部设置有 SOFA，每个角 6 个喷嘴，采用 TFS 分级燃烧技术，可以减少 NO_x 的排放。

B 磨对应的燃烧器改造成微油点火燃烧器，在启动阶段和低负荷稳燃时，可以投入微油系统，减少燃油的耗量。

蒸汽吹灰系统分锅炉本体受热面吹灰和预热器吹灰两部分，分别有两套吹灰汽源。锅炉本体部分有 64 台炉室吹灰器布置在炉膛部分，有 96 台长伸缩式吹灰器布置在锅炉上部区域。

每台预热器烟气进/出口端各布置 1 台双介质吹灰器。锅炉本体吹灰蒸汽汽源由第一级再热器进口集箱引出，预热器吹灰蒸汽汽源第二级再热器进口集箱接出，管路中设有自动疏水点，蒸汽吹灰疏水共有 5 点，排水到大气式扩容器。锅炉整套吹灰实现过程控制，管路系统设计按 2 台锅炉本体吹灰器、2 台空气预热器吹灰器同时投运考虑。

上锅超超临界 1000MW 机组锅炉的整体布置如图 4-1 所示。

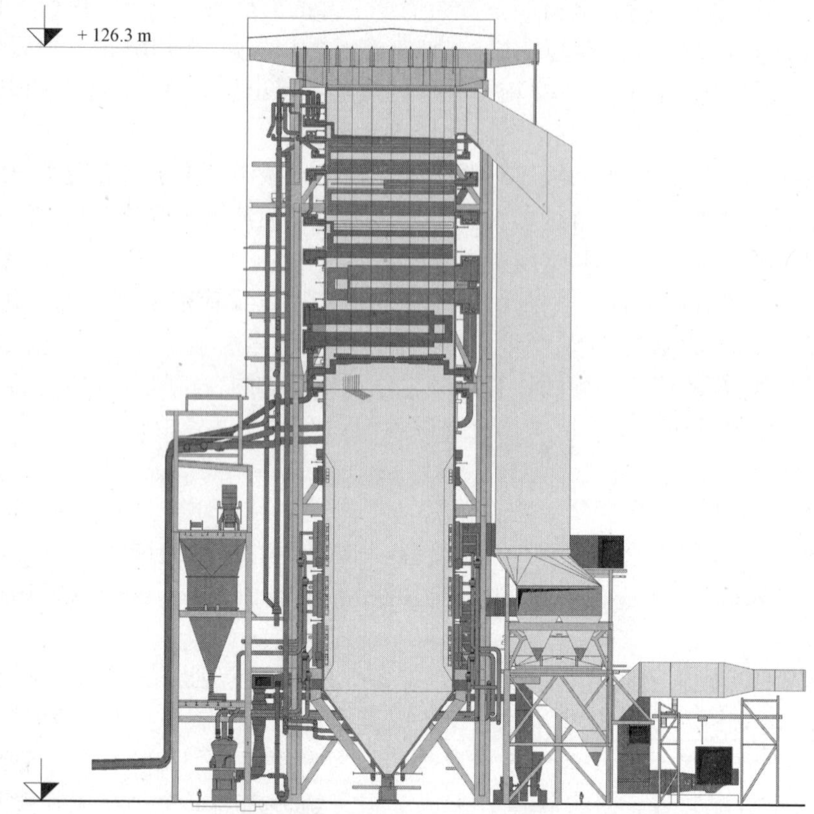

图 4-1　上锅超超临界 1000MW 机组锅炉的整体布置

第三节　技　术　规　范

一、主要设计参数

锅炉型号为 SG-3040/27.46-M5XX，最大连续蒸发量（BMCR）为 3040t/h。锅炉出口蒸汽参数为 27.46MPa（a）/605℃/603℃，对应汽机入口参数为 26.25MPa（a）/600℃/600℃。具体参数见表 4-1。

表 4-1　　　　　　　　　**锅炉主要设计参数**

项目	单位	BMCR	TRL
过热蒸汽流量	t/h	3040	2952
过热器出口蒸汽压力	MPa（g）	27.46	27.38
过热器出口蒸汽温度	℃	605	605
再热蒸汽流量	t/h	2540	2471
再热器进口蒸汽压力	MPa（g）	5.97	5.81
再热器出口蒸汽压力	MPa（g）	5.77	5.62
再热器进口蒸汽温度	℃	373	369
再热器出口蒸汽温度	℃	603	603
省煤器进口给水温度	℃	297	295

二、锅炉设计条件

1. 煤种

锅炉设计煤种是神府东胜煤，校核煤种是淮南煤、兖州煤；各煤种的有关参数见表 4-2。

表 4-2　　煤种参数

项　目		符号	单位	设计煤种（神府东胜煤）	校核煤种 1（淮南煤）	校核煤种 2（兖州煤）
元素分析	收到基碳分	C_{ar}	%	61.88	54.69	57.92
	收到基氢分	H_{ar}	%	3.40	3.70	3.68
	收到基氧分	O_{ar}	%	10.78	6.82	8.09
	收到基氮分	N_{ar}	%	0.80	1.08	1.17
	收到基硫分	$S_{t,ar}$	%	0.44	0.46	0.55
	收到基灰分	A_{ar}	%	9.10	22.0	21.39
	收到基水分	M_t	%	14.60	11.25	7.20
空气干燥基水分		$M_{ad(Mf)}$	%	3.68	0.94	1.27
收到基挥发分		V_{ar}	%	26.34	27.01	27.33
可燃基挥发分		V_{daf}	%	34.08	40.46	38.27
收到基低位发热量		$Q_{net,v}$	MJ/kg	23.47	21.76	22.76
可磨性指数		HGI	—	54	73	65
冲刷磨损指数		K_e	—	1.25	1.12	2.53
灰熔融性	变形温度	DT	℃	1100	1470	1190
	软化温度	ST	℃	1140	>1500	>1500
	流动温度	FT	℃	1220	>1500	>1500
灰渣成分分析						
二氧化硅		SiO_2	%	32.04	55.84	55.93
三氧化二铝		Al_2O_3	%	17.07	31.89	27.45
三氧化二铁		Fe_2O_3	%	19.29	3.83	3.99
氧化钙		CaO	%	16.30	1.90	4.17
氧化镁		MgO	%	0.78	0.78	1.44
三氧化硫		SO_3	%	7.82	1.08	2.08
二氧化钛		TiO_2	%	0.65	1.30	1.19
氧化钾		K_2O	%	0.55	0.88	1.54
氧化钠		Na_2O	%	0.85	0.40	0.32
飞灰比电阻						
温度为 34℃时			—	3.40×10^{10}	3.00×10^{10}	8.70×10^{9}
温度为 80℃时			—	1.08×10^{11}	7.50×10^{10}	1.72×10^{10}
温度为 100℃时			—	5.50×10^{11}	1.98×10^{11}	8.00×10^{10}

续表

项　目	符号	单位	设计煤种（神府东胜煤）	校核煤种1（淮南煤）	校核煤种2（兖州煤）
温度为120℃时		—	1.78×1012	6.70×1011	3.78×1011
温度为150℃时		—	4.05×10^{12}	2.00×10^{12}	8.99×10^{11}
温度为180℃时		—	1.88×10^{12}	9.55×10^{11}	4.58×10^{11}
游离二氧化硅	SiO_2	%	3.85	8.20	11.91

2. 点火及助燃用油

点火及助燃用油的有关参数见表4-3。

表4-3　点火及助燃用油参数

项目	单位	数据
油种	—	0号轻柴油
黏度（20℃时）	°E	1.2～1.67
凝固点	℃	不高于0
闭口闪点	℃	不低于55
含硫量	%	不大于0.2
灰分	%	不大于0.01
比重	kg/m^3	817
低位发热值 $Q_{net,ar}$	kJ/kg	41 800

注　$1°E=10^{-6}m^2/s$。

3. 锅炉给水及蒸汽品质要求

（1）锅炉给水质量标准如下：

补给水量：

正常时：30t/h。

启动或事故时：250t/h。

补给水制备方式：活性炭过滤＋反渗透＋离子交换除盐系统。

（2）锅炉给水质量标准（按CWT工况设计，即联合水处理工况设计）见表4-4。

表4-4　锅炉给水质量标准

项目	单位	数据
总硬度	μmol/L	～0
溶解氧（挥发或加氧处理后）	μg/L	≤7或30～150
铁	μg/L	≤5
铜	μg/L	≤2
二氧化硅	μg/L	≤10
pH	—	8～9
电导率（25℃）	μS/cm	<0.15
钠	μg/L	≤5

（3）蒸汽品质要求见表 4-5。

表 4-5　　蒸汽品质要求

项目	单位	数据
钠	μg/L	<5
二氧化硅	μg/L	<10
电导率（25℃）	μS/cm	<0.15
铁	μg/L	<5
铜	μg/L	<2

4. 锅炉运行条件

（1）锅炉带基本负荷并参与调峰。锅炉在投入商业运行后，年利用小时数不小于 6500h，年可用小时数不小于 7800h。锅炉强迫停用率不大于 2%。

（2）锅炉变压运行，采用定-滑-定运行方式。

（3）锅炉在燃用设计煤种或校核煤种时，能满足负荷在不大于锅炉的 30%BMCR 时，不投油长期安全稳定运行，并在最低稳燃负荷及以上范围内满足自动化投入率 100% 的要求。

（4）锅炉最低直流负荷不大于 30%BMCR。

（5）锅炉负荷变化率能达到下述要求：

1）在 50%～100%BMCR 时，≥±5%BMCR/min。

2）在 30%～50%BMCR 时，≥±3%BMCR/min。

3）在 30%BMCR 以下时，≥±2%BMCR/min。

4）负荷阶跃：>10%汽轮机额定功率/min。

（6）锅炉的启动时间（从点火到机组带满负荷）与汽轮机相匹配，一般可满足以下要求：

1）冷态启动：5～6h。

2）温态启动：2～3h。

3）热态启动：1～2h。

4）极热态启动：<1h。

（7）锅炉点火至汽机冲转满足以下要求：

1）冷态启动：1.33h。

2）温态启动：1.17h。

3）热态启动：1.08h。

4）极热态启动：0.62h。

（8）锅炉点火方式设计为微油点火系统，由微油直接点燃煤粉，轻油供磨煤机启动初期和事故状态下使用。

（9）在燃用设计煤种和 BMCR 工况下，锅炉 NO_x 的排放浓度不超过 330mg/Nm^3（O_2=6%）。

（10）过热器和再热器温度控制范围，过热汽温在 35%～100%BMCR、再热汽温在

50%～100%BMCR 负荷范围时，能保持稳定在额定值，偏差不超过±5℃。

（11）燃烧室的设计承压能力不小于±5800Pa；当燃烧室突然灭火内爆时，瞬时不变形承载能力不低于±9700Pa；锅炉在设计负荷范围内运行时，都能保证锅炉有足够的安全性和可靠性。

（12）锅炉各主要承压部件的使用寿命大于 30 年。

（13）锅炉机组在 30 年的寿命期间，允许的启停次数不少于下列值：

1）冷态启动（停机超过 72h）：>200 次。

2）温态启动（停机 72h 内）：>1200 次。

3）热态启动（停机 10h 内）：>5000 次。

4）极热态启动（停机 1h 内）：>300 次。

5）负荷阶跃：>12 000 次。

（14）单台空气预热器可使锅炉带 60%BMCR 负荷运行。

5. 锅炉投入商业运行后的要求

锅炉在投入商业运行后，年利用小时数不小于 6500h，年可用小时数不小于 7800h。

锅炉投产第一年因产品质量和卖方原因引起的强迫停运率及连续可调时间的保证值：锅炉强迫停运率不大于 2%，计算公式为

$$锅炉强迫停运率=\frac{锅炉强迫停运小时数}{锅炉强迫停运小时数+运行小时数}\times 100\%$$

锅炉能连续运行大于 6 个月。

6. 机组运行模式要求

机组运行模式要求见表 4-6。

表 4-6　　机组运行模式要求

负荷	每年小时数	负荷	每年小时数
100%	4200	50%	1180
75%	2120	40%	300

三、性能设计数据

1. 锅炉热力特性

锅炉的热力特性见表 4-7。

表 4-7　　锅炉热力特性

项目	单位	数据
干烟气热损失 L_G	%	4.59
氢燃烧生成水热损失 L_{Hm}	%	0.15
燃料中水分引起的热损失 L_{mf}	%	0.04
空气中水分热损失 L_{mA}	%	0.11
未燃尽碳热损失 L_{UC}	%	0.55
辐射及对流热损失 L_b	%	0.18
未计入热损失 L_{UA}	%	0.30

续表

项目	单位	数据
计算热效率（按 ASME PTC4.1 计算，按低位发热量 BMCR 工况）	%	94.07
制造厂裕量 L_{mm}	%	0.35
保证热效率（按低位发热量，BRL 工况）	%	93.72
炉膛容积热负荷	kW/m^3	73.50
炉膛断面热负荷	MW/m^2	5.158
燃烧器区壁面热负荷	MW/m^2	1.148
空气预热器进风温度	℃	27/24
空气预热器出口热风温度		
一次风温度	℃	337
二次风温度	℃	347
省煤器出口过量空气系数 α	—	1.20
炉膛出口过量空气系数 α	—	1.20
空气预热器出口过量空气系数 α	—	1.30
空气预热器出口烟气修正前温度	℃	131
空气预热器出口烟气修正后温度	℃	127

2. 锅炉性能数据

锅炉的性能数据见表 4-8。

表 4-8　　锅炉的性能数据

项 目	单 位	设计煤种						
		BMCR	BRL	THA	75% BMCR	50% BMCR	30% BMCR	高加全切
（1）锅炉主要参数								
过热蒸汽流量	t/h	3040	2952	2699	2280	1520	912	2356
过热蒸汽出口压力	MPa	27.46	27.38	27.18	23.21	15.74	10.24	24.19
过热蒸汽出口温度	℃	605	605	605	605	605	605	605
再热蒸汽流量	t/h	2540	2471	2270	1943	1382	815	2343
再热蒸汽进口压力	MPa	5.97	5.81	5.33	4.56	3.11	1.88	5.58
再热蒸汽出口压力	MPa	5.77	5.62	5.15	4.43	3.01	1.82	5.40
再热蒸汽进口温度	℃	373	369	352	355	362	366	375
再热蒸汽出口温度	℃	603	603	603	603	603	566	603
给水温度	℃	297	295	289	278	255	227	192
省煤器进口压力	MPa	31.46	31.16	30.37	25.94	17.60	11.30	26.97
（2）锅炉热负荷及热损失								
干烟气热损失	%	4.62	4.57	4.50	4.67	4.19	3.45	3.56
燃料含水分热损失	%	0.04	0.04	0.04	0.04	0.04	0.04	0.04
氢的燃烧损失	%	0.15	0.15	0.15	0.15	0.15	0.15	0.15

续表

项 目	单 位	设计煤种						
		BMCR	BRL	THA	75% BMCR	50% BMCR	30% BMCR	高加全切
空气含水分热损失	%	0.11	0.09	0.10	0.09	0.09	0.07	0.07
未完全燃烧热损失	%	0.55	0.55	0.55	0.55	0.55	0.55	0.55
辐射热损失	%	0.18	0.21	0.21	0.26	0.38	0.50	0.21
其他热损失	%	0.30	0.30	0.30	0.30	0.30	0.30	0.30
高位热效率	%	89.82	89.85	89.85	89.65	90.00	90.61	90.78
低位热效率（计算）	%	94.03	94.07	94.13	93.92	94.29	94.92	95.10
制造厂裕度	%	0.35	0.35	0.35	0.35	0.35	0.35	0.35
低位热效率（保证）	%		93.72					
燃料消耗量	t/h	363.7	355.5	333.2	289.6	202.8	124.2	340.7
炉膛容积热负荷	kW/m^3	72.82						
炉膛断面热负荷	kW/m^2	5.11						
燃烧区热负荷	kW/m^2	1.14						
过量空气系数		1.20	1.20	1.25	1.35	1.50	1.50	1.20
排烟温度（修正前）	℃	131	131	128	122	109	98	111
排烟温度（修正后）	℃	127	126	123	117	104	92	107
过热器喷水温度	℃	297	295	289	278	255	227	192
过热器喷水量（一级）	t/h	91.2	88.6	81.0	68.4	45.6	13.7	70.7
过热器喷水量（二级）	t/h	91.2	88.6	81.0	68.4	45.6	13.7	70.7
（3）介质温度								
分离器	℃	459	458	448	440	376	383	423
一级过热器悬吊管进口	℃	459	458	448	440	376	383	423
一级过热器悬吊管出口	℃	468	468	459	452	392	407	434
一级过热器屏管进口	℃	468	468	459	452	392	407	434
一级过热器屏管出口	℃	499	499	490	486	441	471	469
二级过热器进口	℃	485	485	477	471	424	458	454
二级过热器出口	℃	557	556	552	552	530	535	542
三级过热器进口	℃	538	538	533	532	506	520	519
三级过热器出口	℃	605	605	605	605	605	605	605
一级再热器进口	℃	373	369	352	355	362	366	375
一级再热器出口	℃	498	495	484	489	483	470	490
二级再热器进口	℃	498	495	484	489	483	470	490
二级再热器出口	℃	603	603	603	603	603	566	603
省煤器进口	℃	297	295	289	278	255	227	192
省煤器出口	℃	332	330	326	320	305	282	262
（4）烟气温度								

续表

项 目	单 位	设计煤种						
		BMCR	BRL	THA	75% BMCR	50% BMCR	30% BMCR	高加全切
一级过热器屏管进口	℃	1242	1235	1233	1151	1118	941	1234
一级过热器屏管出口	℃	1176	1168	1165	1090	1048	875	1164
三级过热器进口	℃	1176	1168	1165	1090	1048	875	1164
三级过热器出口	℃	1010	1004	998	946	894	750	995
二级再热器进口	℃	1010	1004	998	946	894	750	995
二级再热器出口	℃	855	848	843	806	757	641	838
二级过热器进口	℃	855	848	843	806	757	641	838
二级过热器出口	℃	673	668	661	640	587	534	649
一级再热器进口	℃	673	668	661	640	587	534	649
一级再热器出口	℃	496	491	483	478	457	429	489
省煤器进口	℃	496	491	483	478	457	429	489
省煤器出口	℃	378	374	368	360	335	304	323
空气预热器进口	℃	378	374	368	360	335	304	323
空气预热器 未修正出口	℃	131	131	128	122	109	98	111
空气预热器 修正进口	℃	127	126	123	117	104	92	107
(5) 烟气平均流速								
一级过热器屏管	m/s	9.8	9.5	9.2	8.2	6.2	3.3	9.1
三级过热器	m/s	9.0	8.8	8.5	7.6	5.7	3.1	8.4
二级再热器	m/s	8.6	8.4	8.1	7.3	5.5	3.0	8.0
二级过热器（下部）	m/s	8.4	8.2	7.9	7.2	5.3	3.0	7.7
二级过热器（上部）	m/s	10.3	10.0	9.6	8.8	6.5	3.7	9.4
一级再热器	m/s	9.6	9.3	8.9	8.3	6.2	3.7	8.8
省煤器	m/s	6.8	6.6	6.3	5.9	4.5	2.6	6.1
(6) 吸热量								
过热蒸汽吸热	GJ/h	2095.6	2034.8	1992.0	1640.2	1358.6	617.9	2028.7
再热蒸汽吸热	GJ/h	1468.5	1426.3	1379.3	1140.0	758.3	359.2	1287.2
一级过热器	GJ/h	610.1	596.8	588.7	482.7	438.1	240.6	603.1
二级过热器	GJ/h	813.8	783.2	764.5	641.8	503.3	181.7	783.8
三级过热器	GJ/h	671.8	654.9	638.7	515.6	417.2	195.7	641.9
一级再热器	GJ/h	793.6	773.6	747.4	629.4	384.3	187.1	663.4
二级再热器	GJ/h	674.9	652.7	632.0	510.6	374.0	172.1	623.7
省煤器	GJ/h	535.5	515.1	491.9	467.2	364.1	236.2	695.1
水冷壁	GJ/h	3974.1	3893.5	3491.5	3144.7	2046.2	1569.8	3604.2
(7) 烟、空气流量								
进预热器一次空气	kg/s	178.2	176.6	171.6	156.4	129.6	101.7	197.2

续表

项 目	单 位	设计煤种						
		BMCR	BRL	THA	75% BMCR	50% BMCR	30% BMCR	高加全切
进预热器二次空气	kg/s	739.6	715.0	694.6	672.2	552.6	336.9	696.6
进预热器烟气	kg/s	1052.4	1025.4	994.5	928.5	725.4	445.1	982.7
一次风调温风	kg/s	60.6	61.0	62.1	43.5	29.1	17.0	37.3
出预热器一次空气	kg/s	131.6	130.0	125.2	110.0	83.8	56.4	151.2
出预热器二次空气	kg/s	730.0	706.7	686.2	663.8	544.3	328.6	687.5
出预热器烟气	kg/s	1108.6	1080.3	1049.3	983.3	779.6	498.7	1037.8
空气到烟气漏风量	kg/s	56.2	54.9	54.8	54.8	54.3	53.8	55.1
一次空气到二次空气漏风量	kg/s	1.1	1.1	1.0	0.9	0.6	0.4	0.1
二次空气到烟气漏风量	kg/s	10.7	9.5	9.5	9.3	8.9	8.6	9.1
一次空气到烟气漏风量	kg/s	45.5	45.5	45.4	45.5	45.4	45.2	46.0
(8) 空气温度								
一次风进口温度	℃	27	27	27	27	27	27	27
二次风进口温度	℃	24	24	24	24	40	52	38
一次风出口温度	℃	338	336	331	323	299	275	281
二次风出口温度	℃	348	346	341	332	305	278	292
(9) 烟、空气阻力								
燃烧器一次风阻力	Pa	900	900	800	750	600	600	900
空气预热器一次风阻力	Pa	498	486	461	386	249	149	560
燃烧器二次风阻力	Pa	1900	1800	1600	900	800	400	1600
空气预热器二次风阻力	Pa	1046	996	934	872	660	311	947
炉膛负压	Pa	−250	−250	−250	−250	−250	−250	−250
炉膛至空气预热器进口阻力	Pa	1144						
空气预热器烟气阻力	Pa	1245						
空气预热器出口负压	Pa	−2640						

四、锅炉性能保证

(1) 锅炉最大连续出力（BMCR）为3040t/h。

(2) 在燃用设计煤种BRL工况下，锅炉保证热效率不小于93.72%（按低位发热量）。

(3) 空气预热器的漏风率（单台）在投产第一年内不高于6%，运行1年后不高于8%；一次风漏风率不高于30%。

(4) 锅炉燃用设计煤种，煤粉细度在规定范围内时，不投油最低稳燃负荷不大于30% BMCR。

(5) 锅炉在燃用设计煤种BMCR工况下，NO_x 的排放浓度不超过330mg/Nm^3（O_2

=6%)。

(6)在BMCR工况条件下，过热器、再热器、省煤器的实际汽、水侧压降数值不超过设计值。

(7)燃用设计煤种时，滑压运行在30%～100%BMCR范围过热蒸汽能维持其额定汽温；在50%～100% BMCR时再热蒸汽能维持额定汽温。汽温允许偏差为±5℃。

第五章

哈锅超超临界 1000MW 机组锅炉简介

第一节 概 述

哈尔滨锅炉厂有限责任公司生产的 1000MW 超超临界锅炉是采用三菱重工技术 MHI（Mitsubishi Heavy Industry Co. Ltd.）设计的垂直水冷壁超超临界直流锅炉。从 20 世纪 70 年代开始，全世界电力行业因调峰和周期性负荷运行方式的需要，要求火电机组从传统的定压带基本负荷运行方式改为变压调峰运行，因此三菱重工于 70 年代末开发了适合变压运行的螺旋管圈水冷壁的超临界锅炉，首台这种型式的超临界锅炉于 1981 年投运，MHI 共生产了 10 台这种型式的大型超临界锅炉。由于螺旋管圈水冷壁结构较复杂，阻力较大，运行过程中的热应力也较大，MHI 于 80 年代中期开发了采用内螺纹管的垂直管圈水冷壁的变压运行超临界锅炉，首台机组于 1989 年投入商业运行，迄今已有多台采用垂直管圈水冷壁的超临界锅炉和超超临界锅炉投入运行。

多年的运行经验表明，垂直管圈水冷壁也适合于变压运行，且具有阻力小、结构简单、安装工作量较小、水冷壁在各种工况下的热应力较小等一系列优点，其技术特点如下：

（1）良好的变压、调峰和再启动性能：锅炉炉膛采用内螺纹管垂直水冷壁并采用较高的质量流速，能保证在变压运行的四个阶段，即超临界直流、近临界直流、亚临界直流和启动阶段中控制金属壁温、控制高干度蒸干（DRO）、防止低干度高热负荷区的膜态沸腾（DNB）以及水动力的稳定性等。装设水冷壁中间混合集箱和采用节流度较大的装于集箱外面的较粗水冷壁入口管段的节流孔圈，对控制水冷壁的温度偏差和流量偏差均非常有利。而启动系统采用再循环泵，对于加速启动速度，保证启动阶段运行的可靠性、经济性均是有利的。

（2）燃烧稳定、热负荷分配均匀、防结渣性能良好的八角反向双切圆燃烧方式：这种燃烧方式能保证沿炉膛水平方向均匀的热负荷分配。由于采用双切圆使燃烧器数目倍增，降低了单只燃烧器的热功率，这些都对燃用结渣性强的神府东胜煤有利。同时，由于采用双切圆方式，使单个燃烧器煤粉射流的射程变短，对于保证燃烧稳定性有利，解决了大型锅炉采用单切圆正方形炉膛时燃烧器射程过长和炉膛水平截面气流充满度较差的难题。

（3）经济、高效的低 NO_x 的改进型 PM（Pollution Minimum）主燃烧器和 MACT（Mitsubishi Advanced Combustion Technology）型分级燃烧方式：MHI 低 NO_x 的 PM 型燃烧器已在多台大型煤粉锅炉中采用，而 MACT 型分级燃烧方式也已在多台锅炉上采用，长期运行经验证明这种燃烧器的分级送风方式对降低炉内 NO_x 生成量有明显的效果。

（4）采用适合高蒸汽参数的超超临界锅炉的高热强钢：由于锅炉的主汽和再热汽温度均在600℃以上，对高温级过热器和再热器，采用了多年以上运行经验的25Cr20NiNb钢和改良型细晶粒18Cr级奥氏体钢（Code case 2328）。这两种钢材对防止因管壁温度过高而引起的烟侧高温腐蚀和内壁蒸汽氧化效果明显。

哈尔滨锅炉厂有限责任公司生产的1000MW超超临界锅炉的结构特点如下：

（1）采用改进型的内螺纹管垂直水冷壁，即在上下炉膛之间加装水冷壁中间混合集箱，以减少水冷壁沿各墙宽的工质温度和管子壁温的偏差，取消早期在大直径水冷壁下集箱内装设小直径节流孔圈的设计，改为在小直径的下联箱外面较粗的水冷壁入口管段上装焊直径较大的节流孔圈，以加大节流度，提高调节流量能力，然后通过三叉管过渡的方式与小直径的水冷壁管（ϕ28.6mm）相接，用控制各回路的工质流量的方法来控制各回路管子的吸热和温度偏差。

（2）在保证水冷壁出口工质必需的过热度的前提下，采用较低的水冷壁出口温度（430℃），并把汽水分离器布置于顶棚、包墙系统的出口，这种设计和布置可以使整个水冷壁系统包括顶棚包墙管系统和分离器系统采用低合金钢15CrMoG（P12），所有膜式壁不需做焊后整屏热处理，也使工地安装焊接简化，对保证产品和安装质量有利。

（3）由于过热器和再热器大量采用优质高热强钢，管壁相对较薄，因此各级过热器可以采用较大直径的蛇形管（ϕ51～63.5mm）保证较低的过热器阻力，而在很多其他公司（特别是欧洲公司）的设计中，超临界和超超临界锅炉过热器均采用小直径管（ϕ38～44.5mm）来控制壁厚，这样导致较高的过热器阻力。

（4）汽温调节手段的多样化，除过热器采用三级六点的喷水外，直流运行时主要靠改变燃水比来调节过热汽温，再热汽温主要调节手段为烟气分配挡板，而以燃烧器摆动作为辅助调节手段，再热器还在一级低温再热器和二级再热器之间装设事故喷水减温装置，过热器采用三级喷水能更好消除工质通过前级部件所造成的携带偏差，也增加了调温能力。

（5）为降低过热器阻力，过热器在顶棚和尾部烟道包墙系统采用两个旁路系统，第一个旁路系统是顶棚管路系统，只有前水冷壁出口和侧水冷壁出口的工质流经顶棚管；第二个旁路为包墙管系统的旁路，即由顶棚出口集箱出来的蒸汽大部分被送往包墙管系统，另有小部分蒸汽不经过包墙系统而直接用连接管送往后包墙出口集箱。

（6）过热器正常喷水水源来自省煤器出口的水，这样可减少喷水减温器在喷水点的温度差和热应力；但在非正常情况下，如果屏式过热器和末级过热器汽温和壁温过高，则可由给水管引出较低温度的水喷入，以达到较好的减温效果。再热器喷水水源来自给水泵中间抽头，为避免再热器低温的喷水（温度177℃）对管道（蒸汽温度501℃）造成冲击，特别从低温再热器入口处取一路再热汽到减温器套筒，以降低喷水点处的温差。

第二节　锅　炉　简　介

某电厂2×1000MW超超临界燃煤机组锅炉是由哈尔滨锅炉厂有限责任公司在MHI的技术支持下设计的超超临界变压运行直流锅炉，采用Π型布置、单炉膛、改进型低 NO_x PM主燃烧器和MACT型低 NO_x 分级送风燃烧系统、反向双切圆燃烧方式，炉膛采用内螺纹管垂直上升膜式水冷壁、循环泵启动系统、一次中间再热，调温方式除燃水比外，还采用烟气分配挡板、燃烧器摆动、喷水等方式。锅炉采用平衡通风、露天布置、固态排渣、全钢构架、全悬吊结构，燃用神府东胜煤、兖州煤和同忻煤。

锅炉型号：HG-2980/26.15-YM2 型。其中 HG 表示哈尔滨锅炉厂，2980 表示该锅炉 BMCR 工况蒸汽流量，单位是 t/h。26.15 表示该锅炉额定工况蒸汽压力，单位是 MPa，YM2 表示该锅炉设计煤种为烟煤，设计序列号为 2。

锅炉总体布置如下所述。

锅炉炉膛的尺寸为 32084 mm×15670mm，炉膛的容积为 28000m^3，在 BMCR 工况下，炉膛的容积热负荷为 83.0kW/m^3，炉膛截面热负荷为 4.6MW/m^2，燃烧器区域壁面热负荷为 1.67 MW/m^2，炉膛有效投影辐射受热面热负荷为 19kW/m^2，炉膛的出口烟气温度为 980℃，屏式过热器底部烟气温度为 1290℃。炉膛前后墙的水冷壁在炉膛的下部构成 V 型的冷灰斗与水平成 55°的夹角。后墙的水冷壁一部分向炉膛延伸构成折焰角，折焰角与水平成 55°的夹角。锅炉炉膛的设计承压能力大于 5800Pa，当燃烧室突然灭火内爆时，瞬时不变形承载能力大于±8700Pa。

在炉膛的上方布置了分隔屏式和屏式过热器，在锅炉的水平烟道内依次布置了末级过热器和高温再热器。尾部烟道采用平行通道设计，中间分隔墙将烟道分成前、后两个竖井，前竖井内布置了低温再热器和省煤器，后竖井内布置了低温过热器和省煤器，尾部烟道的包覆墙和中间隔墙是蒸发器的一部分。

锅炉的汽水流程以内置式汽水分离器为分界点，从水冷壁入口集箱到汽水分离器为水冷壁系统，从分离器出口到过热器出口集箱为过热器系统，另有省煤器系统、再热器系统和启动系统。

哈锅超超临界锅炉的整体布置如图 5-1 所示。

每台锅炉都配置了 2 台由上海鼓风机厂有限公司生产的一次风机、送风机和 2 台由成都电力机械厂生产的引风机，一次风机和送风机采用动叶可调轴流风机，引风机采用进口静叶可调式轴流风机。

锅炉启动系统为带再循环泵的复合循环系统，2 只立式内置式汽水分离器布置于锅炉的后部上方，由后竖井后包墙管上集箱引出的锅炉顶棚包墙系统的全部工质通过 4 根连接管送入 2 只汽水分离器。在启动阶段，分离出的水通过水连通管与一只立式分离器贮水箱相连，而分离出来的蒸汽则送往水平低温过热器的下集箱。分离器贮水箱中的水经疏水管排入再循环泵的入口管道，作为再循环工质与给水混合后流经省煤器—水冷壁系统，进行工质回收。

制粉系统采用中速磨正压直吹式系统，每炉配 6 台由沈阳机电装备工业集团销售有限公司提供的型号为 MPS280 的辊一环式中速磨煤机和 6 台由上海发电设备成套设计研究所提供的型号为 CS2036HP 的电子称重式给煤机，给煤机的转速控制采用变频器控制。每台磨供一层共 8 只燃烧器，燃烧器为低 NO_x的 PM 型并配有 MACT 型分级送风系统。过热蒸汽采用煤水比作为主要汽温调节手段，并配合三级喷水减温作为主汽温度的细调节，喷水减温每级左右两点布置以消除各级过热器的左右吸热和汽温偏差。再热器调温以烟气挡板调温为主，燃烧器摆动调温为辅，同时在一、二级再热器之间的连接管上装有事故喷水装置。

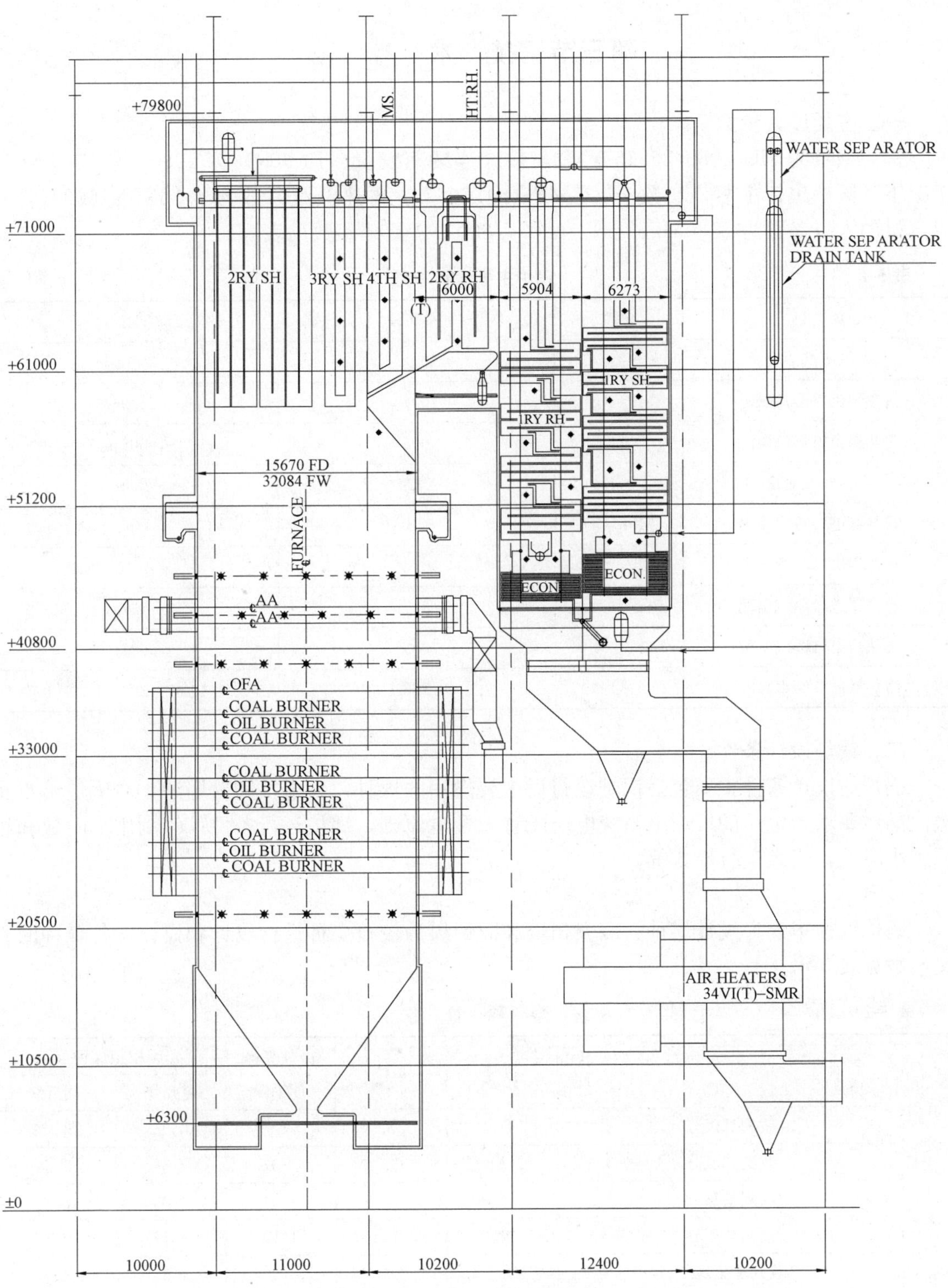

图 5-1　哈锅超超临界锅炉的整体布置

第三节 技 术 规 范

一、主要设计参数

锅炉型号为 HG-2980/26.15-YM2，最大连续蒸发量（BMCR）为 2980t/h。在 BMCR 工况下，锅炉出口主蒸汽参数 26.25MPa(a)/605℃，再热蒸汽参数为 4.85MPa/603℃，对应汽机的入口参数为 25.0MPa（a）/600℃/600℃。具体参数见表 5-1。

表 5-1 锅炉主要设计参数

项 目	单位	BMCR	TRL
过热蒸汽流量	t/h	2980	2712
过热器出口蒸汽压力	MPa（g）	26.15	25.96
过热器出口蒸汽温度	℃	605	605
再热蒸汽流量	t/h	2424	2390
再热器进口蒸汽压力	MPa（g）	5.09	4.65
再热器出口蒸汽压力	MPa（g）	4.87	4.44
再热器进口蒸汽温度	℃	353	351
再热器出口蒸汽温度	℃	603	603
省煤器进口给水温度	℃	296	290

二、锅炉设计条件

锅炉的设计条件主要包括锅炉运行后主要燃用的煤种、点火及助燃用油，对锅炉给水及蒸汽品质要求，电厂的厂用电系统电压配置及配电原则，锅炉运行条件，年利用小时数和年可用小时数，机组运行模式等。

1. 煤种

锅炉以神华煤为设计煤种、以兖州煤和同忻煤为校核煤种进行设计和校核，各煤种的有关参数见表 5-2。

表 5-2 煤 种 参 数

项目		符号	单位	设计煤种（神华煤）	校核煤种	
					兖州煤	同忻煤
元素分析	收到基碳分	C_{ar}	%	61.7	57.92	56.32
	收到基氢分	H_{ar}	%	3.67	3.68	3.68
	收到基氧分	O_{ar}	%	8.56	8.09	7.75
	收到基氮分	N_{ar}	%	1.12	1.17	0.93
	收到基全硫分	$S_{t,ar}$	%	0.60	0.55	0.8
	收到基灰分	A_{ar}	%	8.80	21.39	24.52
	收到基全水分	M_{tar}	%	15.55	7.20	6.00

续表

项目		符号	单位	设计煤种（神华煤）	校核煤种	
					兖州煤	同忻煤
空气干燥基水分		M_{ad}	%	8.43	1.27	0.16～3.96
收到基挥发分		V_{ar}	%	26.50	27.33	
可燃基挥发分		V_{daf}	%	34.73	38.27	37.00
收到基低位发热量		$Q_{net,ar}$	kJ/kg	23 442	22 420	21 980
可磨性指数		HGI		55.00	65.00	
灰熔融性	变形温度	DT	℃	1150	1190	
	软化温度	ST	℃	1190	>1500	>1450
	流动温度	FT	℃	1230	>1500	
灰分分析	二氧化硅	SiO_2	%	30.57	55.93	47.24
	三氧化二铝	Al_2O_3	%	13.11	27.45	38.97
	三氧化二铁	Fe_2O_3	%	16.24	3.99	5.76
	二氧化钛	TiO_2	%	0.47		
	氧化钙	CaO	%	23.54	4.17	2.13
	氧化镁	MgO	%	1.01	1.44	0.41
	二氧化锰	MnO_2	%	0.43		
	三氧化硫	SO_3	%	10.31	2.08	1.19
	氧化钠	Na_2O	%	0.92	0.32	0.17
	氧化钾	K_2O	%	0.78	1.54	0.34
	冲刷磨损指数	K_e		0.84		
	飞灰比电阻					
	温度为 100℃时	—	Ω·cm	6.69×10^{10}	8.00×10^{10}	
	温度为 120℃时	—	Ω·cm	4.97×10^{11}	3.78×10^{11}	
	温度为 150℃时	—	Ω·cm	1.58×10^{12}	8.99×10^{11}	
	温度为 180℃时	—	Ω·cm	8.65×10^{11}	4.58×10^{11}	

2. 点火及助燃用油

点火及助燃用油的有关参数见表 5-3。

表 5-3　点火及助燃用油参数

项目	单位	数据
油种	—	0 号轻柴油
黏度（20℃时）	°E	1.2～1.67
凝固点	℃	不高于 0
闭口闪点	℃	不低于 55
机械杂质	%	无

续表

项目	单位	数据
含硫量	%	不大于0.2
水分	%	痕迹
灰分	%	不大于0.01
比重	kg/m^3	817
低位发热值 $Q_{net,ar}$	kJ/kg	41 800

3. 锅炉给水及蒸汽品质要求

（1）锅炉给水质量标准如下：

1）补给水量：

①正常时：73.75t/h。②启动或事故时：177t/h。

2）补给水制备方式：活性炭过滤＋反渗透＋离子交换除盐系统。

（2）锅炉给水质量标准（按CWT工况设计，即联合水处理工况设计）见表5-4。

表5-4　锅炉给水质量标准

项目	单位	数据
总硬度	μmol/L	～0
溶解氧（化水处理后）	μg/L	30～300
铁	μg/L	≤5
铜	μg/L	≤2
二氧化硅	μg/L	≤10
pH	—	8～9
电导率（25℃）	μS/cm	<0.15
钠	μg/L	≤5

（3）蒸汽品质要求见表5-5。

表5-5　蒸汽品质要求

项目	单位	数据
钠	μg/L	<5
二氧化硅	μg/L	<10
电导率（25℃）	μS/cm	<0.15
铁	μg/L	<5
铜	μg/L	<2

4. 锅炉运行条件

锅炉运行方式为带基本负荷并参与调峰。

锅炉制粉系统采用中速磨煤机正压直吹式制粉系统，每炉配6台磨煤机，其中5台运行，1台备用（在BMCR工况下）；煤粉细度为 $R_{90}=18\%\sim20\%$，均匀性指数 $n=1.1\pm0.1$。

机组配置2台50%BMCR容量的调速汽动给水泵和一台30%BMCR容量的启动用电动调速给水泵，锅炉给水流量主要通过调整汽动给水泵和电动给水泵的转速来进行调节。

汽轮机旁路系统：35%BMCR容量，高、低压二级串联旁路。

5. 锅炉可用率指标

锅炉在投入商业运行后，年利用小时数不小于6500h，年可用小时数不小于7800h。锅炉投产第一年因产品质量和厂家原因引起的强迫停运率及连续运行时间的保证值：锅炉强迫停运率不大于2%，其计算公式为

$$锅炉强迫停运率=\frac{锅炉强迫停运小时数}{锅炉强迫停运小时数+运行小时数}\times 100\%$$

锅炉能连续运行大于6个月。

6. 机组运行模式要求

机组运行模式要求见表4-6。

三、性能设计数据

1. 锅炉热力特性

锅炉的热力特性见表5-6。

表5-6　锅炉热力特性

项　目	单位	数据
干烟气热损失 L_G	%	4.57
氢燃烧生成水热损失 L_{Hm}	%	0.10
燃料中水分引起的热损失 L_{mf}	%	0.21
空气中水分热损失 L_{mA}	%	0.07
未燃尽碳热损失 L_{UC}	%	0.60
辐射及对流热损失 L	%	0.17
未计入热损失 L_{UA}	%	0.30
计算热效率（按低位发热量）	%	93.98
计算热效率（按低位发热量BRL）	%	94.06
制造厂裕量 L_{mm}	%	0.40
保证热效率（按低位发热量BRL工况）	%	≥93.66
炉膛容积热负荷	kW/m^3	83
炉膛截面热负荷	MW/m^2	4.6
燃烧器区壁面热负荷	MW/m^2	1.67
空气预热器进风温度（一次、二次风）	℃	25.4/19.0
空气预热器出口热风温度：		
一次风温度	℃	307.8
二次风温度	℃	327.8
省煤器出口过量空气系数 α	—	1.15

续表

项　目	单位	数据
炉膛出口过量空气系数 α	—	1.15
空气预热器出口烟气修正前温度	℃	130
空气预热器出口烟气修正后温度	℃	126

2. 锅炉性能数据

锅炉的性能数据见表5-7。

表5-7　锅炉的性能数据

项　目	单位	BMCR	BRL	75% BMCR	50% BMCR	30% BMCR	切除
1. 蒸汽及水流量							
过热器出口	t/h	2980	2887	1953	1475	885	2352
再热器出口	t/h	2424	2339	1665	1273	781	2316
省煤器进口	t/h	2980	2887	1953	1475	885	2352
过热器一级喷水	t/h	89	87	59	44	35	118
过热器二级喷水	t/h	30	29	20	15	31	47
过热器三级喷水	t/h	89	87	59	44	13	94
再热器喷水	t/h	0	0	0	0	0	0
2. 蒸汽及水压力/压降							
过热器出口压力	MPa (g)	26.15	26.07	24.28	18.35	11.96	25.69
一级过热器压降	MPa	0.29	0.27	0.17	0.13	0.07	0.19
二级过热器压降	MPa	0.29	0.27	0.14	0.11	0.06	0.18
三级过热器压降	MPa	0.29	0.27	0.14	0.11	0.07	0.18
四级过热器压降	MPa	0.29	0.27	0.14	0.11	0.07	0.19
分离器出口到过热器出口总压降	MPa	1.5	1.36	0.73	0.56	0.33	0.92
再热器进口压力	MPa (g)	5.11	4.93	3.40	2.59	1.56	4.76
一级再热器压降	MPa	0.08	0.08	0.07	0.06	0.05	0.08
二级再热器压降	MPa	0.13	0.13	0.09	0.08	0.06	0.10
三级再热器压降	MPa	—	—	—	—	—	—
再热器出口压力	MPa (g)	4.85	4.68	3.22	2.45	1.48	4.51
启动分离器压力	MPa (g)	27.62	27.4	25.01	18.91	12.29	26.61
水冷壁压降	MPa	1.82	1.79	1.07	0.90	0.68	1.35
省煤器压降（不含位差）	MPa	0.14	0.13	0.12	0.11	0.09	0.13

续表

项　目	单位	BMCR	BRL	75% BMCR	50% BMCR	30% BMCR	切除
省煤器重位压降	MPa	−0.45	−0.45	−0.48	−0.49	−0.50	−0.54
省煤器进口压力	MPa	29.76	29.51	26.02	20.14	12.97	27.94
启动循环泵入口压力	MPa	27.62	27.4	25.01	18.91	12.29	26.61
3. 蒸汽和水温度							
过热器出口	℃	605	605	605	605	605	605
过热汽温度左右偏差	℃	±5	±5	±5	±5	±5	±5
再热器进口	℃	353	351	328	337	349	356
再热器出口	℃	603	603	603	603	568	603
再热汽温度左右偏差	℃	±5	±5	±5	±5	±5	±5
省煤器进口	℃	302	300	269	251	224	184
省煤器出口	℃	325	322	297	284	266	239
过热器减温水	℃	325	322	297	284	266	239
再热器减温水	℃	177	174	163	148	133	179
启动分离器	℃	430	430	421	384	342	415
4. 空气流量							
空气预热器进口一次风	kg/s	203.8	198.9	162.52	143.08	112.94	225.4
空气预热器进口二次风	kg/s	731.5	707.48	552.06	487.80	320.29	721.89
空气预热器出口一次风	kg/s	161.5	157.6	121.83	100.24	75.39	181.93
空气预热器出口二次风	kg/s	721.25	697.53	543.86	482.0	312.6	714.71
5. 空气预热器中的漏风							
一次风漏到烟气	kg/s	40.8	40.06	40.19	40.07	37.30	41.33
一次风漏到二次风	kg/s	1.51	1.26	0.50	2.77	0.25	2.14
二次风漏到烟气	kg/s	11.7	11.2	8.69	8.57	7.94	9.32
总的空气侧漏到烟气侧	kg/s	52.54	51.3	48.89	48.64	45.23	50.65
6. 烟气流量							
炉膛出口	kg/s	1018	990.3	779.7	667.0	465.6	983.9
末级过热器出口	kg/s	1018	990.3	779.7	667.0	465.6	983.9
高温再热器出口	kg/s	1018	990.3	779.7	667.0	465.6	983.9
省煤器出口	kg/s	1018	990.3	779.7	667.0	465.6	983.9
前烟井（挡板调温）	kg/s	450.8	463.2	441.2	361.4	195.2	453.3
后烟井（挡板调温）	kg/s	567.2	527.1	338.5	305.6	270.4	530.6
脱硝装置进口	kg/s	1018	990.3	779.7	667.0	465.6	983.9
脱硝装置出口	kg/s	1018	990.3	779.7	667.0	465.6	983.9
空气预热器进口	kg/s	1018	990.3	779.7	667.0	465.6	983.9
空气预热器出口	kg/s	1070.54	1041.6	825.59	715.64	510.83	1034.55

续表

项 目	单位	BMCR	BRL	75% BMCR	50% BMCR	30% BMCR	切除
7. 空气预热器出口烟气含尘量	g/Nm³	9.7	9.7	8.9	8.1	7.0	9.7
8. 空气温度							
空气预热器进口一次风	℃	25.4	25.4	25.4	25.4	25.4	25.4
空气预热器进口二次风	℃	19.0	19.0	19.0	19.0	19.0	19.0
空气预热器出口一次风	℃	307.8	303.4	277	264	248	239
空气预热器出口二次风	℃	327.8	323.9	289	273	253	256
9. 烟气温度							
炉膛出口	℃	980	970	890	830	720	975
屏式（三级）过热器进口	℃	1140	1112	975	955	830	1125
屏式（三级）过热器出口	℃	980	970	890	830	720	975
末级（四级）过热器进口	℃	980	970	890	830	720	975
末级（四级）过热器出口	℃	910	890	840	765	705	895
水平低温（一级）过热器进口	℃	637	610	560	530	480	620
水平低温（一级）过热器出口	℃	462	455	436	401	360	448
高温（二级）再热器进口	℃	900	880	830	755	695	895
高温（二级）再热器出口	℃	770	750	710	655	620	760
低温（一级）再热器进口	℃	683	668	612	582	519	674
低温（一级）再热器出口	℃	403	398	377	376	364	401
省煤器进口	℃	403/462	398/455	377/436	376/401	364/360	401/448
省煤器出口	℃	364/373	362/367	338/331	324/307	292/275	312/299
空气预热器进口	℃	378	372	335	316	283	305
空气预热器出口（未修正）	℃	130	128	118	118	106	110
空气预热器出口（修正）	℃	126	124	113	106	100	106
10. 空气压降							
空气预热器一次风压降	kPa	0.67	0.64	0.38	0.31	0.20	0.47
空气预热器二次风压降	kPa	1.02	0.95	0.63	0.52	0.41	0.85
燃烧器阻力（一次/二次）	kPa	1.57/1.48	1.57/1.48	1.57/1.48	1.57/1.48	1.57/1.48	1.57/1.48
11. 烟气压力及压降							
炉膛设计压力	kPa	5.8	5.8	5.8	5.8	5.8	5.8
炉膛可承受压力	kPa	8.7	8.7	8.7	8.7	8.7	8.7
炉膛出口压力	kPa	−0.088	−0.078	−0.069	−0.059	−0.049	−0.088
省煤器出口压力	kPa	−1.37	−1.27	−1.18	−1.08	−0.98	−1.37
脱硝装置压降	kPa	1.1	1.1	—	—	—	—
空气预热器压降	kPa	1.20	1.12	0.60	0.46	0.39	0.86
炉膛到空气预热器出口压降	kPa	2.78	2.71	1.84	1.68	1.29	2.4

续表

项 目	单位	BMCR	BRL	75% BMCR	50% BMCR	30% BMCR	切除
12. 燃料消耗量（实际）	t/h	360	350	255	201	125	348
13. 输入热量	GJ/h	8440	8220	5947	4687	2910	8110
14. 锅炉热损失							
干烟气热损失	%	4.57	4.49	4.37	4.52	4.87	3.74
氢燃烧生成水热损失	%	0.10	0.10	0.08	0.08	0.07	0.07
燃料中水分引起的热损失	%	0.21	0.20	0.17	0.16	0.15	0.15
空气中水分热损失	%	0.07	0.07	0.07	0.07	0.08	0.06
未燃尽碳热损失	%	0.60	0.60	0.60	0.60	0.60	0.60
辐射及对流散热热损失	%	0.17	0.18	0.23	0.30	0.48	0.17
未计入热损失	%	0.30	0.30	0.30	0.30	0.30	0.30
总热损失	%	6.02	5.94	5.82	6.03	6.55	5.09
15. 锅炉热效率							
计算热效率（按低位发热量计算）	%	93.98	94.06	94.18	93.97	93.45	94.91
制造厂裕度	%		0.4				
保证热效率	%		93.66				
16. 热量，炉膛热负荷							
过热蒸汽吸热量	GJ/h	2470	2340	1610	1330	850	2330
再热蒸汽吸热量	GJ/h	1470	1410	1050	760	370	1350
燃料向锅炉供的热量	GJ/h	8390	8170	5947	4687	2910	8110
炉膛截面热负荷	MW/m^2	4.6	4.5	3.3	2.6	1.6	4.5
炉膛容积热负荷	kW/m^3	83	81	59	46	29	80
有效投影辐射受热面热负荷(EPRS)	kW/m^2	201	196	142	112	70	194
燃烧器区壁面积热负荷	MW/m^2	1.67	1.63	1.19	0.94	0.58	1.62
17. NO_x 排放浓度（以 O_2=6%计）		350					
18. 空气预热器出口烟气含尘浓度（以 O_2=6%计）	g/Nm^3	9.7	9.7	8.9	8.1	7	9.7
19. 风率							
一次风率	%	21.6	22.1	23.2	22.5	29.4	22.2
二次风率	%	78.4	77.9	76.8	77.5	70.6	77.8
20. 过量空气系数							
炉膛出口	—	1.15	1.15	1.25	1.37	1.55	1.15
省煤器出口	—	1.15	1.15	1.25	1.37	1.55	1.15
21. 烟速							
末级过热器	m/s	9.6	9.1	6.7	5.5	3.4	9.0

续表

项 目	单位	BMCR	BRL	75% BMCR	50% BMCR	30% BMCR	切除
高温再热器	m/s	11.7	11.1	8.2	6.7	4.3	10.8
低温过热器（平均/最低）	m/s	9.8/9.2	8.9/8.4	5.4/5.2	4.7/4.5	3.9/3.7	8.8/8.3
低温再热器（平均/最低）	m/s	9.0/8.2	9.1/8.3	8.3/7.7	6.7/6.2	3.4/3.3	8.9/8.1
省煤器（过热器侧/再热器侧）	m/s	10/8.1	9.1/8.2	5.7/7.5	4.9/6.1	4.1/3.2	8.8/7.7

注 表中"高加切除"指对应于汽轮机回热系统全部切除，汽轮机带额定功率工况。

锅炉效率与锅炉负荷的关系曲线如图 5-2 所示。

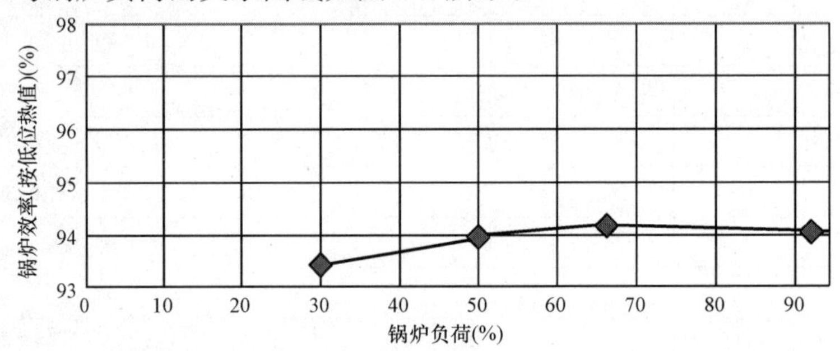

图 5-2 锅炉效率（按低位热值）与锅炉负荷的关系曲线

四、锅炉性能保证

（1）在下述工况条件下，锅炉最大连续出力（BMCR）达到 2980t/h。

1）燃用设计煤种和校核煤种。

2）额定给水温度。

3）过热蒸汽温度和压力为额定值，再热蒸汽进、出口温度和压力为额定值。

4）蒸汽品质合格。

（2）在下述工况条件下，锅炉保证热效率为 93.66%（按低位发热量）。

1）燃用设计煤种。

2）大气温度 15.3℃，大气相对湿度 79%。

3）锅炉带额定负荷 BRL 工况下。

4）补水率 0%，过量空气系数保持设计值。

5）锅炉热效率按 ASME PTC4.1 进行计算及有关项目的修正。

6）煤粉细度在设计规定的范围内。

7）NO_x 排放浓度达到保证值。

（3）在下述工况条件下，空气预热器的漏风率（单台）在投产第一年内不高于 6%，运行 1 年后不高于 8%；一次风漏风率不高于 32%。

1）燃用设计煤种。

2）锅炉在额定负荷 BRL 工况时。

（4）在下述工况条件下，不投油最低稳燃负荷不大于 30%BMCR。

1）燃用设计煤种。

2）煤粉细度在设计规定的范围内。

3）不投油最低稳燃负荷至少经过4h的验收试验。

4）投运磨煤机数量为两台。

（5）在下述工况条件下，烟、风压降实际值与设计值的偏差不大于10%。

1）燃用设计煤种。

2）BMCR工况。

（6）在下述工况条件下，锅炉NO_x的排放浓度不超过350mg/Nm^3（O_2=6%）。

1）燃用设计煤种。

2）BMCR工况。

3）锅炉效率不小于93.58%（按低位发热量）。

4）设置脱硝装置前。

（7）在下述工况条件下，过热器、再热器、省煤器的实际汽、水侧压降数值不超过设计值。

1）BMCR工况。

2）锅炉给水品质合格。

（8）满足下述条件时，滑压运行（定-滑-定运行方式）在30%～90%BMCR时过热蒸汽能维持其额定汽温；在50%～100% BMCR时再热蒸汽能维持其额定汽温。

1）燃用设计煤种。

2）过量空气系数保持设计值。

3）过热器、再热器各部位均不得有超温现象。

4）过热器减温水量、再热器减温水量不超过设计值。

第六章

东锅超超临界1000MW机组锅炉简介

第一节 概 述

东方锅炉厂有限责任公司生产的1000MW超超临界锅炉具有如下特点：

（1）采用国际上广泛应用的Π型布置形式。Π型布置是传统普遍采用的方式，烟气由炉膛经水平烟道进入尾部烟道，在尾部烟道通过各受热面后排出，其主要优点是锅炉高度较低，尾部烟道烟气向下流动有自生吹灰作用，各受热面易于布置成逆流形式，对传热有利等。

（2）采用内螺纹管螺旋管圈水冷壁，不设任何节流圈，安全裕度大，可靠性高。对于超临界变压运行锅炉，螺旋管圈水冷壁是首先应用于超临界变压运行锅炉的水冷壁型式。螺旋管圈炉膛的基本原理就是将管子以一定倾角沿炉膛四周向上盘绕，到炉膛上部后通过混合集箱或分叉管过渡到垂直水冷壁。螺旋管圈的主要优点是可以自由地选择管子的尺寸和数量，因而能选择较大的管径和较高的质量流速；管圈中每根管子能同样绕过炉膛的各个壁面，因而每根管子的吸热量均匀，管间的热偏差小。这种结构型式更适用于变压运行机组，大量机组长时间的运行实践经验证明，这种结构型式是变压运行超超临界锅炉水冷壁的最佳结构型式。

（3）采用前后墙对冲燃烧方式，减少炉膛出口工质温度偏差，有效防止炉膛结焦。目前国内外超超临界机组锅炉燃烧方式分为切圆燃烧和对冲燃烧两种方式，前后墙对冲燃烧方式较之切圆燃烧方式在以下各方面有其独特的优势：

1）对冲燃烧锅炉容易大型化。前后墙对冲燃烧系统的燃烧器布置方式能够使热量输入沿炉膛宽度方向较均匀分布，随着锅炉容量的增加，一般只须调整炉膛宽度来增加炉膛断面。通过增加合适数量的燃烧器，可保证炉膛左右两侧（宽度）方向有均衡的传热性能。

2）对冲燃烧炉膛左右两侧有均衡的燃烧性能。对冲燃烧方式随着锅炉容量的增加，炉膛的断面也相应增加，可以增加一定数量的燃烧器，保证炉内火焰有较好的充满情况，维持炉膛左右两侧有均衡的燃烧性能，保证均衡的燃烧热负荷。

3）对冲燃烧锅炉水冷壁出口温度偏差小。燃烧器前后墙对冲燃烧方式，其主要优点是上部炉膛宽度方向上的烟气温度和速度分布比较均匀，使水冷壁出口温度偏差较小，也就有利于降低过热蒸汽温度偏差，保证过热器和再热器金属材料的安全性。

4）对冲燃烧可避免火焰刷墙，防止炉膛结渣。前后墙对冲燃烧锅炉单个燃烧器具有良好的燃料、空气分布，独特的燃烧器喉口设计结构能够避免燃烧器区域结渣和腐蚀。前后墙燃烧方式只要保证边排燃烧器距侧水冷壁距离合适，可避免火焰刷墙，防止炉膛结渣。

(4) 采用最新型低NO_x燃烧器，燃烧效率高、NO_x排放低、低负荷稳燃好。采用性能优良的新型低NO_x排放燃烧器。该燃烧器采用“火焰内NO_x还原”的思想，已在超临界机组上得到了成功运用。

(5) 采用带再循环泵的锅炉启动系统，快速启动能力强。采用带有再循环泵的锅炉启动系统，内置式启动分离系统，系统简单，启动时间短，适合于机组调峰要求。

(6) 过热蒸汽温度系统采用燃水比和两级喷水减温控制，调节性能好。锅炉过热器系统采用了成熟的布置方式和结构形式，过热器的蒸汽温度由燃料/给水比和两级喷水减温来控制，调节性能好。

(7) 再热汽温采用尾部平行烟气挡板调节，调节性能高度可靠、经济性好。锅炉采用典型的再热器系统，通过控制布置在低温再热器和省煤器后烟气挡板的开度大小来控制再热器蒸汽出口温度。这种调温方式运行简单可靠，同时避免了采用摆动燃烧器长期以来存在不能正常摆动的问题。同时，低温再热器至高温再热器间连接管道上布置有再热器事故喷水减温器，在锅炉非正常、事故工况运行时控制再热器出口的温度，防止再热器出口蒸汽温度超温。

第二节　锅　炉　简　介

某电厂装设2台1000MW超超临界燃煤发电机组，锅炉为超超临界参数、变压直流炉、对冲燃烧方式、固态排渣、单炉膛、一次再热、平衡通风、露天布置、全钢构架、全悬吊Ⅱ型结构。设计煤种为神华煤，校核煤种1为山西大同煤矿集团的晋北煤，校核煤种2为神华准混煤。锅炉采用微油点火并保留燃油系统，燃油采用0号轻柴油。两台机组同步建设SCR脱硝装置。

锅炉型号为DG3024/28.35-Ⅱ1型。锅炉总体布置如下所述。

炉膛宽度为33973.4mm，深度为15558.4mm，高度为64000mm。水冷壁中介质向上流动，冷灰斗的角度为55°，除渣口的喉口宽度为1289.7mm。表6-1所示为锅炉主要结构界限尺寸。

表6-1　锅炉主要结构界限尺寸

项目	单位	数据
锅炉深度（从K0排柱中心至K7排柱中心）	mm	75150
锅炉宽度（从G1排柱中心至G7排柱中心）	mm	70000
大板梁最高高度	mm	85900
炉膛宽度	mm	33973.4
炉膛深度	mm	15558.4
顶棚拐点标高	mm	69700
水平烟道深	mm	5486.4
尾部竖井前烟道深	mm	5486.4
尾部竖井后烟道深	mm	9144
水冷壁下集箱标高	mm	5700

炉膛为全焊膜式水冷壁，由下部螺旋水冷壁和上部垂直水冷壁组成，螺旋水冷壁与垂直水冷壁之间由过渡段水冷壁和水冷壁过渡段集箱转换连接。

螺旋管圈水冷壁部分，刚性梁由垂直刚性梁和水平刚性梁构成网格结构，刚性梁体系及炉墙等的自重荷载完全由垂直搭接板支吊，采用了带张力板的垂直刚性梁支承系统，下部炉膛和冷灰斗的荷载能传递给上部垂直水冷壁。刚性梁和水冷壁之间不直接焊接，可以相对滑动。炉膛水冷壁采用悬挂结构，整个水冷壁和承压件向下膨胀。

过热器受热面采用辐射—对流型布置。过热器受热面由四部分组成，第一部分为顶棚、后竖井烟道四壁及后竖井分隔墙；第二部分是布置在尾部竖井后烟道内的水平对流过热器；第三部分是位于炉膛上部的屏式过热器；第四部分是位于折焰角上方的高温过热器。

过热器系统按蒸汽流程分为顶棚过热器、包墙过热器/分隔墙过热器、低温过热器、屏式过热器和高温过热器。

过热汽温调节采用两级喷水减温，过热蒸汽管道在屏式过热器与高温过热器之间进行一次左右交叉，以减小两侧汽温偏差。

再热器受热面采用纯对流型布置，再热器由位于尾部前烟道的水平对流低温再热器和位于水平烟道内的高温再热器组成。再热汽温通过尾部双烟道的平行烟气挡板调节。

省煤器布置在尾部后竖井水平低温过热器的下方。后竖井省煤器、水平低温过热器均通过省煤器吊挂管悬吊到大板梁上。

东锅超超临界锅炉的整体布置如图 6-1 所示。

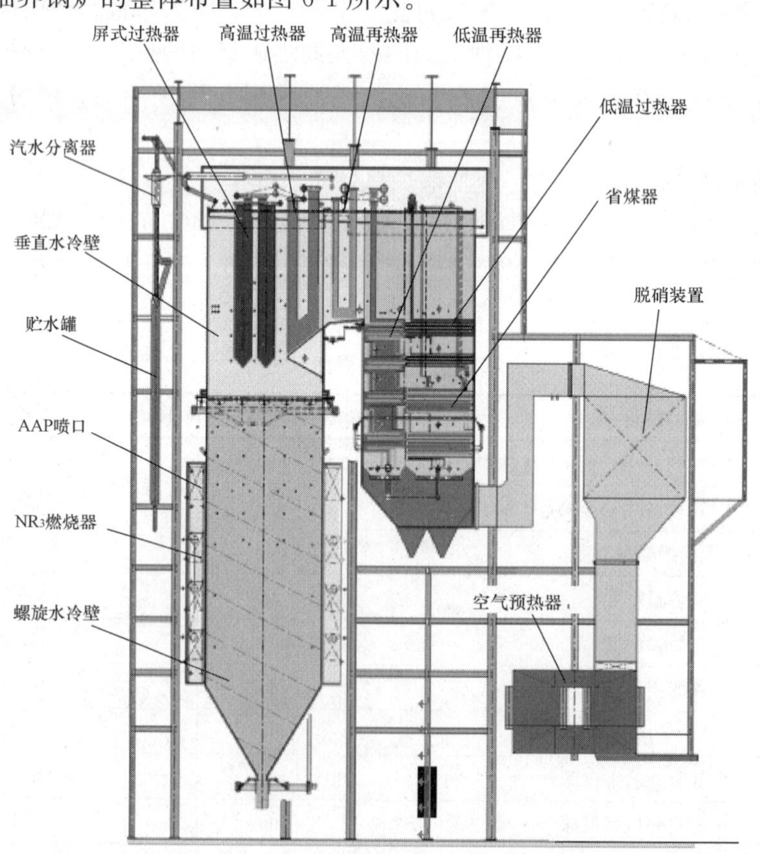

图 6-1 东锅超超临界锅炉的整体布置

每台锅炉都配置了由成都电力机械厂生产的 3 台引风机、2 台送风机，由成都凯凯凯电站风机有限公司生产的 2 台一次风机。送风机、一次风机采用动叶可调式轴流风机，引风机采用进口静叶可调式轴流风机。

制粉系统采用中速磨正压直吹式系统，每炉配 6 台由北京电力设备总厂生产的型号为 ZGM133G 的中速辊式磨煤机和 6 台由上海发电设备成套设计研究所提供的型号为 CS2024HP 的电子称重式给煤机，给煤机的转速采用变频器控制。

燃烧器采用前后墙对冲分级燃烧技术。在炉膛前后墙各分三层布置低 NO_x 旋流式煤粉燃烧器，每层布置 8 只，全炉共设有 48 只燃烧器。在最上层燃烧器的上部布置了燃尽风喷口。每只燃烧器均配有压缩空气雾化油枪，用于启动和维持低负荷燃烧。油枪总输入热量相当于 30%BMCR 锅炉负荷。

第三节　技　术　规　范

一、主要设计参数

锅炉型号为 DG3024/28.35-Ⅱ1 型，最大连续蒸发量（BMCR）为 3023.95t/h。在 BMCR工况下，锅炉出口主蒸汽参数为 28.35MPa(a)/605℃，再热蒸汽参数为 5.95MPa/603℃。具体参数见表 6-2。

表 6-2　　锅炉主要设计参数

项　目	单位	BMCR	THA	BRL
过热蒸汽流量	t/h	3023.95	2818.7	2935.88
过热器出口蒸汽压力	MPa（g）	28.35	27.12	28.17
过热器出口蒸汽温度	℃	605	605	605
再热蒸汽流量	t/h	2500.61	2343.1	2420.73
再热器进口蒸汽压力	MPa（g）	6.18	5.79	5.97
再热器出口蒸汽压力	MPa（g）	5.98	5.63	5.79
再热器进口蒸汽温度	℃	369	364	362
再热器出口蒸汽温度	℃	603	603	603
省煤器进口给水温度	℃	297	292	294

二、锅炉设计条件

1. 煤种

锅炉设计煤种为神华煤，校核煤种 1 为山西大同煤矿集团的晋北煤，校核煤种 2 为神华准混煤。各煤种的有关参数见表 6-3 所示。

表 6-3　　煤种参数

项目		符号	单位	设计煤种（神华煤）	校核煤种 1（晋北煤）	校核煤种 2（神华准混煤）
元素分析	收到基碳分	C_{ar}	%	63.01	58.52	41.3
	收到基氢分	H_{ar}	%	3.90	3.68	3.36
	收到基氧分	O_{ar}	%	10.20	10.19	9.43
	收到基氮分	N_{ar}	%	0.51	0.85	0.73
	收到基硫分	S_{ar}	%	0.40	0.57	0.8
	收到基灰分	A_{ar}	%	6.08	18.69	23
	收到基全水分	M_{ar}	%	15.9	7.5	9

续表

项目		符号	单位	设计煤种（神华煤）	校核煤种1（晋北煤）	校核煤种2（神华准混煤）
空气干燥基水分		M_{ad}	%	4.64	2.5	—
干基挥发分		V_{daf}	%	34.19	32.50	37.94
低位发热量		$Q_{net.at}$	MJ/kg	23.85	21.50	20.908
			kcal/kg	5698	5137	5000
哈氏可磨性指数		HGI	—	57.0	65.0	50.0
灰熔融性	变形温度	DT	℃	1160	>1450	>1500
	软化温度	ST	℃	1170	>1500	>1500
	熔化温度	FT	℃	1190	>1500	>1500

注　1cal=4.1868J。

2. 点火

点火及助燃用油的有关参数见表6-4。

表6-4　点火及助燃用油参数

项目	单位	数据
水分	%	痕迹
灰分	%	≤0.025
硫分	%	≤0.2
机械杂质	%	无
十六烷值	—	>50
闭口闪点	℃	≥55
凝点	℃	≤0
运动黏度（20℃时）	mm^2/s	3.0～8.0
恩氏黏度（20℃时）	°E	1.20～1.67
10%蒸发物残碳	%	≤0.4
酸度（以KOH计）	mg/L	70
低位发热量	kJ/kg	41 863

3. 锅炉给水及蒸汽品质要求

（1）锅炉给水质量标准如下：

1）补给水量：

①正常时：30.3t/h。②启动或事故时：756 t/h。

2）补给水制备方式：启动时按挥发处理（AVT），正常时按加氧处理（OT）。

（2）锅炉给水质量标准（按CWT工况设计，即联合水处理工况设计）见表6-5。

表 6-5　　锅炉给水质量标准

项目	单位	数据
总硬度	μmol/L	～0
溶解氧（化水处理后）	μg/L	≤7（挥发处理） 30～150（加氧处理）
铁	μg/L	≤10
铜	μg/L	≤3
联氨	μg/L	10～50（挥发处理）
二氧化硅	μg/L	≤15
pH（25℃）	—	加氧处理：8.0～9.0（无铜系统） 挥发处理：9.0～9.6（无铜系统）
电导率（25℃）	μS/cm μS/cm	＜0.15（加氧处理） ＜0.20（挥发处理）
钠	μg/L	≤5
TOC	μg/L	≤200
氯离子	μg/L	≤5

（3）蒸汽品质要求见表 6-6。

表 6-6　　蒸汽品质要求

项目	单位	数据
钠	μg/L	＜5
二氧化硅	μg/L	＜10
电导率（25℃）	μS/cm	＜0.15
铁	μg/L	＜10
铜	μg/L	＜2

4. 锅炉运行条件

锅炉运行方式为带基本负荷并参与调峰。

制粉系统采用中速磨煤机正压直吹冷一次风机制粉系统，每台锅炉配 6 台磨煤机（5 台运行，1 台备用），煤粉细度 R_{90}≥20%。每台锅炉配 2 台一次风机。

机组配置 2 台 50%BMCR 容量的调速汽动给水泵和一台 30%BMCR 容量的启动用电动调速给水泵，锅炉给水流量主要通过调整汽动给水泵和电动给水泵的转速来进行调节。

汽轮机旁路系统：40%BMCR 容量，高、低压二级串联旁路。

5. 运行方式

锅炉采用定-滑-定运行方式，锅炉负荷连续变化率可按以下数值：

（1）在 50%～100%BMCR 时，≥±5%BMCR/min。

（2）在 30%～50%BMCR 时，≥±3%BMCR/min。

（3）在 30%BMCR 以下时，≥±2%BMCR/min。

（4）负荷阶跃：＞10%汽轮机额定功率/min。

6. 炉膛燃烧室承压能力

锅炉燃烧室的设计承压能力大于±5800Pa，当燃烧室突然灭火内爆时，瞬时不变形承载能力不低于±9800Pa。

7. 锅炉启动时间

与汽轮机匹配后，锅炉从点火到带满负荷所需时间如下：

冷态启动：7～8h。

温态启动：2～3h。

热态启动：1～1.5h。

极热态启动：<1h。

8. 锅炉寿命

锅炉各主要承压部件的使用寿命应大于30年，受烟气磨损的低温对流受热面的使用寿命应达到100 000h，空气预热器的冷段蓄热组件的使用寿命不低于50 000h。

冷态启动（停机超过72h）：>100次。

温态启动（停机72h内）：>700次。

热态启动（停机10h内）：>3000次。

极热态启动（停机小于1h）：>300次。

负荷阶跃：>12 000次。

三、性能设计数据

1. 锅炉热力特性

锅炉的热力特性见表6-7。

表6-7　锅炉热力特性

项目	单位	数据
干烟气热损失 L_G（BRL）	%	4.31
氢燃烧生成水分热损失 L_h（BRL）	%	0.29
空气中水分热损失 L_{mA}（BRL）	%	0.13
入炉燃料中水分引起的热损失 L_{mf}（BRL）	%	0.09
未燃尽碳热损失 L_{UC}（BRL）	%	0.50
辐射及对流热损失 L_R（BRL）	%	0.17
未计入热损失 L_{UA}（BRL）	%	0.30
计算热效率（按低位发热量，BRL）	%	94.21
制造厂裕量 L_{mm}	%	0.35
保证热效率（按低位发热量，BRL）	%	不小于93.86
炉膛容积放热强度（BMCR）	kW/m^3	78.52
炉膛断面放热强度（BMCR）	MW/m^2	4.41
燃烧器区壁面放热强度（BMCR）	MW/m^2	1.61
环境温度	℃	20
空气预热器进风温度（大气温度20℃）		
一次风温度	℃	

续表

项目	单位	数据
二次风温度	℃	
空气预热器出口热风温度（BMCR）		
一次风温度	℃	316
二次风温度	℃	326
省煤器出口过量空气系数 α（BMCR）	—	1.19
炉膛出口过量空气系数 α（BMCR）	—	1.18
空气预热器出口烟气修正前温度（BMCR）	℃	127
空气预热器出口烟气修正后温度（BMCR）	℃	122

2. 锅炉性能数据

锅炉的性能数据见表 6-8。

表 6-8　锅炉的性能数据

项目	单位	BMCR	THA	75% THA	50% THA	30% THA	HTCUT
1. 蒸汽及水流量							
过热器出口	t/h	3023.95	2818.7	2036.37	1324.27	817.87	2444.64
再热器出口	t/h	2500.61	2343.1	1735.14	1157.24	729.15	2430.7
省煤器进口	t/h	3023.95	2818.7	2036.37	1324.27	817.87	2444.64
过热器一级喷水	t/h	90.72	84.56	61.09	39.73	24.54	73.34
过热器二级喷水	t/h	120.96	112.75	81.45	52.97	32.71	97.79
再热器喷水	t/h	0	0	0	0	0	0
2. 蒸汽及水压力/压降							
过热器出口压力	MPa（a）	28.35	27.22	20.02	13.21	10.27	24.11
一级过热器（低过）压降	MPa	0.42	0.37	0.2	0.09	0.04	0.3
二级过热器（屏过）压降	MPa	0.56	0.49	0.27	0.13	0.05	0.38
三级过热器（高过）压降	MPa	0.26	0.23	0.13	0.06	0.02	0.15
过热器总压降	MPa	1.24	1.09	0.6	0.28	0.11	0.83
再热器进口压力	MPa（a）	6.28	5.89	4.39	2.94	1.87	6.17
一级再热器（低再）压降	MPa	0.09	0.07	0.04	0.02	0.01	0.09
二级再热器（高再）压降	MPa	0.11	0.09	0.05	0.02	0.01	0.09
再热器出口压力	MPa（a）	6.08	5.73	4.3	2.9	1.85	5.99
顶棚及包墙压降	MPa	0.8	0.71	0.39	0.18	0.07	0.53
启动分离器压降	MPa	0.32	0.28	0.15	0.07	0.03	0.23
启动分离器压力	MPa（a）	30.71	29.3	21.16	13.74	10.48	25.7
水冷壁压降	MPa	1.62	1.43	0.8	0.37	0.15	1.11

续表

项目	单位	BMCR	THA	75% THA	50% THA	30% THA	HTCUT
省煤器压降（不含位差）	MPa	0.02	0.018	0.01	0.004	0.002	0.013
省煤器重位压降	MPa	0.2	0.2	0.2	0.2	0.2	0.2
省煤器进口压力	MPa（a）	32.55	30.94	22.17	14.32	10.83	27.02
3. 蒸汽和水温度							
一级过热器（低过）出口	℃	469	463	436	406	418	437
二级过热器（屏过）出口	℃	541	539	531	531	546	524
三级过热器（高过）出口	℃	605	605	605	605	605	605
过热汽温度左右偏差	℃	±5	±5	±5	±5	±5	±5
再热器进口	℃	369	364	369	376	376	388
再热器出口	℃	603	603	603	603	603	603
再热汽温度左右偏差	℃	±10	±10	±10	±10	±10	±10
省煤器进口	℃	297	292	272	248	222	191
省煤器出口	℃	334	328	306	277	252	262
过热器减温水	℃	334	328	306	277	252	262
再热器减温水	℃	180					
分离器出口	℃	423	418	383	340	336	392
4. 空气流量							
空气预热器进口一次风	kg/s	221.69	213.66	175.6	129.38	96.55	230.05
	m^3/h	687 718	662 808	544 737	401 364	299 531	713 659
空气预热器进口二次风	kg/s	734.64	688.79	545.67	403.61	326	715.43
	m^3/h	2 241 425	2 101 521	1 664 862	1 231 429	994 643	2 182 809
一次风旁路风	kg/s	13.16	15.98	10.98	14.54	12.8	9.7
	m^3/h	79 292	95 956	64 752	86 565	77 647	54 653
空气预热器出口一次风（含旁路）	kg/s	197.55	193.6	151.8	110.28	72.94	195.65
	m^3/h	1 152 876	1 117 931	865 680	616 469	405 505	1 135 778
空气预热器出口二次风	kg/s	721.41	675.94	532.82	391.01	313.28	701.32
	m^3/h	4 453 823	4 152 301	3 196 749	2 351 946	1 911 632	3 945 618
空气预热器中的漏风							
一次风漏到烟气	kg/s	37.17	36.29	35.53	34.65	36.29	36.29
	Nm^3/h	104 132	101 661	99 543	97 072	101 661	101 661
一次风漏到二次风	kg/s	0.13	−0.25	−0.76	−1.01	0.13	−1.89
	Nm^3/h	353	−706	−2118	−2824	353	−5295
二次风漏到烟气	kg/s	13.36	12.6	12.1	11.59	12.85	12.22
	Nm^3/h	37 417	35 299	33 887	32 475	36 005	34 240

续表

项目	单位	BMCR	THA	75% THA	50% THA	30% THA	HTCUT
总的空气侧漏到烟气侧	kg/s	50.53	48.89	47.63	46.24	49.14	48.51
	Nm^3/h	141 549	136 960	133 430	129 548	137 666	135 901
5. 烟气流量							
炉膛出口	kg/s	1010.44	959.16	750.56	546.4	415.57	986.25
	m^3/h	13 657 978	12 769 306	9 315 363	6 172 222	4 298 842	13 179 079
高温过热器出口	kg/s	1010.44	959.16	750.56	546.4	415.57	986.25
	m^3/h	13 657 978	12 769 306	9 315 363	6 172 222	4 298 842	13 179 079
高温再热器出口	kg/s	1010.44	959.16	750.56	546.4	415.57	986.25
	m^3/h	12 317 434	11 517 931	8 430 313	5 641 382	4 010 932	11 897 765
省煤器出口（后烟道）	kg/s	705.87	651.41	484.53	298.49	168.16	739.97
	m^3/h	4 318 251	3 926 217	2 773 767	1 594 419	844 635	3 964 266
前烟井（挡板调温时）	kg/s	312.87	316.04	274.32	256.21	255.7	254.57
	m^3/h	2 115 459	2 125 885	1 835 053	1 722 494	1 737 517	1 739 321
后烟井（挡板调温时）	kg/s	705.87	651.41	484.53	298.49	168.16	739.97
	m^3/h	4 318 251	3 926 217	2 773 767	1 594 419	844 635	3 964 266
脱硝装置进口	kg/s	1018.73	967.45	758.85	554.69	423.86	994.54
	m^3/h	6 485 233	6 102 793	4 645 538	3 340 735	2 597 085	5 749 787
脱硝装置出口	kg/s	1022.5	970.83	760.28	554.17	421.94	998.06
	m^3/h	6 546 949	6 155 555	4 674 068	3 359 070	2 613 940	5 794 207
空气预热器进口	kg/s	1022.5	970.83	760.28	554.17	421.94	998.06
	m^3/h	6 483 895	6 107 804	4 651 966	3 352 809	2 608 934	5 755 663
空气预热器出口	kg/s	1072.9	1019.59	807.91	599.15	471.08	1046.06
	m^3/h	4 175 056	3 949 486	3 048 484	2 212 623	1 729 080	3 805 731
6. 空气预热器出口烟气含尘量	g/Nm^3	7.05	7.05	6.75	6.24	5.17	7.06
7. 空气温度							
空气预热器进口一次风	℃	30	30	30	30	30	30
空气预热器进口二次风	℃	25	25	25	25	25	25
空气预热器出口一次风	℃	316	314	303	309	320	263
一次风出口旁路后混合温度	℃	297	291	284	273	270	294
空气预热器出口二次风	℃	330	327	313	315	323	277
8. 烟气温度							
炉膛出口	℃	1014	998	923	828	746	1007
二级过热器（屏过）进口	℃	1352	1342	1275	1177	1010	1357
二级过热器（屏过）出口	℃	1175	1158	1076	961	841	1167
三级过热器（高过）进口	℃	1175	1158	1076	961	841	1167

续表

项目	单位	BMCR	THA	75% THA	50% THA	30% THA	HTCUT
三级过热器（高过）出口	℃	1023	1007	933	836	752	1016
一级过热器（低过）进口	℃	819	804	741	664	608	809
一级过热器（低过）出口	℃	553	541	490	429	411	531
二级再热器（高再）进口	℃	995	979	905	812	733	989
二级再热器（高再）出口	℃	931	914	842	759	694	919
一级再热器（低再）进口	℃	898	882	810	728	662	887
一级再热器（低再）出口	℃	415	412	409	414	422	422
省煤器进口（后烟道）	℃	547	535	484	423	403	525
省煤器出口（后烟道）	℃	349	341	311	273	241	272
脱硝装置进口	℃	369	364	346	338	349	311
脱硝装置出口	℃	367	362	344	336	347	309
空气预热器进口	℃	367	362	344	336	347	309
空气预热器出口（未修正）	℃	124	123	113	109	107	107
空气预热器出口（修正）	℃	120	119	109	104	100	103
9. 空气压降							
空气预热器一次风压降	kPa	0.745	0.715	0.549	0.412	0.323	0.725
空气预热器二次风压降	kPa	0.853	0.784	0.568	0.402	0.333	0.764
一次风燃烧器阻力	kPa	1.4					
分配器阻力	kPa	0.6					
分配器至燃烧器管道阻力	kPa	0.5					
二次风燃烧器阻力	kPa	1.8					
10. 烟气压力及压降							
炉膛设计压力	kPa	±5.8	±5.8	±5.8	±5.8	±5.8	±5.8
炉膛可承受压力	kPa	±8.7	±8.7	±8.7	±8.7	±8.7	±8.7
炉膛出口压力	kPa	0	0	0	0	0	0
省煤器出口压力	kPa	−1.34	−1.23	−0.96	−0.75	−0.67	−1.34
脱硝装置压降	kPa	0.94	0.84	0.49	0.26	0.15	0.78
空气预热器压降	kPa	0.89	0.86	0.7	0.56	0.47	0.87
炉膛到空气预热器出口压降	kPa	3.17	2.93	2.15	1.57	1.29	3
热二次风道压降	kPa	1.01					
11. 实际燃料消耗量	t/h	354	336.03	254.82	174.71	113.82	345.52
12. 输入热量	GJ/h	8400.62	7974.25	6047.16	4146	2701.14	8199.54
13. 锅炉热损失							

续表

项目	单位	BMCR	THA	75% THA	50% THA	30% THA	HTCUT
干烟气热损失	%	4.28	4.24	3.98	4.08	4.69	3.54
氢燃烧生成水热损失	%	0.31	0.31	0.29	0.27	0.26	0.27
燃料中水分引起的热损失	%	0.14	0.14	0.13	0.12	0.12	0.12
空气中水分热损失	%	0.07	0.07	0.06	0.06	0.07	0.05
未燃尽碳热损失	%	0.5	0.5	0.5	0.5	0.5	0.5
辐射及对流散热热损失	%	0.16	0.16	0.22	0.31	0.48	0.16
未计入热损失	%	0.3	0.3	0.3	0.3	0.3	0.3
总热损失	%	5.75	5.72	5.47	5.64	6.42	4.93
14. 锅炉热效率							
计算热效率（按 ASME PTC4.1）	%	89.45	89.67	89.93	87.88	86.23	86.62
计算热效率（按低位发热量）	%	94.25	94.28	94.53	94.36	93.58	95.07
制造厂裕度	%	0.44					
保证热效率	%	93.86					
15. 热量，炉膛热负荷，NO_x							
过热蒸汽吸热量	GJ/h	6190.95	5865.38	4548.41	3176.3	2075	6227.98
再热蒸汽吸热量	GJ/h	1354.59	1286.05	896.12	560.41	345.67	1194.08
燃料向锅炉供的热量	GJ/h	8400.62	7974.25	6047.16	4146	2701.14	8199.54
截面热负荷	MW/m^2	4.41	4.19	3.18	2.18	1.42	4.31
容积热负荷	kW/m^3	78.6	74.62	56.58	38.79	25.27	76.72
有效投影辐射受热面热负荷（EPRS）	kW/m^2	244.34	231.94	175.89	120.59	78.57	238.49
燃烧器区域面积热负荷	MW/m^2	1.61	1.53	1.16	0.79	0.52	1.57
NO_x 排放浓度（以 O_2=6%计）	mg/Nm^3	300					
空气预热器出口烟气含尘浓度（以 O_2=6%计）	g/Nm^3	5.97					
16. 风率							
一次风率	%	21.83	22.63	22.69	22.66	19.48	22.2
二次风率	%	78.17	77.37	77.31	77.34	80.52	77.8
磨煤机投运台数	台	5	5	4	3	2	5
17. 过量空气系数							
炉膛出口	—	1.14	1.14	1.18	1.26	1.49	1.14
省煤器出口	—	1.15	1.15	1.19	1.27	1.5	1.15
18. 烟速（平均）							
二级过热器（屏过）	m/s	—	—	—	—	—	—
三级过热器（高过）	m/s	8.9	8.4	6.1	4.1	2.8	8.6

续表

项目	单位	BMCR	THA	75% THA	50% THA	30% THA	HTCUT
二级再热器（高再）	m/s	10.5	9.9	7.3	4.9	3.4	10.2
一级过热器（低过）	m/s	11.3	10.2	7	4.1	2.1	11.7
一级再热器（低再）	m/s	8	8.1	6.7	6.1	6.1	6.6
省煤器	m/s	8.4	7.6	5.4	3.1	1.6	8

四、锅炉性能保证

（1）在下述工况条件下，锅炉最大连续出力（BMCR）达到3023.95t/h。

1）燃用设计煤种和校核煤种1、校核煤种2。

2）额定给水温度。

3）过热蒸汽温度和压力为额定值，再热蒸汽进、出口温度和压力为额定值。

4）蒸汽品质合格。

（2）在下述工况条件下，锅炉保证热效率为93.66%（按低位发热量）。

1）燃用设计煤种。

2）空气预热器进风温度为20℃。

3）大气相对湿度为79%。

4）锅炉带额定负荷BRL工况下。

5）锅炉热效率按ASME PTC4.1的有关规定计算并进行有关项目的修正。

6）煤粉细度在设计规定的范围内。

7）锅炉带额定负荷（BRL），省煤器出口NO_x排放量不高于300mg/Nm^3（脱硝装置前，O_2=6%）。

（3）在下述工况条件下，空气预热器的漏风率（单台）在投产第一年内不高于6%，运行一年后不高于8%；一次风漏风率不高于30%。

1）燃用设计煤种。

2）锅炉负荷在额定蒸发量（BRL）时。

（4）在下述工况条件下，不投油最低稳燃负荷不大于30%BMCR。

1）燃用设计煤种。

2）煤粉细度在设计规定的范围内。

3）投运磨煤机数量为两台。

（5）在下述工况条件下，烟、风压降实际值与设计值的偏差不大于10%。

1）燃用设计煤种。

2）BMCR工况。

（6）在下述工况条件下，锅炉NO_x的排放浓度不超过300mg/Nm^3（O_2=6%）。

1）燃用设计煤种。

2）锅炉带额定负荷BRL工况。

3）煤粉细度为$R_{90}\geqslant 20\%$。

4）炉膛出口过量空气系数为设计值。

5）锅炉效率为保证效率。

（7）在下述工况条件下，过热器、再热器、省煤器的实际汽、水侧压降数值不超过设计值。

1）BMCR 工况。

2）锅炉给水品质合格。

（8）满足下述条件，在 30%～100%BMCR 时过热蒸汽能维持其额定汽温；在 50%～100% BMCR 时再热蒸汽能维持其额定汽温，偏差不超过±5℃。

1）燃用设计煤种。

2）过量空气系数保持设计值。

3）过热器、再热器各部位均不得有超温现象。

4）过热器减温水量、再热器减温水量不超过设计值。

第三篇 分部试运

第七章 分部试运工作

第一节 概 述

机组启动调试是火电工程建设的最后一个阶段，是全面检验主机及其配套系统的设备制造、设计、施工、安装和生产准备的重要环节，是保证机组达到设计值，并能安全、经济、可靠、文明地投入商业运行、发挥投资效益的关键环节。

随着国内大容量机组的不断发展，尤其是近年来超超临界百万机组的持续扩容，大容量、大规模、高参数机组的工程建设对各参建单位要求越来越高，尤其对作为整个工程建设"收官"阶段的调试单位，在提高机组整体移交生产水平和提高机组建设的质量水平过程中，发挥着至关重要的作用。超超临界百万机组的技术复杂性和规模程度对调试单位提出了越来越高的要求，如何在短工期、保证项目安全的前提下，高标准、严要求、保质保量地完成各项试运任务，使机组在规定的工期内圆满完成 168h 试运工作并顺利投入商业运行，对整个机组的工程建设来说意义重大。

机组的试运一般分为分部试运（包括单机试运、分系统试运）和整套启动试运（包括空负荷试运、带负荷试运、满负荷试运）两个阶段。分系统试运和整套启动试运中的调试工作必须由具有相应调试能力资格的单位承担。在试运过程中发现问题及时处理好，从而使系统内相关设备能够协同工作，达到机组设计要求，满足生产需要。某个单体设备故障将影响某个分系统或几个分系统运行不正常，继而影响到整个机组的整体运行，为机组的安全生产造成不可预计的经济损失。

根据中华人民共和国国家能源局 2009 年发布的《火力发电建设工程启动试运及验收规程》（DL/T 5437—2009）规定，分系统调试是从厂用电系统带电后，单体调试完成、单机试运合格、设备与系统完全安装完毕、试运条件经检查确认具备后开始，直至机组进入整套启动前结束。分部试运包括单机试运和分系统试运两部分。单机试运是指目的为检验该设备状态和性能是否满足其设计要求的单台辅机的试运行；分系统试运是指目的为检验设备和系统是否满足设计要求的联合试运行。

分系统调试的主要目的是：逐个检查每个系统的设备、系统、测点、联锁保护逻辑、控制方式、安装等是否符合设计要求，以及设计是否满足实际运行要求，发现问题和解决问题，确保系统能够安全可靠地投入运行。

分系统调试的主要目标是：确保各个系统完整地、安全地参与调试运行，达到《火力发电建设工程机组调试质量验收及评价规程》（DL/T 5295—2013）的标准，最终满足机组运行要求。

分系统调试的主要原则是：要确保系统的完整性和安全性，不具备试运条件不能试运，试运时要确保试运设备和系统的测点和联锁保护全部投运，指示、动作正确；合理安排调试计划，尽可能地缩短锅炉酸洗、吹管和机组整套启动这三个主要工程进度形象之间的时间。

分系统调试方案总的原则是：根据各个系统之间的相互制约关系来安排调试的先后顺序，一环扣一环，有些同时具备调试试运条件又相互不干扰的系统，可以同时进行。分系统调试试运大部分按照正常程序和方式、按照调试措施进行即可，但有些系统因安装程序和进度要求，以及调试先后顺序的缘故，分系统调试不得不采取一些临时措施进行。有些系统调试试运条件受到主机的影响，且在主机试运时可以同时进行这些系统的试运。

分部试运应在试运指挥部下设分部试运组的领导下进行，由施工单位负责（分部试运组长由主体施工单位出任的试运指挥部副总指挥兼任）、项目公司（委托管理项目为被委托的工程建设管理单位）、调试单位、生产单位、设计单位等参加，某些重要辅机和特殊设备可根据合同要求制造厂人员参加。

调试工作宜参照如下分部试运工作程序进行：熟悉现场设备和系统→制订试运计划、方案、质量验评计划→审批试运计划、方案、质量试运计划→单体调试或单机试运调试方案报审→单体调试/单机试运前静态检查（包括电气、仪控保护投入状态确认）→办理单体调试/单机试运申请单→单体调试/单机试运→验收签证→单体调试/单机试运与分系统试运交接验收→分系统试运调试方案报审→分系统试运前条件检查（包括电气、仪控保护投入状态确认）→办理分系统试运申请单→组织各方进行调试措施技术交底→分系统空载和带负荷试运→分系统验收签证→办理机组分系统试运质量验收表、→移交生产代保管（具备生产代保管条件）。分系统试运中的调试工作由调试单位人员完成。

就单个系统而言，其调试顺序为：调试单位与生产单位一起检查该系统和设备的测点是否已全部在控制室 CRT 画面上正确显示→调试单位对该系统和设备的阀门及联锁保护和控制系统进行传试，并对生产单位人员进行交底，确保系统试运前电气、热控保护已正确投入→监理单位、施工单位、调试单位、生产单位及建设单位共同检查该系统试运条件是否具备→在试运开始前，调试单位组织对该系统进行试运前安全技术交底，并办理签字手续→按照分系统调试措施开始试运工作→试运结束后对该系统试运情况进行验收，并办理试运签证及质量验收手续→由调试单位负责编制调试报告。

第二节　分部试运工作准备

对于调试单位来说，在正式开始调试工作之前应做好如下准备工作：

（1）组织调试项目部各专业人员，对业主方的前期服务工作如下：

1）参加初步设计审查。

2）参加设计联络会。

3）参加发电厂的主、辅机的设备选型、招标工作。

4）对系统的完整性及合理性提出修改意见和建议。

5）参加业主组织的其他各种技术性会议。

（2）收集和熟悉图样资料。

（3）项目部应编制的调试文件如下：

1）调试大纲。

2）调试项目质量计划。

3）调试计划。

4）调试网络图。

5）机组机、炉、电（BTG）大联锁试验措施。

6）调试验评表汇总部分。

（4）组织审批专业调试方案、措施。

（5）对设计、安装和制造等方面存在的问题和缺陷提出改进建议。

（6）组织各方对各专业重大方案措施进行讨论、会签。

（7）组织现场安全学习、培训。

（8）负责调试单位与现场各方的技术联络。

调试单位进驻现场，正式开始分系统调试项目时，现场应具备下列条件：

（1）分部试运现场：

1）试运区周围环境应不妨碍分部试运进行，场地基本平整，沟道盖板基本齐全，道路畅通。

2）分部试运区域的脚手架、梯子、平台、栏杆、护板等符合安全试运的要求。

3）排水畅通，排污系统可投用。

4）配备必要的消防设施。

5）试运区域照明充足。

6）通信要畅通，必要时采取临时通信措施。

7）试运区与施工区要有明显的标志和分界，危险区设围栏和警告标志。

8）有必要的防冻措施、防暑降温和防雨措施。

（2）设备及系统：

1）分部试运的设备及系统（包括机务、电气、热控等）安装试验已经结束，各级验收已完成并已办理验收签证，试运文件包已确认；土建工作已结束，设备的二次灌浆已完成，混凝土已达设计强度。

2）分部试运设备的保护装置已校验合格，并可投用；对因调试或试运需要临时解除或变更的保护装置已经确认。

3）分部试运的设备及系统已命名挂牌，有明显的标志。

4）分部试运所需测试仪器、仪表已配备并符合计量管理要求。

5）分部试运设备及系统已与非试运行的系统可靠隔离或隔绝。

6）试运人员到位，分部试运的计划、措施已经审批、交底。

（3）组织机构管理：

1）试运指挥部及其下属机构已成立，组织落实，人员到位，职责分工明确。

2）各项试运管理制度和规定及调试大纲已经审批发布执行。

3）相应的建筑和安装工程已完工，并已按电力行业有关电力建设施工质量验收规程验收签证，技术资料齐全。

4）一般应具备设计要求的正式电源。

5）单机试运和分系统试运计划、试运调试措施已经审批并正式下发。

6）分部试运涉及的单体调试已完成，并经验收合格，满足试运要求。

由于分部试运包括单机试运和分系统试运两部分，而单体试运由施工单位组织负责，所以在开展分系统试运工作之前，施工单位必须完成分部试转单体部分的试运工作。单体试运过程中，施工单位必须对试运项目进行静态检查，填写《新设备分部试运行前静态检查表》并做出评价；监理、施工单位质检部门和分部试运组各方代表对施工单位提出的《新设备分部试运行申请单》进行审议，包括对《静态检查表》和《电气、热工保护投入状态确认表》进行确认，并会签。

对施工单位提出的未完项目进行讨论，确认必须在分部试运前整改处理的项目已经处理完毕，剩余项目允许在分部试运后限期整改和处理，未经验收签证的设备系统不准进行分部试运。

完成上述工作准备后，调试单位进行组织开展分系统试运工作。

第三节　分部试运工作内容

分部试运是机组调试工作的重要阶段，分部试运是指从高压厂用母线受电到整套启动试运前的辅助机械及系统所进行的调试工作。分部试运一般应在整套启动前完成，分部试运分为单机、单体和分系统调试两个步骤进行。一般情况下，分系统试运是在单机、单体调试后进行，但也存在着两个步骤互相衔接又互相交叉、同时进行的情况。

调试单位在分部试运过程中一般按照分散控制系统（DCS）受电及复原、启动变及厂用系统受电、化学剂水、机组化学清洗、冷态通风试验、锅炉过热器、再热器系统及蒸汽管道吹管等主要工作节点开展分系统调试工作，待所有分系统项目调试完毕后，调试单位通过掌握试运情况和问题，组织进行主要设备及系统的检查，确认是否符合整套启动试运条件。

一、调试单位作用

在分系统试运阶段，调试单位在试运过程中应发挥如下作用：

（1）作为分部试运组的副组长单位，负责分部试运中分系统调试的总体工作。

（2）组织各专业检查、了解分部试运情况，协助施工单位处理试运中出现的问题。

（3）组织各专业配合安装单位进行单体传动试验。

（4）组织各专业配合安装单位完成单机试转工作。

（5）组织各专业完成各辅机的联锁保护试验及有关试验。

（6）组织各专业进行系统投运前的技术交底工作。

（7）组织各专业参加系统投运前的条件检查工作。

（8）参加分部试运阶段有关的事故分析会议。

（9）组织各专业负责完成各系统的分系统调试工作。

（10）组织各专业编制分系统调试总结报告。

（11）组织各专业填写分系统调试验评表。

（12）组织各专业确认各辅机具备参加整套启动试运的条件。

二、锅炉专业调试工作范围

在分系统调试阶段，调试单位锅炉专业具体工作如下：

（1）指导参加锅炉范围内各主要辅机的单机调试及验收工作，掌握试运情况和问题，协助施工单位处理试运中出现的问题，确认是否符合分部试运条件。

（2）组织锅炉范围内各主要辅机的分部试运工作，掌握试运情况和问题，组织进行主要设备及系统的检查，确认是否符合整套启动试运条件。

（3）组织检查和试验各汽水电动门、调节门、烟风挡板等。

（4）空气压缩机及其系统调试。

（5）启动锅炉调试。

（6）空气预热器及其系统调试。

（7）引风机及其系统调试。

（8）送风机及其系统调试。

（9）一次风机、密封风机及其系统调试。

（10）炉水循环泵及其系统或锅炉启动系统调试。

（11）锅炉冷态通风试验。

（12）燃油系统调试。

（13）暖风器及其系统调试。

（14）吹灰器及其系统调试。

（15）制粉系统冷态调试。

（16）除渣系统调试。

（17）除尘系统调试。

（18）除灰系统调试。

（19）炉外输灰系统调试。

（20）输煤系统调试。

（21）燃烧器静态检查及调整。

（22）锅炉疏水、放空气及排污系统调试。

（23）锅炉及其附属设备和系统联锁、保护传动试验。

（24）锅炉过热器、再热器系统及蒸汽管道吹管。

（25）参加锅炉膨胀系统检查

（26）配合施工单位进行锅炉整体风压试验。

（27）配合化学专业进行机组化学清洗工作。

三、调试工作程序

根据上述调试单位在分系统试运阶段的角色定位，结合中华人民共和国国家能源局2013年发布的《火力发电建设工程机组调试技术规范》（DL/T 5294—2013）规定，调试单位在分系统试运阶段宜按工作程序开展工作（以引风机系统为例）。

1. 测点、阀门、挡板、开关传动试验

试运系统试转前，系统内相关测点、电动挡板、调节门由施工单位完成一次元件安装后配合调试单位热控人员进行传动试验交调试单位机务人员。由调试单位机务人员组织施工单位、监理单位、建设单位及生产单位人员对系统内相关测点、电动挡板、调节门（包括动、静叶）等进行验收，并签证。表 7-1 和表 7-2 分别是电动阀门、挡板传动验收记录表和调节阀门、调节挡板传动验收记录表，过程中宜各参建单位签字确认，以便记录留存。

表 7-1　　电动阀门、挡板传动验收记录表

序号	阀门、挡板名称	设备编码	开时间	关时间	反馈指示	传动结果	备注
1	A引入口挡板	××××××	××	××	××	××	
2	A引出口挡板	××××××	××	××	××	××	
…	……	……	……	……	……	……	

施工单位：　　　　调试单位：　　　　监理单位：
建设单位：　　　　生产单位：　　　　年　月　日

表 7-2　　调节阀门、调节挡板传动验收记录表

序号	阀门、挡板名称	设备编码	传动结果										备注
			指令（%）	反馈（%）	指令（%）	反馈（%）	指令（%）	反馈（%）	指令（%）	反馈（%）	指令（%）	反馈（%）	
1	A引风机静叶	××××	0	××	25	××	50	××	75	××	100	××	
2	…	…	…	…	…	…	…	…	…	…	…	…	
…	…	…	…	…	…	…	…	…	…	…	…	…	

施工单位：　　　　调试单位：　　　　监理单位：
建设单位：　　　　生产单位：　　　　年　月　日

2. 联锁、保护逻辑传动试验

试运系统内测点、电动门等传动试验结束后，调试单位热控人员需要在系统试运前对照热控预操作单对该系统联锁、保护逻辑进行传动试验，确保试验动作结果正常，传动试验应包括如下内容：

（1）各辅机停止允许条件的检查试验。

（2）各辅机启动程序的检查试验。

（3）各辅机停止程序的检查试验。

（4）各辅机跳闸条件的检查试验。

（5）各辅机有关联锁条件的检查试验。

（6）各辅机的事故按钮试验。

热控人员传动试验结束后，由调试单位机务人员组织施工单位、监理单位、建设单位及生产单位人员对该系统联锁、保护逻辑进行传动。传动过程中调试单位热控人员予以配合，

传动试验避免信号强制，辅机油站及其他辅助设备必须实动。传动结束后参加传动人员对传动结果进行签证。表7-3是联锁、保护逻辑传动验收试验记录表。

表7-3　联锁、保护逻辑传动验收记录表

工程名称：××工程×号机组

专　　业：锅炉　　　　系统名称：引风机及其系统

序号	传动项目	传动结果	备注
1	引风机轴承温度高跳闸	××××	
2	……	……	……
…	……	……	……

施工单位：　　调试单位：　　监理单位：

建设单位：　　生产单位：　　年　月　日

3. 安全技术交底

分系统首次试运前，调试单位应针对该系统对参加试运的施工单位、监理单位、建设单位及生产单位专业负责人进行安全技术交底并做好记录。交底人必须是调试单位该项目专业负责人。

安全技术交底宜包含的内容见表7-4，具体内容以附件形式依附在交底签证之后：

(1) 宣读《××××调试措施》。

(2) 讲解调试应具备的条件。

(3) 描述调试程序和验收标准。

(4) 明确调试组织机构及责任分工。

(5) 危险源分析和防范措施及环境和职业健康要求说明。

(6) 答疑问题。

表7-4　调试措施技术及安全交底记录表

调试项目	引风机及其系统试运				
主持人	张三	交底人	李四	交底日期	2014.01.01
交底内容	1. 宣读《××××调试措施》； 2. 讲解调试应具备的条件； 3. 描述调试程序和验收标准； 4. 明确调试组织机构及责任分工； 5. 危险源分析和防范措施及环境和职业健康要求说明； 6. 答疑问题				

参加人员签到表

姓名	单位	姓名	单位
张××	××××	……	……
李××	××××	……	……
×××	××××	……	……
……	……	……	……

4. 试运前条件检查

调试单位应按分系统调试系统试运条件检查确认表组织施工单位、监理单位、建设单位、生产单位及设备制造厂商对试运条件进行检查确认并签证。表 7-5 为系统试运条件检查确认表，检查内容需详尽，需要包括试运系统内所有辅助系统。

表 7-5　　　　系统试运条件检查确认表

工程名称：××工程×号机组

专　　业：锅炉　　　　　　　　　　系统名称：引风机及其系统

序号	检查内容	检查结果	备注
1	确认风机及进出口烟道内无杂物，并已签证封闭	√	
2	……	……	……
……	……	……	……
……	……	……	……
结论	经检查确认，该系统已具备系统试运条件，可以进行系统试运工作		

施工单位（签字）：　　　　年　月　日

调试单位（签字）：　　　　年　月　日

监理单位（签字）：　　　　年　月　日

建设单位（签字）：　　　　年　月　日

生产单位（签字）：　　　　年　月　日

5. 系统试运申请

系统试运申请一般应用于分系统调试阶段，每个分系统调试措施对应的调试子系统均应该有系统试运申请单。

系统试运申请单由表 7-6 分系统试运申请单内序号 3 试运申请人（一般为电建公司专业负责人）负责填写，由序号 4 试运负责人（调试单位专业组长）确认后，送转序号 5 人员会签，最后流转至序号 8 试运专业组同意。重要调试项目由试运专业组送试运指挥部批准，序号 9 值长签名确认，试运负责人通过值长发令执行。

调试项目重要与一般，由调试现场试运专业组长权衡决定。

6. 系统试运及试运数据记录

调试单位负责组织、指导生产单位运行人员完成试运系统的状态检查、运行操作和调整，做好试运记录。试运记录表格由调试单位各专业根据自身及系统、设备情况自制。试运过程中，调试单位人员及时对运行人员就试运系统进行技术培训，并及时提示风险预控。

表 7-6 分系统试运申请单

申请单位：××××××公司 编号：GL-001

序号	项目	系统草图（范围、规格等数据）
1	试运系统名称： A、B引风机及其系统试运	
2	要求试运日期： 年 月 日	
3	试运申请人（电建）： 年 月 日	
4	试运负责人： 年 月 日	
5	调试单位： 试运专业： （签名） 其他专业会签： （签名） 施工单位： （签名） 监理单位： （签名） 基建工程部： （签名） 生产准备组： （签名）	
6	分系统试运前条件检查表（附表）	
7	本次试运电气、仪控保护投入状态确认（附表）	
8	试运专业组组长批准： 试运指挥部批准（如需）：	
9	值长签名： 收到日期： 年 月 日	

7. 试运后质量验收

分系统试运结束后，调试单位负责填写分系统调试质量验评表，监理单位组织施工单位、调试单位、建设单位、生产单位就该系统进行验收，并签证。表 7-7 为引风机及其系统调试质量验收表，表 7-8 为引风机系统验收签证单。

表 7-7　　**分系统单位工程调试质量验收表**

表号：表 3.3.3-4

机组号	1 号机组			单项工程名称	锅炉专业	
单位工程名称				引风机及其系统调试		
检验项目	性质	单位		质量标准	检查结果	备注
状态显示				正确		
轴瓦温度	主控	℃		符合 GB 50275—2010 的规定		
轴承振动	主控			符合 GB 50275—2010 的规定		
轴瓦温度保护	主控			投入、整定正确		
轴承振动保护				投入、整定正确		
联锁保护	主控			全部投入，动作正确		
隔离风门				关开位置正确、动作灵活		
调节风门				开度指示正确、动作灵活		
液压系统				油压正常、动作灵活		
润滑油系统				油压、油温正常、无泄漏		
液力偶合器系统				调节灵活、无卡涩，油温、油压符合厂家技术要求		
双速切换				切换正常		
高压电动机运行				符合试运要求		
变频电机				符合试运要求		
冷却水系统				符合设计要求		
冷却风机				符合设计要求		

施工单位（签字）	年　月　日
调试单位（签字）	年　月　日
生产单位（签字）	年　月　日
监理单位（签字）	年　月　日
建设单位（签字）	年　月　日

表 7-8　　系统试运验收签证单

工程名称：××××××机组工程　　编号：GL-001

专　　业：锅炉　　单位工程：引风机及其系统

序号	验收内容	评 价	备 注
1	引风机轴承温度	……	
2	引风机轴承振动	……	
……	……	……	
……	……	……	

评价：

该设备/系统已于　　年　月　日完成分系统试运，按 DL/T 5295—2013《火力发电建设工程机组调试质量验收及评价规程》，该系统满足质量验收要求，已具备代管条件，同意进入整套启动阶段

主要遗留问题及处理意见：

施工单位（签字）	年　月　日
调试单位（签字）	年　月　日
监理单位（签字）	年　月　日
生产单位（签字）	年　月　日
建设单位（签字）	年　月　日

8. 系统代保管

分系统试运结束后，由施工单位按照现行行业标准《火力发电建设工程启动试运及验收规程》（DL/T 5437—2009）规定办理设备和系统代保管手续，由生产单位负责该系统的启停工作。

第四节　调试工作管理

为了更好更快地完成大型机组调试工作，应该合理、有效地利用有限资源，努力提高调试工作的质量水平，确保机组安全可靠，使电厂、电网等获得最大效益。因此，在调试过程中，调试管理环节至关重要。调试管理是对分部试运、机组整套启动试运调试工作的管理，包含质量、安全、进度控制、技术等。

一、调试质量管理

在调试过程中，质量管理始终坚持以“质量第一，实行科学管理，不断改进服务，增强

顾客满意”的方针开展调试工作。

1. 管理质量目标

（1）调试过程中调试质量事故为零。

（2）调试原因损坏设备事故为零。

（3）调试原因造成机组“MFT”为零。

（4）机组启动未签证项目为零。

（5）无调试原因影响机组进度。

（6）机组移交生产，调试未完项目为零。

（7）确保机组工程实现高水平达标投产。

（8）牢固树立基建工程精细化调试质量控制的观念。

（9）调试、技术服务、技术监督和技术开发项目的技术总结、技术报告，文本内容全面、完整，分析精辟、扼要，结论正确、客观、公正，严格执行审核、批准制度，及时向业主提供技术总结、技术报告。

（10）力争做到分部试运缺陷不带到整套试运，整套试运缺陷不带到168h试运，168h试运后无缺陷移交。

（11）监视、测量、试验、检定的数据正确、真实，结论客观、公正。

2. 质量保证措施

在调试过程中，提高调试在工程优化中的“关键”作用的认识，实行调总负责制，实施调试监理，认真执行《火力发电建设工程机组调试质量验收及评价规程》（DL/T 5295—2013）、《火力发电建设工程启动试运及验收规程》（DL/T 5437—2009）、《火力发电建设工程机组调试技术规范》（DL/T 5294—2013）等规程，通过质量保证措施，实现调试质量的高标准管理，从而推动工程进度保质保量的顺利进行。项目部质量管理体系如图7-1所示。

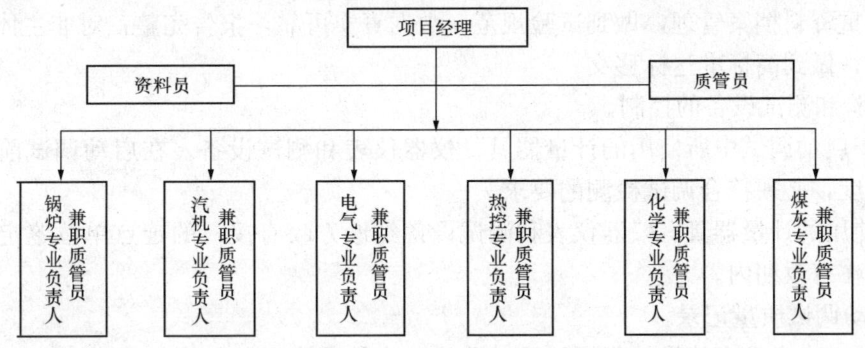

图7-1　项目部质量管理体系

（1）启动调试准备。

1）根据机组的特点编制《调试大纲》，并进行会审，明确试运过程中的组织分工和调试计划，编制各系统调试措施，明确各项调试工作的组织、调试方法和应达到的质量标准，并在编制技术措施的同时编制安全保证措施。

2）积极收集和熟悉工程技术资料、设备说明书和出厂保证书，对新设备、新技术进行调研，做好充分技术准备。对系统设计、启动调试措施、设计联络会议纪要及施工图样进行审查，发现问题及时提出修改建议。

3）根据施工综合总进度，编制启动调试总进度的目标计划。

（2）加强过程控制。

1）编制质量计划，分解质量目标。

2）严把质量关，落实各项试运工作应具备的条件，真正做到不具备试运条件的不进行试运，试运中发生的问题及时联系解决，保证各分系统在试运结束后都能满足运行要求，不留尾工。

3）加强过程控制，做到整个调试工作不漏项、不缺项；做到每项工作都有措施，每项工作都有记录，每项工作都经过质量验收；做到前级工作对后级负责，每项工作都有责任人。

4）加强外围系统的调试工作，对待外围系统和对待主系统一样的重视。

5）调试人员严格执行规程规范和调试措施的操作程序，规范作业行为，使每项工作都在程序控制范围内进行。

6）执行各项调试措施前，由调试人员对参加试运人员进行技术交底，指导运行人员操作，认真监护，发现问题及时处理，确保设备系统运转正常。

7）调试人员在机组热态调试中，认真做好调试过程中的质量记录，确保产品的可追溯性。认真分析各项试验数据，高质量、高标准地完成各项指标，顺利完成168h试运。

8）对调试中的不合格项目，及时分析原因和制定纠正措施。对潜在不合格进行相应的预防措施，杜绝隐患。

9）对各阶段的试验项目按《火力发电建设工程机组调试质量验收及评价规程》（DL/T 5295—2013）进行验收。

10）及时与业主沟通，了解业主的需求，更好地为业主服务。

11）工程中及工程结束对业主进行回访，做到业主满意。

12）注重资料档案管理，做到试验规范，数据真实可靠，报告完整；对非主体调试单位也同样要求；做到高标准达标移交。

（3）检验和测试设备的控制。

1）对于启动调试中所使用的计量器具、仪器仪表和测试设备，在启动调试前核对其精密度和准确度，必须符合调试检测的要求。

2）所使用的计量器具、仪器仪表和测试设备经地方政府授权的定点单位鉴定和持有鉴定证书，并在有效期内。

（4）启动调试质量记录。

1）按照《火力发电建设工程机组调试质量验收及评价规程》（DL/T 5295—2013）的要求，结合工程的实际情况，编制《质量验收表》。

2）认真完成调试记录，并编入竣工技术资料，移交建设单位。

（5）分部试运控制。

1）在分部试运阶段调试中，进行分系统的交接验收。

2）按照调试合同和有关规定，完成分部试运项目的措施编写与实施。对重要分部试运项目，如锅炉化学清洗、空气动力场试验、吹管等，在项目完成后及时编写试运报告。

（6）调试协调会议制度。

1）在机组调试期间，召开调试现场协调会议。分部试运阶段由分部试运组长主持，整套启动阶段由调试单位负责人主持，由综合组负责整理、发布会议纪要。

2）参会单位有业主及其相关部门、施工、安装、设计、监理、调试、设备厂家等。

3）会议应反映机组调试遇到的问题、明确需要沟通的事项、总结当天的调试工作、安排明天的调试计划、尽量落实解决问题的责任单位。

（7）调试专题会议制度。

1）在机组调试期间，若遇到专业性很强和在调试协调会议上落实不了的问题，召开调试专题会议。属于设备或安装的问题由业主、安装单位主持，属于系统或调试的问题由业主或调试单位主持。

2）会议应提出解决问题的方案，并报试运指挥部。

3）会后由会议主持单位整理会议纪要。

（8）系统、设备故障、异常和重大事项及时报告管理制度。

1）在机组调试其间，若遇到威协设备、人身安全或影响机组调试重大进程的故障、异常情况和重大事项，应立即向试运指挥部报告。

2）试运指挥部及调试当班指挥应立即做出反应，研究并拿出切实可行的对策。

3）各参建单位应积极配合，防止情况恶化，杜绝不愉快的事情发生。

4）若情况危急，则由当值值长按规程处理。

3. 过程控制文件管理

（1）分部试运文件包。分系统试运是指按系统对其动力、电气、热控等所有设备及其系统进行空载和带负荷的调整试运。分系统试运必须在单体调试、单机试运合格后才可进行。进行分系统试运的目的是通过调试，考验整个分系统是否具备参加整套试运的条件，而分部试运文件包的产生就是实现该目的的。

分部试运文件包根据现场工作的实际要求将产生一些必要的文档，这些文档作为重要的支撑性文件对整个调试工作起到质量监督、风险把控的作用。整个文件包体系应该贯彻于每个试运子系统，要求内容齐全、结果正确。

1）试运计划、方案、措施、质量验评范围划分。

2）单体调试/单机试运与分系统试运交接验收表（由施工单位提供）。

3）电动阀门、挡板传动验收记录表（见表 7-1）。

4）调节阀门、调节挡板传动验收记录表（见表 7-2）。

5）联锁、保护逻辑传动验收记录表（见表 7-3）。

6）调试措施技术及安全交底记录表（见表 7-4）。

7）系统试运条件检查确认表（见表 7-5）。

8）分系统试运申请单（见表 7-6）。

9）试运数据记录表。

10）分系统单位工程调试质量验收表（见表 7-7）。

11）机组试运各阶段各系统签证单（见表 7-8）。

12）试运项目缺陷清单。

13）调试报告。

（2）试运结果签证。每项分部试运项目试运合格后应由施工单位组织施工、调试、监理、建设/生产等单位及时验收签证。合同规定由设备制造厂负责单体调试且施工单位负责安装的项目，由施工单位组织监理、建设、生产、调试等单位检查、验收；合同规定由设备制造厂负责安装并调试的项目，由工程部组织施工监理、建设、生产、调试等单位检查、验收。验收不合格的项目不能进入分系统和整套试运。

在分系统试运结束后，各项指标达到《火力发电建设工程机组调试质量验收及评价规程》（DL/T 5295—2013）和达标要求，由调试单位组织施工单位、调试单位、建设、监理单位的代表签署《火力发电建设工程机组调试质量验收及评价规程》的有关验收表（表 7-7），并对该系统就行系统试运后评价签证（见表 7-8）。

（3）移交代保管签证。经分部试运合格的设备和系统，由于生产或调试需要继续运转时，可交生产部门代行保管，由生产部门负责运行、操作、检查，但消缺、维护工作及未完项目仍由施工单位负责。未经建设、生产、监理、调试、和施工单位代表验收签字的设备系统，不得“代保管”，不准参加整套启动调试。设备及系统的代保管，由施工单位填写《设备及系统代保管签证卡》。

对再次试转的设备及系统，由工作单位提出申请，并得到调试、生产部门确认，才可实施。

4. 缺陷管理

分系统试运过程中发现的缺陷，执行试运指挥部颁发的现场缺陷单。分部试运组专门配置缺陷管理员（建设单位或监理单位负责），及时整理汇总缺陷并将缺陷分类后发给各单位，并按计划督促处理。消缺完成后，责任单位应及时办理缺陷单终结手续，由监理单位牵头相关部门检查确认，由缺陷管理员登记注销。如现场消缺情况紧急，发现人填写消缺单后，可直接提交调试指挥人员落实责任单位消缺，同时将消缺单交缺陷管理员闭环管理。

如消缺问题产生异议，提交试运指挥部裁定。调试期间，每周由监理单位组织召开消缺会议，盘点消缺情况。

凡在本工程调试范围内的所有已代保管生产设备及所属各系统（包括进入整套启动的）进行检修、消缺、维护、试验等工作，对于需办理工作票的消缺工作必须履行相应工作范围的工作票手续，具体参照启动调试期间工作票管理制度或生产工作票管理制度执行。

在分系统试运过程中所有涉及动火的消缺工作，必须遵守动火工作票制度，具体参照启动调试期间工作票管理制度或生产管理工作票制度执行。

二、调试进度管理

严格按照业主批准的调试计划进度组织开展并完成各阶段调试工作，对调试全过程实施有计划、系统化、程序化的管理，在确保机组安全、优质的基础上，合理调配资源，精心组织，精心调试，力争提前完成工程各里程碑进度。

1. 进度控制指标

（1）按工程进度要求，编制好调试总进度计划、调试月计划、调试周计划，按期完成机组 168h 满负荷试运。

（2）按工程重大调试节点里程碑组织好调试前准备工作，检查、核对现场施工质量，做到调试无未完项目，确保调试进度与工程进度。

（3）无调试原因影响工程进度。

2. 汇报制度

调试开始后，调试现场项目经理建立调试进度报告制度，向业主或监理、工程项目经理报告。报告分三类：日进度报告、周进度报告、月进度报告。

（1）日进度报告：根据项目中各工序对进度进行监控，主要用作调试每日例会协调调试。

（2）周进度报告：周进度报告反映三级进度中各项目的进展情况，主要用作调试每周例会协调调试。

（3）月进度报告：反映二级进度项目和重要节点的进展情况。

由于对每个项目的进度分别进行日控制、周控制、月控制，因此各项进度都能按计划准点进行。如受到外部原因，实际进度与计划进度发生偏差，无法补救，调试单位即时向业主或监理工程师、公司本部报告。

3. 工期保证

工期保证分三个阶段实施：第一阶段，编制合理的二、三级进度，进行调试人力资源和仪器设备资源配置；第二阶段，调试过程中的监控；第三阶段，补救措施。

（1）第一阶段：编制进度计划和配置资源。

根据业主或监理工程师制定的一级进度计划，合理配置资源（人力、仪器设备），编制二级、三级调试进度计划，待业主核准后正式生效。

（2）第二阶段：调试过程中的监控。

各调试项目必须按三级进度规定的时间开工。

调试人员按三级进度、工作程序、资源配置表进行调试。

按三类报告制度控制调试进度，发现实际进度与计划进度发生偏差，及时下达指令给各专业组或相关单位，通过适当的措施，予以及时补救。

（3）第三阶段：补救措施。

由于外部原因，如出线滞后、设备交付调试的延误、设备质量问题的返修等，造成工期延误，我公司通过增加工作人员和仪器设备，优化现场调试组织或提高劳动生产率进行补救，确保总体进度或关键控制点不延误。

由于不可抗力造成的工期延误，主动积极配合业主做好各方面的协调，合理调整三级进度，报业主批准后实施，并在新的进度计划前提下，发挥各方面的能动性，将损失控制在最小范围内，确保业主的利益。

三、调试安、健、环管理

大型火电机组启动调试是工程建设的最后一个阶段，也是最关键的一个阶段，为了更好地做好调试管理工作，需要建立调试项目管理体系，从安全、环境及职业健康等对项目进行全方位管理。调试安、健、环管理工作应按照“安全第一，预防为主，综合治理”的方针，制定工程的调试安全、健康及环境因素目标，实现调试安全管理制度化、人员行为规范化、安全设施标准化、物料堆放定置化等目标。

1. 调试安、健、环目标

（1）因调试原因引起的重大设备损坏事故：0 起。

（2）因调试原因引起的重大人身伤亡事故：0 起。

（3）因调试原因引起的重大人身重伤事故：0 起。

（4）因调试原因引起的重大环境污染事故：0 起。

（5）因调试原因引起的人身轻伤事故：0 起

2. 调试安、健、环管理体系

项目部安、健、环管理体系如图 7-2 所示。

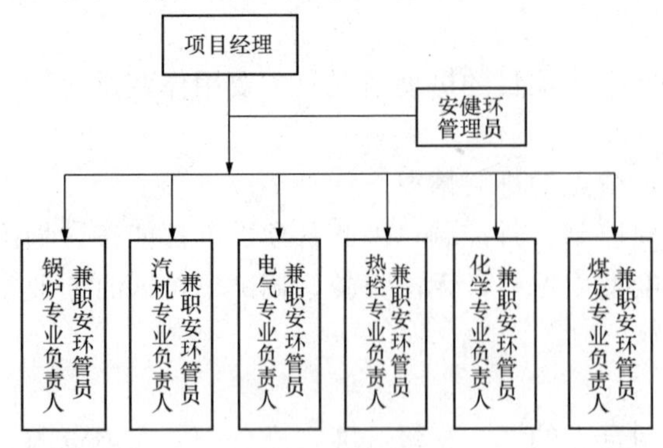

图 7-2　项目部安、健、环管理体系

3. 调试安、健、环管理及预防措施

（1）严格执行《安全生产法》，按职业安全卫生和环境管理体系要求开展各项工作。

（2）在调试大纲和调试措施中编制安全、环境预防措施。

（3）调试启动措施应具备的条件中，应有必须具备的安全、环境条件。

（4）定期召集安全、环境管理会议，解决各专业或项目部本身存在的各种问题。

（5）建立二级管理网络，项目经理为第一责任人，各专业负责人为管理责任人。

4. 调试安全管理及预防措施

（1）对调试工作中的安全状况进行分析，发现不符合的及时采取纠正措施，对潜在问题采取预防措施。

（2）项目部按《电业安全工作规程》（GB 26164.1—2010）、《电力建设安全工作规程》（DL 5009.1—2014）、《国家电网公司电力生产事故调查规程》（国家电网　监〔2005〕145 号）等规范进行定期和不定期的执行情况自查。

（3）在机组调试中将严格执行《电业安全工作规程》（GB 26164.1—2010）、《电力建设安全工作规程》（DL 5009.1—2014）、《防止电力生产重大事故的二十五项重点要求》（国能安全〔2014〕161 号）。

（4）参加试运行人员，工作前应熟悉有关安全规程、运行规程及调试措施，试运行安全措施和试运停送电联系制度等。

（5）参加试运行人员，工作前应熟悉现场系统设备，认真检查试验设备，工具必须符合工作及安全要求。

（6）对与运行设备有联系的系统进行调试，应办理工作票，同时采取隔离措施，必要的地方应设专人监护。

（7）在台风、汛期、梅雨季节，做好抗台防汛的预防调试技术措施。在台风、雷暴雨到来前对调试计划进行调整，避免危险区域的调试作业，同时督促责任方做好防止现场设备受潮受涩的工作。

（8）高空作业时，严格按照安全规程执行。

（9）试运前必须确保炉膛、空气预热器、烟道、风道、电气除尘器及其他容器内的人员已全部撤出。

（10）不得在栏杆、防护罩或运行设备的轴承上坐立或行走。

（11）不得在燃烧室防爆门、高温高压蒸汽管道、水管道的法兰和阀门、水位计等有可能受到烫伤危险的地点停留。如因工作需要停留时，应设有防烫伤及防汽、水喷出伤人的措施。

（12）锅炉点火阶段防熄火及漏油事故，应加强检查燃油系统及燃烧情况。

（13）输煤带运行中严禁用手清除粘在带滚筒上的煤或在端部滚筒处用人力阻止带跑偏。

（14）开启锅炉看火门，检查孔及灰渣门应在炉膛负压的情况下缓慢地进行，工作人员应站在门孔的侧面，并选好向两旁躲避的退路。

（15）安全阀的调整必须由两个以上的熟练工人在专业技术负责人的指挥下进行。

（16）安全阀调整前应确认所有的安全阀门座内水压试验用临时堵头均已取出，门座密封面完好无损。

（17）吹管的排汽口不得对着设备或建筑物。

（18）吹管的临时管道、消音器、临冲门的支架结构应能承受吹管时的最大推力，临时管道与消音器的连接建议采用套接。

（19）在排气范围和操作场所应设警戒区，防烫伤或击伤事故；跨越临时管道需搭设临时过桥。

（20）拆装靶板应采用领牌制度，以确保人员安全。

（21）吹管过程中应严禁超过临时管道、部件的承受压力。

（22）进行接触热体的操作时应戴手套。

（23）试运中应经常检查油系统是否漏油，严防油漏至高温设备及管道上。

（24）若锅炉泄压手段失灵、锅炉超压，应立即停炉。

（25）热控冲洗仪表管前应与运行人员取得联系，冲洗的管应固定好。初次吹管压力一般应不大于0.49MPa，吹管时管子两端均应有人并相互联系。初次冲洗时，操作一次门应有人监护，并先做一次短暂的试开。

（26）操作酸、碱管路的仪表、阀门时，不得将面部正对法兰等连接件。

（27）运行中的表计如需要更换或修理而退出运行时，仪表阀门和电源开关的操作均应遵照规定的顺序进行泄压、停电后，应在一次门和电源开关处挂“有人工作，严禁操作”标示牌。

（28）远方操作设备及调节系统执行器的调整试验，应在有关的热力设备、管路未冲压前进行，否则应与有关部门联系并采取措施，防止误排汽、排水伤人。

（29）被控设备、操作设备、执行器的机械部分、限位装置和闭锁装置等，未经就地手动操纵调整并证明工作可靠的不得进行远方操作。进行就地手动操作调整时，应有防止他人远方操作的措施。

（30）在远方操作调整试验时，操作人与就地监护人应在每次操作中相互联系，及时处理异常情况。

（31）成套控制装置和自动调节系统试投前应使机组处于稳定运行工况，使有关设备、系统工作正常，并采取必要的保护措施。试运中应密切注意机组的运行情况及被试验设备系统各个部分的动作情况。如有异常，则应立即停止试验。

（32）搬运和使用化学药剂的人员应熟悉药剂的性质和操作方法，并掌握操作安全注意事项和各种防护措施。

（33）对性质不明的药瓶严禁用口尝或鼻嗅的方法进行鉴别。

（34）靠近通道的酸管道应有防护设施。

（35）进行加氯作业必须佩戴防毒面具，并应有人监护，室内通风应良好。

（36）在进行酸、碱工作的地点应备有清水、毛巾、药棉和急救时用的药液。

(37) 化学清洗系统时的安全检查，应符合下述要求：

1) 与化学清洗无关的仪表及管道应隔绝。

2) 临时安装的管道应与清洗系统图相符。

3) 对影响安全的扶梯孔洞沟盖、脚手架，要做妥善处理。

4) 清洗系统所有管道焊接应可靠，所有阀门、法兰及水泵的盘根均应严密，应设防溅装置，防备漏泄时酸液四溅，还应备有毛毡、胶皮垫塑料布和卡子，以便漏酸时包扎。

5) 玻璃转子流量计应有防护罩。

6) 高温介质的管道必须保温。

(38) 清洗过程中应有检修人员值班，随时检修清洗设备的缺陷。

(39) 清洗过程中应有医护人员值班并备有相应的急救药品。

5. 调试健康管理及预防措施

(1) 化学清洗前检查临时系统安装质量，防止管道泄漏。

(2) 化学清洗临时系统的酸泵、取样点、化验站和监视管附近需设水源，用胶皮软管连接，以备阀门或管道泄漏时冲洗用。

(3) 化学制水、化学清洗产生的废液，应经综合处理后达标排放。

(4) 锅炉吹管的临时管道排放口应加消音器，减少蒸汽排放时产生噪声。

(5) 在调试中产生的废渣、废气、废液、污水、噪声项目，要在调试方案、措施中予以明确，通过各种可靠措施力求减小到最低限度，其排放的去向应有明确规定，禁止乱排放，严格遵守地方环保法规。

(6) 化学清洗后的废液排放要求正确处理。

6. 调试环境保护管理及预防措施

(1) 树立文明调试的意识，工作完、场地洁。

(2) 调试用的工具、器具应保护、保养好，确保器具的完好。

(3) 调试用的试验与测量仪器、仪表应维护、保养，经检定合格，并在准用期内。

(4) 不在调试现场禁止吸烟区内吸烟。文明、安全行为一贯化。

(5) 调试人员统一着装，佩戴相应标志，各种行为符合相应的规定。

(6) 严格执行调试技术纪律，不得随意修改设计图样、制造厂技术要求、部版规程规定，要变更技术要求、规范等，须经有关方面确认批准后，才可进行。

(7) 加强对设备成品保护，在调试过程中，采取有效方法，不使成品受到损伤。

(8) 化学专业用的固、液体药品，要有检验后的合格证，物品的堆放位置明确、标志明显，并确保安全距离，防止质变。

(9) 办公室内的生活用品、文件等归放整齐、合理，做好防火、防雨、防盗措施，定期进行大扫除，保持室内整洁。

7. 调试风险控制管理

调试工程主要控制节点危险点：DCS复原加电、厂用受电、锅炉化学清洗、锅炉吹管、机组油泵联锁保护试验、DCS失电与恢复供电试验、机组首次启动、机组首次停机、机组首次热态启动、锅炉洗硅运行、厂用电切换试验、机组首次带满负荷、PSS性能参数整定、锅炉燃烧调整、CCS协调系统投运与机组变负荷试验、机组甩负荷试验、设备轮换试验。

这些项目牵涉面广，投入的设备、系统多，需要配合的单位多，其进度、质量、安全达到了优良标准，则整个机组的调试工作的进度、质量、安全就有了基本的保证。因此，在大型机组调试过程中要特别重视这些节点的管理和控制。工程建设管理单位应要求调试单位在这些项目调试工作开始前编制出“节点调试工作及进度计划”、“节点开始前需完成的调试项目”等，以此作为施工现场管理及施工的工作要求，形成一个以调试为中心的工程建设管理的阶段，工程参建各方都能及时明确和完成各自所承担的合同任务，使整个机组调试的进度、质量、安全得到保证。

调试单位应对上述调试工程特别危险点进行充分分析，做好风险预控的技术和组织安全措施。

四、精细化调试管理

各阶段调试精细化管理的主要工作内容如下：

1. 调试准备阶段

（1）项目部人员满足建设方要求，可介入工程建设的各阶段，包括设计阶段、施工与设备招投标阶段、施工阶段。调试人员参加设计审查和施工图会审，协助确定性能试验测点布置；对系统布置、设备选型、工艺流程是否合理，提出意见和建议。

（2）编制出版调试大纲是对调试工作的总体策划，是调试精细化质量控制的策划准备。明确调试目标、工作原则、试运组织及各单位职责、调试流程和调试方法，并强调调试质量管理控制的精细化管理和确保工程质量的专项试验项目。

（3）进入调试阶段前，各调试单位应成立专门的调试组织机构，负责分工范围内的调试工作实施及文件包整理、移交等工作。尤其是对施工单位分系统调试阶段组织机构的成立及职责进行明确。

（4）调试前，在充分熟悉现场的前提下，和各方分析现场施工计划、设备供货计划的可行性，做好计划执行的风险评估及策略、措施制定。根据精细化调试质量控制的要求，确定各调试阶段需完成的调试工作及专项试验工作，确定合理的调试工期。168h满负荷试运前完成全部常规调试项目、整套启动至168h满负荷试运完成时间不小于30天、专项试验的项目计划。

（5）整理标准、制定质量控制流程，强调工作流程规范、工作标准的执行，其产生的详细准确的文件应严格遵循文件包管理规定。

（6）调试单位进驻现场后，各专业组应结合以往的调试经验，进一步梳理每一个设备和系统，提出合理化建议，补充和完善系统设计。

（7）调试单位进驻现场后，应与相关单位根据DCS设计说明书进行DCS逻辑功能审查，优化热控联锁保护逻辑。审查时，重点应对汽机和锅炉主保护、各辅机保护逻辑进行逐条梳理、优化，并根据讨论意见进行完善和修改，还应对主要自动逻辑进行优化，如协调控制、RB、给水控制、二次风控制等应对电气继电保护进行审查和完善。

（8）根据确定的联锁保护逻辑，应组织进行系统测点的优化，审查DCS测点分配表，重点审查锅炉、汽机、电气主保护逻辑可靠性（要求采用硬接线）；对主要辅机，如送风机、引风机、一次风机、磨煤机、凝结水泵、前置泵、汽动给水泵、小汽机METS保护测点的DCS接线通道进行优化分配；优化协调控制、RB、给水控制、二次风控制、磨风量控制需要的测点分配方案。

（9）调试单位编制分系统及整套启动调试方案时，结合调试质量精细化控制的要求进行

优化，确保机组调试项目做完整、做细致、做可靠、调整到位。

（10）在设备安装过程中，调试专业人员深入现场，熟悉系统和设备，对发现的问题及时以书面形式提交监理和项目公司，并提出解决问题的建议和意见。

2. 分系统调试阶段

（1）合理安排调试计划。

1）机组化学清洗前，应完成锅炉炉膛冷态空气动力场试验，且锅炉应具备预点火条件。

2）锅炉炉膛冷态空气动力场前，脱硫系统应具备冷态通风试验条件；锅炉点火吹管前，应具备锅炉投粉燃烧和除灰、除渣系统投入条件，汽轮机润滑油系统、密封油系统及顶轴、盘车装置具备连续投用条件。

3）凝结水精处理系统应在机组吹管前具备投入条件。

4）无旁路设计的脱硫系统，应在锅炉点火吹管前具备投运条件。

5）机组整套前，脱硝系统具备投用条件。

6）从锅炉本体化学清洗结束到锅炉吹管，不得超过 20 天；从锅炉吹管结束到机组首次启动调试不得超过 20 天。

（2）辅机设备在首次试转时应确认监控仪表齐全、校验准确。由 DCS 控制的辅机、电动机单独试转必须在 DCS 操作，不得在开关室和电控柜操作。

（3）为提高热控仪表的准确性，项目公司应组织加强现场在装热控仪表（如压力变送器、流量变送器、就地压力表、压力、温度开关、温度测量一次元件等）的抽检工作，对不满足校验精度的仪表要求安装单位重新校验。抽检仪表由监理、工程部、运行人员进行过程监督，并做好记录。

（4）调试单位积极参与单体调试工作，掌握单体调试情况。辅机试转后，安装单位应以文件包的形式，将 I/O 一次调整校对清单、一次元件调整校对记录清单、一次系统调校记录清单及单体、单机调试记录、设备单机静态检查验收签证、单机试转验收签证等移交调试单位或监理单位。

（5）分系统试运必须在单体调试和单机试运合格签证后进行，其中包括监测测点齐全且校验合格，系统阀门、挡板校验合格且能在 DCS 操作（手动门除外）。

（6）在每个分系统调试前，调试单位应提出进入分系统调试的安全条件、设备条件、系统条件和技术条件，特别是空气动力场、化学清洗、锅炉吹管、整套启动的条件，并在调试前逐项进行确认。对不具备条件的，不能进入分系统调试。

（7）调试单位热控、电气专业应对联锁保护逻辑、定值进行仔细调试和验证，并组织相关单位进行验收，并办理签证手续。尤其对保护逻辑调试时应从一次元件做起，具备现场实动条件的应采用就地实动，不允许从 DCS、ECS、NCS 中进行强制模拟。

（8）调试单位严格按照已批准的调试方案或措施组织开展分系统调试，不得随意更改方案或措施所要求的试运工作。分系统调试的操作，除了必要的临时设施外，应使用正规设备和系统进行，设备、系统的操作应采用遥控和集控方式，设备保护、程序控制装置应投运。

（9）系统试运时，应加强汽（气）水系统、油系统阀门严密性检查，减少系统内漏，减少系统汽、气、水、油损失。

（10）加强分系统调试化学监督，采取有效措施严格控制汽、水、油品质，保证各系统及主、辅设备的安全运行，在机组调试期间，为保证汽水品质，及时投入汽水在线仪表，合理组织化验人员，缩短人工汽水取样化验周期，通过比对准确把握汽水品质。同时严把主辅设备油质关，设备试转前，必须油质合格，并查阅合格证书。

（11）根据各分系统试运的情况，及时对热工保护、联锁及其定值进行修订，并进行校核，确保机组运行后，各保护、联锁系统动作的可靠性。

（12）分系统试运后，调试单位应及时组织召开总结会，对分系统试运状况进行评估（含性能指标），针对发现的问题提出整改意见，并对系统进一步完善。未整改完毕不得进入下一步试运。

（13）凝汽器或凝结水箱、除氧器等汽水容器在上水进行系统冲洗或设备试运前必须人工清理干净，并通过四级验收。

（14）在设备试运的过程中，在确认系统洁净后，冲洗投入仪表及变送器，完成相关系统压力、流量、温度等测点的投入和在线验证。

（15）调试单位应全面检查、分析和确认系统测点的准确性，并对影响测量准确性的测点提出安装位置变更、计算公式修正等意见，并落实整改。

（16）加强系统冲洗，各支路用户跨接或开放冲洗，系统调门及逆止门拆芯或跨接冲洗，喷水冷却装置及冷却器进水前，水质必须达到要求，确保换热器的有效换热及减温器的正确工作。

（17）真空系统灌水检漏范围尽量大，制定检漏计划详列检漏系统投入范围及阀门操作清单。过程中，可隔离系统检查，但最终应带入所有应带入系统考核。

（18）高、低压旁路正式系统参与蒸汽吹扫，未参加吹扫的部分管道要进行人工清理。高、低旁路的吹扫次数适当增多、清理要仔细，防止旁路泄漏。

（19）根据厂家设备说明，确认高低加及除氧器高、低水位报警、正常运行范围的就地液位计位置，灌水检查远传液位静态标定、校验各液位开关动作值，使之准确动作。

（20）氢气系统检漏范围尽量大，制定检漏计划详列检漏系统投入范围及阀门操作清单。过程中，可隔离系统及装置检查，但最终应带入所有应带入系统及装置考核。检查人员应包括汽机、热控、电气专业人员。

（21）主蒸汽压力，汽门、汽缸的温度等测点应确保100%准确、可靠，其将参与热应力计算。

（22）宜进行定子线棒流量测试和热水流试验，确保机组带负荷后同层线棒出水温差不超过设计报警值，保证发电机的可靠、安全运行。

（23）盘车一段时间后或冲转后，宜翻瓦检查轴瓦的情况，判断油系统的洁净度，保证轴系安全。

（24）静态调试时，主机及小机应在挂闸状态进行润滑油泵切换试验，保证油系统切换情况下的机组正常运行。

（25）确认仪用压缩空气系统间隙性用户，并检查评估其动作过程中对仪用压缩空气系统气压的影响。

（26）对于仪用气、液压提供动力的需快速动作的阀门、装置，检查正常气体压力及液压情况下其动作情况是否满足设计要求。

（27）加强封闭容器的清理及检查，保证系统洁净性。

（28）为确保系统严密性，调试前需检查系统液压、风压签证。

（29）燃烧系统：逐个检查和调整燃烧器内二次风、外二次风挡板及旋流叶片安装角度是否与设计一致，内部动作与外部指示器显示是否一致。

（30）风机：严格按照设备说明书要求对叶片角度、动作范围、角度一致性和开关限位等进行验证和调整。绘制不同开度下电流、压力、流量曲线。

（31）检查水冷壁、过热器（屏过、高过）、再热器（低再、高再）的金属测温热电偶安装到位，确认其显示正确；确认减温水就地与DCS的一致性。

（32）燃油系统的吹扫应分段吹扫，先母管后支路，需采用辅助蒸汽，蒸汽吹扫结束后宜采用压缩空气吹干系统，保证系统的洁净程度。系统洁净后，安装相关热控压力、流量测点、速关阀、调门等，并检验阀门、系统严密性。

（33）制粉系统，对比设计压力值确认弹簧加载或液压加载的调整，绘制冷、热风门特性曲线。

（34）锅炉炉水循环泵，锅炉化学清洗期间，可适当增大注水流量，并严格保证注水的连续投入；化学清洗结束时，必须在锅炉彻底疏放水后，对泵壳进行疏水、充水的反复操作，确保化学溶液彻底排除。

（35）锅炉吹管，宜采用稳压结合降压方式进行。吹管阶段因采用纯汽泵供水方式，系统应接入临时补水管保证系统约60%BMCR的补水能力，补水管应采用新管并经喷砂处理。冲管阶段冷却时间为12～24h，分三阶段以上。吹管结束后，需对水冷壁联箱、过热器联箱、U形管底部等进行割管检查；如吹管期间发生超温、爆管等异常情况，应分析原因，并有针对性的扩大检查范围。

（36）四管泄漏报警系统在点火前调试完备，检查压缩空气接口，严密可靠，具备投用条件。

（37）各单位制定锅炉压力容器防爆措施，调试单位制定相关的调试及运行措施。

（38）优化保安电源系统的重点负荷配置方式，重要负荷在保安电源切换正常后，应能自动恢复原运行方式。在冲管之前，确保柴油发电机系统调试完毕，并进行带负荷试验，进入整套前进行柴油发电机带大负荷试验。

（39）检查电气、热控的保护及控制装置的电源配置符合电源配置原则，各控制、保护系统、装置冗余电源切换正常，不影响系统正常工作。

（40）具备实际动作条件的重要保护的动作试验，应采取实动方式。

（41）进入整套启动前应对机组的重要保护点、重要辅机设备保护进行全面检查，确认测点可靠，确认保护定值设置正确，确认保护的硬回路、软回路分别动作正确，确认各重要保护及其冗余保护均能正确动作，确认测量回路故障、装置失电、失气等极端情况下保护能动作，机构执行能到位。

（42）建立调试情况分析制度，每项调试工作完成后，应对所调试系统的设备、设计、安装等做出分析评价，提出整改完善建议。

第八章

启 动 系 统

第一节 工作原理及系统组成

对于超超临界锅炉来说，在锅炉启动及本生负荷以下运行时，从水冷壁中出来的工质是单相的水或汽水混合物，因此为保证锅炉在启动及本生负荷以下的负荷运行时能将汽水混合物分离并保证过热器中不进水，同时由于直流锅炉没有能储存较大水容积的汽包，因此当锅炉启动发生汽水膨胀时，要将短期内发生汽水膨胀时排出的多余的水疏掉，必须设置启动系统以满足直流锅炉的特殊要求。当机组的负荷高于其本生负荷时，启动系统串联在机组中呈干态运行，仅起到均衡蒸汽温度及流量的作用。因此对于超超临界机组锅炉须配特有的启动系统以保证锅炉启停和低负荷运行期间保护炉膛水冷壁管，同时满足机组对蒸汽流量的要求。

一、锅炉启动系统的分类

直流炉的启动系统按其分离器在正常运行时是否参与系统工作，一般可分为内置式分离器启动系统和外置式分离器启动系统两类。

（一）外置式分离器启动系统

外置式分离器启动系统是指启动分离器在机组启动和停运过程中投入运行，而在直流负荷以上运行时解列于系统之外的启动系统，该系统适用于定压运行。系统缺点是锅炉汽温较难控制，水冷壁工质在启动阶段一直处于高压状态，操作复杂，不适宜快速启停，只能带基本负荷。由于该系统汽温波动较大，对汽轮机运行不利，因此，目前国内外超超临界机组已很少采用这种启动系统。

（二）内置式分离器启动系统

内置式分离器启动系统指在机组启动、正常运行、停运过程中，启动分离器均投入运行，所不同的是，在锅炉启停及低负荷运行期间，启动分离器湿态运行，起汽水分离作用，而在锅炉负荷高于最低直流负荷正常运行期间，从水冷壁出来的微过热蒸汽经过分离器进入过热器，此时分离器仅起连接通道作用。内置式分离器启动系统的启动分离器设在蒸发区段和过热区段之间，与蒸发段和过热器之间没有安装任何阀门，系统简单，操作方便，不需要外置式启动系统所涉及的分离器解列或投运操作，从根本上消除了分离器解列或投运操作所带来的汽温波动问题，但分离器要承受锅炉全压，对其强度和热应力要求较高。内置式分离器启动系统适用于变压运行锅炉。目前，在世界各国的超超临界锅炉上，内置式分离器启动系统已得到广泛应用。内置式分离器启动系统可分为简单疏水扩容式启动系统、带疏水热交换器的启动系统和带循环泵的启动系统（并联和串联两种）。当前1000MW超超临界锅炉的内置式分离器启动系统通常采用简单疏水扩容式启动系统和带循环泵的启动系统。

1. 简单疏水扩容式启动系统

简单疏水扩容式启动系统主要由启动分离器、分离器贮水箱、分离器贮水箱水位控制阀、启动疏水扩容器、启动疏水扩容器凝结水箱、疏水泵等组成。在机组启动过程中，启动分离器中的疏水经大气式启动疏水扩容器扩容，二次汽排入大气，二次水经过启动疏水扩容器、启动疏水扩容器凝结水箱、疏水泵排至系统外（循环水或机组排水槽）或回收系统内（凝汽器或除氧器）。

2. 带循环泵的启动系统

在带循环泵的启动系统中启动分离器的疏水经循环泵送入给水管路，根据循环泵在系统中与给水泵的连接方式分为串联和并联两种形式。部分给水经混合器进入循环泵的称为串联系统，给水不经循环泵的称为并联系统。两种布置形式的比较见表8-1。

表8-1　串联与并联启动系统的比较

布置形式	循环泵与给水泵串联	循环泵与给水泵并联
优点	（1）循环泵主要运行工质过冷水一旦压力下降，泵进口处不存在汽化的危险性 （2）允许较高的降压速度 （3）循环泵排量只有微小变化	（1）不需要混合器 （2）可以同时预热整个系统 （3）循环泵的故障能够立即用较大的给水流量加以补偿，不需要隔离泵体
缺点	（1）分离器的疏水与给水的混合需要一只特殊的混合器 （2）再循环系统必须同时考虑饱和水的运行（启动给水故障等） （3）混合器与分离器之间另外进行预热	（1）循环泵充满饱和水，一旦压力降低，存在汽化的危险 （2）只允许较低的降压速度 （3）过冷需要额外注水 （4）循环泵的排量随负荷波动较大 （5）通常需要安装一只再循环控制阀

二、锅炉启动系统的比较

目前，国内几大锅炉厂引进技术的1000MW超超临界锅炉启动系统，主要有带再循环泵的启动系统和不带泵的简单疏水扩容式启动系统在技术上均比较成熟，在国内超超临界机组上都有运行业绩，对两种启动系统的特点加以比较，见表8-2。

表8-2　两种内置式启动系统的优缺点

种类	简单疏水扩容式	循环泵式
优点	（1）投资少 （2）系统简单，运行操作方便 （3）容易实现自动控制 （4）维修工作量少	（1）工质和热量回收效果好 （2）对除氧器设计无要求 （3）启动时间短，适合于两班制和周日停机运行方式
缺点	（1）燃料耗量大、热量回收有限 （2）水耗量大 （3）要求除氧器安全阀容量增大	（1）投资大 （2）运行操作复杂 （3）转动部件的运行和维护要求高 （4）循环泵的控制要求高

三、哈锅 1000MW 超超临界锅炉启动系统

哈锅 1000MW 超超临界锅炉的启动系统一般为内置式带循环泵，且循环泵与给水泵呈并联布置。2 只立式内置式汽水分离器布置于锅炉的后部上方，由后竖井后包墙管上集箱引出的锅炉顶棚包墙系统的全部工质均通过 4 根连接管送入 2 只汽水分离器。在启动阶段，锅炉负荷小于 25%BMCR 的最低直流负荷时，启动系统为湿态运行，分离器起汽水分离作用，分离出的水通过水连通管与一只立式分离器贮水箱相连，而分离出来的蒸汽则送往水平低温过热器的下集箱。分离器贮水箱中的水经疏水管排入锅炉循环泵的入口管道，作为再循环工质与给水混合后流经省煤器——水冷壁系统，进行工质回收。在锅炉启动前的水冲洗阶段、启动期间的汽水膨胀阶段、在渡过汽水膨胀阶段的最低压力运行时期，以及锅炉在产汽量达到 5%BMCR 以前，由贮水箱底部引出的疏水均通过 3 只贮水箱水位调节阀排入锅炉启动疏水扩容器，再流入锅炉启动疏水扩容器凝结水箱，然后根据炉水水质情况决定由启动疏水泵输送至循环水系统或汽机冷凝器系统。锅炉负荷达到 25%BMCR 后，锅炉运行方式由再循环模式转入直流运行模式，启动系统也由湿态转为干态，即分离器内已全部为蒸汽，它只起到一个中间集箱的作用。

为了在启动时加热循环泵和泵的进、出口管道，特别是在热态启动时缩短启动时间，由省煤器出口管道上引出一加热管以加热循环泵和泵的出口管道和去锅炉启动疏水扩容器的疏水管道。因为管道上装设的截止阀是常开式，所以当锅炉转入直流运行，启动系统已解列的情况下仍能有一定量的热水流经启动系统的上述管道，使启动系统处于热备用状态。

为了保持循环泵入口有一定的过冷度，防止产生“汽蚀”，即保证足够的净正吸水压头值，自给水管道上引出一管道与循环泵入口管道相接以达到降温的作用。

哈锅 1000MW 超超临界锅炉启动循环系统由启动分离器、贮水箱、贮水箱水位控制阀、炉水循环泵、启动疏水扩容器、启动疏水扩容器凝结水箱、疏水泵等组成。

四、东锅 1000MW 超超临界锅炉启动系统

东锅 1000MW 超超临界锅炉的启动系统一般为内置式简单疏水扩容式启动系统。

两个启动分离器以锅炉中心线对称布置在炉前，垂直水冷壁混合集箱出口，采用旋风分离形式。经水冷壁加热以后的工质分别由连接管沿切向向下倾斜 15°进入两分离器，分离出的水通过分离器下方的连接管进入贮水箱，蒸汽则由分离器上方的连接管引入顶棚入口集箱。

启动疏水系统采用双系统，一路疏水排往锅炉启动疏水扩容器，一路疏水排往除氧器。当疏水水质不合格时，疏水排往锅炉启动疏水扩容器，再流入锅炉启动疏水扩容器凝结水箱，然后根据炉水水质情况决定由启动疏水泵输送至循环水或汽机冷凝器系统；当疏水水质合格时，为了更好地回收热量，可以有选择地排往除氧器，除氧器接收不了的再排往锅炉启动疏水扩容器。

贮水箱中的水由贮水箱下部的出口连接管引出，经过贮水箱水位控制阀，在锅炉清洗及点火初始阶段被排出系统外或循环到冷凝器中。

为了防止贮水箱水位控制阀受到热冲击，启动系统管路设置了贮水箱水位控制阀的暖阀及暖管管路，该管路从省煤器出口引出热水，经截止阀、针形调节阀后分成两路，一路分成三路，每个支路分别接入进疏水扩容器的贮水箱水位控制阀前管道后回流至贮水箱；另一路分成两路，每个支路分别接入去除氧器的贮水箱水位控制阀前管道后回流至贮水箱，同时起

到了加热贮水箱水位控制阀、贮水箱水位控制阀前电动闸阀和贮水箱水位控制阀进口管道的作用。

为了再回收暖阀的热水、回收热能，并防止锅炉正常运行时贮水箱水位升高，在贮水箱上设置了暖阀水溢流管接口，将暖阀水通过截止阀、隔离阀引出，再分两路经由截止阀、止回阀后引至过热器二级减温水的两个分支管道。

东锅 1000MW 超超临界锅炉启动循环系统由启动分离器、贮水箱、贮水箱水位控制阀、启动疏水扩容器、启动疏水扩容器凝结水箱、疏水泵等组成。

五、上锅 1000MW 超超临界锅炉启动系统

上锅 1000MW 超超临界锅炉的启动系统一般为内置式带循环泵，且循环泵与给水泵呈并联布置。

在锅炉的启动及低负荷运行阶段，炉水循环确保了在锅炉达到最低直流负荷之前的炉膛水冷壁的安全性。当锅炉负荷大于最低直流负荷时，一次通过的炉膛水冷壁质量流速能够对水冷壁进行足够的冷却。在炉水循环中，由分离器分离出来的水往下流到锅炉启动循环泵的入口，通过泵提高压力来克服系统的流动阻力和循环泵控制阀的压降。从控制阀出来的水通过省煤器，再进入炉膛水冷壁，在循环中，有部分的水蒸气产生，然后此汽水混合物进入分离器，分离器通过离心作用把汽水混合物进行分离，并把蒸汽导入过热器中，分离出来的水则进入位于分离器下方的贮水箱。贮水箱通过水位控制器来维持一定的储水量。通常贮水箱布置靠近炉顶，这样可以提供循环泵在任何工况下（包括冷态启动和热态再启动）所需要的净正吸入压头。贮水箱较高的位置同样也提供了在锅炉初始启动阶段汽水膨胀时疏水所需要的静压头。

在启动系统设计中，最低直流负荷的流量是根据炉膛水冷壁足够被冷却所需要的量来确定的。即使当一次通过的蒸汽量小于此数值时，炉膛水冷壁的质量流速也不能低于此数值。炉水再循环提供了锅炉启动和低负荷时所需的最小流量，选用的循环泵能提供锅炉冷态和热态启动时所需的体积流量。在启动过程中，并不需要像简单疏水系统那样往扩容器进行连续的排水。

当机组启动，锅炉负荷低于最低直流负荷 30%BMCR 时，蒸发受热面出口的介质流经分离器前的分配器后进入分离器进行汽水分离，经 6 台汽水分离器出来的疏水汇合到 1 只贮水箱，分离器和贮水箱采用分离布置形式，这样可使汽水分离功能和水位控制功能两者相互分开。疏水在贮水箱之后分成两路，一路至炉水循环泵的再循环系统，通过炉水循环泵提升压头后引至给水管道中，与锅炉给水汇合后进入省煤器；另一路接至大气式启动疏水扩容器，通过凝结水箱连接到冷凝器或机组循环水系统中。当机组冷态、热态清洗时，根据不同的水质情况，可通过疏水扩容系统来分别操作；另外大气式启动疏水扩容器进口管道上还设置了两个液动调节阀，当机组启动汽水膨胀时，可通过开启该调节阀来控制贮水箱的水位。

锅炉启动旁路系统中，还设有一个热备用管路系统，这个管路在启动旁路系统切除，锅炉进入直流运行后投运，热备用管路可将三部分的垂直管段加热，其中二路为循环泵系统管道，第三路是到大气式启动疏水扩容器的管道，在热备用管路上配有电动控制阀门通到大气式扩容器，以饱和温度的差值高低为控制点，差值低时关闭，差值高时开启。

在锅炉快速降负荷时，为保证循环泵进口不产生汽化，还有一路由给水泵出口引入的冷却水管路。

由于采用并联的再循环系统，当锅炉负荷接近直流负荷时，疏水至循环泵的流量接近零，炉水循环泵需要设置最小流量回路。当循环回路的炉水流经循环泵的流量小于循环泵允许的最小流量时，启用该最小流量回路，该回路上设有流量测量装置。

锅炉启动系统上，还分别设有过热器疏水站和再热器疏水站，可以灵活疏水，保证过热器和再热器的疏水干净。

上锅 1000MW 超超临界锅炉启动循环系统由启动分离器、贮水箱、贮水箱水位控制阀、炉水循环泵、启动疏水扩容器、启动疏水扩容器凝结水箱、疏水泵等组成。

第二节　结构及运行特点

一、哈锅 1000MW 超超临界锅炉启动系统

（一）结构特点

启动分离器为立式，共 2 只，布置于锅炉后部上方，分离器外径为 ϕ1150mm，壁厚为 150mm，总高度为 5.5m，筒身直段长度为 3.7m，材料为 SA335-P12，由后包墙管出口集箱引出的 4 根 ϕ457mm×70mm 材质为 SA335P12 的连接管切向引入两只汽水分离器，在分离器的底部布置有一根轴向引出的水连通管通往分离器贮水箱，此连通管为 ϕ610mm×93mm，材质为 SA335P12，因此共有 2 根水连通管通往分离器贮水箱，贮水箱为 ϕ1230mm×165mm，材质为 SA335-P12，全长 15.2m，直段长度为 13.28m，汽水分离系统的水容积满足水位调节阀执行机构动作时间的要求。贮水箱底部引出的一根出水管采用 ϕ559mm×73mm 的管子，材质为 SA-106C。在这疏水管上引出一路去扩容器的三只水位调节阀（分成三个支管），供启动阶段特别是启动初期的汽水膨胀阶段时稳定分离器水位并回收工质用。贮水箱疏水总管直接与循环泵入口相接，通过循环泵为水冷壁在启动阶段提供足够的再循环水量，泵出口管为 ϕ406mm×52mm 的 SA-106C 管子，其上装有逆止阀、电动闸阀和再循环调节阀，在循环泵上的入口管道上则装有电动闸阀。在循环泵故障情况下，可以利用循环泵入口管道和出口管道上装有的电动闸阀隔绝循环泵，以便检修。

1. 启动分离器

汽水分离器的筒身上有六个切向且上倾 15°的管接头（简称切向管接头），两端均有锥形封头（其中水侧封头有四个疏水小孔），筒身和锥形封头均为进口锻件。汽水分离器结构图如图 8-1 所示。

每台超超临界锅炉有 2 只分离器，设备单只净重 17 106kg，设备总高约 5510mm。分离器整体由上球形封头、筒身、下球形封头，筒身上靠近上封头处有一对非径向倾斜大接管等

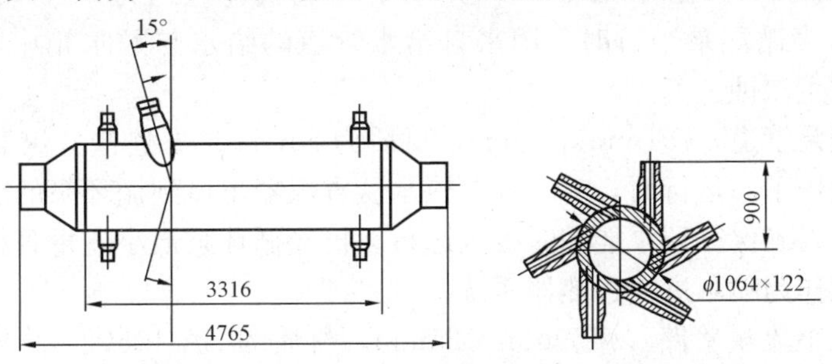

图 8-1　汽水分离器结构

件组成。分离器封头，筒身的主要材料为 SA-387Gr11CL2，管接头的主要材料为 SA-182F12CL2，由于设计结构特殊等因素影响，壁厚（筒体 130mm，封头 140mm），直径小（内径 850mm），装有非向心带倾角的接管，分离器内设有阻水装置和消旋器，两只分离器分离出来的水均进入下部的贮水箱。

汽水分离器是设计压力为 30.4MPa，水压试验压力为 45.6MPa，设计温度为 445℃，操作介质为水和蒸汽的高温高压设备。通过它进行汽水分离，输出干饱和蒸汽，参与整体循环，随着负荷逐渐增高，水冷壁出口的工质逐渐达到饱和温度乃至过热，进入纯直流状态运行，到超临界压力时已经没有汽水两相之分，分离器只是流通元件，呈干式运行状态。

2. 贮水箱

贮水箱由 4 节厚壁筒节组成，长约为 24m，两端均有锥形封头。筒身上有 2 只对称的大直径厚壁管接头，还有 2 组管件。筒节和锥形封头均为进口锻件。贮水箱结构如图 8-2 所示。贮水箱上部蒸汽连接管、下部出水连接管上各布置一个取压孔，接 3 个并联的单室平衡容器，用于贮水箱的水位控制，根据水位不同的差压值来控制炉水循环泵出口调节阀及贮水箱水位调节阀开度，从而调节水位。

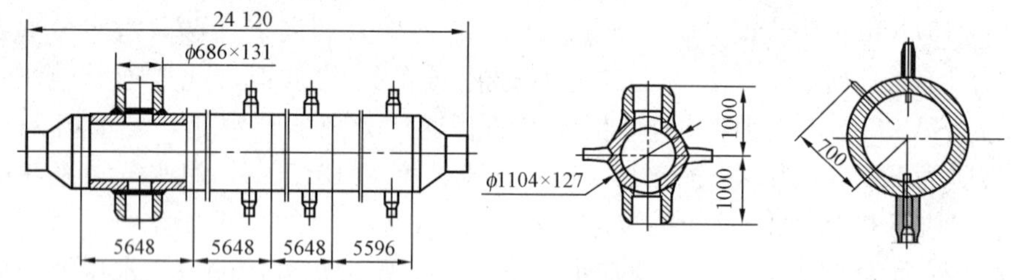

图 8-2　贮水箱结构

贮水箱起到炉水的中间贮藏作用，在分离器下部的水空间及通往贮水箱的连接管道应包括在贮水系统的容量内，其尺寸必须保证贮水系统能贮藏启动期间在打开各水位调节阀和闭锁阀前的全部工质，以保证过热器无水进入。

3. 启动系统各管道的结构和功能

（1）循环泵入口管道。ϕ559mm×73mm，材质为 SA-106C。连接分离器贮水箱与循环泵，在锅炉湿态运行时采用循环泵出口的节阀控制分离器贮水箱中的水位。

（2）循环泵出口管道。ϕ406mm×52mm，材质为 SA-106C。连接循环泵出口与省煤器给水管道，在锅炉湿态运行时，将锅炉再循环水送入锅炉炉膛水冷壁进行再循环。

（3）循环泵入口冷却水管道（过冷管路）。ϕ219mm×32mm 和 ϕ159×25mm，材质为 SA-106C。连接高加出口到循环泵入口管道，正常运行时流量约为 50t/h，非正常状态下的流量约为 100t/h。当循环泵运行时，用来自给水管道的给水与贮水箱中的近饱和水混合，避免循环泵入口发生汽蚀。

（4）循环泵暖泵管道。ϕ51mm×10mm，材质为 SA-106C。连接省煤器出口到循环泵出口排放管道，在锅炉干态运行时，有一部分热水从省煤器出口到循环泵的出口排放管道，对循环泵进行暖泵，以确保循环泵能随时投入运行。再经循环泵最小流量管路到达过冷管路通过过热器喷水管道作为喷水进入过热器系统。

（5）循环泵最小流量管路。ϕ159mm×25mm，材质为 SA-106C。在再循环管路上引出的最小流量管路接至贮水箱底部，用于保证循环泵运行所需的最小流量。最小流量管路上布置有一只气动闭锁阀和一只止回阀。气动闭锁阀与再循环泵的开启条件联锁打开，当泵流量小于 $170m^3/h$ 时，阀门打开；当泵流量大于 $170m^3/h$ 时，气动闭锁阀关闭。

（6）水位调节阀。在分离器贮水箱的出口管道上接一疏水管道，分三个支路，每路有一个水位调节阀，其作用是当锅炉启动发生汽水膨胀时，用这三个水位调节阀将锅炉水冷壁膨胀疏水排入到扩容器中。

（7）水位调节阀暖阀管道。$\phi51mm\times10mm$，材质为 SA-106C。连接水位调节阀入口管道与循环泵暖泵管道，其作用是当锅炉干态运行时，有一部分热水从循环泵的暖泵管道到水位调节阀入口管道，使水位调节阀保持热备用状态。

（8）至锅炉过热器喷水管道。$\phi89mm\times12mm$，材质为 SA-210C。在锅炉干态运行时，由于循环泵暖泵及水位调节阀暖阀管道一直有水进入，因此分离器贮水箱中的水位在升高，接此管道到锅炉过热器喷水，使分离器贮水箱中的水位保持在正常的水位上。

4. 炉水循环泵

炉水循环泵为德国 KSB 公司制造的湿式马达炉水循环泵，型号为 LUVAK 200-330，电机为 6/2 CQ 50-605，电机的额定输出功率为 500kW。泵壳体的设计压力和设计温度分别为 28.9MPa 和 371℃。随泵本体供货的还有泵马达高压冷却器、泵马达腔温度计、泵壳表面热电偶、高压冷却器低压冷却水流量开关等。循环泵垂直安装，泵壳直接与泵吸入管焊接连接，马达在泵壳的正下方，其间有热屏装置隔绝热量，马达和泵壳通过螺栓连接。泵中充满炉水，压力与系统运行压力相同。循环泵悬吊在吸入管正下方，可自由向下膨胀，因此可以避免因膨胀受限而产生的附加应力。

高压换热器的额定换热量为 352 800kJ/h，额定冷却水流量为 $21m^3/h$。热屏的冷却水流量为 $2m^3/h$，冷却水入口温度为 30℃，最大冷却水入口温度为 38℃。

5. 疏水扩容器及疏水箱

锅炉疏水扩容器立式布置，安装地点在锅炉右侧，距离锅炉 B69.6 柱 3m，筒体材料为 16MnR，承重由从锅炉零米起的柱子支撑。

疏水扩容器内径 3.6m，有效容积 $115m^3$，垂直方向按功能分为 4 个区，容器下部 1900 mm（含封头）为水容区，此区正常水位为 1m，其上部为扩容区。疏水管在该区上部切向水平进入，接口进入区 3m 长度筒体内部加 10mm 厚防水冲蚀的不锈钢板。扩容器的上部为冷却水喷水区（过冷区），该区由锥形积水盘及中心管组成（均为不锈钢板组成），其上部为带有汽水分离装置的排汽区。

疏水扩容器用于接收锅炉启动过程中的最大启动疏水量及锅炉本体范围内其他疏放水水量，包括过热器疏水、再热器疏水、过热器和再热器减温水疏水、吹灰器疏水、空预器疏水、省煤器放水等。

疏水扩容器的容积能满足上述疏水扩容、汽水分离的要求，同时设置必要的装置，防止设备震动、产生过大的噪声，以及防止排汽带水现象的发生。

扩容器能满足锅炉在冷态清洗和热态清洗及启动时汽水膨胀工况的疏水。从启动分离器下的贮水箱下引出三条疏水管路进入扩容器（接扩容器管规格为 $\phi559mm$、切向进入扩容器），三条疏水管路上设有疏水调节阀。

另有三条锅炉本体疏水母管进入扩容器。此三条疏水管路在阀后与疏水母管相接部分设计压力 0.5MPa，疏水母管 1 汇集了过热器减温水管路的疏水，疏水母管 2 汇集了一级过热器入口连接管的启动疏水，疏水母管 3 汇集了上部水冷壁、尾部包墙、循环泵出口管道和再热器减温水管路的疏水，疏水母管的最高设计温度取 425℃。扩容器下部设有连接到疏水箱的管接头，上部设置排气管道。

为了防止疏水喷射而引起水蚀，疏水扩容器设有防磨板和挡水板。

疏水扩容器内设有汽水分离装置，以减少扩容蒸汽中的含水量。

为了确保电厂安全运行，锅炉疏水扩容器设计能承受电厂所有运行情况下可能存在荷载的最不利组合。

（1）内部及外部的设计压力。

（2）零部件质量及运行或试验情况下存水质量。

（3）附加荷载，包括管道及保温等。

（4）设备还考虑风载和地震荷载。

设备的接口能承受从外部管道传来的同时作用的反作用力和力矩，并留有足够的余量。

（二）运行特点

哈锅 1000MW 超超临界锅炉的内置式带循环泵的启动系统如图 8-3 所示。

1. 启动系统的主要运行模式

（1）初次启动或长期停炉后启动前进行冷态和温态水冲洗。初次启动或长期停炉后启动前进行冷态和温态水冲洗，总清洗水量可达 25%～30%BMCR，除由给水泵提供一小部分外，其余由循环泵提供，水冲洗的目的是清除给水系统、省煤器系统和水冷壁系统中的杂质，只要停炉时间在一周以上，启动前必须进行水冲洗。在冲洗水的水质不合格时，通过扩容系统排出系统外。采用循环泵后，由于再循环水也可利用作为冲洗水，因此节省了冲洗水的耗量。

（2）启动初期（从启动给水泵到锅炉出力达到 5%BMCR）。锅炉点火前，给水泵以相当于 5%BMCR 的流量向锅炉给水，以维持启动系统 25%BMCR 的流量流过省煤器和水冷壁，保证有必要的质量流速冷却省煤器和水冷壁，不致超温，并保证水冷壁系统的水动力稳定性。在这阶段，再循环泵提供了 20%BMCR 的流量，在此期间利用贮水箱水位调节阀来控制贮水箱水位并将多余的水通过疏水扩容器减压和进入疏水箱后，通过疏水泵排入循环水或凝汽器，水位调节阀的管道设计容量除考虑 5%BMCR 的疏水量外，还考虑启动初期水冷壁内出现的汽水膨胀，这种汽水膨胀能导致贮水箱内水位的波动。

（3）从分离器贮水箱建立稳定的正常水位到锅炉达到 25%BMCR 的最小直流负荷。当分离器贮水箱已建立稳定水位后，贮水箱水位调节阀开始逐步关小，贮水箱水位主要由装于循环泵出口管道上的循环泵出口调节阀来调节，并随着锅炉蒸发量的逐渐增加而关小，锅炉水冷壁的循环流量由循环泵的出口流量和给水共同来维持。

主蒸汽的压力与温度由燃料量来控制，并采用过热器喷水作为主蒸汽温度的辅助调节手段，对于冷态启动，一旦主蒸汽压力达到汽机冲转压力，主蒸汽压力将由汽机旁路系统（TB）来控制，以与汽机进汽要求相匹配。

当锅炉出力达到 25%BMCR 后，炉水循环泵出口调节阀完全关闭，此时通过汽水分离器的工质已达到完全过热的单相汽态，因此锅炉的运行模式从原来汽水二相的湿态运行（也即再循环模式）转为干态运行即直流运行模式，此时锅炉达到最小直流负荷 25%BMCR。从此，主蒸汽的压力与温度分别由给水泵和燃水比来控制，锅炉的出力也逐步提高。

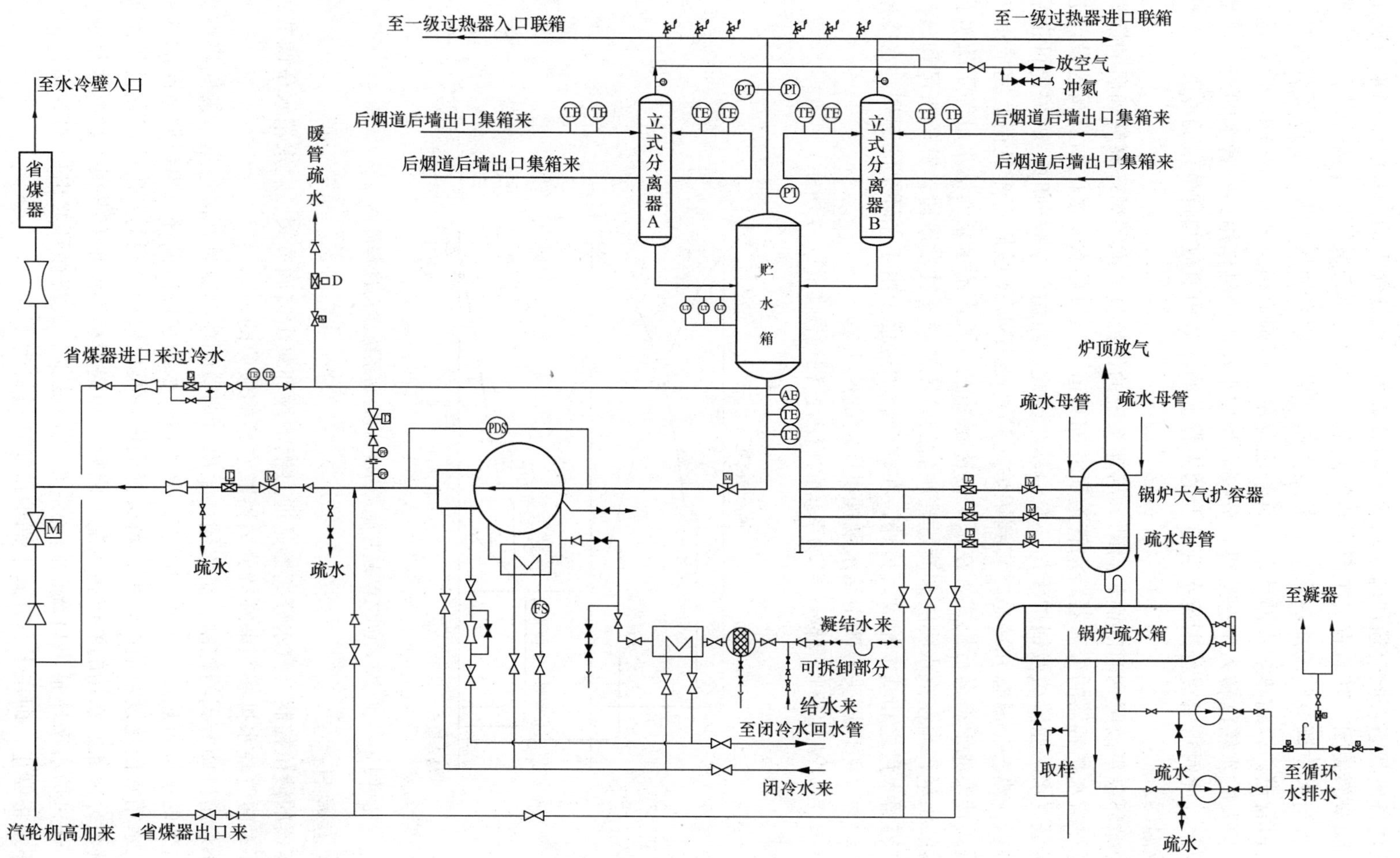

图8-3 哈锅1000MW超超临界锅炉的内置式带循环泵启动系统

（4）启动系统的热备用。当锅炉达到25%BMCR最低直流负荷后，应将启动系统解列，启动系统转入热备用状态，此时通往疏水扩容器的分离器疏水支管上的三只贮水箱水位调节阀和电动截止阀全部关闭。随着直流工况运行时间的增加，为使管道保持在热备用状态，省煤器出口到贮水箱水位调节阀的加热管道上的截止阀开启，用来加热贮水箱水位调节阀并有一路进入泵出口管道，以加热炉水循环泵及其管道及泵出口调节阀。另外，在锅炉转入直流运行时，分离器及贮水箱已转入干态运行，分离器和贮水箱因冷凝作用和暖管水的进入可能积聚少量冷凝水，此时可通过分离疏水管道上的支管上的热备用泄放阀将少量的冷凝水送往过热器喷水减温器。

（5）启动循环泵事故解列时的锅炉启动。启动系统的设计也考虑了循环泵解列后的锅炉启动，由于通往疏水扩容器的分离器疏水管道尺寸和管道上三只贮水箱水位调节阀的设计通流能力可以满足汽水膨胀阶段及锅炉无循环泵启动，因此，当循环泵解列时，锅炉仍可正常启动包括极热态、热态、温态和冷态，直到锅炉达到25%BMCR最低直流负荷，完成锅炉由湿态运行模式转换成干态运行模式。在锅炉的冷态冲洗阶段，给水泵的给水量等于疏水管道排入扩容器的水量，而在汽水膨胀和渡过膨胀后的阶段及热态冲洗阶段，其给水量和蒸汽流量与排入扩容器水量之和基本相等。另外，在整个启动过程中由于循环泵的解列，水冷壁系统的水循环动力（循环压头）改由给水泵提供所需的压头。

（6）哈锅1000MW超超临界锅炉启动系统的启动过程简图如图8-4所示。

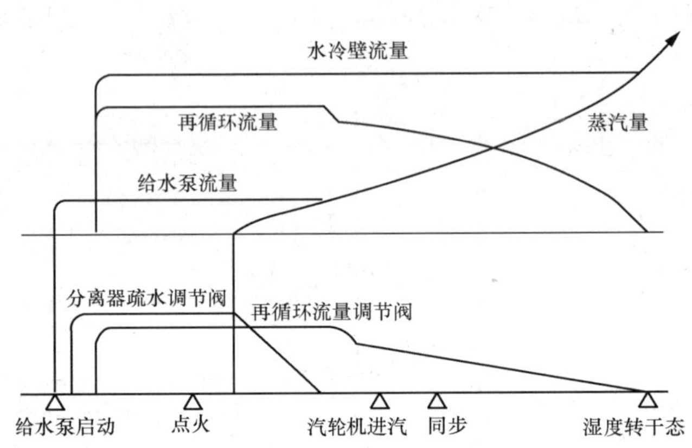

图8-4　哈锅1000MW超超临界锅炉的启动系统启动过程简图

2. *启动系统控制逻辑*

（1）分离器的液位控制。汽水分离器是通过锅炉循环泵出口调节阀、贮水箱水位调节阀和锅炉再循环泵暖管疏水排放阀来维持分离器贮水箱的液位的。

（2）循环泵出口调节阀的控制。炉水循环泵出口调节阀控制就是在湿态运行期间将汽水分离器分离出来的水进行热量和工质的回收。分离器贮水箱水位由循环泵出口调节阀的开度控制。如果贮水箱水位比设定值高，那么就会开大循环泵出口调节阀的开度，以便使炉水循环泵出口流量与分离器贮水箱的液位相匹配。之后，当锅炉蒸汽流量变得很大且贮水箱液位降了下来时，通过炉水循环泵出口调节阀的流量也在减少。最终循环泵出口调节阀将被关闭，炉水循环泵将停止，即在干态方式下锅炉再循环量将为零。

（3）贮水箱水位调节阀的控制。贮水箱水位调节阀也是控制分离器贮水箱的水位的一种手段。一般三个阀门进行分段控制。函数设置为分离器水位调节阀 B/C 的开启紧跟在分离器疏水调节阀 A 开启之后。

另外，为了在水位快速变化时提前操作，在分离器疏水调节阀 B 的控制程序上加上了液位微分信号。贮水箱水位调节阀将作为炉水循环泵出口调节阀在湿态方式运行期间和暖管疏水调节阀在干态方式运行期间危急后备之用。

当贮水箱水位调节阀的出口阀关闭时，将强制关闭水位调节阀。

（4）炉水循环泵暖管疏水调节阀。锅炉循环泵热备用疏水排放调节阀是锅炉干态运行时贮水箱水位的一种控制手段。热备用疏水排到二级过热器减温水管道，用来调节锅炉干态运行时的贮水箱水位。在湿态方式运行期间，该阀完全关闭。

（5）炉水循环泵过冷水管路调节阀控制。在湿态运行期间，为了降低锅炉循环泵进口的水温，防止循环泵汽蚀，提供过冷水，通过该调节阀维持 1%～3%MCR 的过冷水量。在干态运行期间，阀门将被关闭。

二、东锅 1000MW 超超临界锅炉启动系统

（一）结构特点

1. 启动分离器

启动分离器每台炉有两只，采用圆形筒体结构，立式布置，外径为 ϕ1060mm，内径为 ϕ820mm，筒身长 4.7m，分离器下部水出口设有阻水装置和消旋器，启动分离器端部均采用锥形封头结构，封头均开孔与连接管相连。

2. 贮水箱

贮水箱端部采用锥形封头结构，封头均开孔与连接管相连。

贮水箱上部蒸汽连接管、下部出水连接管上各布置一个取压孔，后接三个并联的单室平衡容器，水、汽两侧平衡容器一一对应提供压差给差压变送器，进行贮水箱的水位控制。贮水箱上有设定的高报警水位、贮水箱水位控制阀全开水位、正常水位、贮水箱水位控制阀全关水位及基准水位，根据各水位不同的差压值来控制贮水箱水位控制阀调节水位。

（二）运行特点

东锅 1000MW 超超临界锅炉的内置式简单疏水扩容式启动系统如图 8-5 所示。

1. 启动系统的主要运行模式

（1）初次启动或长期停炉后启动前进行冷态和温态水冲洗。

冷态开式清洗阶段：关闭冷凝水箱疏水泵出口至凝汽器管路电动门，开启锅炉疏水泵出口至循环水回水管电动门，关闭贮水箱至除氧侧 361 阀隔绝门，开启贮水箱至锅炉启动疏水扩容器疏侧 361 阀隔绝门，361 阀 A、361 阀 B、361 阀 C 处于自动状态，关闭启动系统暖管电动总阀。除氧器水温加热至 80℃左右，启动电动给水泵上水，上水流量为 5%BMCR 左右，贮水箱水位正常后，锅炉上水完成。调整凝汽器、除氧器水位，对锅炉进行 400～1200t/h 变流量开式冲洗，直至贮水箱下部出口水质优于指标值，冷态开式清洗结束。

冷态循环清洗阶段：冷态开式清洗结束，水质指标符合要求，开启冷凝水箱疏水泵出口至凝汽器管路电动门，关闭锅炉疏水泵出口至循环水回水管电动门，投入前置过滤器，调整省煤器进口流量约为 25%BMCR，进行冷态循环清洗，直至水质优于指标值，冷态循环清洗结束。

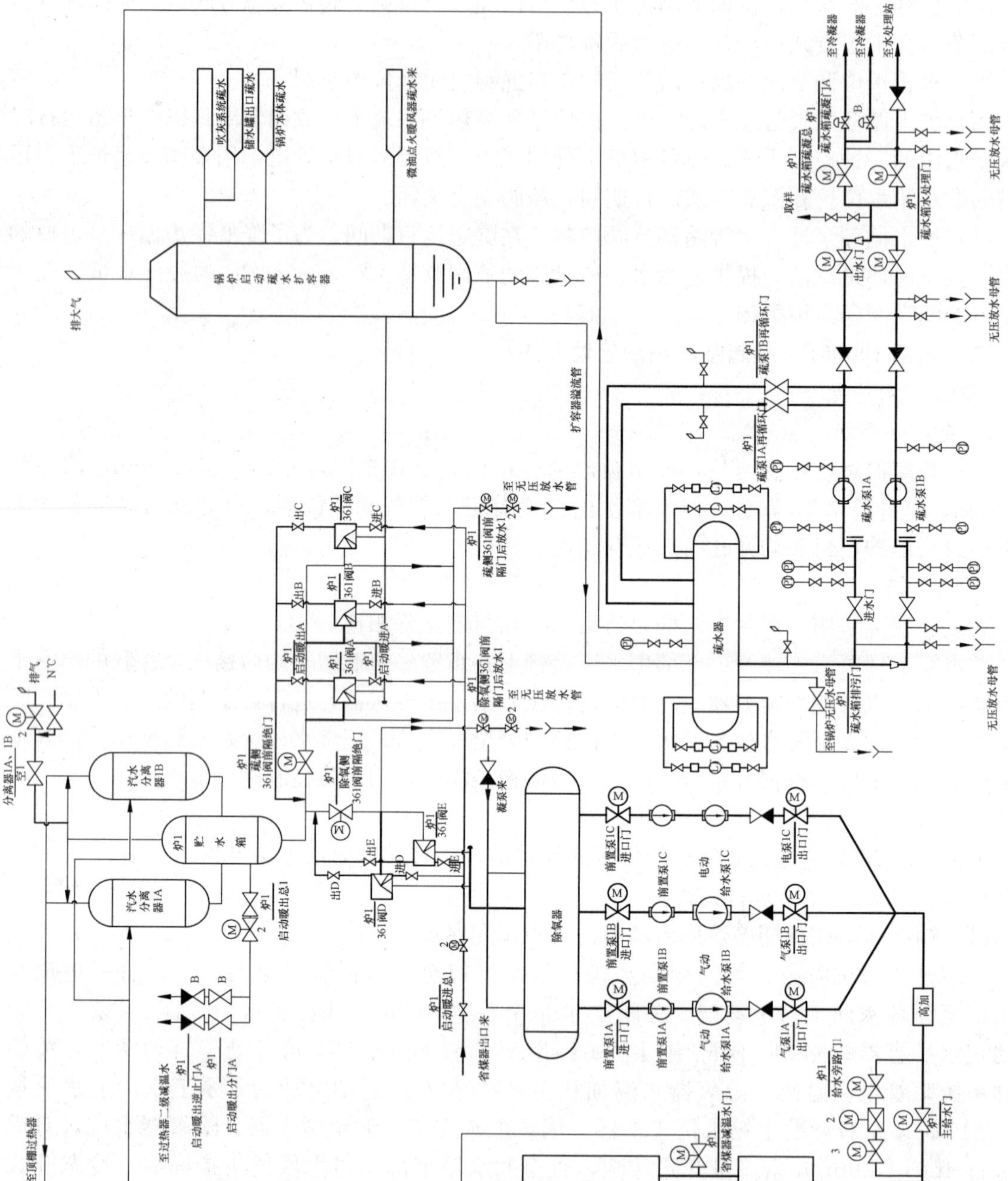

图 8-5　东锅 1000MW 超超临界锅炉的内置式简单疏水扩容式启动系统

（2）点火启动初期热态水冲洗。锅炉点火后，微开高、低压旁路，进行预暖；随着锅炉负荷上升，逐渐开大高、低压旁路，当水冷壁出口温度达到190℃时，锅炉开始热态清洗。热态清洗阶段应控制锅炉的燃料量，维持水冷壁出口温度为190℃±5℃。清洗过程中，总给水流量维持不低于25%BMCR，清洗水根据水质情况决定排至凝汽器或循环水排水管。热态清洗时，361阀A、361阀B、361阀C在自动位，维持贮水箱水位，一般疏水通过361阀A、361阀B、361阀C排至凝汽器疏水扩容器回收，进行循环清洗。当贮水箱水质合格且贮水箱压力大于除氧器压力0.3MPa时，开启贮水箱至除氧侧隔离阀，361阀D、361阀E投入自动，依靠361阀A、361阀B、361阀C、361阀D、361阀E共同维持贮水箱水位，清洗水优先排至除氧器。当启动分离器贮水箱出口水质含铁量小于100μg/L、pH=9.0～9.5、含SiO_2量小于80μg/L，热态清洗结束，锅炉继续升温升压。

2. 启动系统控制逻辑

（1）分离器的液位控制。汽水分离器通过361阀和锅炉启动系统暖管疏水排放阀来维持分离器贮水箱的液位。

（2）361阀的控制。361阀是由分离器贮水箱的水位的函数来控制的。当贮水箱水质合格且贮水箱压力大于除氧器压力0.3MPa时，开启贮水箱至除氧侧隔离阀，361阀D、361阀E投入自动，依靠361阀A、361阀B、361阀C、361阀D、361阀E共同维持贮水箱水位，清洗水优先排至除氧器。

（3）锅炉启动系统暖管疏水排放阀的控制。361阀暖管、暖阀管路指省煤器出口连接管→361阀→贮水箱→过热器二级减温水的管路，主要目的是对361阀及其进口管道进行暖管，以防止在361阀及其进口管道出现热冲击对阀门和管道产生疲劳伤害。在锅炉启动过程中，361阀暖管管路必须在锅炉实现直流转换、361阀完全关闭后才允许启用，此管路设计流量约为2.0t/h。在锅炉正常运行过程中应确保361阀暖管管路正常投入使用。在锅炉停炉过程中，暖管管路在361阀开启前关闭。

（4）冷凝水箱水位控制。锅炉启动系统的疏水通过361阀、疏水扩容器进入凝结水箱，再通过两台疏水泵排往凝汽器（水质合格时）或循环水排水（水质不合格时）。结合冷凝水箱水位测量布置图（见图8-6），对水箱的水位控制方式说明如下：

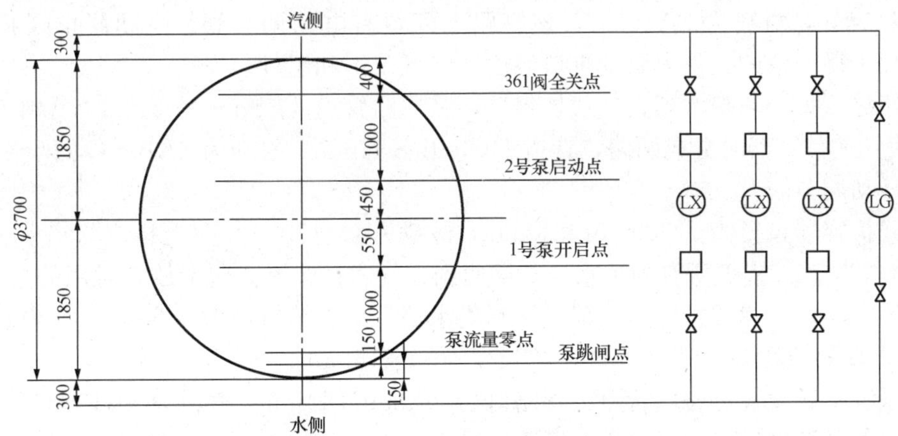

图8-6　冷凝水箱水位测量布置图

冷凝水箱水位到达1号泵开启点时，1号疏水泵开启，并联锁开启泵出口门及调阀前电动闸阀，同时水位调节阀投入自动，控制水箱水位为正常值。

当水位升高时，联锁开启2号疏水泵及其出口门。当水位升高到贮水箱水位调节阀全关点时，联锁全关贮水箱水位调节阀。

冷凝水箱水位下降到2号泵开启点水位时，停2号疏水泵并联锁关闭其出口门。

冷凝水箱水位下降到泵流量零点时，联锁关闭其出口电动闸阀，使得疏水泵出口介质经过出口的再循环管路返回到冷凝水箱，维持此水位连续运行。

冷凝水箱下降到泵跳闸点水位时，停1号疏水泵并联锁关闭其出口门，同时关闭水位调节阀及阀前电动闸阀。

2台疏水泵一般情况下互为备用，运行泵故障时，备用泵自动投入；当疏水量较大时，可考虑2台泵同时运行。

三、上锅1000MW超超临界锅炉启动系统

（一）结构特点

汽水分离器和贮水箱是分离布置的，设有6台ϕ610mm×80mm、材料为SA335-P91的汽水分离器和1台口径为ϕ610mm×80mm、材料为SA335-P91的贮水箱。汽水分离器和贮水箱之间由6根ϕ356mm×50mm、材料为12Cr1MoVG管道连接。贮水箱之后的排水分成两路，一路是由循环泵进入省煤器的再循环管道，另一路经液压阀门疏水到大气式扩容器和集水箱，而集水箱之后一路到地沟，第二路经疏水泵排到凝汽器。循环泵前管道ϕ559mm×78mm，材料为SA106-C，循环泵后管道ϕ508mm×70mm，材料为SA106-C，这一路管道上主要布置有循环泵、流量计、电动调节阀、电动闸阀和止回阀。整个锅炉运行期间循环泵之前的电动闸阀始终是开启的。

再循环泵为德国KSB公司制造的湿式马达炉水循环泵，型号为LUVAK 250-400/1，电机型号为LUV 6/2 CV 75-605，电机额定输出功率为750kW。

再循环回路上最小流量旁路是用来保护循环泵的，管道尺寸为ϕ219mm×33mm，材料为SA106-C，随着启动后蒸汽流量的增加，回到再循环泵的疏水不断减少，当疏水流量减至再循环泵最小流量时，需投运该回路。另有一路来自给水泵出口的冷却水管路，其口径为ϕ102mm×16mm，材料为SA106-C，该管路上配置有电动调节阀、电动截止阀和止回阀，也是用来保护循环泵的，使得泵的进口温度始终低于饱和温度。

贮水箱之后另一路疏水到大气式扩容器，其主路管道ϕ559mm×78mm，材料为SA106-C，进入大气式扩容器时分成两路，管道ϕ406mm×56mm，材料为SA106-C，两路各设有液动闸阀和液动调节阀。

大气式扩容器口径为ϕ3500mm×30mm，材料为Q345R，其向上排汽管道ϕ1260mm×12mm，材料为20。锅炉所有的疏水全部接通到大气式扩容器，包括放气时用的集水槽疏水也排放至该容器。大气式扩容器下部连通到集水箱，集水箱口径为ϕ3500mm×30mm，材料为Q345R，直段长度L=15 300mm，总长度为17 216mm。

启动系统中还设置热备用管路，管路口径ϕ73mm×14mm，材料为SA106-C，当锅炉干态运行，启动系统停运时暖管之用，管路流量由电动调节阀控制，热备用管道与大气式扩容器相连。

为了保证过热器和再热器在启动阶段的疏水干净彻底，分别设置了过热蒸汽疏水站和再

热蒸汽疏水站，疏水站上设有电动调节阀，可控制疏水直接进到大气式扩容器。

过热器疏水集箱 ϕ219mm×42mm，材料为 12Cr1MoVG，水位测量接管高度为 L=19 000mm。

再热器疏水集箱 ϕ133mm×10mm，材料为 12Cr1MoVG，水位测量接管高度为 L=37 000mm。

（二）运行特点

上锅 1000MW 超超临界锅炉的内置式带循环泵的启动系统如图 8-7 所示。

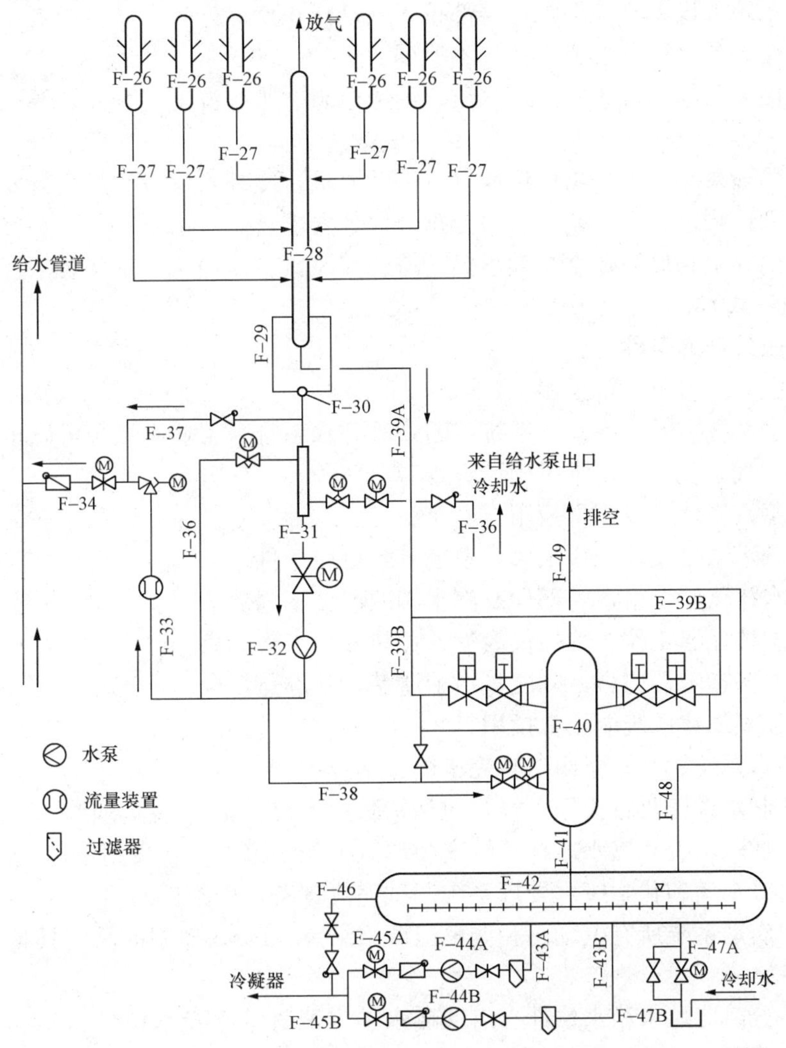

图 8-7　上锅 1000MW 超超临界锅炉的内置式带循环泵的启动系统

—止回阀；—电动闸阀；—电动角式调节阀；—止回阀；—电动调节阀；
—电动截止阀；—液动闸阀；—液动调节阀；—手动闸阀；—手动截止阀

1. 启动系统的主要运行模式

与哈锅 1000MW 超超临界锅炉的启动系统的运行模式相同。

2. *启动系统控制逻辑*

与哈锅1000MW超超临界锅炉的启动系统的控制逻辑相同。

第三节 系 统 调 试

一、技术指标及性能要求

(1) 启动系统各阀门动作灵活、指示正确。

(2) 启动系统各设备联锁保护，全部投入，动作正确。

(3) 炉水循环泵泵壳及管道严密，不泄漏。

(4) 炉水循环泵电动机腹腔注水水质、绝缘电阻、腹腔温度符合设计要求，电流不超过额定电流。

(5) 炉水循环泵冷却水进出口温度符合设计要求，冷却水流量满足运行要求。

(6) 炉水循环泵进、出口差压、出力符合设计要求。

(7) 炉水循环泵和启动疏水泵轴承振动符合《风机、压缩机、泵安装工程施工及验收规范》(GB 50275—2010) 的规定。

二、调试应具备的条件

(1) 厂用电系统可以正常投用。

(2) 循环水系统、开式冷却水系统、闭式冷却水系统、工业水系统可以正常投用。

(3) 压缩空气系统可以正常投用。

(4) 辅助蒸汽系统可以正常投用。

(5) 锅炉汽水系统安装工作结束，系统具备投用条件。

(6) 锅炉水压试验合格，各部件及汽水阀门严密不漏。

(7) 锅炉本体保温工作，热控仪表管道拌热安装工作结束。

(8) 锅炉膨胀指示器齐全，刻度盘指示清楚，基准点正确。

(9) 给水除氧加热系统能正常投用。

(10) 凝结水系统、给水泵组试转完毕能正常投用。

(11) 化学制水设备具备投用条件，包括精除盐系统，备足除盐水供启动系统调试使用。

(12) 化学加药系统和汽水取样系统安装调试工作结束，具备投用条件。

(13) 机组排水槽和化学废水处理系统调试完成具备投用条件。

(14) 锅炉启动系统所有电动门和调整门调试结束，DAS控制的阀门具备操作条件，并经检查验收合格。

(15) 启动分离器贮水箱水位计、启动疏水扩容器凝结水箱水位计、凝汽器水位计、除氧器水位计安装和调试完成，可正常投用。

(16) 锅炉启动系统的有关热工表计及DAS内的测点参数调试结束，锅炉就地表计安装齐全，指示正确。

(17) 疏水泵静态联锁保护试验合格，定值整定正确。

(18) 锅炉启动疏水扩容器集水箱启动疏水泵试转完毕，去凝汽器管道经过水冲洗。

(19) 炉水循环泵静态联锁保护试验合格，定值整定正确。

(20) 锅炉启动系统阀门的联锁试验验收合格，定值整定正确，具备投用条件。

(21) 锅炉汽水系统挂牌结束。

(22) 锅炉现场环境清理干净，平台、栏杆、扶梯、护板完备、沟道盖板齐全，道路畅通。

(23) 锅炉启动系统调试前安全技术交底完成。

三、调试方法及程序

(一) 贮水箱水位调节阀的调试

(1) 检查确认贮水箱水位调整隔绝门、水位调节阀安装完成，已经具备投运条件。

(2) 确认贮水箱水位调节阀液压油站阀门状态正确。

(3) 检查确认贮水箱水位调节阀液压油站液压油至调节阀进油总门和各手动分门开启。

(4) 检查确认贮水箱水位调节阀液压油站油位正常，油质合格。油箱温度小于30℃时，油箱电加热自动启动；油箱温度大于35℃时，油箱电加热自动停止。

(5) 将贮水箱水位调节阀液压油站油泵切至自动，在CRT上启动油泵，检查油泵运行正常，蓄能器出口压力大于16.0MPa，供油压力为13.0MPa，油系统管路无泄漏。当蓄能器出口压力小于16MPa时，油泵出口循环阀关闭；蓄能器出口压力大于18MPa时，油泵出口循环阀开启。

(6) 检查确认液压油泵出口滤网运行正常，堵塞指示器压力指示正常。如压力指示呈红色，应联系检修更换滤网。

(7) 根据贮水箱水位，开启水位调整隔绝门，投入水位调节阀自动。

(8) 贮水箱水位调节阀液压油站正常运行期间，检查确认油管路无泄漏，就地表盘显示正常，CRT画面上应无报警。

(二) 锅炉扩疏泵的调试

1. 锅炉扩疏泵启动前的检查

(1) 检查确认锅炉扩疏泵设备完好，系统已经具备投运条件。

(2) 检查确认锅炉扩疏泵轴承油位正常，投入扩疏泵闭冷水。

(3) 检查确认锅炉扩疏泵进口门、再循环门开启。

2. 锅炉扩疏泵的启动

(1) 检查扩疏箱水位，启动扩疏泵；检查确认出口电动门联锁开启，锅炉扩疏泵出口压力、振动、声音、温度正常，电机电流正常。

(2) 检查确认锅炉扩疏泵进口滤网差压正常，扩疏箱水位调节正常。

(3) 两台扩疏泵试转正常后，分别置主备、辅备位置。

3. 锅炉扩疏泵的运行维护

检查锅炉扩疏泵电流、压力、振动、轴承温度是否正常。

4. 锅炉扩疏泵的停运

(1) 扩疏箱水位低于定值，运行扩疏泵联停。

(2) 检查出口电动门联锁关闭。

(3) 注意事项：扩疏泵停止运行后，确认至凝汽器电动门严密关闭，防止凝汽器真空下降。

（三）锅炉启动系统的冷态和热态清洗

（1）炉水循环泵启动注水。

（2）除氧器上水、加热、冲洗：凝结水水质合格后，开始向除氧器上水，除氧器上水至启动水位－1800mm以上，投运除氧器辅汽加热，将除氧器加热至锅炉要求的上水温度105～120℃，开启除氧器放水门及溢放门，对除氧器进行冲洗，当除氧器冲洗水水质合格（含铁量小于200μg/L）后，关闭除氧器放水门及溢放门。

（3）锅炉上水。

1）开启锅炉省煤器、水冷壁出口、水冷壁悬吊管、一级过热器进口、二级过热器进口、三级过热器出口放空气门，关闭各路水侧疏水门，开启各路汽侧疏水门，抄录锅炉上水前的膨胀指示器。

2）启动给水泵以10％BMCR流量向锅炉上水，当贮水箱水位计出现水位且稳定上升后，关闭省煤器空气门、水冷壁悬吊管、水冷壁出口空气门，锅炉上水完成，抄录锅炉上水后的膨胀指示器。

3）两只贮水箱水位调门投入自动控制。

4）锅炉扩疏箱水位高于1700mm，启动锅炉扩疏泵，锅炉疏水排放至机组循环水排水，应注意锅炉扩疏泵的入口滤网差压。

（4）锅炉冷态清洗。

1）贮水箱疏水含铁量不小于500μg/L时，将锅炉疏水排往机组循环水排水。

2）贮水箱疏水含铁量小于500μg/L时，将锅炉疏水回收至凝汽器。

3）贮水箱疏水含铁量小于100μg/L、含硅量小于50μg/L，锅炉冷态清洗合格。

4）对炉水泵进出口和热备用管路进行冲洗，投入炉水泵管路及热备用管路。

（5）投运炉水泵。

1）炉水水质合格，贮水箱水位大于10m，炉水泵启动条件满足，点动炉水泵正常后，投入炉水泵运行。

2）缓慢调整炉水泵出口调门，建立大于30％的启动流量，并投入炉水泵出口调门自动控制。

（6）锅炉热态清洗。

1）炉水循环泵停止注水，关闭注水门并上锁。

2）化学化验炉水品质，水质合格后，锅炉点火，点火后按升温升压曲线控制升温速度。

3）第一次点火，当贮水箱压力达到0.2～0.3MPa，关闭各路空气门，通知热工冲洗水位计、压力表管路。

4）锅炉升温升压，当水冷壁介质温度达到190℃时，锅炉进入热态清洗阶段，通知化学取样化验，调整锅炉燃料量，保证水冷壁出口工质温度在190℃±5℃。因为在该温度范围内，铁离子在水中的溶解度最大。

5）当贮水箱疏水含铁量不小于500μg/L，锅炉疏水排放至机组循环水回水。

6）当贮水箱疏水含铁量小于500μg/L，锅炉疏水回收至凝汽器。

7）贮水箱疏水含铁量小于50μg/L、含硅量小于30μg/L，锅炉热态清洗合格，热态清洗水质合格后才可以继续按照升温升压曲线增加燃料。

四、风险控制

(1) 炉水循环泵首次投运，注水管路要彻底冲洗，直至水质合格，再向电机内注水。

(2) 在升温升压过程中，应经常监视汽水分离器出口温度、压力变化，控制好燃料量，保证升温、升压速率在正常范围内。

(3) 在锅炉分离器进口汽温第一次达到饱和温度（100℃），锅炉有汽水膨胀过程，此时应注意贮水箱水位的控制，防止超限。

(4) 启动过程中应及时检查锅炉膨胀情况，发现异常及时汇报处理，停止锅炉升温升压，做好膨胀指示仪的记录。

(5) 正常运行中，贮水箱水位控制可以稍高一些，最好保持在6～8m。当水位下降至4m后仍继续下降时，应适当增加给水量，并通过适当关小炉水泵出口调阀以减缓下降的速度和幅度。

(6) 贮水箱的水容积非常小，决定了贮水箱水位的抗扰动能力很差，而炉水循环泵出口调节阀调节迟缓，只要炉水泵跳闸，很容易引起省煤器入口给水流量低而主燃料跳闸(MFT)，所以要尽量保证炉水泵不跳闸。

(7) 给水泵入口压力低有跳泵条件，给水操作过快容易引起保护动作，导致给水泵跳闸，因此要注意以下方面：在增加给水流量时，要先提升给水泵转速，然后开大给水调节阀；减小给水流量时，要先关小给水调节阀，然后降低给水泵转速。

(8) 在升温升压过程中应加强对各受热面金属温度的监视，谨慎控制中间点温度（汽水分离器出口汽温），通过调节减温水和燃烧器摆角，控制主蒸汽温度和再热量蒸汽温度在设定值范围内。

(9) 制粉系统启动、停用锅炉炉水泵时，极易引起汽温波动，因此在上述操作前要做好预想，并做到平稳操作。

(10) 锅炉启动后，应严密监视大气式扩容器凝结水箱的水位，并确认扩疏泵停运后至凝汽器的疏水门已关闭，防止破坏凝汽器真空。

(11) 锅炉热态启动上水时，锅炉各疏水门应关闭，除省煤器出口电动放气门和水冷壁出口电动放气门开启外，其余放气门均应关闭。

(12) 锅炉热态启动，锅炉进水后，注意贮水箱的振动情况，如果振动大应立即停止进水。贮水箱见水后，初期将水疏放到大气扩容器，注意监视大气扩容器的振动情况，确认贮水箱至大气扩容器的暖管系统投运正常。

(13) 锅炉热态启动，在分离器出口温度与省煤器进口温度差值较大时，尽量避免启动炉水泵运行，宜在锅炉已建立启动流量时，贮水箱水位控制较为稳定时，启动炉水泵。

第四节 常见问题及处理

一、锅炉冲管时贮水箱水位控制

根据直流炉的特点，其汽水分离器贮水箱容积较小，维持控制水位较难，在开关临冲门时水位极难控制，并且锅炉闪蒸的大量蒸汽使得汽水分离器贮水箱水位迅速膨胀，形成虚假水位。因此需要调试人员能够做出准确判断，给水调节尽可能避免大幅操作，可按照水位变化趋势短时调整，一旦出现水位变化较快时应暂停甚至反向操作，直至控制住水位变化，但

必须使给水和蒸汽流量处于相对平衡的水平。

在开启临冲门前将贮水箱水位调节阀全关，炉水循环泵出口调节阀适当关小。在调整初期可视水位情况用炉水循环泵出口调节阀控制水位，适当增加给水流量。在开启临冲门时，工质急剧膨胀，贮水箱水位急剧升高，此时不可开启贮水箱水位调节阀来调节水位，因其有泄压的作用会加剧虚假水位产生，相反锅炉需要补充大量的水，以补充临冲门排出的蒸汽。在临冲门关闭后水位会急剧下降，因为临冲门关闭会使虚假水位向真实水位恢复，因此在关闭临冲门后应保持较高的流量，防止水位急剧下降时导致水位过低使炉水循环泵跳闸。水位恢复后经一定延时逐渐减小给水流量至正常流量，在减小流量的过程中，逐渐开大炉水循环泵出口调节阀，通过增大蒸发量来进行水位调整。在贮水箱水位高时可适当开启贮水箱水位调节阀，控制贮水箱水位，直至恢复正常水位。

二、锅炉冲管时炉水循环泵的安全运行

吹管期间临冲门开启时，贮水箱会产生虚假水位，不易控制，既要防止贮水箱满水使过热器进水，又要防止贮水箱水位过低使炉水循环泵汽化。在开启临冲门后，由于贮水箱的水短时间大量蒸发，会造成贮水箱内无水或水很少，造成炉水循环泵汽化，不利于炉水循环泵的安全。为了保护炉水循环泵，应预先投入至贮水箱的过冷水，提前补充冷水，减轻汽化程度，并减小炉水循环泵出口阀的流量，同时应注意监视炉水循环泵的电流和出口流量，防止炉水循环泵汽化。在减小炉水循环泵出口阀开度的同时，炉水循环泵再循环应自动开启或提前手动开启，否则可能会使炉水循环泵流量过小影响泵的安全运行。吹管期间炉水循环泵运行虽然加大了控制贮水箱水位的难度，但有利于控制汽温和升压速度，还降低了除盐水的消耗量，极大缩短了吹管时间，降低了吹管成本。

三、机组启、停过程中，炉水循环泵跳闸对锅炉给水流量的影响

机组启、停过程中锅炉的给水流量大部分来自炉水循环泵循环流量，最大时将达到600t/h，此时来自给水泵的给水流量只有不到200t/h。若炉水循环泵跳闸，将导致锅炉给水流量低，MFT保护动作，因此可采取以下措施防止炉水循环泵跳闸，从而减轻炉水循环泵跳闸带来的影响。

（1）要保证炉水循环泵稳定运行，减少炉水循环泵跳闸，在给炉水循环泵电机腔室注水时，必须对注水管路进行冲洗，排水合格后才能给电机注入合格的除盐水。炉水循环泵隔热套和外置高压冷却器的冷却水要充足，尤其是外置高压冷却器系统不能有泄漏点。炉水循环泵运行时密切监视电机腔室的温度，当上部腔室温度达60℃时，应立即采用减少循环流量、增加给水泵流量的方法保证锅炉的给水流量。

（2）必须确认好可能导致炉水循环泵跳闸的保护，如炉水循环泵出入口电动门、最小流量阀的开关接点、最小流量阀的动作可靠，贮水箱的水位显示准确。为避免在炉水循环泵运行中最小流量阀突然全开引起锅炉给水流量突然降低，可以在保证炉水循环泵电流不超限的前提下将炉水循环泵的最小流量阀保持全开。

（3）锅炉点火后保持贮水箱水位为8m左右，防止炉水循环泵出口调节阀和贮水箱水位调节阀的交替控制引起水位大幅波动，在贮水箱水位较低时，要减小循环流量，增加给水流量和燃料量，尽量减轻贮水箱水位跳闸对总给水流量的影响。

第九章

汽　水　系　统

第一节　工作原理及系统组成

给水通过汽水系统进入锅炉，并在其中完成蒸发、过热，之后被送入汽轮机高压缸做功，高压缸排汽由锅炉再热器进行再次升温后进入汽机中压缸、低压缸继续做功，做功完毕后由汽机凝结水系统回收再利用。

1000MW 超超临界直流锅炉的汽水系统由给水管道系统、省煤器系统、水冷壁系统、过热器系统、再热器系统、减温水系统、启动系统、旁路系统等构成。

一、哈锅 1000MW 超超临界直流锅炉汽水系统工作原理及系统组成

哈尔滨锅炉厂有限责任公司设计的 1000MW 超超临界变压运行直流锅炉，采用 Π 型布置、单炉膛、反向双切圆燃烧方式，炉膛采用内螺纹管垂直上升膜式水冷壁、循环泵启动系统、一次中间再热，调温方式除燃水比外，还采用烟气分配挡板、燃烧器摆动、喷水等方式。

锅炉的汽水流程以内置式汽水分离器为分界点，从水冷壁入口集箱到汽水分离器为水冷壁系统，从分离器出口到过热器出口集箱为过热器系统，另有省煤器系统、再热器系统和启动系统。

水冷壁系统与过热器系统的分界点为汽水分离器，自水冷壁下集箱的入口导管开始到汽水分离器贮水箱出口导管为止均属于水冷壁系统，其流程如图 9-1 所示，由省煤器出口的工质通过二根大直径供水管送到二只水冷壁进水汇集装置，再用较多的分散供水管送到各水冷壁下集箱，再分别流经下炉膛前、后及二侧水冷壁，然后进入中间混合集箱进行混合以消除工质吸热偏差，然后进入上炉膛前、后、二侧墙水冷壁，其中前墙水冷壁上集箱和二侧水冷壁上集箱出来的工质引往顶棚管入口集箱经顶棚管进入布置于后竖井外的顶棚管出口集箱，至于进入上炉膛后水冷壁的工质，先后流经折焰角和水平烟道斜面坡进入后水冷壁出口集箱，再通过二汇集装置分别送往后水冷壁吊挂管和水平烟道二侧包墙管，由后水冷壁吊挂管出口集箱和水平烟道二侧包墙出口集箱引出的工质也均送往顶棚管出口集箱，由顶棚管出口集箱引出二根大直径连接管将工质送往二只后竖井工质汇集集箱，通过连接管将大部分工质送往后竖井的前、后、二侧包墙管及中间分隔墙。所有包墙管上集箱出来的工质全部用连接管引至后包墙管出口集箱，然后用连接管引至布置于锅炉后部的二只汽水分离器，由分离器顶部引出的蒸汽送往一级过热器进口集箱，进入过热器系统。这里应说明二点：为了降低顶棚包墙系统阻力以及保证复杂的后水冷壁回路的可靠性，采用了二次旁路。第一次旁路是后水冷壁的工质不经顶棚而流经折焰角、水平烟道斜坡、水平烟道二侧墙和后水吊挂管后再用

连接管送往顶棚出口集箱。第二次旁路则是由顶棚出口集箱引出的工质并非全部送往后烟道包墙管，而是有一部分通过旁通管直接送往后包墙管出口集箱与后烟道包墙系统工质汇合后全部引入一级过热器入口集箱，二次旁路管上装有电动闸阀，锅炉在超临界区运行时应打开此旁路阀。

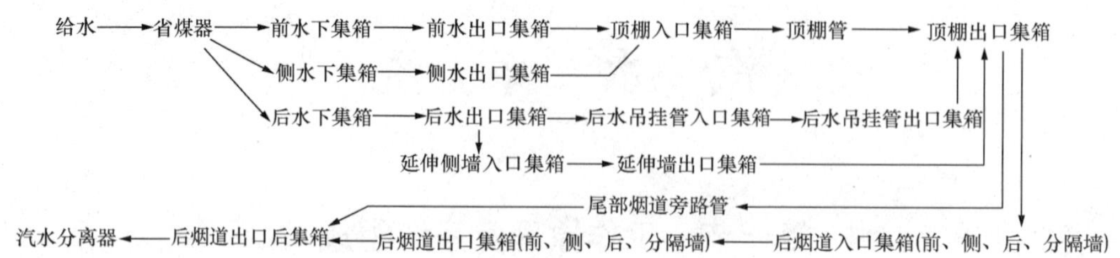

图 9-1　水系统流程图

过热器采用四级布置，即低温过热器（一级）→分隔屏过热器（二级）→屏式过热器（三级）→末级过热器（四级）；再热器为二级，即低温再热器（一级）→末级再热器（二级）。其中低温再热器和低温过热器分别布置于尾部烟道的前、后竖井中，均为逆流布置。在上炉膛、折焰角和水平烟道内分别布置了分隔屏过热器、屏式过热器、末级过热器和末级再热器，由于烟温较高均采用顺流布置，所有过热器、再热器和省煤器部件均采用顺列布置，以便于检修和密封，防止结渣和积灰。

过热蒸汽采用煤水比作为主要汽温调节手段，并配合三级喷水减温作为主汽温度的细调节，喷水减温每级左右二点布置以消除各级过热器的左右吸热和汽温偏差。在任何工况下（包括高加全切和 BMCR 工况），过热器喷水的总流量约为 7%过热蒸汽流量。

再热器调温以烟气挡板调温为主，燃烧器摆动调温为辅，同时在一、二级再热器之间的连接管上装有事故喷水装置。BMCR 工况，再热器喷水量为 0。最大喷水能力再热器喷水减温器喷水总流量约为 3%再热蒸汽流量（BMCR 工况）。

过热汽温在 30%～100%BMCR、再热汽温在 50%～100%BMCR 负荷范围时，能够保持稳定在额定值，偏差不超过±5℃。过热器和再热器两侧出口的汽温偏差分别小于 5℃和 10℃。在全部高压加热器停运时，蒸汽参数保持在额定值，蒸发量满足汽轮机带额定功率。此时过热器、再热器受热面不超温。

在 BMCR 工况下，过热器蒸汽侧的压降小于 1.5MPa，再热器蒸汽侧的压降小于再热蒸汽系统压降的 50%，省煤器水侧的压降不大于 0.2MPa，水冷壁压降（包括水冷壁和汽水分离器）小于 1.9MPa。

二、东锅 1000MW 超超临界直流锅炉汽水系统工作原理及系统组成

东锅 1000MW 超超临界直流锅炉为超超临界参数、变压直流炉、对冲燃烧方式、固态排渣、单炉膛、一次再热、平衡通风、露天布置、全钢构架、全悬吊 Π 型结构。

自给水管路出来的水由炉侧右侧进入位于尾部竖井后烟道下部的省煤器入口集箱中部的两个引入口，水流经水平布置的省煤器蛇形管后，由叉型管将两根管子合二为一引出到省煤器吊挂管至布置在顶棚管以上的省煤器出口集箱。工质由省煤器出口集箱从锅炉两侧的集中下水管引出，进入位于锅炉下部左、右两侧的集中下降管分配头，再通过下水连接管进入螺旋水冷壁入口集箱，经螺旋水冷壁管、螺旋水冷壁出口集箱、混合集箱、垂直水冷壁入口集

箱、垂直水冷壁管、垂直水冷壁出口集箱后进入水冷壁出口混合集箱汇集，经引入管引入汽水分离器进行汽水分离。循环运行时从分离器分离出来的水从下部排进贮水箱，蒸汽则依次经顶棚管、后竖井/水平烟道包墙、低温过热器、屏式过热器和高温过热器。转直流运行后水冷壁出口工质已全部汽化，汽水分离器仅作为蒸汽通道用。

调节过热蒸汽温度的喷水减温器装于低温过热器与屏式过热器之间和屏式过热器与高温过热器之间。

汽机高压缸排汽进入位于后竖井前烟道的低温再热器，经过水平烟道内的高温再热器后，从再热器出口集箱引出至汽机中压缸。

再热蒸汽温度的调节通过位于省煤器和低温再热器后下方的烟气调节挡板进行控制，在低温再热器出口管道上布置的再热器事故喷水减温器仅作为事故状态下的调节手段。

三、上锅1000MW超超临界直流锅炉汽水系统工作原理及系统组成

锅炉为超超临界压力参数变压运行螺旋管圈直流锅炉，单炉膛塔式布置形式、一次中间再热、四角切圆燃烧、平衡通风、固态排渣、全钢悬吊构造、露天布置。

锅炉炉前，沿着炉宽在垂直方向上布置6只外径/壁厚为ϕ610mm×80mm的汽水分离器，其筒身内径为240mm，每个分离器进、出口分别与水冷壁出口、一级过热器进口，下部与贮水箱相连接。当机组启动，锅炉负荷低于最低直流负荷30%BMCR时，蒸发受热面出口的介质流经水冷壁出口汇合集箱后由4根管道送入汽水分离器进行汽水分离，蒸汽通过分离器上部管接头进入两个分配器后引出一级过热器，而饱和水则通过每个分离器筒身下方1根管径为ϕ356mm×56mm的连接管道，共6根连接管道进入1只ϕ610mm×80mm贮水箱中，贮水箱上设有水位控制。贮水箱下方分两路引出。一路疏水由循环泵回到省煤器系统中，另一路接至大气扩容器，通过凝结水箱连接到冷凝器或机组循环水系统中。

炉膛由管子膜式壁组成，水冷壁采用螺旋管加垂直管的布置方式。从炉膛冷灰斗进口标高6950mm到标高71 725mm处，炉膛四周采用螺旋管圈，在此上方为垂直管圈，垂直管圈分为两部分，下部垂直管圈管子规格为ϕ38.1mm，节距为60mm；Y形式的两根垂直管合并成为一根管的上部垂直管圈，管子规格为ϕ44.5mm，节距为120mm。

锅炉上部沿着烟气流动方向依次分别布置有一级过热器、三级过热器、二级再热器、二级过热器、一级再热器、省煤器。

锅炉上部的炉内受热面全部为水平布置，穿墙结构为金属全密封形式。所有受热面能够完全疏水干净。

锅炉出口的前部、左右两侧和炉顶部分也是由管子膜式壁构成的，但是这些地方的管子内部是空的，没有流体介质。

除了水冷壁集箱之外，所有集箱都布置在锅炉上部的前后墙部位上。炉前集箱包括有一级过热器、二级过热器、三级过热器的进/出口集箱，省煤器进/出口集箱。炉后集箱包括有一级再热器、二级再热器的进/出口集箱。这些炉前/后的集箱一端由悬吊管支承；另一端搁支在炉前/后墙水冷壁之上。

过热器汽温通过燃水比调节和两级喷水来控制。再热器汽温采用燃烧器摆动调节，一级再热器进口连接管道上设置事故喷水，一级再热器出口连接管道设置有微量喷水作为辅助调节。

第二节 结构及运行特点

一、哈锅1000MW超超临界直流锅炉汽水系统结构及运行特点

（一）结构特点

1. 省煤器

省煤器位于锅炉尾部烟道内，是一组位于近锅炉烟气出口处的受热面。省煤器的作用是：吸收锅炉低温烟气的热量、降低锅炉的排烟温度、提高锅炉的效率，同时由于给水进入蒸发受热面之前经过省煤器加热，减少了在蒸发受热面内的吸热量，即以造价低的省煤器代替了部分造价高的蒸发受热面，降低了锅炉的制造成本。另外，省煤器提高了进入锅炉水冷壁的给水温度，减少了给水与水冷壁之间的温差，降低了水系统各受热面和联箱的热应力，对延长锅炉的使用寿命起到了一定的作用。

锅炉在尾部竖井的前、后分竖井的下部各装有一级省煤器，省煤器为顺列布置，以逆流方式与烟气进行热交换。

给水由ϕ610mm×75mm（SA106C）的导管送往省煤器入口集箱。省煤器的水容积约为120m^3。每级省煤器各有354片，采用ϕ44.5mm×6.5mm管子，横向节距为90mm，材质为SA210C。前后级省煤器向上各形成2排吊挂管，悬挂前后竖井中所有对流受热面，悬挂管材质为SA210C，节距为267mm，省煤器入口集箱为ϕ324mm×55mm，材质为SA106C；省煤器中间集箱为ϕ219mm×39mm，材质为SA106C；省煤器出口集箱置于锅炉顶棚之上，采用ϕ508mm×84mm的管子，材质为SA106C。由省煤器出口集箱引出2根ϕ508mm×72mm的连接管将省煤器出口水向下引到水冷壁入口集箱上方2只汇合集箱，再用连接管分别将工质送入各水冷壁的入口集箱。

省煤器管束采用无缝光管顺列布置，为连续管圈可疏水型。省煤器为自疏水式，进口联箱上装有疏水、锅炉充水和酸洗的接管座和阀门，在最高点处设置排放空气的接管座和阀门，入口设有取样点，并有其相应的接管座及一次门、二次门及排污门。

省煤器设计中考虑灰粒磨损保护措施，省煤器管束与四周墙壁（包括中隔墙）间装设2～3层防止烟气偏流的阻流板；管束上设有防磨装置。在吹灰器有效范围内，省煤器及悬吊管设有防磨护板，以防止吹坏管子。锅炉后部烟道内布置的省煤器等受热面管组之间，留有足够高度的空间，供进人检修、清扫。

省煤器入口联箱（包括该联箱）至过热器出口的工质总压降小于3.6MPa（BMCR）。

在BMCR时，通过省煤器的烟气平均流速（平均流速指进、出口流速的平均值）设计小于10m/s。

2. 水冷壁

水冷壁的作用是吸收炉膛中高温火焰或烟气的辐射热量，在管内产生蒸汽或热水，并降低炉墙温度，保护炉墙。

水冷壁分成上、下两部分，下部水冷壁包括冷灰斗，上、下部水冷壁之间装设一圈中间混合集箱过渡，上、下部水冷壁均采用焊接膜式壁，渣斗底部有足够的加强型厚壁管，允许的磨蚀厚度不小于1mm。钢结构足以防止渣落下造成的损害。

炉膛水冷壁采用焊接膜式壁、内螺纹管垂直上升式，炉膛断面尺寸为32 084mm×

15 670mm，水冷壁管共有 2144 根，前后墙各 720 根，两侧墙各 352 根，均为 ϕ28.6mm×5.8mm（最小壁厚）四头螺纹管，管材均为 15CrMoG，节距为 44.5mm，管子间加焊的扁钢宽为 15.9mm，厚度为 6mm，材质为 15CrMo，在上、下炉膛之间装设了一圈中间混合集箱，以消除下炉膛工质吸热与温度的偏差。

水冷壁系统与过热器系统的分界点为汽水分离器，自水冷壁下集箱的入口导管开始到汽水分离器贮水箱出口导管为止均属于水冷壁系统，由省煤器出口的工质通过二根大直径供水管送到二只水冷壁进水汇集装置，再用较多的分散供水管送到各水冷壁下集箱，再分别流经下炉膛前、后及二侧水冷壁，然后进入中间混合集箱进行混合以消除工质吸热偏差，然后进入上炉膛前、后、二侧墙水冷壁，其中前墙水冷壁上集箱出来的工质引往顶棚管入口集箱经顶棚管进入布置于后竖井外的顶棚管出口集箱，而由二侧墙水冷壁上集箱引出的工质则通过连接管直接送往顶棚出口集箱，至于进入上炉膛后水冷壁的工质，先后流经折焰角和水平烟道斜面坡进入后水冷壁出口集箱，再通过二汇集装置分别送往后水冷壁吊挂管和水平烟道二侧包墙管，由后水冷壁吊挂管出口集箱和水平烟道二侧包墙出口集箱引出的工质也均送往顶棚管出口集箱，由顶棚管出口集箱引出二根大直径连接管将工质送往二只后竖井工质汇集集箱，通过连接管将大部分工质送往后竖井的前、后、二侧包墙管及中间分隔墙。所有包墙管上集箱出来的工质全部用连接管引至后包墙管出口集箱，然后用连接管引至布置于锅炉后部的二只汽水分离器，由分离器顶部引出的蒸汽送往一级过热器进口集箱，进入过热器系统。在启动过程中，锅炉以再循环模式做湿态运行时，由水冷壁来的两相介质在汽水分离器内分离后，蒸汽自分离器上部引出，而分离出来的水自分离器底部由连通管送往分离器贮水箱，再用一根大直径疏水管由启动循环泵将再循环水送入省煤器前的给水管道进行混合，然后送往省煤器和水冷壁系统进行再循环运行，而在锅炉结束启动阶段达到最低直流负荷后，由于启动泵已切除，启动系统进入干态运行模式，此时汽水分离器内全部为蒸汽，只起到蒸汽汇合集箱的作用。

由前水冷壁上集箱出口的工质经顶棚管流入顶棚出口集箱，前部顶棚管 480 根经分叉管过渡到 240 根后部顶棚管，所有顶棚管均为膜式壁。

水平烟道二侧包墙管和后水冷壁吊挂管，这两个平行回路出口的工质也均用连接管送往顶棚管出口集箱。这样所有从炉膛水冷壁出口来的全部工质均集中到顶棚出口集箱，然后由此集箱一部分用连接管送往后竖井包墙管进口集箱，再分别流经后竖井的前、后二侧包墙及分隔墙，这些包墙管出口的工质全部集中到后包墙出口集箱，然后用 4 根 ϕ457mm×70mm 的大直径连接管送到布置于锅炉上方的汽水分离器。

所有包墙管均采用膜式壁结构，管间扁钢厚为 6mm，分隔墙扁钢厚为 8mm，扁钢材质均为 15CrMo，所有包墙管均采用上升流动，因此对防止低负荷和启动时水动力不稳定性有利。

水冷壁下集箱不再采用 MHI 公司前几台垂直水冷壁所采用的类似于控制循环锅炉那样的大直径集箱（ϕ800～900mm），而改用 ϕ219mm 的小直径集箱，并将节流孔圈移到水冷壁集箱外面的水冷壁管入口段，入口短管采用 ϕ44.5mm×6mm 的较粗管子，在其嵌焊入节流孔圈后，再通过二次三叉管过渡的方法，与 ϕ28.6mm 的水冷壁管相接，这样节流孔圈的孔径允许采用较大的节流范围，可以保证孔圈有足够的节流能力，按照水平方向各墙的热负荷分配和结构特点，调节各回路水冷壁管中的流量，以保证水冷壁出口工质温度的均匀性，并防止个别受热强烈和结构复杂的回路与管段产生 DNB 和出现壁温不可控制的干涸（DRO）

现象。

（1）内螺纹管。水冷壁管采用 ϕ28.6mm×5.8mm 的内螺纹管，节距为 44.5mm，共 2144 根。

内螺纹管的结构特性见表 9-1。

表 9-1　　内螺纹管的结构特性

项目	单位	数据
材质	—	15CrMoG
管子外径及公差	mm	28.6±0.15
最小壁厚及公差	mm	$5.8^{+0.2}_{-0}$
螺纹头数	—	4
螺纹导角	°	30
螺纹宽度（环向）及公差	mm	4.8±0.6
螺纹宽度（纵向）及公差	mm	8.5±1.04
螺纹高度	mm	0.85±0.3
螺纹节距	mm	21.55±3.18
鳍片（扁钢）材质	—	15CrMo
鳍片宽	mm	15.9
鳍片厚	mm	6

（2）炉膛中间混合集箱。炉膛中间混合集箱位于炉膛水冷壁的中部，每一根水冷壁管子的内部工质都有从入口到出口温度逐渐升高的分布趋势。当水冷壁管子内的工质流到炉膛中间混合集箱时，可以得到充分的混合，使炉膛中间混合集箱出口工质温度均匀，并使温度偏差带来的热应力减小。

炉膛中间混合集箱主要包含以下 4 项：

炉膛中间入口集箱：前后墙和两侧墙各 1 个 ϕ273mm×55mm、材料为 SA-335P12 的集箱。

炉膛一级混合器：前后墙各 2 个，左右墙各 1 个，共 6 个，规格为 ϕ762mm×131mm，材料为 SA-335P12。

炉膛二级混合器入口管道：前后墙各 34 根，左右墙各 16 根，规格为 ϕ89mm×16mm，材料为 15CrMoG。

炉膛二级混合器：前后墙各 34 个，左右墙各 16 个，共 100 个。

（3）入口节流孔圈。入口节流孔圈装于水冷壁下集箱外面的水冷壁入口管段上，由于小直径水冷壁管直接装设节流孔圈调节流量的能力有限，因此通过三叉管过渡的方式，将水冷壁入口管段直径加大、根数减少，使装设节流孔圈的管段直径达到 ϕ44.5mm，使其内径加大，因此通过采用不同的孔圈内径，大大提高了孔圈的节流度和节流调节的能力。这种装于炉外的节流孔圈也便于调试和检修，而且可以采用较细的水冷壁下集箱，简化了结构。

前、后墙底部各有 180 根 ϕ44.5mm×9.5mm 的水冷壁管子，通过三叉管一次过渡到 360 根 ϕ38mm×8.0mm 的管子，从 ϕ38mm×8.0mm 的管子第二次过渡到 720 根 ϕ28.6×5.8mm 的水冷壁管子。

两侧墙底部各有 88 根 ϕ44.5mm×9.5mm 的水冷壁管子，通过三叉管一次过渡到 176 根 ϕ38mm×8.0mm 的管子，从 ϕ38mm×8.0mm 的管子第二次过渡到 352 根 ϕ28.6mm×5.8mm 的水冷壁管子。

通常，节流孔圈在安装调试时应换下，以保证实际运行条件下水冷壁中保持更好的流量分配。

(4) 顶棚和包墙系统的旁路。为了降低顶棚包墙系统阻力及保证复杂的后水冷壁回路的可靠性，采用了二次旁路。第一次旁路是后水冷壁的工质不经顶棚而流经折焰角、水平烟道斜坡、水平烟道二侧墙引出 8 根 ϕ159mm×31mm 和后水吊挂出口管引出 10 根 ϕ159mm×31mm，材质为 SA213P12 的共 18 根顶棚旁路管送往顶棚出口集箱。第二次旁路则是由顶棚出口集箱引出的工质并不全部送往后烟道包墙管，而是有一部分用 2 根 ϕ406mm×67mm 的包墙旁路管直接送往后包墙管出口集箱与后烟道包墙系统汇合后全部引入汽水分离器，在包墙旁路管上装有节流阀，可根据需要适当调整旁通量。

3. 过热器

过热器系统采用四级布置，以降低每级过热器的焓增，沿蒸汽流程依次为水平与立式低温过热器、分隔屏过热器、屏式过热器和末级过热器（末过）。

由 2 只汽水分离顶部引出的 2 根蒸汽连接管（ϕ508mm×78mm，SA335P12）将蒸汽送往位于后竖井中的水平低温过热器入口集箱，流经水平低过的下、中、上管组。水平低过蛇形管共有 240 片，每片由 5 根管子组成，管子为 ϕ51mm，壁厚 8.5mm，节距为 133.5mm，材质为 15CrMoG，由水平低过的出口段与立式低过相接，管径亦为 ϕ51mm，壁厚 8.5mm，节距为 267mm，共有 120 片，每片由 10 根管子组成，以降低烟速，材质也是 15CrMoG。在顶棚管以上 1100mm 处，立式低过出口炉前方向第一根管子上均匀布置 10 点壁温测点，监视低温过热器管内蒸汽温度。由立式低过出口集箱引出的 2 根 ϕ508mm×78mm 的连接管上装有 2 只第一级喷水减温器，通过喷水减温后进入分隔屏入口集箱。

分隔屏共有 12 大片屏，每个大屏又由 4 个小屏组成，每大屏各有 56 根 ϕ54mm 的管子，按照壁温，分别采用 12Cr1MoVG（壁厚为 10mm）和 SA213-TP347H（壁厚为 7.0mm）材料，而每小片屏的外圈管采用 ϕ60mm 的管径，以增加壁温裕量。由分隔屏出口集箱引出的 4 根 ϕ508mm×67mm（SA335P91）连接管合成 2 根管，其上装有 2 只第二级喷水减温器，其出口管道为 ϕ610mm×75mm，蒸汽进入屏式过热器入口集箱（ϕ406mm×65mm，SA335 P91）。在每一大屏上，炉前方向最后一片小屏第一根最外圈管子出口段上均匀 1 点布置壁温测点，共 12 点。

屏式过热器（三级过热器）蛇形管共有 58 片屏，每片屏由 13 根管组成，横向节距为 534mm，管子材质为 Code case 2328 和 SA213TP301HCbN，管径为 ϕ51/63.5mm，管子平均壁厚为 6.0～11mm，屏过出口集箱为 ϕ457mm×85mm（SA355 P91），由屏过出口集箱引出 2 根 ϕ559mm×88mm 连接管，管上装有两只第三级喷水减温器，喷水后的蒸汽进入末级过热器入口集箱（ϕ457mm×82mm；SA335P91）。末过蛇形管共有 94 屏，每屏由 16 根管弯成，管径为 ϕ44.5/57mm，材质为 Code case 2328 和 SA213TP310HCbN，平均厚度为 6.5～12.7mm，横向节距为 333.8mm；末过出口集箱为 ϕ559mm×126mm，材质为 SA335P122。由末过出口集箱引出 2 根主汽导管送往汽机高压缸，主汽导管为 ϕ559mm×102mm，材质为 SA335P92。

主汽导管装有2只弹簧式安全阀，2只PCV阀，在2只汽水分离器蒸汽引出管的连通管中装有6只过热器入口弹簧安全阀。

过热器系统共装有3级喷水减温，每级左右二点，能充分消除过热汽温的左右偏差。

4. 再热器

再热器分成低温再热器和末级再热器两级。

低温再热器布置于尾部竖井中，来自汽机高压缸的排汽用2根ϕ864mm×30mm(SA106C)的导管送入水平低温再热器入口集箱，水平低再共240片，每片由6根管子组成，节距为133.5mm，管子规格为ϕ63.5mm，分下、下中、上中、上4组，材质依次为20G、15CrMoG和12Cr1MoVG，壁厚为3.5mm/5.5mm/6.5mm，水平低再出口端与立式低再相接，立式低再共有120片，节距为267mm，管径为63.5mm，材质为SA213TP347H和12Cr1MoVG，壁厚为3.5～5.5mm，由立式低再出口集箱引出2根ϕ813mm×71mm(SA335P22)的连接管上各装有一只事故用紧急喷水减温器，其出口蒸汽进入末级再热器入口集箱，集箱为ϕ711mm×72mm，材质为SA355-P22，末再蛇形管共118片，每片由9根管组成，横向节距为267mm，其材质为SA213-T22，Code case 2328-1和SA213TP301HCbN，平均壁厚为3.5～6.5mm。末再出口集箱为ϕ762mm×59mm，材质为SA355P92，由末再出口集箱引出的2根热再热导管将再热汽送往汽机中压缸，热段再热蒸汽导管采用ϕ836mm×40mm，材质为SA335P92。

在再热器的进口导管上装有8只弹簧式安全阀，在再热器的出口导管上装有2只弹簧式安全阀。

5. 蒸汽冷却间隔管和蒸汽冷却夹管

(1) 蒸汽冷却间隔管。蒸汽冷却间隔管用于保持后屏过热器、末级过热器和末级再热器的横向节距，防止后屏过热器、末级过热器和末级再热器过分偏斜，其流程如下：

汽水分离器出口平衡管→蒸汽冷却间隔管→后屏过热器出口集箱。

(2) 蒸汽冷却夹管。蒸汽冷却夹管用于保持分隔屏的横向节距，防止分隔屏过分偏斜，其流程如下：

分隔屏入口集箱→蒸汽冷却夹管入口管→蒸汽冷却夹管定位管→蒸汽冷却夹管出口管→后屏过热器出口集箱。

6. 杂项管道。

(1) 疏水管道。疏水管道安装在锅炉各个不同的区域，以便使锅炉的疏水能以最简单的方式完成。

安装位置：炉膛入口汇集集箱，炉膛中间混合集箱，水平烟道侧墙和后墙吊挂管入口汇集集箱，尾部烟道入口管道，尾部烟道入口集箱供水管，一级过热器入口管道。

运行：一级过热器入口管道的疏水节流阀是在锅炉启动期间打开，将部分蒸汽减压后排入扩容器。

所有疏水阀在需要时都必须打开，使锅炉疏水完全排入扩容器。

(2) 排气管道。放气管道安装在锅炉各个不同的区域，以便使锅炉的排气易于排出。

安装位置：过热器喷水管道（安装于省煤器出口管道上），炉膛中间混合集箱，顶棚入口集箱，水平烟道侧墙和后墙吊挂管出口管道，尾部烟道出口管道，汽水分离器出口管道，汽水分离器贮水箱（由汽水分离器贮水箱顶部到平衡管），二级过热器入口管道，三级过热器入口管道，四级过热器入口管道，一级再热器出口管道，末级再热器出口管道。

运行：排气阀安装在排气管道上，下列管道的排气阀位于汽水分离系统的上游，当锅炉上水时排气阀打开，上水后排气阀关闭。

过热器喷水管道（安装于省煤器出口管道上），炉膛中间混合集箱，顶棚入口集箱，水平烟道侧墙和后墙吊挂管出口管道，尾部烟道出口管道，汽水分离器出口管道。

所有排气阀在需要排出锅炉内的空气时都必须打开。

(3) 喷水管路的反冲洗。在所有减温水管路的电动闸阀和止回阀之间设有一根到疏水扩容器的疏水管道。在低负荷时，当减温水管路调节阀关闭同时电动闸阀打开，疏水管路的截止阀也打开时，可对减温器喷嘴反冲洗。

（二）运行特点

1. 主蒸汽温度控制

主蒸汽的压力与温度由燃料量来控制，采用过热器喷水作为主蒸汽温度的辅助调节手段。对于冷态启动，一旦主蒸汽压力达到 8.4MPa（即汽机冲转压力），主蒸汽压力将由汽机旁路系统（TB）来控制，以与汽机进汽要求相匹配。

对于温态和热态启动，可以利用由一级过热器前的连接管上的抽汽来控制主汽的压力，直到蒸汽温度与主汽管的温度相匹配而不需将过多的低温蒸汽排往冷凝器导致主汽管道温度的下降，一旦锅炉的金属壁温与主汽管温度相匹配，就开始用汽机旁路阀来调节主蒸汽压力。

当锅炉出力达到 25%BMCR 后，炉水循环泵出口调节阀应完全关闭，此时通过汽水分离器的工质已达到完全过热的单相汽态，因此锅炉的运行模式从原来汽水二相的湿态运行（也即再循环模式）转为干态运行（即直流运行模式），此时锅炉达到最小直流负荷 25% BMCR。从此，主蒸汽的压力与温度分别由给水泵和燃水比来控制，锅炉的出力也逐步提高。

精确并稳定地控制主蒸汽温度对最大限度地提高蒸汽循环效率是非常重要的。主蒸汽温度控制主要通过下列方式：

(1) 水/燃料比率的控制。

(2) 过热器喷水控制（三级）。

主蒸汽温度基本上取决于水/燃料比率。而且，过热器喷水控制也应用于过渡状态（如在负荷变化期间），因为其响应要比水/燃料比率的控制快得多。在超超临界锅炉燃煤时，通常使用三级喷水控制来提高可控性，以防备下列恶劣工况的出现：

(1) 在汽水分离器、水冷壁和每级过热器上有较大的温度变化。

(2) 煤的改变而引起的过热器特性变化。

喷水控制系统的功能是通过平行调节二级、三级和末级过热器的减温水量来实现的。

(1) 一级过热器喷水的控制对象为二级过热器出口温度，同时管道中混合喷水后出口蒸汽温度必须高于运行压力下的蒸汽饱和温度。

在主燃料跳闸或蒸汽闭锁或锅炉负荷低（燃料量指令低）这几种情况下，一级喷水调节阀被强制关闭，以限制对减温器下游热影响的可能性。

(2) 二级过热器喷水控制对象为三级过热器出口温度，同时管道中混合喷水后出口蒸汽温度必须高于运行压力下的蒸汽饱和温度。

在主燃料跳闸或蒸汽闭锁或锅炉负荷低（燃料量指令低）这几种情况下，二级喷水调节阀被强制关闭，以限制对减温器下游的热影响的可能性。

(3) 三级过热器喷水控制对象为主蒸汽温度，同时管道中混合喷水后出口蒸汽温度必须高于运行压力下的蒸汽饱和温度。

在主燃料跳闸或蒸汽闭锁或锅炉负荷低（燃料量指令低）这几种情况下，三级喷水调节阀被强制关闭，以限制对减温器下游的热影响的可能性。

2. 再热蒸汽温度控制

精确并稳定地控制再热蒸汽温度对最大限度地提高蒸汽循环效率是非常重要的。再热蒸汽温度控制通过下列方式实现：

(1) 过热器/再热器烟道出口烟气分配挡板控制。锅炉尾部采用双烟道，根据再热汽温的需要，调节省煤器出口烟道的烟气挡板来改变流过低温再热器和低温过热器的烟气量分配，从而实现再热汽温调节。烟气调温挡板为水平布置，手段可靠，调节范围大。

尾部烟气分配挡板开度的被调参数为再热蒸汽出口温度。

过热器侧挡板与再热器侧挡板的开度之和应始终保持为100%，以保证总烟气流量分配的可控性。

过热器侧挡板与再热器侧挡板的开度是联锁对应的，即过热器侧挡板开度增加，再热器侧挡板的开度减小。反之，过热器侧挡板开度减小，再热器侧挡板的开度增加。

(2) 燃烧器摆动控制。提供与锅炉负荷成比例的并按其函数关系编制好的控制，不采用再热蒸汽温度的反馈控制方式。

(3) 再热器喷水控制。再热器喷水调节阀只是在过热器和再热器烟道调节挡板不能有效控制再热器出口温度时打开。同时管道中混合喷水后出口蒸汽温度必须高于运行压力下的蒸汽饱和温度。

在主燃料跳闸、蒸汽闭锁或锅炉负荷低（燃料量指令低）时，再热器喷水调节阀被强制关闭，以限制对减温器下游的热影响的可能性。

3. 水冷壁系统、过热器系统的压力保护

(1) 电磁释放阀（ERV阀）、弹簧安全阀对水冷壁系统、过热器系统的压力保护。在过热器出口管道上装设了2只ERV阀、2只弹簧安全阀，在屏式过热器进口管道上装设了6只弹簧安全阀。出口管道ERV阀和安全阀的整定压力幅度低于进口管道安全阀的整定压力幅度，因此当锅炉超压引起出口管道ERV阀和安全阀启座时，能确保整个过热器系统中总有足够的蒸汽流过。而出口管道ERV阀的整定压力幅度低于过热器出口安全阀，使安全阀免于经常动作而得到保护。ERV阀前的隔离阀需保证在锅炉运行工况下保持全开状态。按照ASME规范的要求，ERV阀和弹簧安全阀的总排量大于100%BMCR过热蒸汽流量。

(2) 锅炉出口主蒸汽压力高高锅炉MFT保护。在有任一燃烧器投运记忆的情况下，如果锅炉出口主蒸汽压力高高超过3s以上，锅炉MFT。

4. 水冷壁系统、过热器系统的温度监测保护

水冷壁系统、过热器系统的温度测点是锅炉在启停、运行时对蒸汽温度和管子金属壁温进行监视和保护的重要手段。水冷壁系统、过热器系统蒸汽温度的监视是通过设置在系统管道上不同位置的热电偶来实现的，管子金属壁温的监视是通过装设在水冷壁、过热器各级受热面出口段的壁温测点来实现的。

(1) 后烟道后墙入口集箱入口温度高高锅炉MFT保护。后烟道后墙入口集箱入口每侧

装有2个双支热电偶，分别是：A侧后烟道后墙入口集箱入口温度和B侧后烟道后墙入口集箱入口温度，每个热电偶可以引出2个温度信号，当每侧2个热电偶的2个温度点各有1个高高（函数定值）时，MFT动作。

（2）一级过热器出口集箱出口温度高高，采用四取三逻辑锅炉MFT保护。一级过热器出口集箱出口每侧装有2个双支热电偶，分别是：A侧一级过热器出口集箱出口温度和B侧一级过热器出口集箱出口温度，每个热电偶可以引出2个温度信号，当每侧2个热电偶的2个温度点各有1个高高（函数定值）时，MFT动作。

5. 弹簧安全阀对再热器系统的压力保护

再热器进、出口管道上分别设置了8只和2只弹簧安全阀。再热器出口管道上的安全阀整定压力低于再热器进口管道上的安全阀整定压力，出口管道上的安全阀先启座，安全阀动作时，再热器中有足够的蒸汽流过，确保再热器得到有效的保护。

6. 再热器系统的温度监测保护

再热蒸汽温度的监视是通过设置在再热器系统上的热电偶来实现的，管子金属壁温的监视是通过再热器管出口的壁温测点来实现的。

另外，在锅炉启动初期，还通过布置在炉膛出口烟温探针的监控来实现对再热器的保护。

7. 再热器蒸汽阻塞锅炉MFT保护

在发电机并网之前，为了保护再热器管，如果下列条件满足，再热器保护动作，锅炉将MFT：

（1）当锅炉的燃料量大于30%或至少有一台磨煤机投入运行时：所有高压主汽门或所有高压调门关闭且高压旁路开度小于α，延时10s；左侧中压主汽门或中压调门关闭且右侧中压主汽门或中压调门关闭，延时10s。

（2）当锅炉的燃料量大于20%或炉膛出口烟气温度大于650℃时：所有高压主汽门或所有高压调门关闭且高压旁路开度小于α，延时20s；左侧中压主汽门或中压调门关闭且右侧中压主汽门或中压调门关闭，延时20s。

二、东锅1000MW超超临界直流锅炉汽水系统结构及运行特点

（一）结构特点

1. 省煤器

省煤器位于后竖井后烟道内，沿烟道宽度方向顺列布置，由水平段蛇形管和垂直段吊挂管两部分组成，两部分之间通过叉形管过渡，省煤器垂直段吊挂管对布置在后烟道上部的低温过热器蛇形管屏起吊挂作用。给水由炉右侧从省煤器进口集箱中部两接口处引入，经省煤器水平段蛇形管和垂直段吊挂管，进入顶棚之上的省煤器出口集箱，然后从炉两侧通过集中下降管、下水分配头、下水连接管引入螺旋水冷壁前、后墙进口集箱。

省煤器水平段蛇形管由光管组成，采用上、下两组逆流布置。省煤器垂直段吊挂管沿烟道深度方向布置前、后两排。省煤器叉形管由支管和U形管焊接而成，支管规格与垂直段吊挂管规格一致。

省煤器垂直段吊挂管除悬吊省煤器系统自重外，还支撑其上部的低温过热器，吊挂管吊杆将荷载直接传递到锅炉顶部的钢架上。

为防止省煤器管排的磨损，在省煤器管束与四周墙壁间设有阻流板，在每组上两排迎流

面及边排和弯头区域设置防磨盖板。

省煤器进口集箱位于后竖井环形集箱下护板区域，穿护板处集箱上设置有防旋装置，进口集箱由生根于烟气调节挡板处的支撑梁支撑。给水管道在省煤器进口集箱正下方从锅炉右侧穿过护板后从集箱左右侧的中间位置引入，穿护板处给水进口管道上设置有防旋装置，给水进口管道悬吊在上方的烟道内桁架上。

2. 水冷壁

整个炉膛四周为全焊式膜式水冷壁，炉膛由下部螺旋盘绕上升水冷壁和上部垂直上升水冷壁两个不同的结构组成，两者间由过渡水冷壁和混合集箱转换连接。

炉膛水冷壁总体布置如图 9-2 所示。

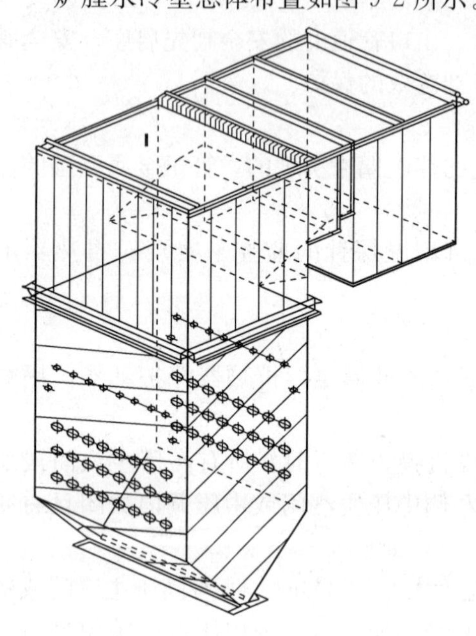
图 9-2 水冷壁总体布置

经省煤器加热后的给水，通过锅炉两侧的下水连接管引至两个下水连接管分配集箱，再由若干根螺旋水冷壁引入管引入两个螺旋水冷壁入口集箱。

炉膛下部水冷壁（包括冷灰斗水冷壁、中部螺旋水冷壁）都采用螺旋盘绕膜式管圈，从水冷壁进口到折焰角下约 3m 处。螺旋水冷壁管全部采用六头、上升角 60°的内螺纹管。冷灰斗水冷壁采用光管。

过渡段水冷壁的结构如图 9-4 所示。螺旋水冷壁出口管子引出炉外，进入螺旋水冷壁出口集箱，由若干根连接管引入炉两侧的两个混合集箱混合后，再由若干根连接管引入到垂直水冷壁进口集箱。前墙和侧墙水冷壁螺旋管与垂直管的管数比为 1∶2，后墙水冷壁的布置与前墙、侧墙有所不同，每 4 根螺旋管有一根直接上升为垂直水冷壁，其余 3 根螺旋管引进螺旋水冷壁出口集箱，并对应引出 7 根垂直水冷壁管。这种结构的过渡段水冷壁把螺旋水冷壁的荷载平稳地传递到上部水冷壁。

上炉膛水冷壁采用结构较为简单的垂直管屏。为充分保证水冷壁各回路的流量分配，水平烟道侧墙水冷壁进口集箱设有节流孔。

前墙和两侧墙水冷壁及后墙水冷壁凝渣管出口工质汇入上部水冷壁出口集箱后，由蒸汽连接管引入水冷壁出口混合集箱，在炉前方向通过三通接入汽水分离器进口混合集箱，再由连接管引入汽水分离器。后墙折焰角水冷壁流经水平烟道底部进入水平烟道底部出口集箱，再由集箱两端引出大口径连接管从锅炉两侧上行到顶棚之上在锅炉中心处用三通汇集成单根管道，然后向炉前方向用过渡管与水冷壁出口混合集箱端部相接。

3. 过热器

过热器受热面由四部分组成，第一部分由顶棚受热面和后竖井烟道四壁及后竖井中隔墙组成；第二部分是布置在尾部竖井后烟道内的低温过热器；第三部分是位于炉膛上部的屏式过热器；第四部分是位于折焰角上方的高温过热器。

过热器系统按蒸汽流程分为顶棚过热器、包墙过热器（含中隔墙过热器）、低温过热器、

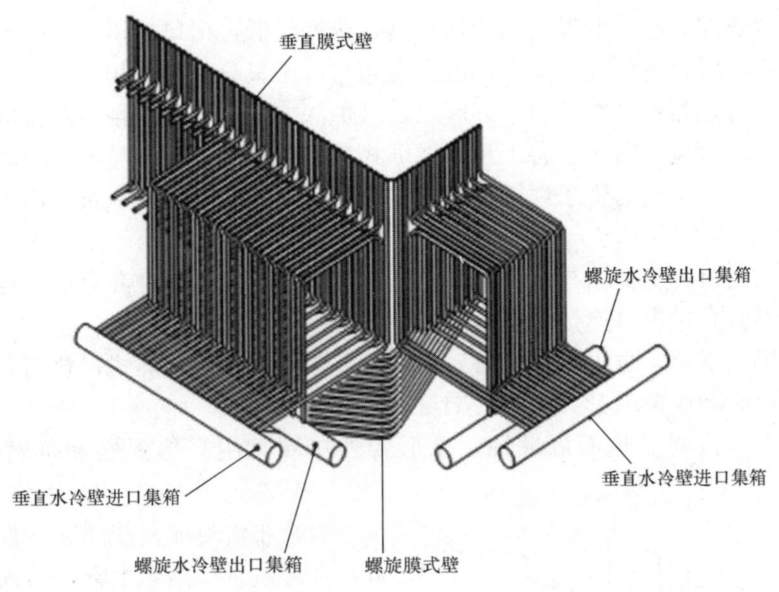

图 9-3 过渡段水冷壁结构示意

屏式过热器及高温过热器。按烟气流程依次为屏式过热器、高温过热器、低温过热器。

整个过热器系统管路设置了一次左右交叉，即屏过出口至高温过热器进口管路进行了一次左右交叉，有效地减少了沿锅炉宽度上的烟气侧温度不均匀对工质温度的影响。锅炉过热蒸汽系统共设有两级四点喷水减温，每级喷水均为两侧喷入，每侧喷水均可单独地控制，通过调节每侧的减温水量可有效减小左右两侧蒸汽温度偏差。

(1) 顶棚过热器及后竖井区域包墙过热器。

来自启动分离器的蒸汽由连接管引入顶棚过热器入口集箱。顶棚分为前、中、后三段。炉膛上部屏式过热器区域为顶棚过热器前段；炉膛折焰角区域的高温过热器和水平烟道高温再热器区域为顶棚过热器中段，以后墙凝渣管后 300mm 处为界；后竖井区域为顶棚过热器后段。顶棚过热器前段上设有专供检修炉膛内部的炉内检修平台用绳孔；此外，在前段顶棚靠近前墙和两侧墙处还设有方便炉内抢修屏式受热面及水冷壁的吊篮孔。

蒸汽从顶棚出口集箱通过连接管分别引入中隔墙、前、后、侧包墙入口集箱，通过包墙管加热后分别到包墙出口集箱。各包墙出口集箱之间互相不连通，由包墙过热器出口连接管引入位于锅炉两侧的包墙出口混合集箱，再由包墙出口混合集箱顶部引出连接管至低温过热器进口集箱。包墙出口连接管吊在构架梁上，包墙出口混合集箱通过上面的低过进口连接管吊在构架梁上。包墙过热器均为全焊接膜式壁结构。

(2) 低温过热器。低过进口连接管从两端把工质送入低温过热器进口集箱。低温过热器布置在后竖井后烟道内，分为水平段和垂直出口段。整个低温过热器蛇形管为顺列布置，蒸汽与烟气逆流换热。

低温过热器水平段管组通过省煤器吊挂管悬吊在锅炉大板梁上，垂直出口段通过与低温过热器出口集箱相连而由集箱吊架悬吊在大板梁上，低温过热器进口集箱的荷载由从第一象限垂直引出的吊挂管向上穿出顶棚后引至低过出口集箱，通过吊挂管垂直段上方处的吊点将荷载传至锅炉顶板上。

（3）屏式过热器。经过低温过热器加热后，蒸汽经低过出口连接管、一级减温器及屏过进口连接管后引入屏过进口混合集箱，混合集箱与若干只分配集箱相连。

辐射式屏式过热器布置在炉膛上部区域，沿炉深方向布置了两排，两排屏之间紧挨着布置，每一排管屏沿炉宽方向布置若干片屏。屏式过热器管屏入口段与出口段采用不同的管子壁厚，内外圈管采用不同的管子规格。屏式过热器蛇形管均由集箱承重并由集箱吊杆传至大板梁上。

屏式过热器出口分配集箱与混合集箱相连，蒸汽在混合集箱中混合后，经屏过出口连接管、二级减温器及高过进口连接管引入高温过热器进口混合集箱。

为保证管屏的平整，防止管子的出列和错位及焦渣的生成，屏式过热器布置有定位滑动块等结构，定位滑动块采用 ZG16Cr20Ni14Si2，可靠性高。

为防止吹灰蒸汽对受热面的冲蚀，蛇形管外三圈采用高热强性和抗腐蚀性的 HR3C 材料。

为减小流量偏差使同屏各管的壁温比较接近，在屏过进口集箱上管排的入口处设置了不同尺寸的节流圈。

（4）高温过热器。蒸汽从高过进口混合集箱水平进入与之相连的高过进口分配集箱，经蛇形管加热后进入高过出口分配集箱，再水平引入高过出口混合集箱，品质合格的蒸汽由连接管从出口混合集箱两端引出，送入汽轮机高压缸。高过蛇形管位于折焰角上部，沿炉宽方向布置，相邻的两片管屏与同一个高过进、出口分配集箱相接。高温过热器蛇形管均由集箱承重并由集箱吊杆传至大板梁上。

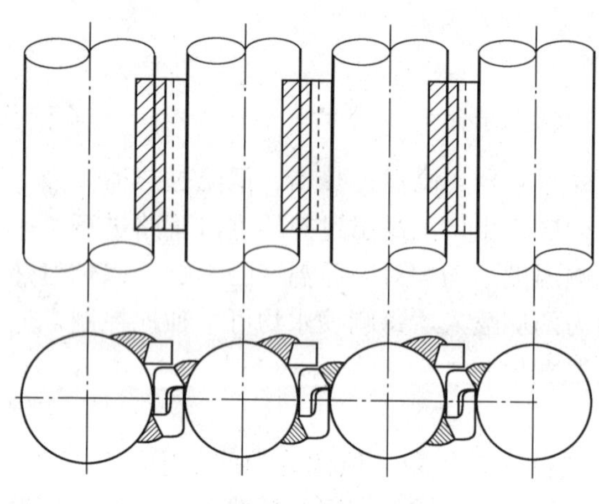
图 9-4　定位滑动块示意

为保证管屏的平整，防止管子的出列和错位及焦渣的生成，高过蛇形管间布置有定位滑动块，定位滑动块采用 ZG16Cr20Ni14Si2，可靠性高，示意图如图 9-4 所示。

为防止吹灰蒸汽对受热面的冲蚀，蛇形管外三圈采用高热强性和抗腐蚀性的 HR3C 材料。

为减小流量偏差使同屏各管的壁温比较接近，在高过进口分配集箱上管排的入口处除最外圈管子外均设置了不同尺寸的节流圈。

4. 再热器

从汽轮机高压缸出口来的蒸汽，经过再热器进一步加热后，使蒸汽的焓和温度达到设计值，再返回到汽轮机中压缸。

整个再热器系统按蒸汽流程依次分为二级：低温再热器、高温再热器。低温再热器布置在后竖井前烟道内，高温再热器布置在水平烟道内。

（1）低温再热器。汽轮机高压缸排汽通过连接管从低再进口集箱左右侧中间位置三通的下方引入。低再蛇形管由水平段和垂直段两部分组成。根据烟温的不同和系统阻力的要求，低温再热器的不同管组采用了不同的节距和管径。水平段分四组，水平布置于后竖井前烟道内，每组之间留有足够的空间便于检修。

再热蒸汽经过低再加热后进入低再出口分配集箱，相邻的两个低再垂直管组引进同一个出口分配集箱，锅炉左右两侧的出口分配集箱高低布置，再热蒸汽通过出口分配集箱水平引入其标高位置的低再出口混合集箱，然后经过其后的连接管、再热器减温器从左右两侧引入高温再热器进口混合集箱，完成了再热器蒸汽的一次交叉和一次减温过程。

低再水平段由前包墙和中隔墙管屏支撑并传递到大板梁，低再垂直出口段重量由集箱承重并通过集箱吊杆传至大板梁上。低温再热器进口集箱位于后竖井环形集箱下护板区域，穿护板处集箱上设置有防旋装置，进口集箱通过生根于烟气调节挡板处的支撑梁支撑。低温再热器进口管道在其进口集箱正下方从锅炉两侧穿过护板后从集箱左右侧中间位置的等径三通引入，穿护板处低再进口管道上设置有防旋装置，烟道内的低再进口管道悬吊在上方的烟道内桁架上。

为防止吹灰蒸汽对受热面的冲蚀，在吹灰器附近蛇形管排上均设置有防蚀盖板。为防止低温再热器管排的磨损，在低温再热器管束与四周墙壁间设有阻流板，在每组上两排迎流面及边排和弯头区域设置防磨盖板。

(2) 高温再热器。高温再热器布置于高温过热器后的水平烟道内，蒸汽从高再进口混合集箱水平进入与之相连的高再进口分配集箱，然后经蛇形管屏加热进入高再出口集箱，最后水平接至高再出口混合集箱。高温再热器蛇形管均由集箱承重并由集箱吊杆传至大板梁上。

为保证管屏的平整，防止管子的出列和错位及焦渣的生成，高再蛇形管间布置有定位滑动块，定位滑动块采用 ZG16Cr20Ni14Si2，可靠性高，示意图如图 9-5 所示。为防止吹灰蒸汽对受热面的冲蚀，蛇形管外三圈采用高热强性和抗腐蚀性的 HR3C 材料。

为减小流量偏差使同屏各管的壁温比较接近，在高再进口分配集箱上管排的入口处除最外圈管子外均设置了不同尺寸的节流圈。

(二) 运行特点

1. 过热汽温调节

过热器的蒸汽温度调节是通过燃料/给水比和两级喷水减温共同来控制的。两级减温器均布置在锅炉的炉顶罩壳内，第一级减温器位于低温过热器出口集箱与屏式过热器进口集箱之间的连接管上，第二级减温器位于屏式过热器出口集箱与高温过热器进口集箱之间的连接管上。每一级减温器各有两支减温器，减温水分左、右两侧分别喷入连接管道的工质内，左、右两侧减温水量可分别调节，减少烟气偏差对左、右两侧蒸汽温度的影响。两级减温器喷口均采用多孔喷管式，喷管上按设计要求排列小孔，减温水从小孔喷出并雾化后，在减温器混合管内与相同方向流动的高温蒸汽进行传热、传质过程，达到降低汽温的目的，同时保证减温器本体筒身不受气蚀。调温幅度通过调节喷水量加以控制。一级减温器是过热蒸汽温度的主要调节手段，同时也可调节低温过热器左、右侧的蒸汽温度偏差。二级减温器用来调节高温过热汽温度及其左、右侧汽温的偏差，使过热蒸汽出口温度维持在额定值。

2. 再热汽温调节

锅炉正常运行时，再热蒸汽温度是通过布置在低温再热器和省煤器下部的平行烟气调节挡板来调节的，通过调节烟气挡板的开度大小来控制流经后竖井低温再热器管束及低温过热器管束的烟气量的多少，从而达到控制再热器蒸汽出口温度的目的。在满负荷时，过热器侧

烟气挡板全开，再热器侧烟气挡板部分打开。当负荷逐渐降低，过热器侧挡板逐渐关小，再热器侧挡板开大，直至锅炉运行至最低负荷，再热器侧烟气挡板全部打开。

再热器事故喷水减温器仅用于紧急事故工况、扰动工况或其他非稳定工况。再热器事故喷水减温器布置在低温再热器出口集箱至高温再热器进口集箱之间的连接管道上，分左右两侧喷入。减温器喷嘴采用多孔式雾化喷嘴。正常情况下通过烟气调节挡板来调节再热器汽温，另外在低负荷时还可以适当增大炉膛进风量，作为再热蒸汽温度调节的辅助手段。

3. 水冷壁系统、过热器系统的压力保护

(1) 动力控制泄放阀（PCV 阀）、安全阀对水冷壁系统、过热器系统的压力保护。在过热器出口管道上装设了 2 只动力控制泄放阀（PCV 阀）、2 只安全阀，在屏式过热器进口管道上装设了 6 只安全阀。出口管道 PCV 阀和安全阀的整定压力幅度低于进口管道安全阀的整定压力幅度，因此当锅炉超压引起出口管道 PCV 阀和安全阀启座时，能确保整个过热器系统中总有足够的蒸汽流过。而出口管道 PCV 阀的整定压力幅度低于过热器出口安全阀，使安全阀免于经常动作而得到保护。PCV 阀前的隔离阀需保证在锅炉运行工况下保持全开状态。

(2) 锅炉出口主蒸汽压力高高锅炉 MFT 保护。在有任一燃烧器投运记忆的情况下，如果锅炉出口主蒸汽压力高高超过 3s 以上，锅炉 MFT。

4. 水冷壁系统、过热器系统的温度监测保护

水冷壁系统、过热器系统的温度测点是锅炉在启停、运行时对蒸汽温度和管子金属壁温进行监视和保护的重要手段。水冷壁系统、过热器系统蒸汽温度的监视是通过设置在系统管道上不同位置的热电偶来实现的，管子金属壁温的监视是通过装设在水冷壁、过热器各级受热面出口段的壁温测点来实现的。

5. 弹簧安全阀对再热器系统的压力保护

再热器进、出口管道上分别设置了 8 只和 2 只弹簧安全阀。再热器出口管道上的安全阀整定压力低于再热器进口管道上的安全阀整定压力，出口管道上的安全阀先座，安全阀动作时，再热器中有足够的蒸汽流过，确保再热器得到有效的保护。

6. 再热器系统的温度监测保护

再热蒸汽温度的监视是通过设置在再热器系统上的热电偶来实现的，管子金属壁温的监视是通过再热器管出口的壁温测点来实现的。

另外，在锅炉启动初期，还通过布置在炉膛出口烟温探针的监控来实现对再热器的保护。当炉膛出口烟温超温时烟温探针能自动退回，报警烟温为 540℃，退回温度为 580℃。

7. 再热器蒸汽阻塞锅炉 MFT 保护

在发电机并网之前，为了保护再热器管，如果下列条件满足，再热器保护动作，锅炉将 MFT：

(1) 当锅炉的燃料量大于 30%或至少有一台磨煤机投入运行时：所有高压主汽门或所有高压调门关闭且高压旁路开度小于 α，延时 10s；左侧中压主汽门或中压调门关闭且右侧中压主汽门或中压调门关闭，延时 10s。

(2) 当锅炉的燃料量大于 20%或炉膛出口烟气温度大于 650℃时：所有高压主汽门或所有高压调门关闭且高压旁路开度小于 α，延时 20s；左侧中压主汽门或中压调门关闭且右侧中压主汽门或中压调门关闭，延时 20s。

三、上锅 1000MW 超超临界直流锅炉汽水系统结构及运行特点

（一）结构特点

1. 给水和省煤器

锅炉给水由锅炉炉前单路进入，经过主止回阀和电动主闸阀后，分左、右两侧到省煤器进口集箱。与电动主闸阀并联布置的有两台电动闸阀和一台气动调节阀构成的旁路管道。由省煤器进口集箱进入的给水，流经省煤器管组，汇合在省煤器出口集箱，省煤器出口两侧管道在炉前汇集成一根下降管从上至下引入到水冷壁底部进口集箱。

锅炉给水的电动主闸阀之后的管道上布置有一个锅炉启动旁路管道接口，启动阶段水冷壁的汽水混合物经汽水分离器分离后，饱和水向下流动经锅炉启动循环泵送入锅炉给水管道，这部分水和来自给水泵的给水混合后一起并入省煤器进口集箱。

锅炉给水管道上还布置有过热蒸汽喷水接口，100%高压旁路喷水接口。

省煤器出口到下降管从上向下流动的管道上装设有流量测量装置。

给水系统流程如图 9-5 所示。

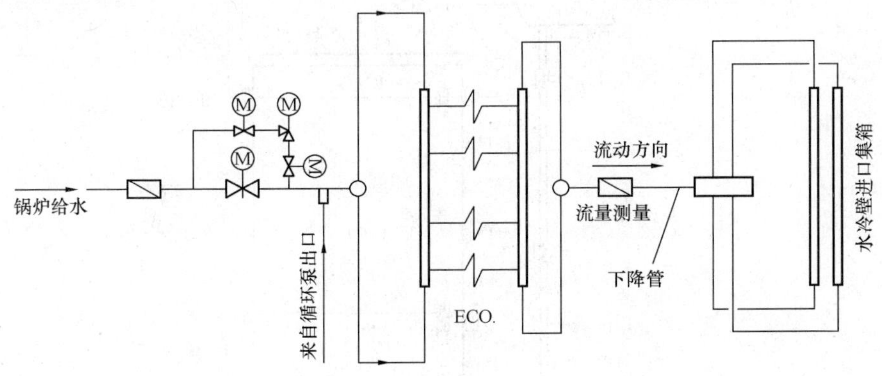

图 9-5　给水系统流程

省煤器受热面位于锅炉上部第一烟道出口处，水流方向是从下向上，省煤器进口集箱布置在下面，省煤器出口集箱布置在上面，沿着炉膛宽度方向从左到右布置有 178 排管屏，每片管屏是 8 根套，省煤器受热面管子规格为 ϕ42mm×6.5mm，材料为 SA210-C。省煤器进口集箱为 1 根，管径规格为 ϕ559mm×85mm；省煤器出口集箱为 1 根，管径规格为 ϕ559mm×85mm，材料为 SA106-C。

省煤器出口管道在炉顶部分 2 根合并成 1 根，在锅炉冷灰斗底部 1 根合分成 4 根，分左、右两侧进入前、后墙底部水冷壁进口集箱。2 根在炉顶部分的管径为 ϕ533mm×70mm，材料为 SA106-C；下降管部分的管径为 ϕ711mm×88mm，材料为 SA106-C；4 根在锅炉底部的管径为 ϕ426mm×60mm，材料为 SA106-C。下降管的部分管段上设有流量测量装置。

由于锅炉宽度较宽，沿着宽度方向在省煤器受热面上设置了 5 片防振隔板，上、下级的防振隔板错开布置。

2. 水冷壁

来自省煤器的介质通过下降管到锅炉底部，经过 4 根水冷壁进口引入管进入水冷壁进口集箱。水冷壁进口集箱前、后方向共有 2 根。

水冷系统采用下部螺旋管圈和上部垂直管圈的型式，螺旋管圈分为灰斗部分和螺旋管上

部，垂直管圈分为垂直管下部和垂直管上部。螺旋段水冷壁由 716 根 ϕ38.1mm 的管子组成，节距为 53mm。螺旋段水冷壁经水冷壁过渡连接管引至水冷壁中间集箱，经中间集箱混合后再由连接管引出，形成垂直段水冷壁，两者间通过管锻件结构来连接并完成炉墙的密封。垂直段水冷壁下部由 1432 根 ϕ38.1mm 的管子组成，节距为 60mm；垂直段水冷壁上部由 716 根 ϕ44.5mm 的管子组成，节距为 120mm，垂直管圈之间的过渡通过 Y 形三通来实现。

水冷壁垂直管上部引入到前后左右 4 个出口集箱，每个出口集箱各分 2 根管道，总共 8 根管道引出到水冷壁出口汇合集箱，4 根汇合集箱再通过 24 根管道，导入至 6 台汽水分离器。

水冷壁中间集箱上分出了 16 根前、后墙的炉外悬吊管，引到了 4 根水冷壁出口汇合集箱上，这些悬吊管作为锅炉炉前集箱和炉后集箱的支吊梁的支座。

锅炉四周从下至上，在整个高度方向全部由水冷系统膜式壁构成。

水冷系统流程如图 9-6 所示。

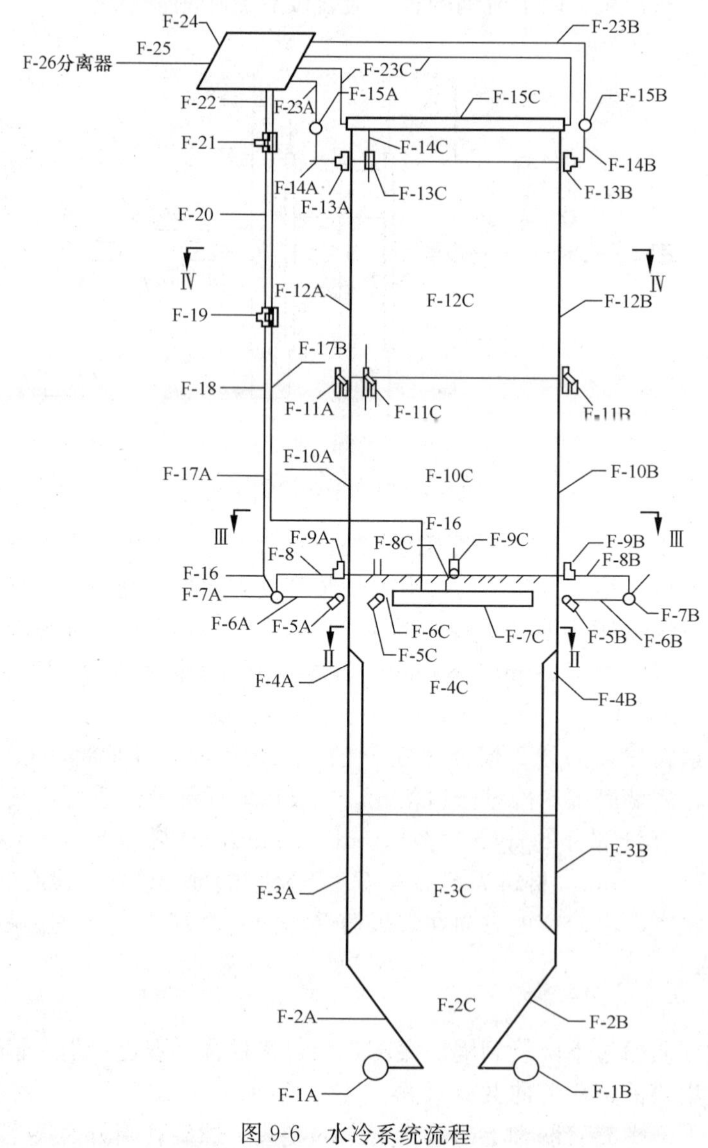

图 9-6　水冷系统流程

水冷壁采用螺旋围绕结构。与垂直管圈相比，水冷壁管间的吸热量偏差获得根本性改善。由于同一管带中的管子以相同方式绕过炉膛的角隅部分和中间部分，故吸热均匀，炉膛出口处蒸汽温度偏差小。此外，螺旋管圈的炉膛周界尺寸不像垂直管圈那样受到质量流速的限制，故炉膛的设计比较自由，只需考虑燃煤的特性需要。

水冷壁在整个高度方向分为螺旋管圈和垂直管圈两部分。螺旋管圈段又分为螺旋管圈冷灰斗和常规螺旋管圈；垂直管圈段又分成下部垂直管圈和上部垂直管圈。

螺旋管圈的管子根数为716根，倾斜角度是26.2103°，在标高71725mm处，螺旋管圈通过炉外中间过渡集箱转换成垂直管圈，从冷灰斗拐点算至螺旋管圈出口，螺旋管圈共绕了约1.2圈。

冷灰斗螺旋管圈管径为ϕ38.1mm×7mm，材料为15CrMoG，节距为53mm。炉膛下部螺旋管圈管径为ϕ38.1mm×7mm，节距为53mm，材料为15CrMoG，炉膛上部螺旋管圈管径为ϕ38.1mm×7.2mm，节距为53mm，材料为12Cr1MoVG。冷灰斗螺旋管圈进口集箱标高6500mm，冷灰斗拐点标高20 980mm，螺旋管圈和垂直管圈分界面标高71 725mm。

沿着高度方向燃烧器分成上、中、下3组燃烧器，每组燃烧器有4层煤粉喷嘴，一组燃烧器组成一个水冷套，总共有12个水冷套。3组燃烧器上面布置有一组SOFA燃尽风，这个燃尽风分有6层风室喷嘴，每组SOFA燃尽风也组成一个水冷套。锅炉水冷套总共有16个。

螺旋管圈和垂直管圈的连接如图9-7所示，由锻件连接结构组成，通过水冷壁中间过渡集箱把两者连接起来。中间连接过渡集箱分成前、后、左、右共4个。

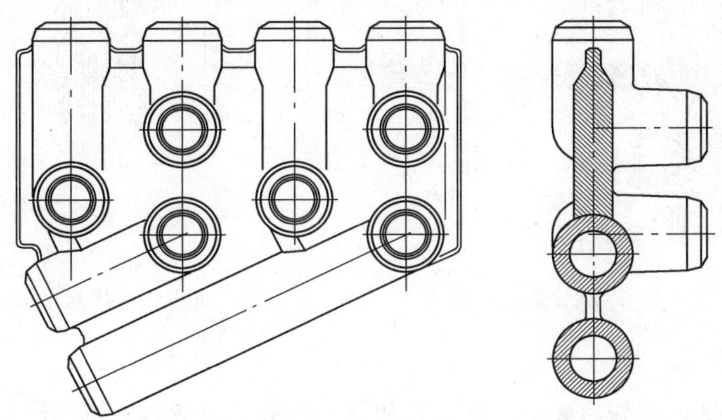

图9-7 螺旋管圈和垂直管圈过渡和连接示意

下部垂直管圈管径为ϕ38.1mm×6.8mm，材料为SA213-T23，节距为60mm，共有1432根。上部垂直管圈管径为ϕ44.5mm×7.3mm，材料为SA213-T23，节距为120mm，共有716根。上部和下部垂直管圈的分界面标高前后墙是93 200mm，左右侧墙是92 200mm。上部和下部垂直管圈的连接直接由Y形三通过渡连接，二合一形式，上部和下部垂直管圈的根数刚好相差1倍。

上部垂直管圈分前、后、左、右四面墙引出到4根水冷壁出口集箱上，然后每根集箱2根管道引出，共8根管道引到水冷壁出口汇合集箱，汇合集箱有4根，汇合集箱出来的介质再引至6根汽水分离器，到每只汽水分离器共是4根管道，直接与汽水分离器连接的管道总共 24 根。汽水分离器的出口分成两路，蒸汽和炉水分别送到过热器和锅炉启动旁路系统。

螺旋管圈的四周管屏的受力由从上到下的吊带承担，每面墙有 7 条吊带，每条分成 2 块连接板，通过中间过渡段连接水冷壁吊带，将螺旋管圈水冷壁重量传递到水冷壁垂直管圈之上，如图 9-8 所示。

水冷壁垂直管圈上部通过三通盲管将载荷传递到无任何工作介质的管子膜式壁，这些管子的两端都是封闭的、不流通的。有工作介质的一端流向水冷壁出口集箱，通过连接管道送到汽水分离器。

水冷壁四面墙通过炉顶吊杆装置悬吊在钢架大梁上，每根吊杆都有叠形弹簧装置，使得水冷壁四周悬吊受力均衡，每台叠形弹簧装置的受力都是相同的。叠形弹簧装置共有 156 台。

垂直管连接悬吊示意如图 9-9 所示。

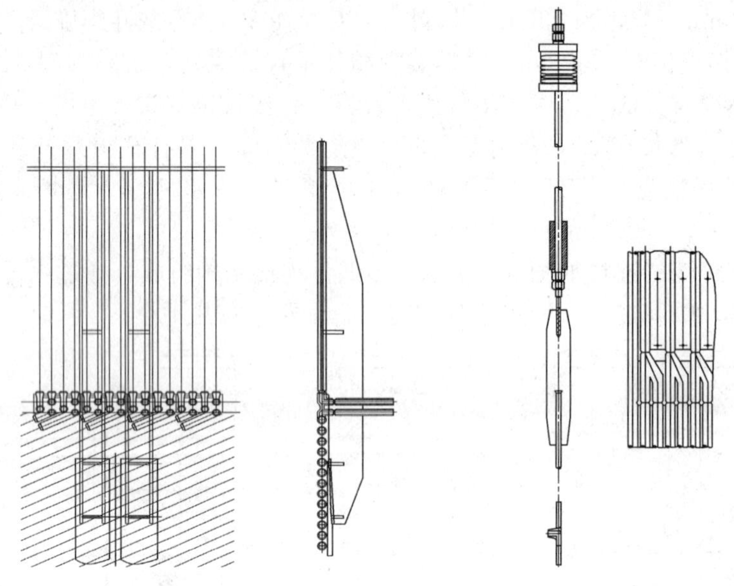

图 9-8　螺旋管悬吊示意　　　图 9-9　垂直管连接悬吊示意

3. 过热器

过热器系统主受热面分为 3 级：悬吊管和第一级屏式过热器、第二级过热器、第三级过热器。

来自分离器出口的 4 根蒸汽管道引入 2 根第一级过热器进口集箱，经由炉内悬吊管从上到下引到炉膛出口处的第一级屏式过热器，进入第一级过热器出口集箱。其中第一级过热器和第三级过热器布置在炉膛出口断面前，主要吸收炉膛内的辐射热量。第二级过热器布置在第一级再热器和末级再热器之间，主要靠对流传热吸收热量。第一、第二级过热器呈逆流布置，第三级过热器顺流布置。过热蒸汽系统的汽温调节采用燃料/给水比和两级八点喷水减温，在第一级过热器和第二级过热器、第二级过热器和第三级过热器之间设置二级喷水减温，并通过两级受热面之间的连接管道的交叉，一级受热面外侧管道的蒸汽进入下一级受热面的内侧管道，来补偿烟气侧导致的热偏差。

在启动、停机及汽轮机跳闸的情况下，4 个高压旁路减压站可以将蒸汽引至再热器系统。

过热器系统流程如图 9-10 所示。

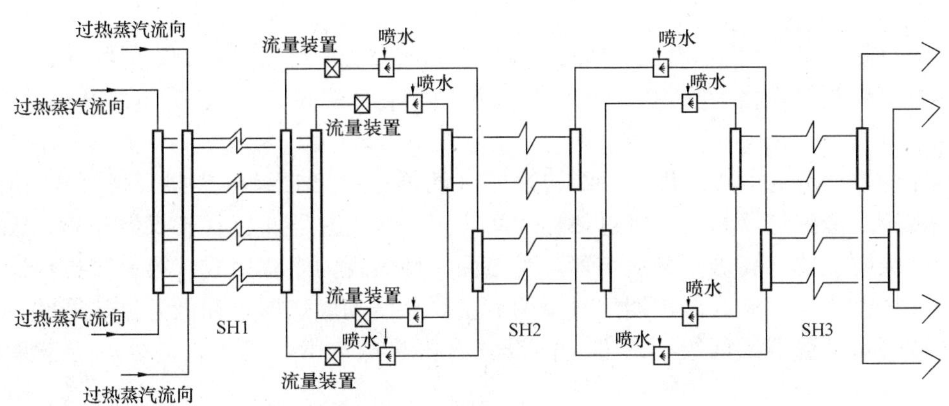

图 9-10　过热器系统流程

过热器受热面管壁厚及选材留有足够裕度，确保受热面在各种负荷运行时均安全可靠。

各级受热面结构布置简述如下：

(1) 第一级过热器。由 6 台汽水分离器上部出来的蒸汽汇集到 2 台分配器，再由分配器引到锅炉上部第一级过热器进口集箱。

第一级过热器进口集箱分出来 89 片管屏，每片屏 7 根套管子，这些管子作为悬吊管支吊省煤器、第一级再热器、第二级过热器、第二级再热器、第三级过热器、第一级过热器本身等受热面，第一级过热器出口集箱分别布置在前、后墙上。

分配器进口连接管道管径为 ϕ365mm×48mm，材料为 12Cr1MoVG，数量是 6 根。分配器管径为 ϕ457mm×75mm，材料为 12Cr1MoVG，数量是 2 根。第一级过热器进口管道管径为 ϕ426mm×58mm，材料为 12Cr1MoVG，数量是 4 根。

第一级过热器进口集箱规格为 ϕ426mm×60mm，材料为 12Cr1MoVG，数量是 2 根。第一级过热器出口集箱为 ϕ406mm×56mm，材料为 SA335-P91，数量是 2 根。

(2) 第二级过热器。第一级过热器出口的 4 根连接管道引入到 2 个第二级过热器进口集箱，在第一级过热器到第二级过热器的连接管道中，每一根连接管道都设置了蒸汽流量装置和第一级喷水减温器。第二级过热器分成上、下二级受热面，上级受热面总共 178 排管屏，每片屏是 7 根套管；下级第二级过热器受热面总共 89 排管屏，每片屏是 14 根套管。

第一级过热器出口连接管道（包括第一级过热蒸汽喷水减温器）规格为 ϕ406mm×56mm，材料为 SA335-P91，数量是 4 根；第一级过热蒸汽减温器后管道规格为 ϕ406mm×56mm，材料为 SA335-P91，数量是 4 根。

第二级过热器进口集箱规格为 ϕ406mm×63mm，材料为 SA335-P91，数量是 2 根；出口集箱规格为 ϕ457mm×90mm，材料为 SA335-P92，数量是 2 根。

(3) 第三级过热器。第二级过热器出口的 4 根连接管道引入到 2 个第三级过热器进口集箱，第二级过热器到第三级过热器的连接管道当中，每一根连接管道都设置了第二级过热蒸汽喷水减温器。第三级过热器受热面横向总共有 22 排管屏，每片屏 38 根管套。

第二级过热器出口连接管道规格为 ϕ457mm×75mm，材料为 SA335-P92，数量是 4 根；

第二级过热蒸汽喷水减温器规格为 ϕ457mm×68mm，材料为 SA335-P92，数量是 4 根；第二级过热蒸汽减温器之后连接管道规格为 ϕ457mm×62mm，材料为 SA335-P92，数量是 4 根。

第三级过热器进口集箱规格为 ϕ457mm×65mm，材料为 SA335-P92，数量是 2 根；第三级过热器出口集箱规格为 ϕ270mm×94.5mm，材料为 SA335-P92，数量是 2 根。

4. 再热器

再热器受热面分为两级，即第一级再热器（低再）和第二级再热器（高再）。第二级再热器布置在第二级过热器和第三级过热器之间，第一级再热器布置在省煤器和第二级过热器之间。第二级再热器（高再）顺流布置，受热面特性表现为半辐射式；第一级再热器逆流布置，受热面特性为纯对流。再热器的汽温调节主要靠摆动燃烧器，在低温过热器的入口管道上布置事故喷水减温器，两级再热器之间设置有再热蒸汽微量喷水，内外侧管道采用交叉连接。

再热器出口管道上装设了 4 个安全阀来保护再热器系统不会超压。

再热器系统流程如图 9-11 所示。

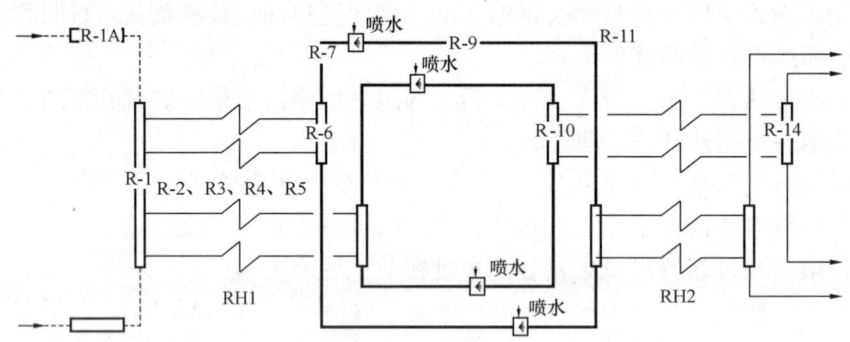

图 9-11 再热器系统流程

再热器受热面管壁厚及选材留有足够裕度，确保受热面在各种负荷运行时均安全可靠。

各级再热器的结构布置简述如下：

（1）第一级再热器。来自汽轮机高压缸排汽分成左、右侧两路管道进入第一级再热器进口集箱，第一级再热器进口集箱管道上设有再热事故喷水减温器。第一级再热器进口集箱之上还设有锅炉本体吹灰用的蒸汽汽源抽头管座。第一级再热器横向共有 178 片管屏，每片屏是 8 根套管。

第一级再热器进口集箱规格为 ϕ762mm×38mm，材料为 12Cr1MoVG，数量 1 根。第一级再热器出口集箱规格为 ϕ610mm×38mm，材料为 SA335-P91，数量 2 根。

第一级再热器受热面沿着宽度方向上设置了 5 片防振隔板，上、下级受热面的防振隔板错开布置。

（2）第二级再热器。通过第一级再热器出口 4 根管道经再热蒸汽微量喷水减温器进入到第二级再热器进口集箱。第一级再热器出口管道和再热蒸汽微量喷水减温器规格为 ϕ610mm×33mm，材料为 12Cr1MoVG，数量 4 根。第二级再热器横向共有 44 片管屏，每片屏是 24 根套管。

第二级再热器进口集箱规格为 ϕ508mm×36mm，材料为 SA335-P91，数量 2 根。第二级再热器出口集箱规格为ϕ660mm×56mm，材料为SA335-P92，数量2根。

（二）运行特点

1. 过热汽温调节

过热蒸汽温度采用燃水比加喷水减温调节。过热蒸汽喷水共分两级，第一级过热器喷水减温器布置在第一级过热器和第二级过热器之间连接的管道上；第二级过热器喷水减温器布置在第二级过热器和第三级过热器之间的连接管道上。每级减温器均有4台喷水减温器可分别控制每侧烟道中间和左或右侧的汽温。过热蒸汽喷水源来自省煤器进口的给水管道上，经过喷水总管后分、左、右两路支管，分别经过各自的喷水管路后进入一、二级过热减温器，每台减温器进口管路前布置有测量流量装置。两级减温器喷水总量按6%过热蒸汽流量，总设计能力按10%BMCR流量。

每台过热蒸汽减温器有2组喷嘴，一组常开，另一组在流量大时投入，其总量由电动调节阀控制。两级过热蒸汽减温器都是如此。

2. 再热汽温调节

再热蒸汽调温主要是采用摆动燃烧器喷嘴角度来改变火焰中心高度，从而改变炉膛出口烟温来控制的；另一个手段是在第一级再热器与第二级再热器之间设置了再热器微量喷水减温器作为辅助调温手段，在再热器进口还设有两台事故喷水减温器，在紧急事故状态下用来控制再热蒸汽进口汽温。微量喷水减温器设计能力按5%BMCR流量，事故喷水减温器按2%BMCR流量设计。每台减温器进口管路前布置有测量流量装置和过滤器。

3. 水冷壁系统、过热器系统的压力保护

（1）高、低压旁路压力控制对水冷壁系统、过热器系统的压力保护。为保证锅炉安全运行，防止受压部件超压，锅炉主蒸汽出口管道上配有具有安全功能的100%高压旁路阀门。在机组正常运行时，高、低压旁路压力控制应在跟随状态，在主汽压力高等工况时，旁路应自动开启，防止锅炉超压。

（2）锅炉出口主蒸汽压力高高锅炉MFT保护。在有任一燃烧器投运记忆的情况下，如果锅炉出口主蒸汽压力高高超过3s以上，锅炉MFT。

4. 水冷壁系统、过热器系统的温度监测保护

水冷壁系统、过热器系统的温度测点是锅炉在启停、运行时对蒸汽温度和管子金属壁温进行监视和保护的重要手段。水冷壁系统、过热器系统蒸汽温度的监视是通过设置在系统管道上不同位置的热电偶来实现的，管子金属壁温的监视是通过装设在水冷壁、过热器各级受热面出口段的壁温测点来实现的。

5. 安全阀对再热器系统的压力保护

第二级再热器出口4根管道上，各装有1台再热器出口安全阀，4台再热器出口安全阀的总排放量为BMCR工况时主蒸汽流量加上高压旁路阀门的喷水量。在机组正常运行中，再热器安全门应投入自动控制，并监视再热器安全门跟随再热蒸汽压力正常。当出现安全门达到动作条件而拒动时，应手动开启安全门，以保证受热面安全。

6. 再热器系统的温度监测保护

再热蒸汽温度的监视是通过设置在再热器系统上的热电偶来实现的，管子金属壁温的监视是通过再热器管出口的壁温测点来实现的。

另外，在锅炉启动初期，还通过布置在炉膛出口烟温探针的监控来实现对再热器的

保护。

7. 再热器蒸汽阻塞锅炉MFT保护

（1）在总燃料量大于30%（120t/h）时，蒸汽阻塞延时10s。蒸汽阻塞是指高旁阀门开度均小于5%，且两侧高压主汽门、调门均有任一关闭；或低旁阀门开度均小于5%，且两侧中压主汽门、调门均有任一关闭。

（2）在总燃料量为20%～30%（80～120 t/h）时，蒸汽阻塞延时20s。

第三节 系 统 调 试

一、技术指标及性能要求

（1）汽水系统各阀门状态正确、动作灵活、指示正确。

（2）汽水系统的有关运行表计齐全、校验合格，测点准确可靠。

（3）汽水系统各设备联锁保护，全部投入，动作正确。

（4）汽水系统所有需投用的联锁保护报警动作正确，光字牌、事故音响可靠。

（5）锅炉化学清洗后应达到《火力发电厂锅炉化学清洗导则》DL/T 794—2012标准：

1）碱洗后，被清洗的金属表面无油污、无泥垢。

2）酸洗后，被清洗的金属表面洁净，除垢率大于95%，无残留氧化物和焊渣，无点蚀、无二次浮锈，且形成完整致密钢灰色钝化膜。

3）酸洗后，金属的腐蚀速率小于$8g/(m^2 \cdot h)$，指示片总腐蚀量小于$80g/m^2$。

4）被清洗的金属表面没有金属粗晶析出的过洗现象，热力系统的设备、部件没有被清洗介质损坏的现象。

（6）吹管质量标准如下：

1）过热器、再热器的吹管系数应大于1.0。

2）每阶段吹管过程中，吹管期间至少有2次停炉冷却，且冷却时间均大于12h。

3）过热器出口和再热器出口应分别装设靶板。

4）靶板宽度应为靶板安装处管道内径的8%且不小于25mm，厚度不小于5mm，长度纵贯管道内径；靶板表面粗糙度应达到$Ra100\mu m$。

5）选用铝质材料靶板，应连续两次更换靶板检查，无0.8mm以上的斑痕，且0.2～0.8mm范围的斑痕不多于8点。

6）采用钢、铜或其他材质靶板，验收标准应参照制造厂的要求执行。

（7）给水流量、主蒸汽流量、过热器减温喷水量、再热器减温喷水量符合设计要求，给水压力、分离器压力、主蒸汽压力、再热器进口压力、再热器出口压力符合设计要求。

（8）主蒸汽温度、再热器进口温度、再热器出口温度、给水温度符合设计要求。

（9）各受热面壁温小于设计报警值。

（10）炉水品质符合《电力基本建设热力设备化学监督导则》DL/T 889—2004的相关规定。

二、调试应具备的条件

（1）锅炉给水系统、省煤器系统、水冷壁系统和启动系统具备冷态水清洗的条件。

1）厂用电系统可以正常投用。

2）循环水系统、开式冷却水系统、闭式冷却水系统、工业水系统可以正常投用。

3）压缩空气系统可以正常投用。

4）辅助蒸汽系统可以正常投用。

5）锅炉汽水系统安装工作结束，系统具备投用条件。

6）锅炉水压试验合格，各部件及汽水阀门严密不漏。

7）锅炉本体保温工作、热控仪表管道拌热安装工作结束。

8）锅炉膨胀指示器齐全，刻度盘指示清楚，基准点正确。

9）给水除氧加热系统能正常投用。

10）凝结水系统、给水泵组试转完毕能正常投用。

11）化学制水设备具备投用条件，包括精除盐系统，备足除盐水供启动系统调试使用。

12）化学加药系统和汽水取样系统安装调试工作结束，具备投用条件。

13）机组排水槽和化学废水处理系统调试完成具备投用条件。

14）锅炉汽水系统所有电动门和调整门调试结束，DAS 控制的阀门具备操作条件，并经检查验收合格。

15）启动分离器贮水箱水位计、启动疏水扩容器凝结水箱水位计、凝汽器水位计、除氧器水位计安装和调试完成，可正常投用。

16）锅炉汽水系统的有关热工表计及 DAS 内的测点参数调试结束，锅炉就地表计安装齐全，指示正确。

17）疏水泵静态联锁保护试验合格，定值整定正确。

18）锅炉启动疏水扩容器集水箱启动疏水泵试转完毕，去凝汽器的管子经过水冲洗。

19）炉水循环泵静态联锁保护试验合格，定值整定正确。

20）锅炉汽水系统阀门的联锁试验验收合格，定值整定正确，具备投用条件。

21）锅炉汽水系统挂牌结束。

22）锅炉现场环境清理干净，平台、栏杆、扶梯、护板完备、沟道盖板齐全，道路畅通。

23）锅炉汽水系统调试前安全技术交底完成。

（2）锅炉本体化学清洗前应具备的条件如下：

1）烟风系统安装完毕，炉膛孔洞封闭。

2）炉水泵试转结束，具备投运条件。

3）与锅炉化学清洗相关的汽水系统的各电动阀门在主控室 DCS 画面上具备点操条件，现场阀门挂标示牌。

4）凝汽器、低压给水、高压给水、高/低加水侧、除氧器、省煤器、水冷壁、启动分离器、过热器等主要受热面部位的温度、压力测点能够在主控室 DCS 画面显示。

5）过热器、主蒸汽管道支吊架满足满水承重要求。

6）高/低压加热器汽侧影响清洗的安全门加装闷板。

7）与锅炉化学清洗无关的凝结水用户已可靠隔离。

8）与锅炉化学清洗无关的给水用户已可靠隔离。

9）与锅炉化学清洗无关的锅炉本体侧用户已可靠隔离。

10）高压加热器、低压加热器各正式疏水及事故放水气动调门缓装短接，清洗后安装。

11）除氧器内喷嘴缓装，清洗后安装。

12）凝汽器热井设临时水位计、除氧器就地水位能够投用并监视；除氧器远程水位可以投用，贮水箱远程水位投一侧，可监视。

13）凝汽器热井坑泵能够投用，凝汽器有可靠支撑。

14）除盐水系统能正常投运且除盐水箱贮满水。

15）机组排水槽及排水泵具备投运条件，工业废水池具备接纳清洗废液的条件。

16）与清洗有关的法兰垫子应耐高温，被清洗的管道必须确保焊接质量，耐压 1.6MPa 以上管道需亚弧焊打底。

17）水冷壁的临时监视管已设置好，在清洗系统水冷壁临时监视管内悬挂腐蚀指示片。

18）清洗临时系统按图安装完毕。

19）清洗药品已验收合格且数量备足。

20）清洗临时系统、配药系统、除盐水上水系统均检查完毕且符合方案要求。

21）化学分析准备工作已完毕，具备分析条件。

22）具备充足可靠的照明、通风及消防设施，消防通道畅通。

23）指挥、组织、协调机构已建立，通信系统已建立，化学清洗调试措施交底工作已完成，安全措施已落实。

（3）锅炉点火吹管前应具备的条件如下：

1）烟风系统分系统调试已结束并具备投运条件，锅炉冷态通风试验完成。

2）锅炉酸洗已结束，酸洗阶段的临时设施已全部拆除，系统恢复完成。

3）炉水循环泵试运完毕，锅炉启动系统具备投用条件。

4）空调暖通系统可以正常投用。

5）锅炉全部支杆和弹簧吊架已调好，水压销拔掉。

6）辅汽至空气预热器吹灰管路应事先用辅助蒸汽吹洗干净。

7）锅炉本体吹灰器全部在退出位置，空气预热器蒸汽吹灰器已能正常投用。

8）锅炉过热器、再热器减温水管路系统调试完成，管路已冲洗干净，调节门、流量计等恢复完毕。

9）火检冷却风机系统具备投用条件。

10）烟温探针和火焰电视监视系统均调试完毕，可以投用。

11）炉前油系统经吹扫，打压验收合格，所有油枪能正常投入运行，微油点火系统调试完毕，并能正常投用。

12）输煤系统可以正常投用。

13）具备投入下层 3 套制粉系统的条件，磨煤机蒸汽消防系统能够正常投入运行。

14）电除尘器的安装、保温工作结束，验收合格；电除尘器的空升、振打试验合格；电除尘器灰斗加热装置安装完毕，检查验收合格可投运。

15）锅炉灰渣系统具备投用条件。

16）除氧器内部恢复完毕，清理干净，安全门校验完毕。

17）汽机盘车系统具备投用条件，与汽机本体有关的管路应全部隔断。

18）轴封管路已冲洗完毕，凝汽器具备拉真空条件，凝汽器底部在灌水检查时设置的支撑应全部保留。

19）汽机缸温测点系统投用。

20）化学备足除盐水。

21）化学取样、加药系统能正常投用。

22）所有投用系统的有关运行表计齐全校验合格，测点准确可靠。

23）各投用系统的有关电动执行机构经校验合格，开关灵活，指示正确。

24）热工FSSS系统：静态试验合格，包括炉膛吹扫条件的试验、MFT试验及MFT后的联动试验、燃油OFT试验及OFT后的联动试验、燃油泄漏试验、制粉系统BMS试验。

25）热工SCS系统：各辅机的顺控及联锁、保护试验合格。

26）热工CCS系统：燃油控制；炉膛压力控制；贮水箱、热井、除氧器水位控制等均可投用。

27）热工DAS系统：参与冲管过程控制的参数指示应投用。

28）热工SOE系统：与投运辅机及系统相关的，以及MFT信号中除汽机、发电机外的所有SOE记录功能已具备投用条件。

29）所有投运设备和系统的联锁、保护投入，定值整定正确。

30）所有需投用的联锁保护报警不仅要求动作正确，而且光字牌、事故音响同样要求可靠。

31）DCS制作冲管期间所需的分离器压力、主蒸汽压力、主蒸汽温度、再热器进口压力、再热器进口温度、再热器出口压力、再热器出口温度随时间的采集表。

32）吹管临时系统应由设计院进行设计计算，确认系统管道和支吊架系统能够承受稳压和降压吹管的温度和作用力。

33）考虑到现有凝结水输送泵容量较小，需增加补水临时系统：由三个除盐水箱的人孔门接出管子后并入一路母管，接临时泵后分别接入凝汽器热井。

34）临冲阀可在集控室操作，且具有中停功能，开关灵活，全开全关的时间少于60s；为暖管和保护临冲阀，临冲阀应加设旁路管道，并装设旁路门。

35）吹管临时管道系统安装合格经验收签证。

36）与尚在继续施工的现场及有关系统之间已有可靠的隔离。

37）吹管临时管道、消声器周围已设置明显的警戒线和警示牌，并安排专人值守，禁止人员靠近；消声器排汽口应朝向安全处，避免近距离朝向建筑物、重要设施及人员工作区域。

38）闭路电视监控系统（特别是能监控冲管临时系统的监控系统）可以正常投用。

39）照明、消防、通信系统已投用。

40）指挥、组织、协调机构已建立，点火吹管调试措施交底工作已完成，安全措施已落实。

三、调试方法及程序

（一）锅炉化学清洗

1. 清洗工艺

锅炉本体复合酸清洗：采用水冲洗、升温试加热、复合酸清洗、漂洗、二甲基酮肟钝化，见表9-2。

表 9-2 锅炉本体复合酸清洗

阶段		介质	控制参数	操作方式
复合酸清洗	水冲洗	除盐水	凝汽器、除氧器控制高水位	凝泵、前置泵
	升温试加热	除盐水	90℃±5℃	前置泵、炉水泵
	复合酸清洗	羟基乙酸1.5%～3% 甲酸1%～2% 0.4%缓蚀剂等	90℃±5℃	前置泵、炉水泵
	水冲洗	除盐水	含铁量＜50mg/L pH为4.0～4.5 温度＞50℃	凝泵、前置泵
	漂洗	0.2%柠檬酸、0.05%缓蚀剂	pH为3.5～4.0 含铁量＜250mg/L 85℃±5℃	前置泵、炉水泵
	钝化	0.1%二甲基酮肟	pH为9.5～10.0 85℃±5℃	前置泵、炉水泵

2. 锅炉本体复合酸清洗回路

(1) 水冲洗。

凝汽器→凝泵→轴加→低加→除氧器→前置泵→低压给水管→临时管→高加及旁路→主给水旁路临时管→排放

凝汽器→凝泵→轴加→低加→除氧器→前置泵→低压给水管→临时管→高加及旁路→省煤器进口→水冷壁下集箱→临时管→排放

凝汽器→凝泵→轴加→低加→除氧器→前置泵→低压给水管→临时管→高加及旁路→省煤器进口→分离器→临时管→排放（启动炉水循环泵冲洗）

凝汽器→凝泵→轴加→低加→除氧器→前置泵→低压给水管→临时管→高加及旁路→省煤器进口→水冷壁→分离器→过热器→主蒸汽管道→临时管→排放（期间炉水循环泵启动）

(2) 化学清洗及钝化。

除氧器→前置泵→临时管→高加及旁路→省煤器进口→水冷壁→启动分离器→过热器→主蒸汽管道→临时管→除氧器溢放水→除氧器（期间炉水循环泵启动）

3. 清洗步骤

锅炉本体复合酸清洗：

(1) 炉前系统碱洗后清理凝汽器汽侧与热井、除氧水箱，清理结束后封闭。

(2) 水冲洗。冲洗时采用多点排放冲洗，冲洗排放点合格后进行后续冲洗。

高压给水系统的水冲洗：启动凝补水泵，向凝汽器补水到高水位，启动凝泵，调整流量 Q=200～300t/h，向高压给水系统进水，当进水完成后，调整流量至 Q=1500t/h 左右，进行大流量冲洗，直至出水澄清。

炉本体的水冲洗：启动凝泵，调整流量 Q=200～300t/h，向锅炉小流量进水，当进水完成后，开水冷壁底部临时放水，调整流量至 Q=1000t/h 左右，进行大流量冲洗，冲洗至放水水质清、无大颗粒物后关闭，再冲洗至启动分离器出口，直至排放口取样水质澄清。

启动炉水泵试转，进行炉本体循环冲洗，冲洗期间投凝汽器热井加热。

过热器的水冲洗：启动一台凝泵，调整流量 Q=200～300t/h，向过热器进水，当进水完成、空气排出后，启动第二台凝泵，使过热器流量 Q=3625t/h，进行大流量冲洗，控制排水压力在 0.7～0.8MPa，至冲洗末期，打开一、二级过热器减温水阀门，冲洗 10～15min 关闭，当排放口取样水质澄清时，冲洗结束；在大流量冲洗期间，应投 3 号高加的临时加热，使冲洗水温度控制在 30～35℃，通过观测过热器各温度测点的温度变化来判断各管道冲通的情况。

（3）循环试升温。系统冲洗合格后。保留系统内的除盐水，切换到清洗回路进行循环，开辅助蒸汽暖管，缓慢试投 3 号高加，观察除氧器水位的变化，检查系统的隔离及严密性。当系统温度到 95℃左右时，检查系统的严密情况。若无异常，检查系统中水的清洁度，决定是否换水。

（4）复合酸溶液配制。将除氧器水位调置低水位后进行配药，清洗药品通过临时清洗药箱进入系统；先将缓蚀剂、助溶剂加入系统，循环 1h 后、加入复合酸和清洗助剂并调整酸洗液浓度。

（5）循环清洗。加药完毕后，进行循环清洗，观察启动分离器水位的变化，检查系统的严密性。注意监视系统温度变化，调整辅汽加热，保证整个清洗系统的温度在 90℃左右。

清洗过程中控制 Fe^{3+} 含量小于 300mg/L，总铁离子浓度小于 8000mg/L。当复合酸浓度和铁离子浓度稳定，监视管内部无残余垢，到达清洗终点，估计需 6～8h。

（6）顶酸。将除氧水箱的酸液至低水位，启动凝泵向除氧水箱上水，投除氧器加热维持冲洗水温度，启前置泵，将省煤器、水冷壁、过热器酸液顶到排水槽，当排水出口 pH 为 4.0～4.5、铁离子含量小于 50mg/L 时，停凝泵，系统按酸洗回路建立循环。

（7）漂洗。冲洗完毕，切回系统循环，加热到 90℃左右，用漂洗剂漂洗，浓度为 0.1%～0.3%，用 $NH_3\cdot H_2O$ 调 pH 为 3.5～4.0，进行循环漂洗 1～2h。如果铁离子大于 250mg/L，用热水通过前置泵置换。

（8）钝化。漂洗结束后，用 $NH_3\cdot H_2O$ 迅速调节 pH=9.5～10，在清洗箱内，加入钝化剂，循环钝化 8～10h，钝化温度维持 85℃。

（9）排放钝化液。钝化液热态排放钝化结束后，将溶液迅速排放到机组排水槽，并输送到专用废水池。

（10）检查、清理与保护。打开相关容器人孔，风扇通风，检查并清理其内部的沉积物。

清洗结束后，内窥镜检查，检查各联箱，清理内部沉积物。

如果锅炉清洗结束后不能在 20 天内投入运行，则充入氨-联氨进行保护。（pH 为 9.5～10.0，联胺为 200～300mg/L），或注入氮气保压 0 .035MPa。

（二）锅炉启动系统冷态水清洗

（1）炉水循环泵启动注水。

（2）除氧器上水、加热、冲洗。凝结水水质合格后，开始向除氧器上水，除氧器上水至启动水位－1800mm 以上，投运除氧器辅汽加热，将除氧器加热至锅炉要求的上水温度 105～120℃，开启除氧器放水门及溢放门，对除氧器进行冲洗，当除氧器冲洗水水质合格（含铁量小于 200 μg/L）后，关闭除氧器放水门及溢放门。

（3）锅炉上水。

1）开启锅炉省煤器、水冷壁出口、水冷壁悬吊管、一级过热器进口、二级过热器进口、三级过热器出口放空气门，关闭各路水侧疏水门，开启各路汽侧疏水门，抄录锅炉上水前的膨胀指示器。

2）启动给水泵以10%BMCR流量向锅炉上水，当贮水箱水位计出现水位且稳定上升后，关闭省煤器空气门、水冷壁悬吊管、水冷壁出口空气门，锅炉上水完成，抄录锅炉上水后的膨胀指示器。

3）两只贮水箱水位调门投入自动控制。

4）锅炉扩疏箱水位高于1700mm，启动锅炉扩疏泵，锅炉疏水排放至机组循环水排水，应注意锅炉扩疏泵的入口滤网差压。

（4）锅炉冷态清洗。

1）贮水箱疏水含铁量不小于500μg/L时，将锅炉疏水排往机组循环水排水。

2）贮水箱疏水含铁量小于500μg/L时，将锅炉疏水回收至凝汽器。

3）贮水箱疏水含铁量小于100μg/L、含硅量小于50μg/L，锅炉冷态清洗合格。

4）对炉水泵进出口和热备用管路进行冲洗，投入炉水泵管路及热备用管路。

（三）锅炉启动系统热态水清洗

1. 投运炉水泵

（1）贮水箱疏水含铁量小于100μg/L、含硅量小于50μg/L，锅炉冷态清洗合格，贮水箱水位大于10m，炉水泵启动条件满足，点动炉水泵正常后，投入炉水泵运行。

（2）缓慢调整炉水泵出口调门，建立大于30%的启动流量，并投入炉水泵出口调门自动控制。

2. 锅炉热态清洗

（1）炉水循环泵停止注水，关闭注水门并上锁。

（2）化学化验炉水品质，水质合格后，锅炉点火，点火后按升温升压曲线控制升温速度。

（3）第一次点火，当贮水箱压力达到0.2～0.3MPa，关闭各路空气门，通知热工冲洗水位计、压力表管路。

（4）锅炉升温升压，当水冷壁介质温度达到190℃时，锅炉进入热态清洗阶段，通知化学取样化验，调整锅炉燃料量，保证水冷壁出口工质温度在190℃±5℃，因为在该温度范围内，铁离子在水中的溶解度最大。

（5）当贮水箱疏水含铁量不小于500μg/L，锅炉疏水排放至机组循环水回水。

（6）当贮水箱疏水含铁量不小于500μg/L，锅炉疏水回收至凝汽器。

（7）贮水箱疏水含铁量小于50μg/L、含硅量小于30μg/L，锅炉热态清洗合格，热态清洗水质合格后才可以继续按照升温升压曲线增加燃料。

（四）锅炉吹管

1. 吹管范围

（1）过热器、再热器。

（2）主蒸汽管道。

（3）再热蒸汽冷段及热段管道。

（4）汽轮机高压旁路系统管道。

（5）主汽至冷再暖管管路。

（6）汽动给水泵高压汽源管道。

（7）汽轮机轴封高压汽源管道。

（8）炉本体吹灰系统管路。

（9）取样及仪表管路。

2. 吹管方法

（1）稳压吹管：维持锅炉输入和输出的能量平衡，以及给水量和蒸发量之间的质量平衡，锅炉蒸发系统压力相对稳定的一种吹管方式。

（2）降压吹管：在锅炉降压过程中，利用锅炉储能快速释放产生蒸汽动量的一种吹管方式。

（3）一段吹管：将过热器、主蒸汽管道和再热蒸汽冷段管道、再热器、再热蒸汽热段管道串联吹扫，一步完成的蒸汽吹扫方式。

吹管采用串冲形式进行，即过热器和再热器成为一个回路，再热器进口加装集粒器，主蒸汽管道临冲门后和高温再热管路后的临时管上加装靶板，吹管至两处靶板都考核合格为止。

吹管方法以稳压吹管为主，降压吹管为辅，稳压、降压吹管相结合的方式进行。稳压吹管可以通过长时间的大动量比系数对受热面的颗粒就行携带；降压吹管可以通过持续不断的工况变化对受热面内的氧化皮等杂物产生扰动，使之可以从受热面内壁上剥落，并随着吹管气流排出。

1）主系统。其流程为：启动分离器→各级过热器→过热器集汽集箱→主蒸汽管道→临时管→临冲门→临时管→靶板器→临时管→低温再热管路→集粒器→低温再热管路→各级再热器→高温再热管路→临时管→靶板器→临时管→消声器→排大气。吹管至两处靶板都考核合格为止。

2）汽轮机高压旁路系统。其流程为：启动分离器→各级过热器→过热器集汽集箱→主蒸汽管道→高压旁路管→高旁临冲门→高压旁路管→低温再热管路→集粒器→低温再热管路→各级再热器→高温再热管路→临时管→靶板器→临时管→消声器→排大气。其中高压旁路减温减压阀缓装。高旁回路不作靶板考核。

3）主汽至冷再暖管管路。其流程为：启动分离器→各级过热器→过热器集汽集箱→主蒸汽管道→主蒸汽暖管管路→主蒸汽暖管电动隔离门→主蒸汽暖管暖管管路→低温再热管路→各级再热器→高温再热管路→临时管→靶板器→临时管→消声器→排大气。本回路不作靶板考核，由各方确认合格。

4）汽动给水泵高压汽源管道。其流程为：启动分离器→各级过热器→过热器集汽集箱→主蒸汽管道－临时管→临冲门→临时管→靶板器→临时管→低温再热管路→汽动给水泵高压蒸汽进汽管→临时管→排放口。本回路不作靶板考核，由各方确认合格。

5）汽轮机轴封高压汽源管道。至汽机轴封的高压汽源管路吹扫。在主系统吹管的同时，打开本管路上的所有阀门吹扫。断口应尽量靠近轴封母管，并用临时管引至安全排放处。本回路不作靶板考核，由各方确认合格。

6）锅炉本体吹灰管路及取样、仪表管路。冲管后期可利用系统内余汽对锅炉本体吹灰管路及取样、仪表管路进行吹扫。

7）低压旁管路。低压旁路不参加吹管，在人工清理后，经业主、监理检查确认并在吹管前安装完毕。

（4）两段吹管：指先吹扫过热器及主蒸汽管道，再将过热器、主蒸汽管道与再热蒸汽冷段管道、再热器、再热蒸汽热段管道串联，分两步完成的蒸汽吹扫方式。

第一阶段，采用降压冲管先冲过热器，直至靶板考核合格；第二阶段，过热器和再热器一起串冲，直至靶板考核合格。冲管以降压冲管和稳压冲管相结合的形式进行。

1）主系统（第一阶段）。其流程为：启动分离器→各级过热器→过热器集汽集箱→主蒸汽管道→临时管→临冲门→主汽靶板器→临时管→消声器→排大气。冲管至靶板考核合格为止。

2）主系统（第二阶段）。其流程为：启动分离器→各级过热器→过热器集汽集箱→主蒸汽管道→临时管→临冲门→临时管→靶板器→临时管→低温再热管路→集粒器→低温再热管路→各级再热器→高温再热管路→临时管→靶板器→临时管→消声器→排大气。冲管至靶板考核合格为止。

3）汽轮机高压旁路系统、主汽至冷再暖管管路、汽动给水泵高压汽源管道、汽轮机轴封高压汽源管道、锅炉本体吹灰管路、取样及仪表管路均在第二阶段吹扫，系统流程与上述一段吹管方式相同。低压旁路不参加吹管，在人工清理后，经业主、监理检查确认并在吹管前安装完毕。

3. 吹管参数的选择

（1）吹管系数按下式计算：

$$K=(D_b^2\times\nu_b)/(D_0^2\times\nu_0)$$

式中 K——吹管系数；

D_b——吹管工况蒸汽流量，t/h；

ν_b——吹管时工况蒸汽比体积，m^3/kg；

D_0——锅炉最大连续蒸发量（BMCR）工况蒸汽流量，t/h；

ν_0——锅炉 BMCR 工况蒸汽比体积，m^3/kg。

（2）吹管参数的选择必须保证被吹扫系统各处的吹管系数均大于 1。

（3）降压吹管时，吹管临时控制门全开后，过热器出口压力应不小于 6.5MPa。

（4）降压吹管时，吹管工况与锅炉 BMCR 工况过热器压降比应不小于 1.4，压降比按下式计算：

$$\beta_{\Delta p}=(\Delta p_b)/(\Delta p_0)$$

式中 $\beta_{\Delta p}$——压降比；

Δp_b——吹管工况某区段流动压降（阻力），MPa；

Δp_0——锅炉 BMCR 工况该区段流动压降（阻力），MPa。

（5）稳压吹管时，锅炉蒸发量宜选定在锅炉最大连续蒸发量（BMCR）工况的 45%及以上。

（6）吹管过程中，应对过热器及再热器吹管系数进行校核，并根据实际情况对吹管参数进行必要的调整。

4. 一段吹管程序

吹管方法以稳压吹管为主，降压吹管为辅，稳压、降压吹管相结合的方式进行。

（1）试吹管。根据升温、升压要求增加燃料量。升温、升压速度根据锅炉冷态启动升温升压曲线控制。

升温升压时，有关疏水阀应打开，并注意监视过热器、再热器管壁不超温。临冲门旁路门应开启对临时系统进行暖管。暖管时应检查管道的膨胀和支吊架的受力情况，发现问题及时汇报处理。

缓慢升压，当分离器压力至1.5MPa，主汽管道暖管充分后，关闭主汽疏水阀。

待启动分离器压力升至2.5MPa时，开启临时控制门，进行第一次试吹管。试吹管的目的是检查蒸汽管道的膨胀和支吊架受力情况，检验临时设施能否满足进一步吹管的要求。若发现有缺陷，应关闭临时控制门停止吹管，采取措施后再吹管。

继续升压，待启动分离器压力升至4.0、5.0、6.0、7.0MPa时，开启临冲阀，进行试吹管，组织各方检验临时设施能否满足进一步吹管的要求。

(2) 稳压吹管。锅炉升温升压过程中对临时管路进行暖管，当主汽管道暖管充分后关闭主汽疏水门。

随着主汽压力的升高，逐步开大临冲门对再热蒸汽管道进行暖管，当再热蒸汽管道暖管充分后关闭再热蒸汽管道疏水门。

逐步增加燃料量及给水量，并逐步开大临冲门直至临冲门开足，维持汽水分离器压力在2.5MPa、3.5MPa、4.5MPa、5.5MPa左右，期间通知相关人员检查临冲系统是否安全，检查蒸汽管道的膨胀和支吊架受力情况能否满足进一步吹管的要求。

若发现有缺陷，应停磨关闭临时控制门停止吹管，采取措施后再吹管。

在试吹管的基础上，当分离器压力升至5.0～6.5MPa时进行正式吹管，稳压吹管时，锅炉蒸发量宜选定在锅炉最大连续蒸发量（BMCR）工况的45%及以上。

冲管过程中控制过热器出口温度小于427℃，再热器出口温度小于520℃。

吹管期间，随着燃料量的增加，压力不断提高，炉水泵出口流量会下降，此时缓开炉水泵出口调门，增大炉水泵出口流量，注意电流不要超限，同时随着蒸发量的增大，给水量也要不断增加，保证锅炉压力的稳步上升。期间增加给水流量时，给水旁路调门不要大幅度波动，以免给水旁路调门后给水压力瞬时增大，而导致炉水泵出口流量瞬时过低，造成水冷壁入口流量低低，锅炉MFT。

(3) 降压吹管。在试吹管的基础上，当分离器压力升至7.5～9.0MPa时进行正式吹管。降压吹管时，吹管临时控制门全开后过热器出口压力应不小于6.5MPa，吹管工况与锅炉BMCR工况过热器压降比应不小于1.4。

当分离器压力升至7.5～9.0MPa，分离器水位放至低水位，开启临冲门，同时提高汽泵出力，开启给水旁路调门提高给水流量，密切注意分离器及贮水箱水位，同时也防止过热器进水。

当分离器压力降至5.0～6.0MPa时，关闭临冲门，密切注意分离器及贮水箱水位，适当增加给水流量，防止炉水泵跳闸，锅炉MFT。待临冲门全关，分离器及贮水箱水位回升后，降低给水流量，维持分离器及贮水箱水位，给煤量恢复到原来水平，进行下一次的降压吹管。

吹管过程中控制过热器出口温度小于427℃。

前几次冲管结束后，要求电建公司清理集粒器。

降压吹管过程中关闭主汽临冲门，在分离器压力为5.0MPa左右，开启高旁临冲门对高旁管路吹扫数次。

降压吹管过程中，开启汽动给水泵高压汽源管道进汽阀门，在主系统吹扫过程中对汽动给水泵高压汽源管道进行吹扫。

锅炉停炉冷却至少2次，冷却时间12h以上。

锅炉按上述步骤再次点火启动，继续进行降压吹管，直至在靶板器连续2次打靶合格。

(4) 吹管合格后，对汽轮机轴封高压汽源管道进行吹扫。

(5) 吹管后期利用锅炉余汽对锅炉本体吹灰管路及取样、仪表管路进行吹扫。

(6) 填写调试记录表及验评表，并对吹管结果进行签证。

5. 二段吹管程序

(1) 第一阶段吹管。第一阶段吹管为降压吹管。

1) 试吹管。锅炉升温升压时，有关疏水阀，包括再热器疏水阀应打开，并注意监视过热器、再热器管壁不超温。临冲门旁路门应开启对临时系统进行暖管。缓慢升压，当分离器压力至1.5MPa，主汽管道暖管充分后，关闭主汽疏水阀。

待启动分离器压力升至2.5MPa时，开启临时控制门，按第一阶段冲管流程进行第一次试吹管。

继续升压，待启动分离器压力升至4.0、5.0、6.0、7.0MPa时，开启临冲阀，进行试吹管，组织各方检验临时设施能否满足进一步吹管的要求。

2) 降压吹管。在试吹管的基础上，当分离器压力升至7.5～9.0MPa时进行正式吹管。降压吹管时，吹管临时控制门全开后过热器出口压力应不小于6.5MPa，吹管工况与锅炉BMCR工况过热器压降比应不小于1.4。

锅炉停炉冷却至少2次，冷却时间12h以上。

锅炉按上述步骤再次点火启动，继续进行第一阶段降压吹管，直至在靶板器连续2次打靶合格，第一阶段吹管结束。

停炉恢复系统至第二阶段冲管流程。

(2) 第二阶段吹管程序。第二阶段吹管方法以稳压吹管为主，降压吹管为辅，稳压、降压吹管相结合的方式进行。

第二阶段吹管程序与一段吹管程序相同。

四、风险控制

(1) 在锅炉升温、升压过程中，应严格按照锅炉升温、升压曲线进行。

(2) 锅炉首次点火升温升压应对锅炉本体及蒸汽管道的热膨胀和支吊架进行检查、调整并记录，发现问题应停止升压，查明原因并消除缺陷。

(3) 在锅炉启动阶段，应确保过热器和再热器内有蒸汽流通，在再热器流量尚未完全建立之前，应控制炉膛出口温度小于538℃。

(4) 锅炉启动阶段，应严格控制锅炉贮水箱水位，尤其是在锅炉汽水膨胀阶段，防止因水位过高而造成蒸汽带水。

(5) 机组启停过程中注意监视过热器及再热器减温水门，防止减温水门关闭不严，造成管道水击发生；操作过热器和再热器减温水时，幅度不应太大，保证减温器出口蒸汽温度应有15℃以上的过热度。

(6) 汽水管道发生水击时，应立即关闭汽水管道阀门或停止有关设备，待充分疏水或排尽空气后再投入，严禁强行投入。

（7）检查水击管道及支吊架，若发现有威胁设备及人身安全的情况时，应及时把机组停运。

（8）吹管前要对所有的冲管回路进行检查，确认临时管路的支撑、吊杆满足要求，无影响膨胀之处，疏水管布置合理，吹管系统须经过各方验收合格。

（9）吹管系统和汽轮机应进行有效隔离，并有可靠的防止蒸汽漏入汽机的措施。

（10）对临时管道和排汽口应采取安全措施，设警戒区，专人看守、专人巡查，发现问题及时处理。

（11）锅炉点火升温升压期间，应尽早开启蒸汽管道疏水阀和吹管隔离阀的旁路阀，对系统进行预热，防止水冲击。

（12）吹管过程中严格控制过热器、再热器出口温度及各段受热面管壁温度不超过所规定的报警值，及时发现壁温异常点，待冲管结束后，特别要对这些管屏进行检查。

（13）随着超超临界锅炉蒸汽压力、温度的升高，T22、T23 和 T91、T92 等可焊性差的耐高温钢材不断得到应用，现场焊接工艺要求高，热处理困难。因此，吹管期间要控制锅炉压力和温度变化的幅度、速率和频次，避免造成锅炉受热面焊缝和厚壁联箱较大的温差热应力，缩短使用寿命。

（14）吹管期间锅炉处于负荷不断变化、压力温度升降、干态和湿态交替的过程，且吹管时偏离正常运行工况，控制不当很可能发生水冷壁、过热器和再热器超温。因此，应及时投入给水自动调节和保护，控制燃水比，使水冷壁出口温度变化幅度控制在规定范围内，确保锅炉安全稳定运行。

（15）每次更换靶板应事先通知，并执行工作票制度，签字确认，待靶板更换完毕后才可继续升压。

（16）吹管结束后对锅炉尾部烟道和空气预热器进行检查，发现积灰及时进行清理。

（17）对未参与吹管的部位或集箱端头死区，应在系统吹管结束、管系复原前，人工清理干净。

（18）合理投用燃烧器，保证火焰中心适宜，不冲刷水冷壁，防止炉膛结渣，减少热偏差，避免水冷壁局部过热，同时要注意控制好风量，避免风量过大或缺氧燃烧。

（19）锅炉结渣时，应及时进行吹灰、减负荷、更换煤种和燃烧调整等方式，防止形成大渣块掉落砸坏冷灰斗水冷壁管。

（20）当炉膛严重结焦和积灰造成主再汽温度异常应及时进行炉膛和受热面吹灰。

（21）合理投运吹灰器，防止锅炉结渣。投用吹灰器前，吹灰汽母管应充分疏水，不得随意提高吹灰器压力，运行中应加强对吹灰器的监视，防止吹灰器卡涩或枪管漏汽漏水损坏受热面。

（22）进行合理的燃烧调整，尤其在锅炉启动投油阶段，防止未燃尽燃料在对流受热面上沉积。

（23）进行合理的燃烧调整，避免锅炉两侧烟气温度和汽温出现大的偏差，防止局部区域管壁温度超限。

（24）控制汽水品质，防止管内结垢。

（25）利用停炉机会，加强对各受热面吹损和磨损情况的检查，重点对容易形成烟气走廊区域和吹灰器区域受热面进行检查，及早发现问题、及早进行处理。

(26) 整个调试过程，应统一组织、统一指挥，以确保调试顺利进行，确保人身和设备的安全。

(27) 调试前应进行调试措施安全技术交底。

第四节 常见问题及处理

一、汽水管道水击

(一) 现象

(1) 汽水管道内部声音异常。

(2) 汽水管道发生振动、晃动，严重时使管道及支吊架断裂。

(二) 原因

(1) 充水管道未排尽空气。

(2) 蒸汽管道投运前未暖管或暖管不充分。

(3) 蒸汽管道进水。

(三) 预防及处理措施

(1) 给水系统、省煤器系统、水冷壁系统、锅炉启动系统上水时要把放空气门打开，将空气排干净。

(2) 蒸汽管道投入前都要按规定进行预热暖管，并检查疏水情况正常。

(3) 机组启停过程中注意监视过热器及再热器减温水门，防止减温水门关闭不严造成管道水击发生。

(4) 机组启动前或停止后都要检查锅炉、汽机所有疏水阀，应按规定开启。

(5) 汽水管道发生水击时，应立即关闭汽水管道阀门或停止有关设备，待充分疏水或排尽空气后再投入，严禁强行投入。

(6) 检查水击管道及支吊架，若发现有威胁设备及人身安全的情况时，应及时把机组停运。

二、主、再汽温度异常

(一) 现象

(1) CRT 及有关指示表计、记录仪及趋势曲线指示偏离正常值。

(2) CRT 上相应报警画面报警。

(二) 原因

(1) 人工调节不当。

(2) 烟气挡板或减温水调节系统故障。

(3) 喷燃器层改变，引起炉膛火焰中心的变化，锅炉配风不合理。

(4) 炉底水封破坏或其他因素引起风量过大。

(5) 煤质变化或其他原因引起水煤比严重失调。

(6) 主、再汽系统受热面或管道严重泄漏。

(三) 处理措施

(1) 当燃水比失调后应尽量避免煤和水同时调整，当燃水比调整相对稳定后再进一步调整锅炉负荷，调整过程中应注意顶棚过热器出口汽温及过热度的变化情况。

(2) 利用减温水调节汽温时，注意调节幅度，并保证减温器后的蒸汽温度保持20℃以上的过热度。

(3) 调整燃烧器摆角、过量空气系数、制粉系统运行方式。

(4) 若炉底水封失去，应尽快恢复炉底水封。

(5) 主、再蒸汽温达到报警温度，应将汽温调至正常。

(6) 如主、再热汽系统受热面或管道严重泄漏，无法维持正常运行，应紧急停炉，加强空预器吹灰。

三、水冷壁管损坏

(一) 现象

(1)“锅炉四管泄漏”报警。

(2) 分离器压力不同程度下降，给水流量不正常地大于蒸汽流量，机组补充水量增加。

(3) 炉膛内有泄漏声，水冷壁爆破时有显著响声，严重时从不严密处漏出蒸汽和炉烟。

(4) 引风机进口静叶不正常地开大，电流增加。

(5) 炉膛燃烧不稳，火焰亮度减弱。

(6) 烟气温度下降。

(7) 水冷壁管温度偏差可能增大。

(8) 炉膛压力升高。

(二) 原因

(1) 水冷壁管内有异物，或水动力工况不正常，造成管内工质质量流速下降。

(2) 管子制造、安装、检修、焊接质量不合格或材质不符合要求。

(3) 开停机时温度控制不当，热应力过大，管子拉坏。

(4) 吹灰器安装、运行不良，造成管壁吹损。

(5) 水冷壁膨胀不畅。

(6) 由于投用的燃烧器数目不合理而造成燃烧器区域热负荷过高而引起水冷壁局部过热。

(7) 炉膛严重结焦，使管子受热不均。

(8) 水冷壁严重超温。

(9) 给水品质不符合标准，长期运行造成管内腐蚀或结垢。

(三) 预防措施

(1) 锅炉上水时水温和上水速度应严格按规定执行。

(2) 锅炉启停过程中应严格控制锅炉的升温、升压率。

(3) 合理投用燃烧器，保证火焰中心适宜，不冲刷水冷壁，防止炉膛结渣，减少热偏差，避免水冷壁局部过热，同时要注意控制好风量，避免风量过大或缺氧燃烧。

(4) 锅炉结渣时，应及时进行减锅炉负荷、更换煤种和进行燃烧调整等方式，防止形成大渣块掉落砸坏冷灰斗水冷壁管。

(5) 控制水质，防止水冷壁结垢。

(四) 处理措施

(1) 锅炉尽快减负荷降压运行，有关人员确认漏点。

(2) 如水冷壁管子损坏不大，能维持锅炉燃烧稳定及主、再热蒸汽温度在正常水平，可允许在减负荷降压情况下做短时间运行，此时应加强对汽温、过热器壁温、燃水比及炉内燃烧工况的监视，并汇报试运指挥部要求故障停炉。

（3）如水冷壁损坏严重导致工质温度或壁温超限，无法维持正常运行，应紧急停炉，加强空预器吹灰。

（4）停炉后，可维持一组送、引风机运行，待蒸汽基本排除后停运。

（5）停炉后，电除尘应尽快停运，防止电极积灰。

四、省煤器管损坏

（一）现象

（1）“锅炉四管泄漏”报警。

（2）给水流量不正常地大于蒸汽流量，机组补充水量增加。

（3）煤水比不正常地变大。

（4）泄漏处附近有异声，泄漏点后烟温下降。

（5）炉膛压力升高，引风机静叶调节挡板不正常地开大，电流增加。

（6）严重时省煤器灰斗有水溢出。

（7）省煤器两侧烟温差增大，空气预热器两侧风烟温差增大。

（二）原因

（1）管子制造焊接质量不良。

（2）给水品质长期不合格，导致管内结垢。

（3）安装或检修时管子内部被异物堵塞。

（4）省煤器区域发生二次燃烧而导致管子过热。

（5）飞灰磨损，低温腐蚀。

（6）吹灰器运行不良，造成管壁吹损。

（三）预防措施

（1）提高省煤器制造和安装质量。

（2）锅炉上水时水温和上水速度应严格按规定执行。

（3）控制水质，防止省煤器管内结垢。

（四）处理措施

（1）锅炉尽快减负荷降压运行，有关人员确认漏点，加强对各受热面沿程温度和故障点监视，汇报试运指挥部，要求尽早故障停炉。

（2）严密监视省煤器、水冷壁壁温等参数，避免超温。

（3）停炉后，可维持一组送、引风机运行，待蒸汽基本排除后才可停运。

（4）加强空气预热器吹灰。

（5）加强省煤器灰斗排放，避免水带入 SCR 催化剂。

（6）停炉后，电除尘应尽快停运，防止电极积灰。

（7）停炉后，应尽快将电除尘、省煤器下部灰斗中的灰清出，以防堵塞。

五、过、再热器管损坏

（一）现象

（1）“锅炉四管泄漏”报警。

（2）主汽或再热蒸汽压力下降，给水流量不正常地大于蒸汽流量，机组补水量上升。

（3）泄漏处附近有异声。

（4）严重时炉膛压力升高，从不严密处向外喷烟气。

（5）引风机进口静叶不正常地开大，电流增加。

（6）过热器或再热器二侧汽温（减温水量）偏差异常，故障点后管壁温度升高。

（7）过热器或再热器泄漏侧烟气温度下降。

（二）原因

（1）制造、安装质量不好或使用材质不合格。

（2）锅炉启动阶段，锅炉贮水箱水位控制不当，造成蒸汽带水。

（3）过热器管内有异物堵塞。

（4）过、再热器管长期超温或短时严重超温。

（5）尾部烟道过热器、再热器飞灰磨损，防磨板脱落。

（6）锅炉低负荷时，减温水调节阀开关幅度过大，使过热器、再热器发生水塞引起过、再热器管损坏。

（7）过热器处发生可燃物二次燃烧。

（三）预防措施

（1）锅炉启动阶段，应严格控制锅炉贮水箱水位，尤其是在锅炉汽水膨胀阶段，防止因水位过高而造成蒸汽带水。

（2）在锅炉启动阶段，应确保过热器和再热器内有蒸汽流通，在再热器流量尚未完全建立之前，应控制炉膛出口温度小于538℃。

（3）操作过热器和再热器减温水时，幅度不应太大，保证减温器出口蒸汽温度应有15℃以上的过热度。

（4）进行合理的燃烧调整，避免锅炉两侧烟气温度和汽温出现大的偏差，防止局部区域管壁温度超限。

（5）加强对过热器、再热器壁温的监视，发现超温应及时进行调整，并分析原因。

（6）合理进行燃烧调整，尤其在锅炉启动投油阶段，防止未燃尽燃料在对流受热面上沉积。

（7）控制汽水品质，防止管内结垢。

（8）利用停炉机会，加强对各受热面吹损和磨损情况的检查，重点对容易形成烟气走廊区域和吹灰器区域受热面进行检查，及早发现问题、及早进行处理。

（四）处理措施

（1）过热器或再热器管损坏不严重时，应降低汽压及锅炉负荷，可维持短时运行，并汇报试运指挥部，要求尽早故障停炉。

（2）在维持运行期间，应加强对泄漏点的监视，防止故障扩大。

（3）如过热器或再热器管严重爆破，应紧急停炉。

（4）加强空气预热器吹灰。

（5）停炉后，保留一台引风机运行，维持炉膛负压正常，待蒸汽消失后，停止引风机，保持自然通风。

第十章

燃　烧　系　统

第一节　工作原理及系统组成

锅炉燃烧系统由风烟系统、燃油系统、制粉系统、等离子点火系统或微油点火系统、炉膛及燃烧器组成。锅炉风烟系统为锅炉燃烧提供氧气，并为排出烟气提供通道；燃油系统是为锅炉启动初期提供燃料、低负荷稳燃和燃烧不稳时助燃的传统方式，通常为0号轻柴油系统；制粉系统提供锅炉燃烧所需的合格的煤粉和合适的一次风粉配比；等离子点火系统或微油点火系统是近年来为了节省燃油而发展起来的锅炉点火方式，一般通过在磨煤机进口加装暖风器来实现冷炉制粉，通过等离子装置拉弧或微油气化油枪来提供点火能量；炉膛是锅炉燃烧的场所，通过合理设计炉膛结构，控制传热强度，实现锅炉着火稳定、燃烧充分及防止炉膛结焦等要求。

燃烧器是将燃料和一定比例的空气送入炉膛进行燃烧的装置，是锅炉燃烧系统中的关键设备。煤粉燃烧所需要的空气通过燃烧器进入炉膛，煤粉气流的着火过程、炉膛中的空气动力和燃烧工况，主要是通过燃烧器的结构及其在炉膛上的布置来组织的。

对燃烧器的基本要求如下：

（1）组织良好的空气动力场，使燃料及时着火，与空气适时混合，以保证燃烧稳定性和经济性。

（2）对燃料适应性好。

（3）有一定的负荷调节性。

（4）较低的燃烧污染。

（5）运行可靠，不易烧坏和磨损，便于维修和更换部件。

（6）易于实现远程或自动控制。

煤粉燃烧器的型式按基本原理可分为两大类：旋流式燃烧器和直流式燃烧器。这两类燃烧器结构上差别很大，因而其动力工况、火炬形状、保持火焰稳定的方法都不相同。

直流燃烧器喷出的一、二次风都是不旋转的直流射流，喷口一般都是狭长形，直流燃烧器可以布置在炉膛的前后墙、炉膛四角或炉膛顶部，从而形成不同的燃烧方式，如切向燃烧方式、U形、W形火焰燃烧方式等。

旋流燃烧器是利用能使气流产生旋转的导向结构，使气流旋转以形成有利于着火的回流区。携带煤粉的一次风和不携带煤粉的二次风，是分别用不同管道与燃烧器连接的，在燃烧器中一、二次风的通道是隔开的。按照产生旋转气流方法的不同，旋流燃烧器可分为蜗壳式、轴向叶片式和切向叶片式三大类。

按照锅炉的燃烧组织方式来分，主要有前后墙对冲燃烧方式、切圆燃烧方式、W形火焰燃烧技术等。

W形火焰燃烧技术的燃烧器错列布置在炉膛前后拱上，主要用于燃用低位发热量和挥发分均较低的无烟煤、贫煤或混合煤种的锅炉，一般采用微正压运行方式。W形火焰锅炉采用的双旋风分离式燃烧器，是为燃用无烟煤等难着火、难燃尽燃料的拱形炉膛而特殊设计的，双旋风分离式燃烧器由煤粉分配器、两个旋风筒及乏气管、乏气挡板和装有可调节的消旋叶片的煤粉喷嘴组成。

前后墙对冲燃烧方式在大型锅炉中应用较多，成为主要的燃烧方式之一。为了减少燃烧污染物的排放和增加燃烧的稳定性等方面，对冲燃烧一般都采用旋流燃烧器，并采用多级配风，每个燃烧器采用内、外二次风，燃烧器上方采用降低 NO_x 排放的燃尽风喷口等，实现空气在炉膛内的分级燃烧。

1000MW超超临界锅炉通常采用前后墙对冲旋流燃烧方式、四角切圆直流燃烧方式和无分隔墙的八角反向双火焰切圆燃烧方式。

一、哈锅1000MW超超临界直流锅炉燃烧系统工作原理及系统组成

哈锅1000MW超超临界变压运行直流锅炉采用无分隔墙的八角反向双火焰切圆燃烧方式、固态排渣、单炉膛、一次中间再热、平衡通风、露天布置、全钢构架、全悬吊π型锅炉结构。

燃烧系统采用低 NO_x 的改进型PM（Pollution Minimum）主燃烧器和MACT（Mitsubishi Advanced Combustion Technology）燃烧技术，燃烧器共分6层8角（列），每层设8只燃烧器，每层燃烧器由同一台磨煤机供给煤粉，每台锅炉共设有48只直流燃烧器，在热态运行中一、二次风均可上下摆动，摆动最大摆角为±30°。燃烧器进行摆动，可以改变火焰中心高度，作为锅炉尾部烟气挡板的辅助手段，调节再热汽温。每列燃烧器设六层一次风喷口，三层油风室，一层燃尽风室、十层辅助风室和四层附加风室，整个燃烧器同水冷壁固定连接，并随水冷壁一起向下膨胀，燃烧器上方设置燃尽风，通过分级送风燃烧方式，进一步降低 NO_x 排放。

锅炉采用等离子和燃料油点火，等离子和燃料油点火起点火及助燃作用，燃油采用0号轻柴油。

煤粉燃烧器等离子点火系统原理是利用接触引弧，在强磁场下获得稳定功率的直流空气等离子体，该等离子体在燃烧器中形成 $T>5000K$ 的梯度极大的局部高温区，煤粉颗粒在通过该等离子高温区时受到高温作用迅速释放出挥发分并使煤粉颗粒破裂粉碎，从而迅速燃烧。

等离子燃烧系统由点火系统和辅助系统两大部分组成。点火系统由等离子燃烧器、等离子发生器、电源控制柜、隔离变压器、控制系统、一次风、二次风系统等组成；辅助系统由载体风系统、冷却水系统、图像火检系统、一次风速在线测量装置等组成。每台锅炉有8套等离子点火装置，分别安装在锅炉A层8只煤粉燃烧器中。

锅炉点火油采用两级点火，即高能点火器先点燃轻油油枪，轻油油枪再点燃煤粉。油枪采用压力机械雾化方式。每炉各角装设3层油枪和高能点火器，共装设24根油枪和高能点火器。油燃烧器的总输入热量按20%BMCR计算。

制粉系统选用中速磨煤机冷一次风机正压直吹式系统，每炉配6台中速磨煤机，BMCR

工况下 5 台运行，一台备用，并配备 6 台与之相适的给煤机。每台磨带一层燃烧器，每根一次风管道均装有一分为二的煤粉分配器，供至两只燃烧器。

低 NO_x PM 燃烧器其原理是利用燃烧器入口弯头的离心分离作用将煤粉气流分成上下浓淡两股，分别进入炉膛，浓相煤粉浓度高所需着火热少，利于着火和稳燃；淡相补充后期所需的空气，利于煤粉的燃尽，同时浓淡燃烧均偏离了化学当量燃烧，大大降低了 NO_x 的生成。因此在 PM 燃烧器的设计中，其指导准则是：浓淡分离偏离 NO_x 生成量高的化学当量燃烧区降低 NO_x 的生成；增大浓相挥发分从燃料中释放出来的速率，以获得最大的挥发物生成量；在燃烧的初始阶段除了提供适量的氧以供稳定燃烧所需以外，尽量维持一个较低氧量水平的区域，控制和优化燃料富集区域的温度和燃料在此区域的驻留时间，最大限度地减少 NO_x 生成；增加煤焦粒子在燃料富集区域的驻留时间，以减少煤焦粒子中氮氧化物释出形成 NO_x 的可能；及时补充燃尽所需要的其余的风量，以确保充分燃尽。

MACT 燃烧技术也称为炉内降低 NO_x 燃烧系统。将较大比例的附加风（Additional Air，AA）布置在燃烧器的上部，该附加风不仅能够降低 NO_x 的生成而且保证燃料在炉膛燃尽区进一步完全燃烧，从而降低飞灰可燃物的含量。MACT 燃烧技术系统如图 10-1 所示。

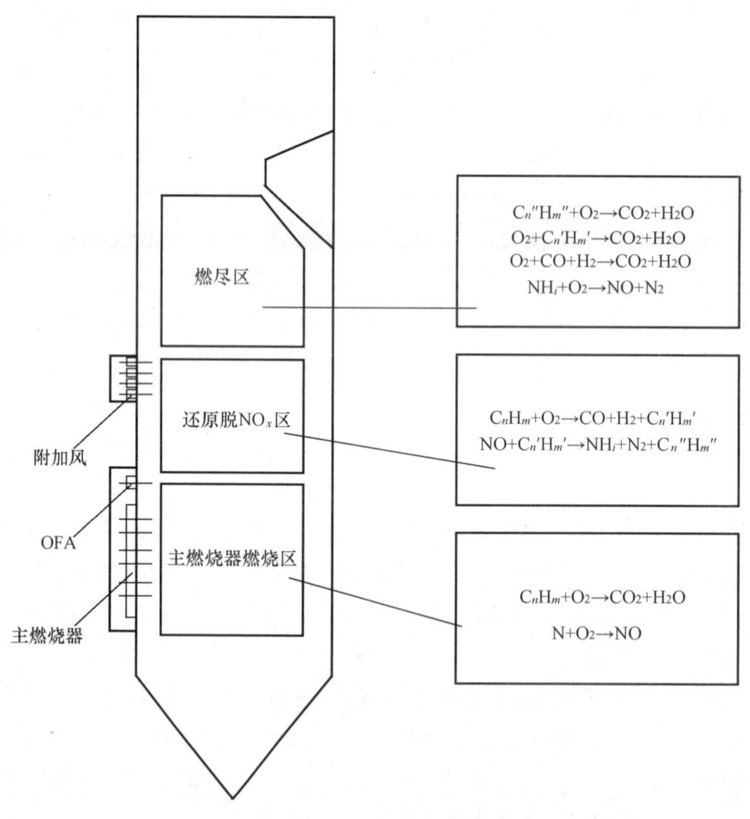

图 10-1　MACT 燃烧技术系统

二、东锅 1000MW 超超临界直流锅炉燃烧系统工作原理及系统组成

东锅 1000MW 超超临界直流锅炉，采用单炉膛、一次中间再热、平衡通风、固态排渣、全钢构架、全悬吊 Ⅱ 型结构、前后墙对冲燃烧方式、半露天布置燃煤锅炉。锅炉采用微油

点火，燃油采用0号轻柴油。

锅炉燃烧系统采用前后墙对冲燃烧方式，燃烧器布置如图10-2所示。燃烧设备为前后墙布置，采用对冲燃烧、旋流式燃烧器系统，风、粉气流从投运的煤粉燃烧器、燃尽风喷进炉膛后，各只燃烧器在炉膛内形成一个独立的火焰。前、后墙各布置3层旋流煤粉燃烧器，每层8只；在前、后墙各布置一层燃尽风喷口，其中每层2只侧燃尽风喷口（Side Air Port，SAP），8只燃尽风喷口（After Air Port，AAP）。燃烧器采用东方锅炉股份有限公司自主知识产权的OPCC新型低NO_x燃烧器。

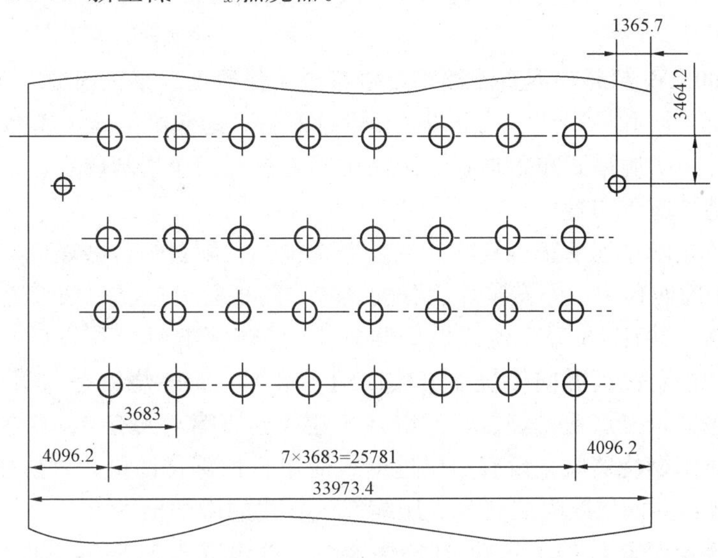

图10-2 燃烧器布置

煤粉燃烧器将燃烧用空气被分为四部分，即一次风、内二次风、外二次风（也称三次风）和中心风。

煤粉及其一次风经煤粉管道、燃烧器一次风管、煤粉浓缩器后喷入炉膛；燃烧器大风箱为运行燃烧器提供内二次风和外二次风，为停运燃烧器提供冷却风。内二次风和外二次风通过燃烧器内同心的内二次风、外二次风环形通道。进入每个燃烧器的内二次风量可通过燃烧器上的二次风门进行调节，为手动。通过调节内二次风门的开度可得到适当的内二次风量，以获得最佳燃烧工况，即良好的着火稳燃性能、高的燃烧效率、低的NO_x排放量及防止燃烧器结焦等。进入每个燃烧器的外二次风量可通过燃烧器上切向布置的叶轮式风门挡板进行调节。调节外二次风门挡板的开度，即可得到适当的外二次风量和外二次风旋流强度，以获得最佳燃烧工况。

燃尽风及侧燃尽风调风器将燃尽风分为两股独立的气流送入炉膛，中央部位的气流为直流气流，它速度高、刚性大能直接穿透上升烟气进入炉膛中心区域；外圈气流是旋转气流，离开调风器后向四周扩散，用于和靠近炉膛水冷壁的上升烟气进行混合。外圈气流的旋流强度和两股气流之间的风量分配均可进行调节，它们的最佳状态应在锅炉试运行期间的燃烧调整试验时确定。

燃烧器内设有中心风管，其中布置油枪、高能点火器等设备。每个燃烧器的中心风由该层中心风母管提供，中心风母管入口处设有风门挡板用以调节风量，风门挡板在该层油枪运

行阶段应手动操作，油枪停运后投入自动调节。

各层燃烧器总风量的调节通过风箱入口风门执行器来实现调节。锅炉总风量的调节应通过送风机来调节，不属于风门挡板的调节范围。整个烟风系统设置总风量测量装置及燃尽风风量测量装置。

采用等离子点火装置，由东方锅炉配供等离子点火装置，并保证锅炉整体性能，保留常规点火油系统。

制粉系统：采用中速磨煤机正压直吹冷一次风机制粉系统，每台锅炉配 6 台磨煤机（5 台运行，1 台备用）。

三、上锅 1000MW 超超临界直流锅炉燃烧系统工作原理及系统组成

锅炉为上海锅炉厂和 ALSTOM 公司联合设计制造，超超临界压力参数、变压运行、螺旋管圈直流锅炉，单炉膛塔式布置形式、一次中间再热、四角切圆燃烧、平衡通风、固态排渣、全钢悬吊构造、露天布置。

锅炉燃烧系统按配中速磨正压直吹式制粉系统设计，配置 6 台磨煤机，每台磨煤机引出 4 根煤粉管道到炉膛四角，炉外安装煤粉分配装置，每根管道分成两根管道分别与两个相邻的一次风喷嘴相连，共计 48 只直流式燃烧器分 12 层布置于炉膛下部四角，在炉膛中呈四角切圆方式燃烧。沿着高度方向燃烧器分成四组，最上一组燃烧器是 SOFA 燃尽风，分有六层风室；接下来三组是煤粉燃烧器，每组有 4 层煤粉喷嘴，共有 48 只燃烧器喷嘴。三组煤粉燃烧器上，每组燃烧器风箱设有二层进退式简单机械雾化油枪，六层燃油喷嘴共 24 支轻油枪。B 磨燃烧器共两层喷嘴装有 8 支压缩空气雾化的微油枪。

紧挨顶层燃烧器设置有 CCOFA，在燃烧器组上部设置有 SOFA，每个角 6 个喷嘴，采用 TFS 分级燃烧技术，可以减少 NO_x的排放。

制粉系统采用中速磨煤机正压直吹式制粉系统，5 台磨运行带锅炉 BMCR 工况，1 台磨备用。

四角切圆燃烧锅炉在炉膛四角布置有单独的燃烧器风箱组件，将燃料和空气引入炉膛的装置分别布置在垂直分隔的燃烧器组件隔仓之中，相应层的标高在每一角的燃烧器风箱组件中都是一致的。燃料层和空气层间隔布置，每层均布置有一个风门挡板，用来调整空气沿风箱高度的分配，改变二次风射流的速度来控制着火点。通过将燃料和空气从炉膛的四角风箱引入，切向位于炉膛中心的一个假想切圆，燃料着火并在炉膛中形成一个旋转的“火球”。

燃料从喷嘴喷出，受上游高温烟气加热很快着火，激烈燃烧的射流末尾又冲撞下游邻角的燃料射流，四角射流相互碰撞加热，从而形成燃烧稳定的旋转上升火焰。下一层旋转上升火焰，促进上一层的燃烧强化和火焰稳定；上一层的旋转气流同时加强对下层火焰的扰动，这种角与角和层与层之间的相互掺混扰动，即炉膛内整体而不是局部的强烈的热量和质量交换，保证了煤粉的着火稳定性。由此切圆燃烧可认为“整个炉膛是一个燃烧器”。

燃料进入炉内沿动态切圆旋转上升，一般经 1.5～2.5 圈后流出炉膛，它在炉内停留时间较其他燃烧方式长，为炭粒燃尽创造良好条件。同时火球的旋转使进入炉膛的煤粉和空气逐渐均匀地在整个炉膛中被彻底混合，有利于燃尽。另外切向燃烧的各股射流组合成一个旋转火球，能适应各股间风量分配的不均匀性，具有适度的抗干扰作用。

第二节 结构及运行特点

一、哈锅1000MW超超临界直流锅炉燃烧系统结构及运行特点

(一) 哈锅1000MW超超临界直流锅炉燃烧系统结构

本锅炉采用低 NO_x 的改进型PM主燃烧器和MACT燃烧技术。燃烧器采用无分隔墙的八角双火焰中心切圆燃烧大风箱结构。全摆动式燃烧器，共设六层低 NO_x PM一次风喷口，三层油风室，一层燃尽风室、十层辅助风室和四层附加风室（Addition Air）。燃烧器采用MACT燃烧技术，降低炉内 NO_x 的生成；二次风挡板采用非平衡式。整个燃烧器同水冷壁固定连接，并随水冷壁一起向下膨胀。锅炉采用两级点火，即高能点火器先点燃轻油油枪，轻油油枪再点燃煤粉。反向双切圆燃烧方式以获得均匀的炉内空气动力场和热负荷分配，降低炉膛出口烟气温度场和水冷壁出口工质温度的偏差。

采用较大的炉膛截面和容积，较低的炉膛断面热负荷、容积热负荷和炉膛出口烟温；因采用双切圆使燃烧器数目成倍增加，降低了单只燃烧器热功率，这些均对防止结焦有利。

燃烧器的具体布置如图10-3所示。

锅炉的炉膛为长方形结构，其燃烧器采用前后墙布置，共布置8只燃烧器，前墙布置4只燃烧器，后墙布置4只燃烧器，逆时针排列，顺序为No.1～No.8。8只燃烧器为反向双切圆摆动式燃烧器，即由燃烧器No.1、No.2、No.7、No.8在炉膛左半部分中心形成顺时针旋向和由燃烧器No.3～No.6在炉膛右半部分中心形成逆时针旋向的两个直径稍有不同的假想切圆。燃烧器的布置和燃烧情况如图10-4和图10-5所示。

燃烧器设计参数如表10-1所示。

表10-1　　燃烧器设计参数

项目	单　位	数　　据
一次风率	%	21.6
二次风率	%	78.4
一次风温	℃	75
二次风温	℃	327.8
一次风速	m/s	26
二次风速	m/s	46
上下一次风喷嘴中心距	mm	11 600
燃烧器高度	mm	～16 800
上一次风中心线至屏下距离	mm	22 400
下一次风中心线至冷灰斗拐点距离	mm	6950
炉内停留时间	s	2.4
煤粉细度 R_{90}	%	18～20

按照炉膛尺寸的大小选取的燃烧器出口射流中心线和前后墙水冷壁中心线的夹角分别为63°和53°。反向双切圆的燃烧方式，保证了燃烧室良好的空气动力场，并使出口温度场比较均匀，炉膛出口转向室两侧对称点间的烟温偏差小于50℃。同时，由于反向双切圆的燃烧，

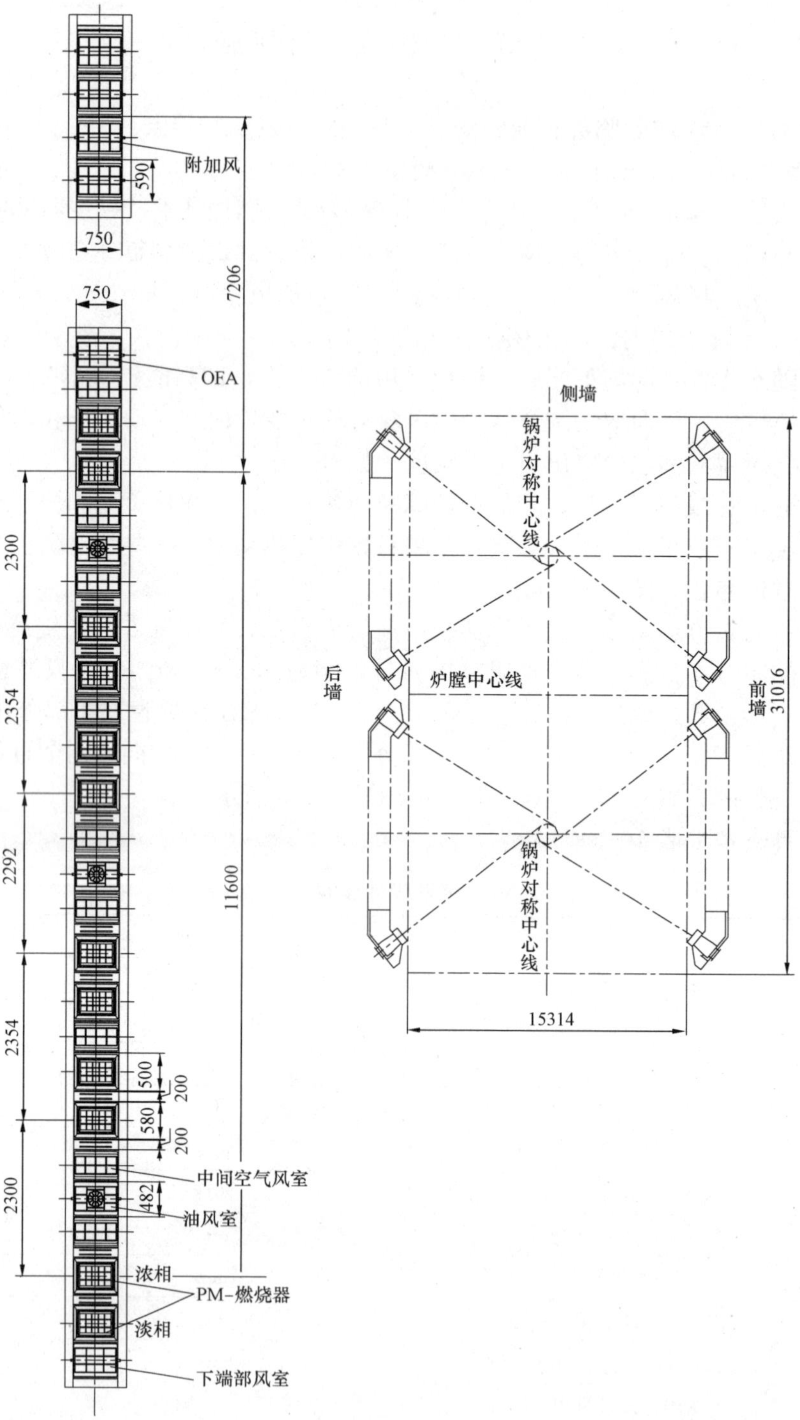

图 10-3 锅炉燃烧器结构

使煤粉燃烧器只数增加，降低了单只喷嘴热功率，有效地防止了炉膛结焦。燃烧器上端OFA燃尽风室的布置，控制了 NO_x 的排放量，另外PM煤粉分离器的使用和主燃烧器上方A—A风的设置更进一步减小了 NO_x 的排放量。采用燃烧器分组拉开式布置及合理配风形

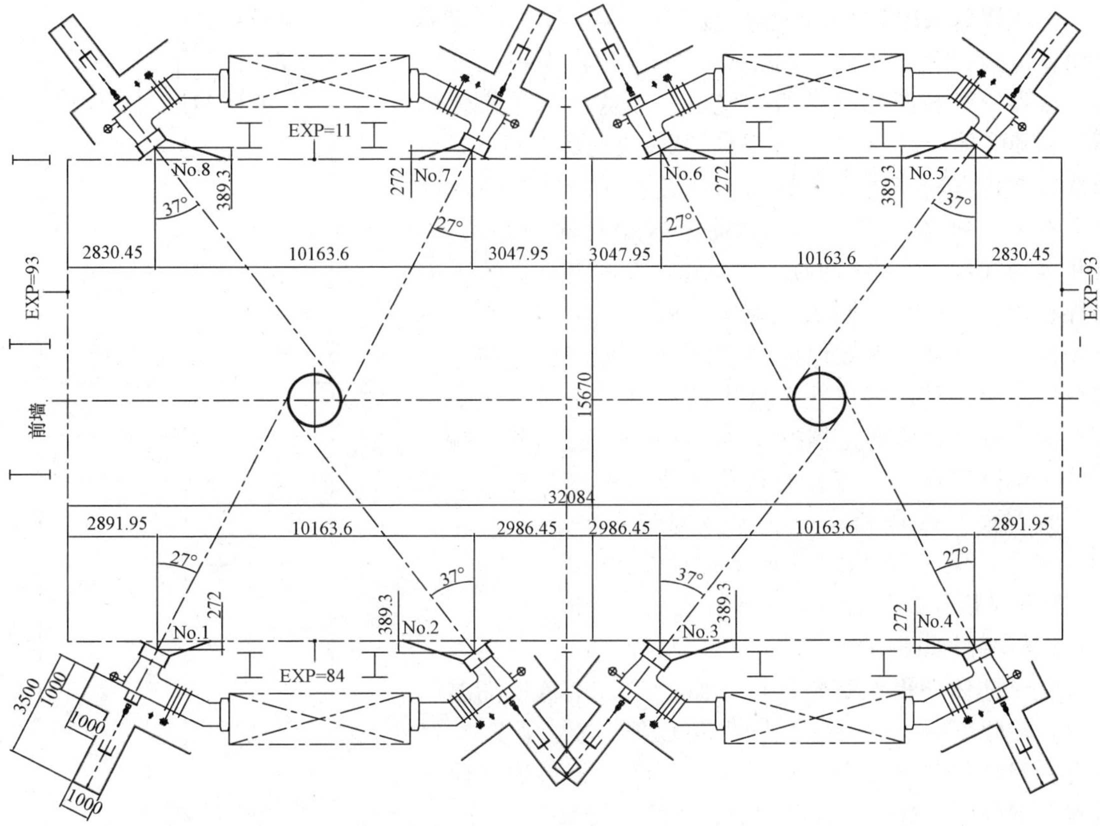

EXP=11
No.8 389.3 37° No.7 272 27°
No.6 272 27° No.5 389.3 37°
2830.45 10163.6 3047.95 3047.95 10163.6 2830.45
EXP=93 EXP=93
前墙 15670 32084
2891.95 10163.6 2986.45 2986.45 10163.6 2891.95
27° 272 No.1 37° 389.3 No.2
37° 389.3 No.3 27° 272 No.4
EXP=84
3500 1000 1000 1000

图 10-4 燃烧器布置图

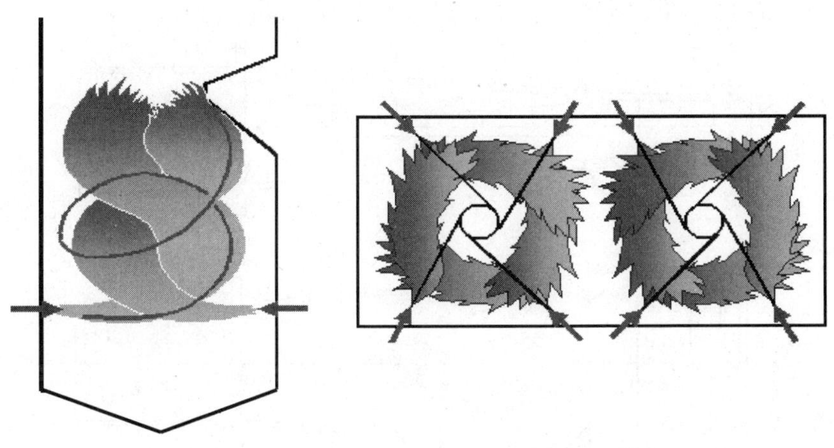

图 10-5 炉膛火焰示意图

式，可有效控制 NO_x 排放量。

在燃烧器高度方向上，根据燃烧器可摆动的特点，考虑到燃烧器向下摆动时，保证火焰充满空间和煤粉燃烧空间，从燃烧器下排一次风口中心线到冷灰斗拐角处留有较大的距离6941mm，为了保证煤粉的充分燃烧，从燃烧器最上层一次风口中心线到分隔屏下沿设计有较大的燃尽高度22364mm，如图10-6所示。

本燃烧器采用PM煤粉燃烧技术，煤粉经过PM煤粉分离器以后，分成了浓淡两相煤粉，这两相煤粉又分别进入浓煤粉燃烧器和淡煤粉燃烧器。在这两种煤粉燃烧器煤粉喷嘴体内设导向板用以分隔PM煤粉分离器分离后形成的浓相煤粉气流和淡相煤粉气流，在燃烧器喷口内设置有波形钝体，该钝体与喷嘴体内导向板一起使浓、淡相煤粉气流一直保持到燃烧器出口。在出口处针对浓淡煤粉燃烧器配置不同的助燃风，使浓淡两相煤粉及时合理地配风燃烧，有效地控制了 NO_x 排放量。同时。在波形钝体出口处，形成一个稳定的回流区，回流区中的烟气使得每个煤粉燃烧器初燃段浓淡两相得到相对分离，并使火焰稳定在一个较宽的负荷变化范围内，有利于保证及时着火及燃烧稳定，确保及时燃尽，能有效抑制 NO_x 排放，保证锅炉效率。喷嘴体如图10-7所示。

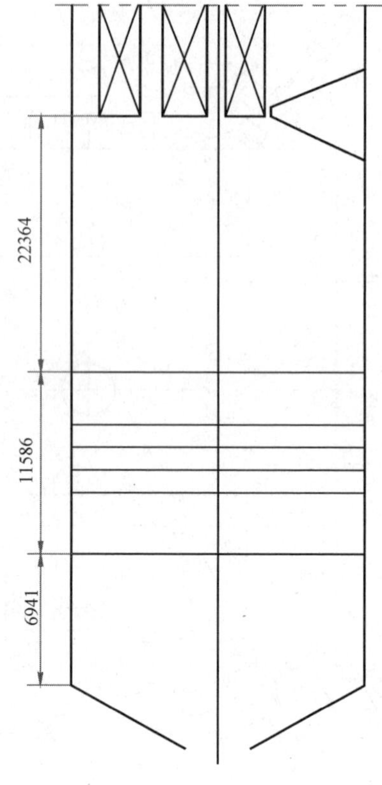

图10-6 炉膛尺寸

PM煤粉分离器如图10-8所示。

煤粉喷口如图10-9所示。

波纹钝体使得在煤粉气流下游产生一个负压高温回流区，在此负压区中存在着高温烟气的回流与煤粉/空气混合物间剧烈的扰动和混合，这一点满足了锅炉负荷在较宽范围变化时对煤粉点火和稳定燃烧的要求。

锅炉制粉系统采用6台中速磨煤机直吹式系统，5台运行，1台备用。燃烧器采用无分隔墙的八角双火焰中心切圆燃烧。

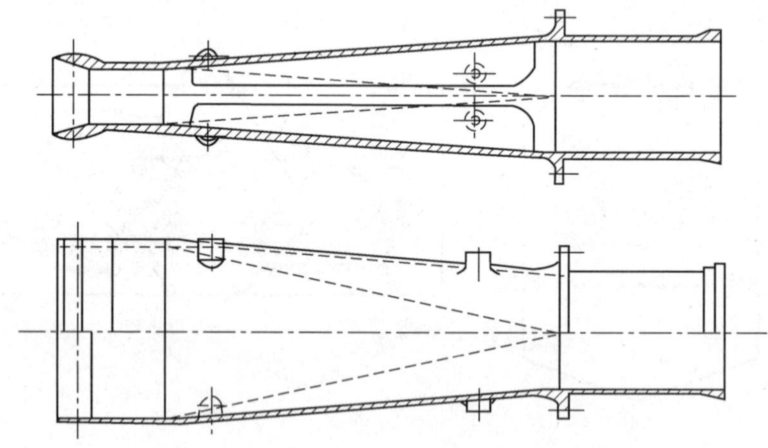
图10-7 浓、淡煤粉喷嘴体

（二）哈锅1000MW超超临界直流锅炉燃烧系统运行特点

将整个炉膛作为两个大燃烧器组织燃烧，因此对每只燃烧器的风量、粉量的控制不需严格，并且操作简单。八角布置双切圆燃烧方式能降低一次风单只喷嘴热功率，其热功率仅为常规四角布置切向燃烧方式的50%，为前后墙对冲燃烧方式的62.5%左右。由于单只喷嘴

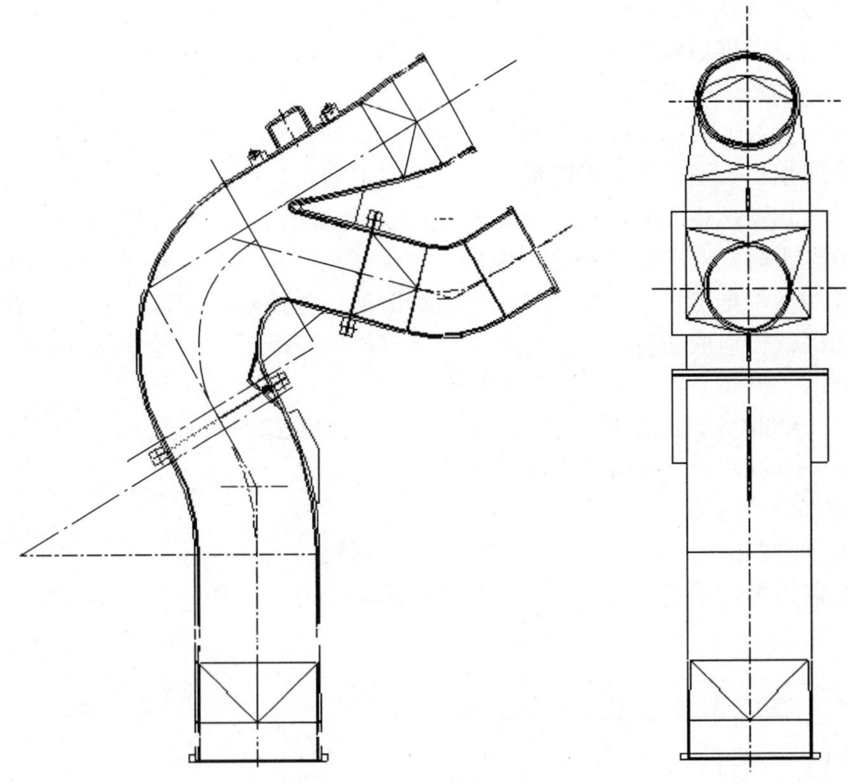

图 10-8 PM 煤粉分离器布置图

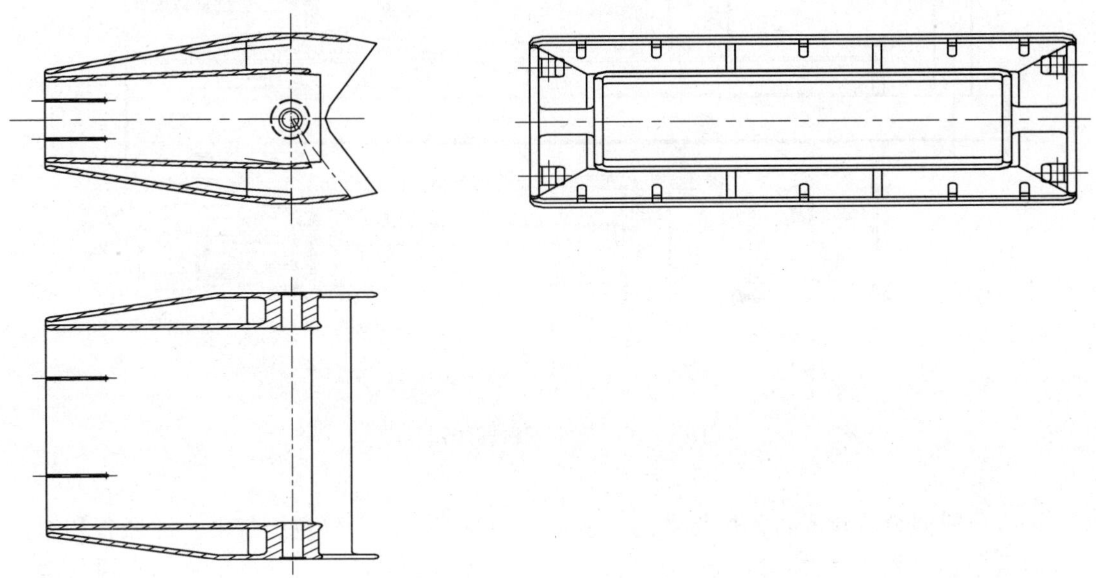

图 10-9 浓、淡煤粉燃烧器喷口

热功率的降低，有利于防止水冷壁结焦的产生。

锅炉负荷变化时，燃烧器按层切换，使炉膛各水平截面热负荷分布均匀，并且温度水平适中，保证水循环安全可靠。

切圆燃烧方式对煤种适应性强，适应煤种的变化。由于炉膛内气流旋转强烈，与煤粉颗粒混合好，且延长了煤粉颗粒在炉内流动路程，有利于煤粉的燃尽，PM燃烧器在空气动力特性上具有良好的燃烧稳定性

由于八角布置双切圆的旋转方向相反，炉膛出口烟气沿炉膛宽度方向旋向相反，相互叠加抵消，使炉膛出口烟温偏差大大降低，有利于锅炉安全运行。

八角布置双切圆燃烧方式在运行中必须注意以下的问题：首先油枪点火时应先在同层进行，同层油枪点火时又应在同一炉膛内进行，在确认点火成功后，在另一侧炉膛进行点火，同一层点火成功后，再点燃下一层。其次当锅炉燃油具备投粉条件后，投入与油枪相邻的一台磨煤机。当确认投运成功后，再进行下一台磨煤机的投运。无论哪一台磨煤机的投停都应确保按层运行。

二、东锅1000MW超超临界直流锅炉燃烧系统结构及运行特点

（一）东锅1000MW超超临界直流锅炉燃烧系统结构

1. 旋流煤粉燃烧器结构

（1）煤粉燃烧器结构。

煤粉燃烧器将燃烧用空气分为几部分，即一次风、内二次风、外二次风和中心风，如图10-10所示。

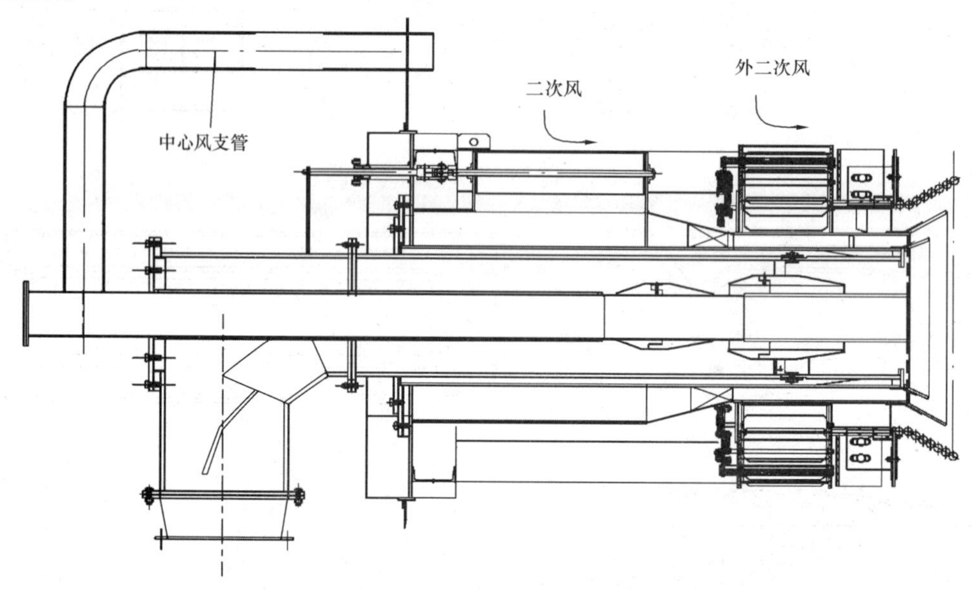

图10-10 旋流煤粉燃烧器简图

1）一次风。

一次风粉混合物首先进入燃烧器的一次风入口弯头，然后经过燃烧器一次风管和布置在一次风管中的煤粉浓缩器，浓缩器使煤粉气流产生径向分离，浓煤粉气流从一次风管圆周外侧经过一次风管出口处的稳焰齿环进入环形回流区着火燃烧；淡煤粉气流从一次风管中心区域喷入炉内，并进入内回流区着火燃烧。

一次风管出口处的较大厚度和扩锥使一次风、二次风分离并形成一个夹角，通过高速的一次风、二次风的吸卷在该夹角范围内形成一个稳定的环状回流区。该回流区离一次风出口

很近、回流的烟气温度很高；而进入该回流区的是浓煤粉气流，它所需要的着火热大大降低；喷口出口处的稳焰齿环可以增加煤粉气流的湍动度，进一步提高煤粉气流的着火速度；一次风扩锥可以推迟二次风的混入，提高回流区温度。因此在上述因素的共同作用下，煤粉气流在离开燃烧器喷口后能够迅速及时着火、稳定燃烧。

2）内二次风和外二次风。

燃烧器大风箱为运行燃烧器提供内二次风和外二次风，为停运燃烧器提供冷却风。内二次风和外二次风通过燃烧器内同心的内二次风、外二次风环形通道在燃烧的不同阶段喷入炉内，实现分级供风，降低 NO_x的生成量。

进入每个燃烧器的内二次风量可通过燃烧器上的二次风门挡板进行调节，为手动。通过调节内二次风门的开度可得到适当的内二次风量，以获得最佳燃烧工况，即良好的着火稳燃性能、高的燃烧效率、低的 NO_x排放量及防止燃烧器结焦等。内二次风通道内布置有轴向旋流器使经过的二次风产生旋转，离开燃烧器后旋转的气流在离心力的作用下扩张，从而在中心区域产生负压，使高温烟气回流，为煤粉气流的着火提供能量。内二次风旋流器为固定式，不作调节，叶片倾角 60°。

进入每个燃烧器的外二次风量可通过燃烧器上切向布置的叶轮式风门挡板进行调节。调节外二次风门挡板的开度，即可得到适当的外二次风量和外二次风旋流强度，以获得最佳燃烧工况。

内二次风门及外二次风门挡板的最佳位置在燃烧调整试验时确定，只要煤质不发生重大变化，在此后的运行过程中无需再进行调整。

3）中心风。

燃烧器内设有中心风管，其中布置油枪、高能点火器等设备。一股小流量的中心风通过中心风管送入炉膛，在油枪运行时用作部分燃油配风（必要时应投运相应的冷却风系统，防止燃油冒黑烟）；在油枪停运时（指同一磨煤机层的一排油枪全部停运）用作调节燃烧器中心回流区的位置，控制着火点，获得最佳燃烧工况；同时还起到冷却、防止烟气倒灌及灰渣积聚的作用。每个燃烧器的中心风由该层中心风母管提供，中心风母管入口处设有风门挡板用以调节风量，风门挡板在该层油枪运行阶段应手动操作，油枪停运后投入自动运行。

（2）煤粉燃烧器调节机构。

旋流煤粉燃烧器必顺通过调整才能达到最佳运行状态，燃烧器的内二次风、外二次风风门均需要进行调节。内二次风门主动轴穿过燃烧器面板伸到燃烧器外，通过手动调节装置可使风门挡板在 0°～90°范围内调节。内二次风门手动调节装置如图 10-11 所示。

外二次风门调节转轴穿过燃烧器面板伸到燃烧器外，转轴与摆臂相连，通过气动执行器的驱动，使主动轴转动，并带动其余 23 个从动轴转动，以实现外二次风门挡板的同步开关。外二次风门的转动角度为 0°～75°，在燃烧器内部设有限位装置。将外二次风门关小时，可减小外二次风量、增加外二次风旋流强度；将外二次风门开大时，可增加外二次风量、减小外二次风旋流强度。

燃烧器首次投运时，可将内二次风门置于 90°开度位置，外二次风门置于全开位置。

2. 燃尽风及侧燃尽风

为进一步降低 NO_x排放量，在煤粉燃烧器上方设置了燃尽风及侧燃尽风，燃尽风通过调风器送入炉膛。选取合适的燃尽风风率和煤粉燃烧器到燃尽风喷口的距离，可在不影响锅

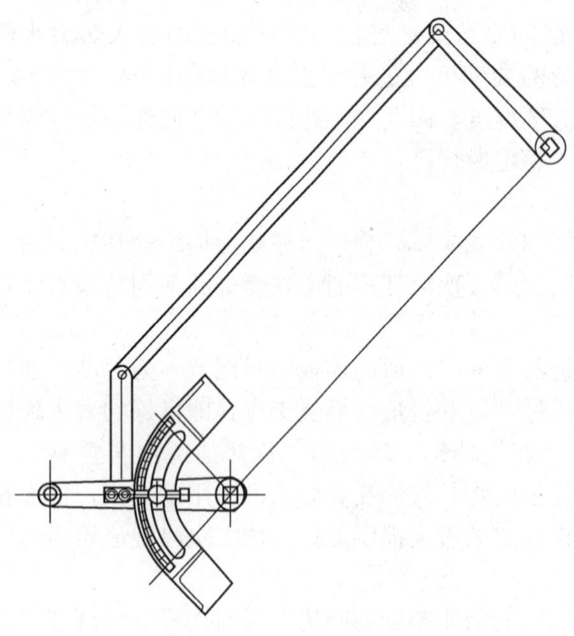

图 10-11 内二次风门手动调节装置

炉其他性能、参数的条件下显著降低 NO_x 的生成量。燃尽风分两层布置在燃烧器上方，燃尽风率从 20%～30%可调，实现全炉膛分级燃烧（图 10-12）。

燃尽风及侧燃尽风调风器将燃尽风分为两股独立的气流送入炉膛，中央部位的气流为直流气流，它速度高、刚性大能直接穿透上升烟气进入炉膛中心区域；外圈气流是旋转气流，离开调风器后向四周扩散，用于和靠近炉膛水冷壁的上升烟气进行混合。外圈气流的旋流强度和两股气流之间的风量分配均可进行调节，它们的最佳状态应在锅炉试运行期间的燃烧调整试验时确定。

3. 中心风管

中心风管由中心风母管及支管组成。中心风在沿炉膛宽度方向布置的中心风母管内均匀流动，最终从与各个燃烧器相连的中心风支管进入各燃烧器。中心风母管生根于大风箱桁架上，并随大风箱一起膨胀。

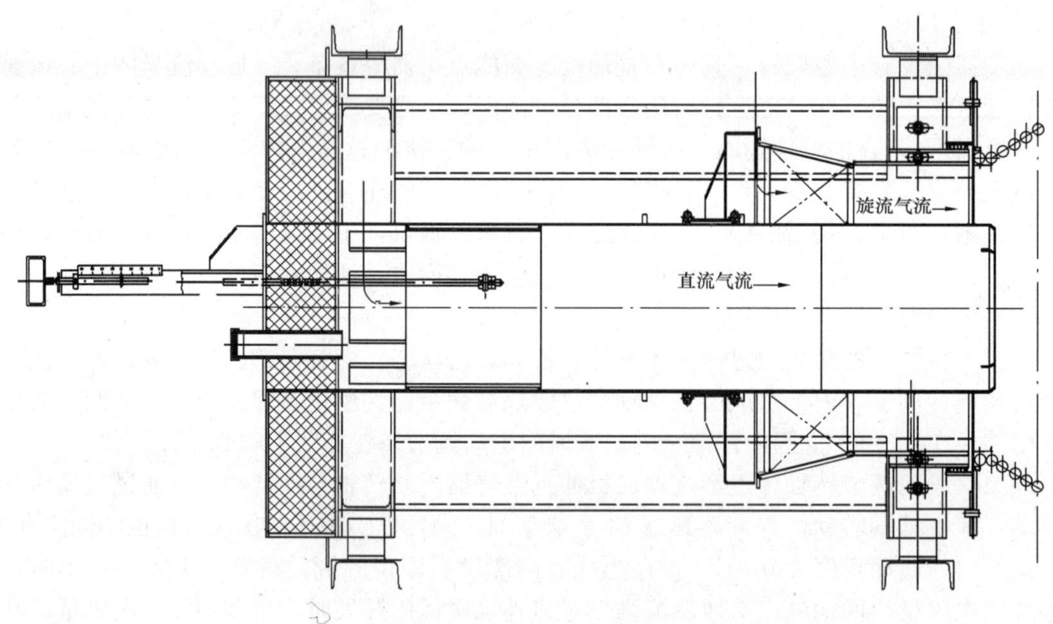

图 10-12 燃尽风调风器简图

4. 大风箱及风门

为使每个燃烧器的空气分配均匀，在锅炉前后墙燃烧器区域对称布置有 2 个大风箱。大风箱被分隔成单层风室，每层燃烧器一个风室，每层大风箱的风量可单独调节。大风箱对称布置于前后墙，设计入口风速较低，可以将大风箱视为一个静压风箱，风箱内风量的分配取决于燃烧器自身结构特点及其风门开度，这样也就可以保证在锅炉燃烧调整试验中将所有燃烧器、燃尽风调风器的配风调平后，在实际的锅炉运行中无需调整也可保证同一层风室内每个燃烧器得到相同的风量，利于燃烧器的配风均匀，保证炉膛内火焰均匀，使输入热量沿炉宽方向均匀分布。

每层燃烧器及燃尽风所需风量的分配是通过调节安装在大风箱各层风室两侧入口处的风门挡板的开度来实现的。锅炉前、后墙大风箱分别分隔为几个独立的风室（风室数量与燃烧器和燃尽风的布置层数相对应），每个风室入口左右两侧的风门挡板分别配有1台风门用执行器。燃烧器二次风风门和燃尽风风门的调节采用单控方式，即燃烧器单层风室或燃尽风单层风室入口的两个执行器可以单独控制，所有执行器均可以连续调节，以实现燃烧器二次风或燃尽风的调节。在二次风和燃尽风风道上应设置有风量测量装置，以便运行中能够向控制系统提供风量信号值。

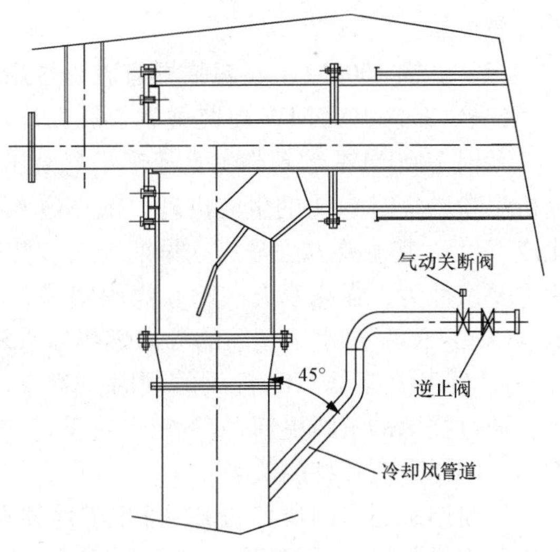

图 10-13　冷却风管道示意图

同一层风室上的旋流燃烧器所需中心风由同一个中心风母管提供，中心风母管两端入口处也设置有风门挡板，并配有执行器，用于调节其开度。中心风母管上应设有风压测点，以便向控制系统提供风压信号。

通过调节执行器可以调节每层风室的风量及二次风与燃尽风的比值，即调整燃烧器区域的化学当量比，以实现高效、稳定及低 NO_x 排放的燃烧要求。

大风箱和燃烧器的载荷通过风箱桁架，传递给支撑梁；支撑梁的一端与锅炉垂直搭接板铰接，另一端与固定在钢结构上的恒力弹簧吊架的吊杆相连。

5. 冷却风管道

在每只燃烧器入口前端设置冷却风管道，每支冷却风管道配置一台逆止阀和一台气动冷却风阀。当燃烧器停运的时候，打开冷却风阀，此时逆止阀将由大气与炉膛负压之间的压差打开，然后大气通过冷却风管道进入燃烧器一次风管，对燃烧器进行冷却保护作用（见图10-13）。

（二）东锅1000MW超超临界直流锅炉煤粉燃烧器运行特点

（1）当锅炉负荷达到25%～40%BMCR范围后，应注意使风量与燃料量相匹配，继续升负荷时应先增风量后增燃料。

（2）当锅炉负荷处在最低不投油稳燃负荷以下时，应有油枪助燃；当锅炉负荷在最低不投油稳燃负荷以上时，可逐步停运油枪。

（3）当两台以上的磨煤机投运时，负荷稳定后全部运行磨煤机之间的最大出力差不应超过5%，同一台磨煤机对应的燃烧器需同时停投。

（4）当全炉膛有两层及以上煤粉喷嘴在投运时，不允许一侧有超过另一侧两层及以上的燃烧器运行。

（5）锅炉负荷降低时，应先降燃料量后降风量。

（6）要停某一层煤粉喷嘴时，该层煤粉燃烧器对应的冷却风管道阀门必需开启。

（7）锅炉不同工况、负荷下，磨煤机的投运数量要使各运行燃烧器的风速与设计值尽可能地接近；燃尽风的风量应使锅炉能够获得低的 NO_x 排放量和高的燃烧效率。

（8）锅炉冷态启动时，可从下往上逐层投入燃烧器；锅炉热态启动时，可从上往下逐层投入燃烧器。

三、上锅 1000MW 超超临界直流锅炉燃烧系统结构及运行特点

（一）上锅 1000MW 超超临界直流锅炉燃烧系统结构

上锅 1000MW 超超临界直流锅炉燃烧方式采用低 NO_x 同轴燃烧系统（LNCFS）。通过分析煤粉燃烧时 NO_x 的生成机理，低 NO_x 煤粉燃烧系统设计的主要任务是减少挥发分氮转化成 NO_x，其主要方法是建立早期着火和使用控制氧量的燃料/空气分段燃烧技术。LNCFS 的主要组件为：强化着火（EI）煤粉喷嘴、预置水平偏角的辅助风喷嘴（CFS）、紧凑燃尽风（CCOFA）、可水平摆动的分离燃尽风（SOFA）。

LNCFS 在降低 NO_x 排放的同时，着重考虑提高锅炉不投油低负荷稳燃能力和燃烧效率。通过技术的不断更新，LNCFS 在防止炉内结渣、高温腐蚀和降低炉膛出口烟温偏差等方面，同样具有独特的效果。

煤粉燃烧器采用典型的 LNCFS 燃烧器布置，一共设有 12 层煤粉喷嘴，在煤粉喷嘴四周布置有燃料风（周界风）。燃烧器风箱分成独立的 4 组，下面 3 组风箱各有 4 层煤粉喷嘴，对应 2 台磨煤机，在每相邻 2 层煤粉喷嘴之间布置有 1 层燃油辅助风喷嘴。每相邻 2 层煤粉喷嘴的上方布置了 1 个组合喷嘴，其中预置水平偏角的辅助风喷嘴（CFS）和直吹风喷嘴各占约 50%出口流通面积。

该系统采用 6 台中速磨煤机，容量的选择使得在任何负荷情况下至少有一台磨煤机处于备用状态。每台磨煤机对应提供 2 层燃烧器所需的煤粉。磨煤机出口的 4 根煤粉管道在燃烧器前通过一个 1 分 2 的分配器，分成 8 根煤粉管道，进入 4 个角燃烧器的 2 层煤粉喷嘴中。煤粉燃烧器立面布置图如图 10-14 所示，煤粉燃烧器平面布置图见图 10-15，煤粉燃烧器角部详图如图 10-16 所示。

在主风箱上部布置有分离燃尽风（Separated OFA，SOFA）燃烧器，包括 6 层可水平摆动的 SOFA 喷嘴。SOFA 燃烧器立面布置如图 10-17 所示。

连同煤粉喷嘴的周界风，每角主燃烧器和 SOFA 燃烧器有二次风挡板 32 组，均由电动执行器单独操作。为满足锅炉汽温调节的需要，主燃烧器喷嘴采用摆动结构，每组燃烧器由连杆组成一个摆动系统，由一台电动执行器集中带动作上下摆动。SOFA 燃烧器同样由一台电动执行器集中带动作上下摆动。

在燃烧器二次风室中配置了 6 层共 24 支轻油枪，采用简单机械雾化方式，燃油容量按 20%MCR 负荷设计。点火装置采用高能电火花点火器。B 磨燃烧器共两层喷嘴装有 8 支压缩空气雾化的微油枪。燃烧器采用水冷套结构。

1. 强化着火（EI）煤粉喷嘴

与常规煤粉喷嘴设计比较，强化着火（EI）煤粉喷嘴能使火焰稳定在喷嘴出口一定距离内，使挥发分在富燃料的气氛下快速着火，保持火焰稳定，从而有效降低 NO_x 的生成，延长焦碳的燃烧时间。强化着火（EI）煤粉喷嘴示意图如图 10-18 所示。

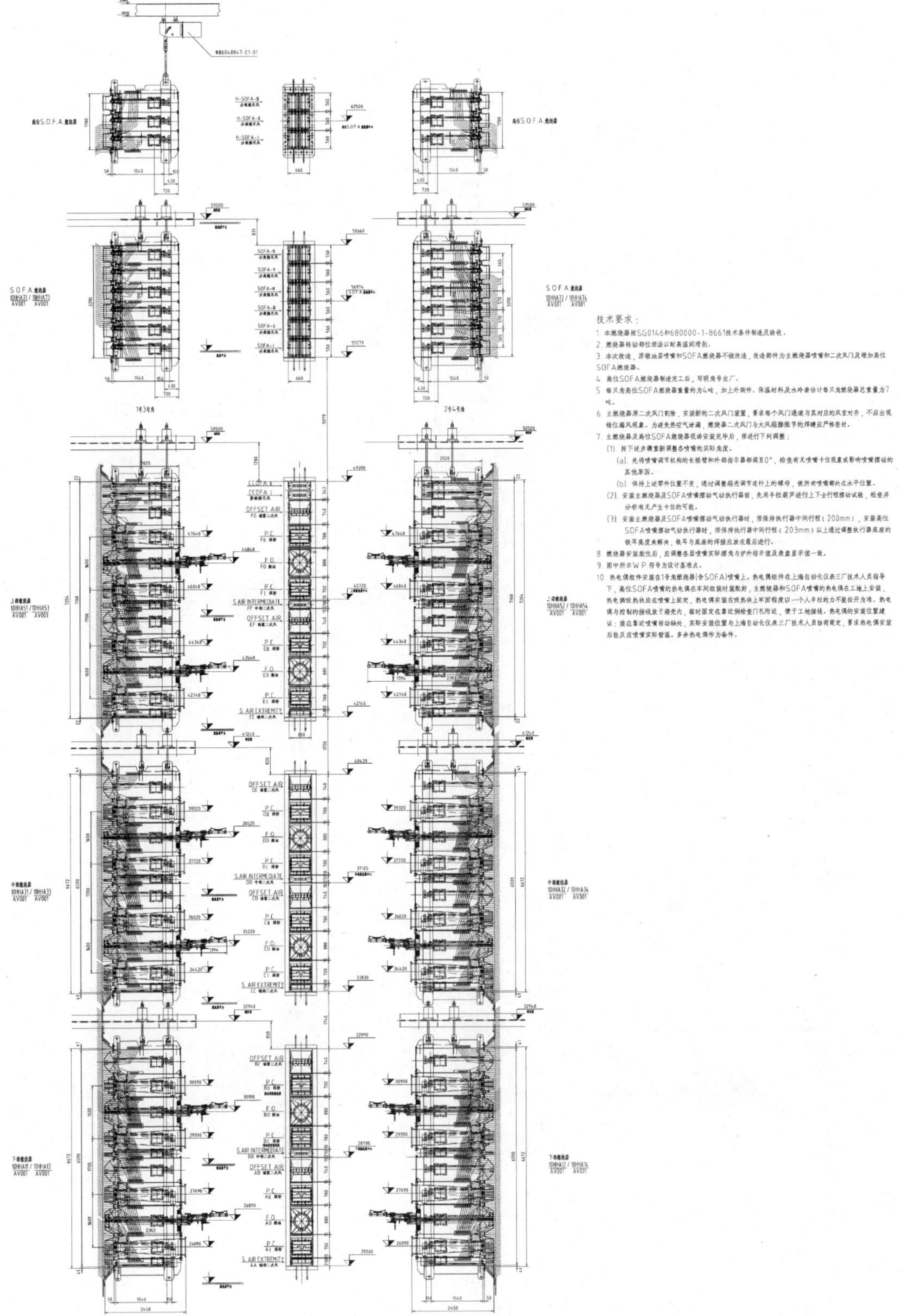

图 10-14 煤粉燃烧器立面布置图

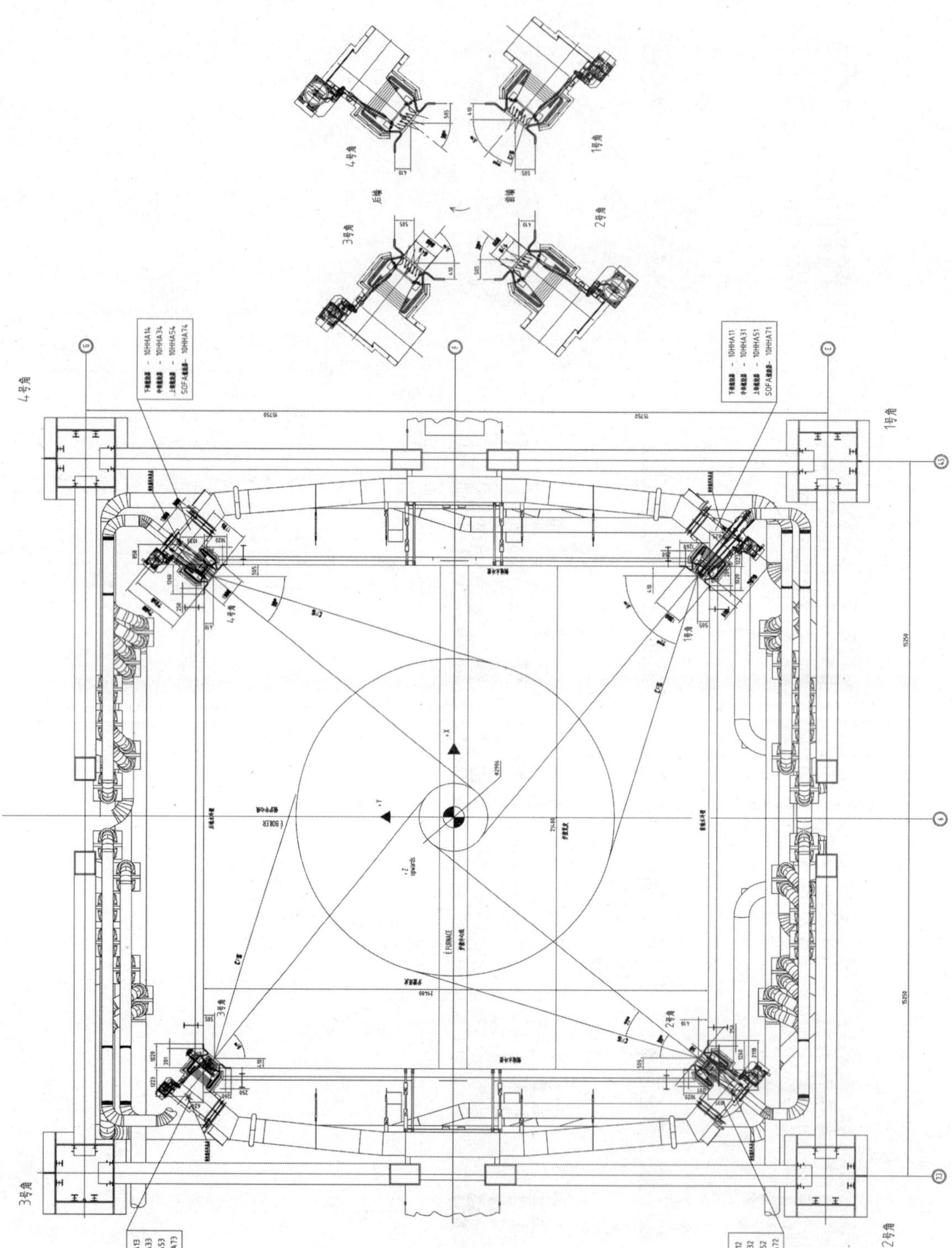

图 10-15　煤粉燃烧器平面布置图

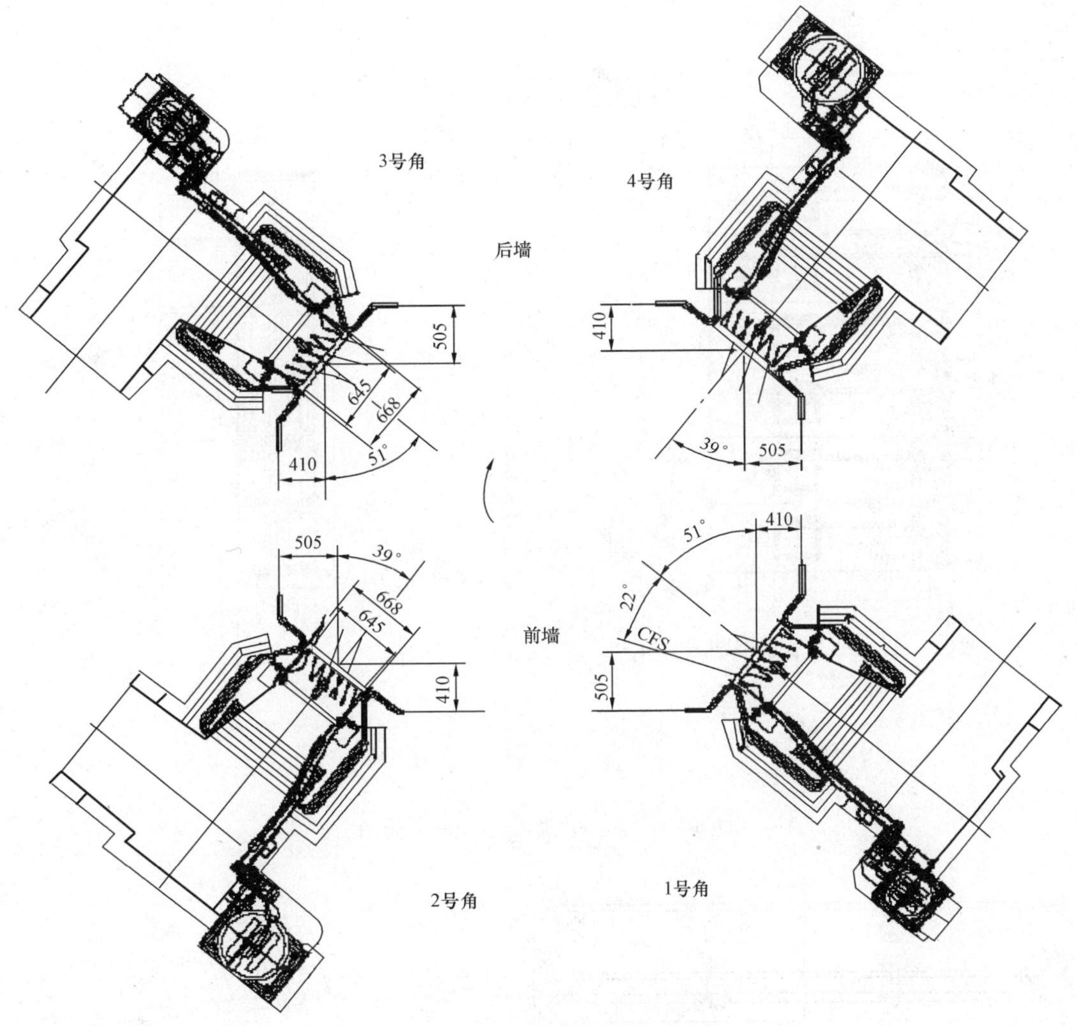

图 10-16 煤粉燃烧器角部详图

2. 带同心切圆燃烧方式（CFS）的多隔仓辅助风

对应每台磨煤机的 2 层煤粉喷嘴的上方布置一只二次风喷嘴，其中约一半直吹风，一半偏置风（CFS）喷嘴。同心切圆（CFS）燃烧方式如图 10-19 所示。

采用同心切圆（CFS）燃烧方式，部分二次风气流在水平方向分级，在始燃烧阶段推迟了空气和煤粉的混合，NO_x形成量少。由于一次风煤粉气流被偏转的二次风气流（CFS）裹在炉膛中央，形成富燃料区，在燃烧区域及上部四周水冷壁附近则形成富空气区，这样的空气动力场组成减少了灰渣在水冷壁上的沉积，并使灰渣疏松，减少了墙式吹灰器的使用频率，提高了下部炉膛的吸热量。水冷壁附近氧量的提高也降低了燃用高硫煤时水冷壁的高温腐蚀倾向。

3. 可水平摆动调节的 SOFA 喷嘴

炉膛出口烟温偏差是炉膛内的流场造成的。通过对目前运行的燃煤机组烟气温度和速度数据分析发现，在炉膛垂直出口断面处的烟气流速对烟温偏差的影响要比烟温的影响大得多。这提示，烟温偏差是一个空气动力现象。炉膛出口烟温偏差与旋流指数之间存在着联

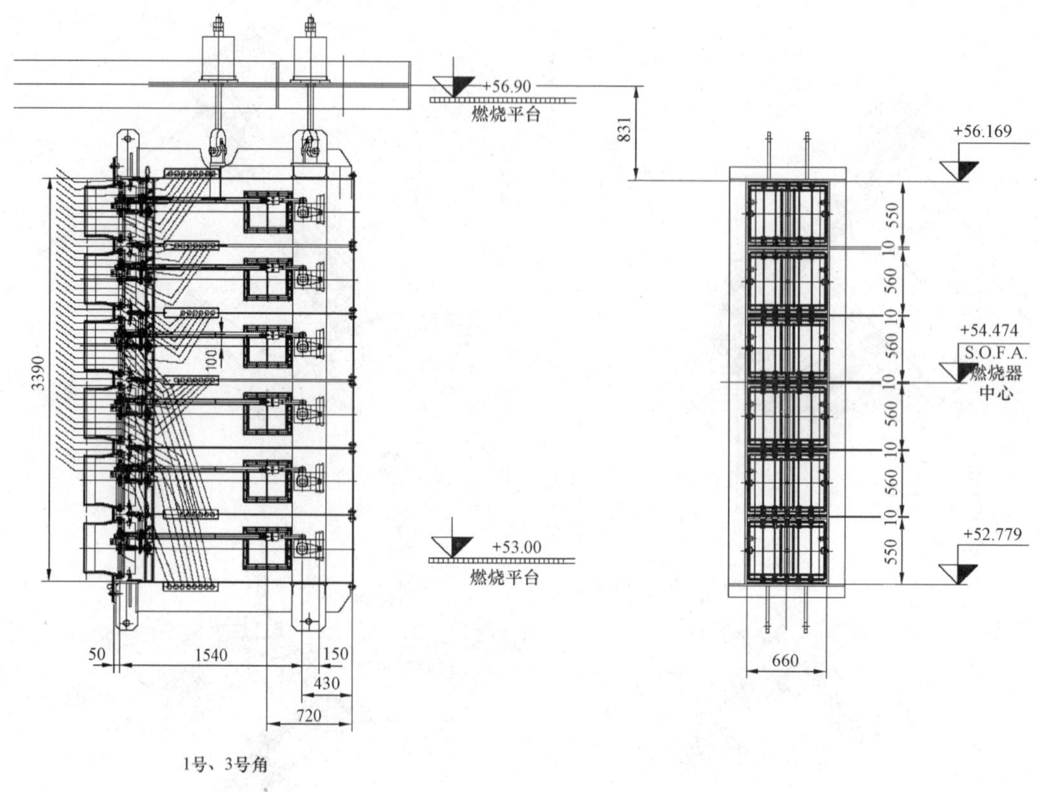

图 10-17　SOFA 燃烧器立面布置图

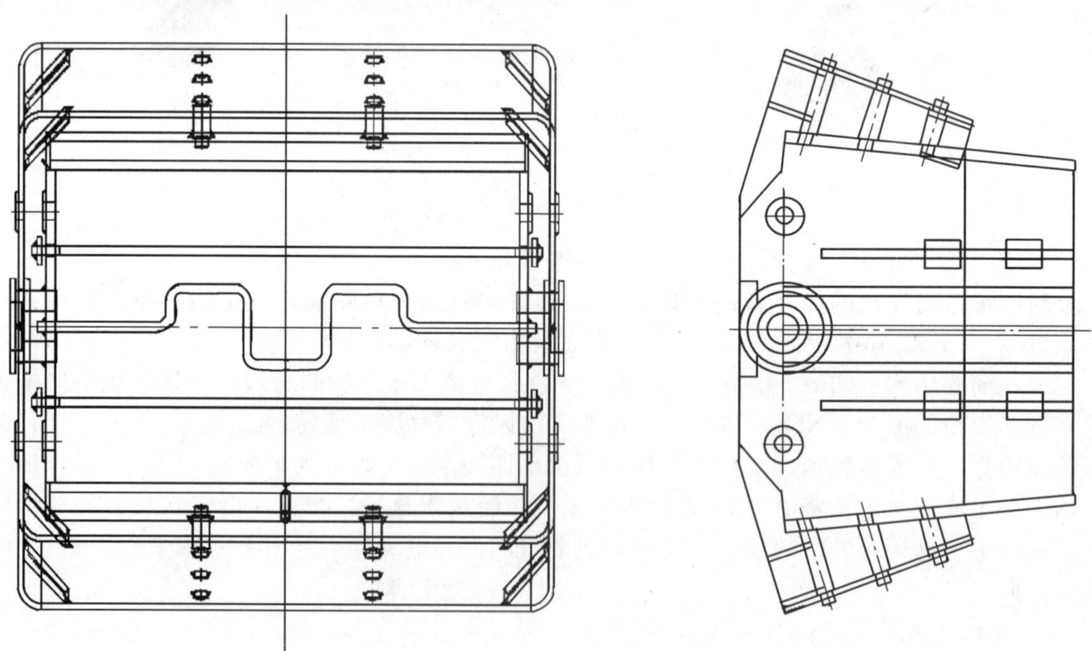

图 10-18　强化着火（E I）煤粉喷嘴示意图

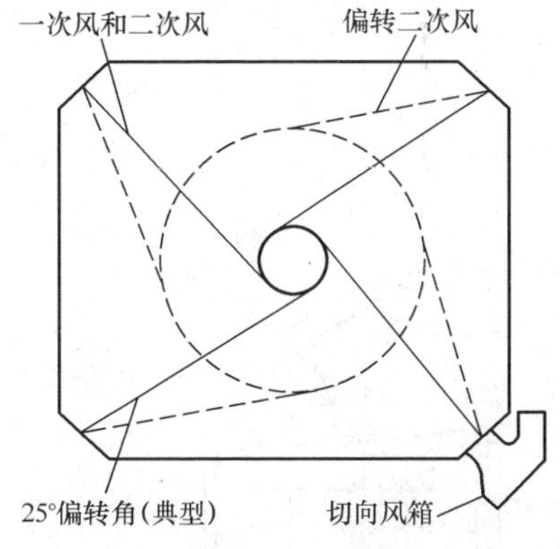

图 10-19 同心切圆（CFS）燃烧方式

系。该旋流指数代表着燃烧产物烟气离开炉膛出口截面时的切向动量与轴向动量之比（较高的旋流指数意味着较快的旋流速度）。旋流值可以通过一系列手段减小，诸如减小气流入射角，布置紧凑燃尽风（CCOFA）喷嘴和分离燃尽风（SOFA）喷嘴，SOFA 反切一定角度，以及增加从燃烧器区域至炉膛出口的距离等，使进入燃烧器上部区域气流的旋转强度得到减弱乃至被消除。可水平摆动调节的 SOFA 喷嘴摆角可水平调整 +25°～− 25°。SOFA 的水平调整对燃烧效率也有影响，要通过燃烧调整得到一个最佳的角度。

图 10-20 为 1 号、3 号角 SOFA 喷嘴水平调整机构示意图，当拉杆向人手方向拉出时，表示 SOFA 喷嘴与燃烧器的安装中心线的夹角由 0°逐步增加，而且增加的方向与火球旋转方向相反，反之则相反。

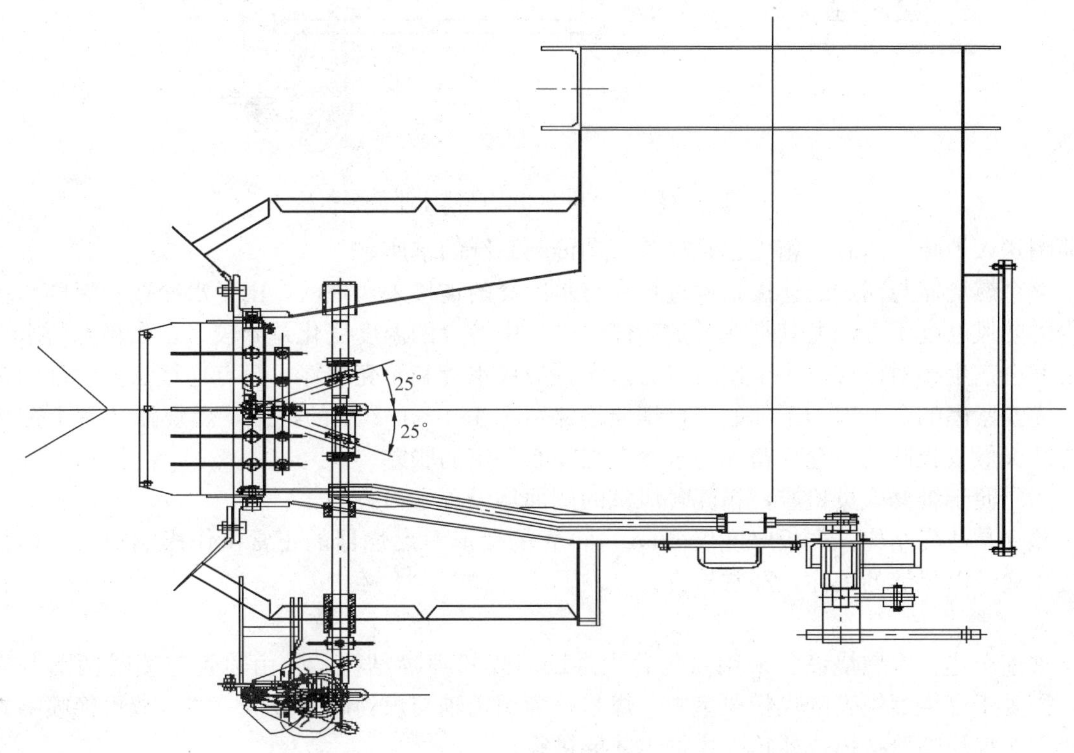

图 10-20 1 号、3 号角 SOFA 喷嘴水平调整机构

图 10-21 为 2 号、4 号角 SOFA 喷嘴水平调整机构示意图，当拉杆向人手方向拉出时，表示 SOFA 喷嘴与燃烧器的安装中心线的夹角由 0°逐步增加，而且增加的方向与火球旋转方向相同，反之则相反。

4. 箱壳

箱壳的作用主要是将燃烧器的各个喷嘴固定在需要的位置，并将来自大风箱的二次风通

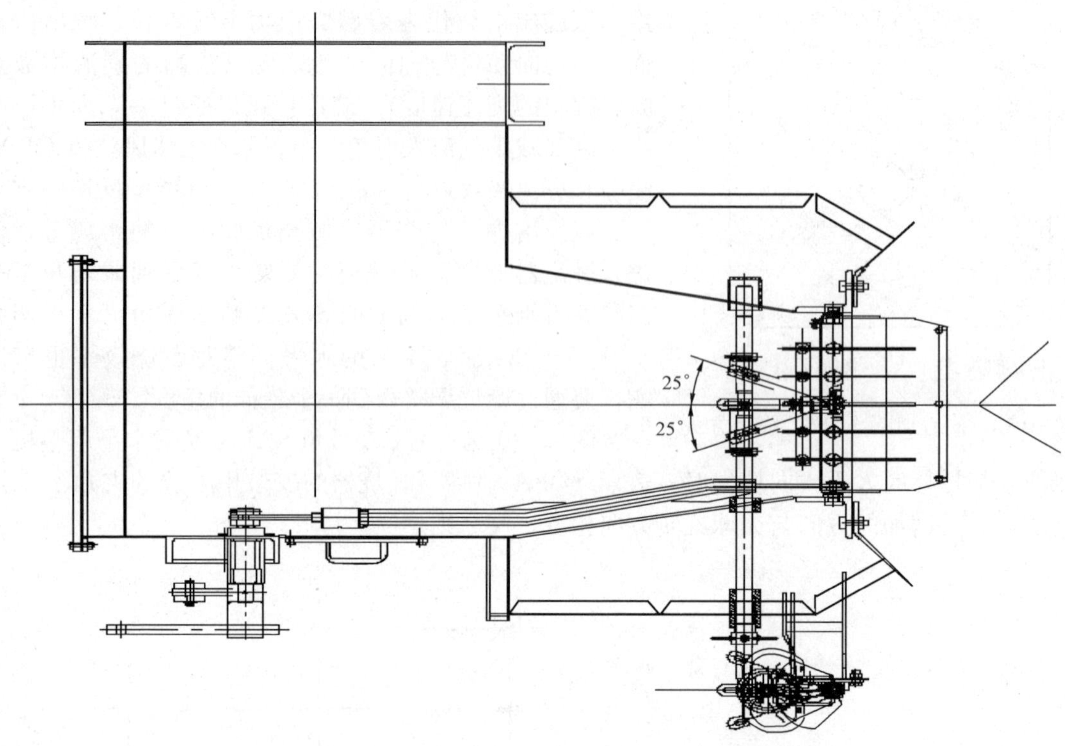

图 10-21　2 号、4 号角 SOFA 喷嘴水平调整机构

过喷嘴送入炉膛。同时，箱壳也是喷嘴摆动传动系统的基座。

整个燃烧器与锅炉的连接是通过箱壳与水冷套的连接来实现的，由于水冷壁管温度与箱壳内的热风温度不等，尤其是在升炉和停炉过程中各自的温度变化差异较大，在箱壳与水冷壁之间会产生相对位移，为了避免应力过大，造成水管和箱壳损坏，只有连接法兰中部的螺栓是完全紧固的，上部与下部的连接螺栓均保留有 1/4～1/2 圈的松弛，燃烧器法兰上这部分螺孔又做成长圆孔，允许箱壳与水冷套之间有一定的胀差。

为了便于维修人员检查，箱壳各风室的侧面均设置了检查门盖。

箱壳是薄壳结构，壳板厚度仅 6mm。箱壳的变形对燃烧器的正常工作影响很大，运行过程中应予以足够的关注，经常检查。

5. 煤粉风室

如前所述，本燃烧设备采用强化着火（EI）煤粉喷嘴结构，它由喷管与喷嘴两部分组成，同处于燃烧器箱壳的煤粉风室中。煤粉喷嘴用销轴与煤粉喷管装成一体，故更换喷嘴必须将整个煤粉喷管从燃烧器箱壳中抽出才能进行。

6. 二次风室及喷嘴摆动系统

主燃烧器除了由煤粉风室和二次风室组成外，每组主燃烧器布置有 2 层油枪。

主燃烧器喷嘴由内外传动机构传动，传动机构又由外部垂直连杆连成一个摆动系统，由一台直行程电动执行器统一操纵作同步摆动，二次风喷嘴的摆动范围可达 30°，煤粉喷嘴的摆动范围为±30°。

7. 二次风挡板及控制

燃烧器每层风室均配有相应的二次风门挡板。每角主燃烧器配有 32 只风门挡板，相应配有 26 只气动执行机构，其中对应每台磨煤机的 2 层煤粉风室的燃料风由一只执行机构，通过连杆进行控制。每角 SOFA 燃烧器配有 6 只风门挡板，相应配有 6 只执行机构，这样每台锅炉共配有 128 只执行机构，按照机炉协调控制系统（CCS）和炉膛安全监视系统（FSSS）的指令进行操作，在一般情况下，同一层四组燃烧器的风门挡板应同步动作。

各层二次风门挡板用来调节总的二次风量在每层风室中的分配，以保证良好的燃烧工况和指标。

这些挡板的开度控制需要通过燃烧调整试验来最终确定。

当风门全关时，挡板结构仍留有 2%左右的流通空隙，这是为了避免挡板全关时燃烧器喷嘴过热而被烧坏，所以是正常的保护措施，不应被视为“设计缺陷”而人为地将其堵上。

注意：在现场安装执行机构时，还需要将开度为 15°的位置作为挡板的“0”位置，以保证风门挡板全关时喷嘴的冷却风量足够。

二次风挡板动作是否正常，直接关系到锅炉能否正常运行，因此锅炉安装完毕或每次检修之后，应将炉膛两侧的大风箱内部清理干净，不允许留有碎铁杂物，以免吹入挡板和喷嘴处，造成卡煞。此外，应检查挡板的实际开度与外部指示是否一致，动作是否灵活。如挡板动作失灵，应先将电动执行器解开，分别检查是执行器的问题，还是挡板本身卡煞，从而采取不同的对策。

在锅炉两侧布置有燃烧器连接风道（大风箱），风速较低，保证四角风量分配的均匀性。SOFA 燃烧器由单独的连接风道供风，在连接风道上共设计布置有 SOFA 风量测量装置，便于控制调节 SOFA 风量。

8. 护板及护板框架

燃烧器在检修门孔处和一次风室连接法兰处安装了外护板及护板框架，便于将来工地检修时拆卸。

在燃烧器箱壳上，除了侧边的检查门盖外，还有后部与一次风喷管及油燃烧器装置相联的内护板，都用螺栓盖在箱壳开孔处。

检查门盖的保温层，用螺栓装在护板框架上，在打开检查门盖或拆卸内护板前，须先将其外护板及保温层拆下。

检查门盖及内护板与箱壳壁板之间具有相同的温度，不存在胀差的问题；由于外护板的温度接近环境温度，故它与其框架的结构必须考虑与燃烧器箱壳之间的胀差。燃烧器的检修维护必须记住这一点，避免因胀差得不到补偿而损害设备。

9. 燃烧器与煤粉管道的连接

煤粉管道由设计院设计供货，每台磨煤机出口由 4 根煤粉管道接至同 2 层四角布置的煤粉燃烧器，磨煤机出口煤粉管道直径 ϕ740mm×10mm，进燃烧器煤粉管道直径 ϕ510mm×10mm。

由于煤粉管道的设计对燃烧器的摆动灵活性有一定的影响，要求在连接至燃烧器入口弯头的煤粉管道上采用恒力弹簧吊架支吊，不允许煤粉管道的重量传递到燃烧器的一次风管上。

（二）上锅 1000MW 超超临界直流锅炉燃烧系统煤粉燃烧器运行特点

LNCFS 在降低 NO_x 排放的同时，着重考虑提高锅炉不投油低负荷稳燃能力和燃烧效率。通过技术的不断更新，LNCFS 在防止炉内结渣、高温腐蚀和降低炉膛出口烟温偏差等方面，同样具有独特的效果。

(1) LNCFS 具有优异的不投油低负荷稳燃能力。LNCFS 设计的理念之一是建立煤粉早期着火，为此再加上多种强化着火（EI）煤粉喷嘴，能大大提高锅炉不投油低负荷稳燃能力。根据设计、校核煤种的着火特性，选用合适的煤粉喷嘴，在煤种允许的变化范围内确保煤粉及时着火，稳燃，燃烧器状态良好，并不被烧坏。

(2) LNCFS 具有良好的煤粉燃尽特性。煤粉的早期着火提高了燃烧效率。

LNCFS 通过在炉膛的不同高度布置 CCOFA 和 SOFA，将炉膛分成三个相对独立的部分：初始燃烧区，NO_x 还原区和燃料燃尽区。在每个区域的过量空气系数由三个因素控制：总的 OFA 风量，CCOFA 和 SOFA 风量的分配以及总的过量空气系数。这种改进的空气分级方法通过优化每个区域的过量空气系数，在有效降低 NO_x 排放的同时能最大限度地提高燃烧效率。

采用可水平摆动的 SOFA 设计，能有效调整 SOFA 和烟气的混合过程，降低飞灰含碳量和一氧化碳（CO）含量。

(3) LNCFS 能有效防止炉内结渣和高温腐蚀。LNCFS 采用预置水平偏角的辅助风喷嘴（CFS）设计，在燃烧区域及上部四周水冷壁附近形成富空气区，能有效防止炉内结渣和高温腐蚀。

(4) LNCFS 在降低炉膛出口烟温偏差方面具有独特的效果。研究结果表明，对燃烧系统的改进能减小和调整切向燃煤机组炉膛出口烟温偏差现象。LNCFS 设计的锅炉上已经采用可水平摆动调节的 SOFA 喷嘴设计来控制炉膛出口烟温偏差。该水平摆动角度在热态调整时确定后，就不用再调整。

第三节　系　统　调　试

一、技术指标及性能要求

(1) 旋流燃烧器旋转方向及同心度检查符合设计要求，内、外二次风挡板设定在正确位置，燃尽风各喷口挡板位置已正确设定。

(2) 直流燃烧器水平位置一致性符合设计要求，摆动灵活，不卡涩，执行机构联动试验时各角燃烧器同步操作，角度一致。

(3) 风烟系统及制粉系统严密性检查无漏点、不漏风。

(4) 烟风、制粉系统各热工测点、表计显示准确；阀门、挡板动作试验，动作灵活、开关状态与就地一致。

(5) 二次风流量测量装置、磨煤机入口一次风量测量装置标定时至少三个工况，取平均值，流量系数准确可靠。

(6) 磨煤机出口输粉管一次风量配平偏差不超过 5%。

(7) 锅炉模化工况下测量的炉内切圆居中，大小符合设计；贴壁风速不超设计值；水平烟道或尾部烟道流场均匀；二次风挡板风门特性试验满足锅炉燃烧时要求。

(8) 锅炉通风试验、锅炉（切圆）冷态空气动力场试验，试验数据真实、可靠，结果明确。

(9) 燃油系统电气设备符合防爆要求，消防系统符合设计要求。

（10）燃油泵轴承振动、轴承温度符合《风机、压缩机、泵安装工程施工及验收规范》（GB 50275—2010）的规定，出口油温、油压、流量符合设计要求，联锁保护全部投入，动作正确。

（11）燃油系统吹扫干净、严密性试验严密不漏；速断阀冷态动作正确、灵活可靠；联锁保护全部投入，动作正确；燃油泄漏试验合格，系统能够正常、安全地投入。

（12）油枪气动执行器、点火枪气动执行器进退灵活、行程到位，点火油程控投入、正常。

（13）原煤仓料位计准确可靠，防堵振动器运行正常，出口闸门不卡、动作灵活、关闭严密；落煤、断煤指示器运行正常。

（14）给煤机机械传动、出力符合设计要求；严密性良好，不漏煤；程控系统符合设计要求；联锁保护全部投入，动作正确。

（15）磨煤机电流不超额定电流；轴承温度、轴瓦振动符合《风机、压缩机、泵安装工程施工及验收规范》（GB 50275—2010）的规定；出力、出口风温、进出口压差符合设计要求；联锁保护、自动系统全部投入，动作正确；磨煤机不漏油、不漏粉；旋转分离器运行正常；灭火蒸汽阀门开关灵活、严密不漏。

（16）密封风机及其系统管道及支架，位置正确，不堵不漏；密封风机电流不超额定电流，振动符合《风机、压缩机、泵安装工程施工及验收规范》（GB 50275—2010）的规定，出口压力符合设计要求，联锁保护全部投入，动作正确；滤网清洁不堵，满足运行要求；切换挡板门开闭灵活，方向正确；风量调节阀门开关灵活，指示正确。

（17）火检冷却风管道严密不漏，火检冷却风机电流不超额定电流，振动符合《风机、压缩机、泵安装工程施工及验收规范》（GB 50275—2010）的规定，出口压力符合设计要求，联锁保护全部投入，动作正确。

（18）空预器径向、轴向密封冷态粗调整工作结束，空预器蒸汽吹灰系统，消防系统及火灾报警能正常投用。

（19）炉膛出口烟温探针动作正常能正常投用，炉膛火焰电视能正常投用。

（20）锅炉油枪点火正常，油枪雾化良好，配风合理，燃烧充分。

（21）微油点火或等离子点火系统投运正常，满足设计要求。

（22）通过热态调整，使燃烧系统能在设计工况下安全、经济运行，满足锅炉冲管的要求，并对以后的正常运行提供必要的参考依据。

二、调试应具备的条件

（1）燃烧器安装完成经过质量验收，并有签证。

（2）烟风系统、制粉系统、电除尘安装结束，验收合格并清理干净，已办理封闭签证，具备通风条件。

（3）烟风系统、制粉系统所有风门、挡板，给煤机进、出口闸板门等可以远操并且灵活可调，就地开度指示与集控室仪表开度指示一致并与实际开度吻合。

（4）烟风系统、制粉系统的有关运行表计齐全校验合格，测点准确可靠，数据采集系统有关画面已调试好，采集点数据准确可靠，显示准确。

（5）烟风系统、制粉系统的联锁保护动作正确，能正常投入。

（6）烟风系统、制粉系统所有需投用的联锁保护报警动作正确，光字牌、事故音响可靠。

（7）煤粉分配器进口一次风粉管上的手动插板门处于全开状态。

（8）空预器、送风机、引风机、一次风机、密封风机及其辅助系统分部试转合格并已签证，符合投运条件。

（9）锅炉冷态通风和空气动力场试验测点已按要求开设测试孔，搭好临时脚手架和临时平台，并有充足照明。

（10）湿式除渣系统的炉底水封和捞渣机水封正常建立；干式除渣系统钢带机的钢带风门关闭。

（11）施工单位准备好烟幕弹8枚。

（12）锅炉冷态通风和空气动力场试验所用仪器校验合格，在有效期内。

（13）锅炉冷态通风和空气动力场试验安全技术交底完成。

（14）燃油系统防雷、防静电设施按设计安装完成并经验收合格。

（15）燃油系统电气设备符合防爆要求。

（16）燃油系统消防道路畅通，消防设施完善，消防系统经政府消防部门验收合格，并已办理合格证。

（17）燃油系统的管道经1.25倍工作压力的水压试验验收并合格。

（18）燃油系统的管道经压缩空气或蒸汽吹扫干净，验收合格。

（19）油罐检查验收合格，封闭完成，具备进油条件，并已办理签证。

（20）燃油库区污油处理系统安装调试完毕，可靠投用。

（21）燃油库区的照明和通讯设施已具备使用条件，围栏完整并设有警告标志，已建立油区防火管理制度并有专人管理。

（22）卸油泵、供油泵安装完毕，电机试转正常，方向正确。

（23）燃油系统各阀门状态正确、动作灵活、指示正确。

（24）燃油系统的有关运行表计齐全校验合格，测点准确可靠。

（25）燃油系统各设备联锁保护，全部投入，动作正确。

（26）燃油系统调试安全技术交底完成。

（27）原煤仓内部清洁，无杂物，内壁光滑无孔洞。

（28）原煤仓料位计准确可靠，防堵振动器运行正常，出口闸门不卡、动作灵活、关闭严密；落煤、断煤指示器已校验合格。

（29）密封风系统吹扫合格，系统恢复，可以投用。

（30）磨煤机、给煤机试转合格，给煤机皮带张力已调整好，给煤机称重装置已校验合格。

（31）磨煤机旋转分离器单体调试完毕，能够正常投用。

（32）制粉系统内各测量监视仪表齐全、煤粉取样装置可用、各远方操作执行机构调整完毕。

（33）磨煤机蒸汽消防系统安装调试完毕，能正常投入。

（34）磨煤机排渣门经验收合格，闭锁功能正确。

（35）石子煤刮板机构符合要求，间隙合适，运转无卡涩，石子煤箱内部无铁块、石子等杂物。

（36）制粉系统热控联锁保护系统均试验正常，各辅机的电气保护已正确投入。

（37）制粉系统调试安全技术交底完成。

（38）油枪气动执行器、点火枪气动执行器进退灵活、行程到位，所有油枪点火程控能正常投入。

（39）锅炉油、煤火检安装结束，冷态调试完成。

（40）锅炉火检冷却风系统安装工作结束，火检冷却风机试转合格，联锁保护试验结束，系统具备投用条件。

（41）空预器径向、轴向密封冷态粗调整工作结束，空预器蒸汽吹灰系统，消防系统及火灾报警能正常投用。

（42）支吊系统安装工作结束，支吊架定位销已拔出并放在运行位置，经检查验收合格。

（43）锅炉膨胀指示器齐全，刻度盘指示清楚，基准点正确。

（44）烟温探针和火焰电视监视系统均调试完毕，可以投用。

（45）微油点火或等离子点火系统安装结束，调试合格，具备投运条件。

（46）电除尘器空升试验结束，电加热装置、灰斗电加热板、振打装置和高压除灰具备投用条件。

（47）锅炉输煤系统具备投用条件。

（48）锅炉除灰渣系统具备投用条件。

（49）脱硫、脱硝系统具备通烟气条件。

（50）热工 FSSS 系统静态试验合格，包括炉膛吹扫条件的试验、MFT 试验及 MFT 后的联动试验、燃油 OFT 试验及 OFT 后的联动试验、燃油泄漏试验、制粉系统 BMS 试验。

（51）所有需投用的联锁保护不仅要求动作正确而且光字牌、事故音响报警同样要求可靠。

（52）锅炉照明、消防和通讯系统应具备投用条件。

（53）锅炉现场环境清理干净，保温油漆工作完成，平台、栏杆、扶梯、护板完备、沟道盖板齐全，道路畅通，满足锅炉点火要求。

（54）锅炉首次点火和蒸汽吹管调试安全技术交底完成。

三、调试方法及程序

（一）燃烧器的冷态检查

（1）旋流燃烧器的冷态检查：包括二次风旋流叶片、内二次风滑动挡板、外二次风滑动挡板、燃尽风旋流叶片及其滑动挡板的检查。旋流燃烧器旋转方向及同心度检查应符合设计要求，旋流叶片角度是固定的 60°；内二次风门手动，开度范围是 0°～90°；外二次风门开度范围是 0°～75°。燃尽风分为两股独立的气流送入炉膛，中央部位的气流为直流，建议开度为 100%；外圈气流为旋转气流，旋流片角度是固定的 25°，最小开度不低于 30%；侧燃尽风开度均为 100%。同时检查油枪、点火枪的定位是否符合要求。

（2）直流燃烧器的冷态检查：摆动燃烧器在 0°时用水平仪检查各燃烧器喷口是否都处于水平位置，即直流燃烧器在水平位置一致性符合设计要求；摆动燃烧器执行机构摆动时燃烧器动作灵活，不卡涩；摆动执行机构联动试验时各角燃烧器同步操作，角度一致。同时检查油枪、点火枪的定位是否符合要求。

（二）制粉系统和风烟系统严密性试验

1. 制粉系统严密性试验

试验方法：关闭制粉系统中所有人孔门、检修孔，启动一次风机和密封风机，维持磨煤机入口400Pa压力，检查人员就位后在一次风机入口施放烟幕弹检查制粉系统的严密性。

2. 风烟系统严密性试验

试验方法：关闭锅炉风烟系统中的所有人孔门、观察孔、检修孔，湿式除渣系统的炉底水封和捞渣机水封正常建立或干式除渣系统钢带机的钢带风门关闭。开启送风机，维持炉膛压力＋400Pa。各方检查人员就位后在送风机入口施放烟幕弹检查整个系统严密性，重点是吊装接口、膨胀节、人孔门、喷燃器检修孔和炉顶密封处的严密性。

（三）风速测量装置和风量测量装置流量系数标定

一次风风速测量装置、二次风和磨煤机入口风量测量装置标定均使用标准毕托管在试验测孔位置测量风速，计算出流量，根据风速测量装置和风量测量装置差压计算出流量系数。流量系数标定时至少分三个工况进行，取平均值。

在DCS内的各风量公式中输入由试验得到的流量系数，修正装置测量结果，达到测量准确的目的。

（四）一次风粉管均匀性检查及调匀工作

根据修正后的一次风速在线测量结果调整可调缩孔使各管动压基本一致，保证同一磨煤机出口一次风速的最大偏差不超过5％。

（五）直流燃烧（切圆）冷态空气动力场试验

（1）二次风挡板调节特性试验。

用风速报警仪对直流燃烧器二次风喷口风速进行测量。二次风挡板调节特性试验分五个工况进行，维持两侧空预器出口二次风母管与炉膛差压1kPa不变，炉膛负压维持在－50Pa左右，二次风挡板开度分别为0、25％、50％、75％、100％时对二次风喷口风速进行测量，从而得出挡板在不同开度下的调节特性曲线。

（2）模化工况下空气动力场试验及贴壁风的测量。

根据炉内冷态模化原理，将一、二次风喷口风速调整至冷态模化风速，在炉膛下一次风喷口中心线平面设置米字铁丝测量网面，用风速报警仪测量网面上各点的风速，观察及测量炉内切圆位置及大小。

（3）冷态模化工况下测量贴壁风速。

（4）冷态模化工况下测量水平烟道或尾部烟道流场。

（六）燃油系统调试

燃油泵房系统试运

1. 油罐进油

首次进油时，检查系统阀门全部关闭状态。将罐车卸油软管与系统进油接口接上并检查完好。缓慢开启罐车卸油阀，按系统流程逐个开出阀门，系统充油并检查系统有否泄漏。关闭卸油泵出口阀至10％，启动卸油泵，开启出口阀，检查卸油泵运转正常、电流正常，系统压力正常。检查系统无泄漏发生，注意油罐油位变化。卸油完毕，停止卸油泵运行，关闭系统各阀门。

2. 供油泵试运

供油泵充油排气。检查系统回油阀已开出，系统循环回路打通。开启供油泵出口门

10%，启动供油泵，检查电流正常，油泵振动正常，逐渐开出泵出口门，注意电流不超限，通过回油阀调节泵出口压力 2.0MPa；全系统检查有否泄漏。检查系统回路将油循环打至炉前，油泵试运 8h，停运后放掉污油并清理滤网。

3. 炉前燃油系统试运

燃油系统进油前系统所有阀门隔绝，进入炉膛的各支路手动隔绝门有效隔绝并挂牌。沿燃油系统流动方向依次打开燃油系统阀门，有旁路的全部走旁路，开启每只阀门检查有无渗漏，确认无误后继续开启，当开启到最后一道门时需缓慢进行。燃油系统循环之后，进行热工压力测点的投运，确认各变送器及阀门无渗漏。根据各滤网压差情况清理供油泵房供油泵入口滤网及炉前系统滤网，系统干净后切为主回路循环。

（七）锅炉首次油点火

（1）启动仪用空压机，使炉前压缩空气压力达 0.7MPa。

（2）湿式除渣系统的炉底水封和捞渣机水封正常建立或干式除渣系统钢带机正常运行。

（3）尾部烟气调温挡板开启。

（4）投入一台火检冷却风机，另一台火检冷却风机备用。

（5）锅炉进行上水前检查，打开各路空气门，关闭各路水侧疏水门，抄录锅炉上水前的膨胀指示器。

（6）炉水泵进行注水。

（7）辅汽联箱送汽，除氧器上水，投蒸气加热，50℃后启动给水泵自循环。

（8）待除氧器水温达到 80℃左右时，除氧器出口水质的含铁量小于 200μg/L，通过给水旁路向锅炉上水。

（9）待水从水冷壁、省煤器、分离器各排气门连续出水后关闭相应的排气门，确保清洗系统完全充满水，检查分离器储水箱的水位，将储水箱水位控制自动投入。

（10）抄录锅炉上水后的膨胀指示器。

（11）除氧器、凝汽器水位补高水位，并逐步将除氧器水温提高至 120℃左右，锅炉准备以 25%BMCR 的给水流量对锅炉进行大流量冲洗，通过 361 阀及启动疏水系统排放。

（12）当循环清洗进行到省煤器入口水质含铁量小于 50μg/L，启动分离器出口含铁量小于 100μg/L 时，锅炉清洗完成；水质具备点火条件。

（13）关闭炉水泵注水门，开启循环泵的进出口阀门，重新上水，水位在高水位，启动炉水循环泵。

（14）调整省煤器进口给水流量大于最小流量，进入点火操作程序。

（15）投入电除尘器加热及振打。

（16）启动燃油泵，燃油至炉前，控制炉前油压 3.0MPa 左右。

（17）打开火焰监视器，检查确认火焰监视器、火检系统正常。

（18）空预器、脱硝吹灰投用。

（19）启动脱硫岛浆液循环泵。

（20）热工专业检查联锁保护投入情况。

（21）锅炉进行点火检查，启动空预器，检查空预器泄漏控制系统、火灾报警系统工作正常。

（22）启动引风机、送风机，维持通风量大于 30%BMCR 风量，进行锅炉吹扫。

（23）炉膛吹扫结束后，锅炉 MFT 复归，建立炉前油循环。

（24）MFT 复归后，调整总风量和二次风门开度，炉膛负压为－100Pa 左右。

（25）化学化验炉水品质，水质合格后，通知锅炉可以点火。

（26）投入炉膛出口烟温探针和炉膛火焰监视工业电视，DCS 单操点燃 A 层的 1 根油枪，调整二次风风量和风门挡板使其燃烧稳定、充分，继续分别试点燃 A 层其他油枪，等 A 层油枪试点火结束后，维持 2 根油枪运行，切换点燃其他大油枪层油枪。

（27）等所有大油枪层油枪试点火结束后，维持 2 根油枪运行，启动一次风机，启动微油暖风器系统，点燃微油油枪，微油油枪全部投运调试正常后停运微油点火系统。

（28）根据升温升压曲线控制升温速度，当分离器压力达到 0.2～0.3MPa，关闭各路空气门，通知热工冲洗水位计，压力表管路，化验炉水品质。

（29）锅炉点火正常后，升温升压，当水冷壁出口水温度达到 190℃时，转入锅炉热态清洗阶段。

（八）锅炉冲管时制粉系统的首次投运

（1）当启动分离器出口水质含铁量小于 50μg/L 时热态清洗结束，锅炉热态清洗结束后，继续升温升压，将投运制粉系统进入锅炉冲管阶段。

（2）对对应于下面三层燃烧器的 A、B、C 磨煤机相应煤仓上煤，煤位适当控制。

（3）首先准备启动配备有微油点火装置的 B 磨煤机。

（4）B 磨煤机润滑油站电加热器投自动，液压油站电加热器投自动，磨润滑油站冷却水电磁阀投自动。

（5）启动 B 磨煤机润滑油泵。

（6）关闭石子煤斗出口门、开进口门。

（7）关 B 磨进口热一次风隔绝门。

（8）开启 B 磨碗密封风隔离门，开启 B 给煤机密封风隔离门。

（9）开启 B 磨煤机出口煤粉排出阀，开启 B 磨进口冷一次风隔绝门。

（10）投入暖风器。

（11）启动 B 磨煤机旋转分离器，初始转速 900r/min。

（12）启动两台一次风机，启动密封风机 A，密封风机 B 投备用。

（13）对 B 磨煤机通风，微开暖风器热风调节门、一次风冷风调节门开始暖磨，控制温升速度一般保持磨煤机出口温升率不大于 5℃/min，首次启磨，暖磨尽量充分。

（14）投入 B 层微油点火小油枪。

（15）开 B 给煤机出入口煤闸门。

（16）启动 B 磨煤机液压站油泵，投液压站油泵自动。

（17）抬起磨辊，切定加载为变加载。

（18）调整 B 磨煤机入口风量和密封风与一次风压差压满足磨煤机启动要求。

（19）B 磨煤机出口温度达到 75～80℃后，启动 B 磨煤机。

（20）启动 B 给煤机，给煤量 25t/h，B 磨煤机铺煤。

（21）B 磨煤机进煤 1～2min 后落磨辊。

（22）B 给煤量置于磨煤机最小煤量，之后缓慢增加给煤量至各燃烧器可以稳定着火。给煤机启动时请注意炉膛负压变化情况，及时对其进行调节。给煤机启动后，及时调整给煤量及二次风门开度，视着火情况再调整，确保燃烧正常、稳定。监视B磨煤机出口温度、压力、进出口差压、振动等参数，必要时对给煤量、入口风量进行适当的调整，确保B制粉系统运行正常、稳定。期间，持续投入一次风暖风器，以保证足够高的磨煤机出口温度，有利于微油点火。

（23）B制粉系统启动正常后，投磨煤机出口温度及进口风量自动。

（24）炉膛出口烟温探针投入，控制炉膛出口烟温不超过538℃。

（25）锅炉升温升压，进入降压冲管阶段。

（26）如果锅炉进行稳压冲管，待空预器出口一、二次风温达到要求，相继投入第二、三台磨煤机，缓慢升压；启动磨煤机前按规程要求投入相应油枪。

（27）制粉系统运行监视及调整。

在磨煤机系统投运过程中，应加强对各转动设备的检查、监护；应加强对各运行参数的监视，及时进行调整，以确保系统处于最佳运行状态。

1）磨煤机出口温度的监视、调整。

2）注意磨煤机入口风量的监视、调整，磨煤机入口风量应给煤量匹配，以保持合适风煤比。

3）根据锅炉负荷、汽温、汽压情况及时调整给煤量。

4）注意磨煤机润滑油温的变化，必要时可调整冷却水量；注意监视磨煤机润滑油压的变化情况。

5）注意各磨辊温度的监视，磨煤机电流的监视，磨煤机电机线圈温度的监视。

6）注意两侧一次风机电流的变化，两侧一次风压的偏差不宜太大；注意一次风机轴承温度的监视，一次风机电机线圈温度的监视。

7）注意磨密封风机电流及风压的监视。

8）注意煤粉燃烧情况的观察、监视、调整。

9）注意炉汽温、汽压、水位、各处烟温的监视调整。

10）在磨煤机运行初期应每两小时观察一次石子煤的情况，及时排出石子煤，以便掌握石子煤量的多少。

（九）锅炉首次点火和冲管阶段燃烧初调整

（1）锅炉点火期间通过对油枪的调整，保证油枪雾化良好，着火稳定，燃烧充分，避免因未完全燃烧油滴被携带到空预器，给空预器带来危害。

（2）微油点火或等离子系统投运正常，能较好地点燃煤粉。

（3）锅炉运行时，调试和运行人员应了解燃煤、燃油品种和化学分析，以便根据燃料特性，及时调整运行工况。

（4）锅炉进行燃烧调整时，除了保证汽温、汽压正常外，还应使启动分离器出口温度维持在正常值范围内。燃烧器投用后，应检查着火情况是否良好，及时调整风量，防止烟囱冒黑烟。

（5）制粉系统的初调整。调节磨煤机旋风分离器转速，观察炉内的燃烧状况；在保证磨煤机安全运行的前提下，改变磨煤机的风煤比，观察炉内的燃烧状况；通过以上两点寻求较佳的风煤比和煤粉细度。

（6）旋流燃烧器锅炉，调整一次风、内二次风、外二次风及燃尽风风量配比，使锅炉燃

烧稳定，火焰呈光亮的金黄色，具有良好的充满度。

(7) 直流燃烧器锅炉，调整一、二次风量及一、二次风配比符合设计要求，使锅炉燃烧时具有金黄色火焰，火焰均匀地充满炉膛，不冲刷水冷壁及屏式过热器，同一标高燃烧的火焰中心应处于同一高度。燃料的着火点应适中，距离太近易引起燃烧器周围结焦烧坏喷嘴；距离太远，又会使火焰中心上移，使炉膛上部结焦，严重时还将会使燃烧不稳。

(8) 正常运行时，应维护炉膛负压在 50～100Pa，锅炉上部不向外冒烟。

(9) 炉膛出口氧量值应根据不同的燃料特性和负荷来决定，当燃用灰熔点低或煤油混烧时，为防止炉膛结焦，可适当提高炉膛出口氧量。

(10) 当锅炉由于各种原因造成燃烧不稳时，应及时投入油枪、稳定燃烧，并查明原因，及时消除燃烧不稳的因素。若锅炉发生熄火时，应立即停止向炉膛供给燃料，避免扑灭而引起锅炉爆燃。

(11) 对两侧烟温差、煤质、炉渣、飞灰含碳量进行分析，找到较佳运行工况。

(12) 每一次燃烧调整，在调整前记录锅炉各项参数，调整完毕稳定后记录各项参数。

四、风险控制

(1) 燃油系统周围严禁烟火，严格控制电、火焊，必须动用时，应办理工作票，并采取防火措施。

(2) 在燃油系统充油和油循环时应对系统做全面检查，注意燃油不要漏入炉膛。

(3) 锅炉在油枪投用过程中，应经常检查油枪的运行情况。油枪应无冒黑烟、火焰黯淡等燃烧不完全的情况，也无滴油、火焰脱火等油枪雾化不良情况，确认捞渣机渣槽中无油迹。如若发生异常情况，应及时调整二次风挡板的开度及炉前燃油供油压力，调整无效应停止油枪运行。

(4) 锅炉冷态启动，采用微油点火时，在制粉系统投运初期，应密切注意燃烧器的着火情况及炉膛内的火焰情况，必要时调整煤量、一次风速或二次风挡板开度。若发现炉膛内燃烧不良，应及时增投轻油枪助燃。

(5) 在首次启磨煤机时，磨煤机启动后，应及时调试火检正常，运行应注意检查煤粉着火情况，若发现煤粉未燃烧，应立即停磨。待炉膛充分吹扫后再次启动。

(6) 在首次启磨过程有短暂的振动，属正常情况，应迅速加大给煤量消除振动，然后再缓慢调整给煤量到需要值。若振动剧烈或有周期性较长时间的振动，则应立即停磨查明原因并消除后再次启动。

(7) 磨运行过程中，应加强磨出口温度的监视，若发现磨出口温度异常升高，应稳定或加大给煤，注意不要使磨超载，关闭热风，开大冷风，若磨出口温度继续升高，应通蒸汽灭火，在磨煤机出口温度没有恢复正常前，不宜停止给煤。

(8) 正常磨煤机启动、运行的过程中，严格控制密封风压与一次风压最小压差不低于2kPa。运行中密封风压力基本保持一定，在正常运行过程中要监视好密封风压与一次风压压差的变化，通过调整一次风来保证两者差压的正常范围内运行。

(9) 中速磨对煤质适应性差，应加强煤质分析，以防大量石块、铁块进入磨煤机；

(10) 锅炉启动期间，应投入空预器连续吹灰，并严密监视锅炉烟道各处的烟气温度、各受热面的金属温度和空预器红外线检测装置，发现异常报警及时到现场确认，防止燃烧不完全引起尾部烟道二次燃烧。

（11）在升温升压过程中，应经常监视汽水分离器出口温度、压力变化，控制好燃料量，保证升温、升压速率在正常范围内。

（12）锅炉冷态启动的点火初期，过、再热器处于干烧状态。此时应根据受热面的金属许用温度来限制炉膛出口烟气温度小于538℃。同时燃料量的增减应缓慢，控制管壁的温升速度。

（13）在升温升压过程中应加强对各受热面金属温度的监视，谨慎控制汽水分离器出口汽温，通过调节减温水和燃烧器摆角，控制主蒸汽温度和再热量蒸汽温度在设定值范围内。

（14）锅炉运行时，调试人员应及时掌握煤种及煤质，以便根据燃料特性及锅炉的设计特性，合理的组织锅炉的分级配风，控制合理的风量。炉膛出口氧量应根据不同的燃料特性和锅炉负荷来决定，当燃用灰熔点低或煤油混烧时，为防止炉膛结焦，可适当提高炉膛出口氧量。

（15）燃料的着火点应适中，距离太近易引起燃烧器周围结焦烧坏喷嘴；距离太远，会使火焰中心上移、炉膛上部结焦，严重时还会造成燃烧不稳。煤粉燃烧时应具有金黄色火焰，燃油时火焰白亮，火焰应均匀地充满炉膛，不冲刷水冷壁，同一标高燃烧的火焰中心应处于同一高度。调试人员应经常检查燃烧情况，发现燃烧不良时及时调整。

（16）正常运行时，应维护炉膛负压在－100Pa左右，确保锅炉上部不向外冒烟。锅炉在运行中，应尽量减少各部位漏风，各门、孔应关闭严密，发现漏风处应联系相关人员封堵。

（17）燃烧调整时，应注意各段过热蒸汽和再热蒸汽温度的变化，以及A、B两侧的烟温偏差，防止汽温超出规定范围和管壁超温。

（18）当锅炉由于各种原因造成燃烧不稳时，应及时投入油枪稳定燃烧。但若炉膛已经熄火或局部灭火并濒临全部灭火时，严禁投油助燃，应立即停止向炉膛供给燃料，避免引起锅炉爆燃。重新点火前必须对锅炉进行充分通风吹扫，排除炉膛和烟道内的可燃物质。

（19）燃烧调整时，防止炉膛火焰冲刷炉壁或形成贴壁气流，以防止结渣。运行中应加强结渣监视，发现结渣应及时采取措施。

（20）锅炉正常运行时应根据负荷情况投运燃烧器，低负荷运行时，尽量投用相邻层燃烧器，并保持较高的煤粉浓度，以利于煤粉着火燃烧。

（21）锅炉跳闸后再启动，在启动一次风机时，应利用无存煤的磨煤机及适当开启一次风联络管排空门建立通道。禁止利用有存煤的磨煤机打通一次风通道。在投用有存煤的磨煤机时，应先投用该层油枪，对该磨煤机进行吹扫干净后才可投用。

（22）锅炉热态启动时，锅炉启动的各项准备工作都已完成，锅炉准备点火前启动风烟系统再进行炉膛吹扫，尽量减少炉膛的冷却。

（23）试运时应备好防烧、防烫的药品，以防人员受伤。

（24）调试前应进行调试措施安全技术交底。

第四节 常见问题及处理

一、火焰检测系统的故障处理

（一）火检冷却风机有异声和振动

1. 原因分析

（1）动静部分摩擦。

(2) 底部螺钉松动。

(3) 叶片损坏。

(4) 异物落入风机内。

2. 处理措施

(1) 遇有异声时，应切换至备用风机运行。

(2) 振动剧烈时，应即启动备用风机，停止故障风机。

(3) 联系检修处理，故障消除后恢复正常运行。

(二) 冷却风母管压力低

1. 原因分析

(1) 风机进口滤网堵塞。

(2) 风机叶片磨损。

(3) 电机电源接线接反。

(4) 运行风机故障跳闸，备用风机联动不成功。

(5) 冷却风系统有泄漏。

(6) 风机出口切换挡板关闭不严，泄漏严重。

2. 处理措施

(1) 风机进口滤网堵塞时，切换至备用风机运行，联系检修清扫堵塞滤网。

(2) 风机叶片磨损效率降低时，联系检修处理。

(3) 调换电机电源接线。

(4) 备用风机联启不成功时，立即手动启动。

(5) 系统泄漏时，查找漏点，联系检修处理。

(6) 风机出口切换挡板关闭不严，联系检修处理。

(7) 火检冷却风丧失，风压小于或等于 4kPa 延时 120s 或两台风机均停延时 100s，MFT 动作。

二、微油装置的故障处理

(一) 微油枪灭火

1. 现象

(1) 工业监控电视及火焰图像上微油枪无火。

(2) 微油火焰强度信号显示无火。

(3) 炉膛压力波动。

(4) DCS“微油枪灭火”光字牌亮，并发出报警。

2. 原因分析

(1) 油枪堵塞或供油压力低。

(2) 轻油油质差或油中带水。

(3) 雾化空气中断。

(4) 微油枪助燃风配风不合理。

(5) B 磨出口一次风速过高。

3. 处理措施

(1) 在 B 磨煤机未投粉时，发现微油枪灭火，应查明灭火原因处理好后，重新投用。

(2) 在B磨煤机已投粉时，发现微油枪灭火，在“微油模式”下，当有微油枪灭火后，应立即手动投入该角B层轻油枪，否则B磨煤机延时120s保护跳闸。应查明灭火原因后，重新投用。

(3) 在“微油模式”下，同角2支微油枪灭火或任意3支及以上微油枪灭火时，B磨煤机保护跳闸。

(4) B层微油枪的火焰强度有火信号参与FSSS保护。

(5) 如锅炉已熄火，则按紧急停炉处理，查明原因后，重新启动。

(二) 燃烧器喷口或中心筒壁温高

1. 原因分析

(1) 微油枪出力太大。

(2) B磨煤量太大，煤挥发分高。

(3) B磨一次风风压、风量低，出口温度高。

(4) 周界风挡板开度太小。

2. 处理措施

(1) 调节微油枪出力。

(2) 减小B磨煤机煤量。

(3) 调节B磨风压、风速、出口温度正常。

(4) 开大B磨煤机周界风挡板。

三、锅炉熄火

(一) 现象

(1) 炉膛负压显著增大，燃烧室变暗，看火孔内无火光。

(2) 监视工业屏幕无火焰，有关光字牌信号报警。

(3) 锅炉蒸发量下降，各段工质温度、汽压下降。

(4) 烟气温度急剧下降，氧量值骤增。

(5) MFT保护动作，有关辅机跳闸。

(二) 原因分析

(1) 厂用电中断或部分中断。

(2) 运行中部分辅机跳闸时。

(3) 煤质突变，挥发分或燃煤发热量过低等因素，燃烧调整不及时，配风不当，使炉膛燃烧不稳定。

(4) 原煤水分高，同时引起数台给煤机断煤，致使燃烧不稳定。

(5) 燃烧自动失灵或火焰检测器故障。

(6) 炉膛水冷壁管严重爆破，使燃烧室进入大量水蒸汽，导致炉膛温度降低，或炉膛负压超限。

(7) 锅炉燃油时，燃油系统故障，造成燃油大幅度减少或中断。

(8) 锅炉燃油时，燃油中大量带水或杂质过多使油枪阻塞。

(9) 锅炉发生大面积的塌焦，使炉膛瞬间负压大幅波动，使火检瞬间探测不到火焰，甚至大渣块脱落将火焰压灭。

（10）炉底水封破坏，大量冷风漏入炉膛，致使燃烧不稳定。

（三）处理措施

（1）如果MFT保护拒动时，应立即手动MFT，按紧急停炉处理。

（2）查明熄火原因并消除后，对锅炉进行全面检查，确认设备正常后，按锅炉所处状态重新点火启动。

四、烟道内可燃物再燃烧

（一）现象

（1）再燃烧处烟温、壁温及工质温度不正常地升高。

（2）排烟温度、热风温度不正常地升高。

（3）从烟道不严密处向外冒烟或喷出火星。

（4）若预热器处再燃烧时，“红外线火警”检测装置报警，严重时，预热器电流波动增大，外壳温度升高或观察孔内见到明火。

（5）烟道及炉膛负压剧烈变化，烟囱冒黑烟。

（二）原因分析

（1）燃烧调整不当，风量不足或配风不合理。

（2）炉膛温度过低时投入煤粉，未燃尽的煤粉在烟道内沉积。

（3）投用油枪时，油枪雾化不良，油枪根部风量不足，造成火炬拉长，燃烧不充分形成烟黑，积存在尾部烟道和受热面上。

（4）启动过程中使用微油点火，使未完全燃尽的燃料带入烟道。

（5）燃烧器运行不正常、煤粉细度过粗，燃烧不充分，可燃物积聚尾部。

（6）吹灰器工作不正常、吹灰不及时。

（三）处理措施

（1）发现烟道内受热面温度及工质温度不正常升高时，应立即查明原因，并适当降低锅炉出力和进行燃烧调整，改变不正常的燃烧方式，对尾部受热面进行吹灰，及时消除可燃物在烟道内再燃烧的隐患。

（2）若在过热器、再热器处发生可燃物再燃烧时，引起汽温过高时还应按汽温高规定处理。

（3）当已确认可燃物在烟道或预热器内再燃烧，排烟温度升至205℃以上并仍继续上升的趋势时，应立即紧急停炉。

（4）紧急停炉后继续保持预热器运行，并立即停用所有一次风机、送风机和吸风机，关闭各风门、挡板及门孔，严禁通风，根据再燃烧部位，决定是否要进行小流量进水冷却省煤器。

（5）空气预热器发生二次燃烧时，应按空气预热器着火处理。

（6）查明原因并处理，经检查确认设备无损坏、各部烟温正常、烟道内无火源，并进行了清理，符合启动条件后，方可重新启动。

五、锅炉结焦

（一）现象

（1）水冷壁金属温度下降或排烟温度上升。

（2）炉膛结焦严重时，燃料量增加，煤水比失调，减温水量增加。

（3）局部结焦时，将使热偏差增大，局部管壁过热。

（4）过热器、再热器进口烟温明显上升，其受热面壁温明显增高或超限。

（5）火焰颜色过于明亮，呈白色并刺眼，结焦区域炉膛温度升高。

（二）原因分析

（1）燃煤灰熔点低。

（2）风量不足，燃烧工况不佳；各燃烧器间风粉分配不均，使火焰中心偏斜，造成炉膛局部热负荷过高；配风不当，切圆直径过大，使煤粉与水冷壁接触。

（3）燃烧器热负荷过大，局部温度过高，燃烧器摆角不合适。

（4）一次风压过低，使一次风的刚性不足，煤粉在燃烧器口燃烧，造成燃烧器喷口温度过高。

（5）燃油雾化不良，长期油、煤混烧。

（三）处理措施

（1）进行燃烧调整，使火焰中心位置符合要求，防止结成大块。

（2）当燃烧室内结有不易清除的大块焦渣，且有脱落损坏水冷壁的可能时，应做好事故预想。

（3）如因燃用低灰熔点煤所致，可减少低灰熔点煤入炉比例，采取与高灰熔点煤分仓入炉的掺烧方式。

（4）适当降低锅炉蒸发量，改变配风或切换制粉系统，使受热面的结焦冷缩后掉落。

（5）当炉内结焦严重无法清除，发生水冷壁出口热偏差增大或过热器、再热器管壁超温，减温水明显增大，有可能会引起受热面超温爆管或瞬间大面积塌焦导致事故扩大时，应尽快请示故障停炉。

第十一章

空气预热器

第一节　工作原理及系统组成

一、工作原理

空气预热器是利用锅炉尾部烟气热量来加热燃烧所需要空气的一种热交换装置，由于它工作在烟气温度最低的区域，回收了烟气热量，降低了排烟温度，因而提高了锅炉效率。同时由于燃烧空气温度的提高，有利于燃料着火和燃烧，减少了不完全燃烧损失。

空气预热器按传热方式可分为：导热式和再生式（蓄热式）两种。导热式空气预热器是将热量连续通过传热面由烟气传给空气，烟气和空气有各自的通道。再生式空气预热器是烟气和空气交替地通过受热面，热量由烟气传给受热面金属，被金属积蓄起来，然后空气通过受热面，将热量传给空气，依靠这样连续不断地循环加热。

导热式空气预热器有板式和管式两种，再生式空气预热器主要为回转式空气预热器。随着电厂锅炉蒸汽参数和机组容量的加大，管式空气预热器由于受热面的加大而使体积和高度增加，给锅炉布置带来影响。而回转式空气预热器的结构紧凑、体积小、金属耗量较少、不易腐蚀、允许磨损量大，故在大容量锅炉上广泛采用。但回转式空预器结构较复杂，制造工艺要求高，另外由于流通截面较窄，稍有积灰将使其阻力大为增加。

回转式空气预热器有两种布置形式：垂直轴和水平轴布置，国内外通常采用垂直轴布置。垂直轴布置的空气预热器又可分为受热面转动和风罩转动。通常使用的受热面转动的是容克式回转空气预热器，而风罩转动的是罗特缪勒（Rothemuhle）式回转预热器。这两种均被采用，但由于受热面转动的空气预热器漏风系数较小，故采用较多。

按分仓型式，空气预热器可以分为二分仓和三分仓两种。一般带有中储式制粉系统的锅炉选择二分仓式空气预热器，带有直吹式制粉系统的锅炉选择三分仓式空气预热器。三分仓式空气预热器被分为三个扇区，分别是一次风扇区、二次风扇区和烟气扇区。特点是将低压头、大流量的二次风与高压头、小流量的一次风分别加热，有利于经济性的提高。目前国内大容量机组锅炉多数采用受热面转动的三分仓回转式空预器。

三分仓容克式空气预热器由圆筒形的转子和固定的圆筒形外壳、烟风道以及传动装置组成。受热面装在可转动的转子上，转子被分成若干扇形仓格，每个仓格装满了由波浪形金属薄板制成的蓄热板。圆筒形外壳的顶部和底部上下对应分隔成烟气流通区、空气流通区和密封区（过渡区）三部分（见图11-1）。烟气流通区与烟道相连，空气流通区与风道相连，密封区中既不流通烟气，又不流通空气，所以烟气和空气不相混合。装有受热面的转子由电机通过传动装置带动旋转。因此受热面不断地交替通过烟气和空气流通区。从而完成热交换，

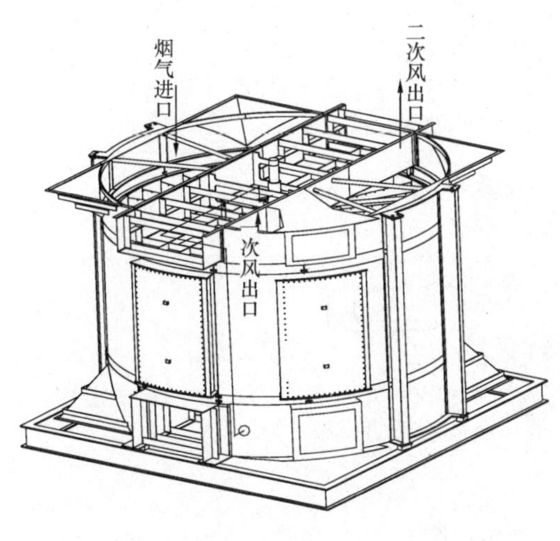

图 11-1 空气预热器立体图

每转动一周就完成一次热交换过程。另外由于烟气的流通量比较大，故烟气的流通面积占转子总截面的50%左右，空气流通面积占30%～40%，其余部分为密封区。

二、系统组成

空气预热器系统在风烟系统中主要包括两台空预器和各自空预器进、出口一次风挡板、二次风出口挡板和烟气入口挡板（有的是布置在脱硝装置前面）（见图11-2)。介质流向：一次风机出来的一次风一部分经过空气预热器入口挡板，从空气预热器底部一次风仓入口进入空气预热器加热，从空气预热器上部一次风仓出口出来，进入热一次风道流经空气预热器出口一次风挡板去往热一次风母管；送风机出来的二次风从空气预热器底部二次风仓入口进入空气预热器加热，从空气预热器上部二次风仓出口出来，进入二次风道流经空气预热器出口二次风挡板去往锅炉二次风箱；来自炉膛的高温烟气被引风机抽吸，经过脱硝装置后进入空气预热器区域，通过空气预热器入口烟气挡板（有的厂设置在脱硝装置前面）从空预器上部烟气仓进入流经空气预热器对一、二次风进行加热后，从底部烟气仓出来至电除尘（见图11-3)。

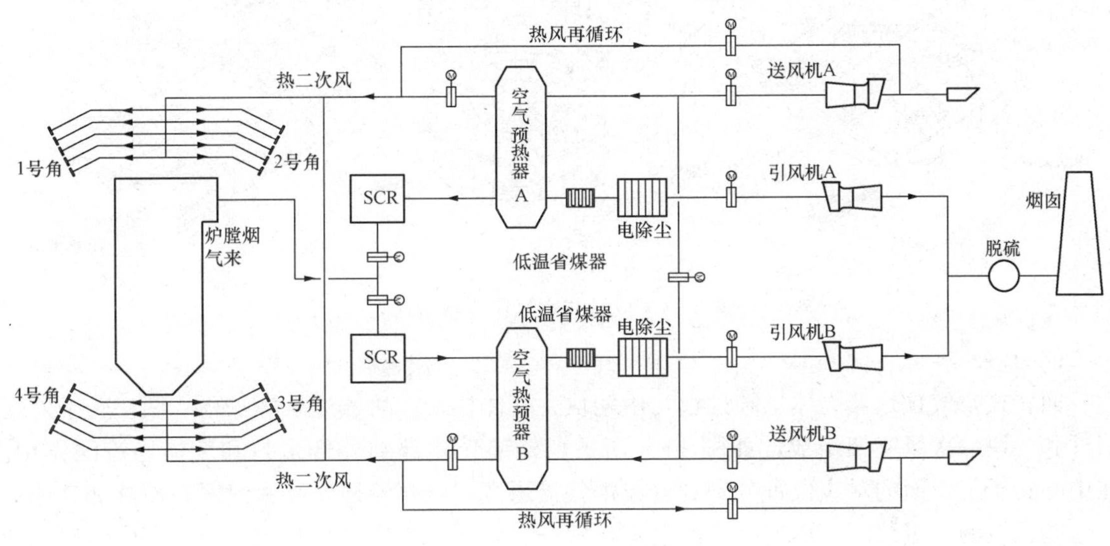

图 11-2 空气预热器系统

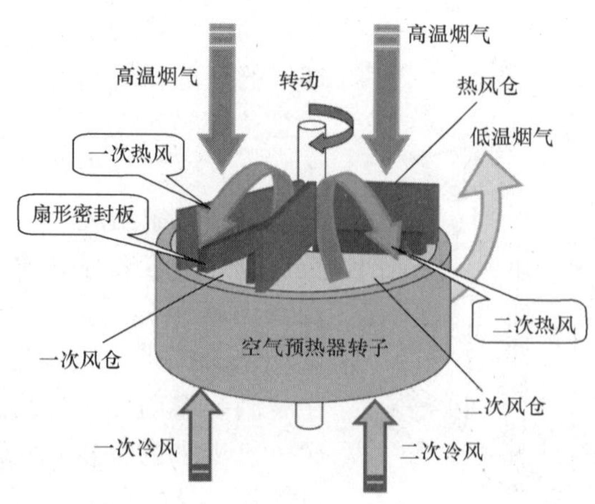

图 11-3 空气预热器介质流向图

第二节 结构及运行特点

一、结构特点

空气预热器主要由转子、壳体、蓄热元件、梁、扇形板、烟风道、密封装置、控制系统、传动装置、轴承、润滑系统、红外线检测系统、吹灰和清洗装置等组成，如图 11-4 所示。空气预热器的圆筒形外壳和烟风道均不能转动，内部的圆筒形转子是转动的。

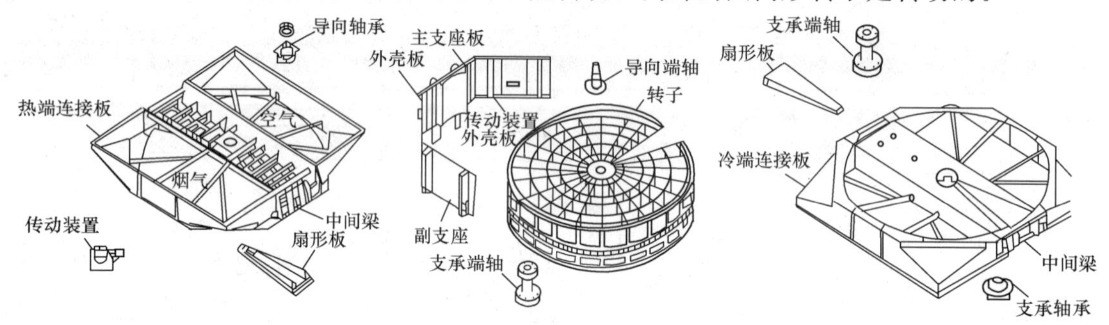

图 11-4 回转式空气预热器结构

(一) 外壳

回转式空气预热器壳体呈圆柱形，由两块主壳体板、一块侧座架体护板、两块转子外壳组件和一块一次风座架组成，如图 11-5 所示。外部壳体起到外部密封和气体导流的作用。在中心转子上下面的对应位置分别划分出烟气流通区、空气流通区和密封区，而外部壳体则在这些区域的一定范围内形成相应的仓体，即一次风仓、二次风仓和烟气仓。其中一次风仓和二次风仓形成冷风侧，烟气仓形成热风侧。各个仓体上下端分别由外部壳体和风管形成各自的气体流通风道。

主壳体板分别与下梁及上梁连接，通过主壳体板的四个立柱，将预热器的绝大部分重量传给锅炉构架。主壳体板内侧设有弧形的轴向密封装置，外侧有调节装置对轴向密封装置进行调整。侧座架体护板与上量连接，并有两个立柱承受空气预热器部分重量。

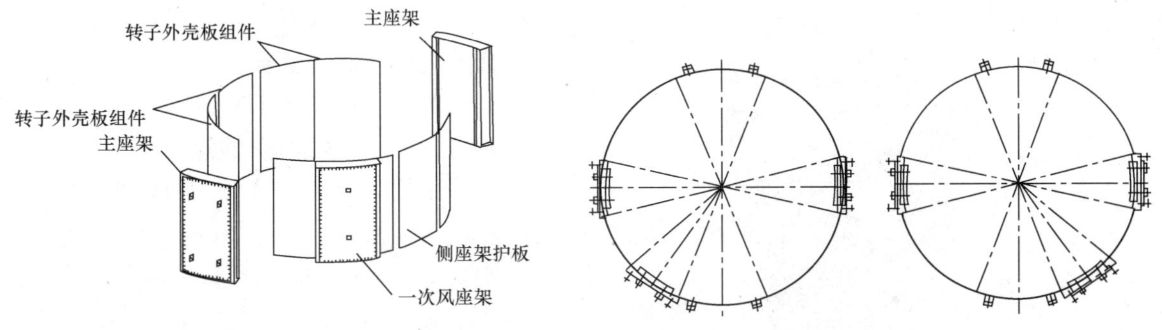

图 11-5 空气预热器壳体

（二）转子

空气预热器的转子实际上是一个上下开口的巨大筒体，在其内部装有大量蓄热单元，中心转子则是起热交换器的作用。蓄热单元由蓄热元件（波纹板）组成，蓄热元件是把物理比热较高的金属材料制作成凹凸不平的波浪型片状，以增大其与空气的接触面积。在转子的上下表面上又使用径向密封片分隔出若干扇形面积的小区域。以转子的某一个扇形区域为例，当这个扇形区转动到热风侧时，高温的烟气由热风仓的顶部流入，穿过该扇形区域从转子的下方流出；转子继续转动到冷风侧时，低温的空气由一次风仓或二次风仓的底部流入，穿过该扇形区域从转子的上方流出。在这个过程中，高温的烟气在流过蓄热元件时将热量传导给蓄热元件，并由转子转动到冷风侧，再把热量传递给一、二次风，使的冷空气被预热。

（三）传动装置

传动装置是提供转子转动动力的组件，空气预热器的传动装置主要是由主电机（主驱动设备）、辅助电机、气动马达、磁力联轴器、超越离合器、减速机、传动齿轮、围带和支架等组成。主电机经磁力联轴器传动减速机，后依靠减速机输出端的齿轮和转子外周下部的围带上的销柱啮合面驱使转子转动。

主电机主要是在空气预热器正常运行时使用，辅助电机的作用是在主电机故障时维持空气预热器转子继续缓慢运转，以免转子停转而因受热不均产生严重变形以及其他不良后果，气动马达是用于空气预热器的启动。此外，在安装、清洗、检修期间盘车，也可利用气动马达。启动时，一定要先启动气动马达，再启动辅助电机，然后再启动主电机并同时关闭气动马达。

（四）密封装置

对于回转式空预器，漏风是个很重要的问题。这是因为空气预热器产生漏风会直接影响锅炉机组的安全经济运行，漏风不仅会使送、引、一次风机的电耗增大，增加排烟热损失，锅炉效率降低，如果漏风过大，还会使炉膛的风量不足，还将使锅炉的出力被迫降低和加剧空气预热器的低温腐蚀，以及由此引起锅炉结渣等其他不良后果。

造成空气预热器漏风的情况有两种：间隙漏风和携带漏风。空气预热器是转动机械，其转动的转子和静止的机壳之间总是存在一定的间隙，由于空气预热器内的空气区呈正压，而烟气区为负压，空气区和烟气区之间存在压差，导致一部分空气通过空气区与烟气区的交界处的间隙漏到烟气中去，这种经动静之间间隙的漏风称为间隙漏风。

当空气预热器工作时，随着转子不断旋转，不可避免地要将存在转子容积中的空气携带

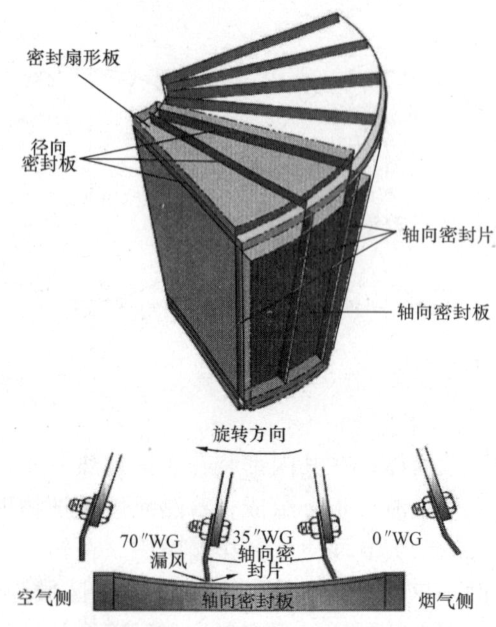

图 11-6 空气预热器密封区

到烟气中去，同时也有一部分烟气随转子转动而被带入空气区，这种被旋转的转子容积所携带的漏风，称为携带漏风。

转子的转速越快，携带的漏风量相应也越大。为了提高换热的效果，满足加热空气温度的需要，回转式空预器的转速均设计较低，约为 1r/min，因此携带漏风在总漏风量中所占比例很小。因此回转式空预器的漏风主要是间隙漏风。

按照回转式空预器在结构上对烟气区的分割，产生漏风的间隙主要分径向、轴向和环向三部分。要减少空预器漏风的关键在于要设法减小上述三部分的动静间隙，即采用能减少各向间隙、性能良好的密封装置和密封间隙的调整装置。主要有径向密封装置、轴向密封装置和环向密封装置，如图 11-6 所示。

1. 环向密封装置

环向密封装置包括转子外周上、下端处的旁路密封和中心筒密封两部分。

(1) 旁路密封。旁路密封亦称周向密封，主要由旁路密封片和 T 型钢所构成，沿着转子外壳的内侧冷、热端的旁路密封片系由许多短折角片拼接而成。这些密封片在空气预热器的转子外壳的热端和冷端的空气侧和烟气侧呈圆周分布。运行时，转子变形，热端和冷端转子角钢和静止的旁路密封片之间的间隙最小。为清除密封片连接处的槽隙和增强其刚度，整体密封片由相互错开的二层密封片叠置而成，并用螺栓固定在旁路密封的角钢上。旁路密封片可沿着轴向方向上（靠近或远离冷、热端扇形板密封表面）调节。

假如运行时这些密封片和热端或冷端转子角钢接触，密封就开始磨损。当密封磨损到不够径向调整时，密封片就需要更换了。

(2) 中心筒密封。在每一个转子径向隔板的内侧的热端和冷端都装有中心筒密封片（见图 11-7），中心筒密封环绕热端和冷端转子中心筒周围。在运行期间，中心筒密封紧贴着空气预热器连接板内围绕中心筒的导向和支承端轴的静密封卷筒，中心筒密封开槽并固定在径向隔板的内端，密封无论在径向还是在轴向方向上（靠近或者远离热端或冷端静密封卷筒）都可以调节并焊接就位。

2. 径向密封装置

在各项漏风中尤以径向漏风为最，是由于转子的外缘的挠度，尤其是因在工作状态下的冷热端温差而呈蘑菇形，使转子外缘的漏风间隙增大。因此在我厂再生式空气预热器的设计中采用挠性扇形板的径向密封装置。扇形挠性板的小端由转子轴筒作轴向定位，大端可以随施加的力作上下浮动，与转子的蘑菇形变形相应，使转子与挠性板间的间隙和径向漏风量大幅的下降。

沿着每个转子径向隔板的热端和冷端径向边缘安装有径向密封片，如图 8-7 所示，运行

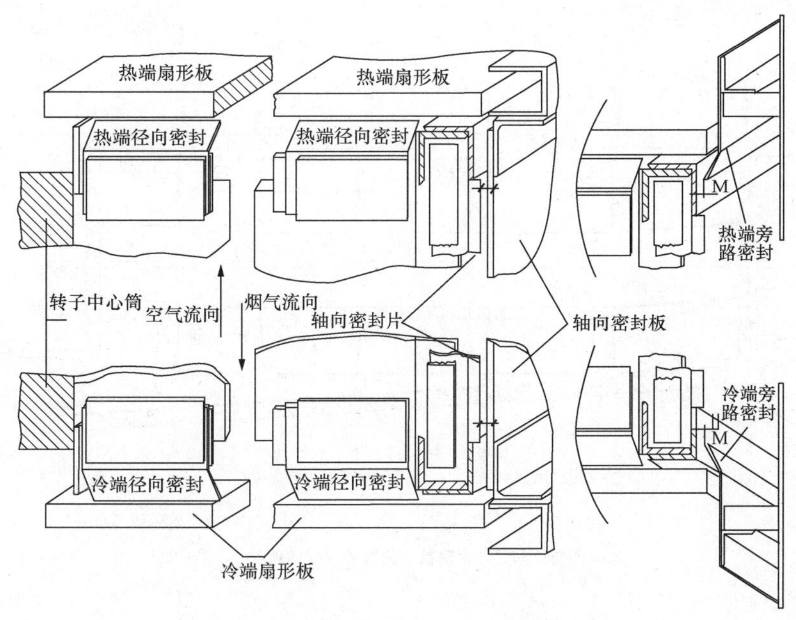

图 11-7 径向密封装置图

时尽量使径向密封片和扇形板之间的间隙最小。径向密封片上开腰形螺栓孔用螺栓固定径向隔板上，密封片可沿着轴向方向上（靠近或远离热端或冷端扇形板）调节，假如运行时这些密封片和扇形板接触，密封就开始磨损，当密封磨损到不够轴向调整时，密封片就需要更换了。

3. 轴向密封装置

轴向密封的作用是抑制已通过周向密封的空气沿着转子与壳体直筒部分间的环形间隙流向烟气侧。其是在转子的外缘相应于径向分隔的位置设置轴向的密封挠性弹簧挡板。沿着每个转子径向隔板外侧的轴向边缘安装有轴向密封片（见图 11-7）。运行时，轴向密封片和静止的轴向密封板之间的间隙最小。轴向密封片上开腰形螺栓孔用螺栓固定径向隔板上，密封片可沿着径向方向上（靠近或远离轴向密封板）调节。

假如运行时这些密封片和轴向密封板接触，密封就开始磨损，当密封磨损到不够径向调整时，密封片就需要更换了。

除密封装置的正确设计制造外，抑制空气预热器漏风在很大程度上，决定于密封间隙的调整，一般制造商也提供了有关间隙的推荐值，但由于转子是呈蘑菇状变形的，在不同的位置上具有不同的推荐间隙值，如图 11-8 所示。

在回转式空气预热器上述三种密封间隙中，漏风量最大的是径向间隙漏风（一般约占总漏风量的 2/3)；其次是环向的密封间隙漏风；最小的是轴向间隙漏风。在间隙及漏风通流截面积相同的条件下，冷端处的漏风量较热端为大，这是因为空气区与烟气区的压差，冷端要比热端的大；且冷端的空气温度低，密度大，故冷端的漏风量也为较大，通常为热端漏风的二倍左右。

（五）轴承和传动方式

回转式空预器的转子采用冷端支承方式，在转子的上、下端各设置导向轴承和支承推力轴承。

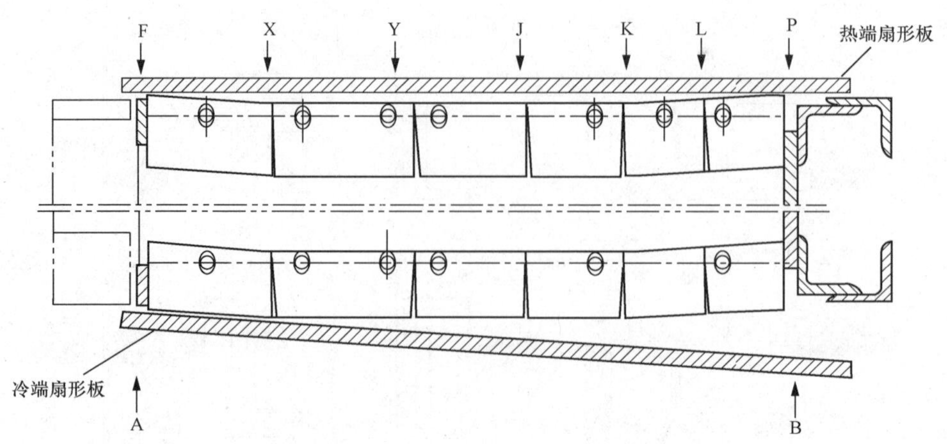

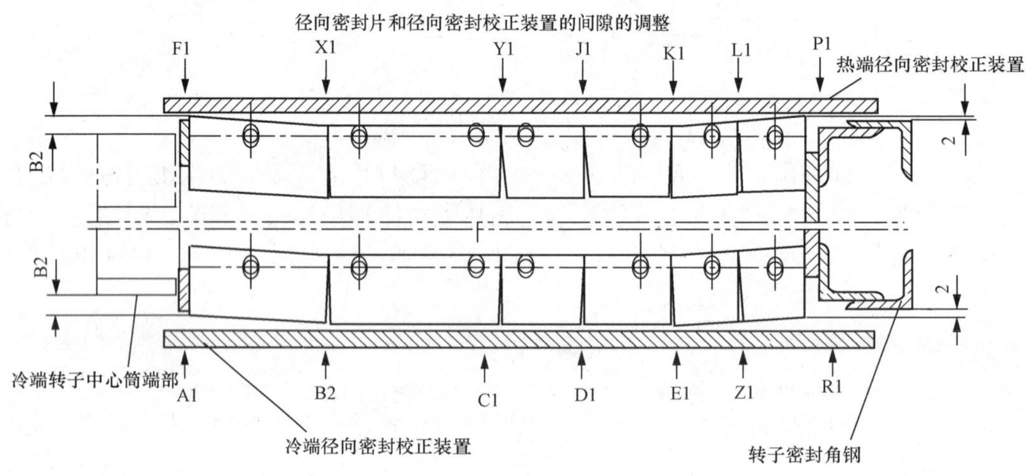

图 11-8 空气预热器密封调整图

导向轴承采用双列向心滚子球面轴承，除用作固定转子上端轴的旋转中心外，还承受由风烟压差所引起的侧向推力以及转子转动时因偏摆晃动而产生不均衡的径向推力。在导向轴承的轴承座套上，装设有 3 根支吊螺杆，其下端与中心密封筒相连，以使中心筒能与轴承座套同时随转子一起胀缩而上下滑动，并能带动扇形板内侧上下移动，从而保证扇形板内侧的密封间隙保持恒定。导向轴承结构简单，更换、检修方便，并有温度传感器接口，如图 11-9 所示。

空气预热器的支承轴承采用推力向心球面滚子轴承，其作用主要是用作支承转子的全部重量，同时还用来确定下端的旋转中心和承受由风烟压差所引起的侧向推力以及转子晃动所引起的径向推力。支承轴承装设在转子下端轴的端面上，轴承座支承在机壳上，机壳与冷端连接板中间梁连成一体。轴承座与底部机壳之间衬有垫板与垫片，轴承座的标高可通过调整垫片厚度得到确定。使用可靠，维护简单，更换容易，如图 11-10 所示。

空气预热器采用中心驱动方式，传动装置是驱动转子转动的部件，由带有变频器的电动机、减速器、传动齿轮、传动装置支承。为保证转子运行的可靠性，每台空气预热器配置了

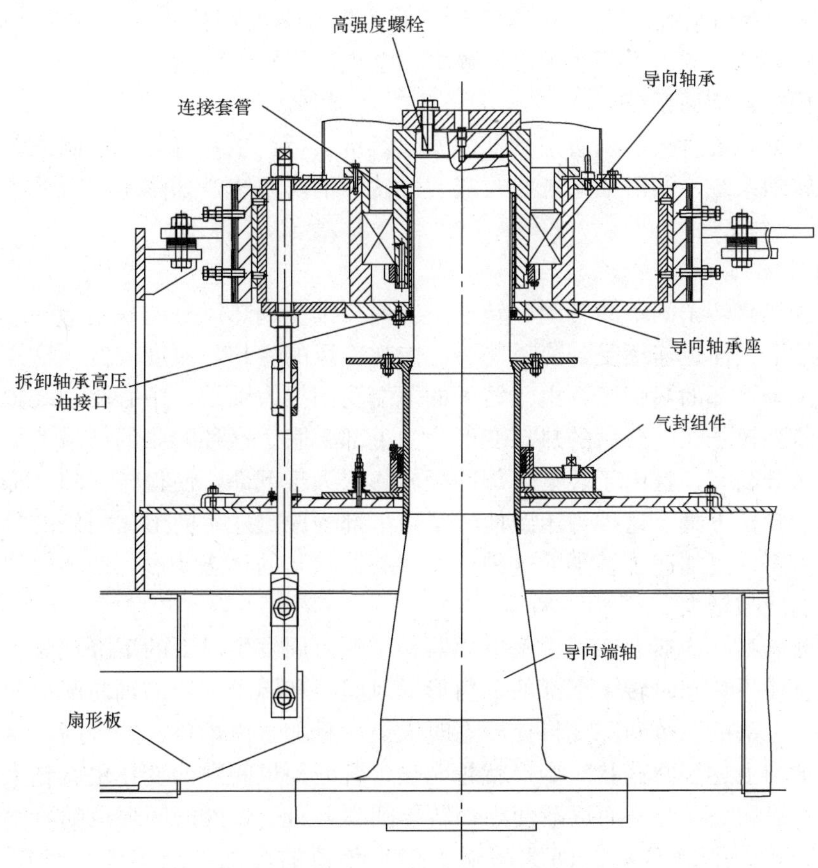

图 11-9 空气预热器导向轴承

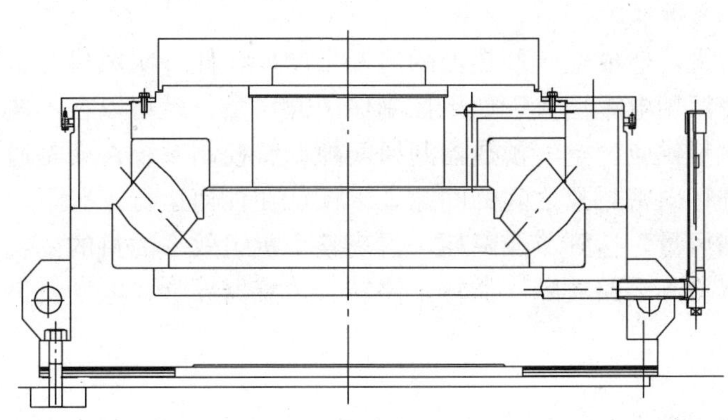

图 11-10 空气预热器支承轴承

三台按不同要求工作的传动装置为：空气预热器主电机、空气预热器备用电机和空气预热器辅助交流电机。在任何情况下，当主电机故障，辅助电动机能自动提供驱动力。整个传动装

置具有电气联锁、自动切换功能。三个传动系统在减速前各自独立，在减速箱中合为一体。

减速机正常输出轴转速为 1r/min，转子正常转速为 1r/min，采用变频调速慢速挡转子转速 0.25r/min。启动系统之前应先确定高、低速挡（速度切换主令开关），按启动按钮，电机将慢速启动，约需 60s 系统达到设定频率，电机达到额定转速。

二、空气预热器辅助系统

空预器的辅助系统直接影响着空预器的安全经济运行，主要有漏风控制系统、红外线检测系统、变频转动系统、润滑油系统和吹灰、冲洗、消防系统，如图 11-11 所示。

（一）漏风控制系统

1. 系统概述

由于空气预热器转子的不断转动，转子上表面持续受到热风侧的高温烟气的加热，温度较高；而转子的下表面也连续受到冷风侧一、二次冷风的冷却，温度较低。这样就使得转子的上部热膨胀大于下部的热膨胀，由于转子的下端受到推力轴承、中心驱动装置、支撑横梁的支撑作用，使得转子在受热后的热态变形为向上部膨胀。这种膨胀的结果使得转子中心的上表面较冷态时升高，并且由于转子上部的径向膨胀大于下部，使得转子的上部受到的热膨胀径向力矩大于转子下部。这种力矩致使转子以下部为原点发生向下、向外的翻转变形。加之转子的自重力矩，更加速了转子的这种行似“蘑菇状”的热态变形。使上部扇形板与转子径向密封片间的间隙增大。

在这种“蘑菇状”的热态变形中，空预器转子的外周发生向下的沉降现象，而转子中心发生隆起。这就使得热态时转子下部的三角形漏风间隙和转子圆周的轴向漏风间隙变得比冷态时小，而转子上部的漏风间隙变得比冷态时大。而且随着锅炉负荷的升高，空气预热器转子换热量的增加，上述“蘑菇状”变形就越明显，各处漏风间隙的变化也就越大。转子下部 D 处的间隙随着锅炉负荷升高而逐渐变小；转子圆周 F 处、E 处的间隙也随着锅炉负荷的增加而趋于变小；转子上部 B 处的间隙却随着锅炉负荷的增加而逐渐变大。在上述转子的“蘑菇装”变形中，转子下部和转子圆周处的漏风量随着锅炉负荷的增加而逐渐减少，而转子上部的漏风量却随着锅炉负荷的增加而增加。通过空气预热器转子上部活动式扇形板上连接的调节杆，可以在一定范围内改变转子在热态时上部的漏风间隙大小，从而达到调节漏风量的作用，如图 11-12 所示。

由于密封间隙增大，造成空气预热器的泄漏量增加，使一次风机、送风机和引风机的电能损耗增大，从而使厂用电率增大。如果控制住了漏风量，就可以在不增加风机能耗的情况下，保证锅炉的总风量供应。空气预热器漏风间隙调整控制系统，就是通过测量并调节空预器上部扇形板与转子径向密封片之间的间隙，以保证在任何运行工况下，该部的间隙保持一定量，从而减少了漏风量，达到节能降耗，提高整个机组效率的目的。

该系统同时可以检测多路故障（如转子停转、传感器异常、电动机过载等）并进行故障处理和报警。

2. 设备描述

每台空气预热器热端有三块扇形板，每块扇形板配有一套高温间隙传感器和一台提升机构。

空气预热器漏风间隙调整控制系统由高温间隙传感器、扇形板提升机构、转子停转检测开关和主机柜四部分组成，具体如下：

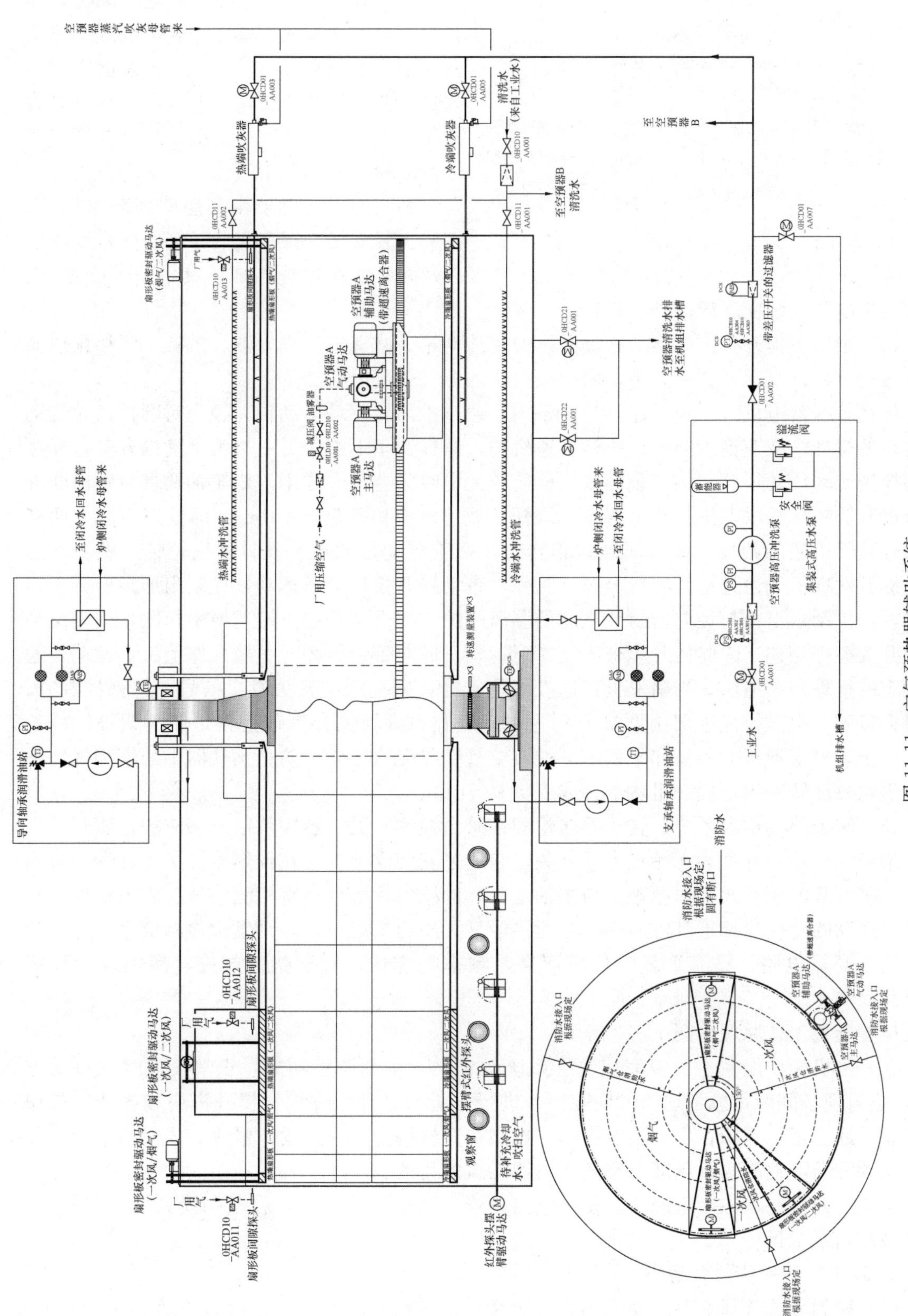

图 11-11 空气预热器辅助系统

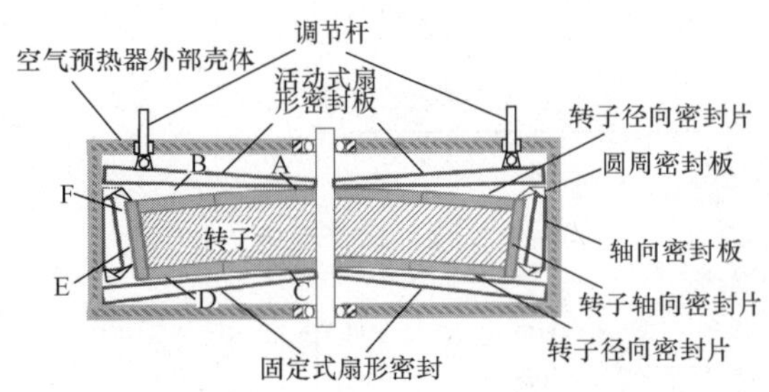

图 11-12　空气预热器漏风控制扇形板

（1）高温间隙传感器。高温间隙传感器共有六个电涡流式传感器，它可以连续测量密封扇形板下表面与转子法兰上表面之间的间隙，并把间隙值转化为电信号，具有较好的稳定性和较宽的线性范围，可以在烟气腐蚀及多粉尘的环境中工作。

高温间隙传感器由高温间隙测量探头、探头安装支架、探头安装导管、信号变送器以及高频连接电缆组成。其中信号变送器、高频连接电缆安装在现场信号变送箱中。

（2）扇形板提升机构。扇形板提升机构由传动箱、减速箱、提升器、机架、联接预热器扇形板的拉杆、行程开关盒、指示扇形板位置的标尺等部分构成。

传动箱两台电机（一台工作，一台备用）通过锥齿轮驱动传动轴，经一对圆柱齿轮传动减速箱的蜗杆。减速箱为蜗轮、蜗杆减速机构，蜗杆置于下方，另一端为手动提升轴，通过手动摇把转动传动蜗杆，供安装调试、检修或无电时紧急提升之用。蜗轮轴两端分别由联轴器与提升器蜗杆相联，提升器由蜗轮、蜗杆、减速机构和螺距 $P=10$mm 螺纹副组成，两提升器分装于机架的两端。蜗杆驱动蜗轮转动，蜗轮转动带动提升丝杠（蜗轮轴）做上下运动；提升丝杠下端通过销轴与提升拉杆相联，带动提升拉杆上下运动，控制扇形板做升、降运动，以控制扇形板与径向密封片之间的漏风间隙。提升丝杆的上端与横梁相联，横梁又与行程开关撞杆相连，因此提升丝杆的上、下运动，同时带动行程开关撞杆作上、下运动，通过设定的行程开关撞块，当扇形板到达极限位置时，碰撞限位开关发出信号，用来控制升、降最大极限。提升拉杆中部由两端分别为左螺纹和右螺纹的长螺母连接，便于调整拉杆长度，用于调整扇形板的零位和平衡。下端波纹管密封套可有效地防止预热器中的烟和气体漏出。手轮每旋转一周，提升机构上升或下降 0.01mm。

（3）转子停转检测系统。转子停转检测系统由检测开关、感应片以及相应的检测开关安装支架组成。检测开关为无触点电子开关，它通过安装支架安装在预热器转子主轴旁的适当位置，采用其电涡流式工作原理，与主轴上所装的感应片配合，将检测信号送入主机柜。它是通过运动的感应片接近其感应面，在无接触又无压力情况下，自动发出检测信号，来驱动继电器或逻辑电路。具有重复定位精度高，频率响应快，抗干扰性能好，使用寿命长等优点。

检测开关工作原理如图 11-13 所示。

（4）主机柜功能。主机柜完成整套系统的自动、手动调整功能，正常投运时（自动方式），它对现场间隙传感器送来的间隙信号进行分析与处理，并综合提升机构和各选择按钮的状态，经过逻辑判断，发出控制指令，控制提升机构上、下运动，最终完成对扇形板与径向密封片的间隙控制，达到减少空气预热器漏风的目的。

主机柜内设有双控制电源相互切换电路，当一路电源失电后，自动切换到另一路电源，保证系统的正常运行。

3. 漏风控制系统的投运

（1）控制方式选择。系统初次热态投运时，将各角控制方式打在就地手动方式。图 11-

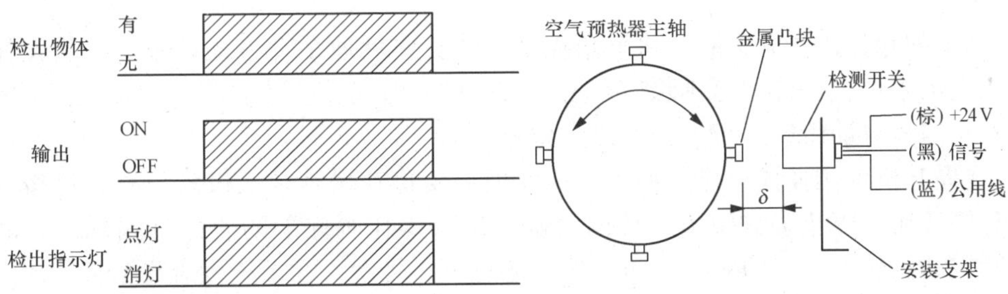

图 11-13　检测开关工作原理

14 所示为主菜单操作画面。不改变各角间隙设定初值 8.0mm，在操作面板上（见图 11-15）依次按下各角下降按钮，同时实时观察在该角操作画面上的间隙正常指示灯亮之前，该角扇形板与对应的径向密封片是否存在摩擦现象。

若在该角间隙正常指示灯亮之前，听到该角扇形板与对应径向密封片产生摩擦，应立刻松开下降按钮后，按下强提按钮，将该角扇形板提到上极限位置。查出摩擦原因，排除故障后，再投入使用。

若在该角间隙正常指示灯亮时，听不到该角扇形板与对应径向密封片产生摩擦，将该角控制方式打在自动，进行实时自动调节。

空气预热器初次热态运行时，由于扇形板、径向密封片、转子法兰安装偏差可能偏大或扇形板、径向密封片热态变形不规则，在扇形板跟踪径向密封面变形时，二者实际密封面曲线远远偏离设计密封曲线，造成扇形板跟踪径向密封片变形未达到预想的设定间隙值前，产生严重摩擦。此现象发生后，务必查出摩擦原因，排除故障，该系统方能投入使用。

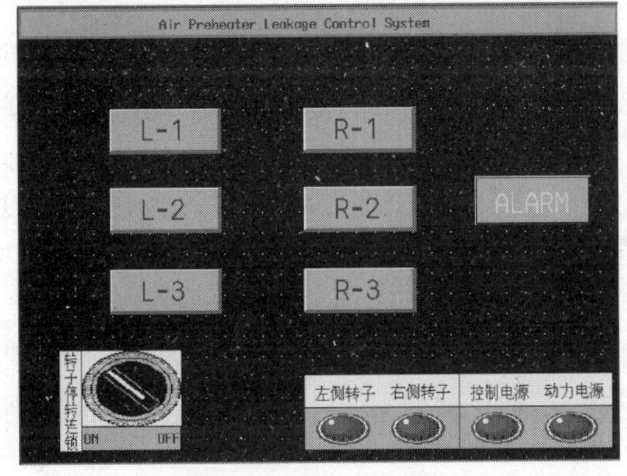

图 11-14　主菜单画面

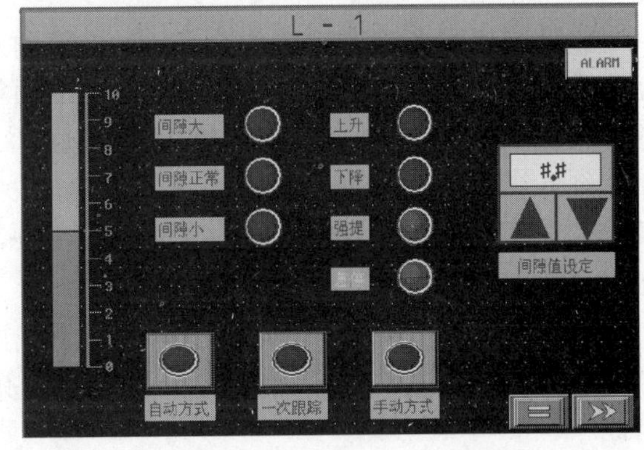

图 11-15　左侧 1 号角操作画面

（2）运行。系统经过成功的冷态调试和热态试运行后，即可进行正常投运。

通过各角操作画面，将间隙设定值调整到预想设定值，将各角控制方式打在自动方式，整套系统即进入正常运行。

系统投运初期，间隙设定值一般设的大些，随着时间推移，扇形板与径向密封片的不断磨合，间隙设定值可以设定的小些。

（3）异常情况处理。系统在正常运行过程中，若出现异常情况，应及时采取措施予以处理。

1）某角间隙传感器异常时，将该角控制方式打在就地手动方式，按下强提按钮，把扇形板提到上极限位置，待故障排除后，再投入使用。若间隙传感器因参数丧失而异常，系统会发出控制信号自动将扇形板提到上极限位置。

2）在提升机构作强提动作过程中，如发现不要将其提升至上极限位置，可按动操作面板上的急停按钮，停止强制提升。此时，触摸屏各操作画面上的急停灯闪烁。待故障处理后，务必按动操作面板上的复位按钮，使急停灯灭。否则，在系统发现异常情况时，无法自动进行强提操作。

3）在报警画面上，若发现某角电机过载信号闪烁，应按下该角相应热继电器的复位按钮，复位过载的热继电器。

（二）红外线检测系统

1. 系统概述

红外线检测系统是保证空气预热器安全运行的关键设备。空气预热器的实际运行情况表明，空气预热器内的起火绝大多数都是发生在冷态启动或热态投运油枪期间。锅炉冷态启动和热态投运油枪时，如果燃烧工况不好，未燃尽的油进入并积累在空气预热器的蓄热元件上，随着空气预热器内部温度逐步升高，这些积聚物就有可能被点燃。这种状况通常是从积聚物的一小块区域开始，在着火初期外部迹象不很明显，并且该阶段温度上升相对缓慢，但当达到一定程度时，则温度急剧上升，着火危险大大地增加。

红外线检测系统正是实时检测空气预热器温度上升的变化情况，一旦发现温度达到预设值，及时发出相应的报警信号，通知运行人员及时采取相应措施，以保证空气预热器安全可靠地运行。

2. 设备描述

红外线检测系统检测转动的传热元件表面及其内部的小区域（称为热点）。从现场实践经验表明，许多空气预热器着火，就是由小面积的热点引起的。这些热点是由于未完全燃烧的燃料沉积在传热元件表面而引起的再燃烧。

红外线检测系统就是通过红外线辐射，来检测传热元件内部金属温度，当热点温度150～200℃时报警。另外，当传感器探头污染，检测温度过低时，也会引起报警；或者传热元件堵塞引起温度过低时，也会引起报警。

每台空气预热器配一套红外线检测装置。两套红外线检测装置，共用一台控制柜。每套红外线检测装置主要由 7 套热电阻和相应的智能数字显示调节仪表以及 1 套安装桥架等组成。

就地柜内还装有若干中间继电器、指示灯和报警蜂鸣器等元件，用以显示设备运行情况和产生报警等功能。

3. 红外线检测系统的投运

打开就地柜柜门，合上柜内断路器，送上电源，电源指示灯 H5 亮。系统自动进入自动检测运行状态。

当空气预热器红外线检测安装桥架上的任一热电阻检测到烟气出口温度（T）上升超过设定温度（T_0）时，系统会自动发出超温报警信号；当任一热电阻检测到烟气出口温度（T）上升超过设定温度（T_1）时，系统会自动发出着火报警信号，蜂鸣器响起以提醒运行人员注意并及时采取相应的应对措施。各热电阻测温信号和系统超温报警信号、着火报警信号已接入 DCS 以便运行人员监控运行设备。

蜂鸣器设有消音旋钮，运行人员可以根据现场实际需要把消音旋钮打在投入或切除位置。消音旋钮打在切除位置时，当系统检测到空气预热器烟气出口温度上升超过着火设定值时，系统发出着火指示，但蜂鸣器不工作。运行人员应尽量不要将消音旋钮打至切除位置，以免在报警出现时不能引起足够的重视。

（三）变频传动系统

1. 系统概述

变频传动系统是保证空气预热器转子主轴驱动电机安全、平稳启动并实现线性调速的重要设备。该传动系统分为主传动系统、辅传动系统和备用辅传动系统，主传动系统和辅传动系统以及备用辅传动系统互为备用。空气预热器在正常运行中，系统一旦检测到正在运行的转子主轴驱动电机发生故障，将自动启动运行备用电动机（具体启动辅传动系统还是备用辅传动系统，根据热备开关的切投情况确定）。另外，系统设计了双电源失电联锁电路，一旦正在使用的控制电源或动力电源丧失，系统自动启用备用控制电源或动力电源，以保证空气预热器的正常投运。

变频器采用变频、变压同时进行的方法对电动机进行调速，利用变频器可对电动机进行无级调速并能基本保持恒定转矩输出。

2. 设备描述

每台空气预热器配备 1 台变频传动主机柜和 1 个事故按钮箱。每台变频主机柜内含 3 套变频调速系统，主要由 3 台 ABB 变频器、MODICONPLC、双电源切换电路以及若干中间继电器组成。

变频器为本系统的主体，主要完成空气预热器转子电机的拖动。在接到控制命令后，变频器输出拖动转子实现高速或低速旋转要求的电源信号来驱动转子电机。

为保证系统正常安全运行，每台空气预热器变频传动系统配备两路动力电源（AC 380V 32kW）和两路控制电源（AC 220V 10A），当其中一路电源发生故障，系统立刻投入另一路电源。

根据系统具体要求，同时方便运行人员对系统进行监控，本系统设置了程控/就地切换开关，操作人员除可在现场对电机进行启、停操作外，也可以通过 DCS 画面实现对现场电机启、停以及置为高速和置为低速操作。现场控制方式、主、辅、备用辅电机高、低运行信号、辅、备用辅电机投入热备选择、变频器故障信号以及电源是否正常供给信号送给 DCS。

3. 变频传动系统的投运

打开主机柜柜门，合上断路器 QF_1 和 QF_2，送上控制电源，控制电源指示灯 H_1 亮，依次断、合断路器 QF_1、QF_2，观察双电源可否实现断电切换；合上断路器 QF_3 和 QF_4，送上动力电源，动力电源 H_2 亮，依次断、合断路器 QF_3、QF_4，观察双电源可否实现断电切换。

旋转程控/就地切换旋钮，观察相应的就地方式、程控方式指示灯是否点亮。

依次按下启动主变频器、置变频器高速、置变频器低速、停止主变频器等按钮，对应主轴驱动电机启动运行、转换为高速运行、转换为低速运行、停止运行，各指示灯指示其运行状态。

依次按下启动 1 号辅变频器、置变频器高速、置变频器低速、停止 1 号辅变频器等按

钮，对应主轴驱动电机启动运行、转换为高速运行、转换为低速运行、停止运行，各指示灯指示其运行状态。

依次按下启动2号辅变频器、置变频器高速、置变频器低速、停止2号辅变频器等按钮，对应主轴驱动电机启动运行、转换为高速运行、转换为低速运行、停止运行，各指示灯指示其运行状态。

将程控/就地切换开关打在程控位置，由DCS操作画面发出控制信号，观察设备运行情况。

联锁切投旋钮开关打在投入位置时，主、辅变频器可以实现备用功能，当正在运行的电机出现故障，延时2s后，备用电机自动投入使用。当联锁切投开关打在切除位置时，主、辅电机无备用功能。辅变频器热备切换开关打在切除位置时，1号辅变频器（辅变频器）作为备用；辅变频器热备切换开关打在投入位置时，2号辅变频器（备用辅变频器）作为备用。

（四）润滑油系统

1. 轴承润滑油系统

为保证空气预热器长期高效地运行，空气预热器轴承各部件在一开始运行之前就需要润滑，待稳定运行后，根据运行条件和实际经验制定切实可行的润滑时间表。

空气预热器的支承轴承和导向轴承采用油浴润滑。支承轴承采用推力向心球面滚子轴承，约需油量为200L。导向轴承约需油量43.5L。支承轴承和导向轴承的润滑油均采用美孚N680号中负荷极压工业齿轮油。

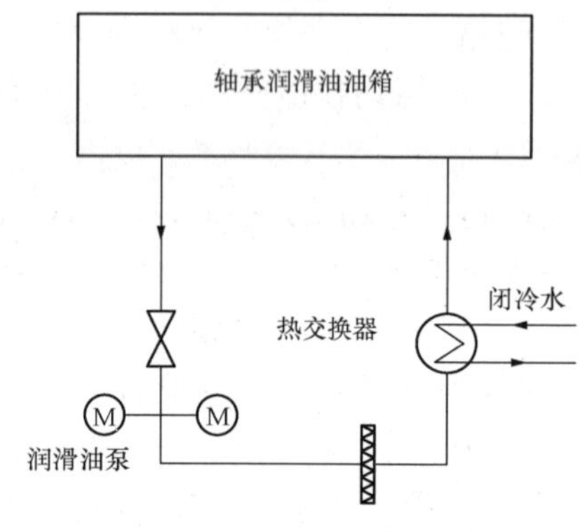

图11-16　轴承润滑油系统

在需要润滑的部件中，低的油位可严重降低运行寿命，高油位可导致油溢出并引发火灾，因而空预器启动前，应检查油位指示器，确保全部轴承箱内有足够的油。为了防止油过多溢出，不要超过指示最高油位。

图11-16为导向/支承轴承润滑油系统示意图，其中包括两台润滑油泵、滤网、热交换器、压力温度仪表等设备。两台润滑油泵一用一备，用来支持轴承的油浴润滑，保证空气预热器运行期间轴承能够得到充分的润滑冷却。滤网分为两路，一用一备，前后装有压力表，若质量不好，滤网发生堵塞造成前后压力增大，则可以切换滤网，进行清理。热交换器保证油温在正常的运行范围之内，不会发生超温。

2. 减速机润滑油系统

作为传动装置的减速机采用齿轮结构，油系统包括两台润滑油泵组成的润滑油系统以及电加热泵与电加热器组成的油加热系统，如图11-17所示。

润滑油系统由两台润滑油泵、滤网、热交换器、压力温度仪表等设备组成。润滑油泵出口装有压力表、流量计等热工元件，压力和流量信号参与空气预热器联锁保护。

两台润滑油泵一用一备，用来支持减速机内部元件的润滑，保证空气预热器运行期间轴承能够得到充分的润滑冷却。滤网分为两路，一用一备，前后装有压力表，若质量不好，滤网发生堵塞造成前后压力增大，则可以切换滤网，进行清理。热交换器保证油温在正常的运

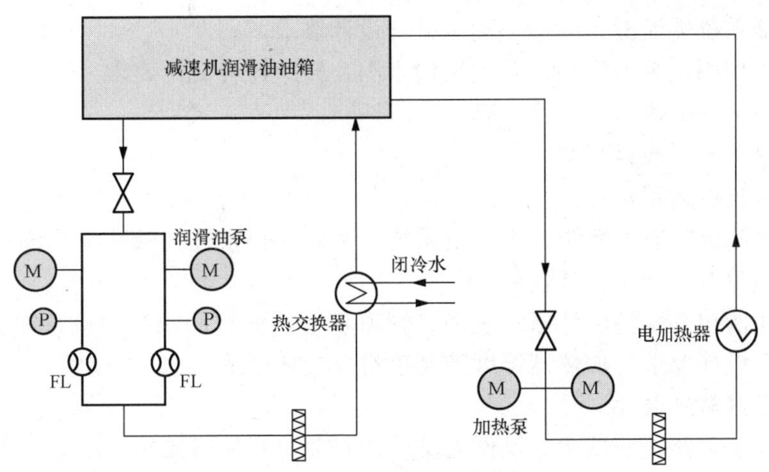

图 11-17　减速机润滑油系统示意图

行范围之内，不会发生超温。加热系统的功能在于提高润滑油箱润滑油的温度，降低启动初期（尤其是环境温度较低时）润滑油黏度，润滑油黏度过大容易造成空气预热器启动电流过大而使空气预热器过流动作跳闸。

空气预热器减速机润滑油采用 N320 号工业齿轮油，空气预热器启动前，应检查油位指示器，确保减速箱内有足够的油。为了防止油过多溢出，不要超过指示最高油位。

（五）吹灰、冲洗、消防系统

回转式空气预热器由于波纹板布置的较紧密，波纹板之间的流通通道狭窄，因而在空气预热器运行时气流的流动阻力较大，且烟气中的飞灰容易粘积在波纹板上，引起波纹板的腐蚀和气流通道的堵塞。这样不仅会使送、一次风机的电耗增加，而且还会因换热条件变差，使一、二次风温降低，排烟温度升高，影响锅炉效率。同时，流动阻力的增加，使风量减小满足不了要求，限制锅炉的出力。

此外，在锅炉启动阶段，因炉内温度低，如果油燃烧器雾化不好，燃料不易完全燃烧，于是从炉膛随烟气带出的未燃油滴和炭黑易沉积在波纹板上，而这些可燃物在一定条件下会再次燃烧，从而使空气预热器烧损。

为保持空气预热器波纹板表明的洁净，回转式空气预热器设置了专门的吹灰器和清洗装置。

每台空气预热器在烟气侧冷、热端各装设一台伸缩式吹灰器。

每台空气预热器烟气侧的冷、热端各装一根固定式的清洗管，清洗管上装有一系列的不同直径的喷嘴，使空气预热器转子内不同部位的受热面都能获得均匀的水量。

每台空气预热器有两根固定式消防管，分别布置在空气预热器烟气侧的进、出口处，管上也有许多喷嘴，保证消防水能覆盖整个受热面。

第三节　系统调试

一、技术指标及性能要求

（1）状态显示正确。

（2）润滑油系统无泄漏，油压、油温符合设计要求。

（3）转动机构固定装置牢固，转动机构牢固，转速符合设计要求。

（4）联锁保护全部投入，动作正确。

（5）辅机盘车装置投运正常。

（6）吹灰装置投运正常。

（7）灭火实施火灾监测系统、水冲洗系统、蒸汽吹扫系统和碱冲洗系统符合设计要求。

（8）漏风间隙调节系统正常投运。

（9）底灰斗清扫系统料位计指示正确、管道不堵不漏、冲灰程控全部投入且动作正确、水压和水量符合设计要求、加热器温度控制也符合设计要求。

二、调试应具备的条件

为保证空气预热器安全试运，操作人员应按有关规程进行操作，试运人员在风机每次投入运行前必须检查空气预热器及其系统的安装和运行准备工作是否已经完成，空气预热器内是否有人和杂物。空气预热器试运前，必须做好下述工作：

（1）送风机及其系统、风道保温等安装工作已完成，备有完整的安装记录，并经验收合格。

（2）检查空气预热器本体无人工作，本体内部杂物清理干净，各烟风道内杂物清理干净，各检查门、人孔门关闭严密。

（3）支撑轴承、导向轴承油箱经过冲洗保证清洁；润滑油冷却水系统经过水压。

（4）检查并核实空预器热端、冷端以及轴向密封间隙已调整完毕，扇形板间隙指示在上极限，装置控制电源正常。

（5）电气所有工作已完成，主驱动电机及备用驱动电机单体试转结束，电机转向正确，并已办理签证。

（6）消防水系统投入运行。

（7）各类阀门应安装正确，严密不漏。

（8）支承轴承及导向轴承的油浴系统油位正常，油质合格，且润滑油泵试转处于备用状态。

（9）减速机油浴系统油位正常，油质合格。

（10）吹灰器系统管道吹扫干净并已恢复，喷嘴等确认无异物堵住，吹灰器冷态调试结束并在其行程中无任何阻碍及卡涩，系统能正常投运。

（11）冲洗水和消防水泵试转结束，系统管道冲洗完成并已恢复，喷嘴无异物堵住，系统能正常投运且处于备用状态。

（12）确认空气预热器着火监视系统投入，热电偶温度监测。

（13）空气预热器漏风控制系统冷态调试完毕，系统能正常投运，各扇形板抬至最大位置，各漏风控制系统处于备用状态。

（14）确认停转检测系统，热工试验结束并能正常投用。

（15）空气预热器的进出口二次风、一次风及烟气挡板调试检查完毕。

（16）变频控制柜等相关接线准确，功能完好尤其是主电机故障时，备用电机能及时投用。

（17）空气预热器相关联锁保护试验已完成，并且动作正确可靠。

三、调试方法及程序

试运前必须按照空气预热器启动检查卡，进行其启动条件逐项确认。

（一）空气预热器启动程序

空气预热器启动程序见表1-11。

表11-1 空气预热器启动程序

序号	步骤
1	检查空气预热器的扇形板位置在最大
2	关闭空气预热器烟气、二次风、一次风进出口挡板
3	按启动按钮，启动空气预热器驱动马达
4	联开空气预热器烟气、二次风、一次风进出口挡板
5	检查空气预热器有无异常声音，检查空气预热器的电流是否正常
6	待空气预热器主马达转动正常后，进行空气预热器主马达/辅助马达切换试验
7	空气预热器试运8h，记录每10min记录空气预热器的电流，油温等参数

（二）空气预热器的停运

锅炉熄火后，空气预热器应维持运行，直至空气预热器进口烟气温度降至150℃时方可停运。停用最后一台预热器时应检查所有的送、引风机全停。发生故障需立即停用时应采用气动马达盘车装置盘动转子。

（1）空气预热器停运前，将各扇形板提至最高设定位置。

（2）关闭空气预热器一、二次风侧、烟气侧进/出口挡板。

（3）解除空气预热器直流马达联锁。

（4）停运空气预热器交流马达。

（5）若空气预热器停运时间较长，可以停用其支承轴承、导向轴承润滑油系统。

（三）空气预热器热点检测系统的投入步骤

（1）将操作屏“热点检系统”及“热点检扫描驱动”电源送上。

（2）确认操作屏上无声光报警。

（3）将操作屏上“扫描/停止”开关置“扫描”位置。

（4）确认热点检马达运转正常。

（5）2min后，手动测试热点检测装置无故障。

（四）空气预热器水冲洗

空气预热器水冲洗应在停炉后且进口烟温小于93℃后逐台进行。

（1）冲洗前的检查与准备：

1）关闭空气预热器所有进、出口挡板。

2）检查确认空气预热器烟道放水口无积灰，风烟道放水门开启。

3）炉区污水池排水泵能正常投运。

4）停用热点检测系统，将热点检探头用塑料袋包好。

（2）冲洗水箱补水补至高水位后，向冲洗水箱加入Na_3PO_4，配制碱液，且pH>9.5。

（3）投入冲洗水箱辅汽加热，使水箱水温加热至55～60℃。

（4）启动冲洗水泵，分别对空预器冷热端冲洗，注意水箱水位及冲洗水泵运行情况，冲洗水压不小于 517kPa。

(5) 冲洗期间应检查排水情况，若发现堵塞，及时联系检修疏通。

(6) 碱洗结束后，应用清水冲洗空气预热器。

(7) 清洗结束后，关闭冲洗水门，确认无泄漏。开启空气预热器风/烟道进、出口挡板，拆除热点检探头塑料袋，进行通风干燥。

(8) 检查烟风道排水完全后，关闭各放水门。

四、调试风险控制

由于空气预热器结构、功能及其所处的工作环境，空气预热器运行中存在的风险也是锅炉辅机中最大之一。空气预热器的蓄热元件（波纹板）间隔小，极易积灰，尤其是在锅炉低负荷投运燃油时，未燃油的油粒吸附在空气预热器波纹板上，进而吸附烟气中灰，导致空气预热器积灰堵塞、甚至引起自燃。另外空气预热器用高温烟气对冷一、二风进行加热，空气预热器区域内冷、热两端温差极大，在锅炉负荷变化时容易引起空气预热器变形，导致空气预热器磨、碰空气预热器区域内固定件，甚至"抱死"。所以空气预热器试运必须先做足事故预想和风险控制措施。

(1) 空气预热器试运前调试单位应根据现场实际情况做好详细启动交底工作，明确各参建单位组织分工。

(2) 参加试运的所有工作人员应严格执行《安规》及现场有关安全规定，确保试运工作安全可靠地进行。

(3) 空气预热器试运前的应根据空气预热器及其系统启动检查卡逐条检查到位，相关安装工作完成且有完善安装记录并通过监理等单位签证。

(4) 做好与非试运系统及其场所的有效隔离并挂好警戒标志，严禁其他非工作人员进入试运现场。

(5) 空气预热器运行过程中若出现任一参数达到保护定值，而保护未动作，应手动停空气预热器。

(6) 在试运期间应注意经常检查各润滑油压、油位及滤网差压，应经常清洗滤网。

(7) 当电机电流持续上升，经纠正无效时需立即停机。

(8) 试运期间若要进入空气预热器内进行处理则需在确认空气预热器完全停止，并停电源，并做好防止转动的安全措施后方可进入，在处理完毕后，空气预热器重新启动前应将防转措施解除。

(9) 如在试运过程中发现异常情况，应及时调整，并立即汇报指挥人员。

(10) 在试运过程中如有危及人身及设备安全时，应立即停止试运工作，可就地捅事故按钮。

(11) 试运全过程均应有各专业人员在岗且分工明确，不得擅离岗位，以确保设备运行的安全。

(12) 在锅炉启动时，空气预热器运行必须及时投入热点检测系统。

(13) 在运行期间监视空气预热器的漏风控制系统，巡视空气预热器时注意倾听空气预热器转动一周有无异常。

(14) 为了将密封损坏降至最低程度，重新启动空气预热器时必须等到空气预热器的入口烟温降至 205℃以下或更低。

(15) 保证空气预热器的吹灰蒸汽参数，锅炉点火后，使用辅助蒸汽对空气预热器进行连续吹灰，直至全停油。正常运行中，每班吹灰一次。当出现空气预热器进出口差压增大、受热面泄漏、锅炉低负荷运行、空气预热器排烟温度高、燃烧条件差，如燃油或飞灰可燃物含量大等情况使应及时进行吹灰或增加吹灰次数。

(16) 在运行期间及空气预热器的停运期间，运行人员必须定期对空气预热器及其系统相关参数抄表，做好事故预想，确保空气预热器的安全。

(17) 在空气预热器发生二次燃烧时必须立即投入消防水。

(18) 在空气预热器的运行过程中，还应监视空气预热器的冷端温度，防止空气预热器冷端温度过低而造成空气预热器的冷端腐蚀。一般空气预热器的冷端温度应控制在68.3℃，冷端温度的计算方法为：(空气预热器烟气出口温度＋空预器进口二次风温度＋空气预热器进口一次风温度) /3，若燃煤中所含硫分（应用基）大于1.4%时，烟气的露点会提高，此时应提高空气预热器的冷端温度。

(19) 监视空气预热器电流、进、出口压差及进、出口风温、烟温的变化情况，发现异常应及时分析原因并采取相应的措施。

(20) 系统运行时，勿用手电照射热点探头观察窗，以免探头误报警。

(21) 空气预热器水冲洗应在停炉后且空气预热器进口烟温小于93℃后才能进行。

(22) 在进行空气预热器单侧隔离时，由于另一台空气预热器和锅炉还需保持正常运行且空气预热器的隔离涉及一次风、二次风及烟气系统的正常运行，在隔离过程中应尽量减少对它们造成扰动。在单侧空气预热器需要隔离，应先将机组负荷降至500MW及以下，停运对应侧的送引风机和一次风机，保持三台磨煤机运行，并将待隔离空气预热器LCS撤出运行，退至最大位置。就地将待隔离空气预热器一次风出口隔离挡板切至“LOCAL”，缓慢关小一次风出口隔离挡板，注意每次操作幅度不能太大，并随时与集控室联系，并注意一次风热风温度变化情况，确认磨煤机出口温度调节正常。当一次风出口挡板全关后，就地缓慢关闭空气预热器一次风进口隔离挡板。就地将待隔离空气预热器（脱硝）烟气进口隔离挡板切至“LOCAL”，缓慢关小空气预热器烟气进口隔离挡板，关至约50%左右，注意每次操作幅度不要太大。为防止二次风温下跌太快，在烟气进口挡板关闭50%后采用先部分关闭二次风挡板的方法。就地将空气预热器二次风出口隔离挡板切至“LOCAL”，缓慢关小二次风出口隔离挡板，关至约50%左右。注意每次操作幅度不要太大。就地继续缓慢关烟气进口隔离挡板直至全关，再就地缓慢全关空气预热器二次风出口隔离挡板。待空气预热器（脱硝）烟气进口和空气预热器出口二次风挡板关闭后，就地缓慢关闭电除尘烟气进口联络挡板、送次风机出口联络挡板，并将这些风门挂禁操或拉电。空气预热器进口烟温小于等于150℃时方可停运。检查锅炉火焰正常，燃烧稳定，确认送风机、引风机、一次风机运行参数正常，空气预热器单侧运行期间，应注意一次风机、送风机的运行情况。

第四节 常见问题及处理

一、驱动电机电流异常升高

正常运行时主电机的电流应稳定在50%～75%额定电流范围内。如果电流指示突然出现大幅度升高，一般有如下可能：

（一）壳体变形

1. 原因分析

（1）当外壳保温不好或雨水进入等都会造成空气预热器外壳冷却收缩过快、动静密封间隙减小；

（2）在启动阶段，外壳局部区域焊接有限制其自由膨胀的构件，会使外壳向内变形与转子异常接触。

2. 解决措施

（1）在大风、大雨天气时易出现外壳变形问题，解决此问题需要做好空气预热器外壳的防雨和保温。

（2）新建机组或空气预热器检修后的首次启动，务必认真全面的检查外壳是否与有影响其自由膨胀的问题。

（二）传动装置原因

1. 原因分析

如果传动齿轮齿根底部与围带销啮合间隙过小，造成传动齿轮齿根受力较大，则会出现减速箱整体振动和噪声较大。如果传动齿轮端面与下围带扁钢间隙过小，就会造成空气预热器转子受热膨胀后下围带扁钢与传动齿轮摩擦。这两种情况都会使减速箱的传动力矩增大，导致空气预热器电流摆动。

2. 解决措施

空气预热器减速箱传动齿轮齿根底部与围带销间隙、传动齿轮端面与下围带扁钢间隙应按照厂家规定调整。安装校核驱动大齿轮与围带销的间隙，需要找到最突出的围带销最为基准点。

（三）密封松动或部件脱落

1. 原因分析

部分密封片（特别是冷端）安装过松发生脱落，或转子上的蓄热片等部件脱落，如果卡在转子密封与扇形板上，就会出现严重的电流摆动。

2. 解决措施

密封片使用防松螺栓或加装防松垫片并且必须紧固，两个径向密封片的接口处建议采取点焊已防止脱落。蓄热片正常时不会出现脱落，但异常的吹灰和堵灰会造成蓄热片的损坏和脱落，在运行中应加强空气预热器进出口差压，并及时进行空气预热器吹灰，吹灰时应严格控制吹灰蒸汽参数在合理范围内。

（四）排烟温度高

1. 原因分析

锅炉实际排烟温度如果比设计值高，则其蘑菇变形量比设计值也要增大，底部的径向密封条会和扇形板发生摩擦。

2. 解决措施

运行中避免发生超温情况，控制排烟温度不超过设计值 30℃。

（五）漏风控制系统故障

1. 原因分析

热端扇形板传感器探头过量磨损或损坏，可以导致扇形板和密封片摩擦，空气预热器运行电流升高。

2. 解决措施

每次小修需要调整探头和扇形板相对位置，探头端面应低于扇形板距离符合安装图纸需要。并定期检测传感器内各限位开关和接近开关状态，及时更换损坏件，保证传感器冷却风供应正常。

（六）空气预热器转子偏斜

1. 原因分析

热态时再加上烟气、送风介质压差造成的水平推力和倾覆力矩，蓄热包堵灰，造成底部推力轴瓦的工作状态偏离设计状态，远远超出推力瓦轴承对水平偏差的自补偿能力，形成推力盘与推力瓦局部接触，难以形成良好油膜。

2. 解决措施

安装要求主轴水平度和底部支撑轴承水平度全部在严格的标准之内。按厂家要求和国标，空气预热器主轴的安装水平度应不大于 0.25mm/m；空气预热器下轴承的水平度应在 0.4mm/m 之内，二者相对水平偏差应不大于 0.25mm/m。导向轴承水平度不大于 0.2mm。

（七）轴承损坏

1. 原因分析

驱动电机电流增大也可能是导向或支承轴承损坏的征兆，但此时往往伴有轴承油温异常升高，转子下沉、径向密封片与冷端扇形板相擦等现象。

2. 解决措施

出现上述情况时，应紧急停炉，并维持空预器转动，直至空气预热器入口烟温降至 200℃以下才允许空气预热器停转。

二、轴承油温异常升高

1. 原因分析

导向轴承温度超过 60℃、支承轴承温度超过 50℃时，油循环系统会自动启动油泵进行循环冷却。如果因油循环系统漏油、油质恶化、轴承本身损坏等原因，使油温不能下降时，应对整个油系统进行检查，观察冷却水流量和水温，观察油温度、压力、流量以及轴承箱内的油位。

2. 解决措施

如上述部位无故障存在，油温继续上升至导向轴承 80℃、支承轴承 70℃时，系统将发出超温报警。一旦油温超过 85℃，空气预热器应立即停止运行，维持空气预热器转子转动，直至空气预热器入口烟温降至 200℃以下才允许空气预热器停转。

三、驱动装置不能带动转子

1. 原因分析

空气预热器主电机与减速箱之间装有磁力联轴器，由于磁力联轴器磁性失效、螺栓松动，导致主电机就不能带动减速箱使空气预热器转动。辅助驱动装置（气动马达）与减速箱之间装有超越离合器，由于离合器长期处于空转状态，会出现磨损，一旦磨损超过限定值，辅助驱动装置就不能带动空气预热器转动。

2. 解决措施

因此在每次锅炉检修时，应对磁力联轴器和超越离合器进行检查，超越离合器定期补充

润滑脂，如果超越离合器磨损过大，应予以更换。

四、空气预热器着火

1. 表征现象

空气预热器内着火时，会使空气预热器出口风、烟温不正常升高、进出口风、烟压增大，就地空气预热器不严密处冒火星。

2. 原因分析

由于锅炉长期低负荷燃油运行、燃烧不稳定、燃烧调整不当（炉膛温度过低时投入煤粉、风量不足或配风不合理、制粉系统调整不当造成煤粉过粗）、投用油枪时未燃尽的油滴积存在尾部烟道等引起受热面积存油垢和未燃尽燃料沉积、等离子点火时未完全燃尽的煤粉进入烟道，而空预器吹灰器长期未投运或吹灰效果不良，给空气预热器的蓄热元件带来的可燃性沉积物，会在有氧气存在和一定温度的条件下开始点燃，并导致金属熔化和烧蚀，此时极易造成空气预热器着火。空气预热器着火其条件为：在小流量条件下，不足以带走产生的热量，有燃烧所需的充足氧气，就可能达到着火点温度而燃烧。

3. 解决措施

（1）发现空气预热器有着火迹象时，应立即进行全面检查，保持省煤器连续补水，并根据其严重程度做相应处理：

当火警报警盘发出空气预热器着火报警时，应立即到现场确认，若报警正确，但现场未发现有明显着火迹象时，应立即投入空气预热器吹灰器运行，必要时撤出暖风器，并加强对空气预热器运行的监视。

（2）若发现空气预热器着火或排烟温度有明显升高，应立即按以下步骤进行灭火处理：

1）降低锅炉负荷甚至紧急停炉，维持空气预热器运行，停止该侧的送、引风机运行，并关闭该空气预热器的所有烟风挡板和烟风道的联络挡板，开启对应侧烟风道的疏排水阀，确认该空气预热器疏水系统疏通无阻，将空气预热器漏风控制系统扇形板退出后投入消防水系统、水冲洗装置以及空气预热器吹灰器进行灭火，同时将着火探测装置切至备用位置。

2）确认空气预热器内部着火熄灭后，停运消防水灭水装置、水冲洗装置以及空气预热器吹灰器运行，关闭冲洗阀，待内部余水放尽后，关闭空气预热器及烟风道疏排水阀。对空气预热器本体进行检查，如有损坏不得再投入该空气预热器运行，交检修处理。

3）检查空气预热器无异常后，方可将其投入运行。经确认空气预热器内部着火熄灭，不再会引起燃烧，可以启动送引风机对空气预热器进行冷却。如发生再燃烧立即停运风机，重新进行隔离。

五、空气预热器转子停转

1. 表征现象

转子停运后烟气侧的受热面始终收到烟气加热而空气侧始终受到冷却，将使转子产生异常的不可恢复变形。空气预热器转子停运后出口烟温不正常上升，空气预热器一次风、二次风出口风温不正常下降。

2. 原因分析

空气预热器的转子尺寸很大，无论在冷态还是热态都有相当的变形，需靠密封弹簧板来维持动、静部件间的弥合，减少漏风。LCS 控制失常造成密封用扇形板下探过大或有硬物进入极易引起动静部件间的相对运动受阻被卡，驱动扭矩增大，部件损坏，从而造成驱动电机过负荷而跳闸，转子停转。同时因电机失电、故障或传动机械故障等原因也会引起空气预热器转子停运。

如果空气预热器在运行中突然停转，红外线检测装置会在25s内发出报警信号，此时径向密封调整装置会自动将热端扇形板提升到“紧急提升位置”。如果此时主电机电流仍然正常，则表示电机仍在转动，说明液力偶合器故障。

3. 解决措施

空气预热器突然停转后，应尽一切可能尽快恢复其转动，可以用气动马达传动，也可以打开侧壳体板上的人孔门或蓄热元件壳体上的更换元件门孔，用撬棍拨动围带使其转动。如需停炉，则必须在空气预热器入口烟温降至150℃以下时方可停转空气预热器。

(1) 若运行中空气预热器主电机、备用电机均跳闸，且空气预热器经抢投不能立即恢复运行，对应侧的送引风机应跳闸，烟风道的联络挡板关闭，以减轻空气预热器变形的不均匀。锅炉运行中发生空气预热器转子停转的情况时，应注意此时若锅炉在燃油状态应防止二次燃烧，若在燃煤应密切注意一、二次风温的变化及锅炉的燃烧情况。如果锅炉在低负荷运行时发生空气预热器转子停转的情况，应考虑尽早隔离故障空气预热器，调整和稳定锅炉的燃烧工况和炉膛压力。

(2) 若由于漏风控制系统故障导致动静卡涩，应手动提升空气预热器扇形板，尽快启动空气预热器。

(3) 若以上操作均不能启动空气预热器，应立即降低机组负荷，控制排烟温度不超限，通知检修人员进行检修，必要时可打开烟气进出口处人孔门和投入空气预热器吹灰器，对其进行冷却。

(4) 如空预器隔离后经多方处理空气预热器转子仍盘不动，且有关挡板不能隔离严密，应申请故障停炉。

(5) 如二台空气预热器转子停转，经抢投仍不能恢复运行，则紧急停炉。

(6) 如果锅炉运行期间转子停转了一段时间（5s或10s），空气预热器的转子开始不均匀的热膨胀，转子的烟气侧比空气侧膨胀的多，当转子的烟气侧膨胀得足以使密封片沿密封表面弯曲，并且可能使电机不能持续转动转子时，要采用下列步骤：

1) 接通电机启动按钮5min，等15min后重复一次，这样反复几分钟，以使转子的各个部分都经过烟气侧，在连续运行前均衡转子的膨胀。

2) 假如上述方法不成功，切断电机的电源，装上电机轴伸长部分的手柄，用这种方法使转子转动两周以后，转子膨胀应该均匀了可使电机运行。如果这样仍不能使转子转动，只能是将扇形板和轴向密封板轻微地调一调，如果是采用这种方法则需要锅炉停运。

3) 一旦转子可自由转动，吹灰器应投入运行，直至空气预热器干净为止。

4) 转子停转时过高的温度是使密封弯曲，那么降低烟气的温度可减少转子的热变形。无论是降低锅炉负荷，或者在平衡通风机组中打开空气预热器前面的烟气进口处的人孔门，或者同时采用上述两种方法，都能降低进入空气预热器的烟气温度，并有助于在锅炉运行期间启动转子。在打开人孔门的情况下，要考虑到人孔的打开可能对燃烧条件产生影响。因此，应密切注意火焰，确保完全燃烧。假如有未完全燃烧的迹象，或未燃烧的颗粒带入空气预热器内，并不能用吹灰器清除，则锅炉要停止运行并清洗空气预热器。

六、空气预热器密封磨损及漏风增大

原因分析如下：

空气预热器的密封装置和密封表面在BMCR负荷的设计温度下能提供最佳的漏风控制。当温度升高到设计温度以上时，当前的密封和密封表面之间的设计间隙不够弥补过量的热变形，从而导致密封和密封表面接触而磨损，增加了正常运行时的漏风。

（1）下面的运行情况将产生严重的密封磨损：

1）进入空气预热器的烟气温度超过设计值。

2）通过空气预热器的空气减少。当空气量接近零时，密封磨损程度增加。

3）热备用状态，空气预热器有烟气存在但没有空气流通过，空气预热器或锅炉处于热态。

4）空气预热器转子转动速度低于设计值，随转子速度的降低而密封磨损的程度增加。

5）在隔离之前空气预热器正在运行，有烟气通过。

（2）为减小密封严重磨损的可能性及相关问题的出现，应采取以下步骤：

1）无论何时只要有烟气流通空气预热器时，就应有空气流通过预热器。

2）只有在应急和维修时采用变频调速慢速挡。

3）启动前隔离空气预热器。

第十二章

引　风　机

第一节　工作原理及系统组成

一、工作原理

引风机的功能是抽吸锅炉燃烧产生的烟气通过烟囱排放到大气中，维持炉膛一定的负压的作用，引风机需要克服从锅炉出口到烟囱出口的烟气阻力，其中包括沿程的烟道、脱硝催化剂反应器、空气预热器、除尘器和脱硫装置等设备的阻力，以及烟囱的阻力。

目前可供选择的锅炉引风机型式主要有离心式、动叶可调轴流式和静叶可调轴流式。离心风机结构简单，维护方便，价格便宜，体积庞大，叶轮转动惯量大，低负荷运行效率低。动调风机可以通过液压系统改变叶片角度来改变特性曲线，因此调节灵敏，变负荷运行时效率相对较高，但是结构复杂，加工制造要求精度较高。静调风机与动调风机的工作原理相似，但是其旋转叶片是焊接在轮毂上，通过调整静导叶角度改变风机特性曲线。静叶可调轴流风机对尘粒的适应性优于动叶可调轴流风机，静叶可调轴流风机对含尘量的适应性一般不大于400mg/Nm^3，而动叶可调轴流风机一般则只能承受不大于150mg/Nm^{3}的含尘量，为了提高叶片的使用寿命，可采用钢质叶片表面喷焊耐磨层，这样可适用达到300～350mg/Nm^{3}的含尘量烟气。

在低负荷时，离心风机效率只会降低且下降较快，动调风机效率下降缓慢，调节范围为－30°～15°，静调风机效率下降介于动调风机与离心风机之间，调节范围为－75°～30°，调节精度高，调节性能好。轴流风机可以运行在效率最高处，TB点在最高效率外，调节性能优越，低负荷运行效率远高于离心风机。由于离心风机叶轮的体积比轴流风机大，随着机组容量的增加，离心风机的价格与轴流风机相比已没有优势。因此目前大容量机组引风机均不采用离心风机。

我国现在大容量锅炉有三种驱动方式引风机：电机定速驱动、电机变频驱动和蒸汽驱动。电机定速驱动引风机属于常规配置模式，大多数电厂采用此模式，引风机电机以定速运转，通过改变引风机静叶开度调节炉膛负压。电机驱动引风机优点是系统简单，操作简便，系统可靠性高，缺点是耗电量高，6kV电机启动时对厂用电系统有冲击，采用静叶或动叶开度调节风量，有节流损失，在低负荷时静叶开度较小，节流损失大；引风机电机增加变频器后，实现了电机的软启动，启动电流明显下降，避免了电机工频启动时大电流对电机的冲击，也避免了6kV电机启动时对厂用电系统的冲击，另外由于风机的最大特点是负载转矩与转速的平方成正比，而轴功率与转速的立方成正比，如将电机的定速运转改为根据炉膛负压来调节电机的转速就可节约大量的电能，减小了引风机静叶或动叶的节流损失，节约大约30%的能源，但变频电机的成本昂贵，尤其是大功率的变频电机，其造价将直接影响发电厂的初投资规模；而采用蒸汽驱动方式时，增加了引风机汽轮机及其辅助系统，明显降低厂用电率，减少了6kV电机启动时对厂用电系统的冲击，保证引风机在不同负荷下保持高效率运行，大大提高风机的运行效率，降低机组能耗，有效降低供电煤耗。

现阶段我国1000MW级机组锅炉引风机有采用两台或三台配置的运行方式。两台引风机是常规设计运行方式；而由于现在脱硫系统GGH系统的去除，有效降低了烟气系统的阻力，越来越多电厂采用锅炉引风机和脱硫增压风机“合二为一”配置方式的联合引风机。若采用电机定速驱动方式，合并后2×50%方案的静叶可调引风机功率为8500kW，动叶可调引风机功率为8200kW。目前国内同类1000MW机组最大电动机超过8000kW还没有实际运行经验，考虑到实际运行中大容量电动机启动电流倍数有可能超过6倍，甚至达到9倍，若采用8500kW电动机则需电动机厂家严格保证电动机启动电流倍数不超过6倍，否则启动时母线电压可能低于80%。故目前有部分电厂采用3×35%方案的引风机配置方式，单台引风机功率为5800kW，完全满足厂用电设计规范，而且能有效提高低负荷的运行效率，降低机组能耗，有效降低供电煤耗，但增加了占地面积和初期投资成本。

引风机工作原理如下：

轴流风机的工作原理是基于机翼型理论。气体以一个攻角进入叶轮，在翼背上产生一个升力，同时必定在翼腹上产生一个大小相等方向相反的作用力，使气体排出叶轮呈螺旋形沿轴向向前运动。与此同时，风机进口处由于差压的作用，使气体不断地吸入。

而成都电力机械厂生产的AN系列轴流静调引风机是根据脉动原理进行工作的。叶轮上游和下游的静压力几乎相等。当流体通过叶轮时，传递给流体的能量主要是指在叶轮下游的以动能形式出现的有用的能量。流体从叶轮流出是涡流，可由安装在叶轮下游的后导叶直接流入相连接的扩压器，使绝大部分动能转化为所需要的静压能。

二、系统组成

引风机系统主要包括引风机入口挡板和出口挡板、风机本体、电除尘出口联络通道及其挡板、风机进出口烟温和风压测点等，烟气流程如图12-1所示。

炉膛烟气从炉膛吸出后，沿烟道经过几级过热器、再热器和省煤器受热面放热后，经烟温调节挡板分成A、B侧两路，通过脱硝装置进入空预器对一次风和二次风进行加热后，到达电除尘入口对低温省煤器进行加热后流经电除尘进行烟气除尘，到达引风机入口后进引风机吸出送至脱硫系统脱硫，最后通过烟囱拔至大气。

炉膛（烟气）→尾部烟道→烟温调节挡板（如有）→脱硝装置→空预器→联络烟道→低温省煤器（如有）→除尘器→引风机→脱硫装置→烟囱。

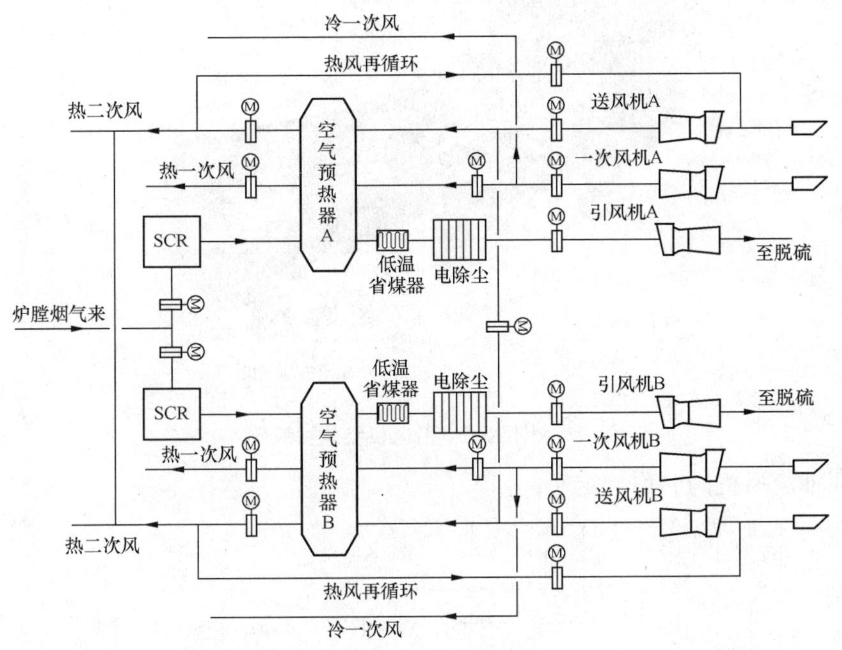

图 12-1 送、引风系统

第二节 结构及运行特点

由于目前我国大容量锅炉均采用轴流式风机，而单级动调轴流引风机结构及运行特点和动调轴流送风机相似，双级动调轴流引风机结构及运行特点和双级动调轴流一次风机相似，另外动调轴流引风机叶片均采用钢质材料。由于现在大容量机组锅炉越来越多采用引风机和脱硫增压风机“合二为一”后采用汽动驱动引风机，所以在这里我们主要介绍一下静调轴流引风机和汽动引风机结构及运行特点。

一、静调轴流引风机

（一）结构特点

AN 系列静调轴流式通风机（简称 AN 风机）是成都电力机械厂 1987 年从联邦德国 KKK 公司引进的专有技术，是我国静调轴流引风机的典型代表。A N 引风机是一种子午加速风机，它由进气箱、可调前导叶、D1 集流器（大）、叶轮、D2 集流器（小）、机壳及后导叶、转子（带滚动轴承）、扩压器、轴承冷却风机、控制仪表、进出口膨胀节、联轴器、护轴管、活节、可调前导叶芯筒等组成，如图 12-2 所示。所有静止部件均用钢板制造，各部分之间皆用法兰螺栓连接。工作时烟气进入 AN 风机进气室，经过前导叶的导向，在集流器中加速获得动能，再通过叶轮的做功产生静压能和动压能；后导叶将烟气的螺旋运动转化为轴向运动进入扩压器，并在扩压器中将烟气的大部分动能转化为静压能。

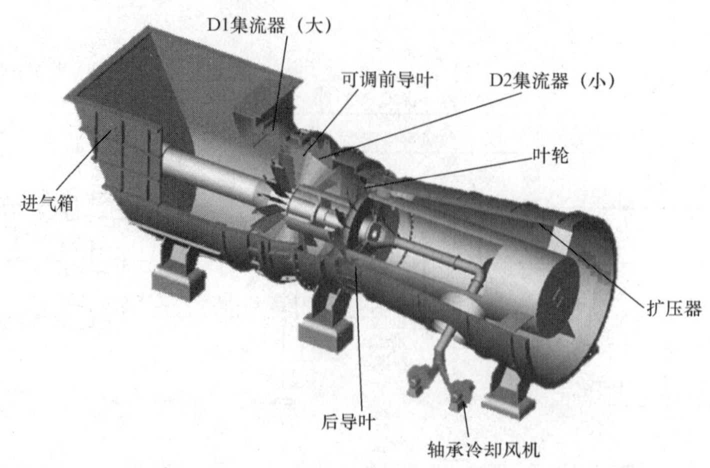

图 12-2 引风机结构

AN 静调轴流风机的名称、定义：

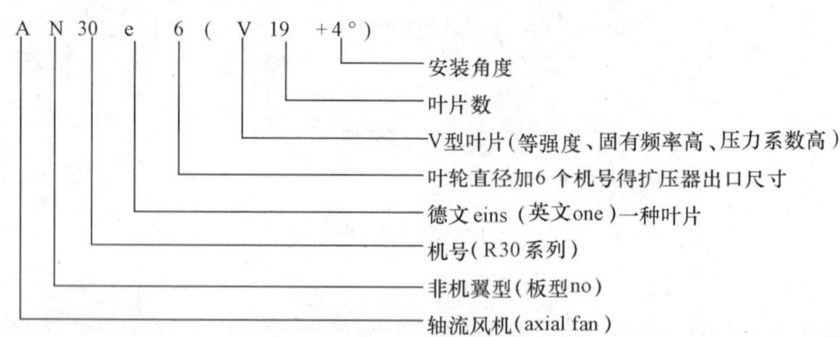

进气箱：内设有导流板，主要作用是改变气流方向，同时收敛进气室，改变气流流动状况，使气流在进入集流器之前更为均匀。为了方便运输和安装，一般都设计成剖分式结构，到现场再一起组装，待安装好后将对口法兰内壁封焊。进口集流器和导叶调节器也采用水平剖分式。

风机机壳是一个整体，它与后导叶连在一起后，通过焊在其上的两个支座用螺栓固定在基础上。

沿径向布置的后导叶既可稳定和引导通过叶轮后的气流沿轴向流动，还可以连接外壳与芯筒，并使之同心对中。因此，当后导叶因磨损而需更换新的导叶时，应按 180°对称成对更换，以免芯筒位移而影响对中。

D1 集流器（大）：主要作用是使气流加速，降低流动损失，使气流能均匀地充满可调前导叶。

可调前导叶：主要作用是使气流在进入叶轮前产生负预旋，可调节风量、风压、改善风机性能和提高风机调节效率。

D2 集流器（小）：主要作用是使气流进一步加速，降低流动损失，使气流能均匀的充满叶轮。

转子包括叶轮、主轴、传扭中间轴和联轴器等部件。

叶轮：将机械能转化为动能，通过叶轮对气体做功获得所需的动能和静压能。与可调前导叶配合，可进一步改善风机性能和提高风机效率，其效率可达到 0.78～0.86。

叶轮为钢板压型焊接结构件。由于其叶片具有比较理想的空气动力学特性，因而不仅有较高的气动效率，而且还具有很好的耐磨性。结构上叶片采用等强度设计，既提高了强度，又提高了叶片自身的固有频率（一般可达到运转频率10倍以上），叶轮的可靠性和安全性从而大大提高。安装时，叶轮靠法兰装在刚性很好的主轴轴端上，即悬臂结构。叶轮和电动机之间用空心管轴和联轴器挠性连接，空心轴放于护套筒内，可避免介质的冲刷和烘烤。

转子运行时轴向负荷由角接触滚动轴承承受。滚动轴承用油脂从外侧通过一油脂管进行润滑。剩余油脂漏入一排泄管排出。

轴承箱外部装有一个冷风罩，用一台轴承冷风机作强冷却（一台备用）。为了监视轴承温度，装有测温元件，并配有就地仪表箱，并可远传信号。

通风机采用安装在叶轮上游的进口导叶改变运行工况。轴向方向的气流用可以旋转的进口导叶，按照叶轮的旋转方向或其相反方向进行导向。

进口导叶在运行过程中可通过执行机构设定一个合适的角度来调节流体。进口导叶的行程范围可用调节限位装置分别调至－75°（关闭）和＋30°（全开）予以限定。100%开度应小于等于导叶的＋30°开度。

后导叶：主要作用是改变经叶轮流出的气流方向，克服气体流动损失。气体经过后导叶扩压整流后，使气体轴向流出，提高了局部负荷效率。

扩压器：主要作用是随着通流面积的增大，气体逐渐减速，将气体的动能转变为所需的静压能。

作为引风机，由于介质温度较高，扩压器芯筒内壁和冷却风管道外壁必须由用户在安装时作隔热保护。护层材料和厚度与风机外壳护层一样，护层的主要材料为$\delta=100\sim300$的玻纤棉板或岩棉。扩压器外壳和芯筒依靠焊在扩压器内的一双层椭圆管（进气）和一单层椭圆管（出气）及其支撑联接。

进气箱和扩压器的支座均固定在基础上，但安装时一定要注意按安装图仔细装调，务必使进气箱和扩压器在基础上固定的同时还可以在一定的外力作用下能自由滑动一定的距离，以利设备在热态运行时有一定的伸缩量。为此，固定螺栓下面都设置有滑套。

控制仪表：在主轴承箱轴承均装有热电阻（偶）温度计用于监视风机轴承温度；在风机叶轮前机壳上设有一对差压取样管，与就地差压开关一起构成一套失速报警装置，其设定失速报警值为50mbar，当该压差值达到50mbar时，差压变送器将差压信号远传至DCS风机报警，此时通过DCS系统微调前导叶叶片开度，从而避开失速区，使风机回到正常工作区域运行。风机配置有振动监测装置，其测振探头安装在风机机壳中分法兰上，反映放大后的轴承振动值，在实现轴承振动监测的同时，也实现了喘振保护。

轴承冷却风机：由于引风机轴承周围的环境温度比较高，为了防止过热，均采用离心式轴承冷却风机提供强制冷却风。

＋KSE装置：部分AN静调风机还备有专门设计的消除喘振的KSE分流装置，其原理如图12-3所示，当叶轮进入小流量区域产生失速时，位于主流道叶片顶部所产生的反向气流流经KSE分流装置重新进入主流道，从而避免了叶轮主流道内产生的气流往复流动——喘振，使风机喘振区变成了稳定区。

（二）运行特点

静叶轴流风机对叶轮入口条件不太敏感，采用简单的入口导向器调节方式可以获得较好

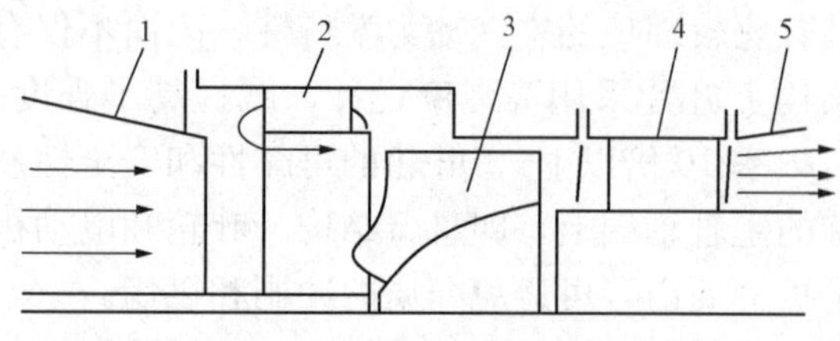

图 12-3 +KSE 装置原理图

1—锥形风筒；2—带 KSE 的通风机主体风筒；3—叶轮；4—叶轮下游后导叶风筒；5—扩压器

的调节性能，入口导叶调节范围宽，调节精度高，调节性能好，但是在事故情况下调节响应速度慢。

轴流引风机的运行范围是受失速线的限制。如果超过此极限，首先就必然使叶片处的气流出现局部分离。当风机内存在一定量涡流时，就可能产生“喘振”，即空气气流周期性的倒流。当系统的阻力线位于性能曲线图中的失速线的上方时，由于不稳定性的出现则通风机就不可能在相应的压力、流量范围的工况点运行。如果风机在非稳定区运行，将使叶片产生激振，会导致疲劳断裂。

从图 12-4 中可以看出 TB 点、BMCR 点以及其他工况点对于失速线的偏离值均在 20％以上，运行点的趋势曲线也远离失速区进入，不会进入喘振危险区域，运行安全可靠，一般认为在偏离值为 8％时就不存在喘振危险。

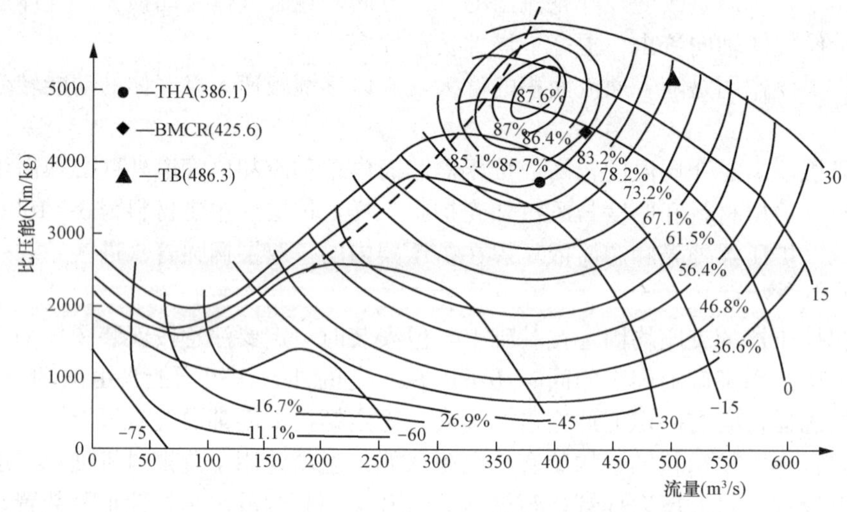

图 12-4 引风机性能曲线

二、汽动引风机

随着国内燃煤发电厂容量的日趋大型化，锅炉引风机的容量也随之增大。另外，从环保的角度考虑，要求取消脱硫的旁路烟道，这就使得引风机与脱硫增压风机串联使用，串联风机在机组启动、安全运行、停机过程中有一系列问题。引风机和脱硫增压风机合并是解决这些问题的有效途径。引风机和增压风机的合并，以及新建 1000MW 级机组均增设脱硝风道，均使得引风机的容量进一步增大。采用电动机驱动引风机时，电机容量增大后带来了厂用电增加、启动电流大（在多个电厂曾出现因引风机启动电流过大引起母线电压降低引起设备跳闸的情况）、厂用电电压等级需要提高、MFT 动作后锅炉防爆引风机调节性能等问题，所以越来越多大容量机组锅炉现在采用小汽轮机驱动引风机。

汽动引风机本体结构没有什么改变，主要是驱动装置采用蒸汽小汽轮机，进而实现了风机转速调节和入口导叶调节两种方式，改变了引风机的特性曲线（见图 12-5）和运行特点，汽动轴流引风机的运行范围同样受失速线的限制。

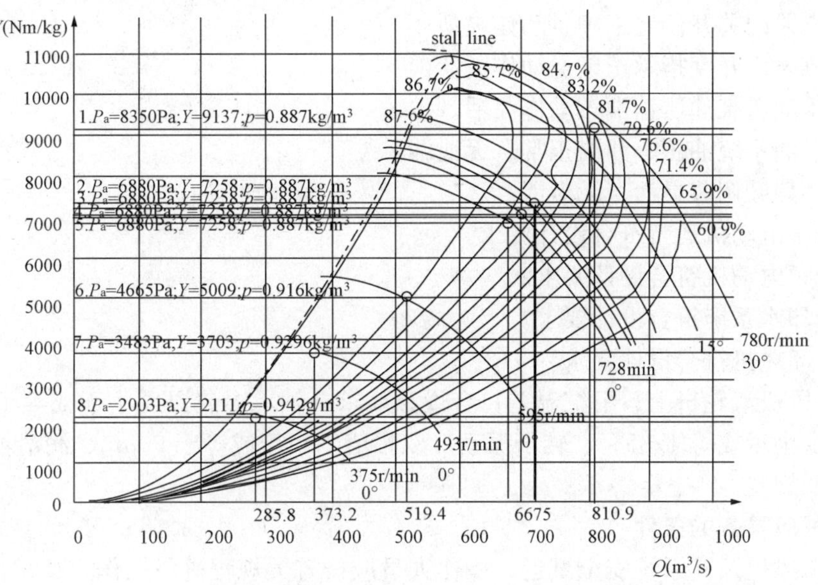

图 12-5　汽动引风机运行特性曲线

汽动引风机的启动过程实际就是驱动引风机的汽轮机的启动过程，包括启动盘车、启动循环水、投轴封、抽真空、暖管、冲转、1000r/min 暖机、升速至 2835r/min 等过程。

引风机采用程序控制启动，试运人员应根据风机性能曲线和小汽轮机（小机，汽动给水泵）启动曲线多次启动，总结出了引风机最佳启动方案。一般启动过程中，由 MEH 控制小汽轮机进行冲转，在小汽轮机达到工作转速 2835r/min 以上后，DCS 发出遥控允许信号，小汽轮机程控自动将小汽轮机转速转交 DCS 进行远方控制，程序启动过程完成。

炉膛负压的控制依据机组负荷的不同分为导叶闭环控制和转速闭环控制。低负荷时采用导叶闭环控制，随负荷升高，导叶逐渐开启至 70%后，炉膛负压切换至转速闭环控制。炉膛压力偏差通过比例、积分作用和送风机动叶指令前馈控制引风机小汽轮机转速。当机组负荷降低且引风机小汽轮机转速小于一定值，炉膛负压的控制由转速闭环控制切换到导叶闭环控制，引风机小汽轮机转速保持当前值。

DCS 设置引风机和小汽轮机辅助系统启动、停止程控。小汽轮机启动、停止程控设置在 MEH 中。引风机启动、停止程控调用 MEH 小机程控。

启动时首先由辅汽冲转小汽轮机，在机组负荷达到 30%后，可以考虑切换至四段抽汽或其他汽源。停机时由四段抽汽切换至辅汽，切换点为 30%BMCR。

第三节　系　统　调　试

一、技术指标及性能要求

(1) 状态显示正确。

(2) 轴瓦温度和轴承振动符合 GB 50275—2010 的规定。

(3) 轴瓦温度保护和轴承振动保护投入，整定正确。

(4) 联锁保护全部投入、动作正确。

(5) 隔离风门关开位置正确、动作灵活。

(6) 调节风门开度指示正确、动作灵活。

(7) 液压油系统油压正常、动作灵活。

(8) 润滑油系统油压、油温正常、无泄漏。

(9) 动、静叶调节灵活、无卡涩。

(10) 高压电动机运行符合设计要求。

(11) 变频电动机符合设计要求。

(12) 冷却水系统符合设计要求。

(13) 冷却风机符合设计要求。

(14) 引风机汽轮机上、下缸温差符合设计要求、轴承金属温度小于或等于 90℃、推力轴承金属温度小于或等于 85℃、转子振动（双幅值）小于或等于 90μm、润滑油压力和温度均符合制造厂规定。

二、调试应具备的条件

为保证引风机及其系统安全试运，操作人员应按有关规程进行操作，试运人员在风机每次投入运行前必须检查引风机及其系统的安装和运行准备工作是否已经完成，进气管道和排气管道以及引风机本体内是否有人和杂物。引风机试运前，必须做好下述准备工作：

(1) 设备二次灌浆强度已达设计强度。

(2) 完成所有的安装工作，备有完整的安装记录，并经验收合格。

(3) 引风机及其系统内各测量监视仪表齐全、热控开关量变送器校核完毕，并可投入正常使用。

(4) 确认引风机试运相关风烟系统烟风道内无杂物，无人工作，确认所有人孔已严密关闭。

(5) 烟道、冷热风道及支吊架均已安装完毕。

(6) 风机周围的垃圾及杂物已清理干净，脚手架拆除，地沟盖板盖好，附近无易燃易爆品。

(7) 检查引风机进出口挡板、可调静叶或动叶操作正常、开关到位，并把引风机可调静叶和引风机入口挡板处于全关位，出口挡板处于全开位。

(8) 引风机及其驱动装置的温度及振动等报警及保护系统具备投入条件。

(9) 确认引风机失速保护的测量单元毕托管安装位置正确；经厂家确认定值并设定完毕。

(10) 引风机静态预操作完成，联锁保护投入正常。

(11) 风机防腐剂已经清除。

(12) 检查轴承润滑油油质合格，油位正常。

(13) 检查轴承，更换硬化后的油脂。

(14) 轴承冷却风机试转完毕，热工联锁保护正常并投运。

(15) 驱动装置试转相关系统（如电机试转润滑油系统；小汽轮机试转相关的辅汽系统、轴封系统、润滑油系统、盘车系统、除氧器系统等）完备并试转结束，运行正常，热工联锁保护正常并投运。

（16）驱动装置（电机或小汽轮机）试运结束及其相关试验完成（如小汽轮机超速试验、阀门活动试验、就地遮断及远方脱扣试验等），旋转方向正确。相关联锁保护正常并投入。

（17）驱动装置与引风机对轮已连接好，在联轴器处人工盘转引风机转子，盘转必须轻便容易。

（18）循环水系统、开式水系统、闭式水系统、压缩空气系统均已分部试转合格，试转数据记录齐全，验收签证手续完备。

（19）油站闭式冷却水正常投运。

（20）系统挂牌工作结束。

（21）现场应有充足的照明。

（22）试转所需的扳手、听棒、振动表、红外温度表、通信等工具备齐。

三、调试方法和程序

试运前必须按照引风机启动检查卡，进行其启动条件逐项确认。

试运期间风机操作人员应逐渐熟悉并详细掌握引风机的操作，且必须做到能快速停运驱动装置，确认就地和远控的打闸按钮处于正常状态。

引风机及其系统的试运与送风机和一次风机试运同时进行。

引风机启动前，应关闭引风机静叶和入口挡板，开启出口挡板，投运轴承冷却风机，轴承加好油，准备妥当后，启动驱动装置。

试运后，要重新详细检查引风机的内部和外部的管道的密封性，并重新检查叶片和机壳的间隙，并且高度重视显示数据。

电机驱动引风机和小汽轮机驱动引风机的启动过程有非常大的区别，由于目前我国1000MW级新建机组或机组改造越来越多采用“合二为一”的联合引风机，也产生了两种更为合理的系统设计：3×35％电机驱动引风机配置和2×50％汽轮机驱动引风机配置系统。在3×35％合并电机驱动引风机设计配置中，由于风机运行可以根据负荷的变化调整风机运行台数，从而保证风机尽量运行在高效率区域，降低厂用电和引风机启动时对厂用电的冲击，也增加了锅炉运行的稳定性。在2×50％汽轮机驱动引风机设计配置中，有效降低厂用电和引风机启动时对厂用电的冲击，还能再事故情况下通过调整引风机调节叶片或其汽轮机转速来迅速调节炉膛负压，增加了锅炉运行的稳定性，也保证了风机在不同负荷下高效运行。但是在锅炉发生汽轮机空预器或引风机RB时，由于汽轮机汽源在锅炉负荷下降过程中汽压下降较快，导致最终单台引风机运行时锅炉负荷下降较多，给再次并引风机时增加了较大困难。

下面我们就分别介绍一下目前我国1000MW级机组锅炉引风机上述两种配置方式的调试方法和程序：

（一）三台电机驱动引风机配置的调试方法和程序

电机驱动引风机试运前要进行电机的单体试转，确认电机转向正确，无碰擦等异音，电流合理，电机振动、轴承温度和线圈温度显示正常。

在引风机初始试运时，当引风机达到全速后，即用事故按钮停下，观察轴承和转动部分，确认无摩擦和其他异常后，才可正式启动引风机。

1. 试运启、停步骤

试运启、停步骤见表12-1。

表12-1　试运启、停步骤

序号	步　　骤
1	启动引风机2h前开启冷却风机
2	电机油站冷却器通闭式水
3	全关可调静叶及入口挡板
4	全部打开风机出口挡板
5	启动电机润滑油站，应确保润滑油均已充满轴承和油管
6	检查待启引风机风烟通道已建立，风机启动许可条件满足
7	启动引风机
8	自动打开入口管路挡板，若入口管挡板在1min内没能全开，应立即停止风机运行
9	维持炉膛负压正常，逐步开大静叶开度
10	当一台引风机正在运行，需开第二台引风机与之并联，则将第一台引风机工况点下调至风机失速线最低点以下，启动第二台引风机后逐渐开大静叶开度，与此同时维持炉膛负压正常，逐渐关小第一台的可调静叶开度，直至两台运行引风机电流（出力）相同，然后维持炉膛负压正常进一步打开两台风机可调静叶至所需工况
11	当两台引风机正在运行，需开第三台引风机与之并联，则将第一、二台引风机工况点下调至风机失速线最低点以下，启动第三台引风机后逐渐开大静叶开度，与此同时维持炉膛负压正常，逐渐关小第一、二台引风机的可调静叶开度，直至三台运行引风机电流（出力）相同，然后维持炉膛负压正常进一步打开三台风机可调静叶至所需工况
12	当送风机和一次风机电流接近额定电流时，调整好炉膛负压在－100Pa左右，维持引风机运行8h
13	维持炉膛负压稳定，逐步降低引风机风机负荷，将三台引风机的工况点同时调底到失速线的最低点以下，直至引风机静叶关至“0”位，依次分闸第一、二、三台引风机

2. 启动后检查内容

（1）风机加速时检查其运行是否平稳，风机启动2～3min后，就应开始监测风机轴承温度直至温度稳定，一般在15min应基本稳定，否则应注意监视。

（2）在引风机启动15min后检测风机轴向、水平、垂直三个方向的轴振动，并做好记录，如振动很大，应立即停机查明原因并采取相应措施。

（3）风机运转时，使得油线保持在外视油量计的中间。

（4）检查风机及其附属设备运行是否正常。

（5）检查引风机电机润滑油站闭冷水系统是否工作正常、无漏水现象。

（6）在风机启动正常后，在每一可调静叶开度下保持运行一段时间，就地测量风机及其电机轴承温度和振动并做好详细测量记录，记录引风机进出口风温和风压等各项参数，同时对电机润滑油站的油压、油温读数进行记录，并对相关参数进行仔细分析，确保均指示正常。在保证送风机、一次风机和引风机电流均不超过额定电流，安全的情况下，风机连续运行8h。

（7）风机试转结束后检查所有固定螺钉（如外壳上、轴承上和马达上的）是否拧紧，力矩是否符合要求，检查风机轴与马达对直度，检查风机各装配间隙是否符合要求，检查所有各种风机附属件是否正常。

（二）两台汽轮机驱动引风机配置的调试方法和程序

根据小汽轮机排汽形式，引风机汽轮机的形式可分为纯凝式和背压式两种。

汽轮机驱动引风机试运前要由汽机专业进行引风机小汽轮机的分部试运，确认小汽轮机转向正确，并完成小汽轮机冲转前后的各项相关试验，确保小汽轮机能正常可靠投运。

在引风机初始试运时，可在初次小汽轮机转速达到600r/min后拉闸，观察汽轮机及引风机轴承和转动部分，确认无摩擦和其他异常后，齿轮箱运行正常，方可正式启动引风机。

汽动引风机试运启、停步骤见表12-2。

表12-2　　汽动引风机试运启、停步骤

序号	步　骤
1	启动引风机2h前，投运一台引风机轴承冷却风机，另一台引风机轴承冷却风机作备用
2	投运引风机小汽轮机排汽系统
3	小汽轮机蒸汽系统相关阀门开关处于启动前位置
4	启动小汽轮机油系统，调节油油压润滑油总管油压正常
5	启动排油烟机，在油箱、回油箱、回油管及轴承座内腔形成微弱负压，正常运行时，一般为－0.5～－1.5kPa
6	启动齿轮箱顶轴油泵，检查泵进口油流量正常（流量开关），确认顶轴油出口压力正常，然后启动盘车马达。连续盘车120min以上，转子偏心恢复正常
7	轴封送汽随机暖管，轴封疏水阀打开，轴加风机投运
8	再次检查确认引风机启动前小汽轮机启动条件已满足
9	全关引风机可调静叶及入口挡板，全开引风机出口挡板
10	检查待启引风机风烟通道已建立，风机启动许可条件满足
11	按“OA”按钮，“OA”灯亮后说明MEH已置操作员自动状态
12	设定引风机小汽轮机目标转速600r/min，升速率100r/min^2。执行升速指令，冲转小汽轮机
13	小汽轮机转速达到600r/min后，立刻在MEH画面或就地打闸，检查引风机轴承和转动部分，确认无摩擦和其他异常声响，齿轮箱运行正常
14	在检查无异常后，重新启动。引风机小汽轮机目标转速1000r/min，升速率控制在100r/min^{2}左右，进行中速暖机
15	暖机60min后，全面检查小汽轮机和引风机无异常后继续升速。引风机小汽轮机目标转速2835r/min，升速率控制在200r/min^2
16	自动打开入口管路挡板，若入口管挡板在1min内没能全开，应立即停止风机运行
17	确认汽轮机转速2835r/min暖机结束，缓慢关小PCV阀
18	汽轮机转速大于2835r/min时，小汽轮机控制由MEH切至DCS控制
19	维持炉膛负压正常，逐渐开大引风机进口静叶至70%
20	维持炉膛负压正常，逐渐提高引风机小汽轮机转速

续表

序号	步骤
21	当一台引风机正在运行，需开第二台引风机与之并联，则将第一台引风机工况点下调至风机失速线最低点以下，启动第二台引风机，当第二台引风机汽轮机转速大于2835r/min时，根据小汽轮机和引风机特性曲线逐渐开大第二台引风机静叶开度或提高小汽轮机转速，与此同时维持炉膛负压正常，逐渐关小第一台的静叶开度或小汽轮机转速，直至两台运行引风机小汽轮机转速和引风机出力相同，然后维持炉膛负压正常进一步打开两台风机可调静叶和提高小汽轮机转速至所需工况
22	当送风机和一次风机电流接近额定电流时，调整好炉膛负压在−100Pa左右，维持引风机运行8h
23	维持炉膛负压稳定，逐步降低引风机风机负荷，将两台引风机的工况点同时调底到失速线的最低点以下，直至引风机静叶关至“0”位和转速降至2835r/min，依次分闸两台引风机

四、风险控制

（1）风机试运前调试单位应根据现场实际情况做好详细启动交底工作，明确各参建单位组织分工。

（2）参加试运的所有工作人员应严格执行《安规》及现场有关安全规定，确保试运工作安全可靠地进行。

（3）引风机试运前的各项检查工作必须严格按照试转前检查卡逐项检查，相关安装工作完成且有完善安装记录并通过监理等单位签证。

（4）做好与非试运系统及其场所的有效隔离并挂好警戒标志，严禁其他非工作人员进入试运现场。

（5）风机试转前应先盘动联轴节无异常，启动时人员应站在安全地带且安排人员专门负责就地事故按钮，风机试转时要有专人监护。

（6）一般风机只能在允许的特性曲线区域之内运行，所以试运前必须保证引风机出口挡板后风道畅通。

（7）引风机运行时应注意风机及其小汽轮机所有轴承温度、振动、电机线圈温度上升速率，防止温度、振动超标，必要时停机检修。

（8）引风机及其汽轮机运行过程中若出现任一参数达到保护定值，而保护未动作，应手动打闸停机。

（9）引风机汽轮机蒸汽参数必须严格控制在允许变化范围内。

（10）严格杜绝引风机电机超额定电流或汽轮机超速运行。

（11）事故停引风机时，必须切断引风机电机电源或汽轮机汽源，并挂上“禁止操作”牌后，方可进入引风机内检查。

（12）如在试运过程中发现异常情况，应及时调整，并立即汇报指挥人员。

（13）在试运过程中如有危及人身及设备安全时，应立即停止试运工作，可就地揙事故按钮。

（14）试运全过程均应有各专业人员在岗且分工明确，不得擅离岗位，以确保设备运行的安全。

（15）如果在锅炉点火前并引风机时，可以先关闭引风机前联络挡板，降低未启引风机倒转的可能性；但是如果在锅炉点火后并引风机时，为了保证两侧空气预热器受热均匀，尤其是汽动引风机需要长时间暖小汽轮机的情况下，两侧引风机之间的联络挡板不能关闭。

(16) 验收引风机入口挡板时，要确保挡板开关均到位，减小未启动引风机倒转的可能性。

(17) 对于采用联合引风机的锅炉，应重点考虑锅炉炉膛及烟气系统的防内爆，其炉膛最大承压能力应高于引风机 TB 点的压头，TB 工况是引风机所具备的一种特殊工况，是考虑了锅炉在燃用设计煤种和锅炉在最大蒸发量时的烟气量及锅炉运行一年后烟气侧漏风量及烟气系统漏风量之和对应的一种工况。送风机、一次风机单侧跳闸或锅炉发生 MFT 时，炉内烟气急剧收缩，极易引起炉膛负压大幅度快速下降；因此在设计炉膛负压保护时，必须考虑保护装置的灵敏性和可靠性。在锅炉炉膛及烟气系统的防内爆联锁保护逻辑上，应设有炉膛压力报警、停炉、跳闸风机三段保护控制功能，以及风机跳闸 RB 功能和送、引风机的超驰调节功能。相关逻辑可以设置如下：

1) 炉膛压力－100Pa 正常，炉膛压力达到±2kPa，炉膛(正、负)压力高、低超限报警。

2) 为避免由于风机惰走使炉膛瞬态（正、负）压力超限，无论什么原因，在最后一台风机停运后，其动叶调节要经过一段时间的延迟或受到控制再开启。

3) 当一台送、引风机事故跳闸，联锁相对应的引、送风机跳闸，且同时关闭跳闸的送、引风机相关挡板，并具有超驰调节保护功能；如果送风机跳闸时，引风机静叶应超驰关闭一定角度和降低一定引风机小汽轮机转速后，再依据炉膛压力变化情况保持在被控制的运行状态，以避免炉膛瞬态（正、负）压力超限。

4) 炉膛压力达到±3kPa，立即触发炉膛（正、负）压力高Ⅱ值或低Ⅱ值保护动作，锅炉主燃料跳闸（MFT）。

5) 锅炉 MFT 动作后，炉膛压力达高Ⅱ值（＋3kPa，开关量），延时 20s 跳闸相应送风机；炉膛压力达低Ⅱ值（－3kPa，开关量），延时 20s 跳闸相应引风机。

6) 锅炉 MFT 动作后，炉膛压力达高Ⅲ值（＋4kPa，模拟量），立即跳闸送风机；炉膛压力达低Ⅲ值（－4kPa，模拟量），立即跳闸引风机。

第四节 常见问题及处理

一、轴承振动大

(一) 原因分析

(1) 地脚螺钉松动或基础损坏。

(2) 轴承损坏、轴弯曲、转轴磨损。

(3) 联轴器松动或中心偏差大。

(4) 叶片磨损或积灰。

(5) 叶片与外壳碰磨。

(6) 风道损坏。

(7) 引风机失速。

(二) 处理措施

(1) 根据风机振动情况，加强对风机振动、轴承温度、风压、风量等参数的监视。

（2）如振动由失速引起，则按风机失速处理。

（3）必要时降低风机负荷，尽快查出振动原因，联系检修处理。

（4）运行中无法处理的机械故障或轴承损坏等，应尽快停风机处理。

（5）轴承 X 向或 Y 向振动大于或等于 7.1mm/s 时，风机应跳闸，否则应手动停用。

二、轴承温度高

（一）原因分析

（1）轴承磨损。

（2）引风机长时间过负荷运行。

（3）风机振动大。

（4）轴承冷却风机故障，备用轴承冷却风机未联启。

（5）轴承冷却风机进口滤网堵塞。

（6）锅炉排烟温度过高。

（7）油脂老化。

（二）处理措施

（1）严密监视轴承温度上升情况，必要时转移风机出力并降低机组负荷，同时加强引风机振动等参数监视。

（2）检查轴承冷却风机运行正常，必要时启动备用轴承冷却风机。

（3）联系检修清理冷却风机进口滤网。

（4）视温度上升情况，及时降低引风机出力，引风机轴承温度大于或等于 100℃时，风机应跳闸，否则应紧急停运。

（5）运行中无法处理的机械故障或轴承损坏等，应尽快停风机处理。

（6）加强锅炉燃烧调整，必要时进行受热面吹灰，降低排烟温度。

（7）轴承油脂老化时，联系检修更换油脂。

三、失速

（一）原因分析

（1）受热面、空预器严重积灰或烟气挡板误关。

（2）转速或静叶调节幅度过大。

（二）处理措施

（1）对于汽动引风机，立即将两侧引风机静叶、汽轮机转速控制改手动，炉膛压力转速调节时，迅速降低失速风机转速；炉膛压力静叶调节时，迅速关小失速风机静叶。而对于电动引风机，立即将两侧引风机静叶控制改手动，炉膛压力静叶调节时，迅速关小失速风机静叶。

（2）加强锅炉送风机出力调整和炉膛压力监视，必要时降低机组负荷。

（3）引风机并列时失速，则停止并列操作，待失速原因消除后进行并列。

（4）如风烟系统的风门挡板误关，则应立即开启并加强炉膛压力和锅炉燃烧监视。

（5）如空预器堵塞，则应适当降低机组负荷，加强空预器吹灰。

（6）失速报警消失后，应稳定机组工况，待原因查明且彻底消除后逐步增加风机出力。

（7）经处理无效或已严重威胁设备安全时，应立即停止该风机运行。

（8）失速导致风机跳闸，按引风机 RB 处理。

第十三章

送 风 机

第一节 工作原理及系统组成

一、工作原理

送风机的作用是向炉膛内提供燃料燃烧所需的二次风，故亦称二次风机。布置在锅炉空气预热器之前。将从大气中吸入的空气送入空气预热器，加热后作为锅炉的二次风直接经燃烧器送入锅炉炉膛。

1000MW 级机组容量大，送风机所输送的风量也就大，比转数就要求高，因此每台锅炉均采用两台用液压、动叶可调单节轴流式送风机，卧式布置。

轴流动调送风机工作原理：轴流风机的工作原理是基于机翼型理论。系统管道中气流经进气箱改变方向，由集流器加速后流向叶轮，在叶轮中，气流的轴向运行改变成圆周运动并得到动能与加速，在运行过程中，动叶的栅距与安装角度可无级调节，此调节可改变风量、风压，满足工况变化的需求；从叶轮流出的气流过后导叶又变为轴向流动，在扩压器中部分动压转换成静压，达到运行要求。同时，进风口处由于压差的作用，气体不断的被吸入。

二、系统组成

送风机系统设有两台送风机，为使两台风机出口风压平衡，并可以单台送风机运行，在送风机出口风门后设有联络风管和电动隔离风门。加热后的二次风，经热二次风总管分配到炉前二次风箱和 SOFA 风，然后通过燃烧器进入炉膛为煤粉燃烧提供氧量；有些电厂还从送风机出口引一路二次风至锅炉炉管泄露检测装置进行冷却。主要包括送风机入口滤网和消声器、风机本体、送风机出口挡板、热风再循环及其挡板、风机出口联络通道及其挡板、部分电厂也在空预器出口加设了联络通道、我国北方电厂还有暖风器、风机进出口风温和风压测点、空预器出口二次风风量测点（见图 13-1）。

二次风流程为：环境空气经滤网、消声器与热风再循环汇合后垂直进入两台轴流式送风机，由送风机提压后，经冷二次风道进入两台容克式三分仓空气预热器的二次风分仓中预热，热二次风由风道送至二次风箱分别由燃烧器和燃尽风喷口进入炉膛。二次风再循环入口布置在消声器和送风机之间，其作用是提升空气预热器的冷端温度，防止低温腐蚀。

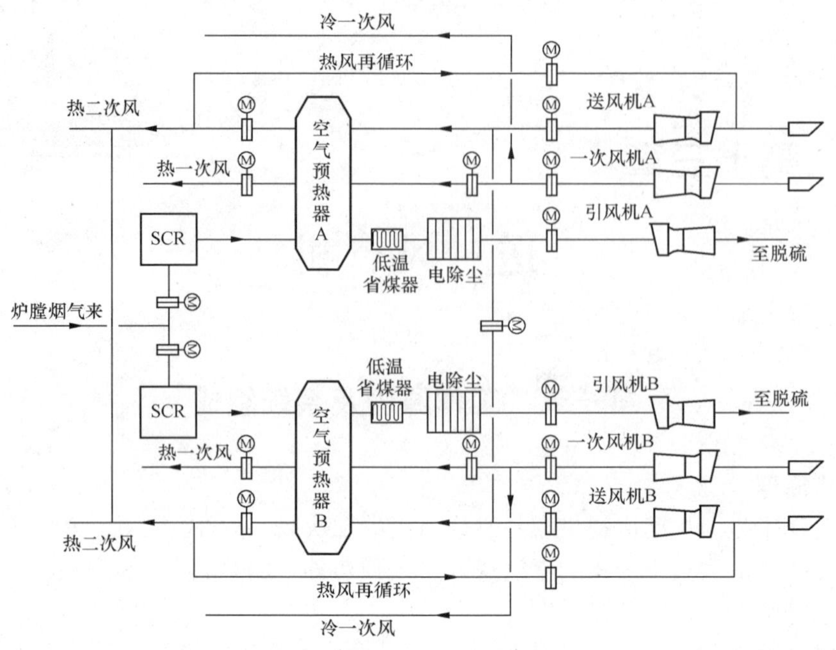

图 13-1　送风及引风系统图

第二节　结构及运行特点

一、结构特点

目前我国 1000MW 级机组锅炉送风机基本上均采用轴流式通风机，其结构主要由三大部件组成（图 13-2）：定子部件（进气箱、集流器、叶轮外壳和后导叶组件、扩压器）、转子部件（叶轮、主轴、伺服马达、联轴器、中间轴）和辅件（油站、控制仪表）。

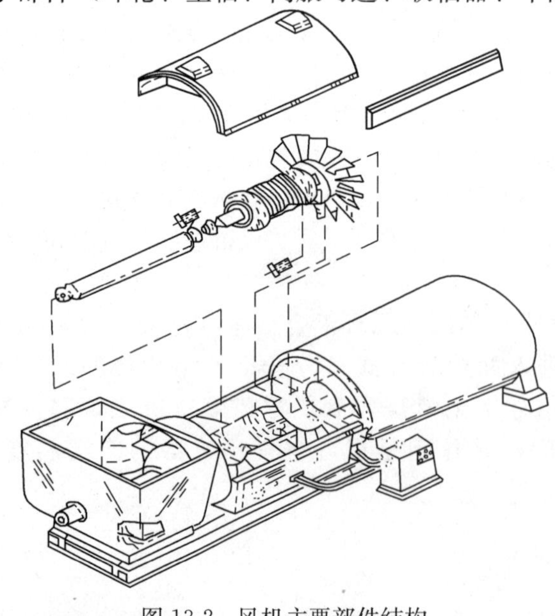

图 13-2　风机主要部件结构

送风机采用挠性联轴承器，即在电动机与风机之间装有一段中间轴，在它们的连接处装有数片弹簧片，其具有尺寸小，自动对中，适应性强的特点。主轴、轴承箱和动叶调节的液压缸全部位于风机的芯筒内。

送风机工作时，气流由风道进入风机进气箱，经过收敛和预旋后，叶轮对气流做功，后导叶又将气流的螺旋运动转化为轴向运动，并在扩压器内将气体的大部分动能转化成系统所需的静压能，从而完成风机的工作过程。每台风机均有扩压器，使离开叶片的空气流更加均匀。风机的出口过渡段允许扩压器和风道相连接。在扩压器的出口和过渡段的进口连接为挠性连接，可以减少风机传给风道的振动。送风机的流量由动叶的角度控制。

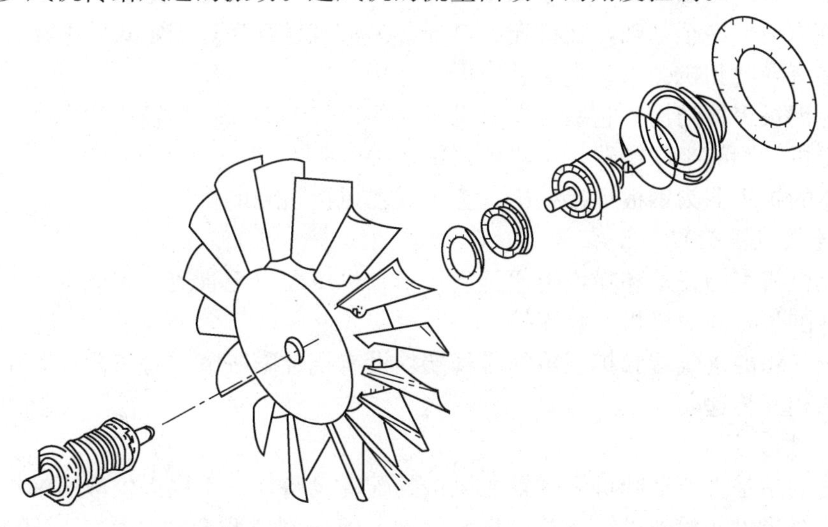

图 13-3 转子结构

1. 转子

风机转子由叶轮、叶片、整体式轴承箱和液压调节装置组成，如图 13-3 所示。

主轴和滚动轴承同置于一球铁箱体内，此箱体同心地安装在风机下半机壳中并用螺栓固定。在主轴的两端各装一个滚柱轴承用以承受径向力，为了承受轴向力，在近联轴器端装有一个向心推力球轴承，承担逆气流方向的轴向力。轴承的润滑借助于轴承箱体内的油池和外置的液压润滑联合油站。当轴承箱油位超过最高油位时，润滑油将通过回油管流回油站。

叶轮为焊接结构，较其他结构叶轮重量比较轻，惯性矩也小。叶片和叶柄等组装件的离心力通过平面推力球轴承传递至叶轮的支承环上。叶轮组装件在出厂前已进行多次动平衡。

风机运行时，通过液压调节装置，可调节叶片的安装角度并保持在这一角度上。叶片装在叶柄的外端，叶片的安装角可以通过装在叶柄末端的调节杆和滑块进行调节并使其保持在一定位置上。调节杆和滑块由液压调节装置通过推盘推动。推盘由推盘和调节环组成并和叶片液压调节装置用螺钉连结。

2. 中间轴和联轴器

风机转子通过风机侧的半联轴器 a、电机侧的半联轴器 b 和中间轴与驱动电机连接。

3. 控制仪表

主轴承箱的所有滚动轴承均装有热电阻（偶）温度计，温度计的接线由空心导叶从内腔引出至风机接线盒。

为了避免风机在喘振状态下工作，风机装有喘振报警装置。在运行工况超过喘振极限时，通过一个预先装在机壳上位于动叶片之前的毕托管（失速探针）和差压开关，向 DCS 发出报警信号。要求运行人员及时处理，使风机返回正常工况运行。

4. 钢结构件

风机机壳是钢板焊接结构。风机机壳具有水平中分面，上半可以拆卸，便于叶轮的装拆和维修。

叶轮装在主轴的轴端上，主轴承箱通过高强度螺钉与风机机壳下半相连，并通过法兰的内孔保证中心对中。此法兰为一加厚的刚性环，它将力（由叶轮产生的径向力和轴向力）通过风机底脚可靠地传递至基础，在机壳出口部分为整流导叶环，固定式的整流导叶焊接在它的通道内。整流导叶和机壳以垂直法兰用螺栓联接。

进气箱为钢板焊接结构，它装置在风机机壳的进气侧。在进气箱中的中间轴放置于中间轴罩内。电动机一侧的半联轴器，用联轴器罩防护。

带整流体的扩压器为钢板焊接结构，它布置在风机机壳的排气侧。

5. 挠性连接（围带）

为防止风机机壳的振动和噪声传递至进气箱和扩压器以至管道，因此进气箱和扩压器通过挠性连接（围带）同风机机壳相连接。

另外在进气箱的进气端和扩压器的排气端均设有挠性膨胀节与管道相连，用以阻隔风机与管道的振动相互传递。

6. 液压润滑联合油站

液压润滑油站是大型动叶可调式轴流风机的配套设备，它不仅提供液压油供叶片调节装置用，还能同时提供润滑油供轴承箱循环润滑油。液压润滑联合油站系统一般有两种设计：一种设计是由液压油泵和润滑油泵合为一体的，直接采用液压油泵将油压提升至工作油压，润滑油则才用压力调节阀进行降压；另一种设计才用液压油泵和润滑油泵分开，液压油泵将润滑油泵出口管路油吸入进行升压至工作油压。两种油系统的组成分别如下：

润滑油泵和液压油泵合二为一设计系统：油站为整体式由油箱、油泵装置、滤油器、冷却器、仪表、管道和阀门等组成，如图 13-4 所示。两个油泵，并联安装在油箱上。工作时，油液通过油泵从油箱吸出，经单向阀，双筒过滤器，送给叶片调节装置，此点压力最高为压

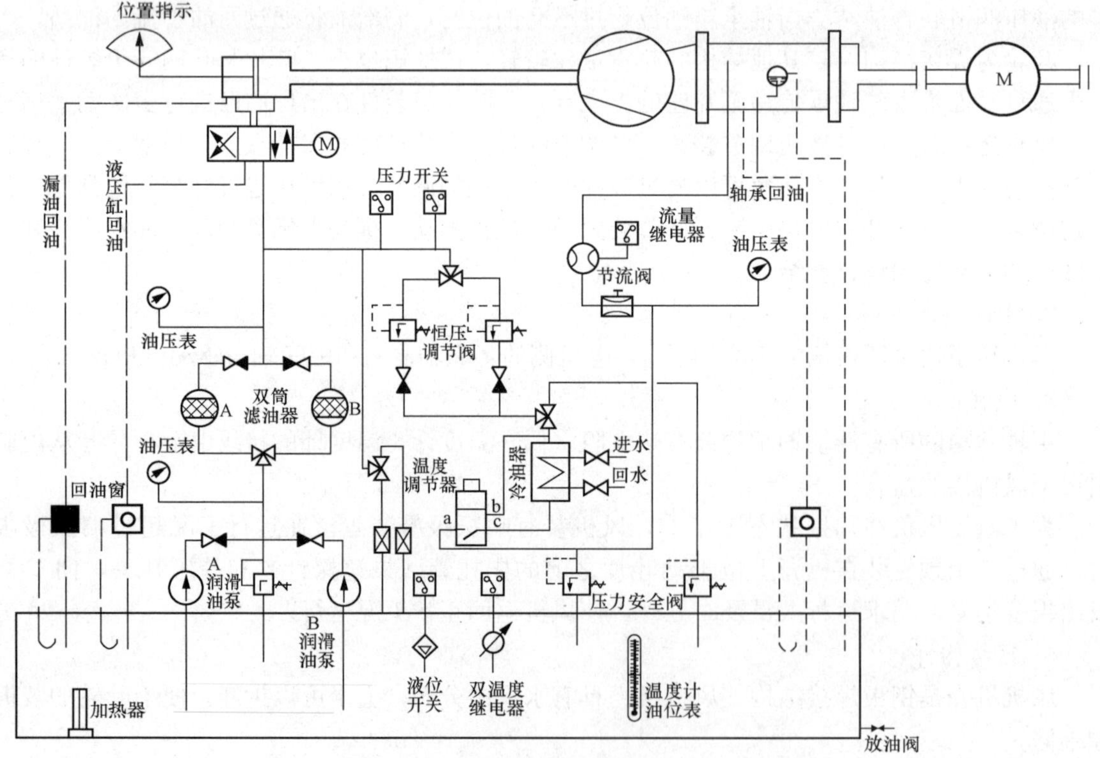

图 13-4 润滑油和液压油“二合为一”设计联合油站

力油，一般为 2.5MPa；另一路油经压力调节阀、单向阀、冷却器、截流阀、流量继电器等，供给轴承箱润滑用。当主泵发生故障时，备用泵即通过压力开关自行启动，两个泵的电动机通过压力开关联锁。在不进行叶片调节时，油流经恒压调节阀至溢流阀，借助该阀建立润滑油压力，多余的润滑油经溢流阀流回油箱。

润滑油泵和液压油泵分开设计系统：油站为整体式由油箱、润滑油泵和液压油泵装置、滤油器、冷却器、仪表、管道和阀门等组成，如图 13-5 所示。工作时，油液由润滑油泵从油箱吸出，经单向阀、双筒过滤器、冷却器之后，一路经流量继电器，供给轴承箱润滑用；另一路经直动型减泄压阀和三通球阀后，由液压油泵吸出，送给叶片调节装置，此点压力最高为压力油，一般为 2.5MPa。当润滑油主泵发生故障时，备用泵即通过压力开关自行启动，两个泵的电动机通过压力开关联锁。液压油主泵发生故障时，备用泵也通过压力开关自行启动，两个泵的电动机通过压力开关联锁。而且在只有在润滑油泵正常运行时，液压油泵才能运行。在不进行叶片调节时，油流经直动型泄压阀流回油箱。

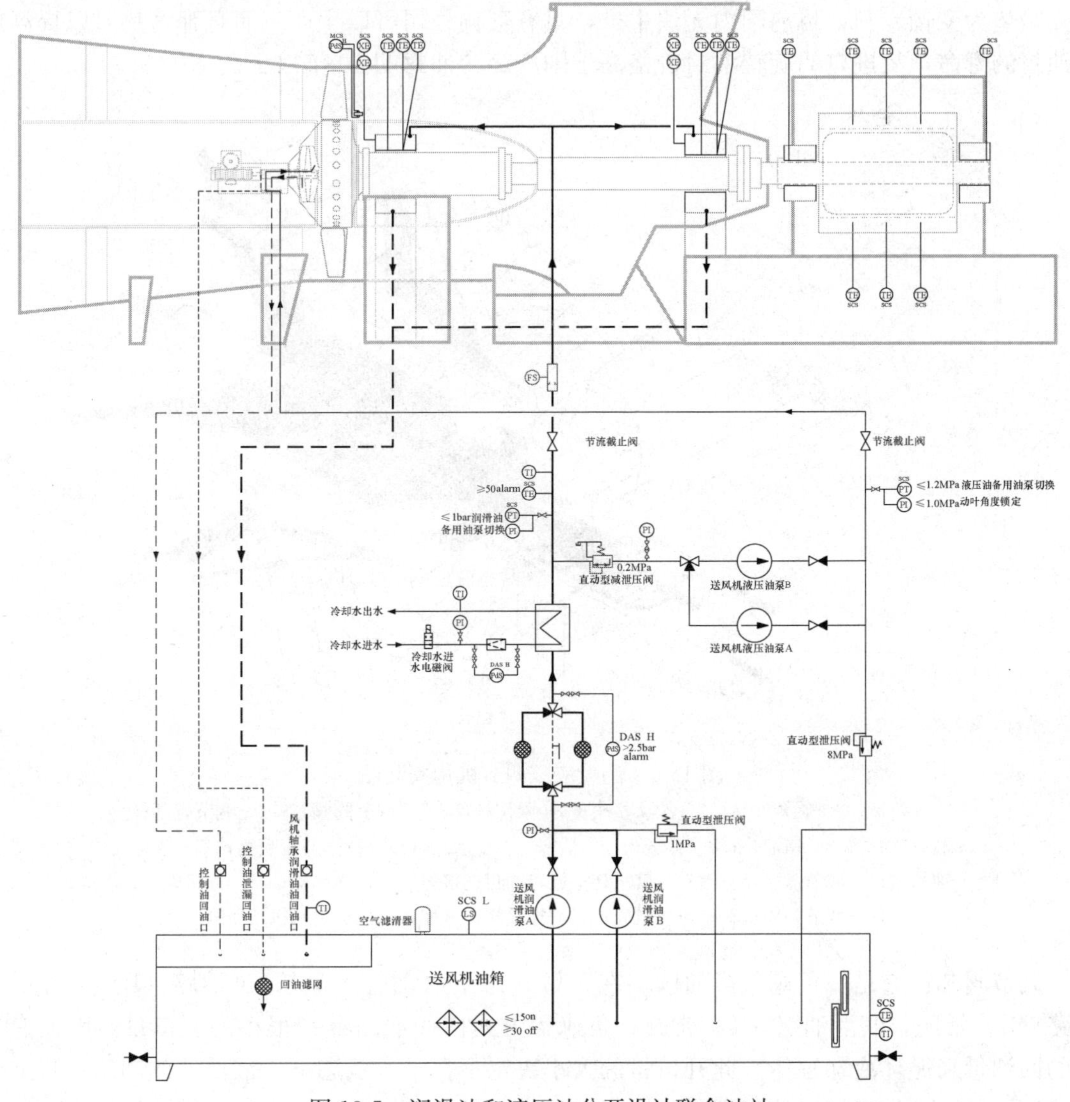

图 13-5 润滑油和液压油分开设计联合油站

7. 叶片液压调节系统

目前在市场上比较常见的电站风机动叶调节轴流风机厂商有：沈阳鼓风机厂、上海鼓风机厂、成都电力设备总厂。沈阳鼓风机厂的调节技术，其技术主要是来自丹麦，且目前的专利是属于英国豪顿公司，上海鼓风机厂的技术主要是来自德国 TLT 公司，成都电力设备总厂的技术主要是来自德国 KKK 公司，三种形式的调节机构都有各自的特点和优缺点，下面详细介绍三种调节形式的油路走向以及调节原理。

(1) 沈鼓液压调节机构。沈鼓液压调节机构如图 13-6 和图 13-7 所示。此液压缸分为三部分：旋转油封、调节阀芯、主缸体，其功能主要如下：

旋转油封：其作用是将高压油（P）、回油（O）、润滑油（T）引出或引入高速旋转的缸体，由一高速旋转的轴心和固定不动的壳体在滚动轴承的支撑下组成的，其精度很高，内泄不能太大，长期运行温度不能超过滚动轴承的承受温度。国产的旋转油封使用寿命大概在 2～3 年，豪顿进口的旋转油封，其内部有 W 形弹簧垫片，可以保证旋转油封的轴向串动，此弹簧垫为豪顿专利，目前国内无法生产，只有豪顿公司可以生产，而且弹簧垫可以提高旋转油封的寿命，故进口的旋转油封价格高于国产旋转油封的 10 倍以上。

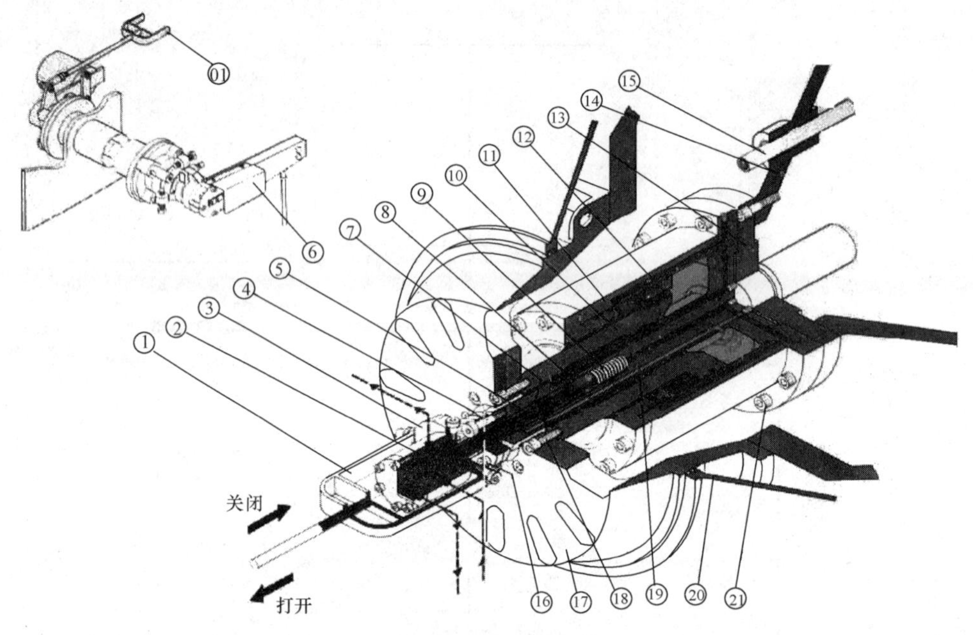

图 13-6 沈鼓液压调节机构安装图

1—拉叉；2—旋转油封；3—拉叉接头；4—限位螺栓；5—调节阀阀芯；6—调节臂部；7—错油孔；8—错油孔；9—弹簧；10—活塞；11—液压缸体；12—节流喷嘴；13—支撑轴承；14—调节盘；15—滑动衬套；16—旋转油封连接螺栓；17—端盖；18—连接螺栓；19—调节阀体；20—风机机壳；21—连接螺栓（增压风机、引风机液压缸）

调节阀芯：它是一负遮盖换向阀。在正常状态下（动叶不动），进油路（P）常开而回油路（O）常闭，润滑油路（T）常开；负遮盖方式使回油路有一很小的开口量，因而有一定的回油量来循环冷却缸体，此开口量的大小决定了在平衡状态下，液压油的油压；目前国产液压缸，由于加工精度的原因，无法在加工上实现，所以基本是在加工好液压缸后，通过

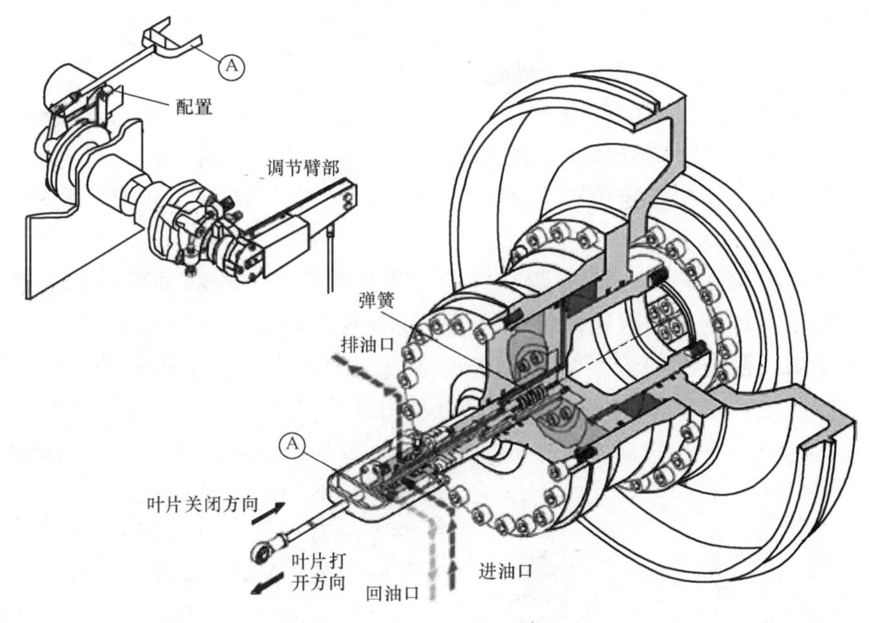

图 13-7 沈鼓液压调节机构

使用来决定开口的大小，以保证工作油压；而豪顿生产的液压缸，其加工精度可以实现在机械加工上直接开口，此即为国产缸与进口缸直接的区别，在国产缸的调阀第二道槽的上边缘有一个小开口，为后期磨出来的，那个开口是故意留出来的，进口缸就不存在。

主缸体：主缸体是一个上下腔面积不等的差动缸，送风机、一次风机液压缸上下腔面积比为 1∶2，引风机、增压风机液压缸上、下腔面积比为 2∶1。当上下腔同时进油的时候，由于压力一样，面积不一样，所以大腔受到的力大，膨胀，小腔的油通过詛油孔进入大腔，加剧了大腔的膨胀，这个时候，大腔为缸腔而小腔为泵功能向大腔供油，但大腔回油的时候，小腔有变为缸功能，这一特征使得双向运动的时间及对外作用力一致。

液压调节机构的原理：液压调节机构通过固定的差动活塞（10）、支撑轴承（13）、调节盘（14）将位移传送至叶片。液压油缸（11）的另一端构成调节阀（5）的外壳。而调节阀和喷嘴（12）以及切口通道（7）在一起将油泵的出口油压节流到大气压力。

1）如果外部调节臂（6）和调节阀（5）保证处在一个给定位置上，液压油缸（11）将自动位于没有摆动的平衡状态。所以活塞（10）的两个侧面上压力×面积是相等的。

2）如果动叶片要打开，则外部调节臂（6）向逆时针方向转动，同时带动调节阀（5）向左移动。这时切口通道（7）增加。结果在活塞（10）尺寸较大的一侧油压下降（黄色腔），液压油缸（11）将朝“左”方向移动叶片角度随之打开，直至 a 条所诉的平衡状态重新建立时，才停止不动。

3）如果动叶片要关小到某一角度，其动作过程如下：当调节阀（5）是朝“右”方向移动时，切口通道（7）将关闭，（8）接通，此时，活塞（10）两侧的油压是相等的。由于活塞两侧的面积不相等，油缸（11）将朝“右”方向移动，直至达到 a 条所诉的平衡状态才停止。也就是说，直到油缸（11）与调节阀（5）移动了同样的距离。

液压缸的中性压力：当液压缸处于平衡位置时，调节油站的油压一般在 2MPa 左右，但由于油的黏度影响（油的牌号或环境温度的影响）及液压缸密封件磨损等原因，以及叶片角

度调节时，油压可能发生变化。但只要油压低于安全阀压力（一般定为 7～8MPa），同时，高于低压报警压力（一般为 1MPa）均属正常情况。

安全阀（溢流阀）的整定值确定方法：将安全阀全开，堵死油站出口，启动油泵，将安全阀逐渐关紧，调至油站出口处压力表的读数为 8MPa，将安全阀锁死，再将油站与液压调节机构连接，此时安全阀的整定值即为 8MPa。注意：不能靠调节安全阀来改变液压缸的中性压力。

（2）上海鼓风机厂（TLT）液压调节机构。上海鼓风机厂的动调机构是引进德国 TLT 公司的技术，其技术特点是伺服阀阀体和阀芯不随液压缸转动，其阀体是固定不动的，通过阀芯的相对移动来切换进回油管路，从而实现液压缸的动作，其结构如图 13-8 所示。与其他调节机构不同的是，TLT 技术的调节过程由调阀移动和负反馈两个过程来实现调节。

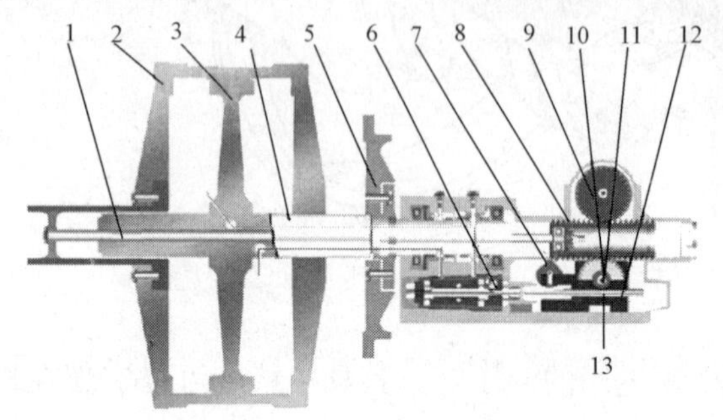

图 13-8 上海鼓风机厂（TLT）液压调节机构

1—定位轴；2—液压缸；3—活塞；4—主轴；5—主轴法兰盘；6—伺服器；7—控制盘；8—双面齿条；9—指示齿轮；10—大齿轮；11—小齿轮；12—滑块；13—单面小齿条

液压缸结构：液压缸内的活塞由轴套及活塞轴的凸肩沿轴向定位。液压缸可以在活塞上左右移动，但活塞不能作轴向移动。为了防止液压缸左、右移动时，液压油从活塞与液压缸间隙处泄漏，活塞上装有两列带槽密封圈。当叶轮旋转时，液压缸同步旋转，活塞由于护罩和活塞轴的旋转带动与叶轮一起做旋转运动。

风机在某工况下稳定工作时，活塞与液压缸无相对运动。活塞轴中心装有定位轴，当液压缸左、右移动时会带动定位轴一起移动。控制头等零件是静止不动的。风机如在某工况下稳定工作时，动叶片也在某一角度下运转。此时伺服阀将油道 C 和 D 的油孔关闭，活塞左右两侧的工作油无进油、回油，动叶片的角度固定不变。

液压缸的工作原理：

在正常状态下，进回油管路均与液压缸切断，活塞位置固定不变。

关闭叶片时，电动头驱动控制盘逆时针旋转，带动滑块向右移动。此时液压缸只随叶轮做旋转运动，定位轴及与之相连的双面齿条静止不动。于是大齿轮只能以 A 为支点，推动与之啮合的单面小齿条往右移动。压力油口与蓝色油道相通，红色油道与回油口接通，压力油从蓝色油道不断进入活塞右侧的液压油缸内，使液压油缸不断向右移动。活塞左侧液压油缸内的工作油从红色油道通过回油孔返回油箱。液压油缸与叶轮上的每个动叶片的调节杆相连，当液压油缸向右移动时，动叶片的角度减小。

反馈过程：当液压缸向右移动时，定位轴被带动同时向右移动。但由于滑块不动，所以齿轮以 B 为支点，单面齿条向左移动。这样又使伺服阀将油道蓝色与红色油道的油孔关闭，液压油缸随之处在新的平衡位置不再移动。而动叶片亦在关小的状态下工作，这就是反馈过程。在反馈时齿轮带动指示轴旋转，将动叶片关小的角度显示出来。

开大动叶角度时，电动头带动控制轴顺时针旋转，带动滑块向左移动。此时，由于液压缸只随叶轮做旋转运动，所以定位轴及齿套静止不动，齿轮只能以 A 为支点，推动与之啮合的单面齿条向左移动，使压力油口与红色油口接通，蓝色油口与回油口相连。压力油从红色油道不断进入活塞左侧的液压缸内，液压缸不断向左移动。同时活塞右侧液压缸内的工作油从蓝色油道通过回油孔返回油箱，液压缸向左移动，动叶片的角度增大。

反馈过程：当液压缸向左移动时，定位轴也同时向左移动。齿轮以B为支点，齿条向右移动，于是伺服阀又将油道C和D的油孔关闭，动叶片又在新的角度下稳定工作。

上海鼓风机厂（TLT）液压调节原理如图13-9所示。

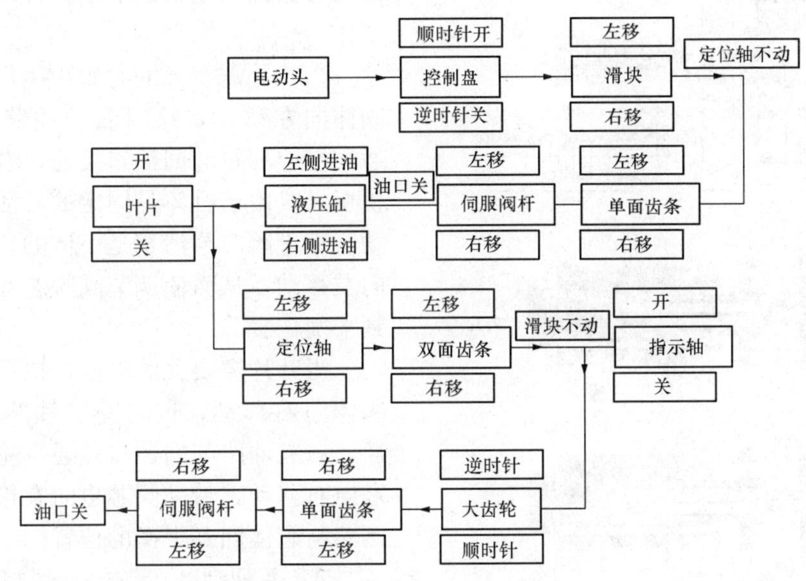

图13-9 上海鼓风机厂（TLT）液压调节机构调节原理图

TLT液压伺服系统的特点：

1）液压伺服系统是一个跟踪系统．液压缸的位置（输出）完全跟踪伺服阀口的位置（输入）而运动。

2）液压伺服系统是一个力放大系统．推动伺服阀所需要的力很小，只需要几个N，但液压缸克服阻力，完成推动叶片转动的力则很大，可以达到25bar（1bar=10^5Pa），推动液压缸的能量由液压泵提供。

3）液压伺服系统是一个反馈系统。电动头旋转运动最终变成了齿条的直线运动，使伺服阀油口的缝隙发生变化，液压缸移动。而液压缸运动的结果又使油口缝隙保持原来的比例关系，使液压缸停止运动，这种作用称为负反馈。因为反馈是由于缸体和阀体的刚性连接而完成的，所以这种反馈又称为刚性负反馈。负反馈的结果总是输入信号变小以至消除。如果没有这个负反馈，液压缸是无法工作的。

（3）成都电力机械设备厂（KKK）液压调节机构。成都电力机械厂根据我国电力工业的迫切需要，20世纪90年代中期，分别对世界上各大著名的风机制造商的动调风机技术进行了调研对比，最终选择引进了代表着国际上最先进的动调轴流风机的设计、制造技术水平的德国KKK公司的AP动调轴流风机专有技术（简称AP风机）。

KKK技术的液压缸是结合了豪顿技术和德国TLT技术的优点，液压缸采用缸体静止，活塞动作的方式，这样液压缸的面积可以做得很大，不受轮毂内径大小的影响（这点和豪顿的增压引风机液压缸有相似之处），调节阀部分采用了调节阀与旋转油封相结合的设计，结构紧凑，安装的时候只需找正一次，安装方便。但因为旋转油封和调节阀的结合设计，导致调节阀处精度较高，特别是密封的地方。阀芯是跟随液压缸一起旋转，阀体相对壳体不旋转，只做前后轴向动作，从而使调节阀的设计要求更高。

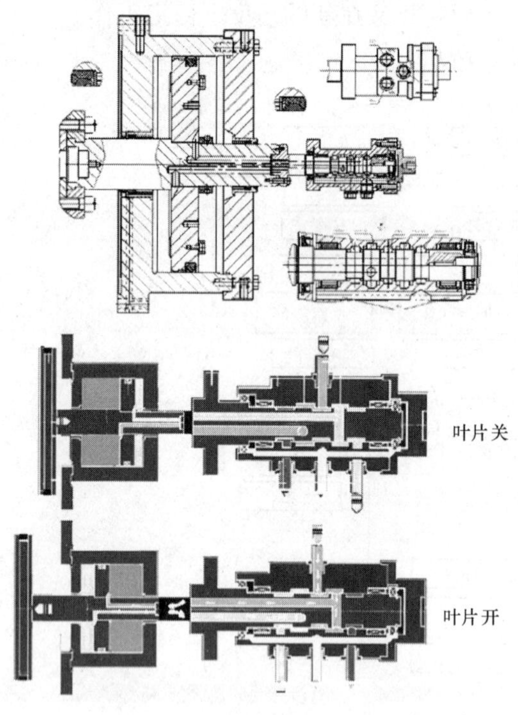

图 13-10　成都电力机械设备厂（KKK）液压调节机构调节原理图

液压缸工作原理如图 13-10 所示。

在平衡状态下，液压缸左右腔的进油及回油管路都切断，润滑油路开启，液压缸不动作。

当叶片需要开的时候，执行机构使调节阀体向左移动，这时右腔油路与进油口联通，左腔油路与回油口接通，右腔膨胀，面积变大，由于缸体是固定的，活塞就向左移动，由于阀芯与活塞是一体的，所以阀芯也向左移动，从而使调节阀阀芯和阀体的位置到平衡位置。

当叶片需要关的时候，执行机构使调节阀体向右移动，这时左腔油路与进油口联通，右腔油路与回油口接通，左腔膨胀，活塞向右移动，带动阀芯也向右移动，从而使阀芯与阀体回到平衡的位置。

AP 系列动叶可调轴流风机与国际知名品牌同类产品相比，调节动叶的工作油采用的压力最低，因而对于防止泄漏、延长设备使用寿命、提高设备可靠性等问题，创造了更加优越的条件。原因如下：

1）油缸在轮毂之外随轮毂一起旋转，故可以将油缸体积做大，就可降低油压；液压伺服装置的旋转密封放于动压头芯轴和外壳处而易解决。

2）独特结构（曲柄力臂短、关节轴承与铁基自润滑滑块、平衡锤结构独特、叶柄与曲柄轴系精巧）能有效克服动叶关闭力矩和调节力矩，使得控制油压最低。

二、运行特点

轴流流送风机的运行范围是受失速线的限制。如果超过此极限，首先就必然使叶片处的气流出现局部分离。当送风机内存在一定量涡流时，就可能产生“喘振”，即空气气流周期性的倒流。当系统的阻力线位于性能曲线图中的喘振线的上方时，由于不稳定性的出现则通风机就不可能在相应的压力、流量范围的工况点运行。如果风机在非稳定区运行，将使叶片产生激振，会导致疲劳断裂。

动叶调节轴流送风机运行效率高，在事故情况下相应速度也快，有利于锅炉 RB 情况下和 AGC 情况下大负荷变化时锅炉的稳定运行。

第三节 系 统 调 试

一、技术指标及性能要求

（1）状态显示正确。

（2）轴瓦温度和轴承振动符合GB 50275—2010的规定。

（3）轴瓦温度保护和轴承振动保护投入，整定正确。

（4）联锁保护全部投入、动作正确。

（5）隔离风门关开位置正确、动作灵活。

（6）调节风门开度指示正确、动作灵活。

（7）风量测量装置已标定、指示正确。

（8）液压油系统油压正常、动作灵活。

（9）润滑油系统油压、油温正常、无泄漏。

（10）高压电动机运行符合设计要求。

（11）动、静叶调节灵活、无卡涩。

（12）冷却水系统符合设计要求。

二、调试应具备的条件

为保证送风机安全试运，操作人员应按有关规程进行操作，试运人员在风机每次投入运行前必须检查送风机及其系统的安装和运行准备工作是否已经完成，进气管道和排气管道以及送风机本体内是否有人和杂物。送风机试运前，必须做好下述工作：

（1）设备二次灌浆强度已达设计强度。

（2）送风机及其系统、风道保温等安装工作已完成，备有完整的安装记录，并经验收合格。

（3）送风机及其系统内各测量监视仪表齐全、热控开关量变送器校核完毕，并可投入正常使用。

（4）确认送风机及进出口风道、消声器内有无杂物，无人工作，系统试运部分的人孔关闭严密。

（5）烟道、冷热风道及支吊架均已安装完毕。

（6）送风机动叶、系统风门挡板验收完毕，符合厂家规定，不得有卡涩或脱落现象，开关刻度指示与实际相符。

（7）风机周围的垃圾及杂物已清理干净，脚手架拆除，地沟盖板盖好，附近无易燃易爆品。

（8）检查送风机可调动叶操作正常、送风系统挡板调试完成且反馈正确，并把送风机可调动叶和送风机出口挡板处于“关闭”位置。

（9）风机油站冷却水经过冲洗、管路畅通，并已正常投运。

（10）主轴承箱、供油装置油位正常。

（11）风机及其电机油站经过滤，油质合格。

（12）油管渗漏试验合格，油泵旋转方向正确，滤油器前后压差正常（否则要清理滤网）。

(13) 电气工作结束，各种保护已能正常投入。

(14) 电机空转合格，旋转方向正确，且事故按钮工作可靠。

(15) 电机与送风机对轮已连接好，在联轴器处人工盘转引风机转子，盘转必须轻便容易。

(16) 风机及其电机油站调试完成。

(17) 送风机及其系统的温度、喘振及振动报警及保护系统具备投入条件。

(18) 送风机预操作完成，联锁保护投入正常。

(19) 现场应有充足的照明。

(20) 送风机及其系统挂牌工作结束。

(21) 试转所需的扳手、听棒、振动表、红外温度表、通信工具等备齐。

三、调试方法及程序

送风机及其系统的试运与引风机及其系统试运同时进行。试运前必须按照送风机启动检查卡，进行其启动条件逐项确认。

试运期间风机操作人员应逐渐熟悉并详细掌握送风机的操作，且必须做到能快速关闭主电机，确认“紧急断电开关”处于正常状态。

送风机启动前，应关闭送风机动叶和出口挡板，投运轴承冷却水，轴承加好油，准备妥当后，合上电源开关；风机达到全速后，即用事故按钮停下，观察轴承和转动部分，确认无摩擦和其他异常后，方可正式启动送风机。

试运后，要重新详细检查送风机的内部和外部的管道的密封性，并重新检查叶片和机壳的间隙，并且高度重视显示数据。

（一）试运启、停步骤

试运启、停步骤见表13-1。

表13-1　　试运启、停步骤

序号	步骤
1	油站冷却器通闭式水
2	启动引风机
3	启动电机一台润滑油泵，另一台投备用，润滑油压、润滑油流量和油箱油位均正常，滤网差压正常
4	启动送风机一台液压润滑油站，另一台投备用，液压油压、润滑油流量和油箱油位均正常，滤网差压正常
5	全关动叶至“0”位及送风机出口挡板，并保证之后通道畅通
6	如果单台风机启动，则直接在CRT画面启动送风机；如果需要并风机时，则一定要将正在运行的第一台风机的工况点（风量和风压）向下调至风机喘振线最低点以下
7	风机启动后联锁打开出口挡板，如1min没全开则应停送风机
8	风机达到额定转速且送风机出口挡板开足后，测量轴承温度及振动指标和标定风机喘振风压
9	逐步开大送风机动叶开度，记录轴承温度及振动
10	当送风机电流接近额定电流时，维持送风机运行8h
11	逐步降低送风机负荷，将两台送风机的工况点同时调底到喘振线的最低点以下，直至送风机动叶关至“0”位，逐一分闸送风机

（二）送风机启动后检查内容

（1）风机加速时检查其运行是否平稳，风机启动 2～3min 后，就应开始监测风机轴承温度直至温度稳定，一般在 15min 应基本稳定，否则应注意监视。

（2）检查轴承润滑油及液压油系统工作是否正常，检查有无油从轴承座内或从油管道上泄漏的迹象，检查供应压力和流量符合要求。

（3）在送风机启动 15min 后检测风机轴向、水平、垂直三个方向的轴振动，并做好记录，如振动很大应立即停机查明原因采取相应措施。

（4）风机运转时，使得油线保持在外视油量计的中间。

（5）检查风机及其附属设备运行是否正常。

（6）检查送风机油站闭冷水系统工作正常，无漏水现象。

（7）在风机启动正常后，在每一动叶开度下保持运行一段时间，就地测量风机及其电机轴承温度和振动并做好详细测量记录，记录系统风温和风压等各项参数，同时对润滑油和液压油的油压、油温读数进行记录，并对相关参数进行仔细分析，确保均指示正常。在保证送风机不超过额定电流，安全的情况下，送风机连续运行 8h。

（8）风机试转结束后检查所有固定螺钉，如外壳上、轴承上和马达上的螺钉是否拧紧，力矩是否符合要求，检查风机轴与马达对直度，检查风机各装配间隙是否符合要求，检查所有各种风机附属件是否正常。

四、试运风险控制

（1）风机试运前调试单位应根据现场实际情况做好详细启动交底工作，明确各参建单位组织分工。

（2）参加试运的所有工作人员应严格执行《电力建设安全工作规程》（DL 5009.1—2014）及现场有关安全规定，确保试运工作安全可靠地进行。

（3）风机试运前的各项检查工作必须要逐条到位，相关安装工作完成且有完善安装记录并通过监理等单位签证。

（4）做好与非试运系统及其场所的有效隔离并挂好警戒标志，严禁其他非工作人员进入试运现场。

（5）风机试转前应先盘动联轴节无异常，启动时人员应站在安全地带且安排人员专门负责就地事故按钮，风机试转时要有专人监护。

（6）一般风机只能在允许的特性曲线区域之内运行，所以试运前必须保证送风机出口挡板后风道畅通。

（7）送风机运行时应注意轴承温度、电机线圈温度、轴瓦振动上升速率，防止温度、振动超标，必要时停机检修。

（8）送风机运行过程中若出现任一参数达到保护定值，而保护未动作，应手动打闸停机。

（9）当电机电流持续上升，经纠正无效时需立即停机。

（10）事故停机时，必须切断电源，并挂上“禁止操作”牌后，才可进入送风机内检查。

（11）如在试运过程中发现异常情况，应及时调整，并立即汇报指挥人员。

（12）在试运过程中如有危及人身及设备安全时，应立即停止试运工作，可就地按事故按钮。

(13) 试运全过程均应有各专业人员在岗且分工明确，不得擅离岗位，以确保设备运行的安全。

第四节 常见问题及处理

在调试过程中，经常会出现一些不可预见甚至是疏忽了的问题，进而导致风机试运时出现异常情况，下面是轴流风机经常可能出现的问题和分析处理的基本方法：

一、失速现象

(一) 原因分析

(1) 相关风门挡板误关、空预器堵塞等使系统阻力增大。

(2) 动叶调节幅度过大。

(3) 并列运行风机发生"抢风"或自动控制失灵使风机进入失速区。

(4) 风机进口风道堵。

(二) 处理措施

(1) 立即将两台风机动叶控制改手动，关小失速风机动叶，适当关小未失速风机动叶，加强炉膛压力监视，视情况适当降低机组负荷。

(2) 如风机并列时发生失速，应停止并列操作。

(3) 如风门挡板误关导致失速，应立即打开，同时调整动叶开度。如风门、挡板故障，应立即降低锅炉负荷，联系检修人员处理。

(4) 如空预器堵塞，应适当降低机组负荷，加强空预器吹灰。

(5) 经处理，失速报警消失后，应稳定机组运行，待原因查明且彻底消除后逐步增加风机出力。

(6) 处理无效或严重威胁设备安全时，应停用失速风机。

(7) 失速引起风机跳闸时，按送风机跳闸 RB 处理。

二、轴流式动叶可调送风机本体常见问题及处理

轴流式动叶可调送风机本体常见问题及处理如图 13-11 所示。

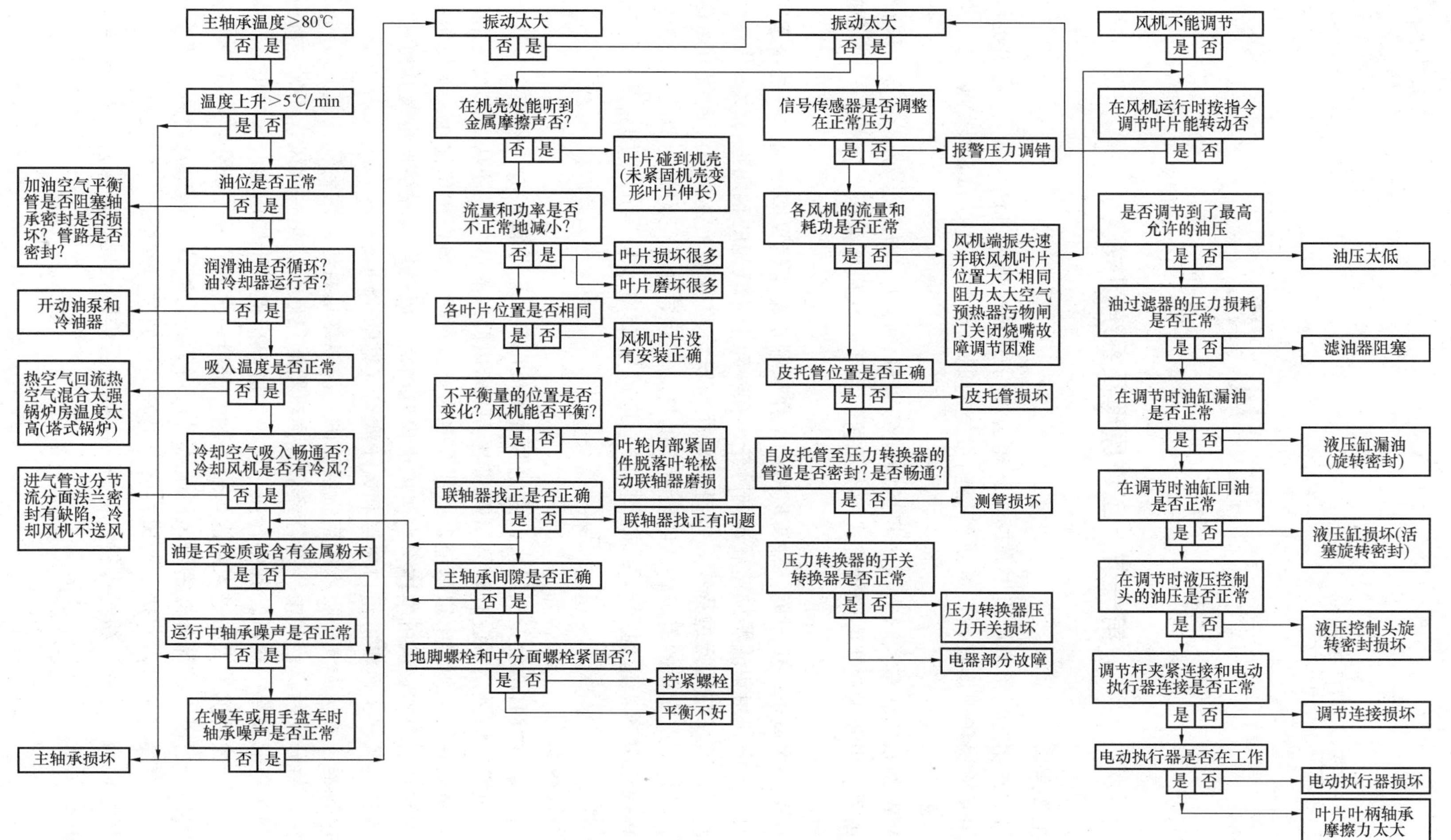

图 13-11 轴流式动叶可调送风机本体常见问题及处理

第十四章

一 次 风 机

第一节 工作原理及系统组成

一、工作原理

一次风的作用是供给磨煤机干燥燃煤和输送煤粉所需的热风（调风量）、磨煤机调温风（冷风），用来输送和干燥煤粉，并供给燃料燃烧初期所需的空气，布置在锅炉空气预热器之前。

1000MW级机组容量大，一次风机所输送的风量也就大，比转数就要求高，因此每台锅炉均采用两台用液压动叶可调轴流式一次风机。由于一次风所需压力较高，一次风机均采用双节调节。

轴流动调一次风机工作原理：轴流风机的工作原理是基于机翼型理论。系统管道中气流经进气箱改变方向，由集流器加速后流向叶轮，在叶轮中，气流的轴向运行改变成圆周运动并得到动能与加速，在运行过程中，动叶的栅距与安装角度可无级调节，此调节可改变风量、风压，满足工况变化的需求；从叶轮流出的气流过后导叶又变为轴向流动，在扩压器中部分动压转换成静压，达到运行要求。同时，进风口处由于压差的作用，气体不断地被吸入。

二、系统组成

一次风机系统设有两台一次风机，为使两台风机出口风压平衡，并可以单台一次风机运行，在一次风机出口风门后设有联络风管和电动隔离风门。有些电厂还从一次风机出口联络通道引一管路至一侧空预器出口烟道，以便有时需要进行一次风机出口泄压。主要包括一次风机入口滤网和消声器、风机本体、一次风机出口挡板、风机出口联络通道及其挡板。我国北方电厂还有暖风器、风机进出口风温和风压测点（见图14-1）。

一次风流程：将从大气中吸入的空气经滤网、消声器垂直进入两台轴流式一次风机，经一次风机提压后分成两路；其中一部分经空气预热器加热后形成热一次风，而另一部分则旁路过空气预热器形成冷一次风。其中，热一次风为磨煤机提供干燥出力和通风出力，将磨煤机磨好的煤粉干燥后携带煤粉进入到锅炉燃烧器．而冷一次风分成三部分：一部分用于直接为给煤机提供密封风，一部分被密封风机吸入升压后为各台磨煤机提供密封风，另外一部分就是直接接至磨煤机入口，与热一次风在磨煤机的入口处进行混合，为磨煤机提供吹扫和干燥煤粉的风量，为合格的煤粉经煤粉管道由一次风送至炉膛燃烧。为煤粉提供在燃烧器出口前期燃烧所以风量。

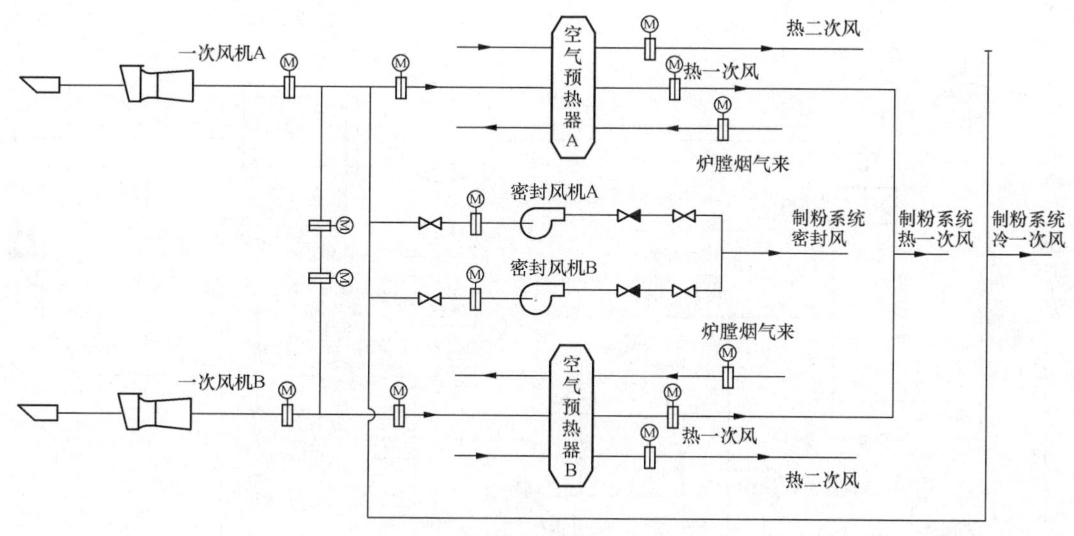

图 14-1　一次风系统图

第二节　结构及运行特点

一、结构特点

轴流式动叶可调一次风机结构基本与送风机相同，主要区别在于一次风机采用双节可调动叶（见图 14-2），以便抬高一次风机出口风压。

一次风机主轴承采用滚柱轴承并带有一个焊接轴承箱，可承受转子全部的载荷。主轴、轴承箱和动叶调节的液压缸全部位于风机的芯筒内。

图 14-2　双节可调动叶轴流一次风机

轴流式动叶可调一次风机结构详细内容见送风机章节。一次风机及其电机润滑油往采用一套油系统，也是有两种和送风机液压润滑联合油站一样设计方案。图 14-3 所示为润滑油和液压油“二合为一”设计联合油站，图 14-4 所示为润滑油和液压油分开设计联合油站。

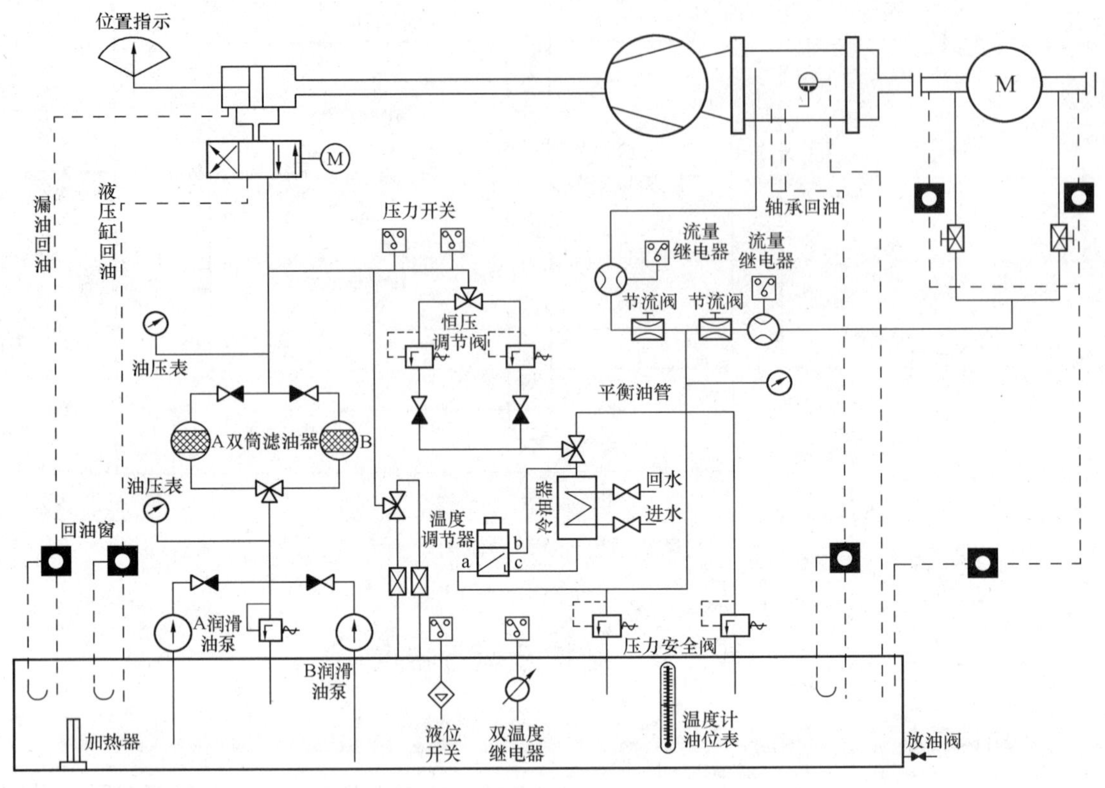

图 14-3　润滑油和液压油“二合为一”设计联合油站

二、一次风机运行特点

（1）双级动叶可调轴流式一次风系统的特点是风量小，风压高，当风量变化时要求风压改变较少。

（2）尤其是在并风机、两台运行突然跳掉一台一次风机而一次风压自动未退出来或者锅炉正常运行时跳掉某台磨煤机时，一次风系统阻力增加，运行一次风机出口风压迅速增加，双级轴流风机低负荷时运行就容易发生失速喘振，故应确保一次风风机在风机特性曲线安全区运行如图 14-5 所示。

（3）相对于离心式风机而言，动叶可调轴流式风机具有运行效率高、调节范围大、对负荷变化反应快。

（4）对于直吹式制粉系统，一次风机的流量主要取决于燃烧系统所需的一次风量和空气预热器的漏风量。密封风机的流量尽管由一次风提供，但是最终进入磨煤机构成一次风的部分。一次风的压头主要取决于煤粉流的阻力及风道、空气预热器、挡板、磨煤机的流动阻力。其压头是随锅炉需粉量的变化而变化，可以通过调节动叶的倾角来改变风量，维持风道一次风的压力，适应不同负荷的变化。

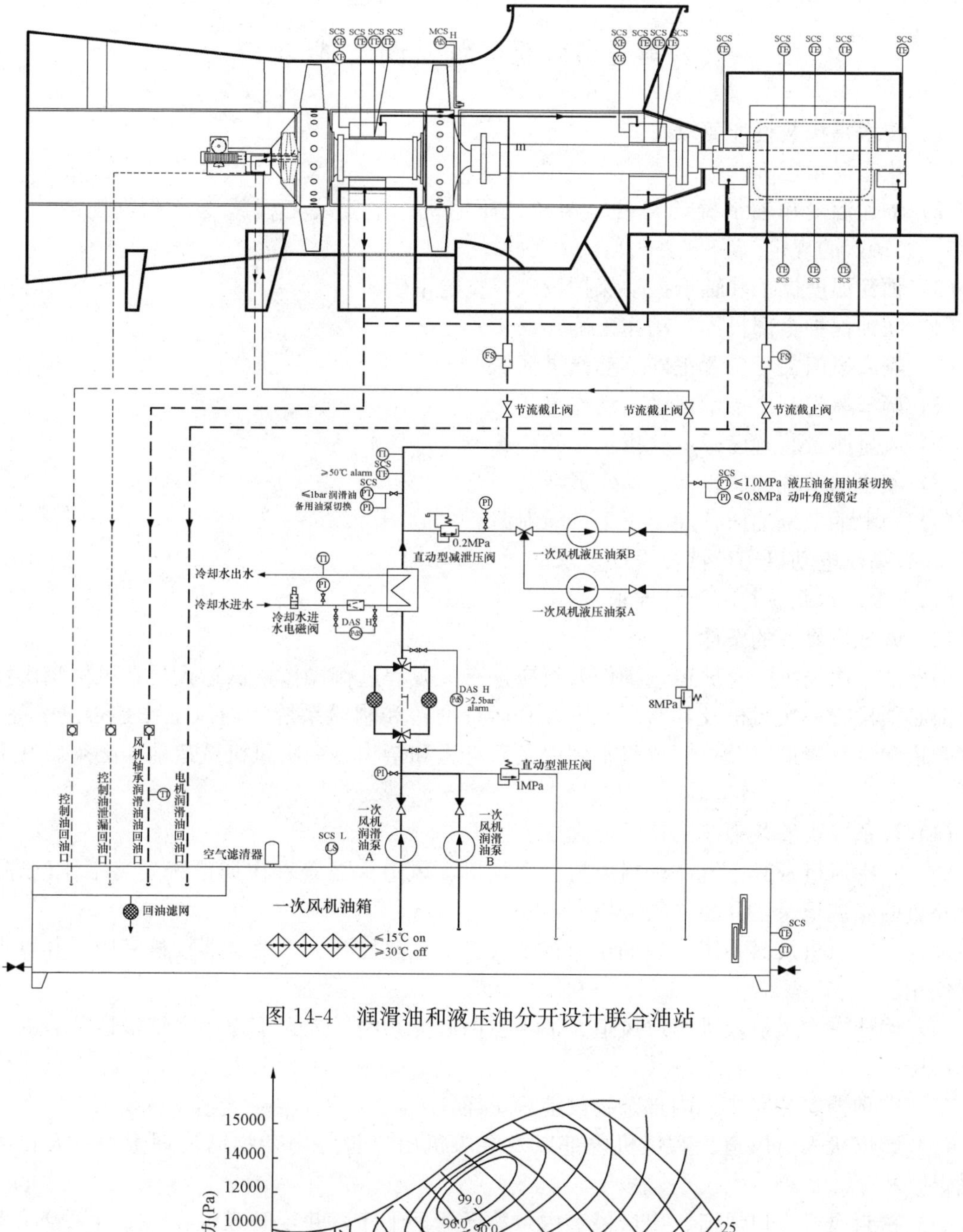

节流截止阀
节流截止阀
节流截止阀
≥50℃ alarm
≤1bar 润滑油备用油泵切换
≤1.0MPa 液压油备用油泵切换
≤0.8MPa 动叶角度锁定
0.2MPa
直动型减泄压阀
一次风机液压油泵B
一次风机液压油泵A
冷却水出水
冷却水进水
冷却水进水电磁阀
DAS H
DAS H >2.5bar alarm
8MPa
直动型泄压阀
1MPa
一次风机润滑油泵A
一次风机润滑油泵B
控制油回油口
控制油泄漏回油口
风机轴承润滑油回油口
电机润滑油回油口
空气滤清器
SCS L
一次风机油箱
回油滤网
≤15℃ on
≥30℃ off

图 14-4 润滑油和液压油分开设计联合油站

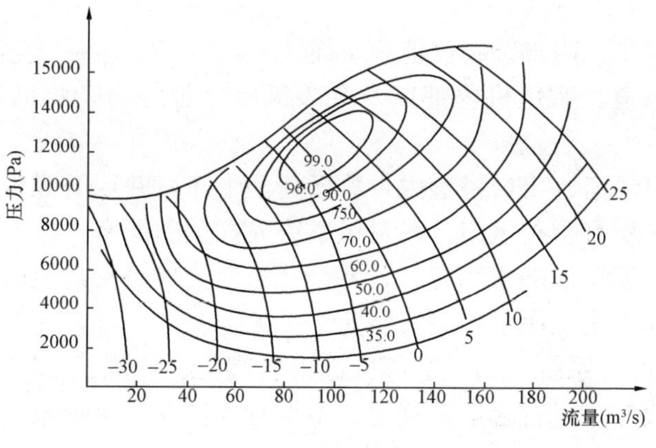

图 14-5 一次风机特性曲线

第三节 系 统 调 试

一、技术指标及性能要求

（1）状态显示正确。

（2）轴瓦温度和轴承振动符合《风机、压缩机、泵安装工程施工及验收规范》（GB 50275—2010）的规定。

（3）轴瓦温度保护和轴承振动保护投入，整定正确。

（4）联锁保护全部投入、动作正确。

（5）隔离风门关开位置正确、动作灵活。

（6）调节风门开度指示正确、动作灵活。

（7）风量测量装置已标定、指示正确。

（8）液压油系统油压正常、动作灵活。

（9）润滑油系统油压、油温正常、无泄漏。

（10）高压电动机运行符合设计要求。

（11）冷却水系统符合设计要求。

二、调试应具备的条件

为保证一次风机安全试运，操作人员应按有关规程进行操作，试运人员在风机每次投入运行前必须检查一次风机及其系统的安装和运行准备和制粉系统的通风工作是否已经完成，进气管道和排气管道以及一次风机本体内是否有人和杂物。一次风机试运前，必须做好下述工作：

（1）设备二次灌浆强度已达设计强度。

（2）一次风机及其系统、密封风机、磨煤机、风道保温等一次风系统安装工作已完成，备有完整的安装记录，并经验收合格。

（3）一次风机及其系统内各测量监视仪表齐全、热控开关量变送器校核完毕，并可投入正常使用。

（4）确认一次风机及进出口风道、消声器内有无杂物，无人工作，系统试运部分的人孔关闭严密。

（5）空预器安装完毕，内部杂物已清理干净。

（6）磨煤机入口风道、磨煤机内部以及磨煤机出口管路内杂物已清理干净，人孔关闭严密。

（7）密封风机入口风道、出口风道内杂物已清理干净，并至磨煤机各路密封风管路末端连接软管脱开，并全开所有密封风门，密封风系统人孔关闭严密。

（8）给煤机密封风管路末端法兰脱开，并全开每台给煤机密封风阀门。

（9）烟道、冷热风道及支吊架均已安装完毕。

（10）一次风机动叶、系统风门、磨煤机进出口阀门、给煤机出口闸板门、石子煤斗进出口插板门等阀门验收完毕，符合厂家规定，不得有卡涩或脱落现象，开关刻度指示与实际相符。

（11）燃烧器入口一次粉管煤粉手动关断门动作灵活，处于开启状态。

（12）风机周围的垃圾及杂物已清理干净，脚手架拆除，地沟盖板盖好，附近无易燃易爆品。

（13）检查一次风机可调动叶操作正常、送风系统挡板调试完成且反馈正确，并把一次风机可调动叶和一次风机出口挡板处于“关闭”位置。

（14）风机油站冷却水经过冲洗、管路畅通，并已正常投运。

（15）主轴承箱、供油装置油位正常。

（16）风机及其电机油站经过滤，油质合格。

（17）油管渗漏试验合格，油泵旋转方向正确，滤油器前后压差正常（否则要清理滤网）。

（18）电气工作结束，各种保护已能正常投入。

（19）一次风机和密封风机电机空转合格，旋转方向正确，且事故按钮工作可靠。

（20）电机与一次风机对轮已连接好，在联轴器处人工盘转引风机转子，盘转必须轻便容易。

（21）风机及其电机油站调试完成。

（22）一次风机及其系统的温度、喘振及振动报警及保护系统具备投入条件。

（23）一次风机、密封风机预操作完成，联锁保护投入正常。

（24）现场应有充足的照明。

（25）一次风机及其系统挂牌工作结束。

（26）试转所需的扳手、听棒、振动仪、红外温度表、通信等工具备齐。

三、调试方法及程序

一次风机试运启动前应先启动密封风机一起试运，和启动引风机以维持炉膛负压稳定。试运前必须按照一次风机启动检查卡，进行其启动条件逐项确认。

试运期间风机操作人员应逐渐熟悉并详细掌握一次风机的操作，且必须做到能快速关闭主电机，确认“紧急断电开关”处于正常状态。

一次风机启动前，应关闭一次风机动叶和出口挡板，投运轴承冷却水，轴承加好油，准备妥当后，合上电源开关；风机达到全速后，即用事故按钮停下，观察轴承和转动部分，确认无摩擦和其他异常后，方可正式启动一次风机。

一次风机系统试运时，应先启动引风机和密封风机（如果在两台一次风机出口联络管道有通向空预器出口烟道的一次风机泄压通道，还可以开启该通道阀门，以防一次风机喘振），然后启动一台一次风机处于低负荷下运行，对磨煤机及给煤机密封管道进行吹扫，然后待系统恢复后才能正式启动一次风机进行分部试运考核试验。

试运后，要重新详细检查一次风机的内部和外部的管道的密封性，并重新检查叶片和机壳的间隙，并且高度重视显示数据。

（一）一次风机启、停步骤

一次风机启、停步骤见表 14-1。

（二）一次风机启动后检查内容

（1）风机加速时检查其运行是否平稳，风机启动 2～3min 后，就应开始监测风机轴承温度直至温度稳定，一般在 15min 应基本稳定，否则应注意监视。

（2）检查轴承润滑油及液压油系统工作是否正常，检查有无油从轴承座内或从油管道上泄漏的迹象，检查供应压力和流量符合要求。

表 14-1　　一次风机启、停步骤

序号	步　骤
1	风机油站冷却器通闭式水
2	开启每台磨煤机密封风阀门
3	启动引风机
4	启动密封风机
5	启动电机一台润滑油泵，另一台投备用，润滑油压、润滑油流量和油箱油位均正常，滤网差压正常
6	启动一次风机一台液压润滑油站，另一台投备用，液压油压、润滑油流量和油箱油位均正常，滤网差压正常
7	启动一台密封风机，另一台投备用
8	全关动叶至“0”位及一次风机出口挡板，并保证之后通道畅通
9	如果单台风机启动，则直接在 CRT 画面启动一次风机；如果需要并风机时，则一定要将正在运行的第一台风机的工况点（风量和风压）向下调至风机喘振线最低点以下
10	风机启动后联锁打开出口挡板，如 1min 没全开则应停一次风机
11	风机达到额定转速且一次风机出口挡板开足后，测量轴承温度及振动指标和标定风机喘振风压
12	逐步开大一次风机动叶开度，记录轴承振动
13	当一次风机电流接近额定电流时，维持一次风机运行 8h
14	逐步降低一次风机负荷，将两台一次风机的工况点同时调底到喘振线的最低点以下，直至一次风机动叶关至“0”位，逐一分闸一次风机
15	停密封风机
16	停引风机

（3）在一次风机启动 15min 后检测风机轴向、水平、垂直三个方向的轴振动，并做好记录，如振动很大应立即停机查明原因采取相应措施。

（4）风机运转时，使得油线保持在外视油量计的中间。

（5）检查风机及其附属设备运行是否正常。

（6）检查一次风机油站闭冷水系统工作正常，无漏水现象。

（7）在风机启动正常后，在每一动叶开度下保持运行一段时间，就地测量风机及其电机轴承温度和振动并做好详细测量记录，记录系统风温和风压等各项参数，同时对润滑油和液压油的油压、油温读数进行记录，并对相关参数进行仔细分析，确保均指示正常。在保证一次风机不超过额定电流，安全的情况下，一次风机连续运行 8h。

（8）风机试转结束后检查所有固定螺钉，如外壳上、轴承上和马达上是否拧紧，力矩是否符合要求，检查风机轴与马达对直度，检查风机各装配间隙是否符合要求，检查所有各种风机附属件是否正常。

四、一次风机试运风险控制

（1）风机试运前调试单位应根据现场实际情况做好详细启动交底工作，明确各参建单位组织分工。

(2) 参加试运的所有工作人员应严格执行《电力建设安全工作规程》(DL 5009.1—2014) 及现场有关安全规定，确保试运工作安全可靠地进行。

(3) 风机试运前的各项检查工作必须要逐条到位，相关安装工作完成且有完善安装记录并通过监理等单位签证。

(4) 做好与非试运系统及其场所的有效隔离并挂好警戒标志，严禁其他非工作人员进入试运现场。

(5) 风机试转前应先盘动联轴节无异常，启动时人员应站在安全地带且安排人员专门负责就地事故按钮，风机试转时要有专人监护。

(6) 一般风机只能在允许的特性曲线区域之内运行，所以试运前必须保证一次风机出口挡板后风道畅通。

(7) 一次风机运行时应注意轴承温度、电机线圈温度、轴瓦振动上升速率，防止温度、振动超标，必要时停机检修。

(8) 一次风机运行过程中若出现任一参数达到保护定值，而保护未动作，应手动打闸停机

(9) 当电机电流持续上升，经纠正无效时需立即停机。

(10) 事故停机时，必须切断电源，并挂上"禁止操作"牌后，方可进入一次风机内检查。

(11) 如在试运过程中发现异常情况，应及时调整，并立即汇报指挥人员。

(12) 在试运过程中如有危及人身及设备安全时，应立即停止试运工作，可就地捅事故按钮。

(13) 试运全过程均应有各专业人员在岗且分工明确，不得擅离岗位，以确保设备运行的安全。

第四节　常见问题及处理

由于一次风机本体结构和送风机基本相同，所以其自身常见问题和处理方法和送风机本例类似，可参见送风机试运章节。但对于直吹式制粉系统，一次风系统和制粉系统串联在一起，需要小风量高压头的特点，导致一次风机在运行中更容易出现其他问题。

一、失速原因分析

(1) 一次风系统挡板误关，系统阻力增大。

(2) 磨煤机运行中跳闸，一次风量突然减小。

(3) 操作风机动叶时，幅度过大。

(4) 动叶调节特性变差，并列运行两台风机发生"抢风"或自动控制失灵。

二、失速处理措施

(1) 立即将风机动叶控制改手动，迅速关小失速风机动叶，适当关小未失速风机动叶，必要时降低机组负荷。

(2) 一次风压下降较多时，适当开大未失速风机动叶，维持一次风母管压力。

(3) 立即投入等离子或油枪稳燃，加强炉膛压力调整。

(4) 适当开启备用磨煤机冷风通道，降低一次风系统阻力。

（5）风机并列过程中发生失速，应停止并列，迅速关小失速风机动叶，待原因查明后，再进行并列操作。

（6）因一次风系统风门、挡板误关引起风机失速，应立即打开，同时调整动叶开度。如风门、挡板故障无法开启，应立即降低机组负荷，联系检修人员处理。

（7）因磨煤机跳闸引起失速，应立即开启备用磨煤机冷风通道，保持一次风系统通道畅通。

（8）经处理，失速报警消失后，应稳定机组运行，待原因查明且彻底消除后逐步增加风机出力。

（9）经上述处理无效或严重威胁设备安全时，应立即停用该风机。

（10）失速引起风机跳闸，按一次风机 RB 动作处理。

第十五章

制　粉　系　统

第一节　工作原理及系统组成

一、工作原理

制粉系统一般分为贮仓式制粉系统及直吹式制粉系统两大类。贮仓式制粉系统是将磨煤机磨制出的煤粉，经分离器后首先进入煤粉仓贮存，根据锅炉运行的需要，再用一次风将给粉机给出的煤粉吹入炉膛燃烧。在贮仓式制粉系统运行期间，磨煤机可以满负荷工作，不需随锅炉负荷变化而变化。直吹式制粉系统，是将磨煤机磨好的煤粉经干燥介质直接吹入炉膛燃烧。磨煤机的制粉量，需要根据锅炉负荷的改变而变化。根据制粉系统内干燥介质的压力不同，又可分为正压系统及负压系统。目前国内外大型机组为了简化系统，增加安全性，系统按抗爆压力设计，不设防爆门，系统自动化水平高，同时减少煤仓间的建筑投资，均采用直吹式系统。

磨煤机是利用挤压、碾磨和撞击原理将煤制成煤粉，利用热介质对煤进行干燥的设备，是制粉系统中的最重要的辅助设备，所以磨煤机的调试质量直接对锅炉运行的安全性、稳定性、经济性产生重大影响。

在选择磨煤机型式和制粉系统时，应根据煤的挥发分 V_{daf}、水分 M_{ar}、可磨性指数 HGI、煤粉细度 R_{90} 的要求及磨煤机的制粉特性，结合锅炉炉膛和燃烧器结构统一考虑，并考虑投资、电厂检修运行水平及设备的配套、备品备件供应以及煤源特点、煤种煤质变化情况、新建厂与扩建厂的不同、锅炉容量大小诸因素，以达到磨煤机、制粉系统和锅炉燃烧装置匹配合理，保证机组的安全经济运行。磨煤机按工作机转速可分为低、中、高三种磨型。常见的磨煤机有以下几种类型：低速磨煤机（磨煤机转速 $n<20$r/min）如钢球磨煤机 MTZ 和双进双出钢球磨煤机 BBD；中速磨煤机（磨煤机转速 $n=20\sim400$r/min）如 MPS、HP、RP；高速磨煤机（$n=400\sim1500$r/min）如风扇磨煤机 S、N 等。

直吹式制粉系统磨煤机型式主要有风扇磨、中速磨、双进双出钢球磨。从运行维护、系统要求及投资成本等方面考虑，中速磨性能优越，技术成熟，属于“低能耗、高性能”的设备，采用中速磨煤机优势明显（见表 15-1），我国《大中型火力发电厂设计规程》（GB 50660—2011）也推荐“对于大容量机组，在煤种适宜时，宜优先选用中速磨煤机。”

由于中、高速磨煤机的功率特性是磨煤机的单位电耗随着磨煤出力的增加而增加，随着磨煤出力的减少而减少。与钢球磨煤机相比，其磨煤电耗是比较低的，所以它们适应锅炉负荷变化的经济性较好。因此，采用中、高速磨煤机的制粉系统一般均为直吹式。而目前风扇磨煤机还没有在百万级机组锅炉中使用实例。所以目前我国 1000MW 级机组锅炉基本上都采用中速磨煤机及正压直吹式制粉系统。

表 15-1 几种型式磨煤机性能综合比较

序号	项 目	双进双出钢球磨煤机	HP 磨煤机	MPS 磨煤机	风扇磨煤机
1	阻力（压头） (kPa)	2.0～3.0	3.5～5.5	5.0～7.5	2.16～2.56
2	磨煤电耗（kW·h/t）	20～25（烟煤） 25～29（无烟煤）	8～11	6～8	
3	通风电耗（kW·h/t）	10～19	12	14～15	
4	制粉电耗（kW·h/t）	30～44（烟煤） 35～48（无烟煤）	20～23	20～23	13～15
5	磨耗（g/t）	100～150	15～20	10～15	15～30
6	研磨件寿命（h）	1～2 年	4000～15000	4000～15000	800～3000
7	煤粉细度 R_{90}（%）	4～25	8～25	15～35	25～50
8	煤粉分配 （最大相对偏差）（%）	$\Delta Q<5$ $\Delta\mu<25$	* $\Delta Q<15$ $\Delta\mu<40$	* $\Delta Q<15$ $\Delta\mu<40$	
9	检修维护工作量	维护件少	维护量较 MPS 磨大	更换磨辊工作量大	更换叶轮工作量大
10	煤种适应性	无烟煤、低挥发分贫煤、磨损指数高的烟煤	高挥发分贫煤和烟煤，表面水分为19%以下的褐煤	高挥发分贫煤和烟煤，表面水分为19%以下的褐煤	褐煤

* 配动静态组合式分配器时 $\Delta Q<5\%$，$\Delta\mu<25\%$

正压直吹式制粉系统是原煤经原煤仓，由给煤机送入磨煤机制成煤粉，并由设在磨煤机前的一次风机的冷、热一次混合风进行干燥和送入炉膛燃烧。

二、系统组成

现在 1000MW 级机组锅炉均设计为 6 套正压直吹式制粉系统，每套制粉系统均有各自一组原煤仓、给煤机、磨煤机输煤和制粉设备，还有每台锅炉公用一次风系统、密封风系统、消防系统，暖风器等（见图 15-1）组成。

原煤仓是输煤过程中的中间环节，起着均衡输煤和储煤的作用，设置一定容量的煤仓并保持一定数量的储煤对保证燃料系统的正常运行和生产起到十分重要的作用。煤仓上部均设置有超声波料位计用于监视煤仓煤位，下部还有装设了疏松机以防煤仓堵煤。

给煤机是制粉系统的重要设备之一，它的作用是根据磨煤机负荷的需要调节给煤量，并把原煤均匀连续地送入磨煤机。给煤机的形式按煤质（水分），原煤颗粒度，制粉系统和磨煤机类型以及制粉系统布置，锅炉负荷调节要求结合给煤机的性能特性来选用。

正压直吹式制粉系统中的一次风系统是采用两台一次风机装设在磨煤机前，一次风机出来后分成两路，一路经过空预器进行加热形成热风，然后从热风母管分成六条支路到达各台磨煤机热风隔绝门前，另一路直接旁路空气预热器形成冷一次风到达各台磨煤机冷风隔绝门，然后彼此经过磨入口冷、热风调门混合成磨煤机入口一次风，对磨煤机内煤粉进行干燥和输送煤粉至炉膛燃烧，为煤粉提供初期燃烧提供氧量。

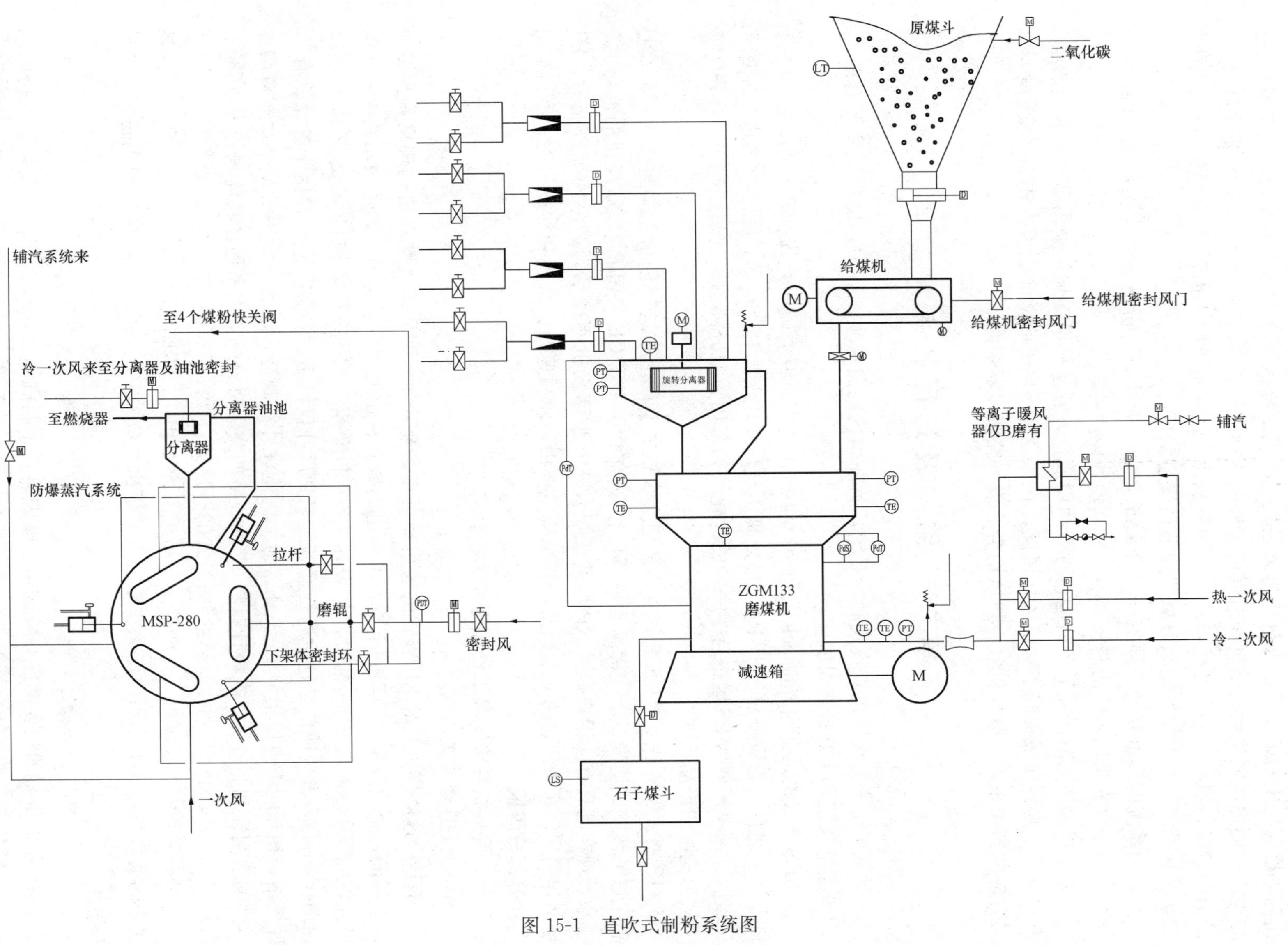

图 15-1 直吹式制粉系统图

在正压的直吹式制粉系统中，磨煤机和给煤机均处于正压运行。密封风系统由给煤机密封风和磨煤机密封组成。给煤机密封风是从一次风系统中的冷风母管接入的，主要用来防止磨煤机中的热风倒流到给煤机和给煤机往外漏粉；由于磨煤机内风压比较高，磨煤机密封风是由两台密封风机（一台运行，一台备用）从冷一次风母管吸入提升风压，送至磨煤机所需处，防止磨煤机漏粉、磨辊和分离器油池被煤粉漏粉。

制粉系统的最重要的一项安全工作就是防爆，为此，制粉系统必须配备相应的消防系统，目前主要有采用辅汽的蒸汽消防和充惰性气体两种方式。

为了机组启动阶段或低负荷运行时节约用油，大容量机组锅炉均采用等离子或微油点火方式，为了再该阶段提高磨煤机入口风温，在装设有等离子或微油点火方式小油枪的燃烧器层对应的制粉系统，磨煤机入口热风均会装设一路暖风器旁路。

第二节 结构及运行特点

对于正压冷一次风机直吹式制粉系统，目前国内制造厂生产的中速磨煤机主要有两种：MPS 型磨煤机和 HP 型磨煤机。

MPS 磨煤机是德国 Babcock 公司 20 世纪 60 年代为辗磨硬质烟煤而研制的。沈阳重型机器厂、北京电力设备总厂于 1985 年分别引进了 MPS 磨生产技术。经过对引进技术的消化吸收，两家厂对 MPS 磨进行了一定的优化，如采用新型分离器、旋转喷嘴等，现已形成了较为完整的产品系列。

HP 型磨煤机是美国 CE 公司在 RP 型磨煤机的基础上改进、创新发展起来的一种高性能先进的浅碗式磨煤机。上海重型机器厂在 80 年代引进了 CE 公司 RP 型磨煤机的整套生产技术，现在已具有向用户提供 RP 型磨煤机及 HP 型磨煤机两种系列产品的生产能力。HP 型磨煤机采用了 RP 磨的基本形式，其结构主要由齿轮减速箱、磨辊和加载装置、磨碗、分离器等部分组成。

一、磨煤机结构及其工作原理和运行特点

（一）HP 型磨煤机

HP 中速磨煤机是继 RP 碗式磨煤机后开发的新产品。HP 碗式磨煤机的规格是用数字来表示的，个位数表示磨辊的个数，十位上的数和百位上的数联合组成的数表示磨碗的名义尺寸，如 HP843 碗式磨煤机，3 表示有三个磨辊，84 表示磨碗的名义尺寸为 84in (2134mm)，需要说明的是这里所指磨碗的名义尺寸仅仅是“名义”而已，由于磨煤机有 25 种规格，相互间出力仅相差 2～3t/h，为了优化设计和制造，适当减少零件规格，相对增加零件的适用性和互换性，在设计时将 25 种规格的磨煤机分成 7 大系列，具体划分为：683～743；763～803；823～863；883～943；963～1003；1023～1103；1163～1303。

同一系列中的磨煤机，其零件的机械尺寸完全相同，不同系列的，则相互不同。同一系列中的磨煤机，其基本出力变化在于进入磨煤机的最大空气流量（一次风）的不同和电动机的功率不同。

1. HP 型磨煤机结构

HP 型磨煤机的主要部件有减速箱、磨碗装置、侧机体及衬板、旋转分离装置（折向挡板）、磨辊装置、弹簧加载装置、分离器顶盖装置、分配器、刮板装置及电动机、密封风装

置、石子煤斗和消防管道等（图 15-2）。

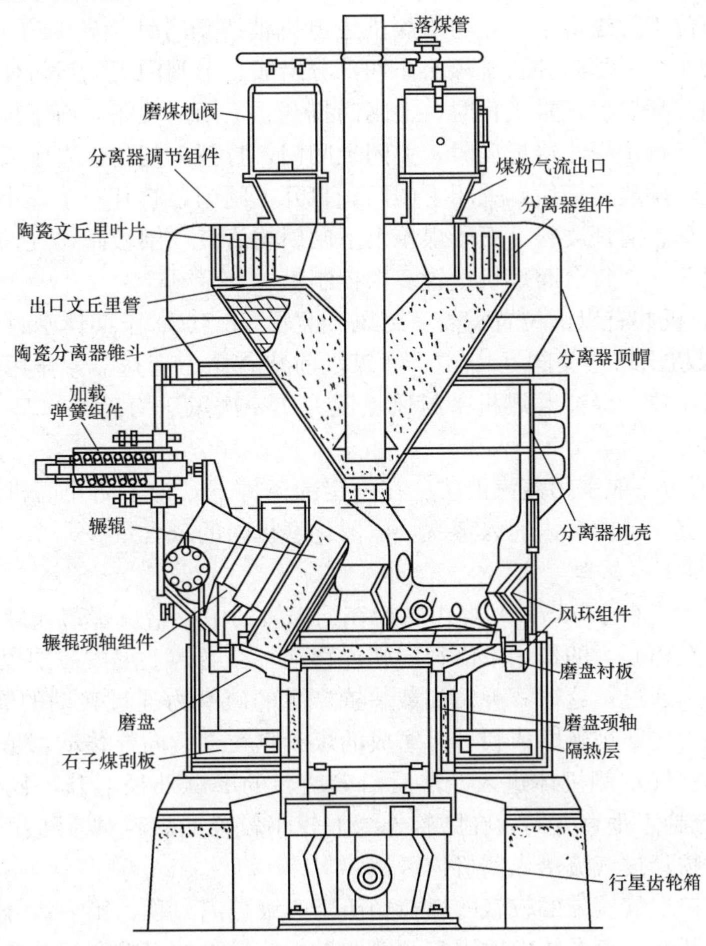

图 15-2　HP 型磨煤机结构

（1）电动机驱动减速箱，减速箱直接与磨碗联接，减速箱由行星齿轮组成，具有适当的减速比，使磨碗达到要求的转速。

（2）侧机体内装有衬板，在磨碗四周形成进风口，并起支承分离器体作用，用于干燥输送煤粉的热空气通过进风口引入并沿磨碗周围向上。

（3）被减速箱带动的磨碗，原煤在磨碗上方被挤压、研磨成粉。

（4）叶轮装置安装在磨碗外圆上，它能使通过磨碗外径与分离器体之间环隙的热空气均匀分布，从而控制磨煤机碾磨区域的风粉混合物。

（5）三只单独的弹簧加载的磨辊装置悬挂在分离器体内，位于磨碗的上方，当原煤充满磨辊与磨碗之间间隙时，磨辊能自由转动。

（6）分离器体、导向衬板、装有折向门装置和内锥体的分离器顶盖和分离器。这些部件分离煤粉，并引导风粉向上，流经折向门装置将较粗的煤粉从气流中分离出来，并回落到磨碗进一步碾磨。

（7）分配器把煤粉和气流分成均匀的四（五或六）股。

（8）磨煤机出口插板门装在出口粉管，出口插板门装置由四（五或六）个气动闸阀组成，在磨煤机停用时把磨煤机和运行锅炉隔离开来，检修 时也用它来隔离磨煤机。

(9) 石子煤箱位于磨煤机下部，与磨煤机主电机轴线顺时针旋转 90°的轴线位置上。它由上闸门、石子煤斗、下闸门和石子煤小车四部分组成。上闸门关闭后可使石子煤箱与磨煤机隔断。工作原理：磨煤机正常工作时，上闸门打开、下闸门关闭，石子煤通过刮板排到中间的石子煤斗中；当石子煤斗接近满时，关闭上闸门，打开下闸门，石子煤斗中的石子煤排放到下面的小车里，排放完毕后，关闭下闸门，打开上闸门，解开石子煤小车与下闸门之间的软联接，推走小车、清理废料。石子煤箱上下闸门均为气动闸板阀，气动执行机构上有开关极限位置的行程开关，每台磨煤机设置一个控制柜。

(10) 每台磨煤机共有以下位置需要密封风：磨辊（3 点）、下架体密封环（1 点）、加载拉杆（3 点）、磨煤机出口快关阀（4 点）。磨煤机前装有压力变送器，作用是与磨煤机入口一次风压力作差压比较，保证磨煤机密封风点压力比一次风压力高 2000Pa，保护磨煤机系统运行的控制要求。

(11) 磨煤机消防一般采用蒸汽消防。在一定的条件下，为了防止磨机内的煤粉自燃和爆炸，利用蒸汽管道，可向磨内通入蒸汽，以惰化磨机内的氧含量。

2. HP 型磨煤机工作原理

原煤（颗粒等于或小于 38mm）经由联接在给煤机的中心给煤管落入旋转的磨碗上。原煤落入磨碗上后，在离心力的作用下沿径向朝外移动，在磨碗上形成一层煤床。煤床在可绕轴转动的磨辊装置下通过，这时，弹簧加载装置产生的碾磨力通过转动的磨辊施加在煤上，煤在磨碗衬板与磨辊之间被碾磨成粉，已磨成的煤粉颗粒继续向外移动，越过磨碗边缘进入输送介质通道。热空气从侧机体进入，然后沿着旋转的磨碗外径上升，装在磨碗上的叶片（叶轮装置）使气流趋于垂直方向，在磨碗外缘上较小较轻的煤粒被气流携带向上，而重的不易磨碎的外来杂物穿过气流落入侧机体区域。

在磨碗上方，被空气携带的较轻的煤粒经历了三级分离过程；第一级分离正好发生在磨碗的水平面上，安装在分离器体上的固定倾斜的衬板使最重的煤粒突然改变方向，失去动能并直接回到磨碗上重磨；较轻的煤粒被空气携带至分离器顶盖进行第二级分离，此处弯曲的可调叶片使风粉混合物产生旋风运动，导致重颗粒失去动能而落入内锥体内并沿着内锥体内壁重新落入磨碗上重磨；较轻的煤粒被空气携带至文邱利内，在文邱利内的倾斜叶片上进行第三级分离，此处倾斜的叶片使重的煤粒突然改变方向失去动能而落入内锥体内，并沿着内锥体内壁重新落入磨碗上重磨。

被空气携带至文邱利管时的风粉混合物，先被浓缩，然后再扩大使得每根粉道中风粉均匀分配，煤粉管道把合格细度的风粉混合物引入炉膛进行燃烧。

穿过气流落入侧机体区域内的不易磨碎的外来杂物（如煤矸石、石块等）被安装在磨碗裙罩上的刮板装置刮入侧机体底板上的孔内，然后进入石子煤收集系统排出。

3. HP 型磨煤机运行特点

(1) 在额定出力范围内，煤粉细度可做线性调节。

(2) HP 型磨煤机采用了螺旋伞齿轮加行星齿轮二级减速立式传动，结构紧凑，运转平稳、振动小、噪声低，运行效率高。

(3) HP 型磨煤机运转时，距磨煤机 1m 处的噪声值不超过 85dB（A）。

(4) HP 型磨煤机有较宽的负荷调节范围，允许在 25%负载下运行，其调节比 1∶4。

(5) HP型磨煤机增加了随磨碗一起旋转的叶轮装置（有的称为动风环），提高了煤粉初级分离效果，大大减少了石子煤排放量。

(6) HP型磨煤机首先采用了随磨碗一起转动的叶轮装置来改变一次风的流向和流速，使通过磨煤机的一次风分配得更为均匀，增强了煤粉的初级分离效果，降低了磨煤机内部的磨损及其一次风阻损，提高了对石子煤排量的调控能力。

(7) HP型磨煤机的磨辊与磨碗衬板无直接金属接触，运行时可空载启动亦可带负荷启动，启动力矩小，运行安全平稳，停机时磨碗中没有存煤。

(8) HP型磨煤机的出力是由给煤量和一次风量来控制的，出力调节范围大，最小出力为最大出力的25%，非常适合于电厂调峰要求。

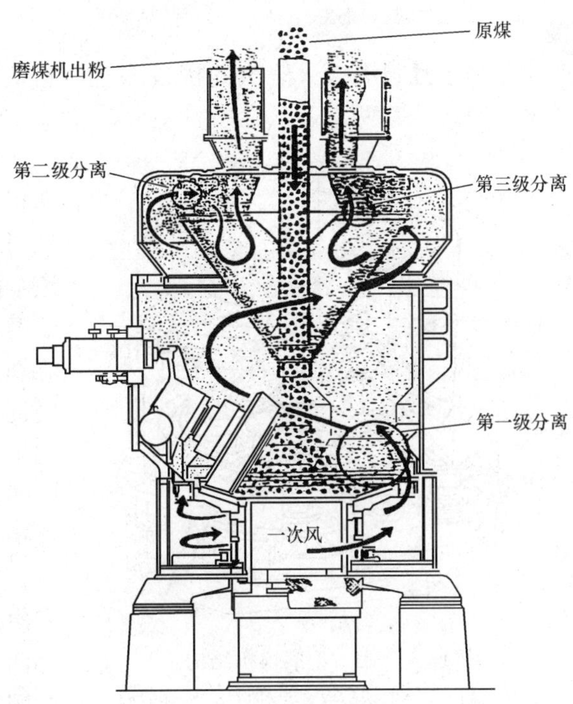

图15-3 HP型磨煤机内部风粉流程图

(9) HP型磨煤机配用电机的功率较其他中速磨煤机的电机小，通风阻力也较其他中速磨煤机小，一次风机压力较低，在同样煤种、同样工况下单位电耗较低。

(10) 动态分离器利用空气动力学和离心力将细煤粉从粗煤粒中分离出来。动态分离器有效地减少了细煤粉在磨煤机内部的循环次数，大大提高了研磨效率和磨煤机能力。

(二) MPS型磨煤机

1. MPS型磨煤机结构

MPS型磨煤机结构如图15-4所示。

(1) 结构部件。

1) 基础部。主要有用于固定减速机、拉杆及电动机的底座或基础底板，有用于固定磨煤机架体的锚栓。各底板下面有地脚螺栓盒，地脚螺栓盒在一次灌浆前埋入基础块，各底板在二次灌浆前应调整好。

2) 下架体、石子煤箱。磨煤机下架体采用焊接结构，具有支承磨煤机中架体和分离器、固定下架体密封环、安装石子煤箱和石子煤斗、安装一次热风入口、安装一次风室检修观察门、安装喷嘴静环等作用。

石子煤箱用于磨煤机石子煤的排放。石子煤箱位于磨煤机下部，与磨煤机主电机轴线顺时针旋转90°的轴线位置上。它由上闸门、石子煤斗、下闸门和石子煤小车四部分组成。上闸门关闭后可使石子煤箱与磨煤机隔断。

3) 中架体。磨煤机中架体现场焊接在下架体上。圆筒型的中架体密封了碾磨部件。它的内壁中下部焊有耐磨衬板，四壁开有检修用的密封门、一次风室检修观察门、观察磨辊磨损及用油情况的观察门和检修用的翻辊门。中架体上还装有拉杆密封装置及加压架的限位

装置。

中架体上还设有灭火蒸汽的接口法兰，它从灭火蒸汽总管道上接于磨机内部的碾磨区域、磨机热风入口两点。

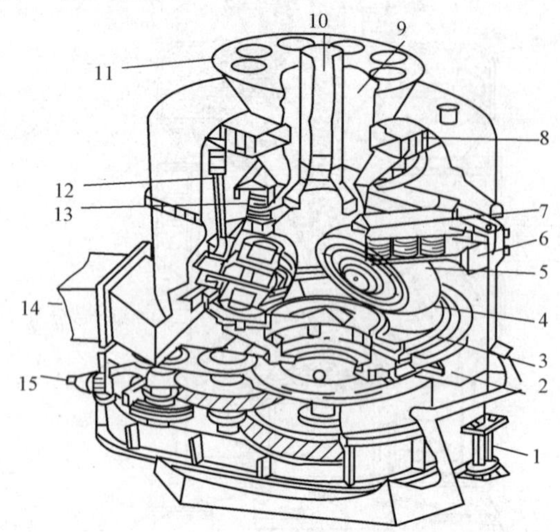

图 15-4 MPS 型磨煤机结构

1—液压缸；2—杂物刮板；3—风环；4—磨环；5—磨辊；6—下压盘；7—上压盘；8—分离器导叶；9—气粉混合出口；10—落煤管；11—煤粉分配器；12—密封空气管路；13—加压弹簧；14—热风入口；15—传动轴

4）磨盘支座、磨盘、刮板。磨盘支座与减速机采用刚性连接，它用来传递转矩。磨盘支座与下架体密封环一起形成一环形密封空气通道，防止含尘热气影响减速机。废料刮板固定于磨盘支座上，并通过排出口将废料排到石子煤箱。磨盘上嵌有耐磨性高的高铬铸铁磨瓦。磨瓦由楔形夹紧螺栓固定。磨盘上有中心盖板用来分配物料，并防止水和粉尘进入磨盘下部空间。磨盘上装有防止各部件间相对运动的定位销。磨盘落放在相应的磨盘支承座上。

5）喷嘴环。喷嘴环绕磨盘四周。作用是将一次热风静压变为动压。喷嘴环分为动环和静环两部分，静环固定在磨机架体上，动环用螺栓固定在磨盘座上并随磨盘转动。安装时应保证动环和静环之间的间隙均匀。

6）磨辊。磨辊是磨机的核心部件。它的辊套是由硬镍合金材料制成，成形均匀。

磨辊轴承是按特殊要求设计的，因为由磨辊的自重，碾磨压力、磨辊导向作用产生的反作用力均由磨辊轴承负担。磨辊轴承的寿命主要取决于润滑条件。故应对润滑问题给予足够的重视。磨辊润滑油的最大注入量可参见润滑油明细表中的数据。最小注入油量应保证辊轴的密封圈浸入油中。为了避免漏油及脏物进入轴承，应特别注意保持良好的密封效果。轴密封圈间的空隙应注满长效润滑脂，与密封风系统连接的活动管路接至辊支架，密封风由辊支架内空腔流入磨辊内部的环形空间。为消除不同温度和不同压力下产生的不利影响，辊轴端部装有通风过滤器。

磨辊的油温通过安装在辊轴专用探测孔上的热电阻测定，测温导线通过密封风管路通向磨机外部。

7）导向装置、加压架。导向装置安装在磨机中架体上的三个凸出部位中，它能使加压架和磨辊沿垂向在很大范围内活动。它装有可换的耐磨合金板，并用螺栓分别固定于中架体和加压架上。

每个磨辊通过两个滚柱铰链和加压架之间进行位置调整。每个安装在辊支架上的滚柱可沿径向转动。磨辊可自动地沿水平方向调整在磨盘辊道上的倾角位置。

加压架和磨辊间有联板连接。

8）拉杆机构、煤层厚度和耐磨件磨损量测量装置。拉杆采用球形活接头与加压架连接，拉杆的另一端用连接法兰和液压缸的活塞杆连接。液压缸底部装有关节轴承，利用它将液压缸固定在拉紧装置锚板上。拉杆与中架体连接处装有一特殊设计的密封装置，能适应拉杆的上、下运动和水平摆动。此处还设有密封风腔，用以隔绝磨内含尘热风排除磨外。

拉杆上还装有可示出磨机煤层厚度及耐磨件磨损状况的测量装置，在磨机操作运行期间便可从外部了解上述情况。

9）下架体密封环。本磨煤机用于正压运行。为防止磨内含尘热风排除影响减速机及现场环境，在下架体上装有密封环。它利用螺栓固定在下架体上。密封环可整体从磨机下面拆下。密封环分上、下两道，中间为密封风腔并通入密封风。上道密封环为缝隙式，下道密封环为炭精石墨密封，石墨密封环采用轴向安装，可不必拆除减速机就可方便进行拆装和更换。

10）分离器、磨内密封风管道。分离器有折向挡板和动静组合旋转分离器两种。安装在磨煤机上部，与磨机形成一体并含有落煤和出粉接口。从碾磨腔排出的气粉混合物通过切向叶片切向进入分离器静态叶片进行粗分离，再进入分离器动态叶片进行细分离，不合适的粗粉被分离出来，经分离器下部的内锥体重新入磨碾磨。合适的细粉被热风输送到锅炉。磨煤机运行过程中，动态叶片的转速由变频电机调节，它可改变分离器分离特性。因此，分离器在热风及物料流量一定的情况下，碾磨细度可做一定的调整。

分离器动态叶片的旋转是由变频电机驱动的。它经过减速器、小齿轮和一外齿球轴承的变速传动使动态叶片获得合适的转速 。

每个分离器出口均配供出口气动快关阀，该阀为气动双闸板式，在阀门关闭时，二闸板之间通入密封风以确保隔断效果。

每个磨辊有一垂向安装的活动管道与磨内上部的环形密封风管道连接。垂直管道一端固定在辊支架上，另一端用关节轴承连接到环形管道上，这样可避免碾磨振动对其产生的影响。

磨机主风机启动前及分离器变频电动机启动前，密封风机必须启动，磨机分离器的密封部位的密封风压应高于磨煤机入口 2000Pa，这样，才能保证分离器润滑油池有良好的密封。

11）磨煤机消防管道。磨煤机消防一般采用蒸汽消防。在一定的条件下，为了防止磨机内的煤粉自燃和爆炸，利用蒸汽管道，可向磨内通入蒸汽，以惰化磨机内的氧含量。

12）石子煤箱。石子煤箱位于磨煤机下部，与磨煤机主电机轴线顺时针旋转 90°的轴线位置上。它由上闸门、石子煤斗、下闸门和石子煤小车四部分组成。上闸门关闭后可使石子煤箱与磨煤机隔断。工作原理如下：

磨煤机正常工作时，上闸门打开、下闸门关闭，石子煤通过刮板排到中间的石子煤斗中；当石子煤斗接近满时，关闭上闸门，打开下闸门，石子煤斗中的石子煤排放到下面的小车里，排放完毕后，关闭下闸门，打开上闸门，解开石子煤小车与下闸门之间的软联接，推走小车、清理废料。

石子煤箱上下闸门均为气动闸板阀，气动执行机构上有开关极限位置的行程开关，每台磨煤机设置一个控制柜。

磨煤机为正压运行，为了确保人身安全，必须确认上闸门关闭（行程开关动作）后才可打开下闸门清理废料。

13）密封风机。密封风机是为磨煤机提供洁净的密封风，每台磨煤机共有以下位置需要密封风：磨辊（3 点）、分离器油池（1 点）、下架体密封环（1 点）、加载拉杆（3 点）、磨煤机出口快关阀（4 点）。

密封风机采用集中供风，与一次风串联设计。每台炉配置二台密封风机。由左、右旋各一台密封风机组成一个密封风供风系统。当一台密封风机运行时，另一台密封风机备用。

每台密封风机入口设有开关及流量控制电动阀门执行器，作用是控制开、断与一次风管的联系同时调节密封风系统流量。每台磨煤机磨前配有密封风管支路电动阀门执行器，作用是切断单台磨煤机的密封风供给。

磨煤机前装有压力变送器，作用是与磨煤机入口一次风压力作差压比较，保证磨煤机密封风点压力比一次风压力高 2000Pa，保护磨煤机系统运行的控制要求。

14）液压站。液压加载系统采用液压变加载系统，加载力随磨煤机负荷（给煤量）变化可调，同时具备自动抬辊功能。液压油站为磨煤机加载液压缸（3 个）提供动力，加载液压缸为双作用油缸，液压油站向活塞杆侧供油，磨辊加压；换向活塞侧供油，加载架将 3 个磨辊抬起。

15）减速机、润滑油站。减速机为行星齿轮减速机。它的的作用是给磨煤机提供足够的转矩和合适的转速。润滑油站用来润滑减速机内的齿轮、轴承和推力轴承。

16）主电机。主电机为高转矩的鼠笼式三相异步电动机。它给磨机驱动提供动力。

17）平台。磨煤机本体配有二层平台，以满足检查维修的需求。

一层平台可使操作维修人员从中架体上的检修门进入磨机内部，以便对磨机内部的磨辊、磨盘、中架体衬板及喷嘴环进行必要的维修和更换，通过中架体上的观察门可检查各磨辊的润滑油位。

二层平台（分离器平台）用于分离器日常维护、磨煤机出口气动快关阀的检修维护及用于拆卸输粉管道法兰及落煤管道法兰。所有平台均固定于磨机本体上。

（2）MPS 型磨煤机辅助系统。磨煤机的辅助系统主要包括磨煤机的润滑油系统和液压油系统，磨煤机密封风系统、磨煤机的慢速盘车等。

1）MPS 型磨煤机润滑油系统如图 15-5 所示。

磨煤机润滑油系统主要由一台低压润滑油泵、一台高压润滑油泵、两个互为备用的油过滤器、油冷却器、推力轴承油池、油分配器、油池、油加热器等组成。低压润滑油泵和高压润滑油泵采用串级布置，其主要作用为磨煤机齿轮箱和磨煤机推力轴承的润滑和冷却。磨煤机润滑油冷却器采用机组的闭式水来进行冷却，在冷却器的闭式水进口处装设了一个电磁阀，用于控制磨煤机的润滑油温度。

当磨煤机首次使用或长期未投用，减速箱油池温度小于 25℃，润滑油较黏，为了保护润滑油泵，此时应投运电加热器；当减速箱油池温度升到 30℃时，可启动磨煤机。当油池温度升到 35℃时，电加热器停运。

磨煤机的启动一般分为带载和空载两种启动方式。为了减少启动时间和减少控制程序，一般采用带载启动，只有在特殊的情况下如磨煤机堵塞等才采用空载启动。为了减少磨煤机带载启动对磨煤机的不利影响，润滑油站设置了高压油泵，在磨煤机启动时开启高压油泵，将减速机的推力轴承顶起。

在磨煤机的带载启动时，首先开启低压润滑油泵，减速机内油温、油压建立，当润滑站出口油压大于或等于 0.15Pa 时，启动高压润滑油泵。当高压油路压力稳定，且①减速机油池温度大于或等于 30℃；②减速机推力瓦温度小于或等于 60℃；③减速机输入轴温度小于或等于 60℃；④润滑站低压油路出口油压大于或等于 0.15Pa 等条件满足时，润滑油系统就具备了磨煤机启动的所有条件，磨煤机可随时启动。磨煤机启动 10min 后，可以停运高压

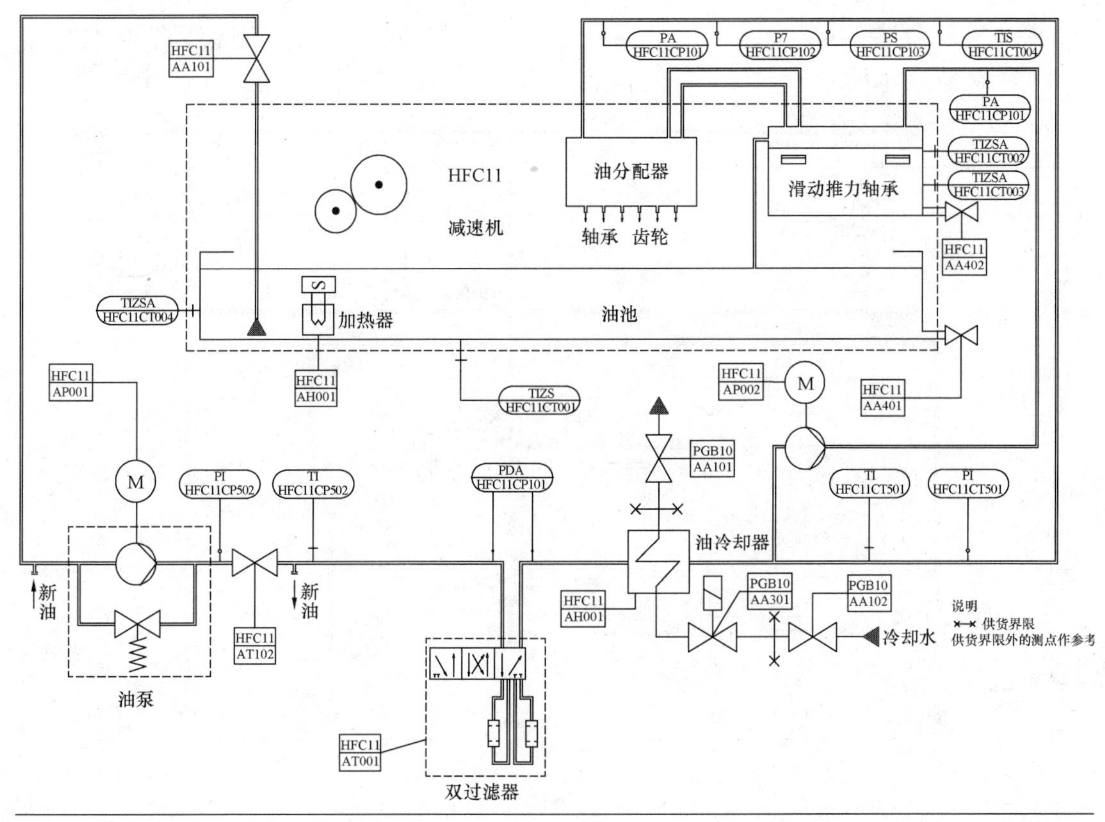

图 15-5　磨煤机润滑油系统

润滑油泵。

在磨煤机的空载启动时，可以不投运高压润滑油泵。但空载启动时，应先将磨煤机的磨辊抬起，磨煤机启动后再将其放下。

磨煤机运行期间，应加强监视磨煤机润滑油系统的油温、油压和润滑油过滤器的差压。当润滑油的供油温度（测量点在润滑油泵出口供油管路上）升到 45℃时，电磁阀自动开启，冷却水投运（供油温度小于或等于 38℃ 电磁阀关闭）。润滑油泵出口油压应在 0.15～0.25MPa 之间，当油压小于或等于 0.14MPa 报警；当油压小于或等于 0.12MPa 磨煤机跳闸。润滑油过滤器前后压差应小于或等于 0.15MPa，当差压大于或等于 0.15MPa 报警，此时应到就地通过手动换向阀切换过滤器，对脏地过滤器进行清洗或更换堵塞的滤芯。

在磨煤机停运时，应先启动高压油泵，高压油路油压稳定后再停磨煤机。磨机停运后润滑系统应继续工作 20～30min 后再停运。若磨煤机停运后作为热备用，润滑系统可继续维持运行，使磨煤机处于随时可启动状态。

2）MPS 型磨煤机液压油系统如图 15-6 所示。

液压加载油站加载系统为液压变加载，磨煤机液压油系统的主要作用为磨辊的变加载调节提供动力油，其系统主要由一台液压油泵、互为备用的两台滤网、一个油箱电加热器、一个油冷却器、一个三位四通电磁换向阀、一个电磁换向座阀、一个定/变加载电动切换阀、一个比例溢流阀以及磨辊的加载油缸等组成。

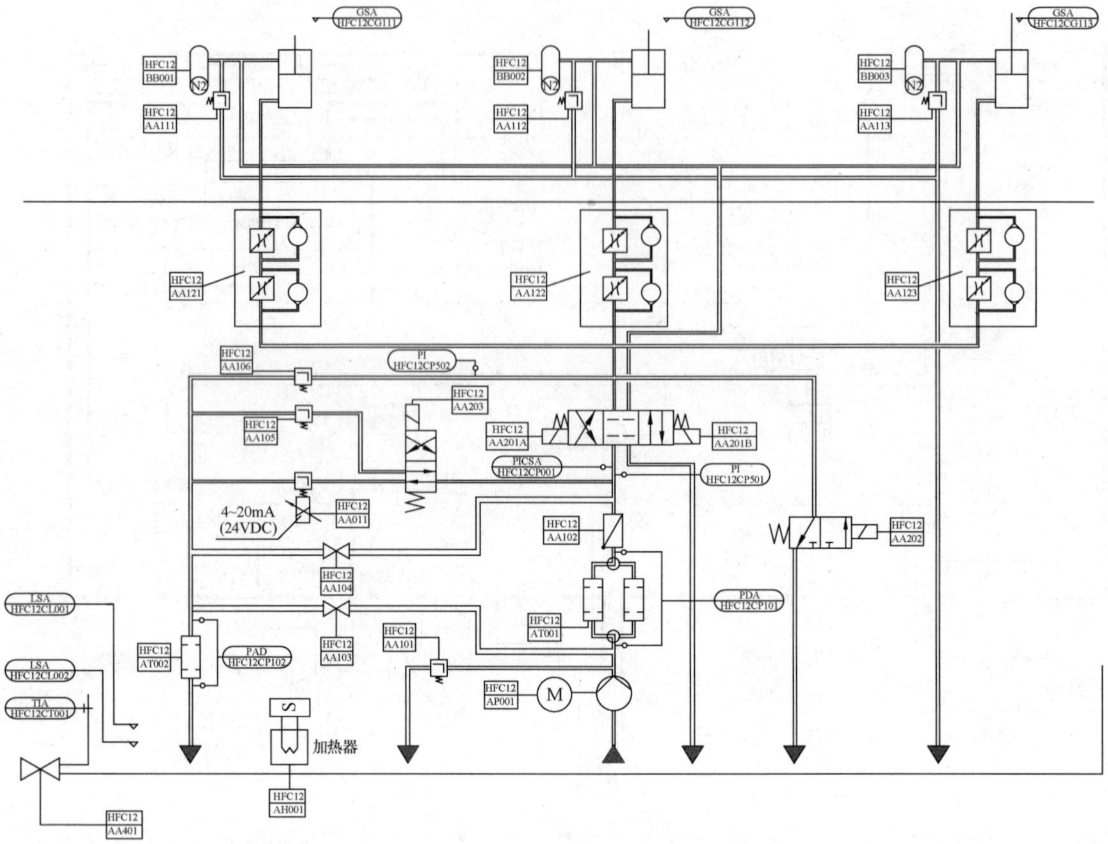

图 15-6 磨煤机液压油系统图

液压油从液压油油箱经过加载油泵升压后到液压油滤网，经过三位四通电磁换向阀，由比例溢流阀调节进入液压油缸的液压油油压，控制磨辊的加载力的大小。

三位四通电磁换向阀有三个位置，即正常位置、空位置和反向位置，对磨辊加压或升起磨辊。在磨煤机投运前，左端电磁铁带电正常加载即正常位置，使液压油从液压油缸上部进入，给磨煤机磨辊一个向下的压力。当磨煤机需要检修时，右端电磁铁带电切至反向位置，使液压油从油缸下部进入，可以将磨辊抬起，以便进行磨煤机内部检修。

比例液流阀：4～20mA 输入输出信号，作用：压力控制阀，它可以根据磨煤机负荷要求调整系统加载油压。

电磁换向座阀，作用：与三位四通电磁换向阀联锁，即加载时不带电，液压缸下腔吸油；换向抬辊时，该阀带电，液压缸下腔建立油压，可实现抬辊。

电动换向阀，作用：正常工作时，该阀不带电，接通比例液流阀油路；当比例液流阀出现故障时，该阀带电，换向到定加载油路，磨煤机应可正常工作。

液压系统在磨煤机最大负荷时工作压力设定为 14～15MPa，压力值由压力变送器测得。即小于 15MPa 联启油泵，达 15MPa 时联停油泵。工作时当由于内泄等原因造成油压下降到 14MPa 时，自动启泵，补到 15MPa 后自动停泵。

磨煤机的加载力随磨煤机负荷（给煤量）变化进行调节。比例溢流阀接受 DCS 系统提供的给煤信号。当磨煤机 100％负荷时，设定加载力为 15MPa；当磨煤机 25％负荷时，设定加载力为 9MPa（8MPa 补压）；在此区间加载力随磨煤机的负荷变化而变化。假设现在磨煤机为 70%负荷，加载力为 11MPa（10MPa 补压），现需提高负荷到 80%，经电控系统对给煤信号和站上的压力变送器信号的动态比较，控制点上移，油泵启动达 13MPa 后停泵，此负荷下，碾磨压力为 12～13MPa。当现在需降低负荷到 50%时，给煤信号经电控系统传递到油站比例溢流阀和压力变送器，经信号比较，比例溢流阀自动溢流，到 9MPa 时停止溢流，比较后压力变送器控制点也下移，此负荷下，碾磨压力在 8～9MPa 之间。为了防止由于给煤量的微小变化而造成油泵或比例溢流阀的频繁工作，在 9～15MPa 之间设计成 4～5 个区间段即磨煤机 25%～50%负荷为 9MPa；磨煤机 50%～75%负荷为 11MPa；磨煤机 75%～90%负荷为 13MPa；磨煤机 90%～100%负荷为 15MPa。

液压系统具有自动抬辊功能。当磨煤机需要空载启动、检修、减速机调试空运转时，可进行抬辊。液压站控制加压和抬辊的换向阀为三位四通电磁换向阀。

当空载启动时，磨煤机系统达到启动必要条件后，操作液压油站，三位四通电磁换向阀右端得电，电磁换向座阀也联锁得电；二阀均换向，此时启动液压油泵，磨辊被抬起。当三个磨辊抬起 80～100mm 时，设置在加载油缸上部的行程开关发出信号，关闭液压油泵，磨煤机主电机启动，延时 30s，三位四通电磁换向阀右端和电磁换向座阀断电（换向换回工作状态），启动给煤机，此时磨辊靠自重落下，延时 3s，三位四通电磁换向阀左端得电，重新启动加载油泵，液压系统加压达设定压力。

工作时，液压站压力小于或等于 7MPa 时报警，小于或等于 6MPa 时磨煤机跳闸。

3）MPS 型磨煤机密封风系统。密封风机是为磨煤机提供洁净的密封风，每台磨煤机共有以下位置需要密封风：①磨辊（3 点）；②分离器油池（1 点）；③下架体密封环（1 点）；④加载拉杆（3 点）；⑤磨煤机出口快关阀（4 点）。每台磨煤机提供一个密封风管总接口，装设一个开关型电动阀。

密封风机采用集中供风，与一次风串联设计。每台炉 6 台中速磨煤机配置二台密封风机。由左、右旋各一台密封风机组成一个密封风供风系统。当一台密封风机运行时，另一台密封风机备用。

由于密封风机对磨煤机轴承等保护点十分重要，磨煤机启动前必须确认每台磨煤机密封风管支路电动阀和各手动隔离阀开启。在磨煤机运行及调整磨煤机投运台数时尽量不要调整密封风机入口阀门的流量，使入口阀门的开度保证 6 台磨煤机所需的密封风流量，保证 6 台磨煤机不论是否投运都有密封风供给，以避免由于磨煤机投运台数的改变而频繁调节阀门开度及流量，保证每台磨煤机的密封风压稳定。当一台磨煤机进行检修或维护时，确认磨煤机入口一次风闸板门已关闭后，再关闭这台磨的密封风电动阀后，对密封风机入口阀门开度及流量进行调整。密封风满足 6 台磨煤机供应量的密封风机入口阀门开度约为 70%，随着各个单台磨煤机密封风支路上阀门的关闭，密封风机入口阀门开度依次减小。

正常工作时一台密封风机运行，另一台备用，当运行的风机出现故障时或密封风压力与磨煤机入口一次风差压小于 2kPa 时，备用风机自启动并报警，备用风机得进口流量调节阀在 12s 内自动开启至需要的开度，有故障的风机停止转动。

密封风机得吉姆口装有滤网，滤网堵塞或堵塞后长期不清理，会密封风机的供风风量，当就地 U 型压力计大于 100mmH_2O（1mmH_2O≈9.8Pa）时，应及时清洗或更换过滤器内的滤屏，手动启动另一台风机。

风机和电机的轴承温度高或润滑油箱出现故障时应手动将运行风机切至备用风机运行。

2. MPS 型磨煤机工作原理

MPS 型磨煤机是具有 3 个固定磨辊的外加力型辊盘式磨机，其研磨原理如图 15-7 所示。

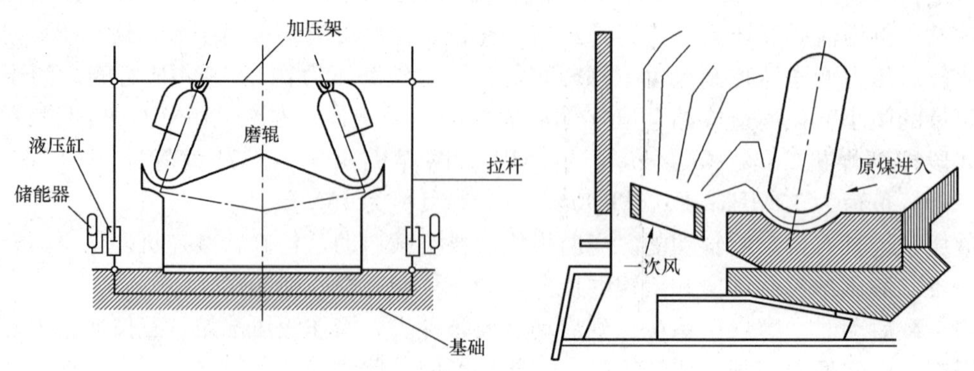

图 15-7 磨煤机研磨原理图

电动机通过主减速机驱动磨盘旋转，磨盘的转动带动 3 个磨辊（120°均布）自转。原煤从磨煤机的中心落煤管落到磨盘上。旋转磨盘借助于离心力将原煤沿径向向磨盘周边运动，均匀进入磨盘辊道，在磨辊与磨盘瓦之间进行碾磨。磨辊施加的碾磨力由液压缸产生。通过静定的三点系统碾磨力均匀作用至 3 个磨辊上，磨盘、磨辊的压力通过底板、拉杆和液压缸传至基础。3 个磨辊均分布于磨盘辊道上，并铰固在加载架上。加载架与磨辊支架通过滚柱可沿径向做倾斜 12°～15°的摆动，以适应物料层厚度的变化及磨辊与磨盘瓦磨损时所带来的角度变化。物料的碾磨和干燥同时进行，热风通过磨盘外侧的喷嘴环将静压转化为动压，并以 75～90m/s 的速度将磨好的煤粉吹向磨煤机上部的分离器。同时通过强烈的搅拌运动完成对原煤的干燥。没有完全磨好的原煤被重新吹回磨盘碾磨。难以破碎的杂物热风不能吹走，它们通过喷嘴环落入磨机下部的热风室中，借助于固定在磨盘支座上的刮板机构把异物刮至废料口处落入废料箱中，排出磨外。

3. MPS 型磨煤机运行特点

（1）磨辊直径大，滚动阻力小，物料的碾入条件好，故出力特性好，电耗低。

（2）出力平稳，调节方便，噪声低，振动小，碾磨件磨损均匀。

磨辊采用滚柱销与加载架之间联结，磨辊可在 12°～15°范围之间摆动，使辊子在工作中能良好地适应料层厚度，入料粒度和碾磨件的磨损所带来的变化。另外，加载力是垂直拉力加载，作用力均布，这些能确保磨煤机出力平稳、振动小、碾磨件磨损均匀、对“三块”自排能力强。

（3）加载力自动方便调整。采用液压变加载装置能够自动保持耐磨件磨损后的加载力自动调整。另外，MPS 磨能够根据锅炉负荷的要求实现“变加载”，即碾磨力能随锅炉的负荷要求进行自动调节。在调节过程中能避免出现不稳定的现象，使磨机在最经济的条件下运行。

另外，通过控制液压系统，磨煤机能实现空载启停。

（4）磨机壳体不受力，磨机稳定性最佳。

3 个磨辊的加载负荷通过减速机传至基础，静定系统均匀传递加载力，磨煤机外壳不承受负荷，确保磨机安全稳定运行。

(5) 磨损后期出力稳定，影响小。

MPS磨机磨辊和磨盘衬板曲率线形好，端面相配，保证良好的研磨效果。在碾磨件的磨损后期，对磨机的出力影响较小，只比正常工作时出力下降5%。

(6) 出力大，废料少。

磨煤机风环风速为70～90m/s，能充分托住需碾磨的物料，只有无法排除的废料被排出磨外，废料少，减小运行时维护人员的工作量。

(7) 如磨煤机带载启动，磨煤机首次启动和磨盘清空后投运前，应手动给少量的煤，在磨盘上形成少量煤层，以防磨煤机启动时出现振动。

二、给煤机结构及其工作原理

我国从20世纪90年代起相继从西方国家引进了称重式皮带给煤机，经过十多年的努力，我国给煤机的选型、制造和运行可靠性都已经达到一个较高的水平，现在新上大容量锅炉均采用电子称重式给煤机来匹配直吹式制粉系统。

(一) 电子称重式给煤机的结构

给煤机由机座、给料皮带机构、链式清理刮板机构、称重机构、堵煤及断煤信号装置、润滑及电气管路及微机控制柜等组成，如图15-8所示。

(1) 给煤机的机座由机体，进料口和排料端门，侧门和照明灯等组成。机体为一密封的焊接壳体，能承受0.34MPa的爆炸压力，符合美国防火协会规范（NFPA Code，B5F）的要求。机体的进料口处设有导向板和挡板，使煤进入机器后能在皮带上引成一定断面的煤流，所有能与煤接触的部分，均用不锈钢制成，见图15-9。

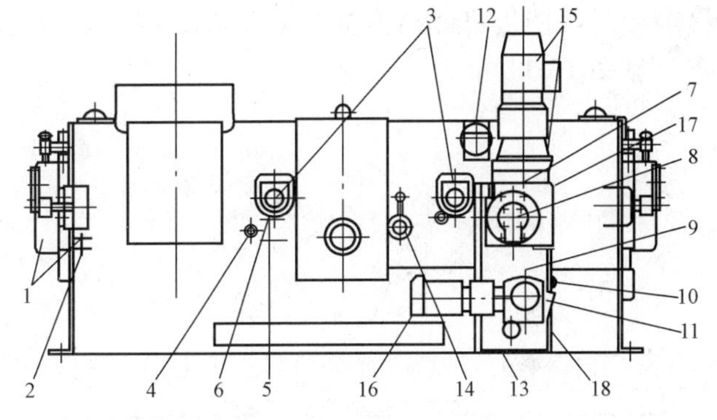

图15-8 电子称重式给煤机结构

1—带张紧机构；2—清理刮板张紧机构；3—称重跨托辊轴；4—张力辊筒臂；5—张力辊筒；6—称重托辊；7、17—带驱动减速机；8—带驱动轴；9、10、18—清理刮板减速机；11—清理刮板轴；12—断煤信号装置；13—堵煤信号装置；14—校重杆轴；15—带驱动电动；16—清理刮板电动机

进料口和排料端门体用螺钉紧密压紧于机体上，以保持密封。门体可以根据需要采用向左或向右开启。在所有门上，均设有观察窗，在窗内装有喷头，当窗孔内侧积有煤灰时，可以通过喷头用压缩空气予以清洗。在进料口和排料端门处装有具有密封结构的照明灯，供观察机器内部运行情况时照明使用。

(2) 给料皮带机构由电动机、减速机、皮带驱动辊筒、张紧辊筒、张力辊筒、带支撑板、皮带张紧装置以及给料皮带等组成。给料皮带有边缘，并在内侧中间有凸筋，各辊筒中有相应的凹槽，使皮带能很好地导向。在驱动辊筒端，装有皮带清洁刮板，以刮除黏结于胶带外表的煤。皮带中部安装的张力辊筒，使皮带保持一定的张力得到最佳的称量效果，皮带的张力，随着温度和湿度的变化而有所改变，应该经常注意观察，利用张紧拉杆来调节皮带的张力。在机座侧门内装有指示板，张力辊筒的中心应调整在指示板的中心刻线。

给料皮带机构的驱动电动机采用特制的变频调速电动机（含测速发电机），通过变频控

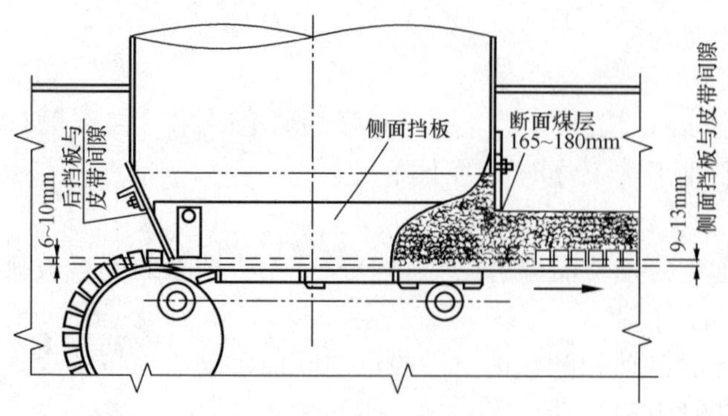

图 15-9　给煤机进料口导向挡板

制器，组成具有自动调节功能的交流无级调速装置，它能在此较宽广的范围内，进行平滑的无级调速。

给料皮带减速机为圆柱齿轮及蜗轮两级减速装置，蜗轮采用油浴润滑，齿轮则通过减速箱内的摆线油泵，使润滑油通过蜗杆轴孔后进行淋润，蜗轮轴端通过柱销联轴器带动带驱动辊筒。

（3）断煤信号装置安装在皮带上方，当皮带上无煤时，由于信号装置上挡板的摆动，使信号装置轴上的凸轮触动限位开关从而控制皮带驱动电机，或启动煤仓振动器，或者返回控制室表示皮带上无煤，这由用户根据运行系统的要求而定，断煤信号也可提供停止给煤量累计以及防止在皮带上有煤的情况下定度给煤机（见图 15-10）。

堵煤信号装置安装在给煤机出口处在给煤机出口处装有一个挡板式限位开关用来检测在出料口是否发生堵塞情况，其结构与断煤信号装置相同。如果物料堆积并碰到了挡板限位的接触板时，挡板将推动限位开关 LSFD 的触点闭合，从而停止皮带传动电动机，堵煤型号装置（见图 15-11）。

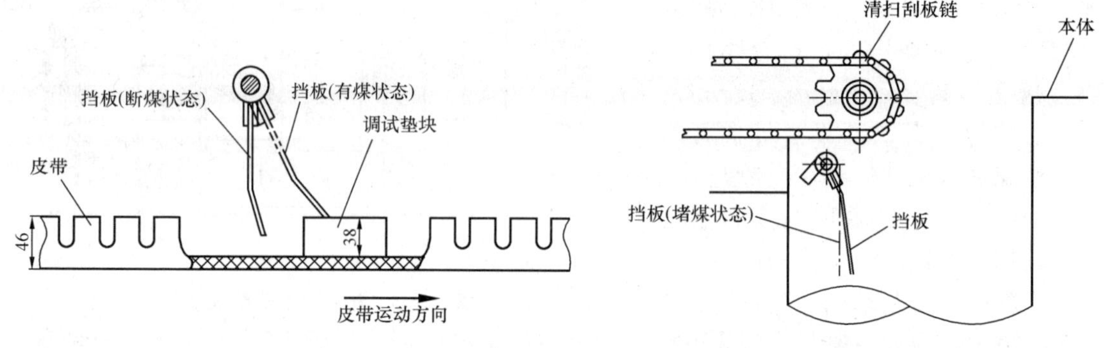

图 15-10　断煤信号装置（LSFB）　　图 15-11　堵煤信号装置（LSFD）

（4）称重机构位于给煤机进料口与驱动辊筒之间，3 个称重表面辊均经过仔细加工，其中一对固定于机体上，构成称重跨距，另外一个称重托辊，则悬挂于一对负荷传感器上，胶带上煤重由负荷传感器送出讯信。经标定的负荷传感器的输出讯号，表示单位长度上煤的重量，而测速发电机输出的频率信号，则表示为皮带的速度，微机控制系统把这两者综合，就可以得到机器的给煤率。

在负荷传感器及称重托辊的下方，装有称重校准块挂钩。在机器工作时，对于校准块外挂式，应取下校准块，当需要定度时，手动将校准块悬挂在负荷传感器上，从而检查重量信号是否正确；对于标准块内挂式，校准块支承在称重臂和偏心盘上而与称重辊脱开，不需要定度时，转动校重杆手柄使偏心盘转动，称重校准块即悬挂在负荷传感器上，从而检查重量信号是否准确。

（5）链式清理刮板供清理给煤机机体内底部积煤用。在机器工作时，皮带内侧如有黏结煤灰，则通过自洁式张紧辊筒后由辊筒端面落下，同时密封风的存在，也会使煤灰产生，这些煤灰堆积在机体底部，如不及时清除，往往有可能引起自燃。

刮板链条由电动机通过减速机带动链轮拖动。带翼的链条，将煤灰刮至给煤机出口排出。链式清理刮板随着给料皮带的运转而连续运行。采用这种运行方式，可以使机体内积煤最少。同时，连续清理可以减少给煤率误差。连续的运转也可以防止链销黏结和生锈。

清理刮板机构驱动电动机采用精确的电子式电流继电器进行过载保护，当清理刮板机构过载时，在电流继电器作用下最后切断电动机供电电源，使电机停止转动。

(6) 密封空气的进口位于给煤机机体进口处的下方，法兰式接口供用户接入密封空气用。在正压运行系统中，给煤机本身密封可靠，可以认为无泄漏。给煤机需要通过密封空气来防止磨煤机热风通过排料口回入给煤机。密封空气压力为磨煤机进口压力加上 60～245Pa，所需密封空气量则为通过进料落煤管由煤斗部分的空气泄漏量，加上给煤机与磨煤机进口间的压力差所需的空气量。

在给煤机机体进口处附近，装有内螺纹接口，可以在此接上压力表来测定机内的压力数值，在不接压力表时则以螺塞密封。

密封空气压力过低会导致热风从磨煤机回入给煤机内，这样，煤灰将容易积滞在门框或其他凸出部分，从而引起自燃。密封空气压力过高和风量过大，又会将煤粒从皮带上吹落，从而使称量精度下降，并增加清理刮板的负荷，密封空气量过大也容易使观察孔内产生尘雾，不利于观察，因此应当适当调整密封空气的压力。

(7) 给煤机各部件的润滑除减速机采用润滑油浸油润滑外，其余润滑均采用润滑脂。电气接管采用软管装置，电缆线在软管内由控制箱进入机体，并保持机体的密封。

(8) 给煤机微机控制柜装在机器本体上，在柜内装有电源开关，可以切断机器电源。微机控制柜内除装有微机控制系统必须的微机控制板、电源板、信号转换板、变频控制器外，还装有热过载保护的磁力启动器以及变压器、熔断器与继电器等。微机控制柜柜门表面，装置着微机显示器键盘以及开关 SSC 和 FLS。

(二) 给煤过程与称重原理

给煤机的称重信号是由两个悬吊着称重辊的称重传感器产生的，在称重辊的两边是两根称重跨支承辊，该两辊之间的精确距离给出了一个进行物料称重的皮带长度。每一个称重传感器承担了在称重跨上物料重量的 25%。称重传感器输出的是一个代表物料在皮带上的 t/m 信号，这个重量数据提供给给煤率公式，给煤机就是根据这个公式进行操作的

$$质量(t/m)\times 皮带速度(m/s)=给煤率(t/s)$$

给煤机既可以接受一个内部给煤率设定，也可以接受一个用户提供的给煤率设定信号，这个信号将与由测量出的物料在皮带上的重量，皮带速度以及其他参数而计算出的给煤率反馈信号进行比较，从而产生一个系统误差信号来控制电动机转速。系统稳定性补偿是由软件提供的。此外，由于微处理器存储了所有系统参数和限定值，误差信号包含了对所有这些值的调整，因此对于速度控制没有调节的需要。

微处理器软件以下述方式对给煤率进行计算：

从一个称重传感器输入与测得的重量成正比的信号，这个信号由微处理器板上分辨为 1/4000 (12 位) 或 0.025%的 A/D 转换器转换成一个二进制数字信号。这个数字与存储在永久存储器 (ROM) 中的参数进行比较，如果这个数字信号是在可以接受的范围之内，它

就被存储在随机存储器（RAM）中。接着对从另一个称重传感器来的信号进行同样处理。这两个信号将进行互相比较以进一步证实它们的正确性。如果比较后发现该两个信号是不正确的，给煤机转到容积式操作运行，这时控制器就采用存储在内存中的由先前的平均值而定的假定传感器输出信号进行操作，如果比较后发现该两个信号是正确的，两个传感器的信号相加后减去毛重，其结果与一个定度因数相乘（该因数是在给煤机定度时得出的），从而得到每单位皮带长度上的物料重量。这个结果存储在RAM中。电动机速度是通过在一段时间中测量与电动机轴相连的交流测速机所发生的输出脉冲频率来决定的。这种以晶体振荡为参考频率的微处理器测试的精度是0.025%。这个模拟量信号被转换成数字量信号（二进制数）并且与另一个定度因数相乘（该因数是在定度时获得的）从而得到一个代表皮带每秒速度的数字。最后这个皮带速度与物料重量相乘后得出给煤率。然后这个结果与给煤率设定值比较后得出误差信号对速度控制器进行控制。

给煤率的显示单位是t/h，给煤率被累加后获得物料传送总量，以kg为总量单位，给煤机被设计成物料体积在称重跨上保持不变，因此物料密度可从称重传感器的输出获得。这个测量密度可在操作面板上显示。

第三节 系统调试

一、制粉系统调试技术指标及性能要求（安全、经济）

（1）状态显示正确。

（2）原煤仓料位计、料重计符合设计要求；出口闸门不卡、动作灵活、关闭严密；防堵振动器符合设计要求。

（3）落煤、断煤指示器运行正常。

（4）给煤机严密不漏粉、械传动符合设计要求、出力符合设计要求、动作正确、电子称重装置计量准确且显示正确。

（5）润滑油油质、油压和油温均合设计要求。

（6）煤粉细度合设计要求。

（7）中速磨煤机严密不漏粉且不漏油、电动机电流不超额定电流、轴承温度符合《风机、压缩机、泵安装工程施工及验收规范》（GB 50275—2010）的规定、进出口压差出力符合设计要求、分离器折向门开闭灵活、出力符合设计要求、出口温度出力符合设计要求、灭火蒸汽阀门开关灵活且严密不漏。

（8）对于转速为1000r/min的中速磨煤机，轴瓦振动小于或等于100μm，转速为1500r/min的中速磨煤机，轴瓦振动则应小于或等于80μm。

（9）磨煤机和给煤机的控制系统、自动系统、联锁保护均全部投入且动作正确。

二、制粉系统调试应具备的条件

为保证制粉统安全试运，操作人员应按有关规程进行操作，试运人员在风机每次投入运行前必须检查制粉系统的安装和运行准备工作是否已经完成，风粉管道以及原煤仓、磨煤机和给煤机本体内是否有人和杂物。制粉系统试运前，必须做好下述制粉系统调试前应具备的条件：

（1）制粉系统中的各设备及附件的安装、保温、土建工作应结束并经验收签证。

（2）制粉系统电气工作结束，系统中转动设备：一次风机、密封风机、磨煤机、给煤机等经分部试转合格。

（3）给煤机在分部试转过程皮带张力已调整好，称重装置校核完毕。

（4）密封风系统管路吹扫合格，系统恢复，可以正常投用。

（5）整个制粉系统设备和风道内所有杂物清理干净，无人员在其内，各人孔和检查孔关闭严密。

（6）设备周围的垃圾杂物已清除干净，脚手架拆除，附近无易燃易爆物品，地面平整，道路畅通，沟盖盖好，梯子平台栏杆齐全，照明充足，并有必要的通信设施。

（7）制粉系统内各测量监视仪表齐全、热控开关量变送器校核完毕。

（8）煤粉取样装置可用。

（9）制粉系统严密性试验合格。

（10）制粉系统各风门挡板，关闭严密，开关灵活，标有与实际位置一致的开关方向指示，挡板轴端上刻有挡板位置线，有限位装置和编号牌。

（11）燃烧器前煤粉分配器前手动门在全开位置。

（12）制粉系统及其辅助设备联锁保护系统均试验正常，系统中各辅机的报警，跳闸信号装置已调试好，确认无误。

（13）原煤仓料位计和疏松机能正常投运。

（14）磨煤机入口风量和出口风速测量装置标定完毕，并把标定系数已输入DCS计算公式。

（15）磨煤机和给煤机密封风系统管线经吹扫完成，且系统恢复结束，正常投运。

（16）制粉系统挂牌工作结束。

（17）仪用压缩空气和检修压缩空气系统均能正常投运。

（18）所有制粉系统辅机冷却水系统具备投用条件，管路畅通，水量充足，回水不堵。

（19）等离子系统或微点点火系统安装、调试完毕，等离子或微油小油枪具备点火条件，系统可以正常投入。

（20）现场应有充足的照明，备有必要的通信设施。

（21）折向挡板调整至厂家所需角度，且实际位置与外面刻度指示一致；或动态分离器变频调速电机试转合格，运行正常，变比正确；分离器油池油位正常，油质合格。

（22）石子煤刮板机构符合要求，间隙合适，运转无卡涩。

（23）磨煤机润滑油系统清洗及打油循环完毕，油质合格；油泵试转合格，运行正常，联锁保护投入正常。

（24）冷却水系统具备投运条件，管路畅通，水量充足。

（25）消防系统管路吹扫完毕，并恢复正常，能正常投入。

（26）磨辊的加载装置（HP磨弹簧加载装置、MPS磨液压加载装置）正常。

（27）齿轮驱动箱中的干燥剂已清除，注入正确的润滑油。

（28）对于MPS磨煤机，润滑油及液压油系统试运完毕，油压和流量按设计值调整完毕及其开关量经整定，系统能正常投运。

三、制粉系统调试方法及程序

试运前必须按照制粉系统启动检查卡，进行其启动条件逐项确认。

试运期间风机操作人员应逐渐熟悉并详细掌握制粉系统的操作，且必须做到能快速停切

除制粉系统，确认就地和远控磨煤机的打闸按钮处于正常状态。

制粉系统的试运与锅炉投粉点火，对锅炉进行升温升压是同时进行。

制粉系统启动前，应严格按照制粉系统启动操作卡进行逐项检查确认。在条件成熟的情况下根据锅炉运行需要，依次启动制粉系统相关设备。

制粉系统启动后，不仅要加强制粉系统的巡视检查，还得加强锅炉运行参数监视，严格按照锅炉升温升压曲线进行制粉系统出力加减和投切。记录相关运行参数，对照就地和DCS上参数的一致性，分析各个运行参数，为制粉系统的优化运行提供依据。

由不同形式磨煤机组成的制粉系统的启动方式有非常大的区别，下面我们主要介绍由HP型磨煤机和MPS型磨煤机组成的两种直吹式制粉系统的启动方法。

（一）HP型磨煤机调试方法和程序

1. HP型磨煤机正常启动程序

（1）在启动磨煤机之前，根据磨煤机启动操作卡严格检查各项启动条件。

（2）检查对应磨组二次风门在自动，灭火蒸汽阀关闭。

（3）石子煤斗出口门关闭、进口门开。

（4）电机润滑油站电加热器投自动，待油温满足条件时，启动一台润滑油泵，另一台投备用。

（5）待该层煤粉燃烧器点火能量满足后，全开磨煤机出口插板门。

（6）开启磨煤机和给煤机密封阀门，给磨煤机和给煤机接通密封空气。

（7）全开冷、热风截止闸门（如有暖风器，则开暖风器入口热一次风隔绝门），调节冷、热风挡板（如有暖风器，则开暖风器入口调门），提供适当的小风量和进口风温对磨煤机进行暖磨。

（8）启动旋转分离器，检查旋转分离器在最低转速、电流正常，就地无异常，投入旋转分离器转速自动。

（9）磨煤机达到正常的操作温度65～82℃，检查确认磨煤机启动条件全满足，然后提高磨煤机入口风量至所需值，启动磨煤机（若磨煤机里有存煤，启动时应加强监视磨煤机启动电流）。

（10）开启给煤机进、出插板门，检查确认给煤机启动条件全满足，启动给煤机给煤。给煤机启动后，应尽快把给煤率提高，以防磨煤机振动，尤其是如果该层燃烧器采用等离子或微油点火时，更应该快速提高给煤率，提高燃烧器喷口煤粉浓度，加强着火燃烧。

（11）制粉系统启动正常后，投磨煤机出口温度及进口风量自动。

（12）待锅炉各系统运行参数稳定后，再根据锅炉负荷要求逐步增减给煤量或投切制粉系统。

2. HP型磨煤机正常停运程序

（1）正常停机时，磨煤机应冷却低于正常运行温度，然后出清存煤。在停磨之前推荐的冷却温度为50℃。

（2）逐渐降低负荷到最小给煤机速度。最小给煤机速度应用手动方式操作才能达到，给煤机每次降低10%给煤量。进一步减少给煤量之前，在每一被减的给煤量运行时，磨煤机出口温度应回复到调定值，不允许出口温度超过调定值11℃，磨煤机通风量应维持自动控制。为确保煤流引燃的稳定性，务必备有辅助引燃能源。

(3) 达到最低给煤速度时，关闭热风隔绝门（如有暖风器，则暖风器入口热一次风隔绝门也得关闭）以降低磨煤机出口温度。而冷风挡板应自动打开100%，同时关闭给煤机入口插板门。

(4) 磨煤机冷却到50℃左右，待给煤机皮带上的煤跑空，停止给煤机，关给煤机出口煤闸门。

(5) 磨煤机继续运转10min以上，出清磨碗的存煤。从低的电动机电流可看出碾磨已经停止。

(6) 一旦磨煤机存煤出清，停磨煤机，联关磨煤机出口门、磨煤机入口冷风隔绝门。

(7) 查旋转分离器转速降至最低，停用旋转分离器。

(8) 60s后，关磨碗密封风隔离门，关给煤机密封风隔离门。

(9) 退出等离子或微油点火油枪。

(10) 暖风器退出运行。

(11) 磨煤机不使用时，如果在冷天，关闭润滑系统应该排出冷油器中的冷却水。如果由于种种原因在冷却管内结水，启动前应仔细检查，要保证管子没有裂开，润滑油是否被冷却水沾污。

(二) MPS型磨煤机调试方法和程序

1. MPS型磨煤机正常启动程序

(1) 关闭石子煤斗出口门、开进口门。

(2) 检查对应磨组二次风门在自动，灭火蒸汽阀关闭。

(3) 关磨进口冷一次风隔绝门、磨进口热一次风隔绝门（如有暖风器，则还得关暖风器入口热一次风隔绝门）。

(4) 开磨碗密封风隔离门，开给煤机密封风隔离门。

(5) 待该层煤粉燃烧器点火能量满足后，开磨煤机出口煤粉排出阀。

(6) 润滑油站电加热器投自动，液压油站电加热器投自动，磨润滑油站电磁阀投自动。

(7) 确认减速机下箱体蓄油池温度大于30℃，密封风与一次风压差大于2kPa，启动磨煤机润滑站低压油泵。

(8) 启动旋转分离器，检查旋转分离器在最低转速、电流正常，就地无异常，投入旋转分离器转速自动。

(9) 启动磨煤机旋转分离器，并把转速投自动。

(10) 启动磨煤机润滑站高压油泵，启动磨煤机液压站油泵，投液压站油泵自动，抬起磨辊。

(11) 液压站供油压力满足时，开磨煤机进口冷、热一次风隔绝门（如有暖风器，则开暖风器入口热一次风隔绝门）。

(12) 调节冷、热风挡板（如有暖风器，则开暖风器入口调门），提供适当的小风量和进口风温对磨煤机进行暖磨。

(13) 磨煤机达到正常的操作温度65～82℃时，开启给煤机进、出口插板门。

(14) 检查确认给煤机煤机启动条件全满足，启动给煤机1～2min对磨煤机进行铺煤（如磨煤机里有存煤，则可以直接先启动磨煤机，然后再启动给煤机）。

(15) 铺煤完成后，放下磨辊并启动磨煤机，检查确认磨煤机煤机启动条件全满足，启

动磨煤机。

(16) 开启给煤机进、出插板门，检查确认给煤机启动条件全满足，启动给煤机给煤。给煤机启动后，应尽快把给煤率提高，以防磨煤机振动，尤其是如果该层燃烧器采用等离子或微油点火时，更应该快速提高给煤率，提高燃烧器喷口煤粉浓度，加强着火燃烧。

(17) 制粉系统启动正常后，投磨煤机出口温度及进口风量自动。

(18) 待锅炉各系统运行参数稳定后，再根据锅炉负荷要求逐步增减给煤量或投切制粉系统。

2. 磨煤机的正常停运程序

正常停机时，磨煤机应冷却低于正常运行温度，然后出清存煤。在停磨之前推荐的冷却温度为50℃。

(1) 逐渐降低负荷到最小给煤机速度。最小给煤机速度应用手动方式操作才能达到，给煤机每次降低10%给煤量。进一步减少给煤量之前，在每一被减的给煤量运行时，磨煤机出口温度应回复到调定值，不允许出口温度超过调定值11℃，磨煤机通风量应维持自动控制。为确保煤流引燃的稳定性，务必备有辅助引燃能源。

(2) 达到最低给煤速度时，关闭热风截止闸门（如有暖风器，则暖风器入口热一次风隔绝门也得关闭）以降低磨煤机出口温度。而冷风挡板应自动打开100%。

(3) 待磨煤机冷却到50℃左右，启动磨煤机润滑站高压油泵。

(4) 关给煤机入口煤闸门，待给煤机皮带上的煤跑空，停止给煤机，关闭给煤机出口煤闸门，磨煤机继续运转10min以上，出清磨碗的存煤。

(5) 一旦磨煤机存煤出清，停磨煤机，联关磨煤机出口门、磨煤机入口冷风隔绝门，关闭磨煤机密封风门。

(6) 查旋转分离器转速降至最低，停用旋转分离器。

(7) 磨煤机液压加载缸泄压，停用液压油泵。

(8) 延时60s，关磨碗密封风隔离门，关给煤机密封风隔离门。

(9) 退出等离子或微油点火油枪。

(10) 暖风器退出运行。

(11) 磨煤机不使用时，如果在寒天，关闭润滑系统应该排出冷油器中的冷却水。如果由于种种原因在冷却管内结水，启动前应仔细检查，要保证管子没有裂开，润滑油是否被冷却水沾污。

（三）磨煤机紧急停机

当锅炉发生MFT、制粉系统发生爆炸、危及人身安全、制粉系统着火、轴承温度快速上升，采取措施无效、严重振动，危及设备安全、磨煤机电流超限、保护拒动、电气设备故障时，磨煤机应紧急停机。

紧急切断使留在磨煤机里的剩煤可能自燃，推荐使用自动的惰性系统使磨煤机在负荷下切断时获得惰性保护。当磨煤机冷却到环境温度，如果停磨时间需要比较长，则应手工清理磨煤机里存煤。

紧急停制粉系统操作步骤：

(1) 立即停止磨煤机运行。

(2) 检查给煤机、旋转分离器、加载系统联锁停运。

（3）检查磨煤机进、出口门和冷、热风隔绝门、调门、密封风门关闭（如有暖风器，则暖风器入口热一次风隔绝门也得关闭），同时关闭给煤机进口和出口煤闸门，通入灭火蒸汽。

（4）加强锅炉燃烧调整，必要时投入等离子（微油）或油枪稳燃。

（5）防止运行磨组过负荷，必要时降低机组负荷，待工况稳定后投用备用磨组。

（6）检查炉膛压力、风量、给水自调正常，保持汽压汽温稳定。

（7）检查一次风机、一次风母管压力正常，防止一次风机失速。

（8）如故障短时间不能消除，应执行磨组隔离措施，联系检修人员清理磨煤机内部存煤。

（四）磨煤机热态运行调整

磨煤机启动后，在磨煤机不同负荷阶段，应根据磨煤机特性、炉膛该层燃烧器煤粉着火、石子煤排放、煤粉细度取样和粉管风速偏差进行磨煤机入口风量、出口风温、动态分离器转速（或折向挡板角度）、磨辊加载力等进行调整，改善磨煤机运行状况和燃烧器着火。

1. 密封风压与一次风压最小压差调整

正常磨煤机启动、运行的过程中，严格控制密封风压与一次风压最小压差不低于 2kPa。运行中密封风压力基本保持一定，在正常运行过程中要监视好密封风压与一次风压压差的变化，通过调整一次风来保证两者差压的正常范围内运行。

2. 给煤机启动与给煤速度控制

磨煤机启动 10s 左右，将给煤量调到最小，但不低于最低出力，分离器变频在 30%左右；加煤速度要根据各负荷端的上升允许速率和磨煤机的稳定运行来控制，加煤速度过快会造成磨煤机运行不稳定，振动大及石子煤量多，同时应密切注意电流的变化；调整给煤量时，一次风量调整要跟上。

3. 给煤量和一次风量关系调整

在磨煤机启动初期给煤量比较低时，尤其在采用等离子或微油点火燃烧器对应的制粉系统中，应适当减小磨煤机入口风量，增加燃烧器出口煤粉浓度；正常启动运行时给煤量和一次风量可根据一次风与磨煤机出力变化曲线进行调整。

4. 煤粉细度调整

根据燃烧稳定和炉效要求，对于不同煤种有不同的最佳煤粉细度，对应不同煤种通过改变动态分离器转速、一次风量、液压加载力等来调整煤粉细度，满足锅炉稳定燃烧。

四、制粉系统调试风险控制

制粉系统是电厂锅炉最容易出现安全事故的一个系统，它的调试不仅设备本体可能出现故障，由于该系统是用于储存、输送原煤，磨制、干燥和输送煤粉的系统，是风粉混合系统，存在着漏风、漏粉、燃料自燃甚至爆燃的可能性，所以制粉系统的安全运行是电厂锅炉风险控制最主要组成部分之一。

（1）制粉系统试运前调试单位应根据现场实际情况做好详细启动交底工作，明确各参建单位组织分工。

（2）参加试运的所有工作人员应严格执行《电力建设安全工作规程》（DL 5009.1—2014）及现场有关安全规定，确保试运工作安全可靠地进行。

（3）制粉系统试运前的各项检查工作必须严格按照试运前检查卡逐项检查，相关安装工作完成且有完善安装记录并通过监理等单位签证。

（4）做好与非试运系统及其场所的有效隔离并挂好警戒标志，严禁其他非工作人员进入试运现场。

（5）启动时人员应站在安全地带且安排人员专门负责磨煤机就地事故按钮，制粉系统试运时要有专人巡视。

（6）制粉系统运行时应加强监视系统相关设备本体及系统所有就地和 DCS 上的参数，并做好记录及分析。

（7）制粉系统运行过程中若出现任一参数达到保护定值，而保护未动作，应立即停磨。

（8）如在试运过程中发现异常情况，应及时调整，并立即汇报指挥人员。

（9）在试运过程中如有危及人身及设备安全时，应立即停止试运工作，可就地按事故按钮。

（10）验收制粉系统挡板时，要确保挡板开关均到位。

（11）试运全过程均应有各专业人员在岗且分工明确，不得擅离岗位，以确保设备运行的安全。

（12）制粉系统泄漏粉尘时及时停用，调试人员穿戴防尘工作服和防尘面具、口罩。

（13）试运现场消防设施齐备，并经有关部门检查验收合格。

（14）不得长时间让磨煤机在出口温度低于规定值下持续运行，因为煤不能获得充分的干燥以致吸附在磨煤机内部和煤粉管中，使煤粉管堵塞以及导致磨煤机煤粉管着火。

（15）不得磨煤机在出口温度高于规定值的工况下运行，因为高出口温度驱使挥发分从煤中挥发，从而增加了燃料着火的潜在可能性。如果磨煤机出口温度升高到大于规定值 11℃控制系统应自动关闭热风截止门。磨煤机出口温度规定值是根据各个不同煤种而定。高热值烟煤小于 82℃，低热值烟煤小于 77℃，次烟煤褐煤小于 65℃，常见值 77℃。

（16）不得磨煤机在通风量低于规定值的工况下运行，因为煤粉管里的输送速度过低会使煤粉沉积，这种情况导致煤粉管道堵塞着火，也容易使燃烧器出口火焰太短，导致烧蚀燃烧器。

（17）尽量也不要磨煤机在通风量高于规定值的工况下运行，因为通风量较高使得煤粉管道和磨煤机内部磨损加速，同时可能降低煤粉细度，也容易导致燃烧器出口火焰脱火。

（18）加强磨煤机石子煤的检查和排放，以防煤的溢出量过多，渣内不应有煤粉或煤块。因为煤会堵塞石子煤排出，在侧机体内堆积起来造成磨煤机着火的很大隐患。

（19）不得磨煤机在石子煤排出口闸门关闭的情况下运行，因为这样会阻止杂物的排出。在闸板关闭一段时间之后，正常排出的杂物会积存在侧机体里。刮板装置会产生严重的损坏。

（20）在给煤启动之前，必须进行磨煤机暖磨以使煤一进入磨煤机立即开始干燥。这一暖磨过程可降低煤粉管堵塞的可能性并促使煤的稳定引燃。

（21）磨煤机暖磨时应缓慢增加磨入口风温和风量，尤其是在上次停磨之前没有彻底吹扫干净的情况下，防止可能有吸附在磨煤机内部和煤粉管道里从而增加制粉系统出现着火的潜在危险。

（22）磨煤机在停机之前冷却时，在减少给煤量的同时关小热风调门和开大冷风调门，应严格控制磨煤机出口温度，逐渐冷却磨煤机和吹扫完全，保证磨煤机和煤粉管内无残留存粉。

（23）当磨煤机分离器出口温度高于设定值10℃时，应发出报警信号。这时应采取相应措施使磨煤机分离器出口温度迅速降至运行温度区间。当采取的各种降温措施失败时，分离器出口温度继续上升达超出设定值20℃时，系统应能按快速停机方式将磨煤机停下来，然后检查制粉系统的升温原因。当分离器出口温度高于运行温度30℃时，应以紧急停机方式停下磨煤机。

（24）磨煤机运行期间，应加强观察磨煤机进出口压差（磨煤机阻力）和主电机电流变化情况，以防出现磨煤机堵煤现象。

（25）磨煤机液压油站运行时，加强液压加载力监视，以防比例溢流阀堵塞。

（26）磨煤机通风前，必须先给磨煤机先通密封风，保证密封风和一次风差压不低于设计值，并且磨煤机密封风管支路电动阀门开启。

（27）磨煤机在启动时防止煤粉爆炸采取的一项重要措施是在磨煤机进风之前通入消防蒸汽或其他惰性气体。这可在磨内创造出惰化气氛。磨煤机每次通入惰性气体的时间为8～12min。

（28）采用等离子或微油油枪点火时，磨煤机启动后2min内，若等监视电视上仍看不到火，立刻停止制粉系统运行，待吹扫一段时间后重新点火。

（29）采用等离子或微油油枪点火时，磨煤机启动后应迅速提高磨煤机出力至30t/h以上并维持磨出口风速在20m/s左右，提高燃烧器出口煤粉浓度，稳定着火。

（30）磨煤机通风后应加强炉膛负压监视，可以把炉膛负压曲线调至集控室显示大屏。

（31）应该确保从逻辑上确保磨煤机跳闸后，制粉系统能有效隔离；在磨煤机出口门开启、磨煤机与给煤机启动之前，该层燃烧器炉膛点火能量满足。

（32）如果磨煤机启动之前有存粉，应先开启磨煤机出口插板门，提高炉膛负压，把磨煤机内煤粉析出的挥发分抽至炉膛燃烧完毕，在依次开启磨煤机密封风风门和磨煤机入口冷风隔绝门和调门，之后通热风开始暖磨。

（33）磨煤机运行时，由于磨煤机入口温度较高，应加强巡视磨煤机风室入口风道处，以防有被刮板把带有煤粉的石子煤挂入风道而自燃。

（34）在正常停磨减燃料过程中，应先开大冷风调门，在维持磨入口风量的前提下关小热风调门，保证磨煤机出口温度正常。

（35）在紧急停磨后启动，要关闭没有投运的磨煤机的排出阀，以防止最初引燃煤所产生的高于正常压力的炉膛热烟气从煤粉管道冲入闲置着的磨煤机。

（36）在紧急停磨后启动，热煤会从剩留的煤中挥发出可燃气体。所以在打开磨煤机清理时要小心谨慎。注意作用在磨碗里煤上的磨辊压力会使磨碗产生意外的转动。如果安装了惰性系统，在打开检修门之前必须证实惰性阀门是关闭的。在打开检修门时一定要十分小心，因为磨煤机可能有压力。眼睛一定要采取防护措施。

（37）事故停制粉系统消缺时，必须切断相关设备电源，并挂上“禁止操作”牌后，才可进入系统内检查。

第四节 常见问题及处理

由于制粉系统介子的特殊性，几乎所有燃煤电厂都出现过制粉设备或系统性的运行故

障，甚至是生产的安全事故。下面是制粉系统一些常见的事故。

一、制粉系统着火及处理方法

（一）制粉系统着火原因

制粉系统着火主要发生在磨煤机、原煤仓、给煤机和煤粉管道。除了在这些地方由于燃料长时间存放没有及时清理，还有就是磨煤机的着火原因：

（1）风量、出口温度控制失常，磨煤机出口温度控制太高。

（2）煤粉过细，挥发分过高。

（3）磨煤机内进入易燃物，诸如纸片、破布、稻草、木块和木屑之类堆积在内锥体内和磨煤机的其他部位。系统中进入这类杂物后，它们会堆积起来可能着火。

（4）在磨煤机底部、石子煤斗或进风口沉积了过多的石子煤或煤块。

（5）在磨碗上面的区域内积煤过多。这种情况通常是由于缺少维修所造成的。煤粉可能在磨损衬板上气流不能达到的区域里堆积起来，煤也会被外来杂物阻挡而堆积起来。

（6）长时间一次风速过低、磨煤机出口门或燃烧器入口闸板门没有完全开启。

（7）燃烧器出口结焦，造成煤粉管气流速度过低。

（8）紧急停止磨煤机后未及时吹扫。

（9）不正确或异常的操作。

例一，如果磨煤机在低通风量下运行。为了维持规定的出口温度必须要求较高的磨煤机进口温度。通风量可能低到煤从气流中沉淀出来的程度。这些情况导致温度上升，煤粉移动缓慢而沉淀。

例二，当工况可能会发生着火时没有关紧热风门。这种情况可能是因为挡板驱动机构或挡板控制系统不灵敏。

例三，从已经着火的煤仓里的煤输入磨煤机。

（二）制粉系统着火后的处理

1. 原煤仓着火后的处理

先关闭给煤机入口插板门，然后给原煤仓充CO_2隔绝空气，同时在原煤仓着火区域外筒壁注水冷却。

2. 煤粉管道着火后的处理

先关闭着火煤粉管对应磨煤机出口气动插板门和燃烧器入口手动闸板门进行隔离，同时扒开着火煤粉管保温层，在粉管着火区域外筒壁注水冷却。

3. 给煤机着火后的处理

立即紧急停用该制粉系统，关闭给煤机进、出口插板门和给煤机密封风门进行隔离，切断给煤机电动机电源，打开开关并挂上标牌。给煤机充CO_2消防气体。熄火后应更换皮带并重新校验给煤机称重装置。

4. 磨煤机着火后的处理

如果磨煤机系统出现着火，不管在什么部位着火，磨煤机不能停车，维持磨煤机工况稳定，在所有着火迹象清除和磨煤机冷却到环境温度之前决不能打开磨煤机的检修门。在采取任何灭火措施时，不参与积极灭火的检修人员应离开磨煤机，通风管和给煤机层面。磨煤机着火的灭火步骤如下：

（1）一有着火迹象，关闭热风截止闸门，100%打开冷风挡板。继续以等于或高于正好着火时的给煤率向磨煤机给煤。但小心不能使磨煤机超载。此时，关闭热风截止闸门通常可熄灭着火，如果磨煤机温度继续升高，就需要投入消防蒸汽。

（2）关闭石子煤收集装置的隔离阀。

（3）投入消防蒸汽。

（4）在磨煤机出口温度降低以及所有着火迹象消失后，停止给煤和消防蒸汽。

（5）磨煤机运转数分钟以清除积煤和积水的系统。

（6）停止磨煤机（如是 MPS 型磨煤机得先抬起磨辊，然后停止磨煤机，再放下磨辊，停止液压油油泵并拉电），关闭所有闸板和阀门，冷风截止阀，密封空气阀，煤管截止阀等，使磨煤机隔绝。

（7）应用电厂制定的安全措施，切断磨煤机和给煤机电动机电源，打开开关并挂上标牌。

再打开磨煤机检修门。检查热、冷风门、磨煤机和给煤机密封空气阀门和磨煤机排出阀已经关闭。然后打开磨煤机，检查和清理它的内部。在揭开检修门时应戴上防护眼镜，磨煤机可能有压力有排出高压气体和煤灰的可能性。通过分离器体的检修门和侧机体门可进入磨煤机。

在进入磨煤机之前，查核有毒气体已经全部消除并无残留有低凹处的煤屑在燃烧。在工人清理磨煤机时要谨慎小心。注意作用在成堆煤上的磨辊压力会使磨碗产生意外的转动。

（8）全面检查煤粉管道、侧机体、分离器体、内锥体和分离器顶盖的着火迹象和煤或焦灰的燃烧产物并予以清理。

（9）在着火或磨煤机冒烟之后，整个磨煤系统从给煤机到燃烧喷嘴［给煤机，磨煤机进风管道、煤粉管道、格条分配器，内部的煤粉喷嘴，翻出机构等］应检查其可能的损坏和完好。如果需要的话应予以修理和清理。一定要清除煤和焦炭的沉积物。

（10）检查润滑油，如出现炭化现象应该更换。

（11）从磨碗和侧机体清除煤屑后在彻底清理和修理磨煤机后，磨煤机即可重新启动。

二、制粉系统堵煤及处理方法

（一）磨煤机进口管堵煤原因

（1）原煤水分太高，黏性大。

（2）原煤中杂物较多。

（3）给煤机进或出口门未开足、误关或大块杂物卡涩。

（4）给煤机停用时间长，煤仓煤黏结。

（二）磨煤机进口管堵煤处理

（1）调整其他运行磨组出力，维持锅炉燃烧稳定。

（2）若是磨煤机入口落煤管堵煤，则应及时停用给煤机，避免皮带损坏。

（3）加强磨出口温度监视，及时对磨煤机冷热风门开度进行调整。

（4）敲击落煤管（若是原煤仓堵煤，可以启动原煤仓疏松机），使黏结煤震落。

（5）如不能及时疏通，则停用该磨组，启动备用磨组，联系检修处理。

三、给煤机皮带打滑、跑偏或损坏原因分析及处理方法

（一）给煤机皮带打滑、跑偏或损坏原因分析

（1）给煤机皮带过松，张力调整不当。

(2) 给煤机皮带被异物卡住。

(二) 给煤机皮带打滑、跑偏或损坏处理

(1) 增加其他磨组出力，稳定机组工况。

(2) 停用故障磨组，联系检修处理。

四、磨煤机故障及处理方法

磨煤机故障及处理方法见表 15-2。

表 15-2　　磨煤机故障及处理方法

问　题	可　能　的　原　因	处　理　方　法
润滑油压力低	润滑系统泄漏	检查漏油并修理
	油泵磨损	一有机会修理或更换
	滤油器已脏	清理或更换主副滤油器
	油黏度低	温高或用错润滑油
润滑油温过低	磨机启动监测装置处于“停”位置	检查加热器，必要时进行修理，但不能关闭冷却器
润滑油温过高	油冷却器未开	打开冷却器
	冷却水量不足	检查冷水管路
润滑油漏油	法兰密封件损坏	更换新密封件
	联接螺栓松动	拧紧松动螺栓
磨煤机出口温度高	磨煤机着火	按灭火步骤操作
	热风挡板失灵	关闭热风门、磨煤机停车，按要求修理
	冷风挡板失灵	手工开冷风挡板关闭磨煤机，按要求修理
	给煤机失灵/给煤管堵塞	磨煤机停车，按要求修理
	出口 T-C 失灵	核验读数/按要求修理或更换
磨煤机出口温度低	磨煤机里的煤特别湿	降低给煤率保持出口温度
	热风门没有打开	检查风门位置，按要求进行修理
	热风挡板或冷风挡板失灵	磨煤机停车，按要求进行修理
	一次风温低	降低给煤率
	低风量	重新检验通风控制系统
磨煤机电动机电流高	磨煤机过载或煤湿	降低给煤率，检验给煤机标定。检验煤的硬度
	煤粉过细	降低动态分离器转速或开大折向挡板开度
	碾磨力过大	减小压缩量（HP 磨） 减低液压加载力（MPS 磨）
	电动机失灵	试验电动机
磨煤机电动机电流低	无煤进入磨煤机	检查给煤机和给煤管是否堵塞
	一只或更多磨辊装置卡住	磨煤机停车，如有需要进行修理
	磨煤量减少	检查给煤机工作情况或堵塞
	电动机联轴器或轴断裂	磨煤机停车，如有需要进行修理

续表

问　题	可 能 的 原 因	处 理 方 法
磨碗压差高	磨煤机过载	降低给煤率，检查给煤机的标定，检查煤硬度
	煤粉过细	开大分离器叶片或减低分离器转速
	磨煤机压力接头堵塞	检查清扫空气，清理压力接头
	磨煤机通风量过大	检查通风量控制系统
	磨碗周围通道面积不够	拆除一块叶轮空气节流环
磨碗压差低	磨煤量减少	检查给煤机工作和堵塞
	压力接头堵塞，漏损	检查清扫空气，如有需要清洗压力接头
	低通风量	检查通风量控制系统
无煤粉至煤粉喷嘴	煤粉管道堵塞（堵塞时间延长会导致着火）	关闭给煤器，检查磨煤机通风量。轻敲管道，如果仍然不畅通就要拆除清理
	给煤机堵塞，中心给煤管或低通风量堵塞节流孔或格条分配器（如系统中装有这类装置）	检查和清理给煤机或中心给煤管。检查一次风控制系统挡板的工作，磨煤机停车，并把它隔离。检查、清理和修理或更换格条或孔板
煤粉细度不正确	分离器叶片调整错误	如有需要可打开或关闭
	分离器叶片与标定不一致	标定折向叶片
	折向叶片磨损或损坏	检查、修理和/或更换
	动态分离器转速与给煤量不匹配	检查分离器实际转动情况并调整分离器转速
	倒锥体位置不正确	减少间隙 1/2in（1in＝2.54cm）或调到最小间隙 3in
	内锥体或衬板磨穿成孔	检查，如有需要可修补或更换
	在磨碗上有异物	停止磨煤机，检查并清除异物
	一次风量与给煤量不匹配	调整到合适值
	碾磨压力不正常	调整弹簧压缩量（HP 磨） 调整液压加载力（MPS 磨）
	液压油过热（MPS 磨）	加大冷却水量（MPS 磨）
噪声来自磨碗之上	碾磨辊发生故障	停止磨煤机，修理或更换磨辊装置
	研磨压力不均匀	如有需要，检查弹簧压力和改变弹簧压力（HP 磨）； 检查液压加载力，如有需要清洗比例溢流阀和给液压缸蓄能器充气（MPS 磨）
	大块异物	停止磨煤机。清除异物，检查损坏
	磨盘上无煤（MPS 磨）	落煤管不下煤（MPS 磨）

续表

问 题	可 能 的 原 因	处 理 方 法
噪声来自磨碗之下	刮板间隙过小，造成刮板与一次风室底板或环向护板摩擦	调整刮板间隙在正常范围之内
	刮板连接螺栓松动，刮板下垂	定期对刮板进行检查，对连接螺栓进行加固处理
	刮板柱销松脱下垂，与底板摩擦	定期对刮板进行检查，对柱销固定螺栓进行加固处理
	刮板柱销或垫片磨损造成刮板下垂	定期对刮板进行检查，对柱销或垫片进行更换
	刮板底部有石子煤卡死不能自动排除	及时排渣，防止石子煤把刮板卡死而断裂
	较大的硬质物件无法排出	必要时应停磨后进入一次风室进行人工清理
	空气叶片断裂（HP 磨）	停止磨煤机，如有需要，可以修理或更换（HP 磨）
噪声：来自齿轮箱	轴承和齿轮损坏	停止磨煤机，检查零件
	磨煤机齿轮或轴承磨损	如有需要，修理或更换磨损件，试验并更换润滑油
水平驱动轴漏油	迷宫密封有垃圾	磨煤机停车，清理密封槽
齿轮箱油温高	冷油器的水流量低	增加水流量并检查冷油器
	冷油器堵塞	尽快检查和清理冷油器
	低油位	如有需要，检查油位并添加润滑油。检查有否渗漏
磨煤机运行不平稳	煤床厚度不适宜	增加煤量，检查磨煤机标定/管路有否堵塞
	碾磨力过大	检查弹簧压缩量如有需要重新调整（HP 磨） 减低液压加载力如有需要清洗比例溢流阀（MPS 磨）
	磨环与磨辊之间隙不正确	重新调整磨环与磨辊之间隙
	煤粉过细	调节分离叶片开大或提高动态分离器转速
	原煤粒度过大	控制原煤粒度
轴承温度高	轴承故障	测听噪声并立即检查
	低油位	检查油位并按要求添加润滑油
	冷油器失灵	检查冷却水温度和流量
油流指示器无油通过	集管或供油道堵塞	磨煤机启动后允许润滑油有升温时间，停止磨煤机，脱开管道并予以清理
	油泵故障	停止磨煤机，排尽齿轮箱润滑油，更换油泵

续表

问题	可能的原因	处理方法
煤从石子煤排出口溢出	磨煤机过载 (1) 给煤量过大 (2) 煤粉细度过细	(1) 降低给煤率 1) 检查给煤机标定 2) 检查煤硬度 (2) 开大分离器叶片或降低分离器转速
	磨辊或磨环磨损	重新调整磨环辊间隙，更换磨辊和/或磨环，调节弹簧压力
	碾磨力不够大	增加弹簧压缩量（HP 磨） 增加液压加载力（MPS 磨）
	磨辊不转动（在启动时）	(1) 停止并打开磨煤机，检查磨辊的转动，消除外来杂物，和/或修理更换磨辊装置 (2) 时间较长地暖磨 (3) 检查磨辊装置润滑油黏度是否正确 (4) 增大原煤粒度
	通过磨碗的气流速度低	检查通风量控制使操作正确
	磨碗周围的通道面积太大	添加附加的叶轮空气节流环
行星齿轮箱高速输入轴颈迷宫处漏油严重	油箱油位太高影响回油速度	油箱放油至正常油位
	油温太低，刚开机时油温达不到45℃的要求，油的黏度大，迷宫处润滑油来不及回流	(1) 启动前投入油箱电加热器，待温度达到45℃以上时再启动润滑油泵 (2) 在回油管道上加装回油伴热带
磨煤机石子煤堵塞	煤质太差、石头含量大	(1) 把好进厂煤关 (2) 给煤仓上煤时，确保输煤系统输煤装置正常投入运行
	给煤机煤量偏差较大	给煤机煤量及时校定，避免实际煤量超出磨煤机设计范围
	排渣不及时，造成石子煤严重积聚	(1) 应加强对渣仓的监视，及时排渣 (2) 加装渣仓料位报警仪等辅助设备
	磨辊或磨环磨损造成间隙增大	调整磨辊间隙、弹簧间隙（HP 磨）
	研磨力不够大	增加弹簧的压缩量（HP 磨） 增加液压加载力（MPS 磨）
	叶轮间隙过大	(1) 调整风环与侧机体间隙 (2) 适当增加叶轮的空气节流环
	一次风量偏低	提高磨入口一次风量
旋转分离器电流晃动大	煤管迷宫密封间隙过小	调整落煤管迷宫密封间隙在正常范围内
	皮带不稳	调整皮带
	电动机运行不规则	检查变频器
	输入或输出小齿轮或轴承故障	更换小齿轮或轴承
	落煤管刚度不够，振打器启动后造成落煤管晃动	(1) 固定落煤管，防止振打器启动后落煤管晃动过大 (2) 在条件允许的情况下调小振打器振幅

续表

<table>
<tr><th colspan="2">问 题</th><th>可 能 的 原 因</th><th>处 理 方 法</th></tr>
<tr><td colspan="2" rowspan="4">旋转分离器迷宫密封处漏粉</td><td>落煤管迷宫密封间隙过大</td><td>调整落煤管迷宫密封间隙在正常范围内</td></tr>
<tr><td>下部气封环间隙过大</td><td>调整下部气封环间隙在正常范围内</td></tr>
<tr><td>密封风橡胶管道弯曲堵塞，造成密封风压低</td><td>检查疏通密封风管道，特别是软连接的管道，确保密封风畅通</td></tr>
<tr><td>密封风与一次风差压低</td><td>调整密封风与一次风差至正常设计范围</td></tr>
<tr><td colspan="2" rowspan="5">磨机一次风和密封风间压差减小</td><td>密封风机入口过滤器堵塞</td><td>停运对应密封风机，清理滤网</td></tr>
<tr><td>密封风管道挡板位置不正确</td><td>将挡板调至正确位置</td></tr>
<tr><td>密封风管道漏气或损坏</td><td>修理或更换</td></tr>
<tr><td>磨辊、SLS分离器密封件失效</td><td>修理或更换</td></tr>
<tr><td>密封风机故障</td><td>清除故障</td></tr>
<tr><td rowspan="10">MPS磨煤机</td><td>磨辊油位低</td><td>密封件失效</td><td>修理或更换密封件，注油达规定油位</td></tr>
<tr><td rowspan="3">磨辊油温度高</td><td>油位低</td><td>加油至油位正常</td></tr>
<tr><td>轴承损坏</td><td>停机，更换磨辊轴承修理或更换</td></tr>
<tr><td>磨辊密封风管道故障或磨穿</td><td></td></tr>
<tr><td rowspan="5">油分配器前油压过低</td><td>油泵工作不正常</td><td>按油泵说明书检查处理</td></tr>
<tr><td>油泵前阀门半开</td><td>完全打开</td></tr>
<tr><td>双油过滤器堵塞</td><td>清洗</td></tr>
<tr><td>油泵后阀门半开</td><td>完全打开</td></tr>
<tr><td>供油管堵塞</td><td>疏通管道</td></tr>
<tr><td>滑动止推轴承处油分配器无油或油量很小</td><td>减速机机内管路堵塞</td><td>疏通管道</td></tr>
</table>

第十六章

炉 水 循 环 泵

第一节 工作原理及系统组成

炉水循环泵是设在锅炉蒸发系统中承受高温高压使工质作强制流动的一种大流量、低扬程单级离心泵，用于直流炉的启动系统中。1000MW超超临界直流锅炉循环泵通常采用的是德国KSB生产的型号为LUVAK200-330/1、LUVAk 250-400/1的循环泵，哈锅的Ⅱ型锅炉一般配备型号为LUVAK 200-330/1的循环泵，上锅的塔式锅炉一般配备型号为LUVAk 250-400/1的循环泵。

循环泵垂直安装，泵壳直接与泵吸入管焊接连接，电动机在泵壳的正下方，其间有热屏装置隔绝热量，电动机和泵壳通过螺栓连接。泵中充满炉水，压力与系统运行压力相同。循环泵悬吊在吸入管正下方，可自由向下膨胀，因此可以避免因膨胀受限而产生的附加应力。电动机是锅炉循环泵的动力，电动机处于高压热水中运行。

第二节 结构及运行特点

一、炉水循环泵的结构特点

锅炉循环泵的主要结构特点是泵的叶轮和电机转子装在同一主轴上，置于相互连通的密封压力壳体内，泵与电机结合成一整体，没有通常泵与电机之间连接的那种联轴器结构，没有轴封。循环泵和驱动电机形成一个封闭的偶联装置，整套泵装置处于密封状态，从根本上消除了泵泄漏的可能性。整套泵装置充注高压水，压力与整个系统压力相同。电机部分和泵壳之间通过泵壳紧固螺栓连接。泵壳和热屏蔽装置之间的热区域的密封通过螺旋缠绕的垫片来实现。所有其他的保压连接处都用O形密封圈进行密封。锅炉循环泵的泵体和电机全由锅炉循环泵进口管支吊，在锅炉热态时可以随锅炉循环泵进口管向下自由移动而不受膨胀的限制。这种结构的优点是各种热膨胀均不能引起附加的张力。

锅炉循环泵电机的定子和转子用耐水耐压的绝缘导线做成绕组，但浸沉在高压冷却水中，电机运行时所产生的热量就由高压冷却水带走，并且该高压冷却水通过电机轴承的间隙，既是轴承的润滑剂又是轴承的冷却介质。泵体与电机是被分隔的两个腔室，中间虽有间隙不设密封装置使压力可以贯通，但泵体内的水与电机腔内的冷却水是两种不同的水质，两者不可混淆。由于电机的绝缘材料是一种聚乙烯塑料，不能承受高温，温度超过80℃绝缘性能就明显恶化，因此绕流电机四周的高压冷却水温度必须严格控制。由于绕组及轴承的间隙极为紧密，因此高压冷却水中不得有颗粒杂质，在高压水管路中必须设有过滤器。高压冷却水的水质要比锅内的水干净得多，其水温也要比锅炉内水的温度低得多，为了带走电机运行产生热量和泵侧传到电机的热量，保证电机的安全运行，系统还配了一套低压冷却水系统用来冷却高压冷却水。

德国 KSB 生产的 LUVAk 250-400/1 型循环泵的主要参数见表 16-1。

表 16-1　LUVAk 250－400/1 型循环泵的主要参数

炉水循环泵本体	
制造厂	德国 KSB
型式	内置式
型号	LUVAk 250-400/1
设计压力（bar）	330
泵试验压力（bar）	495
电机试验压力（bar）	480
设计温度（泵）（℃）	380
设计温度（电机）（℃）	343
设计温度（高压冷却系统）（℃）	180
吸入管口额定孔径（mm）	320
排出管口额定孔径（mm）	250
炉水泵电机	
电机说明	潜水电机
电机型号	LUV 6/2 CV 75-605
电机正常转速（r/min）	2970
电机额定功率（kW）	750
电机启动电流（A）	551
电机额定电流（A）	95
最大工作温度（报警）（℃）	60
最大工作温度（停车）（℃）	65
冷却器数据	
制造厂	Funke
型号	C200 407-6-1
散热量（kW）	106
低压冷却水（二次）	
进口温度（最大）（℃）	37
出口温度（℃）	42
流量（m^3/h）	31
所需压力（bar）	2～4
最大压力（bar）	28.2
pH	9.5（额定）

续表

水质	提供的低压冷却用水应清洁，经过软化处理。没有悬浮的固体物质，在主导温度下没有析出，没有腐蚀性。在溶液中的悬浮颗粒：5mg/L（最大）	
设计强度	初级侧	二次侧
设计压力（bar）	340	28.2
试验压力（bar）	510	42.5
设计温度（℃）	180	186

锅炉循环泵的剖面图如图 16-1 所示。

（一）泵壳体

泵体是承受高温高压的部件之一，泵壳为一球形体，泵的叶轮属于高比转数离心式，为单级离心泵，泵装置的主要部件是泵壳体及接触液体的内部部件，如叶轮和扩散器，扩散器的作用就是将液体导致排出管口。在旋转的叶轮中，传送的液体压力和速度在增加，一部分的速度能在出口扩散器中转换成静压能。循环泵的吸入管口安放在垂直的位置，排出管口在径向位置。

（二）轴承

在电动机轴的上下端各装一只支承轴承，在轴的下端还装置一只推力轴承，而泵侧不装轴承。支承轴承和推力轴承都是采用水润滑，在转动侧为了耐磨烧上一层锻铬的硬质材料。泵在运行时的轴向推力和所有转动部分的重量由用水润滑的双向推力轴承承受。由于轴承采用水润滑，泵启动前必须对电机内充水，排除电机内的空气，如果空气与轴承相接触，使轴承得不到水的冷却而烧毁。

大部分轴向推力已由叶轮上的平衡孔进行平衡，残余的轴向推力用瓦式止推轴承来吸收，瓦式止推轴承向两侧发生作用，将转子固定在轴向的方向上。

推力轴承由推力瓦块、推力盘、止推座组成。推力瓦块用对接销子固定在止推座上，而上下止推座分别用螺栓固定在下端轴承座和电机底盖上，推力瓦块是用表面硬化

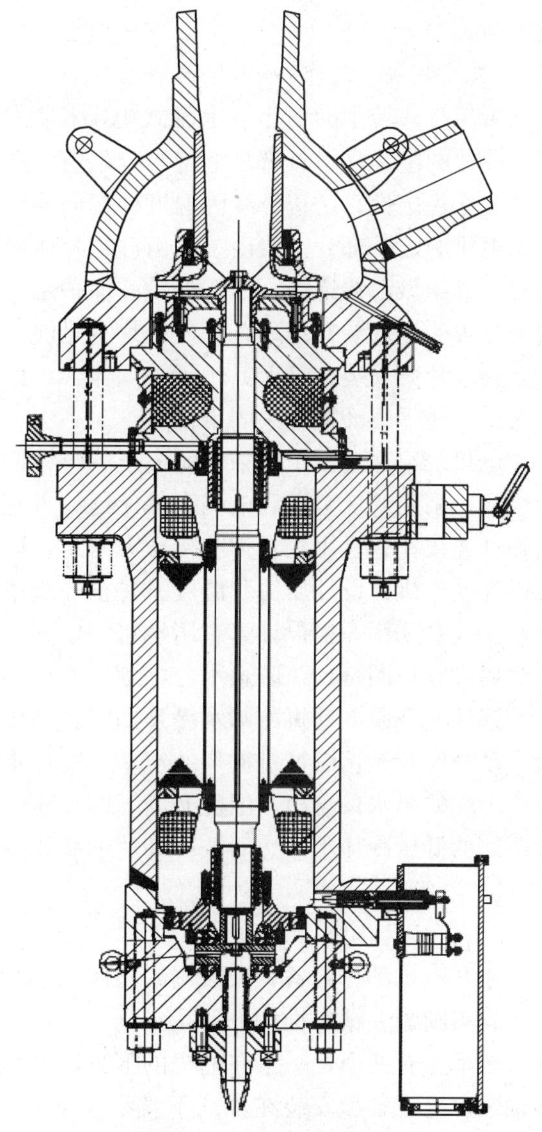

图 16-1　锅炉循环泵结构

过的不锈钢制作并抛光，而推力盘用优质钢制成，并作为电动机内高压冷却水强制循环用（克服高压冷却水流动阻力）的辅助叶轮。

（三）主螺栓

主螺栓是将泵与电机连接的重要零件。由于泵体的连接是用一个大直径的法兰面，必须要保证满足高温高压的密封需要，因而采用了新型的金属缠绕式密封垫。要保证密封面受力的均匀，各主螺栓承受相同的紧力，必须使用专用工具来拧紧主螺栓。其目的是使主螺栓伸长后拧紧螺母，待主螺栓恢复原来长度时即产生要求的预紧力。

（四）热屏蔽装置

泵和电机部分之间有一个热屏蔽装置。其作用是使泵壳中的高温水与电机腔内的高压冷却水隔开，并阻止其高温水热量通过泵壳和轴传递到电动机内，使二者之间的热传导降低到最小程度。高压冷却水回路的出水孔位于热屏蔽装置上，上部径向轴承（滑动轴承）固定在热屏蔽装置上。

（五）电机及其冷却

带鼠笼式转子的三相潜水湿式电动机是锅炉循环泵的动力，电动机处于高压热水中运行。导线的绝缘材料具有足够绝缘电阻值，并有良好的机械、耐水、耐温等性能、还具有充分的化学稳定性，防止导线因温度梯度而导致的绝缘老化。

电机的定子部分主要由一个由硅钢片压成的钢片束组成，钢片束的内部有铜绕组。铜线用交联高压聚乙烯绝缘，带有聚酰胺保护层防止机械磨损。两个端部绕组是无芯型的绕组。定子片束的端部装有压环，以使钢片有足够的刚度。定子片束采用冷缩法安装到电机壳中。

转子片束安装在轴上。转子是鼠笼式，即穿过转子的转子杆和两端的铜环焊接在一起。在两端，转子压环把片束固定住。

电机绕组通过三个单独的耐高压的电缆密封压盖供电。这些电缆密封压盖由铜或黄铜螺栓组成，采用绝缘套筒和电机壳体绝缘，并用防水的O形密封圈密封。螺栓和铜绕组线之间弹性连接，并且用黏合剂胶接压力密封，以防周围的水的渗漏。电缆密封压盖的设计使其可以经受电机的设计压力和温度。每根导线单独由电机壳的压盖出口引到接线盒中。

接线盒采用焊接设计。它用螺钉固定到电机壳的法兰上，用于连接电机和供电电源。接线盒用橡胶垫圈密封，防止水分（潮气）侵入。

锅炉循环泵电动机冷却水循环回路：高压冷却水从电机底部进入，经由电机下端的推力盘带动辅助叶轮，以推进循环的流动，冷却水继而经电机的转子和静子绕组及轴承间隙，从电机上端的出水口流出，温度升高了的高压一次水经外置的高压冷却器的高压侧将热量传给低压侧的低压冷却水，然后被冷却后的高压冷却水再进入电机，形成高压冷却水的闭路循环系统。

（六）转动部分

泵和电机部分配备一根共用的整体轴，叶轮安装在泵壳内。为了减小轴向推力，排出侧的叶轮盖圆盘上钻有推力平衡孔。

轴承箱有两个，一个在电机的下方，一个在电机的上方，它们装着采用泵输送介质的滑动轴承。止推轴承安装在轴的下端。止推轴承板上有径向的孔，从而可以起辅助叶轮的作用，其目的在于保持高压液在电机和高压冷却器之间的循环。

二、循环泵运行特点

（1）在启动过程中回收更多的工质和热量。启动过程中水冷壁的最低流量为25%BMCR，因此锅炉的燃烧率为加热25%BMCR的流量达到饱和温度和产生相应负荷下的过热蒸汽。如采用不带循环泵的简易系统，则再循环流量部分的饱和水要通过疏水扩容系统后，进入除氧器或冷凝器，在负荷极低时，这部分再循环流量接近25%BMCR的流量，除氧器和冷凝器不可能接收如此多的工质和热量，只有排入废水池，造成大量工质的损失，采用再循环泵后这部分流量在省煤器——水冷壁系统中做再循环，因而不会导致工质和热量的损失，在水冲洗阶段因水质不合格时，才通过疏水扩容器减压后，排往疏水箱至废水沟。

（2）能节约冲洗水量。采用再循环泵，可以采用较少的冲洗水量与再循环流量之和获得较高的水速，以达到冲洗的目的，因此与不带循环泵的简易系统相比，节省了最终排入扩容系统的冲洗水量。

（3）在锅炉启动初期，渡过汽水膨胀期后，由于采用了再循环泵，锅炉不需排水，节省了工质与热量。

（4）循环泵的压头可以保证启动期间水冷壁系统水动力的稳定性和较小的温度偏差。

（5）对于经常启停的机组，采用再循环泵可避免在热态或极热态启动时因进水温度较低而造成对水冷壁系统的热冲击而降低锅炉寿命。

第三节　系　统　调　试

一、技术指标及性能要求

（1）炉水循环泵系统各阀门动作灵活、指示正确。

（2）炉水循环泵系统各设备联锁保护，全部投入，动作正确。

（3）炉水循环泵泵壳及管道严密，不泄漏。

（4）炉水循环泵电动机腹腔注水水质、绝缘电阻、腹腔温度符合设计要求，电流不超过额定电流。

（5）炉水循环泵冷却水进出口温度符合设计要求，冷却水流量满足运行要求。

（6）炉水循环泵进、出口差压、出力符合设计要求。

（7）炉水循环泵和启动疏水泵轴承振动符合《风机、压缩机、泵安装工程施工及验收规范》（GB 50275—2010）的规定。

二、调试应具备的条件

（1）锅炉水压试验结束，试验合格，炉水循环泵具备进水条件。

（2）炉水循环泵注水管路及闭冷水管路安装结束，具备冲洗条件。

（3）电气安装工作结束，炉水循环泵电动机及有关电动设备，已按规定检查合格，具备送电试转条件。

（4）炉水循环泵系统所有电动门和调整门调试结束，DAS系统控制的阀门具备操作条件，并经检查验收合格。

（5）启动分离器贮水箱水位计、启动疏水扩容器凝结水箱水位计安装和调试完成，可正常投用。

（6）炉水循环泵系统的有关热工表计及DAS系统内的测点参数调试结束，锅炉就地表

计安装齐全，指示正确。

(7) 炉水循环泵静态联锁保护试验合格，定值整定正确。

(8) 用兆欧表在接线杆上检查电机引线对地间的绝缘电阻是否大于200MΩ。

(9) 电机接线正确，并确保电压在试车之前不会降到额定电压的80%以下。

(10) 锅炉启动系统调试前安全技术交底完成。

三、调试方法及程序

(1) 炉水循环泵注水管路及闭冷水管路冲洗。

炉水泵冷却水分注水系统（高压冷却水）及闭式冷却水系统（低压冷却水）两部分。注水系统的水进入马达腔室，为防止固体杂物进入马达腔室，在系统投用前必须进行冲洗。闭式冷却水系统冷却水进入冷却器，为防止运行中冷却器内杂物沉积或堵塞，为此在投用前也应冲洗干净。

由于锅炉酸洗期间，炉水循环泵需要参与循环运行，以达到更佳完善的酸洗效果。炉水循环泵在酸洗期间必须保持连续注水，而且必须充注合格品质的水，充注用水中所含固体物质的量不应该超过0.25mg/L，温度最高不应该超过50℃，最低4℃，卤含量（特别是氯化物）小于50mg/L，pH大于或等于6.5；冲洗水量5L/min，注水压力比泵的排出压力至少高2～5bar。如果遵守这些规定，就会防止腐蚀及固体颗粒的意外侵入，泵装置可以得到足够的保护。而此时炉水泵正式低压注水管路（凝结水来）没有条件参与注水，此时需要设计一路临时注水管路，以满足锅炉酸洗期间炉水泵的持续注水要求以及锅炉冲管期间炉水泵的注水要求。

炉水泵临时注水管路来自于凝补水箱（注水期间，凝补水箱加药，水质合乎炉水泵注水要求），经过两台临时注水泵后经过临时注水管路接入正式注水管路。两台临时注水泵需要放置0m层，以保证其需要的吸入压头，正常情况下一用一备（电气设置互为联锁），酸洗期间需要有专人监护，如有一台跳闸，需要立即启动另一台备用泵，防止酸液渗入电机内部，损害电机。Π型锅炉临时注水泵压升至少2.5MPa，塔式锅炉临时注水泵压升至少3.5MPa，伴有再循环管路，出口各有逆止门，并装设压力表。通过再循环管路来调节注水泵出口压力。

炉水泵注水管路及闭冷水管路投用之前，必须经过冲洗合格。

1) 闭冷水管路的冲洗。分别冲洗隔热屏冷却器、热交换器以及注水冷却器闭冷水管路，同时将闭式冷却水回水管路引至安全地点，打开沿路所有阀门，调整冷却水进水阀开度调整流量，以脱开法兰口为排放口冲洗至水质澄清，完成后恢复成原来管路。

冲洗前，冲洗管路中的流量开关、冷却器等关键部件必须隔离或者旁路。

2) 低压注水管路的冲洗。以两台临时注水泵作为冲洗水源，对炉水泵临时注水管道进行冲洗。冲洗分为三步，先对过滤器前管路进行冲洗，继而对过滤器进行冲洗，最后冲洗至炉水泵注水门前。

(2) 炉水循环泵启动注水。

1) 凝补水箱加药，水质合乎炉水泵注水要求。

2) 打开泵壳及吸入管线放空阀，以排出泵/电机中的空气；关闭循环泵注水双联隔绝门。

3) 启动临时注水泵，以大流量冲洗注水管路，直到从电机注水疏水管路中流出的水清澈干净。取水样分析，并将数据与规定的水质相比较。

4）水质合格后，调节注水流量，关闭电机注水疏水门，开启注水双联隔绝门，然后进行注水，直到水从泵壳放空管路中流出。

5）从泵壳放空阀中取水样分析，并将数据与规定的水质相比较。水质合格后，关闭泵壳放空阀门，继续注水，直至锅炉点火停止注水（酸洗锅炉点火期间保持连续注水）。

（3）热工检查允许启动炉水泵条件：

1）炉水泵进口门已开足。

2）炉水泵再循环阀开度大于80%或炉水泵出口门开启且出口调门开度大于10%。

3）储水箱水位大于10m。

4）炉水泵泵壳与进口水温差小于50℃。

5）低压冷却水流量大于21m^3/h。

6）电机腔室温度不大于60℃。

7）储水箱压力不大于18MPa。

（4）热工检查炉水泵跳闸条件：

1）电机腔室温度不小于65℃。

2）储水箱水位小于2m。

3）炉水泵进口门关闭。

4）炉水泵进出口差压不大于0.35MPa，延时5s。

5）炉水泵电气保护动作。

（5）热工检查炉水泵报警信号：

1）低压冷却水流量不大于21m^3/h。

2）电机腔室温度不小于60℃。

3）炉水泵进出口差压小于0.8 MPa。

（6）投运炉水循环泵闭式冷却水系统。

（7）锅炉开始上水，此时循环泵出口隔离阀关闭，最小流量再循环阀、吸入管线入口阀门开启。

（8）锅炉上水，储水箱到高水位，停止上水，炉水泵具备启动条件。

（9）开启锅炉炉水泵入口过冷水电动门，投入过冷水调门自动。

（10）合上炉水泵的电源，仅给电机通电5s进行点转，以便让滞留在系统中的气泡跑出来。

（11）关闭出口阀，或让它保持在关闭状态，以检验零流量压头；如果电机转向正确，零流量压头是180mH_2O（1.76MPa）左右，如果压头比此值小很多，则电机转向错误。

（12）点转期间观察炉水循环泵的启动电流、空载电流、进出口压差、出口压力、电机腔室温度等参数是否正常并记录；就地观察炉水泵启动声音、振动是否正常。

（13）在15min之后重新启动电机5s进行第二次点转，再次确认零流量压头是否正确，此时炉水泵最小再循环电动阀应联锁开启，炉水泵停止后最小再循环电动阀应联锁关闭；此时炉水泵出口电动阀在就地位，不参与联锁反应。

（14）点转期间观察炉水循环泵的启动电流、空载电流、进出口压差、出口压力、电机腔室温度等参数是否正常并记录；就地观察炉水泵启动声音、振动是否正常。

(15) 在15min之后重新启动电机5s进行第三次点转。

(16) 点转期间观察炉水循环泵的启动电流、空载电流、进出口压差、出口压力、电机腔室温度等参数是否正常并记录；就地观察炉水泵启动声音、振动是否正常。

(17) 若经过三次点转炉水泵无异常现象，15min之后重新启动电机，炉水泵正式运行。

(18) 由于酸洗期间炉水循环泵出口调节门及炉水泵出口管道流量喷嘴不参与酸洗，故而炉水循环泵出口流量只能依靠炉水循环泵出口电动门控制。炉水循环泵启动逻辑中，存在炉水循环泵启动后，会联开炉水循环泵出口电动门及炉水循环泵最小流量再循环电动门。因而解除炉水循环泵逻辑中炉水循化泵启动后联开出口电动门。改为炉水循环泵启动后，联锁开启最小流量再循环电动门，而出口电动门改为就地控制（DCS上没有中停位置），以点操方式慢慢增加开度，增加出力以炉水泵电流为准；在这期间，注意储水箱水位，防止水位过低跳闸炉水泵。待酸洗结束、炉水循环泵出口调节门恢复后，逻辑恢复如初。

(19) 待炉水泵电流接近额定电流后，维持炉水泵连续运行4h，此期间进行下列检查：

1) 用振动检测器测量几次电机的振动，记下读数便于将来比较。

2) 手持听音杆在泵壳和电机壳上检测轴承的摩擦噪声是否超标。

3) 每隔一固定的时间检测一次电机的运行温度。

4) 检测几次电机电流及压差的读数，并记录这些读数。

5) 检查冷却器高压和低压侧的进出口温度，并记录。

(20) 冷态停用炉水泵

1) 在控制台上按下停按钮。

2) 循环泵出口电动门联关。

3) 维持到高压冷却器的低压冷却水供应。

4) 如果循环不定期关闭并且有冷冻危险，泵装置应进行防零下温度保存。

(21) 热态启动炉水泵

1) 投运炉水循环泵闭式冷却水系统。

2) 检查锅炉储水箱水位处于高水位。

3) 利用循环泵出口管暖管对泵进行预热。

4) 泵壳温度与炉水温差在55℃以内。

5) 启动炉水泵。

6) 循环泵出口电动门联开。

(22) 热态停用炉水泵

1) 在控制台上按下停按钮。

2) 循环泵出口电动门联关。

四、风险控制

(1) 所有注水管路应冲洗干净，严格防止垃圾、杂质进入泵电机内。

(2) 为了消除任何可能产生的气穴，在对泵进行注水时须小心操作，以排除泵内的空气。从电机底部向上注水，注水速度应缓慢，约为5L/min。

(3) 炉水泵停运后，泵进口工质温度高于65℃，低压冷却水应维持运行，保证正常的冷却水流量。

(4) 炉水泵热备用时，应开启启动旁路热备用隔绝门、储水箱水位调整热备用门，投入启动旁路热备用调门自动，对炉水泵进出口管道和储水箱至扩容器的管路进行预暖。当炉水泵进口工质温度大于400℃，热备用系统自动停用。

(5) 炉水泵放水必须待锅炉本体放水后执行，待炉本体及储水箱水已放净后，泵壳壁温低于60℃才能对炉水泵进行放水。严禁炉水泵泵壳内的水经电机腔室排放。

(6) 冬季应做好炉水泵防冻措施，确保炉水泵电机温度在5℃以上。

(7) 调试前应进行调试措施安全技术交底。

第四节 常见问题及处理

一、电机腔室温度高

(一) 原因分析

(1) 低压冷却水流量不足、管道泄漏或中断。

(2) 低压冷却水温度过高。

(3) 电机腔室高压冷却水系统泄漏，炉水倒流引起温度过高。

(4) 低压冷却器泄漏、堵塞、冷却效果差。

(5) 电机腔室进口滤网堵。

(6) 泵轴承故障。

(二) 处理措施

(1) 提高炉水泵低压冷却水压力，降低冷却水温度。

(2) 若闭冷水母管压力低，应启动闭式冷却水增压泵，检查压力1.0 MPa左右，低压冷却器进口流量大于25m³/h。

(3) 炉水泵电机腔室高压冷却水系统泄漏，将炉水泵隔离，无法隔离时，投入电机高压注水，注水温度小于50℃。

(4) 检查轴承是否损坏，如噪音和振动增大，立即停泵处理。

(5) 电机腔室进口滤网堵，视温升情况，停用炉水泵，待满足条件后由检修清理进口滤网。

(6) 电机腔室温度达到65℃时，必须停止炉水泵运行。

二、炉水泵振动大

(一) 原因分析

(1) 轴承磨损或间隙大。

(2) 炉水泵进口门未全开或关闭。

(3) 炉水泵出口流量低时，再循环门未开。

(4) 贮水箱水位过低或泵进口过冷度低，炉水泵汽蚀。

(二) 处理措施

(1) 加强监视，振动加剧并威胁设备安全运行时，立即停止运行。

(2) 贮水箱水位过低引起炉水泵振动过大，且电流不正常晃动时，停止炉水泵运行，待水位恢复正常后，重新启动炉水泵。

(3) 适当提高泵进口过冷度，消除泵汽蚀现象。

三、炉水泵汽蚀

（一）原因分析

（1）泵进口过冷度低。

（2）贮水箱水位过低。

（3）贮水箱压力急剧下降。

（二）处理措施

（1）密切监视炉水泵进口温度，保证过冷度不低于20℃。

（2）密切监视贮水箱水位，防止水位大幅度降低。

（3）防止贮水箱压力急剧下降。

（4）发现炉水泵汽蚀时，立即停止泵运行。

四、炉水泵跳闸

（一）原因分析

（1）炉水泵电气保护动作。

（2）电机腔室温度高。

（3）炉水泵进出口差压低。

（4）炉水泵进口门误关。

（5）贮水箱水位低。

（二）处理措施

（1）炉水泵跳闸时，严密监视省煤器出口给水流量，防止给水流量低引起MFT。

（2）炉水泵跳闸时，贮水箱水位上升较快，确认储水箱水位调门跟踪调节正常。

（3）查明炉水泵跳闸原因并进行相应处理。

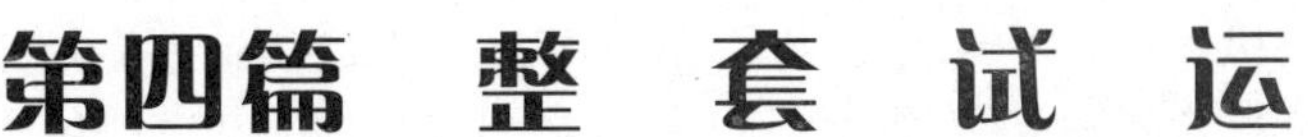

第四篇　整　套　试　运

第十七章　整套试运概述

第一节　概　　述

整套启动试运阶段是从炉、机、电等第一次联合启动时锅炉点火开始，到完成满负荷试运移交生产为止。一般分“空负荷试运”、“带负荷试运”和“满负荷试运”三个阶段，由试运指挥部下属“整套试运组”负责。

整套启动试运时间的长短决定了整体进度的快慢。在试运时控制了决定试运质量、时间的主要因素，就能少走弯路，事半功倍。

整套启动程序一般按照图17-1所示流程进行。

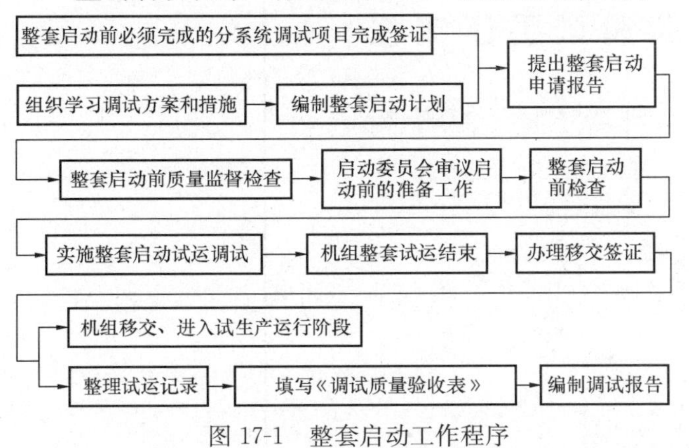

图17-1　整套启动工作程序

1. 整套启动调试措施、计划

整套启动调试措施、计划由调试单位负责编写，建设、生产、监理、施工等单位共同讨论、修改。整套启动调试措施、计划需经试运指挥部总指挥批准后方可实施。

2. 整套启动申请报告

整套启动申请报告是由施工、调试、建设、生产、监理单位分别向试运指挥部提出。

3. 整套启动前质量监督检查

整套启动试运前，建设单位负责联络上级质量监督机构，组织各参建单位对设计、制造、土建、安装、调试、施工质量、生产准备情况对照《质量监督检查大纲》进行全面监督检查，并对整套启动试运前的工程质量和分部试运质量提出综合评价，对机组是否具备《火力发电建设工程启动试运及验收规程》（DL/T 5437—2009）规定的整套启动的条件进行确认，并报告启动验收委员会（启委会）。

4. 启委会审议启动前的准备工作

试运指挥部负责提请启委会在机组整套启动前，审议试运指挥部有关机组整套启动准备情况的汇报、协调整套启动的外部条件、决定机组整套启动的时间和其他有关事宜。

5. 整套启动前系统检查

由工程监理单位负责组织建设、生产、监理、调试、施工等单位组成检查组，根据整套启动调试措施的要求对机组启动前的条件、系统进行全面检查。检查后由监理单位负责汇总整改项目并报试运指挥部，以试运指挥部名义书面下发到各单位，各单位必须限期整改完成。

6. 实施整套启动试运调试

由调试单位组织机、电、炉、热、化、燃料等各专业组实施整套启动试运调试计划，完成《火力发电建设工程启动试运及验收规程》（DL/T 5437—2009）和合同要求的各项试验内容，做好各项调试记录，完成168h满负荷连续试运行。

7. 机组整套启动试运结束

由试运总指挥上报启委会同意后，宣布满负荷试运结束，由试生产组接替整套试运组的试运领导工作。对暂时不具备处理条件而又不影响安全运行的项目，由试运指挥部上报启委会确定负责处理单位和完成时间。

8. 办理移交签证

整套启动试运结束后，由试运指挥部安排召开启委会会议，上听取并审议整套试运和移交工作情况的汇报，办理移交试生产的签字手续。

对于调试单位而言，机组整套启动调试工作宜参照如下工作程序进行，具体如图17-2所示。

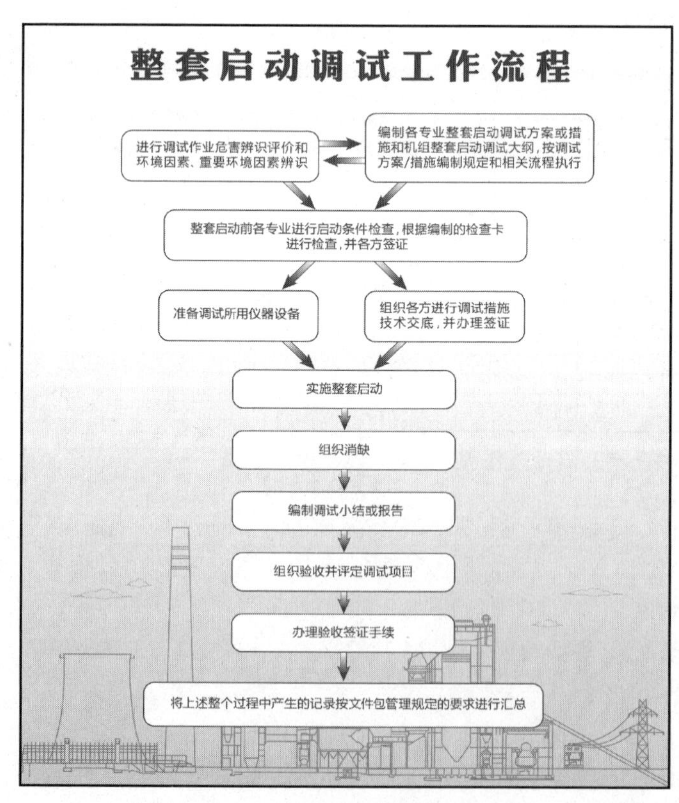

图17-2　整套启动调试工作流程

第二节　整套试运准备工作

整套启动试运应具备下列条件：

(1) 试运指挥部及各组人员已全部到位，职责分工明确，各参建单位参加试运值班的组织机构及联系方式已上报试运指挥部并公布，值班人员已上岗。

(2) 建筑、安装工程已验收合格，满足试运要求；厂区外与市政、公交、航运等有关的工程已验收交接，能满足试运要求。

(3) 必须在整套启动试运前完成的分部试运项目已全部完成，并已办理质量验收签证，分部试运技术资料齐全。主要检查项目有：

1) 锅炉、汽轮机（燃机）、电气、热控、化学、环保等专业的分部试运完成情况。

2) 机组润滑油、控制油、变压器油的油质及 SF_6 气体的化验结果。

3) 空冷岛系统严密性试验、发电机风压试验结果。

4) 发电机封闭母线微正压装置投运情况。

5) 保安电源切换试验及必须运行设备保持情况。

6) 热控系统及装置电源的可靠性。

7) 通信、保护、安全稳定装置、自动化和运行方式及并网条件。

8) 储煤和输煤系统。

9) 除灰和除渣系统。

10) 废水处理及排放系统。

11) 脱硫、脱硝系统和环保监测设施等。

(4) 整套启动试运计划、重要调试方案及措施已经总指挥批准，并已组织相关人员学习，完成安全和技术交底，首次启动曲线已在主控室张挂。

(5) 试运现场的防冻、采暖、通风、照明、降温设施已能投运，厂房和设备间封闭完整，所有控制室和电子间温度可控，满足试运需求。

(6) 试运现场安全、文明。主要检查项目有：

1) 消防和生产电梯已验收合格，临时消防器材准备充足且摆放到位。

2) 电缆和盘柜防火封堵合格。

3) 现场脚手架已拆除，道路畅通，沟道和孔洞盖板齐全，楼梯和步道扶手、栏杆齐全且符合安全要求。

4) 保温和油漆完整，现场整洁。

5) 试运区域与运行或施工区域已安全隔离。

6) 安全和治安保卫人员已上岗到位。

7) 现场通信设备通信正常。

(7) 生产单位已做好各项运行准备。主要检查项目有：

1) 启动试运需要的燃料（煤、油、气）、化学药品、检测仪器及其他生产必需品已备足和配齐。

2) 运行人员已全部持证上岗到位，岗位职责明确。

3) 运行规程、系统图表和各项管理制度已颁布并配齐，在主控室有完整放置。

4）试运设备、管道、阀门、开关、保护压板、安全标志牌等标志齐全。

5）运行必需的操作票、工作票、专用工具、安全工器具、记录表格和值班用具、备品配件等已备齐。

（8）试运指挥部的办公器具已备齐，文秘和后勤服务等项工作已经到位，满足试运要求。

（9）配套送出的输变电工程满足机组满发送出的要求。

（10）已满足电网调度提出的各项并网要求。主要检查项目有：

1）并网协议、并网调度协议和购售电合同已签订，发电量计划已批准。

2）调度管辖范围内的设备安装和试验已全部完成并已报竣工。

3）与电网有关的设备、装置及并网条件检查已完成。

4）电气启动试验方案已报调度审查、讨论、批准，调度启动方案已正式下发。

5）整套启动试运计划已上报调度并获得同意。

（11）电力建设质量监督机构已按有关规定对机组整套启动试运前进行了监检，提出的必须整改的项目已经整改完毕，确认同意进入整套启动试运阶段。

（12）启委会已经成立并召开了首次全体会议，听取并审议了关于整套启动试运准备情况的汇报，并做出准予进入整套启动试运阶段的决定。

第三节 整套试运工作内容

一、调试单位作用

调试单位在整套试运阶段宜进行如下工作：

（1）负责整套启动试运阶段的现场组织、指挥工作。

（2）检查确认整套启动应具备的条件。

（3）编制整套启动前调试单位的质监汇报资料。

（4）编制整套启动前调试单位的启动委员会汇报资料。

（5）安排整套启动试运期间的周工作计划及日工作安排。

（6）参加试运值班。

（7）主持整套启动试运的交接班会议。

（8）主持整套启动试运期间事故分析会议。

（9）负责试运期间现场重大问题的技术决策。

（10）检查各系统及机、炉、电主保护全部投入。

（11）组织机组空负荷、带负荷阶段的各项试验。

（12）检查机组进入168h试运的条件。

（13）统计汇总168h试运的各项质量指标。

（14）统计汇总168h试运后的设备缺陷。

（15）编制整套启动后调试单位的质监汇报资料。

（16）编制整套启动后调试单位的启动委员会汇报资料。

在整套启动阶段结束，移交生产后，调试单位还将进行如下工作：

（1）组织各专业人员编制项目部及各专业调试报告。

(2) 组织各专业继续完成未完的调试项目。

(3) 对电厂进行调试质量回访。

二、整套启动工作内容

机组整套启动工作内容应按空负荷试运、带负荷试运和满负荷试运三个阶段进行。

(1) 空负荷试运一般应包括下列内容：

1) 锅炉点火，按启动曲线进行升温、升压，投入汽轮机旁路系统。

2) 系统热态冲洗，空冷岛冲洗（对于空冷机组)。

3) 按启动曲线进行汽轮机启动。

4) 完成汽轮机空负荷试验。机组并网前，完成汽轮机本体相关试验并投入保护。

5) 完成电气并网前试验。

6) 完成机组并网试验，带初负荷和暖机负荷运行，达到汽轮机制造商要求的暖机参数和暖机时间。

7) 暖机结束后，发电机与电网解列，立即完成汽轮机阀门严密性试验和机械超速试验；完成汽轮机维持真空工况下的惰走试验。

8) 完成锅炉蒸汽严密性试验和膨胀系统检查、锅炉安全阀校验（对超临界及以上参数机组，主汽系统安全阀校验在带负荷阶段完成）和本体吹灰系统安全阀校验。

(2) 带负荷试运一般应包括下列内容：

1) 机组分阶段带负荷直到带满负荷。

2) 完成规定的调试项目和电网要求的涉网特殊试验项目。

3) 按要求进行机组甩负荷试验，测取相关参数。

4) 在条件许可的情况下，宜完成机组性能试验项目中的锅炉（燃机）最低负荷稳燃试验、自动快减负荷（RB）试验。

(3) 满负荷试运。

1) 同时满足下列要求后，机组才能进入满负荷试运：

① 发电机达到铭牌额定功率值。

② 燃煤锅炉已断油，具有等离子点火装置的等离子装置已断弧。

③ 低压加热器、除氧器、高压加热器已投运。

④ 静电除尘器已投运。

⑤ 锅炉吹灰系统已投运。

⑥ 脱硫、脱硝系统已投运。

⑦ 凝结水精处理系统已投运，汽水品质已合格。

⑧ 热控保护投入率100%。

⑨ 热控自动装置投入率不小于95%、热控协调控制系统已投入，且调节品质基本达到设计要求。

⑩ 热控测点/仪表投入率不小于98%，指示正确率分别不小于97%。

⑪ 电气保护投入率100%。

⑫ 电气自动装置投入率100%。

⑬ 电气测点/仪表投入率不小于98%，指示正确率分别不小于97%。

⑭ 满负荷试运进入条件已经各方检查确认签证、总指挥批准。

⑮ 连续满负荷试运已报请调度部门同意。

2）同时满足下列要求后，即可以宣布和报告机组满负荷试运结束：

① 机组应连续完成168h满负荷试运行。

② 机组满负荷试运期的平均负荷率应不小于90%额定负荷。

③ 热控保护投入率100%。

④ 热控自动装置投入率不小于95%、热控协调控制系统投入，且调节品质基本达到设计要求。

⑤ 热控测点/仪表投入率不小于99%，指示正确率分别不小于98%。

⑥ 电气保护投入率100%。

⑦ 电气自动装置投入率100%。

⑧ 电气测点/仪表投入率不小于99%，指示正确率分别不小于98%。

⑨ 汽水品质合格。

⑩ 机组各系统均已全部试运，并能满足机组连续稳定运行的要求，机组整套启动试运调试质量验收签证已完成。

⑪ 满负荷试运结束条件已经多方检查确认签证、总指挥批准。

（4）达到满负荷试运结束要求的机组，由总指挥宣布机组试运结束，并报告启委会和电网调度部门。至此，机组投产，移交生产单位管理，进入考核期。

第四节 整套试运调试质量管理

为了更好更快地完成大型机组调试工作，应该合理、有效地利用有限资源，努力提高调试工作的质量水平，确保机组安全可靠，使电厂、电网等获得最大效益。因此，在调试过程中，调试管理环节至关重要。调试管理是对分部试运、机组整套启动试运调试工作的管理，包含质量、安全、进度控制、技术等。

一、技术质量指标

（1）机组保护投入率：100%。

（2）自动投入率：100%。

（3）机组保护正确动作率：100%。

（4）仪表投入率：100%。

（5）辅机联锁保护投入率：100%。

（6）辅机程控投入率：100%。

（7）机组真空严密性：<0.2kPa/min。

（8）发电机漏氢量：<10Nm^3/d。

（9）涉网试验在168h满负荷试验前完成。

（10）汽轮发电机最大轴振（双振幅）：<0.076mm。

（11）首次点火到168h结束耗用燃油（单台机组）：<2000t。

（12）不投油最低稳燃负荷率（BMCR）：30%。

（13）汽水品质分阶段：100%合格。

（14）从点火吹管到完成168h满负荷试运天数：<50。

（15）完成168h满负荷试运的启动次数：<3。

（16）高、低加全投入。

（17）电除尘投入。

（18）脱硫、脱硝投入。

（19）机组及系统的各项指标应达到或优于原设计的要求，168h试运结束后能够安全、稳定、经济运行。

（20）RB、一次调频在线监测、AGC投入完好。

（21）实现化学制水、制粉系统投入、点火冲管、汽轮机冲转、发电机并网、168h试运等项目一次成功。

（22）机组投入商业运行后一年内，不发生由于调试原因造成的非计划停运。

二、质量保证措施

在调试过程中，提高调试在工程优化中的“关键”作用的认识，实行调总负责制，实施调试监理，认真执行《火力发电建设工程机组调试质量验收及评价规程》（DL/T 5295—2013）、《火力发电建设工程启动试运及验收规程》（DL/T 5437—2009）、《火力发电建设工程机组调试技术规范》（DL/T 5294—2013）等规程，通过质量保证措施，实现调试质量的高标准管理，从而推动工程进度保质保量的顺利进行。

（1）调试协调会议制度。在机组整套启动调试期间，每日召开调试现场协调会议。由调试单位负责人主持，由综合组负责整理、发布会议纪要。会议时间一般安排在每天08：00点和20：00点召开。

参会单位有业主及其相关部门、施工、安装、设计、监理、调试、设备厂家等。

会议应反映机组调试遇到的问题、明确需要沟通的事项、总结当天的调试工作、安排明天的调试计划、尽量落实解决问题的责任单位。

会议内容宜包含以下内容：

1）机电炉运行方式。

2）机组各系统运行状况。

3）机组运行主要参数。

4）本班主要操作。

5）出现的异常情况。

6）采取的技术措施。

7）接班调试试运现场指挥根据交班情况，提出问题并安排本班具体工作。

8）运行值长汇报运行情况，对运行参数，运行方式及状况提出自己的看法，并汇报发现的问题，处理的问题以及巡检情况。

9）安装单位对现场设备运转情况进行汇报，主要设备的现场运行状态及参数是否异常，是否出现过异常，系统泄漏情况如何，处理的问题，采取的临时措施。

10）监理单位对有异常情况的通报，以及进行的检查工作情况进行通报。

11）管理单位提出对问题处理的答复意见，应采取措施的建议。

12）试运总指挥根据各单位汇报情况汇总，安排下一步工作。

13）会议由试运办公室组织并记录、编写、并由会议主持人签发《试运日报》（或《试运纪要》）。

(2) 在整套启动试运中，调试、建设、生产、施工、监理各单位对设备的各项运行数据(如振动、膨胀、温度、汽水品质、机组主要运行参数等)、设备缺陷、异常情况及其处理情况，做出详细记录。

(3) 对缺陷的管理要求做到及时发现、尽快处理、跟踪消缺、消缺管理封闭。

整套启动期间发现的缺陷，执行试运指挥部颁发的现场缺陷票，详见附录。整套启动试运组每值专门配置缺陷管理员（监理、运行每值各一人），负责缺陷登记、汇总统计、分类分发。当值指挥及时落实责任单位安排人员消缺，并进行消缺情况跟踪。消缺完成后，责任单位应及时办理缺陷单终结手续，消缺结果经电厂运行人员检查确认后，经当值指挥同意，由每值缺陷管理员负责登记注销。当值不能完成的消缺工作应及时做好交接手续。

(4) 完成机组整套启动试运后，由调试单位和建设、生产、施工和监理单位按《调试验标》规定的统一格式进行各专业验收签证。

(5) 机组整套试运结束，调试、建设、生产、施工、监理单位在两周内写出整套试运总结报告。在一个半月内向建设单位移交整套调试资料。

(6) 机组试运结束后，由试运指挥部综合组组织调试单位、建设单位、生产单位、施工单位、监理单位立即填写机组整套启动运行综合指标验收范围表 17-1 中的数据。

表 17-1　　机组整套启动试运综合指标验收范围表

序 号	单位工程名称	验收表编号
1	机组整套启动试运过程记录表	表 4.3.13-1
2	机组进入满负荷试运条件确认表	表 4.3.13-2
3	机组结束满负荷试运条件确认表	表 4.3.13-3
4	机组额定负荷时主要运行参数记录表	表 4.3.13-4
5	机组整套试运汽轮发电机组轴振记录表	表 4.3.13-5
6	机组 168 小时连续满负荷试运电量统计表	表 4.3.13-6
7	机组热控保护投入情况统计表	表 4.3.13-7
8	机组热控自动调节系统投入情况统计表	表 4.3.13-8
9	机组热控测点投入情况统计表	表 4.3.13-9
10	机组电气保护装置投入情况统计表	表 4.3.13-10
11	机组电气自动装置投入情况统计表	表 4.3.13-11
12	机组电气测点投入情况统计表	表 4.3.13-12
13	机组化学监督指标统计表	表 4.3.13-13
14	机组整套启动试运经济技术指标统计表	表 4.3.13-14
15	机组 168 小时连续满负荷每日试运曲线（1～7）	表 4.3.13-15

三、精细化调试管理

整套启动阶段调试精细化管理的主要工作内容如下：

(1) 合理安排整套试运计划，为达到机组长周期、安全、稳定、经济运行的长远目标，应在整套试运期间完成下列试验：

1) 锅炉断油最低稳燃负荷试验；

2) 机组轴系振动试验；

3）机组 RB 试验；

4）涉网试验。

（2）机组启动后，加强汽水系统阀门严密性控制，测试阀门内漏情况，减少系统内漏，提高机组整体热效率。针对机组在 25％、50％、75％、100％额定负荷下进行检查、测试各阀门的内漏，以便在机组停运期间组织安装单位设备厂家及时消缺。

（3）进一步完善自动调节系统的控制逻辑和参数，有针对性地对各模拟量调节系统的控制策略进行优化，进一步提高系统的稳定性，主要包括：机组协调控制系统、DEH 控制系统、给水控制系统、锅炉燃烧及汽温控制系统。

（4）在机组热态运行后，应对空气预热器密封间隙检查调整，组织进行烟风系统挡板严密性检查，炉膛内部结焦、燃烧器、磨煤机内部检查。组织进行除尘器内部积灰检查、清理。

（5）带负荷期间，为提高机组运行的稳定性、可靠性，应完成部分性能试验，如 RB 试验、轴系振动试验、锅炉低负荷稳燃试验、风机高负荷并列试验，研究低负荷单风机运行特性等。

（6）带负荷期间或移交生产后，为提高机组运行的经济性，完成锅炉制粉系统调整试验，掌握其性能以及磨煤机分离器转速、磨煤机通风量、磨煤机出力等之间的关系，合理地配置制粉系统运行参数。其试验内容应包括：变磨煤机通风量试验 、动态分离器转速与给煤量、煤粉细度的关系曲线试验、变出力试验，磨煤机最大/最小出力试验。应完成不同负荷点的燃烧调整试验，获得优化运行工况指导运行。其试验内容应包括：氧量调整试验，燃烧配风调整试验，汽温特性调整试验，煤粉经济细度试验，煤粉细度一定时的风煤比曲线试验，不同负荷下磨煤机组合试验。

（7）应完成汽轮机真空严密性试验、发电机气密性试验；机组冷态、温态、热态运行方式的调整；应完成机组变负荷试验，提高变负荷运行经济性。

（8）组织机组散热测试，对锅炉炉顶、燃烧器区域、汽轮机本体、主蒸汽管道、再热蒸汽管道、给水管道、各加热器、抽汽管道、阀门等设备及管道的保温效果进行评价，消除散热超标的部位。

（9）在进行主机设备性能指标和综合技术经济指标试验前，应完成汽水流量平衡试验、机组散热测试、回热抽汽系统调整试验和机组定滑定运行参数优化试验。通过汽水流量平衡试验，计算不明泄漏量，根据流量平衡计算和系统不明泄漏量情况，判断机组内、外漏水平，进行针对性的阀门泄漏检查，列出泄漏阀门清单，指导消除系统内外漏，提高机组运行的经济性。通过机组散热测试，对锅炉炉顶、燃烧器区域、汽轮机本体、主蒸汽管道、再热蒸汽管道、给水管道、各加热器、抽汽管道、阀门等设备及管道的保温效果进行评价，消除散热超标的部位。通过回热抽汽系统调整试验，对回热系统焓升分配、各加热器、除氧器温升及加热器上、下端差等合理性、经济性进行分析，并提出各加热器、除氧器优化运行方式。通过机组定滑定运行参数优化试验，获得机组在全负荷范围内的最佳运行方式，合理选择定滑定运行方式的负荷转折点，确定定滑定运行方式下，各负荷点的主蒸汽压力和相应的高压主汽调门开度。

（10）性能阶段完成主要辅机的性能优化试验，如风机性能试验并确定优化工况点、循环水泵优化运行试验、给水泵优化试验、磨煤机运行优化试验等，应完成脱硫系统和脱硝系统在不同负荷下的优化调整试验，获得优化工况。

（11）性能试验结束后，应认真对机组经济指标进行诊断和评估，分析影响锅炉空气预热器漏风率、锅炉效率、机组热耗、供电煤耗、厂用电率等指标的原因，找出对机组经济指标造成影响的因素，重点关注锅炉排烟温度、烟气成分、主蒸汽温度、主蒸汽压力、再热蒸汽温度、再热器压损、汽轮机高压缸、中压缸、低压缸效率、排汽压力、给水温度、过热器、再热器减温水、机组补水率、加热器端差等影响能耗的因素，并提出合理化建议，指导运行。

（12）各专业应严格按照基建调试程序和标准开展工作，并在调试、性能试验中落实调试质量精细化控制的要求。

第十八章

锅炉整套启动准备工作

锅炉专业在进行整套启动工作之前，必须进行下列条件确认。

一、现场条件

（1）场地基本平整，消防、交通及人行道畅通，厂房各层地面应完成，试运现场应设有明显标志和分界（包括试运区和施工区分界），危险区应有围栏和警告标志。

（2）试运区的施工脚手架应拆除，现场清扫干净，保证安全操作。

（3）试运区的梯子、平台、栏杆、护板等应按设计安装完毕，正式投入使用。

（4）消防系统具备投用条件，已经当地政府消防部门验收通过并已投入正常使用。试运区域的消防水源可靠，消防设施齐全。

（5）厂内、外排水设施能正常投运，沟道畅通，沟道及孔洞盖板齐全。

（6）试运范围的工业、生活用水系统和卫生安全设施应能投入正常使用。

（7）试运现场具有充足的正式照明，事故照明应能在正式照明故障时及时自动投入。

（8）所有投运的设备、管道和阀门已命名，并挂好标志牌，有关电气设备及禁烟区已配齐标志牌。

（9）各运行岗位都应有正式的通讯装置，根据试运要求增设的临时岗位，应有可靠的通信联络设施。

（10）保温、油漆及管道色标工作已按设计完工，并经验收合格。

（11）在严寒季节试运，现场应有防冻措施，厂房温度一般不得低于5℃，确保设备不冻坏，室外管道的防冻措施应符合设计要求。

（12）试运区等空调装置、采暖及通风设施应按设计正常投用。

（13）在酷暑季节或高温岗位应有防暑降温措施，确保人身安全。

（14）主厂房已封闭、完整，电梯已投运并经政府劳动部门验收通过。

（15）燃料（煤、油）及输送系统已按设计要求具备投运条件。

（16）环保、职业安全卫生设施及监测系统应按设计要求投运。

（17）煤斗、灰斗、锅炉内部等容器内无杂物。

（18）各专业在整套启动前，应进行的分系统试运、调整已结束，并核查分系统试运记录，确认已能满足整套启动试运条件；整套启动前质检查出的必须整改项目已完成整改。

（19）工程上级主管单位已按启动及竣工验收规程的要求，建立启动验收委员会及下设机构，做到职责清楚，分工明确。业主单位已配合试运指挥部进行调试前的准备工作检查。

（20）调试单位已经过资质认证，并配备了足够、合格的调试人员，且有明确的岗位责任制。

（21）生产部门已按机组整套试运大纲和措施准备好运行操作票及事故预案，并配备了各岗位的运行人员及试验人员，并有明确的岗位责任制；运行操作人员已经培训并考试合格，确实能胜任本岗位的运行操作和事故处理。

(22) 施工单位已根据机组整套试运大纲和措施的要求，配备了足够的维护检修人员，并有明确的岗位责任制；维护检修人员应熟悉所在岗位的设备（系统）性能，并能在整套试运组统一指挥下胜任检修工作，不发生设备、人身事故和中断试运行。

(23) 调试、施工单位已备齐机组整套试运的设备（系统）安装验收签证和分部试运记录。

(24) 调试单位已按《火电工程启动调试工作规定》及工程设计、设备资料，编制机组整套试运大纲和措施，经试运总指挥审批，并在试运前向参与试运的各有关单位人员交底。

(25) 生产部门已在试运现场备齐运行规程、系统流程图册、控制及保护逻辑图册、设备保护整定值清册、制造厂家的设计、运行和维护手册等有关技术文件，已在试运现场张挂整套启动试运曲线和锅炉点火、升压曲线等图表。

(26) 生活后勤工作已经落实。

二、系统及设备条件

(一) 烟风系统

(1) 送风机、引风机、一次风机、空气预热器试转合格，签证齐全，能满足满负荷试运要求。

(2) 锅炉冷态通风检查试验结束，风门挡板消缺完毕，风门挡板位置正确。

(3) 送风机、引风机、一次风机、空气预热器轴承润滑系统正常，冷却系统能正常投用。

(4) 空气预热器蒸汽吹灰系统、清洗系统、消防系统及火灾报警已能正常投用。

(5) 电除尘空升结束，加热及振打装置已调好，具备投用条件。

(6) 燃烧器机构调试完毕，可以投用。

(二) 汽水系统

(1) 锅炉各部件及汽水阀门严密不漏。

(2) 过热器、再热器安全阀，PCV 阀静态调试结束，投入运行。

(3) 锅炉疏水系统、放空系统安装结束，具备投运条件。

(4) 膨胀指示器齐全，冲管过程中发现的膨胀问题已整改。

(5) 锅炉酸洗、冲管临时管道已恢复。

(6) 高、低旁管道已恢复且高、低旁阀调试完毕。

(7) 过热器、再热器减温水系统调试完毕，可以投用。

(三) 制粉系统

(1) 制粉系统所有风门挡板调试结束，能正常动作。

(2) 磨煤机润滑油站调试完毕，磨煤机加载功能正常。

(3) 磨煤机安装完成，空载试转合格，磨煤机静态检查完成。

(4) 磨煤机石子煤系统调试完毕，具备投运条件。

(5) 磨煤机蒸汽灭火系统具备投运条件。

(6) 给煤机系统调试完成，带秤校验合格。

(7) 密封风系统调试完毕，具备投运条件。

（四）燃油系统

（1）燃油泵能正常投入使用，联锁功能完备。

（2）炉前油系统经吹扫（压缩空气蒸汽吹扫），打压验收合格，所有油枪、微油点火系统能正常投入运行（程控）。

（3）油枪及点火器位置正确。

（4）吹扫系统、蓄能器能正常投用。

（五）输煤系统

输煤系统调试完成，具备上煤条件。

（六）除灰、除渣系统

（1）所有的辅助设备调试完成，具备投运条件。

（2）电除尘及其辅助设备能正常运行，满足满负荷试运要求。

（3）除灰、排渣系统冷态调试完成，具备投用条件。

（4）气力除灰系统冷态调试完成。

（七）脱硫及脱硝系统

满足机组整套启动试运要求。

（八）取样、加药系统

具备投用条件。

（九）仪用、杂用压缩空气系统

具备投用条件。

（十）锅炉岛闭式冷却水系统

具备投用条件。

（十一）工业水、消防水系统

具备投用条件。

（十二）热工控制系统

（1）锅炉所有热工测点已好，能正常投用。

（2）所有辅机联锁保护试验已合格。

（3）火检系统，炉膛火焰监视系统能正常投用。

（4）烟温探针调试合格，具备投运条件。

（5）热工 SCS 调试已结束，完成预操作签证。

（6）BMS 功能检查完成，完成预操作签证。

（7）MFT 功能检查完成，炉、机、电联锁保护试验合格。

（8）所有吹灰器的程控柜静态调试已完成，能正常投用。

（9）下列 MCS 自动控制系统在首次整套启动前应完成。

1）炉膛负压自动。

2）油压自动。

（10）在进入 168h 试运前所有的 MCS 自动投用。

（11）光字牌报警画面已完成，能正常投用，事故报警、灯光、音像均能正常投入。

（12）热控逻辑无异常强制信号。

第十九章

锅炉整套试运工作程序

第一节 概 述

一、锅炉专业调试工作范围

在整套启动试运调试阶段，锅炉调试工作分三个阶段进行，第一阶段锅炉启动主要是配合汽机冲转，提供满足汽机冲转的参数，配合汽机、电气完成各项试验；第二阶段为带负荷试运，锅炉主要工作是完成从低负荷至满负荷锅炉粗调整，同时配合热工完成MCS自动的调试及汽机甩负荷试验；第三阶段为168h满负荷试运。

在这三个调试工作阶段中，调试单位锅炉专业具体工作如下：

（1）整套启动前准备性检查试验。

（2）指导运行人员按启动方案及运行规程的要求进行点炉操作，调整燃烧，控制升温升压速度，完成启动前有关工作。

（3）疏放水（包括排污）系统调试。

（4）锅炉蒸汽严密性试验和安全阀校验。

（5）配合化学进行冷态、热态冲洗，控制汽水品质。

（6）机组空负荷调试。

（7）发电机并入电网后，指导运行人员进行整套机组带负荷，调整燃烧，维持蒸汽参数在要求的范围内。

（8）制粉系统热态调试。

（9）燃烧调整试验。

（10）断油试验。

（11）带负荷试验。

（12）甩负荷试验。

（13）MFT动作试验。

（14）除灰、除渣系统的带负荷试验。

（15）吹灰系统的带负荷试验。

（16）电除尘系统的带负荷试验。

（17）空气预热器带负荷试验。

（18）168h连续试运行。

二、启动方式划分

根据锅炉的启动状态，超超临界百万机组锅炉启动方式通常分为冷态启动、温态启动、热态启动和极热态启动四类，国内三大锅炉厂对四类启动方式的划分大同小异，见表 19-1。

表 19-1　　　　　　　　　　启动方式的划分（一）

	启动方式	停炉时间 t（h）	分离器内壁温度（℃）
	冷态	$t>150$	$\leqslant 120$
哈尔滨锅炉厂	温态	$58<t<150$	120～260
	热态	$8<t<56$	260～340
	极热态	$2<t<8$	$\geqslant 340$
	启动方式	停炉时间 t（h）	分离器内壁温度（℃）
	冷态	$T>72$	$\leqslant 120$
东方锅炉股份	温态	$32<t<72$	120～210
	热态	$8<t<32$	260～340
	极热态	$1<t<8$	$\geqslant 340$
	启动方式	停炉时间 t（h）	主蒸汽压力（MPa）
	冷态	$T>72$	<1
上海锅炉厂	温态	$10<t<72$	1～6
	热态	$1<t<10$	6～12
	极热态	$t<1$	$\geqslant 12$

表 19-2　　　　　　启动方式的划分（二）

锅炉厂	启动方式	停炉时间 t（h）	主蒸汽压力（MPa）
	冷态	$t>72$	<1
上海锅炉厂	温态	$10<t<72$	1～6
	热态	$1<t<10$	6～12
	极热态	$t<1$	>12

锅炉启动应采用和机组启动相匹配的滑参数启动方式。无论在何种状态下启动，都应根据制造厂提供的启动曲线严格控制升温、升压速率。

三、启动步骤简介

由于超超临界 1000MW 机组锅炉启动系统分为带炉水循环泵及不带炉水循环泵两种，启动系统不同，锅炉的启动方式也不尽相同。这里以上海锅炉厂生产的带有炉水循环泵的 SG-3040/27.46 型锅炉为例，对超超临界 1000MW 机组锅炉的冷态启动、运行与调整、锅炉停运等进行介绍。

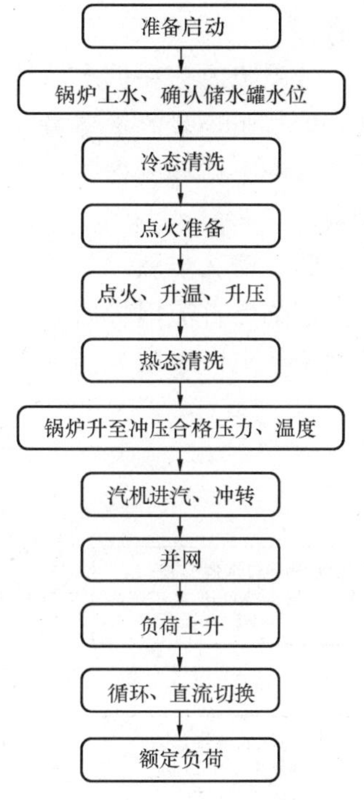

图 19-1　锅炉典型冷态启动流程

锅炉典型冷态启动流程如图 19-1 所示，当锅炉温态、热态和极热态启动时，不需要进行冷态清洗。

第二节　锅炉启动水冲洗

一、清洗原则

超（超）临界直流锅炉在首次点火或停炉时间大于150h以上时，为了清理受热面和给水管道系统均存在杂物、沉积物和因腐蚀生成的氧化铁等，启动前必须对管道系统和锅炉本体进行冷、热态清洗。

二、清洗范围

清洗范围包括给水管路、省煤器、水冷壁、汽水分离器、启动系统连接管路等。

三、清洗流程

启动清洗因流程不同可分为开式清洗和循环清洗种。开式清洗是清洗水不回收，全部通过贮水箱水位调节阀进入疏水扩容器后经疏水泵排出系统外（一般排至循环水）；循环清洗是把清洗水不排放至系统外，得到循环应用，达到节水的目的，直至锅炉水质满足点火要求。开式清洗的水质必须满足循环清洗水质的要求才能开始循环清洗。

根据上述描述，启动清洗流程主要分为开式清洗流程和闭式清洗流程。

1. 开式清洗流程

凝汽器→低加→除氧器→高加→省煤器→水冷壁→分离器→扩容器→循环水。

2. 闭式清洗流程

凝汽器→凝结水精处理→低加→除氧器→高加→省煤器→水冷壁→分离器→扩容器→凝汽器。

若系统内存在炉水循环泵，在闭式清洗的过程中可以适当开启炉水循环泵边循环边排放，炉水循环泵流量尽量大，增大清洗流速，循环一段时间后视水质情况考虑是否整炉放水，这种小循环流程的清洗方式可以节约用水，不需要受制于当前机组制水、供水能力的限制。

四、清洗步骤

超临界直流锅炉启动清洗时，主要监视省煤器入口给水水质及启动分离器连接球体（或贮水箱）出口水质。当热态清洗时，还需控制水冷壁出口水温。以下分冷态清洗和热态清洗来分别介绍。

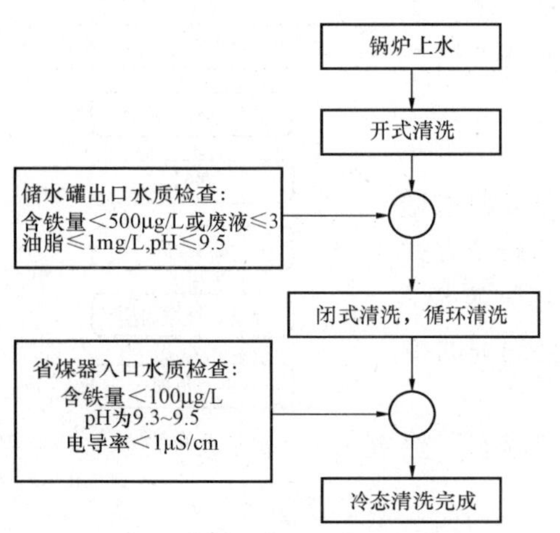

图19-2　锅炉冷态清洗流程

1. 冷态清洗

锅炉冷态清洗流程如图19-2所示。

（1）锅炉冷态冲洗前应该满足下列条件：

1）炉前给水系统冲洗完毕。

2）炉水循环泵注水完成。

（2）锅炉上水：

1）锅炉进水水质应满足：除氧器出口水质的含铁量小于200μg/L。

2）锅炉进行上水前检查，打开各路空气门，打开各路过热器疏水门，记录膨胀指示器指示。

3）辅汽联箱送汽。

4）除氧器上水，投蒸气加热，50℃后开启给水泵打循环。

5）锅炉冷态清洗时锅炉上水温度推荐为105～120℃，锅炉给水与锅炉金属温度的温差不许超过111℃。给水要求参见表19-3和表19-4。

6）当省煤器、水冷壁及启动分离器在无水状态，上水以10%BMCR左右给水流量。如果锅炉金属温度小于38℃且给水温度较高，锅炉上水速率应尽可能小。

7）待水从水冷壁、省煤器、分离器各排气门连续出水后关闭相应的排气门，确保清洗系统完全充满水，检查贮水箱的水位，将贮水箱水位控制自动投入。

表19-3　给水溶解氧含量、联氨浓度和pH标准

处理方式	pH（25℃）		溶解氧（μg/L）	联氨（μg/L）
	有铜系统	无铜系统		
加氧处理①	8.5～9.0	8.0～9.0	30～150	—

① 低压给水系统（除凝汽器外）有铜合金材料的应通过专门试验，确定在加氧后不会增加水汽系统的含铜量，才能采用加氧处理。

表19-4　锅炉启动时给水质量标准

项目	氢电导率（25℃）（μS/cm）	二氧化硅（μg/L）	铁（μg/L）	溶解氧（μg/L）	硬度（μmol/L）
标准值	≤0.65	≤30	≤50	≤30	≈0

8）上水过程应密切监视水位变化，并检查各部件是否发生泄漏，受热面的膨胀情况是否正常，若发现异常，应即查明原因，并予以消除。

9）抄录锅炉上水后的膨胀指示器。

（3）锅炉冷态开式清洗：

1）通知值长，除氧器、凝汽器水位补高水位，锅炉准备以25%～30%BMCR的给水流量对锅炉进行大流量冲洗，通过水位调节阀排放至循环水；为了保证清洗效果可变流量清洗。

2）当启动分离器出口水质含铁量大于500μg/L，应进行排放，锅炉进行冷态开式清洗；

3）当清洗进行到省煤器入口水质含铁量大于50μg/L，启动分离器出口含铁量小于500μg/L时，锅炉开式清洗完成，转为循环清洗方式。

（4）锅炉冷态循环清洗：

1）开启疏水泵出口至凝汽器管路系统，同时关闭疏水泵出口至循环水管路系统，启动系统清洗水由排往系统外切换至冷凝器回收。

2）投入凝结水精处理，改善水质，锅炉进行冷态循环清洗。推荐清洗流量为25%～30%BMCR，为了保证清洗效果可变流量清洗。

3）储水箱水位变化时，依靠水位调节阀的自动调节维持储水箱水位。维持25%～30%BMCR清洗流量进行循环清洗，直至储水箱出口水质含铁量小于100μg/L，冷态循环清洗结束，锅炉具备点火条件。

2. 热态清洗

锅炉冷态清洗结束后，随后锅炉点火，提高温度的清洗过程称为热态清洗，在此阶段应注意水质检测，防止管子内壁结垢。

锅炉点火后，当水冷壁出口水温达到150℃时，注意控制燃料量，维持温度不变，锅炉开始进行热态清洗。

(1) 锅炉热态开式清洗：

当启动分离器连接球体（或贮水箱）出口水质含铁量大于100μg/L时，进行热态开式清洗。推荐清洗流量为25%～30%BMCR，为了保证清洗效果可变温清洗。

(2) 锅炉热态循环清洗：

1) 当启动分离器连接球体（或贮水箱）出口水质含铁量小于100μg/L时，进行热态循环清洗。推荐清洗流量为25%～30%BMCR，为了保证清洗效果可变温清洗。

2) 当启动分离器连接球体（或贮水箱）出口水质含铁量小于50μg/L时，热态清洗结束。

如果热态冲洗需要很长时间，应进行下列操作以缩短冲洗时间：

3) 增加再循环流量或给水泵流量提高冲洗流量。

4) 反复增减再循环流量。

5) 变燃料量使水温在150～170℃之间波动。

五、清洗说明

锅炉启动清洗的过程控制应根据具体工程做相应改进。例如：

(1) 锅炉冷态开式清洗与循环清洗的切换点可根据凝结水精处理设备的要求和能力不同相应改变。

(2) 锅炉热态开式清洗可根据凝结水精处理设备的要求和能力不同相应改变，点火初期水质会相应变得更加恶劣，应该适当排放。

(3) 启动清洗时间因现场锅炉清洁状况不同有相应改变，主要参考因素为启动分离器连接球体（或贮水箱）出口水质。

(4) 冷态清洗过程中，视水质情况考虑是否整炉放水，热态清洗时，也可以视水质情况考虑是否热态带压放水。

第三节 锅炉启动运行

一、空负荷试运

(一) 点火准备

1. 启动烟风系统

1) 启动回转式空气预热器支撑轴承、导向轴承润滑油系统并投自动。

2) 启动回转式空气预热器。

3) 启动引风机、送风机，炉膛压力控制投自动，压力控制在设定值。

4) 启动火焰监视探头的冷却风机，A、B两台冷却风机一台运行，一台备用。

5) 调节送风机A控制挡板，使二次风流量至吹扫风量。

6) 确认炉底冷灰斗、省煤器灰斗、烟道灰斗密封良好。

7) 燃烧器倾角调至水平位置。

8) 投入炉膛火焰监视电视，确认炉膛火焰监视电视摄像头的冷却风参数满足要求。

9) 投入电除尘器加热及振打。

2. 炉膛吹扫

1）进行炉前燃油系统漏油试验（FSSS燃油漏油试验功能）。

2）确认炉膛吹扫条件全部满足，可进行炉膛吹扫。

3）维持吹扫风量吹扫5min。

4）吹扫完成后，MFT继电器自动复位。

5）调整总风量和二次风门开度。

6）建立炉前油循环，控制炉前油压在合适压力值。

7）投空气预热器吹灰器。

3. 点火前的检查确认

1）维持省煤器进口流量至少30%BMCR。

2）炉水循环泵停止注水，关闭注水门并上锁。

3）贮水箱水位控制投自动。

4）炉膛压力控制投自动。

5）高低压旁路（HP/LP）控制投自动；冷凝器真空应建立，低旁喷水减温水应备好。

6）燃油调节阀控制投自动。

7）炉膛烟温探针可用。

8）炉膛吹扫结束后，锅炉MFT复归。

（二）锅炉点火

1. 微油点火（以B层燃烧器带有微油点火为例）

1）打通合适的磨煤机通风路径。

2）启动两台一次风机及一台密封风机，另一台密封风机投备用。

3）投入B制粉系统暖风器进行对B磨煤机暖磨，尽可能提高暖风器加热效果。

4）调节磨煤机进口风量，置一次粉管出口风速介于18～20m/s。

5）投入B层微油点火小油枪。

2. 制粉系统投用

1）当B磨煤机出口温度达到80℃时，启动B磨煤机、B给煤机，给煤量置于磨煤机最小煤量，之后增加给煤量至各角燃烧器可以稳定着火。给煤机启动时请注意炉膛负压变化情况，及时对其进行调节。给煤机启动后，及时调整给煤量及二次风门开度，周界风不要开得太大，建议维持10%～20%，视着火情况再调整，确保燃烧正常、稳定。监视B磨煤机出口温度、压力、进出口差压、振动等参数，必要时对给煤量、入口风量进行适当的调整，确保B制粉系统运行正常、稳定。

2）炉膛出口烟温探针投入，控制炉膛出口烟温不超过538℃。

3）锅炉点火后，应注意由于汽水系统受热膨胀和系统汽压变化而导致产生贮水箱水位发生突变现象（0.5～0.7MPa），此时应密切注意分离器及储水箱水位，及时调整水位调节阀，确保启动分离器贮水箱水位正常，必要时可适当降低升温速率。

4）启动分离器压力升至0.2MPa左右时，关闭分离器、过热器放空门；当过热器出口管屏热电偶读数大于对应压力饱和温度50℃时，关闭对应受热面的疏水门；通知热工投用过热器侧各压力表计。

5）HP/LP系统的压力设定在启动方式。

6）控制燃料量，通过 HP/LP 系统控制分离器压力在 0.5MPa 左右，锅炉水冷壁出口温度在 150℃左右，锅炉进行热态循环清洗。

7）当热态循环清洗进行至启动分离器出口含铁量小于 50μg/L 时，锅炉热态清洗完成。

（三）升温升压

1）锅炉首次启动应特别注意监视各部膨胀情况，安装及运行指定专人记录膨胀。发现有妨碍膨胀或膨胀异常，应及时汇报，停止升压。分析原因并采取措施后方可继续升压。

2）根据升温、升压要求增加燃料量，升温、升压速度根据锅炉冷态启动升温升压曲线控制，当分离器水温未达到饱和温度时，升速率不应超过 1.1℃/min；汽机冲转前，温度升速率不应超过 1.5℃/min。

3）锅炉金属温差不超过限制，确认屏相邻单管间的炉外壁温差不超过 50℃。

4）升温升压时，有关疏水阀应打开，并注意监视过热器、再热器管壁不超温。

5）锅炉水位调节阀投自动；在锅炉点火的任何阶段都必须将水位控制在正常范围；防止高水位蒸汽带水对汽轮机造成危害。

6）高旁控制压力，过热器出口降至 8.5MPa 左右，匹配汽机冲转条件。

（四）汽轮机冲转、并网

1）在汽水品质符合要求的情况下，按升温升压曲线控制升温速度，逐步增加燃料量，满足冲转要求，维持燃烧稳定，交汽机冲转，机组并网及电气试验。

2）烟温探针应退出，防止过热损坏。

3）在汽轮机暖缸、升速过程中，密切注意主蒸汽压力，防止主蒸汽压力晃动太大造成储水箱水位波动，从而造成炉水泵跳闸、锅炉 MFT。

4）汽轮机定速 3000r/min 后，进行电气试验、汽机试验。

5）电气、汽机试验结束后，待空预器出口一次风温达到 150℃后，投入 C 层油枪，投入 C 制粉系统，煤量满足并网后机组带初始负荷要求。

6）机组带初始负荷后，汽轮机做超速试验期间应密切注意主蒸汽压力，防止主蒸汽压力晃动太大造成储水箱水位波动，从而造成炉水泵跳闸、锅炉 MFT。

（五）再热器安全阀校验

电气试验，汽轮机调门、主汽门严密性试验结束后，进行再热器安全阀校验；通过旁路系统调整再热器出口压力，校验再热器安全阀。再热器安全阀试验亦可安排在机组带负荷期间进行。

二、带负荷试运

（一）机组带负荷前准备

1）冷态启动（点火、冲转、并网）同第一阶段。

2）根据机组负荷情况投用制粉系统，在投用微油点火系统的前提下，投用原则为 B 磨→C 磨→A 磨→D 磨→E 磨→F 磨顺序投运。

3）开启减温水手动门，减温水应处于备用状态。

4）投入电除尘器和除灰系统。

（二）升负荷及燃烧粗调整

1．带 35%负荷调试

1）投用 B、C 二套制粉系统运行。

2）增加给煤量，提高负荷，升负荷率控制在3MW/min。

3）低加、高加投入。

4）点燃A层油枪，投用A制粉系统，增加给煤量，提高负荷。

5）随着锅炉燃料量的增加，负荷增加，高旁阀关闭。

6）负荷至250MW左右时，给水由旁路阀切至主路；给水切主路过程中，燃料量不变，维持燃烧工况稳定，缓慢开启给水旁路阀，并适当降低给水泵转速，维持给水流量不变，待给水旁路阀开足、前后压差较小后，开启主路给水电动门；待主路给水电动门开足后，缓慢关闭给水旁路阀，给水切主路结束。

7）负荷至250～300MW时，给水流量增加，炉水泵出口流量减小，当炉水泵出口流量低于炉水泵最小保护流量时，炉水泵最小流量再循环阀联锁开启；逐步减小炉水泵出口调门开度，根据省煤器出口流量适当增加给水流量，维持分离器水位；当炉水泵出口调门开度较小时，炉水泵进入自身再循环。

8）负荷至300MW左右，锅炉进入干态运行，炉水泵停止，开启暖泵阀门进行暖泵操作。

9）干态运行情况下，根据燃料量的增减来升降负荷，根据燃水比和分离器进口管蒸汽过热度来调整给水流量，保证水冷壁、过热器、再热器各受热面不超温。

10）过热器出口汽温通过减温水进行调节，再热器出口汽温主要通过摆动燃烧器喷嘴角度进行调节，再热器喷水减温作为辅助减温手段。

11）增加给煤量，升负荷至350MW。

12）期间，锅炉进行制粉系统和燃烧粗调整，制粉系统调整主要包括给煤量、通风量、磨出口温度、动态分离器转速、煤粉细度取样分析、一次风热态调匀等项目；燃烧调整主要包括磨组投运组合、总风量调整、一二次风配比、燃烧器摆角等项目，调整期间必须注意保持锅炉燃烧稳定。

13）配合热工进行投用风烟系统相关自动、磨煤机自动调节。

14）待机组稳定后，撤除所有油枪，包括微油点火系统，锅炉负荷降至300MW左右，进行低负荷断油稳燃试验。

15）低负荷断油稳燃试验后，锅炉负荷恢复至350MW。

2. 带50%负荷调试

1）启动第二台汽动给水泵，进行并泵工作，两台汽泵投入运行。

2）点燃D层油枪，启动D制粉系统。

3）继续升负荷至500MW。

4）期间，锅炉进行燃烧及制粉系统粗调整，保持锅炉燃烧稳定。

5）配合热工进行各自动调节，如送风量自动、氧量自动、减温水自动、一次风压自动等。

3. 带75%负荷调试

1）负荷至550MW，启动E制粉系统。

2）负荷至750MW左右时，锅炉进入超临界状态运行。

3）负荷大于750MW时，锅炉吹灰器调试。

4）电除尘器电场全部投入运行。

5）期间，基本调匀五台磨煤机的出力，锅炉进行燃烧及制粉系统粗调整，保持锅炉燃烧稳定。

6）配合厂家进行空气预热器漏风控制装置自动调整。

7）配合热工进行各自动调试，如燃烧自动、给水自动、协调方式投运。

4. 带100%负荷调试

1）启动F制粉系统，逐步增加给煤机出力，升负荷至100%负荷。

2）期间，锅炉进行燃烧及制粉系统粗调整，保持锅炉燃烧稳定。

3）热工投入全部自动。

三、168h试运

1. 168h试运行条件

1）锅炉各项参数达到额定值。

2）锅炉壁温在正常范围内。

3）带负荷试运过程中发现的缺陷已全部消除。

4）现场燃料充分，其成分及发热量接近设计要求。

5）RB试验合格，甩负荷试验完成。

2. 168h试运行

1）锅炉带满负荷运行。

2）所有保护、自动投入运行。

3）维持燃烧稳定。

第四节 锅炉运行控制与调整

锅炉运行的监视和调整，必须保证各参数在允许的范围内变动，并应充分利用和发挥DCS程控及自动调节功能，以利于运行工况的稳定和进一步提高调节质量，当DCS程控及自动调节功能投运时，进行人员应加强对各工况参数的监视，并应经常进行过程参数变化情况的分析，发现某程控或自动调节功能不正常时，应立即将其切至手动，维持运行工况正常，并应立即通知有关人员，尽快处理，恢复运行。

锅炉的调整任务是保持锅炉的蒸发量能满足机组负荷的要求，调节各参数在允许范围内变动，能够保证炉内燃烧工况良好、汽水品质合格，确保机组安全、可靠、经济的在最佳工况下运行。

一、风烟系统的运行控制与调整

（一）空气预热器

1. 空气预热器运行初期的调整

新建机组空气预热器运行初期，扇形板位置一般置于较大位置，造成空气器漏风较大。启动初期应该根据空气预热器运行电流及就地摩擦声音就空气预热器扇形板提升装置进行调整，保证空气预热器漏风在合理的范围内。另外，需要加强空气预热器吹灰，防止空气预热器发生积灰堵塞现象，造成前后压差增大而影响风机出力。

2. 空气预热器故障

机组启动初期，RB功能未投入使用时，若一台空气预热器丧失，另一台空气预热器只能承担50%BMCR的容量。运行人员必须快速降负荷与锅炉50%BMCR的燃烧能力相匹配。正常情况下，单台空气预热器故障跳闸后，该侧送、引、一次风机全部联锁跳闸，该空气预热器进口烟气挡板及出口一、二次挡板应联锁关闭，保证该空气预热器密闭。空气预热器若有气动马达或盘车装置，应启动气动马达或盘车装置，防止空气预热器长期不运行转子偏心造成偏斜卡涩事故。

当空气预热器在发生上述情况后进行重新启动，应投运吹灰器清除空气预热器元件上的积灰。

3. 空气预热器着火

空气预热器着火主要发生在锅炉停炉或低负荷运行期间。引起空气预热器着火的原因：

(1) 频繁启停炉或长期低负荷运行，炉内温度低，燃烧不完全使未燃碳积聚。

(2) 配风不当，燃烧不完全，大量可燃物存积尾部受热面。

(3) 油温低，黏度大，系统不干净，喷嘴堵塞，油枪雾化不好。

(4) 启动初期油煤混烧容易在尾部烟道或预热器积灰。

(5) 尾部积有可燃物没有及时清除。

(6) 点火失败或燃料阀泄漏，在炉内可燃物沉积。

(7) 停炉过程中，过早打开尾部人孔使空气进入，金属壁温度高引燃可燃物而着火。

4. 空气预热器预防措施

(1) 启、停炉时尽量调整燃烧使之燃烧完全，不产生过多的可燃物。

(2) 定期排除油箱内的水和泥渣，解决油枪雾化不良的问题，或启动初期采用小油枪。

(3) 投油运行时，保证有足够的过量空气，使燃烧完全。

(4) 空气预热器定期吹灰，条件许可的情况下进行水冲洗保持空气预热器元件清洁，清除积聚的可燃物。

(5) 确保火灾检测系统运行正常。

(6) 停炉时，注意监视尾部烟道的温度变化，二次风和一次风出口温度如有一个或多个不正常上升（大于20℃）则表明可能着火，立即采取措施处理。

(7) 定期检查空气预热器空气侧和烟气侧压差，特别是烟气通道进、出口的压差。压差增加可能是烟炱和灰在受热面上沉积，需要吹灰或停运时水冲洗。

(8) 一旦发生空气预热器着火，立即关闭烟风挡板，隔绝空气，投吹灰器并采取措施灭火。

（二）送、引、一次风机

锅炉运行时，由于燃用煤种、工况等因素的变化，相应的也引起风烟系统发生一系列变化，表现在送风量、氧量、一次风机的变化，因而运行过程中及时对送、引、一次风机出力进行调整是必要的。

1. 送风量、氧量的调整

燃用低挥发分煤种时，由于煤种挥发分含量较低，煤粉着火温度显著增加，着火热增大，着火困难且不容易燃烧完全，到达炉膛出口处的未燃尽煤粉也多，需要足够的送风量及氧量帮助充分燃烧，一般氧量均控制在3.5～4.0之间。燃用高挥发分煤种时，由于煤种挥发分含量较高，煤粉着火容易且燃烧完全，氧量可以适当降低，可以控制在3.0～3.5之间。

2. 一次风机出力的调整

锅炉运行时，根据制粉系统出力的要求，各磨煤机出口一次风速发生变化，相应地每台磨煤机的一次风量也发生变化，因而一次风机出力相应变化。一次风机出力随着锅炉热负荷的升高而升高，要足够保证锅炉满负荷出力的需要。运行人员在运行操作时需要注意每个锅炉热负荷点下说对应的一次风机电流、出口压力、动叶开度等参数，以形成运行经验值。由于一次风冷风母管的冷风要提供每台磨运行所需要的冷却风，需要注意高负荷下，当投入磨的数量比较多时，会不会出现冷风量不足，磨出口风温比较高控制不住的情况。

3. 防止风机喘振的运行措施

(1) 运行情况下风机喘振现象的辨别。

鉴于风机运行过程中，喘振信号容易误发，所以目前超超临界 1000MW 机组锅炉逻辑中“喘振保护跳闸风机”一般都解除改为报警信号。运行时，若喘振信号发生，请注意观察风机进出口风压是否大幅度晃动、风机电流是否摆动、炉膛负压是否也伴随摆动、振动是否增大，就地巡检人员去观察风机是否发出异常声音（若有喘振发生，风机应该有闷响声音，伴有明显的噪声，有时甚至是高分贝的噪声，本体振动有时是很剧烈的），若有该现象发生证明风机喘振现象真正发生，若无此类现象发生，证明信号误发。运行时注意，切勿因为信号误发造成风机跳闸，更加不要因为喘振现象真正发生而逻辑保护被解除而风机不跳对风机叶片造成损伤。

(2) 风机喘振现象容易发生的情况：

1) 高负荷并风机情况。

2) 停单侧风机情况。

3) 高负荷两台或更多磨煤机跳闸情况。

(3) 风机喘振后需要采取的措施：

1) 风机发生喘振立即将风机动叶控制置于手动方式，在保证风量的情况下，关小另一台未失速风机的动叶，适当关小失速风机的动叶，同时维持炉膛负压在允许范围内。

2) 若风机并列操作中发生喘振，应停止并列，尽快关小失速风机动叶，查明原因消除后，再进行并列操作。

3) 若因风烟系统的风门、挡板被误关引起风机喘振，应立即打开，同时调整动叶开度。若风门、挡板故障，立即降低锅炉负荷，就地手动摇开或联系检修处理。

4) 经上述处理喘振现象消除，则稳定运行工况，进一步查找原因并采取相应的措施后，方可逐步增加风机的负荷；经上述处理后无效或已严重威胁设备的安全时，应立即停止该风机运行。

5) 若因磨煤机跳闸使一次风机出口压力急剧升高造成一次风机喘振，应该自动关小一次风机动叶，若一次风压自动来得及调节自动调节，若来不及调节应手动往下调节，直到喘振现象消除。同时密切注意其他运行磨煤机的风量、出口温度及电流等参数，及时调节直到工况稳定。

4. 锅炉点火后炉膛负压的控制问题

锅炉点火，尤其是启动第一台磨煤机时，由于煤粉进入炉膛被点燃使炉膛负压瞬间变正，有时正压会达到+1000Pa 左右，此后炉膛负压回落，比原来水平稍微变正，此时只需要稍微调节即可，切勿进行大幅度操作。若炉膛负压自动在点火前投入，则在点火前应解除该自动，置于手动方式进行微调。若炉膛负压在自动方式下点火，则点火时炉膛负压开始冒正压导致引风机动叶开大，如正压至一定值时，自动会跳出，那么此时若运行人员未及时手动减小动叶开度，会导致负压迅速降低，最终造成炉膛负压低低 MFT 动作，亦可能炉膛负压达到低 III 值造成引风机、送风机跳闸。因而建议点火时（启动第一套制粉系统、第二套制粉系统），炉膛负压自动不投入，手动控制炉膛负压在－150Pa 左右，点火后炉膛负压会变正，引风机动叶不需要调节或稍微调节，不要大幅度调节，待炉膛负压回落后，迅速把引风机动叶恢复至原来水平，这样有利于保证点火时的炉膛负压稳定。高负荷后启停磨煤机则不会发生该现象。当然，点火时也需要注意防止锅炉爆燃现象的发生。

5. 风机故障情况下的运行控制（RB 功能未投入）

（1）单台引风机或送风机故障：

1）如果锅炉运行时一台送风机（或一台引风机）故障，另一台在运行，则运行人员必须快速减负荷到 50%BMCR，以便与送风能力相匹配，同时运行人员必须停掉同一侧的引风机（或送风机）。

2）当跳闸的风机停下来并且锅炉负荷自动减下来后，风机入口和出口挡板和风机叶片将自动关闭以阻止烟气或空气逆流通过风机。

3）锅炉在只有单侧送、引风机运行时，运行人员必须特别小心保证风量、炉膛压力和烟气中氧量保持在限定值内。

4）锅炉和汽轮机继续在降低的负荷下运行，直到故障的风机恢复运行。

5）如果故障的一侧风机不能短时间内重新启动，那么应执行以下规程：

① 监控预热器的风温与烟气温度，并核对锅炉风箱与炉膛之间的二次风压差。

② 关闭断风侧静电除尘器。

③ 空气预热器应继续运行，除非锅炉停机，停运前它应被冷却。

④ 继续运行送风机润滑油系统和冷却水系统，直到风机轴承温度降到约 50℃。

⑤ 如果两台引风机或两台送风机故障，那么将导致 MFT。

（2）单台一次风机故障：若一次风机跳闸时锅炉负荷大于 50%BMCR，则迅速使投运的磨煤机数量降到两台，并提高在运一次风机出力，机组负荷降到 50%BMCR 以下。快速停止磨煤机过程中，两台磨煤机停止时间间隔 5s 左右，防止在运一次风机出力变化过大，同时也防止炉膛负压大幅度波动，注意在运提高一次风机出力的过程中，不要超过其额定电流。

二、制粉系统的运行控制与调整

制粉系统运行时，需要监测给煤量、一次风量、一次风速、一次风温、煤粉细度、磨煤机运行电流等参数。

1. 一次风速的调整

燃用挥发分较低煤种时，着火距离长，为保证着火点距离燃烧器喷口不是太远，一般采取较低的一次风速（一般为 21～23m/s），燃用挥发分较高煤种时，着火点距离燃烧器喷口较近，为避免燃烧器喷口挂焦，需要采取较高的一次风速（一般为 24～28m/s），这样可以有效提高一次风带粉刚性，防止燃烧器喷口挂焦。同时为避免同层一次风速偏差大，造成切圆偏斜，煤粉冲刷水冷壁形成结焦现象，需要对每台磨煤机出口一次风速进行调整。冷态情况下，保证出口一次风速偏差不超过 5%，热态条件下偏差不超过 8%。调整前，需要针对一次风速变送器进行校验，若有变送器发生零位漂移现象，需要通知热工人员对其进行归零，以免调整工作失效。

2. 一次风温的调整

燃用挥发分较低煤种时，由于煤粉不容易燃烧，需要提高一次风温（一般在85～90℃之间），减小煤粉达到着火点所需要的能量，使着火点提前；而燃用挥发分较高煤种时，煤粉气流达到着火点所需能量少，着火点提前，因而不需要燃用挥发分较低煤种时的一次风温，同时也为了制粉系统安全着想，防止制粉系统爆炸，一次风温需要降低，推荐温度为70～75℃，超过85℃报警，105℃跳闸磨煤机（具体数值需要根据设备及系统自身特性选择，以上数值为经验数据）。

3. 煤粉细度的调整

锅炉运行要保持一定的煤粉细度，防止因煤粉细度过大被旋转气流带到炉墙上而产生结焦。煤粉越细，总表面积越大，挥发分析出就快，着火点就提前，燃烧快，着火也越稳定。燃用挥发分较低煤种时，一般需要较细的煤粉，以便煤种容易燃烧，而燃用挥发分较高煤种时，由于挥发分较高，容易燃烧，可以根据需要降低煤粉细度。

目前磨煤机调整煤粉的手段一般有动态分离器和粗粉分离器折向挡板两种。动态分离器通过分离器变频器调整分离器转速，转速高，煤粉细；粗粉分离器折向挡板通过折向挡板开度调整煤粉细度，折向挡板开度小，煤粉细，折向挡板初始开度一般置于45°左右。一般燃用烟煤时，煤粉细度R_{90}调整为18%～20%，其他煤种根据需要调整动态分离器转速或折向挡板开度。具体煤粉细度的调整需要通过现场制粉系统试验得出结论后才进行下一步的调整优化。

4. 掺烧其他煤种时的控制策略

煤种掺烧是当前电厂经济运行中经常采用的手段。

对于掺烧褐煤的磨煤机，由于褐煤挥发分高、灰熔点低等特点，所以掺烧时需要控制控制磨煤机出口温度55～65℃，任何情况下磨煤机出口均控制不大于70℃，防止磨煤机发生爆炸事故。另一方面，加强对一次风速的控制，褐煤挥发分小于30%宜控制在27～29m/s，褐煤挥发分大于或等于30%宜控制在29～31m/s，保持着火距离0.5m左右，防止火嘴烧损。如着火太近可适当再提高一次风速。

5. 加载力的调整

磨煤机由于型式的不同，加载力一般分为液压加载和弹簧加载两类。根据煤质分析报告，煤种哈氏可磨系数HGI越小，煤种越不容易研磨。当燃用HGI越小的煤种时，在同样的煤粉细度要求下，所磨碎所需要的能量更大，这就要求磨煤机需要更高的能耗对煤种进行研磨。所以在同样出力的情况下，磨煤机电流会提高。若磨煤机电流很大幅度提高，则需要提高磨煤机加载力，保证更高程度的加载，以实现在磨煤机出力不变的情况下保证一定的煤粉细度。另一方面，对于液压加载磨煤机而言，加载力也随着煤量的变化而变化，给煤量增大，加载力增大。

6. 防止磨煤机爆炸措施

造成磨煤机煤粉爆炸的原因很多，煤种挥发分较高，遇到明火极易燃烧，若出口温度过高，将增加煤粉爆炸的可能性。但如出口温度过低，煤粉中水分易在管路中结露，造成煤在磨煤机内和管道中某些部位集存，成为爆炸发生的引火源。磨煤机所发生的爆炸有90%以上的情况发生在磨煤机启动或停机时，因此磨煤机启动或停机时是防爆的一个重要环节。

（1）磨煤机启动时的防爆控制。磨煤机启动时，以所需要的最小风量（约为75%额定风量）对磨内残粉进行吹扫，吹扫风温控制在入口风温不超过130℃，而出口温度在60～70℃。另外，准备投运高负荷跳闸下来的磨机时，可以采取在磨机通风前对其内部通入消防蒸汽进行惰化3～5min，防止爆炸。

（2）磨煤机运行时的防爆控制。磨煤机运行时应密切监视磨煤机出口温度在70～75℃之间，超过85℃应该报警，及时进行冷热风门操作处理。另外，磨煤机运行过程中，一次风速不能过低，以防止在煤粉管道中积粉从而进一步造成自燃、爆炸事件。

（3）磨煤机停机时的防爆控制。磨煤机停机指令发出后，给煤机逐渐将给煤量降至最低，同时磨煤机冷热一次风调门相应调节，关小热风调门、开大冷风调门，在保证磨煤机入口风量的基础上保证磨煤机出口温度不明显上升。给煤机停运后，保持磨煤机空转状态尽量排空磨煤机内部和煤粉管道内的煤粉，同时利用一次冷风对其进行吹扫，保证磨煤机停运后电流基本回复到空转电流，保证内部无存粉。若磨煤机紧急跳闸使磨机内存粉无法排出时，跳闸后需要及时观察磨煤机内部压力、温度有没有突变现象的发生，立刻安排运行人员通入消防蒸汽对磨煤机进行惰化。

7. 高负荷MFT后一次风机启动磨煤机通风问题

高负荷锅炉MFT动作后，由于各台磨内存有大量煤粉，为避免炉膛内吹入大量煤粉发生爆燃现象，因而启动一次风机需要建立通道时，若有清空磨煤机请选择清空磨煤机，若六台磨煤机均有煤粉，启动一次风机时，通路选择即将启动磨煤机进行通风，同时就该层油枪进行点燃。两台磨煤机运行后再启动另外一台一次风机并入系统。切忌高负荷跳闸后启动一次风机选择多台磨煤机进行通风点火。

8. 制定制粉系统管理措施

制定严格的磨煤机启停措施，保证停磨后磨煤机和制粉管路上没有明显积粉；制定停炉的煤仓处理措施，长时间停炉前煤仓磨空；运行中加强磨煤机电流、差压、出口温度等参数的监视。

9. 磨煤机故障

机组启动初期，RB功能未投入的情况下，如果一台磨煤机发生故障停机，则运行人员需根据当时剩余下几台磨在运行，减负荷与锅炉燃烧能力相匹配。

磨煤机跳闸时，磨煤机的所有入口、出口将被隔离，使磨煤机着火或爆炸的可能性降到最小。同时密切注意一次风机出力，防止一次风机因磨煤机跳闸风压突升而发生喘振事故。

三、燃烧系统的运行控制与调整

（一）微油点火

1. 微油油枪的故障应对措施

点火时，如遇有微油油枪不着火现象发生，可从以下几方面对油枪进行检查：

（1）检查就地控制柜是否在远方位，燃油手动截门在开位，压缩空气手动阀门在开位，针型阀在开位。

（2）在远方发出点火指令后，点火器不打火，燃油气动球阀开，检查点火箱和点火杆是否正常。

（3）喷油着火正常，但投入压缩空气，油枪就灭火，将油枪后端盖上的螺栓松开，拉出油枪芯管，卸下压缩空气风帽和喷油嘴，清洗喷油嘴或更换一个喷油嘴即可，注意安装后保持压缩空气风帽和喷油嘴之间的间隙。

（4）正常运行时，燃油母管油压与微油点火系统燃油母管油压压差大于0.3MPa，可能是燃油母管主路过滤器滤网堵塞，将过滤器法兰螺栓松开，卸下滤网并进行清洗，或更换滤网即可，注意燃油的泄漏及过滤器法兰螺栓的紧固。

（5）正常运行时，微油点火系统燃油母管油压与个别燃油气动球阀阀后油压压差大于0.3MPa，可能是微油支路过滤器滤网堵塞，将过滤器法兰螺栓松开，卸下滤网并进行清洗，或更换滤网即可，注意燃油的泄漏及过滤器法兰螺栓的紧固。

（6）正常运行时，火检检测不到火焰，燃油气动球阀自动停止，可能有杂质堵塞油嘴，先用压缩空气吹扫5min，如还是点不着，清理油嘴。

2. 二次燃烧隐患的应对措施

锅炉冷态启动采用微油点火初期时（0.5～1h），煤粉燃烧效率不高，在60%～70%之间，剩余未燃尽的煤粉确实进入了尾部烟道。但是由于煤粉的挥发分基本已燃尽，因此进入锅炉尾部烟道的未燃尽的煤粉绝大部分是固定碳，固定碳的着火非常困难（着火点1000℃左右），而尾部烟道达不到这么高的温度，因此一般情况下没有引发二次燃烧的条件。

另外，为了加强运行的安全性，在利用微油点火进行锅炉冷态启动时，可以增加尾部烟道吹扫的次数，来防止未燃尽煤粉的堆积量。

（二）防止结焦

锅炉结焦是火力发电厂经常遇到的问题，它的发生发展对锅炉安全、经济运行带来不同程度的危害。

1. 锅炉结焦的危害

（1）锅炉效率下降。受热面结渣后，使传热恶化水冷壁的吸热量降低烟气温度升高造成排烟温度升高，锅炉热效率下降；燃烧器出口结渣，造成气流偏斜，燃烧恶化，有可能使机械未完全燃烧热损化学未完全燃烧热损失增大；在炉膛出口处结焦，使锅炉通风阻力增大，厂用电量上升，从而造成经济指标大幅下滑，锅炉的经济性变差。

（2）影响锅炉出力。水冷壁结渣后，由于大量的结渣附着在水冷壁上，受热面内汽水混合物吸热效果下降，如保持燃料量不变，则锅炉的蒸发量将下降；炉膛出口烟温升高，蒸汽出口温度升高，管壁温度升高，当结焦严重时通风阻力增大，可能会限制锅炉出力，使机组被迫降负荷运行

（3）影响锅炉运行的安全性。从安全性角度分析，水冷壁处结焦对锅炉的水循环安全性造成不利的影响，严重时有可能造成水冷壁管爆漏；炉膛V形冷灰斗的水冷壁结焦会影响锅炉排渣功能，严重时使排渣口堵塞而被迫停炉打焦，这无疑增加了机组非计划停机的事故隐患；炉膛上部结焦掉大焦可能砸坏水冷壁，影响燃烧的稳定性，造成锅炉灭火事故；若燃烧器喷口结焦，会影响气流的正常喷射，破坏炉内的空气动力工况，直流燃烧器顶部结焦掉焦会破坏煤粉气流着火引发锅炉灭火事故。

2. 锅炉结焦原因

（1）煤种特性的影响。煤灰结焦特性无疑是锅炉结焦现象最重要的影响因素，确实的、具有代表性的设计煤种和校核煤种对保证设计正确、防止锅炉结焦是至关重要的。

国内普遍采用煤的灰熔点的高低估计结渣倾向。灰的熔融温度越低、黏度越大，就越容易结焦。灰的熔融温度越高、黏度越小，就越不容易结焦。煤粉在燃烧时，其灰分变化的各阶段温度用变形温度DT、软化温度ST、流动温度FT值来表示。软化温度ST的高低是判断煤灰是否容易结焦的主要指标，其软化温度越低，则结焦性越强。软化温度越高，则结焦

性就越低。

煤灰成分对结焦的形成也有较大的影响。灰分是由金属氧化物和非金属氧化物及其盐类组成的复杂物质，以 SiO_2、Al_2O_3 为主，主要有 Fe_2O_3、CaO、MgO、TiO_2、SO_3、Na_2O 和 K_2O 等，以及 Mn、V 和 Mo 等一些元素的氧化物。可将灰中各氧化物分成两类：一类是酸性氧化物，即 SiO_2、Al_2O_3；另一类是碱性氧化物，即 Fe_2O_3、CaO、MgO 等。这些物质在锅炉的燃烧过程中，对锅炉结焦现象的产生均会有一定影响。

（2）运行氧量的影响。锅炉运行氧量即炉内的氧化或还原性气氛，它对锅炉的结焦有非常大的影响。如果锅炉运行氧量偏低，煤燃烧不完全，炉膛的还原性气体一氧化碳（CO）增多，炉内还原性气氛较强，煤的灰熔点就会下降，锅炉就容易结焦。这是因为在还原性气氛中，FeO 会与 SiO_2、CaO 等形成低熔点共晶体，其含量越多，低熔点共晶体就越多，而在氧化性气氛下，FeO 会被氧化成 Fe_2O_3，Fe_2O_3 比 FeO 熔点高 500℃。因此，对低熔点的煤，当锅炉燃烧空气量不足或者局部存在还原性气氛时，结焦现象会更加严重。

（3）燃烧调整的影响。锅炉炉内的燃烧状况对锅炉结焦现象的发生也会产生一定影响。锅炉运行人员调节不当，如配风方式不均、火焰刚性较弱、磨煤机故障等，均会造成煤粉燃烧不完全引起结焦现象。

1）配风方式。锅炉运行的配风方式也是影响结焦的主要因素。若一次风门与二次风门调节不当，则会使炉膛内煤粉与空气的混合不好，造成煤粉在炉内燃烧不良、烟气温度不均匀。在烟气温度高的地方，管壁温度高，未燃尽的煤粉颗粒一旦黏结在上面继续燃烧，将形成灰的黏附。在空气少的地方，容易产生燃烧不完全，产生大量的 CO，使灰熔点降低，导致结焦。

2）火焰的刚性。火焰刚性的大小也是影响锅炉结焦的一个重要因素。如果火焰的刚性较差会使火焰卷吸烟气的能力变弱，使煤粉着火初期得不到足够的热量，并且降低了水冷壁附近氧化性气氛，容易使煤粉燃烧不完全，使得还原性气氛增多，增加了结焦的可能性。同时，一次风压低风速小，煤粉过细，着火早等都有可能造成燃烧器部位结焦。

3）煤粉细度的影响。当磨煤机出口煤粉变粗，进入锅炉内燃烧造成燃烧不完全，产生还原气体。较粗的煤粉由于在炉膛内燃尽的时间较长会使火焰中心上移，造成出口烟温升高，促使灰融软化，造成结焦。

（4）炉内空气动力场。对于四角切圆燃烧锅炉来说，燃烧工况和燃烧器出口气流在炉膛内所形成的假想切圆直径及炉膛形状有关。实际运行工况的切圆直径总是大于假想切圆直径，切圆直径过大，一次风煤粉气流可能偏转贴壁，以至引起结焦。因此，较小假想切圆直径是减少气流偏离，避免气流冲刷水冷壁的重要措施。另外，如果四个角风量分配不均匀，四个角燃烧器给粉量不均匀，也将会引起炉膛火焰中心偏移，使最高火焰层偏移靠近水冷壁炉墙，这样，高温熔融状态的灰粒就得不到足够的冷却而很快的粘到水冷壁上造成结焦。

（5）炉膛内温度与出口烟温的影响。

1）炉膛内温度。由于熔化的灰粒碰到水冷壁时极易发生黏附，从而导致结焦。在煤灰熔点一定的情况下，炉内温度水平就成为是否发生结焦的重要因素。煤灰粒子的冷却过程取决于炉内总体温度水平及水冷壁附近温度水平。当炉内温度较低时，煤粒呈熔化或软化状态的概率较少。另一方面，当炉内温度水平较高，而水冷壁附近温度较低，且温度分布较平缓时，煤灰粒子在碰撞水冷壁前可以得到较好的冷却，温度降低，与水冷壁碰撞时，被黏附的概率就会降低。温度对炉内结渣具有非常重要的影响，研究结果表明，温度增高，结渣程度将按指数规律增长。水冷壁附近的温度分布除与炉膛中心温度、水冷壁吸热热流有关外，还与水冷壁表面的清洁程度有关。当水冷壁表面附有灰渣时，表面温度迅速增高。这不仅有可能使灰渣表面具有黏性，捕捉飞灰，而且还降低了灰粒的冷却程度，因而灰渣的积聚具有自加剧性，即一旦发生结渣，其程度将会越来越严重，直到外层灰渣因熔化而发生自流。

2）炉膛出口烟温。在锅炉运行时，尤其是投用上层磨煤机时，很容易使得炉膛出口烟温偏高。当煤质有波动时，运行人员不能及时根据实际情况进行调整，造成锅炉燃烧配风方式不是处于优化状态，特别是上层燃烧器煤粉颗粒燃烬性差，有一部分大颗粒煤粉在炉膛出口处尚未燃尽，导致锅炉炉膛出口烟温偏高引起结焦。另外一次风温偏低、一次风速过高或一次风率过小时都会使煤粉气流的着火推迟，燃烧速度降低，燃烧效率降低，从而导致炉膛出口烟温升高，产生结焦。

（6）锅炉漏风和制粉系统漏风。由于炉膛漏风、制粉系统漏风增大进入炉内的风量，漏风温度较低降低燃烧室内的温度水平，使煤粉的燃烧过程推迟。冷灰斗处漏风会抬高火焰中心，火焰拉长，导致炉膛出口烟温升高，容易引起屏过结焦。空气预热器漏风，不但引风机电耗增大，而且部分送风量进入烟道，不但增大了风机电耗，漏风严重容易使炉内缺风，造成燃烧缺氧，间接造成锅炉结焦。

（7）吹灰力度不够。锅炉吹灰力度不够也造成受热面结焦。

（8）锅炉高负荷连续运行。锅炉结渣、积灰随锅炉负荷及烟气温度的增加而增加。当锅炉高负荷连续运行，特别是超负荷运行时，炉膛热负荷增加，温度升高，灰粒得不到冷却，在吹灰器吹不到的地方易形成积灰，如不及时吹灰清渣，当熔融软化的灰黏结在上面时会形成大面积结渣。

3. 锅炉结焦的应对措施

根据上述锅炉结焦现象原因分析，必须采取如下措施对锅炉结焦严重的现象进行改善，具体措施如下：

（1）锅炉结焦现象的判断。锅炉水冷壁及过热器结焦时通常会反应在运行工况的一些改变，具体变化如下：

1）水冷壁结焦时，炉膛出口烟气温度，排烟温度升高；锅炉汽温升高，减温水流量增大；炉膛看火孔，检查孔处可见焦渣悬挂；冷灰斗常有大块焦渣坠落，甚至有硬焦块使捞渣机，碎渣机故障等。

2）过热器结焦时，两侧烟温差增大，流通侧烟温升高；两侧蒸汽温度偏差大，流通侧管壁温度高，甚至超过极限允许值，结焦侧管壁温度偏低。

（2）合理控制炉内气流切圆直径。锅炉燃烧时适当减小炉内气流切圆直径可减小煤粉颗粒向水冷壁的惯性迁移，有利于减轻结焦，当四角风速分配不均，炉内旋流气流中心偏斜或某一角一次风速偏差大，容易造成切圆偏斜，造成煤粉冲刷水冷壁，形成结焦。

（3）一次风速的调整。适当提高一次风速，可推迟煤粉的着火，使着火点离燃烧器更远，火焰高温区也相应推移到炉膛中心，可以避免喷口附加结焦。同时为避免同层一次风速偏差大，造成切圆偏斜，煤粉冲刷水冷壁形成结焦现象，需要对每台磨煤机出口一次风速进行调整。冷态情况下，保证出口一次风速偏差不超过5%，热态条件下偏差不超过8%。调整前，需要针对一次风速变送器进行校验，若有变送器发生零位漂移现象，需要通知热工人员对其进行归零，以免调整工作失效。

（4）煤粉细度的调整。锅炉运行要保持一定的煤粉细度，防止因煤粉细度过大被旋转气流带到炉墙上而产生结焦。煤粉越细，总表面积越大，挥发分析出就快，着火点就提前，燃烧快，着火也越稳定。煤粉粗，火炬拖长，粗粉因惯性作用会直接冲刷受热面。粗煤粉燃烧温度比烟温高许多，熔化比例高，冲墙后容易引起结焦。但是，煤粉太细也会带来问题，一是电耗高，制粉出力受到影响，二是炉膛出口烟温升高，易引起结焦。因此，选择合适的煤粉细度对于防止锅炉结焦现象的发生至关重要。

（5）二次风速的调整。二次风混入一次风的时间要合适。如果在着火前混入，等于增加一次风量，使着火点延迟；如果二次风过迟混入，又会使着火后的燃烧缺氧。所以着火后二次风应及时混入。有意识的使二次风混入时间早些，将着火点推后，以避免结焦。推荐二次风速为 30～40m/s。

（6）偏置二次风的调整。偏置的二次风角度可推迟风粉混合时间，抑制 NO_x 生成，同时可使煤粉气流位于炉膛中心，水冷壁附近为氧化性气氛，其效果可避免火焰冲墙，提高灰熔点，避免结焦现象的发生。在高负荷下适当开大布置在顶部的偏置二次风，既可以减弱炉膛出口烟气的残留偏转、减小烟道内烟气热偏差，又可以压低炉膛火焰中心高度、防止过热器结焦。合理调整二次风挡板开度，在靠近水冷壁处形成一道屏幕风，对飞灰进行冷却、防止其在水冷壁上黏结。当下层燃烧器投运时，尽量开大下层二次风，阻止煤粉火焰下冲水冷壁，防止炉膛水冷壁下部结焦。

（7）周界风的调整。提高周界风风量，以增加火焰刚性，减小气流偏斜倾向，同时使近壁处的含氧量提高，形成氧化性气氛，以提高灰熔点温度，避免结焦。

（8）选择合理的运行氧量。提高锅炉运行氧量，避免炉内出现还原性气氛。如果运行氧量还偏低，必要时适当降低负荷。

（9）燃烧器和磨组投运方式的调整。确定不同负荷下燃烧器及磨煤机的投运方式，防止燃烧器区域热负荷过于集中，也是一种防止结焦的重要手段。

（10）混煤分层燃烧。机组运行期间，若运行煤种灰熔点较低，容易形成结焦现象，建议适当掺烧一部分灰熔点较高、发热量尚可的煤种。在磨煤机煤仓加仓时，适当在运行中六台磨中选择 1～2 台磨煤机进行加仓灰熔点较高的煤种，如若下五台磨煤机运行时可选择加仓 C 磨或者 A 磨，如若上五台磨煤机运行时可选择加仓 C 磨或者 E 磨。掺烧以后，锅炉结焦情况会明显得到改善。

（11）吹灰频率及除渣系统的加强。严格按要求进行锅炉吹灰，保证锅炉受热面清洁。锅炉受热面吹灰器必须完善使用，运行各值必须严格按运行规程对各受热面进行吹灰。灰控值班人员应加强对出灰情况的监视和分析，每班要检查冷灰斗是否有堵焦现象。运行值班人员每班必须对锅炉结焦情况进行就地检查一次，对于燃烧器喷口等吹灰器吹扫盲区进行人工除焦。发现有严重结焦情况，应及时汇报、处理。要定期分析锅炉运行工况，对于易结焦的燃煤要重点分析减温水量的变化和炉膛出口温度的变化规律，以及过热器、再热器管壁温度变化情况。发现锅炉结焦严重时要申请适当降低负荷运行和加强吹灰。炉底冷灰斗出现严重积渣、搭桥现象时，应及时处理，在未处理前，应停止炉膛吹灰。利用夜间低负荷运行阶段，周期性的改变锅炉负荷，控制大量焦块掉落。注意控制负荷变化速率，防止负荷骤然大幅度变化，造成大块焦块掉落砸坏承压部件。

（三）锅炉燃烧不稳定

锅炉运行时，必须保持燃烧稳定。不稳定燃烧的发生可以由火焰检测器和炉膛燃烧状况判断。

1. 燃烧不稳定的特征

(1) 火焰检测信号微弱或上下波动。

(2) 炉膛压力上下波动。

(3) 从火检和视觉观察炉膛燃烧状况不良。

2. 燃烧不稳定的原因

(1) 油燃烧器。

1) 检查燃油压力是否在设定范围内。

2) 检查吹扫空气，仪表空气或燃油是否泄漏。

3) 检查炉膛和风箱之间压差是否正常。

4) 检查燃烧器是否损坏，油喷嘴是否堵塞。

5) 检查风门挡板开度是否合适。

6) 检查炉膛是否结焦。

7) 检查油系统管路是否太脏。

(2) 煤粉燃烧器。

1) 检查各一次风管风粉分布是否均匀。

2) 检查燃烧器喷口周围是否结渣。

3) 检查一、二次风温是否合适。

4) 检查磨煤机动态分离器转速是否合适，保证煤粉细度。

5) 检查风箱与炉膛压差是否正常。

6) 检查挡板位置是否正确。

7) 检查燃烧器是否存在机械损坏。

8) 检查炉膛燃烧情况。

9) 煤质变化是否大。

3. 采取措施

运行人员首先应检查上述列举的可能原因并采取必要的补救措施。

(1) 当煤粉着火时，如果火焰燃烧不稳定，那么可以点燃油枪稳燃直到引起不稳定燃烧的原因解决。

(2) 如果煤粉燃烧不稳定，运行人员千万不能在可能引发炉膛爆炸情况下点燃油枪。

(3) 当点火完全失效时，MFT 会将锅炉自动跳闸。

（四）锅炉运行燃烧调整

1. 调整目标

(1) 确保燃烧稳定，提高燃烧的经济性，使燃烧室热负荷分配均匀，减少热偏差，防止锅炉结焦、堵灰、结油垢等，保证锅炉运行各参数正常。

(2) 锅炉运行时，应了解燃煤、燃油品种和化学分析，以便根据燃料特性，及时调整运行工况。正常运行时运行人员应经常对燃烧系统的运行情况进行全面检查，发现燃烧不良时应及时调整。

（3）锅炉燃烧时应具有金黄色火，燃油时火焰白亮，火焰应均匀地充满炉膛，不冲刷水冷壁及屏式过热器，同一标高燃烧的火焰中心应处于同一高度。燃料的着火点应适中，距离太近易引起燃烧器周围结焦烧坏喷嘴；距离太远，又会使火焰中心上移，使炉膛上部结焦，严重时还将会使燃烧不稳。

（4）正常运行时，应维护炉膛负压在50～100Pa，锅炉上部不向外冒烟。

2. 调整方法

（1）锅炉运行时，应尽量减少各部位漏风，各门、孔应关闭严密，发现漏风处应及时堵塞。

（2）炉膛出口氧量值应根据不同的燃料特性和负荷来决定，当氧量控制在手动方式时，应根据氧量设定值进行调节，若氧量控制投自动时，可通过改变氧量设定值来进行自动调节。当燃用灰熔点低或煤油混烧时，为防止炉膛结焦，可适当提高炉膛出口氧量。

（3）为确保锅炉经济运行，应维持合格的煤粉细度，定期对飞灰、炉渣等取样分析，进行比较，及时进行燃烧调整。

（4）锅炉进行燃烧调整或增加负荷时，除了保证汽温、汽压正常外，还应使启动分离器出口温度维持在正常值范围内。燃烧器投用后，应检查着火情况是否良好，及时调整风量，防止烟囱冒黑烟。

（5）当锅炉由于各种原因造成燃烧不稳时，应及时投入油枪、稳定燃烧，并查明原因，及时消除燃烧不稳的因素。若锅炉发生熄火时，应立即停止向炉膛供给燃料，避免扑灭而引起锅炉爆燃。

3. 调整手段

锅炉运行过程中的燃烧调整工作主要围绕以下几方面展开：

（1）煤粉细度的调整。

1）煤粉细利于燃烧，但会影响磨煤机出力，磨煤机电耗也会增加；煤粉粗，磨煤机出力增大，电耗虽小但不利于燃烧，而且还容易引起炉内结焦。选择合理的煤粉细度对锅炉运行的经济和安全性相当必要。

2）一般情况下，需要根据制粉系统优化试验的结果，对动态分离器或者折向挡板进行调整，以改变煤粉细度适应锅炉运行的需要。

（2）过量空气系数的调整。过量空气系数过大，排烟热损失及NO_x排放量会增加，过小则固体未完全燃烧热损失和化学未完全燃烧热损失会增大。一定负荷应对应一适宜的过量空气系数，使（$q_2+q_3+q_4$）最小。

（3）燃烧器二次风门调整。运行中二次风门的调整原则：

1）在燃烧器二次风门维持入炉总风量或省煤器出口氧量的前提下，不同层二次风量依据各层燃料量大小分别控制。根据过热汽温情况，适当调整上下层燃料量分配，进而调整不同层二次风门开度。

2）燃烬风门开度依汽温及NO_x排放控制，须保持一定开度，满负荷时开度会增大。

3）停运磨煤机层二次风门需留一定开度，以防燃烧器烧损。

（4）各燃烧器的负荷分配调整。试运中各喷燃器的负荷分配调整依据的原则：

1）在汽温许可的情况下，各层燃烧器的出力力求均匀，避免局部热负荷集中及各水冷壁管间过大的壁温偏差。

2）依汽温情况适当调整上下层燃烧器的热负荷分配。

四、汽水系统的运行控制与调整

（一）汽温调整

锅炉正常运行中，汽温随机组负荷、燃水比、给水温度、风量及燃烧工况等因素的变化而变化，过热汽温、再热汽温过高或过低以及大幅度波动都将影响机组的安全、经济运行。因此，在锅炉运行过程中，汽温的调整工作至关重要。

1. 影响汽温的主要因素

影响汽温变化的因素很多，如锅炉负荷、给水温度、燃料性质、燃烧工况及受热面的清洁程度等工况的改变都将引起再热汽温发生变化，同时再热汽温还受到过热汽温变化的影响。

（1）燃水比。直流锅炉过热蒸汽出口焓 h''_{ss} 的表达式为

$$h''_{ss} = h_{fw} + \frac{BQ_{ar,net}\eta}{G}$$

式中 h''_{ss}、h_{fw}——过热蒸汽出口焓、给水焓，kJ/kg；

B、G——燃料量、给水量，kg/h；

η——锅炉效率。

可以看出，若式中 h_{fw}、$Q_{ar,net}$ 和 η 保持不变，则 h''_{ss}（即过热汽温）的值就取决于 B/G 的比值；若 B/G 的值不变，过热汽温就保持不变。

所以，只要保持适当的燃水比，在任何负荷和工况下，直流锅炉都能维持一定的主汽温。若给水量 G 不变而增大燃料量 B，过热汽温会升高；若燃料量 B 不变而增大给水量 G，过热汽温就会降低。

（2）给水温度。正常情况下，给水温度一般不会有大的变动，但当高压加热器因故障退出运行时，给水温度就会降低。对于直流锅炉，若燃料量不变，由于给水温度降低，加热段加长且过热段缩短，主汽温会随之降低，负荷也会降低。因此，当给水温度降低时，必须改变原来设定的燃水比，即适当提高燃水比，以使过热汽温维持在额定值。

（3）锅炉过量空气系数。过量空气系数的变化直接影响锅炉的排烟损失，同时影响到对流受热面与辐射受热面的吸热比例。当过量空气系数增大时，除排烟损失增加、锅炉效率降低外，炉膛水冷壁吸热减少，造成过热器进口温度降低、屏式过热器出口温度降低；虽然对流过热器吸热量有一定增加，但前者影响更大，在燃水比不变的情况下，末级过热器出口汽温将下降。

（4）火焰中心高度。火焰中心高度变化的影响与过量空气系数变化的影响相似。在燃水比不变的情况下，火焰中心上移，水冷壁辐射吸热减少，但过热器再热器等对流特性的换热面吸热增加，但对于过热器而言，蒸发段延长影响更大，所以上提火焰中心主蒸汽温度整体呈降低趋势。

（5）受热面结渣。燃水比不变的情况下，炉膛水冷壁结焦时，主汽温有所降低；过热器结渣或积灰时，主汽温下降明显。前者发生时，调整燃水比就可；后者发生时，不可随便调整燃水比，必须在保证水冷壁温度不超限的前提下调整燃水比。

（6）煤质变化的影响。煤质变化会导致燃水比变化，并改变燃烧工况以及汽水系统受热面的辐射、对流传热比例。这会既影响中间点温度，又直接影响过热器吸热特性，从而影响

汽温特性。

2. 汽温调节的原则

超超临界直流锅炉没有固定的汽水分界面，且热惯性小，水冷壁的吸热变化会使热水段、蒸发段和过热段的比例发生变化。因而对过热汽温变化影响大，汽温变化速度快，汽温调节比较复杂。

在锅炉运行的过程中，过热汽温、再热汽温调节要严格遵守如下原则：

(1) 主蒸汽温度以燃水比作为主要的汽温调节手段，以汽水分离器入口集箱温度（即中间点温度）作为汽温调节的导前信号，辅助以喷水减温作为细调手段。

(2) 再热汽温调整视锅炉燃烧方式而定，上锅四角切圆燃烧方式主要通过燃烧器摆角上下摆动调整，哈锅八角切圆燃烧方式主要以尾部烟温挡板为主，燃烧器摆动为辅，而东锅前后墙对冲锅炉则主要通过尾部烟温挡板调整，辅以二次小风门调节等改变火焰中心高度以及通过改变过量空气系数等手段进行调节，再热器事故喷水及微量喷水作为细调手段保证安全。

(3) 在调整汽温时，要加强受热面金属温度监视，调整汽温要以金属温度不超限为前提，如金属温度超限，应采取措施。

(4) 锅炉运行中进行燃烧调整，增、减负荷，投、停燃烧器，启、停给水泵、风机、吹灰、打焦等操作，都将使主蒸汽温度和再热汽温发生变化，此时应特别加强监视并及时进行汽温的调整工作。

(5) 减温水的投用一定要平稳，注意不要猛增、猛减，减温器后的温度变化不要剧烈波动，以免造成汽温及金属温度的剧烈大幅波动，影响机组金属寿命；要根据汽温偏离的大小及减温器后温度变化情况对蒸汽温度进行调节。低负荷时调节减温水注意，减温后的温度必须保持20℃以上的过热度，防止过热器进水。

(6) 注意保持减温水量在一个合理水平，且尽量分配均匀，让减温水大小均有裕度。

(7) 通过配风、制粉系统运行方式、燃烧器摆角等手段保证炉膛火焰中心居中，避免各炉墙、受热面受热不均以及各中间点温度偏差过大。

(8) 汽温调节要结合中间点温度、燃水比及其他变化因素综合判断，并尽量提前预判，及时调整，留足裕度。

3. 过热汽温调节

对于直流锅炉，控制主蒸汽温度的关键在于控制锅炉的燃水比，而燃水比合适与否则需要通过中间点温度来鉴定。在直流锅炉运行中，为了维持锅炉过热蒸汽温度的稳定，通常在过热区段中取一温度测点，将它固定在相应的数值上，这就是通常所谓的中间点温度。

在过热汽温调节中，中间点温度实际是与锅炉负荷有关，中间点温度与锅炉负荷存在一定的函数关系，那么锅炉的燃水比 B/G 按中间点温度来调整，中间点至过热器出口区段的过热汽温变化主要依靠喷水减温调节。对于直流锅炉，其喷水减温只是一个暂时措施，要保持稳定汽温的关键是要保持固定的燃水比。

锅炉正常运行时，在35%～100%负荷范围内中间点温度一般保持为30～50℃，以保证沿程受热面介质温度在允许范围内。锅炉正常运行中启动分离器出口温度到饱和值是燃水比严重失调的现象，要立即根据异常根源果断处理，增加热负荷或减少给水量。

考虑到实际运行中锅炉负荷的变化，给水温度、燃料品质、炉膛过量空气系数及受热面结渣等因素的变化，单纯地依靠燃水比控制汽温显然是不现实的调节手段，此时还必须采用在蒸汽管道设置喷水减温器作为辅助的调节手段。

主蒸汽减温水是主蒸汽温度调节的辅助手段，也是主蒸汽温度调节的细调手段，一级减温水用于保证屏式过热器不超温，二减对主蒸汽温度进行精确调整。一般情况一、二级减温水调阀开度在30%～60%范围内可维持屏过出口和主蒸汽温度在额定值。如果减温水调门开度超过正常范围，可适当修正燃水比定值，使减温水有较大的调整范围，即留有足够的裕量，防止系统扰动造成主蒸汽温度波动。

4. 再热汽温调节

对于通过摆动燃烧器调整再热汽温，主要是通过改变燃烧器喷嘴倾角改变火焰中心的位置和炉膛出口的烟气温度，各受热面的吸热比例也相应变化，因此实现了再热汽温的调节。

而通过尾部烟温挡板摆动来调整再热汽温时，主要是通过改变尾部烟温挡板的开度大小来控制流经后竖井水平再热器管束及过热器管束的烟气量的多少，从而达到控制再热器蒸汽出口温度的目的。在满负荷时，过热器侧烟气挡板全开，再热器侧烟气挡板部分打开。当负荷逐渐降低，过热器侧挡板逐渐关小，再热器侧挡板开大，直至锅炉运行至最低负荷，再热器侧全部打开。

在调节尾部烟温挡板时，应保证再热器侧和过热器侧挡板开度之和大于120%，以防烟气节流，影响炉膛负压，同时应注意对过热汽温的影响。烟温挡板调节时尽量保持其开度不要太小，以免造成省煤器区域积灰，同时加强省煤器区域的吹灰与输送灰工作，以免造成堆积。同时不建议机组启动时关闭烟温挡板进行。

再热器的喷水减温调节系统与主蒸汽喷水减温的汽温调节系统相似，不过一般作为事故情况的调节手段。

5. 烟气侧调温手段

(1) 改变火焰中心的位置。当火焰中心位置抬高时，火焰离过热器较近，炉内辐射吸热量减少，炉膛出口烟温升高，则过热汽温将升高。火焰中心位置降低时，则过热汽温将降低。改变火焰中心位置的方法有：①调整喷燃器的倾角。采用摆动式喷燃器时可以用改变其倾角的办法来改变火焰中心沿炉膛高度的位置，从而达到调节汽温的目的。燃用烟煤后，若再热汽温偏低，可适当调整喷燃器向上倾斜某一角度，使火焰中心位置上移，使汽温升高。②改变磨组的运行方式。通过不同磨组运行配合方式的切换，来改变火焰中心的位置。当汽温高时应尽量先投用下层磨组，当汽温偏低时应尽量先投用上层磨组。③变化配风工况。对于四角布置切圆燃烧方式，在总风量不变的情况下，可以用改变上、下排二次风分配比例的办法来改变火焰中心的位置。当汽温高时，一般可开大上排二次风，关小下排二次风，以压低火焰中心。当汽温低时，一般则关小上排二次风，开大下排二次风，以抬高火焰中心。进行调整时应根据实际设备的具体特性灵活掌握。

(2) 改变烟气量。若改变流经过热器的烟气量，则烟气流速必然改变，使对流传热系数变化，从而改变了烟气对过热器的放热量。烟气量增多时，烟气流速大，使汽温升高，烟气量减少时，烟气流速小，使汽温降低。燃用烟煤后，若汽温偏低，可适当提高送风量，来加快对流换热提高汽温。利用送风量调节汽温是有限度的，超过了范围将造成不良后果。因为过多的送风量不但增加了送、吸风机的耗电量，降低了电厂的经济性，而且增加排烟热损失，降低锅炉热效率。

（二）两侧汽温偏差消除措施

过热器、再热器出口两侧汽温偏差必须控制在汽轮机允许的限度内（由汽轮机制造商提供），两侧汽温偏差通常与烟气侧的偏差有关。

1. 两侧汽温偏差产生的原因

（1）磨煤机出口一次风管风粉分配不均匀。

（2）炉膛各角的风箱入口风门挡板、二次风挡板开度偏差大，供风不均匀。

（3）煤粉燃烧器和附加风喷嘴摆角不平衡。

（4）两侧送、引风机出力不平衡。

（5）对流受热面沾污不均匀。

2. 消除两侧汽温偏差的措施

（1）左右侧过热汽温偏差大主要通过减温水喷水调节，也可通过主燃烧器摆角和附加风的水平摆角来调节。

（2）左右侧再热汽温偏差主要通过左右侧烟气挡板开度调整，也可通过主燃烧器摆角和附加风的水平摆角来调节。如果还不解决问题，最后通过再热器喷水调整。

（三）启动过程中的汽温控制

超超临界锅炉启动过程中容易发生超温现象，因为启动过程中容易发生燃烧不完全现象，导致燃烧放热量减少，水冷壁的辐射传热量减少，炉膛出口烟温不正常升高。另外，启动初期风量偏大、给水流量偏大、锅炉清洗排放热量损失等因素都会直接导致启动初期的汽温上升，直接影响了汽轮机的冲转及锅炉的升温升压。

超临界锅炉启动过程中的汽温控制比正常运行时更为复杂，必须严格控制燃料投入速度和及时调整燃烧工况，同时需要控制启动系统的疏水量，因疏水量过大会导致给水量增加过快，蒸发量快速降低；同时疏水量过大会导致工质热量损失过大，促使蒸发量进一步降低；为了维持蒸发量，被迫提高燃料投入速度，由此引起过热器超温。在降低锅炉启动点火时的给水流量过程中，必须保证锅炉的冷却流量，不能低于锅炉 MFT 给水流量值，保证机组的运行安全。

（四）锅炉转态过程中的汽温控制

在锅炉干湿态转换、进入纯直流运行过程中，开始时分离器出口为饱和蒸汽，并未达到微过热状态。此时应增加燃料量，提高蒸汽的过热度，当中间点温度达到 10～15℃时，分离器转变为干态运行，中间点温度作为调节汽温的导前温度。如果水冷壁出口工质处于湿蒸汽区时，中间点温度变化不大，对燃水比调节的参考作用消失，需要控制燃料量，并注意控制屏式过热器的蒸汽温度，及时调节减温水量。

锅炉在湿态与干态转换区域运行时，应尽量缩短其运行时间，并应注意保持燃料控制与贮水箱水位的稳定，严格按升压曲线控制汽压的稳定，以防止锅炉受热面金属温度的波动。

锅炉转入纯直流运行后启动系统集水箱水位逐渐降低，此时应将往凝汽器管道上阀门置于闭锁状态，防止由启动系统漏空气导致凝汽器真空降低而影响机组的正常运行。

第五节　锅　炉　停　运

锅炉的停运由两种类型：短期停炉，即锅炉停炉热备用，准备极热态、热态和温态再启动；长期停炉，即锅炉因检修等某些需求停炉至冷态，长时间不启动。所以，锅炉停止运行应根据指令，明确停炉原因、时间和方式后方可进行各项准备工作。

一、停炉前准备

（1）停炉前，应对锅炉设备进行一次全面检查，将所发现的缺陷详细记录，以供检修查考、处理。

（2）锅炉检修之前的停炉，应根据检修要求将原煤仓或落煤管存煤烧空，如所有煤仓均须烧空时，应尽量保持均匀降低煤量，清仓时应特别注意炉火稳定的情况。

（3）停炉前在机组负荷大于50%BMCR（500MW）时，应对各受热面进行一次全面吹灰。

（4）停炉前应检查油枪吹扫空气系统及燃油系统循环正常，锅炉燃烧稳定。

二、正常停炉

（一）锅炉减负荷

1. 制粉系统停运

（1）接到锅炉减负荷命令，通过协调方式自动减负荷，负荷变化率一般应控制在5MW/min左右。

（2）先将各台给煤机出力减至80%，然后再以由上到下的原则逐台减少磨煤机给煤量逐台停用磨煤机，但此时应注意磨煤机点火条件应具备，必要时应及早将油枪投用。

（3）当机组负荷减至800MW时，停用第一台磨煤机。

（4）负荷减至650MW，协调方式退出运行，机组TF方式投入。

（5）当机组负荷减至500MW时，停用第二台磨煤机。

2. 微油投入

当负荷低于500MW时，微油投入运行。

3. 给水泵退出

在负荷降至498MW时，停掉一台汽动给水泵。

4. 干湿态切换

（1）当负荷减至330MW时，停用第三台磨煤机，此时应加强对给水流量的监视和调整。给水可以由主路切换至旁路运行。

（2）在锅炉负荷降至接近最低直流负荷时，进一步减燃料以使汽水分离器入口汽温达到饱和温度，在贮水箱内出现可见水位。负荷降至280MW左右时，循环泵启动，锅炉运行模式就从干态切换到湿态模式。

（3）在减负荷过程中，应加强对风量、启动分离器出口工质温度，及主蒸汽温度的监视，若自动不灵，应及时用手动进行风量、燃水比及减温水的调整。同时应注意启动分离器水位的监视和控制。

（二）发电机解列及汽机停机

（1）锅炉继续减负荷，当机组负荷为60MW时，停用第四台磨煤机。

（2）期间可以缓慢开启高低压旁路暖管。

（3）锅炉继续减负荷，当给水流量为30%BMCR，主蒸汽压力接近8MPa时，将机组负荷减至零，可将发电机解列及汽机停机。利用高低压旁路控制压力。

（4）汽轮机停机后，停用最后一台给煤机，保持磨煤机运行，控制主蒸汽温度降温率不大于5℃/min。

（三）停炉

（1）为防止水冷壁局部超温，在锅炉熄火前应始终保持给水流量在30%BMCR以上。

（2）若有大油枪运行，停运大油枪。

（3）降低两台一次风机出力。

（4）停用微油油枪，锅炉MFT。

（5）确认两台一次风机及密封风机联锁跳闸。

（6）确认所有制粉系统风门挡板关闭。

（7）确认所有油枪、点火枪处于退出位置。

（8）检查确认燃油系统进、回油跳闸阀关闭。

（9）确认所有减温水隔绝门关闭。

（10）确认脱硫系统动作正常。

（11）确认电除尘高压系统退出运行。

（12）停用空气预热器吹灰器。

（13）锅炉熄火后，维持炉膛风量在30%左右，对炉膛进行吹扫，吹扫完毕后停用送、吸风机，锅炉闷炉。

（14）锅炉停炉及冷却过程应严密监视启动分离器和对流过热器出口联箱的内外壁温差在允许范围内，如发现该两处的内外壁温差超过允许范围时应减缓冷却速度。

（15）锅炉停炉后，应保持高低压旁路一定开度，对锅炉主蒸汽及再热蒸汽系统进行降压，降压速率不大于0.3MPa/min，当压力降至1.2MPa时，关闭高低压旁路阀。或根据具体停炉要求决定降压值。

三、停炉后保养

（一）停炉保养方法

锅炉的停炉后保养方法分为干态保养和湿态保养。

（1）干态保养是将锅炉本体内的水汽全部放空并进行干燥。

（2）湿态保养是采取对锅炉本体不放水并加药保养。

（二）停炉后保护规定及方式

（1）锅炉停用时间少于2天，不采取任何保护方法。

（2）锅炉停用时间在3～5天内，对省煤器、水冷壁和启动分离器采取加药湿态保养，对过热器部分采取干燥保护。

（3）锅炉停时间大于5天以上，锅炉的省煤器、水冷壁、过热器、再热器等采取热炉放水、余热烘干、充气加缓蚀剂保护。

（三）停炉保养操作步骤

（1）锅炉熄火后，当启动分离器压力下降至1.0MPa、启动分离器入口水温达到200℃左右时，停送、吸风机，关闭送、吸风机挡板，封闭炉膛。

（2）关闭高低旁。

（3）迅速开启水冷壁、省煤器进口集箱放水门，带压将水排空。

（4）4h开启水冷壁、省煤器、过热器、再热器的排空气门排除系统内的水蒸气，待系统压力跌至0MPa后开启高旁、低旁抽真空，将剩余湿汽排尽。

(5) 保持上述工况，根据相应程序开启送、吸风机挡板，投送、吸风机冷却。

(6) 待水冷壁温度下降后，从省煤器、水冷壁进口集箱疏水阀处通入加有气相缓蚀剂的压缩空气进行辅助保养。

(四) 冬季停炉后的防冻

(1) 检查投入有关设备电加热或汽加热装置。

(2) 备用锅炉的人孔门、检查孔及有关风门、挡板应关闭严密，防止冷风侵入。

(3) 锅炉各辅助设备和系统的所有管道，均应保持管内介质流通，对无法流通的部分应将介质彻底放尽，以防冻结。

(4) 停炉期间，应将锅炉所属管道内不流动的存水彻底放尽。

第二十章

锅炉整套启动过程试验

第一节 安全阀整定

安全阀是一种非常重要的保护用阀门，广泛地用在各种压力容器和管道系统上，当受压系统中的压力超过规定值时，它能自动打开，把过剩的介质排放到大气中去，以保证压力容器和管道系统安全运行，防止事故的发生，而当系统内压力回降到工作压力或略低于工作压力时又能自动关闭。

为保证安全阀在一定值下能够准确动作，对安全阀应进行热态校验，特别是锅炉大、中修后，应在安全阀校验后才能带满负荷。安全阀校验的主要目的就是调整安全阀使其在要求压力下能自动开启。

为了防止安全阀启座次数过多影响其性能，在过热器出口集箱上安装了略低于安全阀动作压力就开启的电磁泄压阀。电磁泄压阀的进口侧装有一个手动隔离阀，用于电磁泄压阀检修时与锅炉隔离。在电磁泄压阀被隔离时，锅炉能继续保持运行。

为了保证锅炉出现超压时有一定的蒸汽流量流经过热器，使过热器得到冷却，为防止所有安全阀同时启座，同一侧的每一个安全阀的启座压力也不同。过热器电磁泄压阀的启座压力低于其他所有过热器的启座压力，可减少其他安全阀的启座次数。电磁泄压阀排放试验一般安排在锅炉的停炉阶段。为了保证电磁泄压阀在锅炉超压运行时能及时开启对锅炉进行泄压，在锅炉熄火后，手动开启电磁泄压阀进行排放试验，如发现电磁泄压阀不能开启等现象，可及时通知检修进行处理。

安全阀要定期进行校验，以保证动作值准确。安全阀的漏汽还是会经常发生的，在出现漏汽后一般要求尽早处理，否则漏汽量会越来越大，而且后来由于阀芯的吹损，会加大处理的难度。电磁泄压阀出现漏汽时要及早将手动隔离阀关闭并通知检修处理，防止出现漏汽发展成无法隔离的恶性后果。

锅炉超压通常是由于以下两方面原因：一是不恰当的操作，设备失灵而使锅炉压力逐渐升高；二是蒸汽流量突然降低，导致锅炉压力迅速升高。例如，因电气故障，汽机立即甩负荷，锅炉蒸汽送不出去即蒸汽流量突然降低，使锅炉压力急剧增高。

锅炉安全阀的总排放量一般均要求等于或大于锅炉的最大蒸发量。按载荷控制方法和加载方式分类，安全阀一般分为重锤式和弹簧式。目前，超超临界 1000MW 机组锅炉由于配套旁路容量的不同，所选择的安全阀一般分为两类：一类是哈锅、东锅配套的弹簧式安全阀，一般位于分离器出口、过热器出口、再热器入口、再热器出口等位置；另一类是上锅塔式炉配套的弹簧加气动执行机构的安全阀，考虑到旁路为 100％容量旁路，过热器侧不装设安全阀，仅在再热器出口装设安全阀，防止再热器超压。本章分别就这两类安全阀的整定工作进行介绍。

一、哈尔滨锅炉厂安全阀整定

（一）工作准备

（1）锅炉所有安全阀及电磁释放阀已按制造厂家的各项要求安装完毕。

1）安全阀托水盘疏水应畅通，并接至安全地点，以防在动作时发生水击。

2）安全阀排汽管应牢固，支吊架符合要求，以防排汽管的重量直接压在安全阀上，保证其自由膨胀。

3）安全阀疏水盘与安全阀排汽管之间的安装间隙正确，有足够膨胀间隙。

4）安全阀所安装的蒸汽管道必须支吊牢固。

5）安全阀的法兰与排汽管的中心线距离符合安全阀厂家的规定。

6）安全阀喷嘴环及调整环按制造厂的铭牌所示调整好。

（2）过热器安全阀整定需机组具备带负荷条件。

（3）高、低压旁路系统具备投用条件。

（4）再热器安全阀整定时，汽机高压缸排汽逆止阀及抽汽逆止阀关闭严密，逆止阀前疏水打开；汽机投入盘车装置。

（5）就地、控制室压力表以及液压辅助装置压力表应事先校验，并有误差记录；调校安全阀以就地压力表为准，其压力表精度为 0.4 级以上。

（6）过热器出口集箱上分别安装就地压力表，量程为 40MPa，再热器出口集箱上分别安装上就地压力表，量程为 10MPa；没有就地压力表的，通过压力变送器接口安装压力表。

（7）各安全阀处的就地压力表的安装位置必须既能反映安全阀的压力又属于安全地带，确保人身安全。

（8）电磁释放阀整定前必须满足的条件：

1）传压管上的隔离阀打开。

2）传压管上的排水阀关闭。

3）电气回路正确可靠且通电。

4）控制板开关在“关”的位置。

5）过热器就地精密压力表安装好。

6）控制阀排放管通大气。

7）所有的电磁释放阀系统上的元件具备动作条件。

（9）炉顶与控制室通信畅通可靠。

（10）准备好调校安全阀的专用工具及安全防护用品，包括扳手、耐温手套、护耳器等。

（11）厂用照明、事故照明及临时照明良好，安全阀周围道路应畅通、完好，照明应充足，搭设调试用的临时架子、平台应绑扎牢固。

（12）BMS 系统投入，送、吸风机联锁保护，炉膛负压高、低保护。

（13）有关锅炉升压升温的 CRT 画面测点正确，趋势记录，操作记录打印等功能应齐全可用。

（14）校验前对所有安全阀进行检查，确保其符合校验要求。

（15）按运行规程要求进行锅炉点火升温升压。

（16）安全阀校验期间，空气预热器要能投连续吹灰。

（二）工作程序

（1）在整定安全阀时升压速度不超过0.08MPa/min。

（2）过热器安全阀的整定：

1）安全阀整定应按整定压力由高到低的原则进行。

2）校对就地压力表与集控室读数进行。

3）主汽系统安全阀校验在机组带80%左右负荷时进行，将过热器的汽压升到安全阀启座压力的24MPa左右，保持压力稳定，调整液压辅助装置压力使安全阀启座，记录就地压力表压力及液压辅助装置压力。

4）校验过程：

① 用油压助跳辅助装置助跳安全阀。

② 计算用油压助跳装置助跳安全阀启座时的液压油的压力。

③ 当听到安全阀启座时的声音时，进行快速准确的记录。

④ 在校验过程中校对就地表计与集控室的表计。

5）启座压力的调整：

① 如果安全阀的启座压力不符合要求，则需要对安全阀的启座压力进行调整。

② 拆下提升装置及手柄组件。

③ 松开调整螺栓锁定螺母。

④ 如果安全阀启座压力低，顺时针旋转调整螺栓；如果安全阀启座压力高，则逆时针旋转调整螺栓；每次调整后，都需要将锁紧螺母锁紧，以防止调整螺栓松动。

⑤ 将提升装置重新安装就位。

⑥ 给液压辅助压力装置加压，使安全阀启座。

⑦ 过热蒸汽的启座压力与设定的压力偏差不得超过±1%。

⑧ 重复上述步骤直到安全阀启座压力合格为止。

6）在校验各项工作完毕将安全阀的手柄重新安装上。

（3）过热器电磁释放阀的冷态整定。

电磁释放阀静态动作试验：

1）就地控制面板选择开关到手动位置，在就地控制面板将电磁释放阀打开、关闭，控制板开关上的开启指示灯、关闭指示灯点亮，电磁释放阀启座、回座。

2）就地控制面板选择开关到AUTO位置，CRT控制版面将电磁释放阀打开、关闭，控制板开关上的开启指示灯、关闭指示灯点亮，电磁释放阀启座、回座。

3）就地控制面板选择开关到AUTO位置，BTG盘将电磁释放阀打开、关闭，控制板开关上的开启指示灯、关闭指示灯点亮，电磁释放阀启座、回座。

4）就地控制面板选择开关到AUTO位置，BTG盘将电磁释放阀置于AUTO，通过DCS将主汽压力模拟至启座值，电磁释放阀启座；再将主汽压力模拟至回座值，电磁释放阀回座。

（4）再热器安全阀的整定。

1）再热蒸汽系统安全阀校验可以选择在机组带负荷阶段或空负荷时整定：开启机组高、低旁调整再热器管道压力为安全阀启座压力的80%左右，保持压力稳定，调整液压辅助装置压力使安全阀启座，记录就地压力表压力及液压辅助装置压力；当选择在带负荷后整定时，在主汽系统安全阀校验后，调整负荷至再热器管道压力为安全门启座压力的80%左右，保持压力稳定，调整液压辅助装置压力使安全阀启座，记录就地压力表压力及液压辅助装置压力。

2）采用油压助跳装置辅助整定安全阀。

3）具体整定方法同过热器安全阀的整定。

4）再热器的安全阀的启座值与设定值不超过±1%。

5）对再热器最低启座压力的安全阀进行实校，以验证液压设定装置的准确性及安全阀的回座压力。

6）如果安全阀的回座压力不符合要求，则可以通过调整环来调整。

① 在调节回座压力时，必须将蒸汽压力降低到安全范围内。

② 从安全阀旋下调整环定位螺钉。

③ 当回座压力高时，逆时针旋转调整环；当回座压力低时，顺时针旋转调整环。

④ 重新旋上调整环定位螺钉。

二、上海锅炉厂安全阀整定

（一）工作准备

（1）锅炉再热器安全阀已按制造厂家的各项要求安装完毕。

（2）安全阀压缩空气系统调试完毕，相关热工保护联锁已投入。

（3）高、低压旁路系统具备投用条件。

（4）就地、控制室压力表及液压辅助装置压力表应事先校验，并有误差记录；调校安全阀以就地压力表为准，其压力表精度为0.5级以上。

（5）现场与控制室通信畅通可靠。

（6）准备好调校安全阀的专用工具及安全防护用品。

（7）厂用照明、事故照明及临时照明良好，安全阀周围道路应畅通、完好，照明应充足，搭设调试用的临时架子、平台应绑扎牢固。

（8）BMS系统投入，送、吸风机联锁保护，炉膛负压高、低保护。

（9）有关锅炉升压升温的CRT画面测点正确，趋势记录，操作记录打印等功能应齐全可用。

（10）校验前对所有安全阀进行检查，确保其符合校验要求。

（11）按运行规程要求进行锅炉点火升温升压。

（二）工作程序

（1）启动安全阀空压机，并对储气罐充压。

（2）安全阀的整定：

1）校对就地压力表与集控室读数。

2）根据阀门使用手册中的说明，已设定再热器安全阀工作值为厂家提供值（如72.2bar）。

3）校验过程：

① 关闭上汽缸进气总阀，打开排气阀，确认上汽缸压力显示为0bar。

② 在较低负荷稳定工况下（如再热器压力为25bar左右），按下TEST按钮，缓慢调节

下汽缸进气按钮，并密切观察下汽缸压力表计，直至安全阀开始开启，记录下压力值，此压力为该工况下的安全阀动作压力P1。

③ 将下汽缸进气旋钮完全关闭，按下 TEST 按钮，确认指示灯灭，试验电磁阀失电，然后将装置恢复到试验前的状态。

④ 在较高负荷稳定工况下（如再热器压力为50bar左右），按下 TEST 按钮，重复以上校验步骤，完成此工况的安全阀动作压力P2。

⑤ 将实测的数据在图表上画出，并通过横坐标上72.2bar这一点整合出一条直线Y，在直线Y的±3%处画出两根平行线Y_1和Y_2，看所有实测所得到的点是否都落在Y_1和Y_2之间，如图20-1所示。

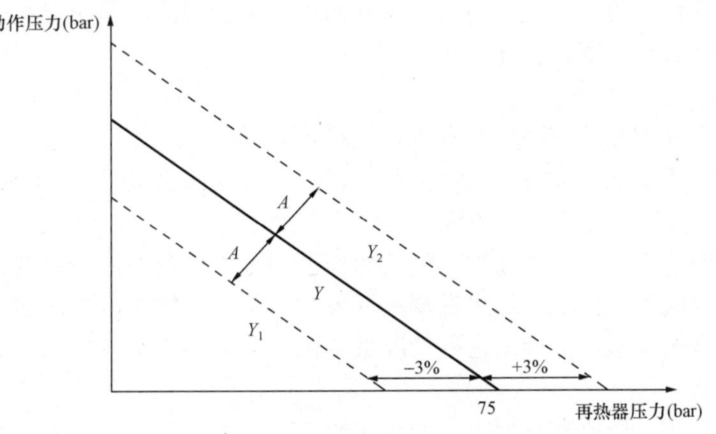

图20-1 安全阀整定曲线

⑥ 如果压力整定不合格，则做调整后再进行实测数据画图判断，如此反复，直至合格。

⑦ 用同样的方法逐一完成其余安全阀的动作压力测定。

三、注意事项

(1) 安全阀校验过程中，应尽量保持被校阀门处汽压的稳定，一个阀门的几次校验中被校阀门处汽压尽量保持一致。

(2) 在锅炉升温、升压过程，应严格按照锅炉升温、升压曲线进行，以确保炉本体各受热部件充分膨胀。

(3) 在进行安全阀的整定时，安全阀周围应有足够的平台、栏杆、照明充足。无关人员撤离现场。

(4) 校验安全阀时应保持燃烧稳定，可用增减燃料量来控制压力。在进行再热器安全阀校验时应严密监视汽轮机低压旁路的工作情况，严防低旁保护动作强关后引起的再热器系统超压。

(5) 在开始校验前必须仔细检查安全阀有无泄漏。

(6) 当开始校验时人员必须与安全阀保持安全距离。

(7) 校验时不得任意敲打安全阀。

(8) 校验时运行人员应精心操作，尽力保持锅炉工况稳定，按要求及时调整汽压，做好预防超压的预想。

(9) 刚启座过的安全阀、排汽管及疏水管外壁温度较高，并可能有蒸汽外泄，操作时要注意避免烫伤，在安全阀排放口方向严禁有人靠近，以防烫伤。

（10）安全阀校验过程中，必须加强对给水流量的监视，当安全阀动作时，注意给水量的调节，控制中间点温度，防止汽温大幅度波动，因此要求安全阀启座后迅速打开助跳器的泄压阀。

（11）如需对安全阀的压紧螺钉、上、下调整环及重叠套环进行调整时，应先降压，装好压紧装置，并由熟练工作人员进行操作，戴好防护面罩及耐热手套。

四、常见问题及处理

（一）安全阀泄漏

1. 故障现象

在设备正常工作压力下，阀瓣与阀座密封面处发生泄漏，不但会引起介质损失，介质的不断泄漏还会使密封材料遭到破坏。

2. 原因分析及处理方法

一般造成安全阀泄漏的原因主要有以下三种：

（1）脏物杂质落到密封面上，将密封面垫住，造成阀芯与阀座间有间隙，从而阀门渗漏。

消除这种故障的方法就是清除掉落到密封面上的脏物及杂质，一般在锅炉准备停炉大小修时，首先做安全阀跑砣试验，如果发现泄漏停炉后都进行解体检修，如果是点炉后进行跑砣试验时发现安全阀泄漏，估计是这种情况造成的，可在跑砣后冷却 20min 后再跑砣一次，对密封面进行冲刷。

（2）密封面损伤。造成密封面损伤的主要原因有以下几点：一是密封面材质不良，从而造成密封性能下降，消除这种现象最好的方法就是将原有密封面车削下去，然后按图样要求重新堆焊加工，提高密封面的表面硬度。注意在加工过程中一定保证加工质量，如密封面出现裂纹、砂眼等缺陷一定要将其车削下去后重新加工。新加工的阀芯阀座一定要符合图样要求。二是检修质量差，阀芯阀座研磨的达不到质量标准要求，消除这种故障的方法是根据损伤程度采用研磨或车削后研磨的方法修复密封面。

（3）由于装配不当或有关零件尺寸不合适。在装配过程中阀芯阀座未完全对正或结合面有透光现象，或者是阀芯阀座密封面过宽不利于密封。消除方法是检查阀芯周围配合间隙的大小及均匀性，保证阀芯顶尖孔与密封面同正度，检查各部间隙不允许抬起阀芯；根据图样要求适当减小密封面的宽度实现有效密封。

（二）阀体结合面渗漏

1. 故障现象

安全阀阀体结合面渗漏，也就是上、下阀体间结合面处发生渗漏。

2. 原因分析及处理方法

造成这种漏泄的主要原因有以下几个方面：

（1）结合面的螺栓紧力不够或紧偏，造成结合面密封不好。消除方法是调整螺栓紧力，在紧螺栓时一定要按对角把紧的方式进行，最好是边紧边测量各处间隙，将螺栓紧到紧不动为止，并使结合面各处间隙一致。

（2）阀体结合面的齿形密封垫不符合标准。例如，齿形密封垫径向有轻微沟痕，平行度差，齿形过尖或过坡等缺陷都会造成密封失效。从而使阀体结合面渗漏。在检修时把好备件质量关，采用合乎标准的齿形密封垫就可以避免这种现象的发生。

(3) 阀体结合面的平面度太差或被硬的杂质垫住造成密封失效。对由于阀体结合面的平面度太差而引起阀体结合面渗漏的，消除的方法是将阀门解体重新研磨结合面直至符合质量标准。由于杂质垫住而造成密封失效的，在阀门组装时认真清理结合面避免杂质落入。

(三) 安全阀拒动

1. 故障现象

锅炉压力达到安全阀动作值，安全阀不动作被称为主安全阀的拒动。安全阀拒动对运行中的锅炉来说危害是非常大的，是重大的设备隐患，严重影响设备的安全运行，一旦运行中的压力容器及管路中的介质压力超过额定值时，安全阀不动作，使设备超压运行极易造成设备损坏及重大事故。

2. 原因分析及处理方法

阀门运动部件有卡阻现象。可能是由于装配不当，脏物及杂质混入或零件腐蚀；活塞室表面光洁度差，表面损伤，有沟痕硬点等缺陷造成的。这样就使运动部件与固定部件间摩擦力增大，造成安全阀拒动。消除方法是检修时对活塞、胀圈及活塞室进行除锈处理，对活塞室沟痕等缺陷进行研磨，装配前将活塞室内壁均匀地涂上铅粉，并严格按次序对阀门进行组装。

(四) 安全阀延迟回座时间过长

1. 故障现象

安全阀的运动部件与固定部件之间的摩擦力过大也会造成主安全阀回座迟缓。

2. 原因分析及处理方法

消除方法就是将安全阀运动部件与固定部件的配合间隙控制在标准范围内。

(五) 安全阀颤振

1. 故障现象

安全阀在排放过程中出现的抖动现象，称其为安全阀的颤振，颤振现象的发生极易造成金属的疲劳，使安全阀的机械性能下降，造成严重的设备隐患。

2. 原因分析及处理方法

发生颤振的原因主要有以下几个方面：

(1) 阀门的使用不当，选用阀门的排放能力太大（相对于必须排放量而言），消除的方法是应当使选用阀门的额定排量尽可能接近设备的必需排放量。

(2) 由于进口管道的口径太小，小于阀门的进口通径，或进口管阻力太大，消除的方法是在阀门安装时，使进口管内径不小于阀门进口通径或者减少进口管道的阻力。排放管道阻力过大，造成排放时过大的北压也是造成阀门颤振的一个因素，可以通过降低排放管道的阻力加以解决。

第二节　低负荷断油稳燃试验

根据《火电工程达标投产验收规程》要求，对新建达标机组进行全面性能考核试验，并通过试验检验设备制造厂提供的各项保证值，对设备及投产状况给予全面技术评价，为发电厂的调度及以后机组的稳定运行提供可靠依据。

一、试验目的

低负荷断油稳燃试验为了确定本锅炉不投油助燃能够长期稳定燃烧所达到的最低负荷，为机组投入商业运行之后锅炉运行和调峰方式的确定提供依据。同时，检验试验结果是否与合同、设计相符，考核锅炉性能保证值。

二、试验目标

（1）锅炉过热蒸汽流量不大于厂家合同保证值。

（2）过热蒸汽温度波动范围为设计值±5℃。

（3）再热蒸汽温度波动范围为设计值±5℃。

（4）主汽压波动范围为设计值的±2%。

（5）锅炉受热面金属壁温不超过许用温度。

（6）风机轴承温度不超过辅机跳闸温度点。

（7）磨煤机油池润滑温度不超过许用温度。

（8）风机、磨煤机轴承振动（包括水平振动、垂直振动、轴向振动）不超标。

（9）锅炉负荷波动小于或等于±1%。

三、试验工况要求

（1）锅炉运行工况调到试验要求工况后，稳定运行 1h 后进行测试，整个试验过程持续 2h 以上。

（2）煤质稳定，达到设计煤种或校核煤种，试验期间煤质波动不超出：$\Delta V_{daf} \leqslant \pm 2\%$；$\Delta M_{ar} \leqslant \pm 4\%$；$\Delta A_{ar} \leqslant \pm 5\%$；$\Delta Q_{net,ar} \leqslant \pm 1670$kJ/kg；$\Delta D_T \leqslant -50$℃。

（3）过热蒸汽温度波动范围为设计值±5℃。

（4）再热蒸汽温度波动范围为设计值±5℃。

（5）主汽压波动范围为设计值的±2%。

（6）过量空气系数波动范围小于或等于±0.5%。

（7）高加全部投用，给水温度波动范围为设计值的±3%。

（8）给水、蒸汽品质合格。

（9）锅炉燃烧稳定。

（10）试验期间锅炉不得吹灰。

四、试验条件

（1）锅炉及辅机设备无重大缺陷，能维持额定工况稳定运行。

（2）临时测点及设施安装完毕。

（3）集控室监控仪表须经校验合格。

（4）制粉系统调整在最佳工况运行。

（5）一、二次风调整在较佳燃烧工况。

（6）吹灰器能正常投用。

（7）试验期间不得进行吹灰、定期排污及其他工况扰动操作。

（8）汽水系统及其阀门无任何泄漏（包括内漏和外漏）。

（9）烟风系统无明显漏风之处。

五、试验方法

（1）锅炉由高负荷逐渐降低至厂家合同保证值（一般 30%BMCR 蒸汽流量）。

（2）锅炉降负荷过程中，分阶段进行，在不同试验应遵循相应原则，在80%～100%负荷区间时：

1）锅炉蒸发量每下降10%BMCR，应稳定燃烧30min，对运行工况进行必要的调整，检查一切正常后，才可继续降负荷。

2）根据锅炉负荷的变化情况，及时调整给煤量、风量及水量使之与负荷相匹配。

3）燃烧调整时应保持中、下层磨煤机火嘴燃烧稳定，停运磨煤机时应逐台进行，采取先上层，后下层的办法。

4）在锅炉降负荷过程中应将燃料自动切为手动。

5）严格控制负荷升降速度，以免操作跟不上，造成炉膛熄火或汽温突变，甚至发生超温的现象。

6）降负荷过程中应注意减温水和一、二次风量、风压的跟踪调整。

（3）在60%～80%负荷区间时：

1）锅炉蒸发量每下降5%BMCR，应稳定燃烧30min，对运行工况进行必要的调整，检查一切正常后，方可继续降负荷。

2）根据锅炉负荷的变化情况，及时调整给煤量、风量及水量使之与负荷相匹配。

3）燃烧调整时应保持中、下层磨煤机火嘴燃烧稳定，停运磨煤机时应逐台进行，采取先上层，后下层的办法。

4）降负荷过程中，应及时调整一次风量，检查运行火嘴的燃烧情况，煤粉着火点应距离喷口0.5m左右。

5）若发现锅炉燃烧不稳、炉膛负压波动较大时，应及时根据情况投入油枪系统助燃，避免炉膛熄火MFT事故的发生。在进行必要的工况调整后，依次撤掉油枪并注意维持炉膛燃烧稳定。

6）在锅炉降负荷过程中应将燃料自动切为手动。

7）严格控制负荷升降速度，以免操作跟不上，造成炉膛熄火或汽温突变，甚至发生超温的现象。

8）降负荷过程中应注意减温水和一、二次风量、风压的跟踪调整。

9）保证运行中的一次风喷嘴出口风速应正常，避免因过大的风速而导致的着火推迟及燃烧不稳定的现象。

10）保证一次风温应正常，不能太低，否则不利于煤粉的燃烧。

11）低负荷时首先应保证下层的磨煤机运行稳定并维持正常出力，用上层磨煤机的出力来调整负荷，调整过程中，应保证锅炉燃烧稳定，火检指示稳定。

12）用远红外辐射高温计在燃烧器区域各看火孔测量炉膛温度和燃烧器根部温度。

（4）在30%～60%负荷区间时：

1）锅炉蒸发量每下降3%BMCR，应稳定燃烧30min，对运行工况进行必要的调整，检查一切正常后，方可继续降负荷。

2）根据锅炉负荷的变化情况，及时调整给煤量、风量及水量使之与负荷相匹配。

3）燃烧调整时应保持中、下层磨煤机火嘴燃烧稳定，停运磨煤机时应逐台进行，采取先上层，后下层的办法。

4）降负荷过程中，应及时调整一次风量，检查运行火嘴的燃烧情况，煤粉着火点应距

离喷口 0.5m 左右。

5）若发现锅炉燃烧不稳、炉膛负压波动较大时，应及时根据情况投入油枪系统助燃，避免炉膛熄火 MFT 事故的发生。在进行必要的工况调整后，依次撤掉油枪并注意维持炉膛燃烧稳定。

6）在锅炉降负荷过程中应将燃料自动切为手动。

7）严格控制负荷升降速度，以免操作跟不上，造成炉膛熄火或汽温突变，甚至发生超温的现象。

8）降负荷过程中应注意减温水和一、二次风量、风压的跟踪调整。

9）保证运行中的一次风喷嘴出口风速应正常，避免因过大的风速而导致的着火推迟及燃烧不稳定的现象。

10）保证一次风温应正常，不能太低，否则不利于煤粉的燃烧。

11）低负荷时首先应保证下层的磨煤机运行稳定并维持正常出力，用上层磨煤机的出力来调整负荷，调整过程中，应保证锅炉燃烧稳定，火检指示稳定。

12）用远红外辐射高温计在燃烧器区域各看火孔测量炉膛温度和燃烧器根部温度。

13）当锅炉达到目标负荷且燃烧工况稳定后正式开始试验，试验持续时间为 2h。

六、试验步骤及评价方法

（一）试验步骤

（1）调整磨煤机至较佳运行工况。

（2）调整一、二次风至较佳燃烧工况。

（3）调整锅炉至目标工况。

（4）锅炉负荷达目标工况稳定后开始测试、记录数据。

（二）试验评价方法

（1）锅炉能够安全、稳定、连续地在目标工况运行。

（2）锅炉运行能达到性能保证值。

（3）运行参数与设计参数基本一致。

七、注意事项

（1）试验期间不得吹灰、打焦、定期排污及其他工况扰动操作。

（2）出现不危及设备安全的异常情况时应及时向试验负责人汇报，不得擅自停运设备。

（3）影响工况稳定的操作需与试验负责人联系。

第二十一章

事故预想及防范

第一节 风 险 预 控

风险管理是现代职业安全健康管理的核心和基本特征。对于企业而言，其职业安全健康管理的实质就是风险管理。风险管理运用系统论的观点和方法研究风险与环境之间的关系，运用安全系统工程理论和方法分析危险源，并评价其风险，然后根据成本和效益原则，针对存在的风险做出科学决策，提出风险预控方案及风险处理的最佳方案。

对于电源基建调试工作来讲，往往因为工期短、任务重，调试工作开展过程中将会潜伏着一些风险因素，做好调试工作的风险预控工作，消除潜在危险源，提出风险预控方案及事故预想应对措施是非常必要的。

一、共性风险点

（一）风险点

（1）高温管道、阀门等处烫伤人。

（2）炉外管道爆破。

（3）锅炉四管漏泄。

（4）电机烧毁。

（5）运转机械伤人。

（二）风险控制和管理

（1）应尽可能避免靠近和长时间停留在可能受到烫伤的地方，如汽、水、燃油管道的法兰盘、阀门，煤粉系统和锅炉烟道的人孔门及检查孔和防爆门、安全阀、除氧器、热交换器、分离器水位计等处。如因工作需要，必须在这些地方长时间停留时，应做好安全措施。

（2）加强对炉外管道的巡视，对管系振动、水击等现象应分析原因，及时采取措施。当炉外管道有漏气、漏水现象时，必须立即查明原因、采取措施，若不能与系统隔离进行处理时，应立即停炉。定期对导汽管、汽联络管、水联络管、下降管等炉外管道，以及弯管、弯头、联箱封头等进行检查，发现缺陷（如表面裂纹、冲刷减薄或材质问题）应及时采取措施。

（3）严格执行《防止火电厂锅炉四管爆漏技术导则》。过热器、再热器、省煤器管发生爆漏时，应及早停运，防止冲刷扩大损坏其他管段。调试并投运好锅炉漏泄声波监测装置。定期检查水冷壁刚性梁四角连接及燃烧器悬吊机构，发现问题及时处理。防止水冷壁晃动或燃烧器与水冷壁鳍片处焊缝受力过载拉裂而造成水冷壁泄漏。

（4）在机器完全停止以前不准进行修理工作。修理中的机器应按规定做好防止转动的措施，如切断电源，切断气源、水源、汽源；所有有关闸板、阀门等应关闭。上述情况都应挂上警告牌。必要时还应采取可靠的制动措施。禁止在机器转动时清扫、擦拭润滑机器的转动和移动部分，以及把手伸进栅栏内。清扫运转中机器的固定部分时，不准把抹布缠在手上或手指上使用。只有在转动部分对工作人员没有危险时，才可用长嘴油壶或油枪往油盅和轴承里加油。设备异常运行时可能危及人身安全时，应停止设备运行。在停止运行前除维护人员外，其他人员不得接近该设备或在该设备附近逗留。机器的转动部分必须装有防护罩或其他防护设备，露出的轴端必须设有护盖，以防绞卷衣服。禁止在机器转动时，从靠背轮上取下防护罩或其他防护设备。对于正在转动中的机器，不准装卸和校正带，或直接用手往带上撒松香。禁止在栏杆、管道、靠背轮、安全罩上或运行中的设备轴承上坐立和行走，如必须在管道上坐立才能工作时，必须做好安全措施。

（5）所有在现场的工作人员必须经《电业安全工作规程》（GB 16124—2010）考试合格，遵守有关规定。安装公司应派人在现场监视辅机运转，与集控室保持联系，及时处理辅机故障。电厂应派巡检人员巡检。

（6）调试的组织和管理程序明确，各岗位的人员到位，操作程序明确。

（7）现场消防设备齐全，注意防火，发现火种应及时处理。

（8）现场的道路应畅通，地面要平整，环境清洁，无妨碍试转的障碍物等。

二、锅炉各系统风险点

（一）风烟系统

1. 风险点

（1）风机喘振。

（2）风机动叶脱扣或卡死。

（3）风机、电机轴承温度超温。

2. 风险控制和管理

（1）密切监视电机轴承、风机轴承的温度，密切监视风机电流，提前检查风机电机轴承油脂合格，油脂不能过多，也不能过少，油站运行要正常可靠，及时清理油站滤网。

（2）当两台风机运行时，及时均匀地分配风机负荷，监视风机电流。

（3）运行中应经常检查系统参数（如风量、风压）是否正常。

（4）注意监视液压油和润滑油油压、油温。如发现有异常，应立即查明原因，必要时停止风机运行。

（5）应经常检查风机运行情况，如发现有异常振动或声响，应停止风机运行。

（6）进行风机调节特性试验过程中调节动叶或入口调节挡板的开度，注意风机的电流不超过额定电流值。

（二）除灰渣系统

1. 风险点

（1）仓泵入口下灰不畅。

（2）输灰管堵塞。

（3）除灰系统压缩空气压力不足。

（4）捞渣机上部烧红。

（5）捞渣机电机过电流。

2. 风险控制和管理

（1）在锅炉启动点火前 12h，启动电除尘加热和振打。

（2）在锅炉启动前，全面清理炉膛、烟道、电除尘、仓泵里面的垃圾，保证没有石块、钢条等杂物进入灰管。

（3）检查设计有足够的除灰系统压缩空气裕度，防止压缩空气管道漏气，保证足够的压缩空气压力和流量。检查吹堵门动作灵活。

（4）启动前和运行中，注意检查捞渣机水封是否符合要求。注意检查捞渣机是否运行稳定、没有卡涩，注意捞渣机电流变化。

（三）燃油系统

1. 风险点

（1）燃油泄漏入辅汽。

（2）燃油外漏引起着火。

（3）燃油内漏进入炉膛。

（4）油枪火检不准，导致灭火。

（5）油枪卡在炉膛内。

（6）油枪堵塞。

（7）打火枪打不着火。

2. 风险控制和管理

（1）保证燃油与辅汽之间相连的逆止阀工作可靠。所有燃油与辅汽之间相连的手动阀、电磁阀在没有工作需要的情况下，全部关闭。

（2）提前检查燃油系统跳闸阀，各油枪的进油电磁阀，吹扫电磁阀工作可靠，没有泄漏。

（3）在油枪蒸汽吹扫手动阀和电磁阀之间安装压力表、温度表，密切监视是否有燃油泄漏入辅汽系统。

（4）加强巡检，发现有燃油滴漏的现象立即进行处理。发现有燃油漏入保温层的现象，必须拆除受污染的保温层，用新的保温层替代。发现有冒油烟的位置，要立即进行跟踪监视和处理。

（5）启停油枪时，要有专人在看火孔看火和检查油枪，如有异常立即通知集控处理。

（6）在油枪投用前，要全面进行静态检查，要注意打火枪保险是否完好。

（四）减温水及疏水系统

1. 风险点

（1）减温水前后的温度显示不准，反应滞后。

（2）减温水系统堵塞。

（3）疏水阀内漏。

（4）疏水扩容器超压。

（5）液动水位控制阀卡涩。

2. 风险控制和管理

（1）要保证使用合格的、类型正确的热电偶，在安装过程中，要保证热电偶插入套筒的深度合格。热工要注意测点在CRT的量程要与就地一致。

(2) 在安装中，要尽量保障管道系统的干净，没有杂物遗留在减温水管道中。在调试中加强减温水系统的冲洗和反冲洗。

(3) 严格执行操作程序，避免造成管路水冲击。

(五) 吹灰系统

1. 风险点

(1) 吹灰器卡涩。

(2) 吹灰器法兰漏气。

2. 风险控制和管理

(1) 调试现场应保持场地清洁，照明良好，通信畅通，无关人员不得进入调试现场，其区域内不许进行起吊作业。

(2) 调试范围内的扶梯、栏杆要完好，孔洞要做好防护措施，要做到保护人身安全及设备安全为原则。

(3) 当锅炉负荷大于30%MCR时，空气预热器吹灰汽源由炉自身供汽，当锅炉负荷小于30%MCR时或锅炉在启动阶段空气预热器吹灰汽源由辅助汽源供汽。

(4) 炉本体吹灰应在锅炉负荷大于70%以上时投运，为了确保对锅炉燃烧稳定，首次启动吹灰器应采用单个投运，并根据锅炉主汽温度情况及时决定投、停吹灰器。

(5) 锅炉运行不正常或发生事件，应立即停止吹灰操作。

(6) 吹灰系统故障或设备损伤，应立即停止吹灰操作。

(7) 锅炉低负荷运行，应立即停止吹灰操作。

(8) 进行启停辅机操作，应立即停止吹灰操作。

(9) 进行投停燃烧器操作，应立即停止吹灰操作。

(10) 当吹灰器链条润滑不良，吹灰器管弯曲，移动台轨道变形，减速器故障以及移动台与内套管间的盘根太紧等原因引起过负荷联锁保护动作时，吹灰主控盘上表示“电动机过负荷”的灯亮，同时主控盘上发出“吹灰器异常”报警。

(11) 当水冷壁或烟道吹灰器发生电动机过负荷故障时，吹灰器自动停止，保护动作时应使吹灰器马上退出，并发出报警信号。退出炉外检查故障原因。

(12) 如遇吹灰器故障，自动无法退出时，应立即手动强制退出。

(六) 制粉系统

1. 风险点

(1) 煤仓下煤堵塞。

(2) 给煤机皮带撕裂。

(3) 磨煤机振动。

(4) 磨煤机在启、停或运行时爆。

(5) 制粉系统附近设备着火，危及设备安全运行。

(6) 磨煤机在启、停、运行和检修时人身安全。

(7) 停止时操作不当，发生锅炉灭火。

(8) 磨煤机轴承温度过高。

(9) 制粉系统断煤。

（10）捅堵煤时，危及人身安全。

2. 风险控制和管理

（1）在安装中，煤仓喉口采用不锈钢内衬。煤仓加装振打装置或空气泡。制粉系统初次启动时，在就地要有人监控下煤情况，准备好铁棍，随时准备振打煤仓喉口。原煤要经过干煤棚干燥，避免上湿煤。

（2）注意上煤系统的监控，避免有大的铁条、铁块、木棍进入给煤机。检查给煤机皮带防止其跑偏。

（3）检查磨辊与磨碗之间的间隙满足要求。避免铁条、铁块、木棍进入磨煤机。调整弹簧加载力满足要求。检查进入磨煤机的风道畅通，没有堵塞，风量合适。

（4）无关人员不得接近运行中的磨煤机及其制粉系统的防爆门。

（5）为了防止煤粉爆炸，在启动制粉设备前，必须检查设备内外是否有积粉自燃现象；发现自燃现象，应及时清除，然后方可启动。同时应严格按照启动要求进行检查和操作。

（6）停止时按操作顺序进行，做好吹扫工作，给煤机、磨煤机内要吹扫干净。

（7）在磨煤机运行中要做到：

1）经常检查与消除系统内的积粉与积煤。

2）经常检查来煤和煤质情况，防止断煤消除煤中的易燃物和爆炸物。

3）防止外来火源进入系统内。

4）严格控制磨煤机出口温度不超过规定值。

5）保持煤粉细度和水分在规定的范围内。

6）煤仓要严密，控制干燥介质含氧量在合格的范围内。

7）运行中的制粉系统不应有漏粉现象，制粉设备厂房内不能有积粉，积粉应随时清除。

（8）禁止在制粉设备附近吸烟或点火，不准在运行中的制粉设备上进行焊接工作，如需进行，必须按规定进行。

（9）在制粉系统启动前，必须做好全部检查及准备工作，设备无人作业，脚手架全部拆除，工作现场整洁并有充足的照明。对给煤机进行清理和掏粉前，应将电源切断，挂上警告牌。检修工作开始前，须将有关设备内积粉完全清除，并与有关的系统可靠的隔绝，如需进入内部工作时，须将全部人孔门打开（必要时打开防爆门），以加强通风。

（10）值班员要严格按照规程进行停止操作，认真监盘、调整，谨防停磨灭火。

（11）轴承温度不得超过80℃，温升不超过45℃。润滑油温度不得超过60℃。冷却水足够畅通，回水温度不得超过40℃。经常检查磨煤机和减速机的油位油质。

（12）经常检查原煤的水分变化情况。

（13）下煤管或煤斗堵煤时，要使用专用的工具，捅下煤管的堵煤时，不准用身体顶着工具或放在胸前用手推着工具，以防打伤。工具用完应及时取出。捅煤斗内的堵煤时，应站在煤斗上面的平台上进行，严禁进入煤斗站在煤上捅堵煤。

（七）甩负荷试验

1. 风险点

（1）锅炉超压，安全阀动作。

（2）炉膛负压波动过大，MFT。

（3）主蒸汽超温。

2. 风险控制和管理

（1）严格按照预定方案执行，提前减少燃料量，按水燃比参考分离器出口温度控制好上水，严格按照预定方案开高、低压旁路门和锅炉 PCV 阀。

（2）一次停磨煤机数不能太多，给炉膛负压调整一个缓冲时间。严格按照预定方案执行。

（3）调试的组织和管理程序明确，各岗位的人员到位，操作程序明确。

（4）施工人员有专人监视旁路系统，如在甩负荷时，旁路卡涩，立即跟集控联系，根据指令开关旁路。

（5）有专人监视 PCV 阀和安全阀。如果锅炉达到安全阀整定压力，而安全阀拒动，立即用绳子拉开安全阀卸压。

（6）根据机组运行参数变化，及时调整减温水。

（7）当参数异常，达到主保护动作值，而主保护没有动作，立即手动 MFT。

三、锅炉整套启动过程中风险分析控制和管理

（一）风险点

1. 锅炉整套启动及升负荷中的主要风险点

（1）锅炉上水时，管壁金属腐蚀。

（2）锅炉上水时，金属应力过大。

（3）锅炉上水时，管道震动。

（4）点火时发生爆燃。

（5）点火时，有可能管路泄露烫伤烧伤人。

（6）过热器内积水，过热器管子过热或损坏。

（7）升温升压过程中，燃烧室正压冒黑烟，污染环境。

（8）带负荷速度过快，造成汽机涨差大。

（9）带负荷过程中，造成二次燃烧。

（10）带负荷过程中，汽温升高过快。

（11）带负荷过程中，参数变化大。

2. 锅炉整套启动运行操作中的主要风险点

（1）汽压过高、过低。

（2）汽温过高、过低。

（3）尾部烟道发生二次燃烧。

（4）锅炉灭火。

（5）过热器管损坏、再热器管损坏、省煤器管损坏。

（6）锅炉漏风量大使燃烧恶化。

（7）运行中冒黑烟，污染环境。

（8）锅炉承压部件检查时伤人。

（9）清理给煤机卡堵时，发生人身伤害。

（10）捅堵煤，危及人身安全。

（11）锅炉燃烧的过量空气系数过大或过小，影响安全运行。

（12）观察锅炉燃烧情况时危及人身安全。

（13）烟道两侧烟温偏差大。

（14）经过高温管道和阀门等处时，发生烫伤。

（15）锅炉灭火后发生爆燃。

（16）锅炉严重结焦。

（17）除焦时危及安全。

3. 锅炉整套启动试运停炉中的主要风险点

（1）停炉开始时，汽轮机过负荷。

（2）滑参数停炉降温降压过快，金属应力过大。

（3）停炉过程中，汽温下降过快使汽机负胀差大。

（4）停炉过程中，风量过大造成燃烧不稳。

（5）停炉过程中，调整不当造成分离器满水。

（6）燃烧不完全，污染受热面。

（7）停炉后，排烟温度升高，易发生二次燃烧。

（8）停炉后锅炉发生腐蚀。

（二）风险控制和管理

1. 锅炉整套启动中的风险控制和管理

（1）送进锅炉的水，应经过加药，水质经化验合格符合要求。

（2）上水速度控制在夏季上水不小于2h，冬季上水不小于4h。

（3）上水前应将各组件最高处的空气门开启，待管路内空气排净以后，再关闭。如上水位置不当引起振动，应改变阀门位置。上水过程中，应巡视给水管路、省煤器、水冷壁联箱等设备无泄漏和振动现象。

（4）启动引、送风机后保持炉膛负压－100Pa，对燃烧室通风不小于5min，将炉内有可能残留的可燃气体排尽。

（5）就地观察人员在点火时，必须站在看火孔的侧面。

（6）点火前，高低旁路系统要投入。

（7）根据燃料量相应调整送、引风量，维持正常负压。

（8）带负荷过程中，应按规定迅速带至正常负荷，避免长时间低负荷运行。

（9）带负荷过程中，除了及时恰当的投入减温水外，应注意均匀投煤。根据汽温及烟气温度偏差情况依次投入下、上部煤粉，相应调整一、二次风及送风量，使燃烧正常。

（10）根据负荷情况，调节器的特性和锅炉具体情况，可投入自动装置和炉膛灭火保护装置。

2. 锅炉整套启动运行中的风险控制和管理

（1）正常运行时，要认真监盘，发现压力变化异常，要及时调整。对易引起压力波动大的操作以及发生事故时，要按照规程规定要求进行及时处理。当负荷变化时，为保持汽压、水位符合要求，必须对进入炉内的燃料量和给水进行相应调整，同时要相应调整一次风量、送风量和引风量。

（2）正常运行时，保持火焰中心在适当的位置，保证合格的煤粉细度。锅炉受热面要清洁，发现积灰、结焦要及时清除。蒸汽品质要合格，防止过热器结垢。过热、再热器蒸汽温度出口控制在合适的范围内，两侧温差不得大于10℃。注意蒸汽减温器的正常运行。减温

器前后汽温至少高于相对应下的饱和温度 50℃，减温水要给均匀，不要大幅度突变。

(3) 应加强联系，保证燃煤、燃油的质量，保证燃烧稳定。发现燃烧不稳时，要及时投油稳燃。

(4) 锅炉漏风会使燃烧恶化，锅炉效率降低和增加厂用电耗。因此应做漏风试验，监视烟道各部烟气的含氧值，检查烟气通道是否有漏风，并加以消除。运行中检查看火门、捅焦孔应严密关闭。可以从空气预热器后热风风压的降低和引风机过负荷来判断空气预热器的漏风是否严重。经常检查锅炉各部漏风情况，发现后及时堵漏。

(5) 检查炉膛温度、热风温度是否过低。检查给煤机来煤情况及二次风的混合情况。检查二次风量是否合适。

(6) 观察氧含量有无明显波动，可以看出燃烧情况良好与否和空气量调整的是否正确，含氧量的变动范围一般不许超过规定值。

(7) 观察锅炉燃烧情况时，须带防护眼镜或用有色玻璃遮着眼睛。在锅炉升火期间或燃烧不稳时，不可站在看火孔、检查门或喷燃器检查孔的正对面。

(8) 采用与锅炉相匹配的煤种，是防止炉膛结焦的重要措施。运行人员应经常从看火孔监视炉膛结焦情况，一旦发现结焦，应及时处理。锅炉吹灰器系统应正常投入运行，防止炉膛沾污结渣造成超温。受热面及炉底等部位严重结渣，影响锅炉安全运行时，应立即停炉处理。

(9) 除焦工作人员必须穿防烫伤的工作服、工作鞋，戴防烫伤的手套和安全工具。除焦时，使用的工具必须完好，工作人员应站在除焦口的侧面，斜着使用工具，要有人监护。除焦时，工作人员应站在平台上或地面上，不准站在楼梯、管子、栏杆等，工作地点应有良好的照明。除焦工具用完后放回指定的地点。当燃烧不稳定或炉烟向外喷出时，禁止打焦。除焦工作开始前应先得到司炉的同意。除焦时，司炉应保持燃烧稳定，并适当提高燃烧室负压；在司炉操作处，应有明显的“正在除焦”的标志。除焦时，两旁应无障碍物，以便有炉烟外喷或灰焦冲出时，工作人员可以向两旁躲避。在结焦严重或有大焦渣掉落的可能时，应停炉除焦。除焦时，应特别谨慎，值班长应亲自指导除焦工作。非工作人员应远离现场。锅炉的负荷应适当降低，严重时，应停止锅炉运行。

3. 锅炉整套试运停炉中的风险控制和管理

(1) 降负荷时锅炉控制好燃烧，协调汽机降负荷。

(2) 保持合理的降负荷速率，以控制汽温、汽压下降的幅度，以防金属应力过大。

(3) 滑参数降负荷过程中，一般主汽温度要控制在低于汽缸温度，其温度差不超过 10℃。根据汽温汽压下降变化情况，适当调整减温水，直到全关。严密监视汽轮机金属温降小于 90℃/h，各抽汽管道上下对点金属温差小于 35℃。任一参数超过极限值应立即打闸停机，并充分疏水。

(4) 随着负荷的减少，要相应减少送；引风机的出力，按规程规定调整风量。

(5) 负荷减少过程，要经常检查燃烧和油枪情况，使燃烧稳定。

(6) 停炉后，转机电源没拉掉时，运行人员不得离开岗位，对炉烟温加强监视，若有异常，及时采取措施。

(7) 停炉保养方法的选择应充分考虑各种情况后进行选择，锅炉停炉时间的长短、受承压部件是否在停炉期间需要维修、当地的自然环境、气候条件（比如起雾的几率）的限制。

一般而言，锅炉要求作为备用，电网一有要求就应立即启动的锅炉可采用湿法保养；而锅炉处于计划停炉，重新启动前有足够的准备时间，可采用干法保养。

第二节　事故预想应对措施

一、防止火灾事故

（一）防止燃油罐区及锅炉油系统着火事故

（1）严格执行《电业安全工作规程　第1部分：热力和机械》（GB 26164.1—2010）中第6章有关要求。

（2）储油罐或油箱的加热温度必须根据燃油种类严格控制在允许的范围内，加热燃油的蒸汽温度，应低于油品的自燃点。

（3）油区、输卸油管道应有可靠的防静电安全接地装置，并定期测试接地电阻值。

（4）油区、油库必须有严格的管理制度。油区内明火作业时，必须办理明火工作票，并应有可靠的安全措施。对消防系统应按规定定期进行检查试验。

（5）油区内易着火的临时建筑要拆除，禁止存放易燃物品。

（6）禁止在油管路上进行焊接工作。在拆下的油管上进行焊接时，必须事先将管子冲洗干净。

（7）油管道法兰、阀门的周围及下方，如敷设有热力管道或其他热体，这些热体保温必须齐全，保温外面应包铁皮。

（8）检修时如发现保温材料内有渗油时，应消除漏油点，并更换保温材料。

（9）燃油系统的软管，应定期检查更新。

（10）加强燃油系统，特别是炉前油系统的监视，一旦发现油枪、管道、阀门等处漏油、渗油，应立即进行处理，并把漏油清理干净。

（11）投运或停退油枪时，应进行监督，防止发生误操作。

（12）油系统法兰禁止使用塑料袋、橡皮垫（含耐油橡皮垫）和石棉纸垫。

（二）防止制粉系统爆炸事故

（1）严格执行《电业安全工作规程第1部分：热力和机械》（GB 26164.1—2010）中有关锅炉制粉系统防爆的有关规定。

（2）及时消除漏粉点，清除漏出的煤粉。清理煤粉时，应杜绝明火。

（3）磨煤机出口温度和煤粉仓温度应严格控制在规定范围内，出口风温不得超过煤种要求的规定。

（4）严格监视各一次风管风压，防止一次风管堵粉、燃烧。

（三）防止输煤皮带着火事故

（1）输煤皮带停止上煤期间，也应该坚持巡视检查，发现积煤、积粉应及时清理。

（2）煤垛发生自燃现象时应及时扑灭，不得将带有火种的煤送入输煤皮带。

（3）燃用易自燃煤种的电厂必须采用阻燃输煤皮带。

（4）应经常清扫输煤系统、辅助设备、电缆排架等各处的积粉。

二、防止锅炉尾部再次燃烧事故

（1）防止锅炉尾部再次燃烧事故，除了防止回转式空气预热器转子蓄热元件发生再次燃烧事故外，还要防止脱硝装置的催化元件部位、除尘器及其干除灰系统以及锅炉底部干除渣系统的再次燃烧事故。

(2) 在锅炉机组设计选型阶段，必须保证回转式空气预热器本身及其辅助系统设计合理、配套齐全，必须保证回转式空气预热器在运行中有完善的监控和防止再次燃烧事故的手段。

1) 回转式空气预热器应设有独立的主辅电机、盘车装置、火灾报警装置、入口风气挡板、出入口风挡板及相应的联锁保护。

2) 回转式空气预热器应设有可靠的转停报警装置，转停报警信号应取自空气预热器的主轴信号，而不能取自空气预热器的马达信号。

3) 回转式空气预热器应有相配套的水冲洗系统，不论是采用固定式或者移动式水冲洗系统，设备性能都必须满足冲洗工艺要求，电厂必须配套制定出具体的水冲洗制度和水冲洗措施，并严格执行。

4) 回转式空气预热器应设有完善的消防系统，在空气及烟气侧应装设消防水喷淋水管，喷淋面积应覆盖整个受热面。如采用蒸汽消防系统，其汽源必须与公共汽源相联，以保证启停及正常运行时随时可投入蒸汽进行隔绝空气式消防。

5) 回转式空气预热器应设计配套有完善合理的吹灰系统，冷热段均应设有吹灰器。如采用蒸汽吹灰，其汽源应合理选择，且必须与公共汽源相联，疏水设计合理，以能够满足机组启动和低负荷运行期间的吹灰需要。

(3) 锅炉设计和改造时，必须高度重视油枪、小油枪、等离子燃烧器等锅炉点火、助燃系统和设备的适应性与完善性。

1) 在锅炉设计与改造中，加强选型等前期工作，保证油燃烧器的出力、雾化质量和配风相匹配。

2) 煤粉锅炉的油燃烧器必须配有配风器，以保证油枪点火可靠、着火稳定、燃烧完全。

3) 锅炉采用少油/无油点火技术进行设计和改造时，必须充分把握燃用煤质特性，保证小油枪设备可靠、处理合理，保证等离子发生装置功率与燃用煤质、等离子燃烧器和炉内整体空气动力场的匹配性，以保证锅炉少油/无油点火的可靠性和锅炉启动初期的燃尽率以及整体性能。

4) 所有燃烧器均应设计有完善可靠的火焰监测保护系统。

(4) 回转式空气预热器在制造等阶段必须采取正确保管方式，应进行监造。

1) 锅炉空气预热器的传热元件在出厂和安装保管期间不得采用浸油防腐方式。

2) 在设备制造过程中，应重视回转式空气预热器着火报警系统测点元件的检查和验收。

(5) 必须充分重视回转式空气预热器辅助设备及系统的可靠性和可用性。新机基建调试和机组检修期间，必须按照要求完成相关系统与设备的传动检查和试运工作，以保证设备与系统可用，连锁保护动作正确。

1) 机组基建、调试阶段和检修期间应重视空气预热器的全面检查和资料审核，重点包括空气预热器的热控逻辑、吹灰系统、水冲洗系统、消防系统、停转保护、报警系统及隔离挡板等。

2) 机组基建调试前期和启动前，必须做好吹灰系统、冲洗系统、消防系统的调试、消缺和维护工作，应检查吹灰、冲洗、消防行程、喷头有无死角，有无堵塞问题并及时处理。

有关空气预热器的所有系统都必须在锅炉点火前达到投运状态。

3）基建机组首次点火前或空气预热器检修后应逐项检查传动火灾报警测点和系统，确保火灾报警系统正常投用。

4）基建调试或机组检修期间应进入烟道内部，就地检查、调试空气预热器各烟风挡板，确保分散控制系统显示、就地刻度和挡板实际位置一致，且动作灵活，关闭严密，能起到隔绝作用。

（6）机组启动前要严格执行验收和检查工作，保证空气预热器和烟风系统干净无杂物、无堵塞。

1）空气预热器在安装后第一次投运时，应将杂物彻底清理干净，蓄热元件必须进行全面的通透性检查，经制造、施工、建设、生产等各方验收合格后方可投入运行。

2）基建或检修期间，不论在炉膛或者烟风道内进行工作后，必须彻底检查清理炉膛、风道和烟道，并经过验收，防止风机启动后杂物积聚在空气预热器换热元件表面上或缝隙中。

（7）要重视锅炉冷态点火前的系统准备和调试工作，保证锅炉冷态启动燃烧良好，特别要防止出现由于设备故障导致的燃烧不良。

1）新建机组或改造过的锅炉燃油系统必须经过辅汽吹扫，并按要求进行油循环，首次投运前必须经过燃油泄漏试验确保各油阀的严密性。

2）油枪、少油/无油点火系统必须保证安装正确，新设备和系统在投运前必须进行正确整定和冷态调试。

3）锅炉启动点火或锅炉灭火后重新点火前必须对炉膛及烟道进行充分吹扫，防止未燃尽物质聚集在尾部烟道造成再燃烧。

（8）精心做好锅炉启动后的运行调整工作，保证燃烧系统各参数合理，加强运行分析，以保证燃料燃烧完全，传热合理。

1）油燃烧器运行时，必须保证油枪根部燃烧所需用氧量，以保证燃油燃烧稳定安全。

2）锅炉燃用渣油或重油时应保证燃油温度和油压在规定值内，雾化蒸汽参数在设计值内，以保证油枪雾化良好、燃烧安全。锅炉点火时应严格监视油枪雾化情况，一旦发现油枪雾化不好应立即停用，并进行清理检修。

3）采用少油/无油点火方式启动锅炉机组，应保证入炉煤质，调整煤粉细度和磨煤机通风量在合理范围，控制磨煤机出力和风、粉浓度，使着火稳定和燃烧充分。

4）煤油混烧情况下应防止燃烧器超出力。

5）采用少油/无油点火方式启动时，应注意检查和分析燃烧情况和锅炉沿程温度、阻力变化情况。

（9）要重视空气预热器的吹灰，必须精心组织机组冷态启动和低负荷运行情况下的吹灰工作，做到合理吹灰。

1）投入蒸汽吹灰器前应进行充分疏水，确保吹灰要求的蒸汽过热度。

2）采用等离子及微油点火方式启动的机组，在锅炉启动初期，空气预热器必须连续吹灰。

3）机组启动期间，锅炉负荷低于25％额定负荷时空气预热器应连续吹灰；锅炉负荷大于25％额定负荷时至少每8h吹灰一次；当回转式空气预热器烟气侧压差增加时，应增加吹

灰次数；当低负荷煤、油混烧时，应连续吹灰。

（10）要加强对空气预热器的检查，重视发挥水冲洗的作用，及时精心组织，对回转式空气预热器正确地进行水冲洗。

1）锅炉停炉1周以上时必须对回转式空气预热器受热面进行检查，若有存挂油垢或积灰堵塞的现象，应及时清理并进行通风干燥。

2）若锅炉较长时间低负荷燃油或燃煤混烧，可根据具体情况利用停炉对回转式空气预热器受热面进行检查，重点是检查中层和下层传热元件，若发现有残留物积存，应及时组织进行水冲洗。

3）机组运行中，如果回转式空气预热器阻力超过对应工况设计阻力的150%，应及时安排水冲洗；机组每次大、小修均应对空气预热器受热面进行检查，若发现受热元件有残留物积存，必要时可以进行水冲洗。

4）对空气预热器不论选择哪种冲洗方式，都必须事先制定全面的冲洗措施并经过审批，整个冲洗工作严格按照措施执行，必须严格达到冲洗工艺要求，一次性彻底冲洗干净，验收合格。

5）回转式空气预热器冲洗后必须正确地进行干燥，并保证彻底干燥。不能立即启动引送风机进行强制通风干燥，防止炉内积灰被空气预热器金属表面水膜吸附造成二次污染。

（11）应重视加强对锅炉尾部再次燃烧事故风险点的监控。

1）运行规程应明确省煤器、脱硝装置、空气预热器等部位烟道在不同工况下的烟气温度限制值。运行中应加强监视回转式空气预热器出口温度变化情况，当烟气温度超过规定值、有再燃前兆时，应立即停炉，并及时采取消防措施。

2）机组停运后和温热态启动时，是回转式空气预热器受热和冷却条件发生巨大变化的时候，容易产生热量积聚引发着火，应更重视运行监控和检查，如有再燃前兆，必须及早发现，及早处理。

3）锅炉停运后，严格按照运行规程和厂家要求停运空气预热器，应加强停炉后的回转式空气预热器运行监控，防止异常发生。

（12）回转式空气预热器跳闸后需要正确处理，防止发生再燃及空气预热器故障事故。

1）若发现回转式空气预热器停转，立即将其隔绝，投入消防蒸汽和盘车装置。若挡板隔绝不严或转子盘不动，应立即停炉。

2）若回转式空气预热器未设出入口烟/风挡板，发现回转式空气预热器停转，应立即停炉。

（13）加强空气预热器外的其他特殊设备和部位防再次燃烧事故工作。

1）锅炉安装脱硝系统，在低负荷煤油混烧、等离子点火期间，脱硝反应器内必须加强吹灰，监控反应器前后阻力及烟气温度，防止反应器内催化剂区域有未燃尽物质燃烧，反应器灰斗需要及时排灰，防止沉积。

2）干排渣系统在低负荷燃油、等离子点火或煤油混烧期间，防止干排渣系统的钢带由于锅炉未燃尽的物质落入钢带二次燃烧，损坏钢带。需要派人就地监控。

3）新建燃煤机组尾部烟道下部省煤器灰斗应设输灰系统，以保证未燃物可以及时的输送出去。

4）如果在低负荷燃油、等离子点火或煤油混烧期间电除尘器在投入，电除尘器应降低二次电压电流运行，防止在集尘极和放电极之间燃烧，除灰系统在此期间连续输送。

三、防止锅炉炉膛爆炸事故

（一）防止锅炉灭火

（1）锅炉炉膛安全监察系统的设计、选型、安装、调试等各阶段都应严格执行《火力发电厂锅炉炉膛安全监控系统技术规程》（DL/T 1091—2008）。

（2）根据《电站煤粉锅炉炉膛防爆规程》（DL/T 435—2004）中有关防止锅炉灭火放炮的规定以及设备实际状况，制订防止锅炉灭火放炮的措施，应包括煤质监督、混配煤、燃烧调整、低负荷运行等内容，并严格执行。

（3）加强燃煤的监督管理，完善混煤设施。加强配煤管理和煤质分析，并及时将煤质情况通知运行人员，做好调整燃烧的应变措施，防止发生锅炉灭火。

（4）新炉投产、锅炉改进性大修或入炉燃料与设计燃料有较大差异时，应进行燃烧调整，以确定一、二次风量、风速、合理的过量空气量、风煤比、煤粉细度、燃烧器倾角或旋流强度及不投油最低稳燃负荷等。

（5）当炉膛已经灭火或已局部灭火并濒临全部灭火时，严禁助投燃油枪、等离子点火枪等稳燃枪。当锅炉灭火后，要立即停止燃料（含煤、油、燃气、制粉乏气风）供给。严禁用爆燃法回复燃烧。重新点火前必须对锅炉进行充分通风吹扫，以排除炉膛和烟道内的可燃物质。

（6）100MW 及以上等级机组的锅炉应装设锅炉灭火保护装置。该装置应包括但不限于以下功能：炉膛吹扫、锅炉点火、主燃料跳闸、全炉膛火焰监视和灭火保护功能、主燃料跳闸首出等。

（7）锅炉灭火保护装置和就地控制设备电源应可靠，电源应采用两路交流 220V 供电电源，其中一路应交流不间断电源，另一路电源引自厂用事故保安电源。当设置冗余不间断电源系统时，也可两路均采用不间断电源，但两路进线应分别取自不同的供电母线上，防止因瞬间失电造成失去锅炉灭火保护功能。

（8）炉膛负压等参与灭火保护的热工测点应单独设置并冗余配置。必须保证炉膛压力信号取样部位的设计、安装合理，取样管相互独立，系统工作可靠。应配置四个炉膛压力变送器：其中三个为调节用，另一个作监视用，其量程应大于炉膛压力保护定值。

（9）炉膛压力保护定值应合理，要综合考虑炉膛防爆能力、炉底密封承受能力和锅炉正常燃烧要求；新机启动或机组检修后启动时必须进行炉膛压力保护带工质传动试验。

（10）加强锅炉灭火保护装置的维护与管理，确保锅炉灭火保护装置可靠投用。防止发生火焰探头烧毁、污染失灵、炉膛负压管堵塞等问题。

（11）每个煤、油、气燃烧器都应单独设置火焰检测装置。火焰检测装置应当精细调整，保证锅炉在高、低负荷以及适用煤种下都能正确检测到火焰。火焰检测装置冷却用气源稳定可靠。

（12）锅炉运行中严禁随意退出锅炉灭火保护。因设备缺陷需退出部分锅炉主保护时，应严格履行审批手续，并事先做好安全措施。严禁在锅炉灭火保护装置退出情况下进行锅炉启动。

（13）加强设备检修管理，重点解决炉膛严重漏风、一次风管不畅、送风不正常脉动、直吹式制粉系统磨煤机堵煤断煤和粉管堵粉、中储式制粉系统给粉机不均或煤粉自流、热控设备失灵等。

(14) 加强点火油、气系统的维护管理，消除泄漏，防止燃油、燃气漏入炉膛发生爆燃。对燃油、燃气速断阀要定期试验，确保动作正确、关闭严密。

(15) 锅炉点火系统应能可靠备用。定期对油枪进行清理和投入试验，确保油枪动作可靠、雾化良好，能在锅炉低负荷或燃烧不稳定时及时投油助燃。

(16) 在停炉检修或备用期间，运行人员必须检查确认燃油或燃气系统阀门关闭严密。锅炉点火前应进行燃油、燃气系统泄漏试验，合格后方可点火启动。

(17) 对于装有等离子无油点火装置或小油枪微油点火装置的锅炉点火时，严禁解除全炉膛灭火保护：当采用中速磨煤机直吹式制粉系统时，任一角在180s内未点燃时，应立即停止相应磨煤机的运行；对于中储式制粉系统任一角在30s内未点燃时，应立即停止相应给粉机的运行，经充分通风吹扫、查明原因后再重新投入。

(18) 加强热工控制系统的维护与管理，防止因分散控制系统死机导致的锅炉炉膛灭火放炮事故。

(19) 锅炉低于最低稳燃低负荷运行时应投入稳燃系统。煤质变差影响到燃烧稳定性时，应及时投入稳燃系统稳燃，并加强入炉煤煤质管理。

(二) 防止锅炉严重结焦

(1) 锅炉炉膛的设计、选型要参照《大容量煤粉燃烧锅炉炉膛选型导则》(DL/T 831—2015)的有关规定进行。

(2) 重视锅炉燃烧器的安装、检修和维护，保留必要的安装记录，确保安装角度正确，避免一次风射流偏斜产生贴壁气流。燃烧器改造后的锅炉投运前应进行冷态炉膛空气动力场试验，以检查燃烧器安装角度是否正确，确定锅炉炉内空气动力场符合设计要求。

(3) 加强氧量计、一氧化碳测量装置、风量测量装置及二次风门等锅炉燃烧监视调整重要设备的管理与维护。形成定期校验制度，以确保其指示正确，动作正确，避免在炉内形成整体或局部还原性气氛，从而加剧炉膛结焦。

(4) 采用与锅炉相匹配的煤种，是防止炉膛结焦的重要措施，当煤种改变时，是进行变煤种燃烧调整试验。

(5) 应加强电厂入厂煤、入炉煤的管理及煤质分析，发现易结焦煤质时，应及时通知运行人员。

(6) 加强运行培训和考核，使运行人员了解防止炉膛结焦的要素，熟悉燃烧调整手段，避免锅炉高负荷工况下缺氧燃烧。

(7) 运行人员应经常从看火孔监视炉膛结焦情况，一旦发现结焦，应及时处理。

(8) 大容量锅炉吹灰器系统应正常投入运行，防止炉膛沾污结渣造成超温。

(9) 受热面及炉底等部位严重结渣，影响锅炉安全运行时，应立即停炉处理。

(三) 防止锅炉内爆

(1) 新建机组引风机和脱硫增压风机的最大压头设计必须与炉膛及尾部烟道防内爆能力相匹配，设计炉膛及尾部烟道防内爆强度应大于引风机及脱硫增压风机压头之和。

(2) 对于老机组进行脱硫、脱硝改造时，应高度重视改造方案的技术论证工作，要求改造方案应重新核算机组尾部烟道的负压承受能力，应及时对强度不足部分进行重新加固。

(3) 单机容量600MW及以上机组或采用脱硫、脱硝装置的机组，应特别重视防止机组高负荷灭火或设备故障瞬间产生过大炉膛负压对锅炉炉膛及尾部烟道造成的内爆危害，在锅炉主保护和烟风系统联锁保护功能上应考虑炉膛负压低跳锅炉和负压低跳引风机的联锁保护；机组快速减负荷（RB）功能应可靠投用。

（4）加强引风机、脱硫增压风机等设备的检修维护工作，定期对入口调节装置进行试验，确保动作灵活可靠和炉膛负压自动调节特性良好，防止机组运行中设备故障时或锅炉灭火后产生过大负压。

（5）运行规程中必须有防止炉膛内爆的条款和事故处理预案。

四、防止制粉系统爆炸和煤粉爆炸事故

为防止制粉系统爆炸和煤尘爆炸事故，应严格执行《火力发电厂制粉系统设计计算技术规定》（DL/T 466—2004）、《火力发电厂烟风煤粉管道设计技术规程》（DL/T 5145—2012）、《电站磨煤机及制粉系统选型导则》（DL/T 5121—2000）、《电站煤粉锅炉炉膛防爆规程》（DL/T 435—2004）、《火力发电厂锅炉机组检修导则　第4部分：制粉系统检修》（DL/T 748.4—2001）、《粉尘防爆安全规程》（GB 15577—2007）等有关要求及其他有关规定，并重点要求如下：

（一）防止制粉系统爆炸

（1）在锅炉设计和制粉系统设计选型时期，必须严格遵照相关规程要求，保证制粉系统设计和磨煤机的选型，与燃用煤种特性和锅炉机组性能要求相匹配和适应，必须体现出制粉系统防爆设计。

（2）不论是新建机组设计还是由于改烧煤种等原因进行锅炉燃烧系统改造，都不能忽视制粉系统的防爆要求，当煤的干燥无灰基挥发分大于25%（或煤的爆炸性指数大于3.0）时，不宜采用中间储仓式制粉系统，如必要时宜抽取炉烟干燥或者加入惰性气体。

（3）对于制粉系统，应设计可靠足够的温度、压力、流量测点和完备的联锁保护逻辑，以保证对制粉系统状态测量指示准确、监控全面、动作合理。中间储仓制粉系统的粉仓和直吹制粉系统的磨煤机出口，应设置足够的温度测点和温度报警装置，并定期进行校验。

（4）制粉系统设计是，要尽量减少水平管段，整个系统要做到严密、内壁光滑、无积粉死角。

（5）煤仓、粉仓、制粉和送粉管道、制粉系统阀门、制粉系统防爆压力和防爆门的防爆设计符合DL/T 5121—2000和DL/T 5145—2012。

（6）热风道与制粉系统连接部位，以及排粉机出入口风箱的连接部位，应达到防爆规程规定的抗爆强度。

（7）对于爆炸特性较煤种，制粉系统应配套设计合理的消防系统和充惰系统。

（8）保证系统安装质量，保证连接部位严密光滑、无死角，避免出现局部积粉。

（9）加强防爆门的检查和管理工作，防爆薄膜应有足够的防爆面积和规定的强度。防爆门动作后喷出的火焰和高温气体，要改变排放方向或采取其他隔离措施以避免危及人生安全、损坏设备和烧损电缆。

（10）制粉系统应设计配置齐全的磨煤机出口隔离门和热风隔绝门。

（11）在锅炉机组进行跨煤种改烧时，在对燃烧器和配风方式进行改造同时，必须对制粉系统进行相应配套工作，包括对干燥介质系统的改造，以保证炉膛和制粉系统全面达到安全要求。

(12) 加强入厂煤和入炉煤的管理工作，建立煤质分析和配煤管理制度，燃用易燃易爆煤种应及早通知运行人员，以便加强监视和检查，发现异常及时处理。

(13) 做好“三块分离”和入炉煤杂物清除工作，保证制粉系统运行正常。

(14) 要做好磨煤机风门挡板和石子煤系统的检修维护工作，保证磨煤机能够隔离严密、石子煤能够清理排出干净。

(15) 定期检查煤仓、粉仓仓壁内衬钢板，严防衬板磨漏、夹层积粉自燃。每次大修煤粉仓应清仓，并检查粉仓的严密性及有无死角，特别要注意仓顶板-大梁搁置部位有无积粉死角。

(16) 粉仓、绞龙的吸潮管应完好，管内畅通无阻，运行中粉仓要保持适当负压。

(17) 要坚持执行定期降粉制度和停炉前煤粉仓制度，防止因长期停运导致原煤仓自燃。

(18) 根据煤种的自燃特性，建立停炉清理煤仓制度，防止因长期停运导致原煤仓自燃。

(19) 制粉系统的爆炸绝大部分发生在制粉设备的启动和停机阶段，因此不论是制粉系统的控制设计，还是运行规程中的操作规定和启停措施，特别是具体的运行操作，都必须遵守通风、吹扫、充惰、加减负荷等要求，保证各项操作规范，负荷、风量、温度等参数控制平稳，避免大幅扰动。

(20) 磨煤机运行及启停过程中应严格控制磨煤机出口温度不超过规定值。

(21) 针对燃用煤质和制粉系统特点，制定合理的制粉系统定期轮换制度，防止因长期停运导致原煤仓或磨煤机内部发生自燃。

(22) 加强运行监控，及时采取措施，避免制粉系统运行中出现断煤、满煤问题。一旦出现断煤、满煤问题，必须及时正确处理，防止出现严重超温和煤在磨煤机及系统内不正常存留。

(23) 定期对排渣箱渣量进行检查，及时排渣；正常运行中当排渣箱渣量较少时也要定期排渣，以防止渣箱自燃。

(24) 制粉系统充惰系统定期进行维护和检查，确保充惰灭火系统能随时投入。

(25) 当发现备用磨煤机内着火时，要立即关闭其所有的出入口风门挡板以隔绝空气，并用蒸汽消防进行灭火。

(26) 制粉系统煤粉爆炸事故后，要找到积粉着火点，采取针对性措施消除积粉。必要时可进行针对性改造。

(27) 制粉系统检修动火前应将积粉清理干净，并正确办理动火工作票手续。

(二) 防止煤尘爆炸

(1) 消除制粉系统和输煤系统的粉尘泄漏点，降低煤粉浓度。大量放粉或清理煤粉时，应制定和落实相关安全措施，应尽可能避免扬尘，杜绝明火，防止煤尘爆炸。

(2) 煤粉仓、制粉系统和输煤系统附近应有消防设施，并备有专用的灭火器材，消防系统水源应充足、水压符合要求。消防灭火设施应保持完好，按期进行试验（试验时灭火剂不进入粉仓）。

(3) 煤粉仓投运前应做严密性试验。凡基建投产时未作过严密性试验的要补做漏风试验，入发现有漏风、漏粉现场要及时消除。

(4) 在微油或等离子点火期间，除灰系统储仓需经常卸料，防止在储仓未燃尽物质自燃爆炸。

（5）在低负荷燃油，微油点火、等离子点火，或者煤油混烧期间，电除尘器应限二次电压、电流运行，期间除灰系统必须连续投入。

五、防止锅炉满水和缺水事故

（1）汽包锅炉应至少配置两只彼此独立的就地汽包水位计和两只远传汽包水位计。水位计的配置应采用两种以上工作原理共存的配置方式，以保证在任何运行工况下锅炉汽包水位的正确监视。

（2）汽包水位计的安装。

1）取样管应穿过汽包内壁隔层，管口应尽量避开汽包内水汽工况不稳定区（如安全阀排汽口、汽包进水口、下降管口、汽水分离器水槽处等），若不能避开时，应在汽包内取样管口加装稳流装置。

2）汽包水位计水侧取样管孔位置应低于锅炉汽包水位停炉保护动作值，一般应有足够的裕量。

3）水位计、水位平衡容器或变送器与汽包连接的取样管，一般应至少有 1∶100 的斜度，汽侧取样管应向上向汽包方向倾斜，水侧取样管应向下向汽包方向倾斜。

4）新安装的机组必须核实汽包水位取样孔的位置、结构及水位计平衡容器安装尺寸，均符合要求。

5）差压式水位计严禁采用将汽水取样管引到一个连通容器（平衡容器），再在平衡容器中段引出差压水位计的汽水侧取样的方法。

（3）对于过热器出口压力为 13.5MPa 及以上的锅炉，其汽包水位计应以差压式（带压力修正回路）水位计为基准。汽包水位信号应采用三选中值的方式进行优选。

1）差压水位计（变送器）应采用压力补偿。汽包水位测量应充分考虑平衡容器的温度变化造成的影响，必要时采用补偿措施。

2）汽包水位测量系统，应采取正确的保温、伴热及防冻措施，以保证汽包水位测量系统的正常运行及正确性。

（4）汽包就地水位计的零位应以制造厂提供的数据为准，并进行核对、标定。随着锅炉压力的升高，就地水位计指示值越低于汽包真实水位，表 21-1 给出不同压力下就地水位计的正常水位示值和汽包实际零水位的差值 Δh，仅供参考。

表 21-1　　就地水位计的正常水位示值和汽包实际零水位的差值

汽包压力（MPa）	16.14～17.65	17.66～18.39	18.40～19.60
Δh（mm）	−51	−102	−150

（5）按规程要求定期对汽包水位计进行零位校验，核对各汽包水位测量装置间的示值偏差，当偏差大于 30mm 时，应立即汇报，并查明原因予以消除。当不能保证两种类型水位计正常运行时，必须停炉处理。

（6）严格按照运行规程及各项制度，对水位计及其测量系统进行检查及维护。机组启动调试时应对汽包水位校正补偿方法进行校对、验证，并进行汽包水位计的热态调整及校核。新机组验收时应有汽包水位计安装、调试及试运专项报告，列入验收主要项目之一。

（7）当一套水位测量装置因故障退出运行时，应填写处理故障的工作票，工作票应写明故障原因、处理方案、危险因素预告等注意事项，一般应在 8h 内恢复。若不能完成，应制订措施，经总工程师批准，允许延长工期，但最多不能超过 24h，并报上级主管部门。

(8) 锅炉高、低水位保护。

1) 锅炉汽包水位高、低保护应采用独立测量的三取二的逻辑判断方式。当有一点因某种原因须退出运行时，应自动转为二取一的逻辑判断方式，办理审批手续，限期（不宜超过8h）恢复；当有两点因某种原因须退出运行时，应自动转为一取一的逻辑判断方式，应制定相应的安全运行措施，严格执行审批手续，限期（8h 以内）恢复，如逾期不能恢复，应立即停止锅炉运行。当自动转换逻辑采用品质判断等作为依据时，要进行详细试验确认，不可简单的采用超量程等手段作为品质判断。

2) 锅炉汽包水位保护所用的三个独立的水位测量装置输出的信号均应分别通过三个独立的 I/O 模件引入分散控制系统的冗余控制器。每个补偿用的汽包压力变送器也应分别独立配置，其输出信号引人相对应的汽包水位差压信号 I/O 模件。

3) 锅炉汽包水位保护在锅炉启动前和停炉前应进行实际传动校检。用上水方法进行高水位保护试验、用排污门放水的方法进行低水位保护试验，严禁用信号短接方法进行模拟传动替代。

4) 锅炉汽包水位保护的定值和延时值随炉型和汽包内部结构不同而异，具体数值应由锅炉制造厂确定。

5) 锅炉水位保护的停退，必须严格执行审批制度。

6) 汽包锅炉水位保护是锅炉启动的必备条件之一，水位保护不完整严禁启动。

(9) 当在运行中无法判断汽包真实水位时，应紧急停炉。

(10) 对于控制循环锅炉，应设计炉水循环泵差压低停炉保护。炉水循环泵差压信号应采用独立测量的元件，对于差压低停泵保护应采用二取二的逻辑判别方式，当有一点故障退出运行时，应自动转为二取一的逻辑判断方式，并办理审批手续，限期恢复（不宜超过8h）。当两点故障超过 4h 时，应立即停止该炉水循环泵运行。

(11) 对于直流炉，应设计省煤器入口流量低保护，流量低保护应遵循三取二原则。主给水流量测量应取自三个独立的取样点、传压管路和差压变送器并进行三选中后的信号。

(12) 直流炉应严格控制燃水比，严防燃水比失调。湿态运行时应严密监视分离器水位，干态运行时应严密监视微过热点（中间点）温度，防止蒸汽带水或金属壁温超温。

(13) 高压加热器保护装置及旁路系统应正常投入，并按规程进行试验，保证其动作可靠，避免给水中断。当因某种原因需退出高压加热器保护装置时，应制订措施，严格执行审批手续，并限期恢复。

(14) 给水系统中各备用设备应处于正常备用状态，按规程定期切换。当失去备用时，应制定安全运行措施，限期恢复投入备用。

(15) 建立锅炉汽包水位、炉水泵差压及主给水流量测量系统的维修和设备缺陷档案，对各类设备缺陷进行定期分析，找出原因及处理对策，并实施消缺。

(16) 运行人员必须严格遵守值班纪律，监盘思想集中，经常分析各运行参数的变化，调整要及时，准确判断及处理事故。不断加强运行人员的培训，提高其事故判断能力及操作技能。

六、防止锅炉承压部件失效事故

(1) 各单位应成立防止压力容器和锅炉爆漏工作小组，加强专业管理、技术监督管理和专业人员培训考核，健全各级责任制。

（2）严格锅炉制造、安装和调试期间的监造和监理。新建锅炉承压部件在安装前必须进行安全性能检验，并将该项工作前移至制造厂，与设备监造工作结合进行。新建锅炉承压部件在制造过程中应派有资格的检验人员到制造现场进行水压试验见证、文件见证和制造质量抽检；新建锅炉在安装阶段应进行安全性能监督检验。在役锅炉结合每次大修开展锅炉定期检验。

（一）防止超压超温

（1）严防锅炉缺水和超温超压运行，严禁在水位表数量不足（指能正确指示水位的水位表数量）、安全阀解列的状况下运行。

（2）参加电网调峰的锅炉，运行规程中应制订相应的技术措施。按调峰设计的锅炉，其调峰性能应与汽轮机性能相匹配；非调峰设计的锅炉，其调峰负荷的下限应由水动力计算、试验及燃烧稳定性试验确定，并在运行规程制定相应的反事故措施。

（3）直流锅炉的蒸发段、分离器、过热器、再热器出口导汽管等应有完整的管壁温度测点，以便监视各导汽管间的温度，并结合直流锅炉蒸发受热面的水动力分配特性，做好直流锅炉燃烧调整工作，防止超温爆管。

（4）锅炉超压水压试验和安全阀整定应严格按《锅炉水压试验技术条件》（JB/T 1612—1994）、《电力工业锅炉压力容器监察规程》（DL/T 612—1996）、《电站锅炉压力容器检验规程》（DL/T 647—2004）执行。

（5）装有一、二级旁路系统的机组，机组启停时应投入旁路系统，旁路系统的减温水须正常可靠。

（6）锅炉启停过程中，应严格控制汽温变化速率。在启动中应加强燃烧调整，防止炉膛出口烟温超过规定值。

（7）加强直流锅炉的运行调整，严格按照规程规定的负荷点进行干湿态转换操作，并避免在该负荷点长时间运行。

（8）大型煤粉锅炉受热而使用的材料应合格，材料的允许使用温度应高于计算壁温并留有裕度。应配置必要的炉膛出口或高温受热面两侧烟温测点、高温受热面壁温测点，应加强对烟温偏差和受热面壁温的监视和调整。

（二）防止设备大面积腐蚀

（1）严格执行《火力发电机组及蒸汽动力设备水汽质量》（GB 12145—2008）、《化学监督导则》（DL/T 246—2015）、《火力发电厂水汽化学监督导则》（DL/T 561—2013）、《电力基本建设热力设备化学监督导则》（DL/T 889—2004）、《火力发电厂停（备）用热力设备防锈蚀导则》（DL/T 956—2005）、《火力发电厂锅炉化学清洗导则》（DL/T 794—2012）等有关规定，加强化学监督工作。

（2）凝结水的精处理设备严禁退出运行。机组启动时应及时投入凝结水精处理设备（直流锅炉机组在启动冲洗时即应投入精处理设备），保证精处理出水质量合格。

（3）精处理再生时要保证阴阳树脂的完全分离，防止再生过程的交叉污染，阴树脂的再生剂应采用高纯碱，阳树脂的再生剂应采用合成酸。精处理树脂投运前应充分正洗，防止树脂中的残留再生酸带入水汽系统造成炉水 pH 大幅降低。

（4）应定期检查凝结水精处理混床和树脂捕捉器的完好性，防止凝结水混床在运行过程

中发生跑漏树脂。

(5) 加强循环冷却水系统的监督和管理，严格按照动态模拟试验结果控制循环水的各项指标，防止凝汽器管材腐蚀结垢和泄漏。当凝结器管材发生泄漏造成凝结水品质超标时，应及时查找、堵漏。

(6) 当运行机组发生水汽质量劣化时，严格按《火力发电厂水汽化学监督导则》(DL/T 561—2013) 中的4.3条、《火电厂汽水化学导则 第4部分：锅炉给水处理》(DL/T 805.4—2004) 中的10条处理严格执行“三级处理”原则。

(7) 按照《火力发电厂停（备）用热力设备防锈蚀导则》(DL/T 956—2005) 进行机组停用保护，防止锅炉、汽轮机、凝汽器（包括空冷岛）等热力设备发生停用腐蚀。

(8) 加强凝汽器的运行管理与维护工作。安装或更新凝汽器铜管前，要对钢管进行全面涡流探伤和内应力抽检（24h氨熏试验），必要时进行退火处理。铜管试胀合格后，方可正式胀管，以确保凝汽器铜管及胀管的质量。电厂应结合大修对凝汽器铜管腐蚀及减薄情况进行检查，必要时应进行涡流探伤检查。

(9) 加强锅炉燃烧调整，改善贴壁气氛，避免高温腐蚀。锅炉改燃非设计煤种时，应全面分析新煤种高温腐蚀特性，采取有针对性的措施。锅炉采用主燃区过量空气系数低于1.0的低氮燃烧技术时应加强贴壁气氛监视和大小修时对锅炉水冷壁管壁高温腐蚀趋势的检查工作。

(10) 锅炉水冷壁结垢量超标时应及时进行化学清洗，对于超临界直流锅炉必须严格控制汽水品质，防止水冷壁运行中垢的快速沉积。

（三）防止炉外管爆破

(1) 加强炉外管巡视，对管系振动、水击、膨胀受阻、保温脱落等现象应认真分析原因，及时采取措施。炉外管发生漏气、漏水现象，必须尽快查明原因并及时采取措施，如不能与系统隔离处理应立即停炉。

(2) 按照《火力发电厂金属技术监督规程》(DL/T 438—2009)，对汽包、集中下降管、联箱、主蒸汽管道、再热蒸汽管道、弯管、弯头、阀门、三通等大口径部件及其焊缝进行检查，及时发现和消除设备缺陷。对于不能及时处理的缺陷，应对缺陷尺寸进行定量检测及监督，并做好相应技术措施。

(3) 定期对导汽管、汽水联络管、下降管等炉外管以及联箱封头、接管座等进行外观检查、壁厚测量、圆度测量及无损检测，发现裂纹、冲刷减薄或圆度异常复圆等同题应及时采取打磨、补焊、更换等处理措施。

(4) 加强对汽水系统中的高中压疏水、排污、减温水等小径管的管座焊缝、内壁冲刷和外表腐蚀现象的检查，发现问题及时更换。

(5) 按照《火力发电厂汽水管道与支吊架维修调整导则》(DL/T 616—2006) 的要求，对支吊架进行定期检查。运行时间达到100000h的主蒸汽管道、再热蒸汽管道的支吊架应进行全面检查和调整。

(6) 对于易引起汽水两相流的疏水、空气等管道，应重点检查其与母管相连的角焊缝、母管开孔的内孔周围、弯头等部位的裂纹和冲刷，其管道、弯头、三通和阀门，运行100000h后，宜结合检修全部更换。

(7) 定期对喷水减温器检查，混合式减温器每隔1.5万～3万h检查一次，应采用内窥镜进行内部检查，喷头应无脱落、喷孔无扩大，联箱内衬套应无裂纹、腐蚀和断裂、减温器内衬套长度小于8m时，除工艺要求的必须焊缝外，不宜增加拼接焊缝；若必须采用拼接时，焊缝应经100%探伤合格后方可使用。防止减温器喷头及套筒断裂造成过热器联箱裂纹，面式减温器运行2万～3万h后应抽芯检查管板变形，内壁裂纹、腐蚀情况及芯管水压检查泄漏情况，以后每大修检查一次。

(8) 在检修中，应重点检查可能因膨胀和机械原因引起的承压部件爆漏的缺陷。

(9) 机组投运的第一年内，应对主蒸汽和再热蒸汽管道的不锈钢温度套管角焊缝进行渗透和超声波检测，并结合每次A级检修进行检测。

(10) 锅炉水压试验结束后，应严格控制泄压速度，并将炉外蒸汽管道存水完全放净，防止发生水击。

(11) 焊接工艺、质量、热处理及焊接检验应符合《火力发电厂焊接技术规程》(DL/T 809—2012) 和《火力发电厂焊接热处理技术规程》(DL/T 819—2010) 的有关规定。

(12) 锅炉投入使用前必须按照《锅炉压力容器使用登记管理办法》(国质检锅〔2003〕207号) 办理注册登记手续，申领使用证。不按规定检验、申报注册的锅炉，严禁投入使用。

(四) 防止锅炉四管爆漏

(1) 建立锅炉承压部件防磨防爆设备台账，制订和落实防磨防爆定期检查计划、防磨防爆预案，完善防磨防爆检查、考核制度。

(2) 在有条件的情况下，应采用泄漏监测装置。过热器、再热器、省煤器管发生爆漏时，应及时停运，防止扩大冲刷损坏其他管段。

(3) 定期检查水冷壁刚性梁四角连接及燃烧器悬吊机构，发现问题及时处理。防止因水冷壁晃动或燃烧器与水冷壁鳍片处焊缝受力过载拉裂而造成水冷壁泄漏。

(4) 加强蒸汽吹灰设备系统的维护及管理。在蒸汽吹灰系统投入正式运行前，应对各吹灰器蒸汽喷嘴伸入炉膛内的实际位置及角度进行测量、调整，并对吹灰器的吹灰压力进行逐个整定，避免吹灰压力过高。运行中遇有吹灰器卡涩、进汽门关闭不严等问题，应及时将吹灰器退出并关闭进汽门，避免受热面被吹损，并通知检修人员处理。

(5) 锅炉发生四管爆漏后，必须尽快停炉。在对锅炉运行数据和爆口位置、数量、宏观形貌、内外壁情况等信息作全面记录后方可进行割管和检修。应对发生爆口的管道进行宏观分析、金相组织分析和力学性能试验，并对结垢和腐蚀产物进行化学成分分析，根据分析结果采取相应措施。

(6) 运行时间接近设计寿命或发生频繁泄漏的锅炉过热器、再热器、省煤器，应对受热面管进行寿命评估，并根据评估结果及时安排更换。

(7) 达到设计使用年限的机组和设备，必须按规定对主设备特别是承压管路进行全面检查和试验，组织专家进行全面安全性评估，经主管部门审批后，才可继续投入使用。

(五) 防止超(超超)临界锅炉高温受热面管内氧化皮大面积脱落。

(1) 超(超超)临界锅炉受热面设计必须尽可能减少热偏差，各段受热面必须布置足够的壁温测点，测点应定期检查校验，确保壁温测点的准确性。

(2) 高温受热面管材的选取应考虑合理的高温抗氧化裕度。

(3) 加强锅炉受热面和联箱监造、安装阶段的监督检查，必须确保用材正确，受热面内部清洁，无杂物。重点检查原材料质量证明书、入厂复检报告和进口材料的商检报告。

（4）必须准确掌握各受热面多种材料拼接情况，合理制定壁温定值。

（5）必须重视试运中酸洗、吹管工艺质量，吹管完成过热器高温受热面联箱和节流孔必须进行内部检查、清理工作，确保联箱及节流圈前清洁无异物。

（6）不论是机组启动过程，还是运行中，都必须建立严格的超温管理制度，认真落实，严格执行规程，杜绝超温。

（7）发现受热面泄漏，必须立即停机处理。

（8）严格执行厂家设计的启动、停止方式和变负荷、变温速率。

（9）机组运行中，尽可能通过燃烧调整，结合平稳使用减温水和吹灰，减少烟温、汽温和受热面壁温偏差，保证各段受热面吸热正常，防止超温和温度突变。

（10）对于存在氧化皮问题的锅炉，严禁停炉后强制通风快冷。

（11）加强汽水监督，给水品质达到《火力发电机组及蒸汽动力设备水汽质量》（GB/T 12145—2008）。

（12）新投产的超（超越）临界锅炉，必须在第一次检修时进行高温段受热面的管内氧化情况检查。对于存在氧化皮问题的锅炉，必须利用检修机会对不锈钢管弯头及水平段进行氧化层检查，以及氧化皮分布和运行中壁温指示对应性检查。

（13）加强对超（超超）临界机组锅炉过热器的高温段联箱、管排下部弯管和节流圈的检查，以防止由于异物和氧化皮脱落造成的堵管爆破事故。对弯曲半径较小的弯管应进行重点检查。

（14）加强新型高合金材质管道和锅炉蒸汽连接管的使用过程中的监督检验，每次检修均应对焊口、弯头，三通、阀门等进行抽查，尤其应注重对焊接接头中危害性缺陷（如裂纹、未熔合等）的检查和处理，不允许存在超标缺陷的设备投入运行，以防止泄漏事故；对于记录缺陷也应加强监督，掌握缺陷在运行过程中的变化规律及发展趋势、对可能造成的隐患提前作出预判。

（15）加强新型高合金材质管道和锅炉蒸汽连接管运行过程中材质变化规律的分析，定期对 P91、P92、P122 等材质的管道和管件进行硬度和微观金相组织定点跟踪抽查，积累试验数据并与国内外相关的研究成果进行对比，掌握材质老化的规律，一旦发现材质劣化严重应及时进行更换。对于应用于高温蒸汽管道的 P91、P92、P122 等材质的管道，如果发现硬度低于 180HB，管件硬度低于 175HB，应及时分析原因，进行金相组织检验，强度计算与寿命评估，并根据评估结果进行相应措施。焊缝硬度超出控制范围，首先在原测点附近两处和原测点 180°位置再次测量；其次在原测点可适当打磨较深位置，打磨后的管子壁厚不应小于管子的最小计算壁厚。

第二十二章

常见问题及处理

超超临界 1000MW 机组自投产运行以来出现了一系列问题，下面就超超临界 1000MW 锅炉调试及投产运行后所发生的一些典型问题进行分析。

一、某电厂锅炉空气预热器电流过大

（一）事故现象

空气预热器在调试过程中多次发生故障，曾一度制约机组带负荷运行，当机组负荷增加，排烟温度增加到一定值时，空气预热器电流增加，严重时空气预热器过电流跳闸。内部检查发现传热部件外壳焊缝开裂，传动带局部变形。

（二）原因分析

锅炉采用直径较大的回转式空气预热器，且烟道结构造成烟速分布状态较差，空气预热器内部受热不均，致使运行过程中，存在着较大的内外温差，从而产生了内外组件之间的胀差，引起预热器内部罩壳发生胀裂和传动带损坏。因此，设计上考虑不足是预热器故障的最根本原因。

（三）处理情况

（1）在预热器进口烟道加装导流板。

（2）改变传动带与空气预热器传热部件的连接方式，由原来的径向支撑改为悬吊支撑，避免了传动带因内部传热部件径向膨胀而引起的损坏。

（3）对开裂部分焊缝进行加固和修复。

（4）在设备改造过程中，从设计上着手，改变内部结构，解决或消除胀差，才能从根本上解决问题。

二、某电厂锅炉空预器 A 跳闸原因分析

（一）事故现象

2011 年 12 月 15 日上午 08：15，某电厂 1 号炉空气预热器 A 电流波动，最大 28A，就地巡检检查无明显异常，检修人员到就地检查未见异常。10：10，空气预热器电流瞬间甩足，主电机跳闸，辅电机联启后电流大幅波动并跳闸，迅速通知就地人员手动强启空气预热器主辅电机，启动后即跳闸，机组 RB，负荷 470WM。立即手动盘车，盘不动。

检修人员现场调整空气预热器轴向、径向密封间隙。作业人员进入空气预热器热端二次风道内使用手拉葫芦拉动转子，保证空气预热器的转动，防止转子变形。同时检查发现空气预热器转子整体偏向炉后东北角方向，相对应的一、二次风扇形板已接触到径向密封片，表面已无间隙。转子在中心筒处的位置也已向东北角偏移，未处在中心位置。

（二）原因分析

转子的整体偏移使得转子受热面的动、静部分摩擦而产生大阻力，致使空气预热器电机

电流变大而跳停。检查导向轴承的固定螺栓，未发现松动现象。随后拆除桁架与固定导向轴承的菱形支撑保温，发现菱形支撑与桁架处的焊缝脱开（见图 22-1 和图 22-2），炉后的焊口由于原配连接板与空气预热器桁架存在一定的距离，不能直接施焊，现场仅用一块 10mm（原连接板的厚度在 20mm 以上）左右的连接板进行侧面烧焊处理，炉前处的焊接也未进行加固处理，此举大大降低了该处的焊接强度，是造成此次脱焊的主要原因。从炉后的开焊处可以明显地看出断口方向朝炉后东北角方向，在空气预热器内部检查也发现转子有偏移异象，造成转子偏移的原因为焊缝脱开。

图 22-1　炉后断裂焊口

图 22-2　炉前断裂位置

另外，通过与哈尔滨锅炉厂专家进行沟通，该空气预热器的设计在北方地区一般在室内使用，而南方锅炉都为露天布置，冬天时环境温度较低，空气预热器转子外壳收缩幅度较大，造成动、静部分摩擦增大，从而使空气预热器在冬天运行时事故判断难度加大。

（三）处理情况

（1）为防止一、二次风扇形板的进一步下滑压迫径向密封，将该扇形板进行人工固定。

（2）使用千斤顶将空气预热器导向轴承菱形板固定装置进行复位后，手动盘转转子，转子能够轻松盘动后，烧焊固定炉前处连接板。

（3）空气预热器送电进行冷态空转，观察电流的变化并检查该处有无振动、扭曲现象。试转正常后对其他部位继续进行烧焊加固（见图 22-3）。

（4）全部工作结束后继续送电空转，观察电流变化，测量振动，检查动、静部分的摩擦等情况均无异常后进行投运。

图 22-3　焊接加固后

（四）防范措施

（1）将 1 号机空气预热器 B 及 2 号机空预器 A、B 的支撑架全部进行了检查，发现 1 号机空气预热器 B 菱形支撑焊缝存在一条小的裂缝，随即进行了补焊加固。2 号机空气预热器 A、B 经检查无明显异常。

（2）针对天气寒冷，空气预热器外壳收缩厉害，造成动、静部分摩擦变大，适当调整径向与轴向的密封间隙。并在外部进行围挡。做好保温改造的方案。

（3）加强对空气预热器的巡检，关注电

流的变化。

（4）做好空气预热器跳停事故的预想，制定抢修计划。

（5）加强应急预案演练，以便应对突发事件的发生。

（6）利用调停机会彻底检查，联系厂家进一步的分析原因。

（7）加强空气预热器检修人员的培训工作，提高检修人员的工作技能及分析事故的能力。

三、某电厂锅炉燃烧器淡相烧损分析

（一）事故现象

（1）2010 年 10 月 16 日，某电厂 1 号炉 E7 燃烧器淡相烧损过程：

13：20，1 号机组加负荷至 850MW 时启动 1E 磨煤机。

13：50，OFT 动作光字牌报警，CD 层＃7 角电磁阀信号消失，7E、F 火检消失，就地火灾报警，运行立即派人就地检查发现＃7E 层燃烧器淡相与锅炉本体连接处断裂，向外喷煤粉、火星。紧急停运 1E、1F 磨煤机，共用 20 瓶泡沫灭火器灭火。

当日加仓煤种：东回推褐煤，挥发分大约 39%，仁科混煤，挥发分 24%。

（2）2010 年 01 月 09 日，1 号炉 E3 燃烧器淡相烧损过程：

7：20，1 号机负荷 773MW，参数正常。制粉系统 A\B\C\D 4 台运行。加仓方式：A、D 仓加西神混 2 煤，B、E 仓加西印尼煤，C、F 仓加东混煤。

7：29，机组加负荷，启 1F 磨 2min 后发现断煤，停用。

7：47，启动 1E 磨煤机。

7：58，E3 浓相燃烧器二次风挡板、EF3 油辅助风挡板阀位相继成为坏点。

8：20，1F 给煤机堵煤处理好，启动 1F 磨煤机，停运 1E，正常通风吹扫 15min。

9：45，因 1F 给煤机入口第 4 次堵煤，停运 1F 磨煤机。启动 1E 磨煤机，现场发现有烟冒出，检查确认为 1E 磨煤机＃3 角淡相煤粉管外漏引起。

10：00，急停并隔离 1E 磨煤机，RB 动作。

E3 燃烧器淡相煤粉管烧损，如图 22-4 和图 22-5 所示，周围浓、淡相及油枪辅助风挡板执行气管烧损。

图 22-4　E3 燃烧器淡相煤粉管烧损图（外侧）

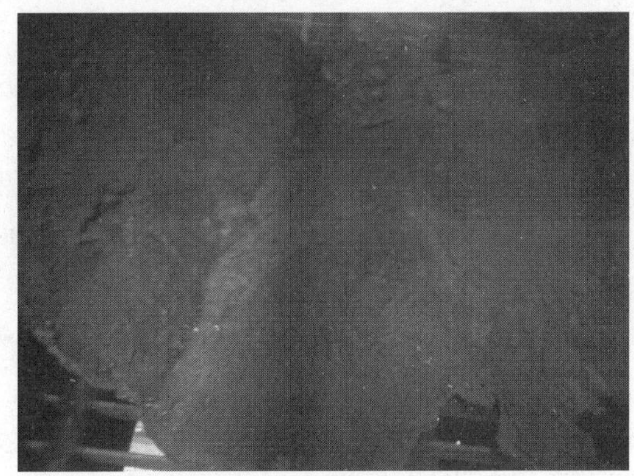

图 22-5　E3 燃烧器淡相煤粉管烧损图（内侧）

（二）原因分析

从两次燃烧器烧损情况来看，都有一个磨煤机启动后 10～15min 就发生烧损的共同特点。初步分析燃烧器着火的运行原因可能如下：

（1）燃用如此高挥发分、发热量较高的印尼煤，运行仅从防爆的角度出发，没有全面考虑该煤种提前着火的问题。因为褐煤虽然挥发分较高，但是全水、内水均较大，爆燃或爆炸的可能性大大降低，但该种印尼煤，水分较正常，爆燃及爆炸可能性大大提高。

（2）没有足够的运行经验了解印尼煤。磨煤机在启动初期，风速偏低，淡相燃烧器煤粉很细，更易着火。07：47 启动 1E 磨煤机过程中，出口温度最高达到 75℃，平均在 65℃，分离器转速控制在 890r/min，风量 125t/h，煤量在 50t/h；08：20 启动后控制在 600r/min，风量 125t/h，煤量在 50t/h 左右。

（3）磨煤机停运后，也可能存在少量煤粉堆积在角落里自燃，启动初期遇到较细煤粉在合适的风粉范围内在燃烧器发生爆燃，造成着火提前。

（4）从现场情况来看，7：58，E3 浓相燃烧器二次风挡板、EF3 油辅助风挡板阀位相继成为坏点，此时喷燃器已经着火，此时由于运行交接班没有及时发现。

（5）1E 磨煤机顶部四根煤粉管粉量分布不均，E7 燃烧器布置在炉后墙，距离较远；E3 在前墙，就地检查发现其 20m 平台膨胀节发生弯曲，影响浓淡分离效果，出现＃3、＃7 角粉量偏大，而＃4、＃8 粉量偏少，煤粉较多的＃3、＃7 燃烧器方圆节局部磨损加剧，高挥发分煤种启动初期在燃烧器内发生爆燃。

（三）防范措施

（1）对特殊的印尼煤种提出专项技术措施。

E7、E3 燃烧器淡相烧损均在磨制高挥发分煤种启动磨煤机 10～15min 时发生的，特制定本措施，请执行：

1）磨煤机正常情况。

① 磨煤机启动。

a. 磨煤机暖磨前石子煤需排放干净。

b. 磨煤机暖磨时开大冷风门，保持 120t/h 风量通风，再逐步调节热风门控制磨煤机出口温度逐步提高，一次风速不低于 23 m/s，升温率不高于 5℃/min。

c. 磨煤机出口温度达到 60℃即可启动，煤量快速加至 50t/h，注意制粉风量同步增大。

d. 磨煤机启动后，巡检到就地燃烧器处进行巡视，重点检查燃烧器法兰处是否有漏粉、漏风，法兰处粉管温度是否正常，着火距离是否在 30～50cm 正常范围内。

② 磨煤机运行。

e. 尽可能保持磨煤机连续运行，出力控制 70～85t/h 。

f. 控制磨煤机入口一次风温度控制在 200℃左右，制粉风量设置 30t/h 正偏置，出口风粉混合物温度在 55～58℃，风速 26m/s 以上。

g. 分离器转速控制在 900r/min。

h. 加强制粉系统运行参数如进出口风温、压差、磨煤机电流、出口风速、液压油压力、磨煤机各轴承温度、线圈温度监视和分析，发现异常及时处理。

i. 加强该磨煤机附近小风门工况监视，出现反馈异常情况，立即到就地检查。

j. 就地燃烧器法兰处粉管测温 2h/次。

③ 磨煤机停运。

k. 磨煤机正常停运时开大冷风门，保持最低 140t/h 风量，风速在 21 m/s 以上，逐渐降低给煤机煤量直至0，停运后进行10min以上粉管吹扫，注意监视磨煤机出口CO含量的变化。

l. 停运后立即将石子煤排尽。

m. 停运磨煤机加强进出口风温、磨辊温度及CO浓度监视。

2）磨煤机异常情况处理。

① 给煤机故障检修时，磨煤机停止运行期间禁止把给煤机皮带上的煤送进落煤管，给煤机停运超过8h，联系进行人工清理。

② 磨煤机跳闸处理。

a. 如果MFT跳闸，密切监视磨煤机进出口风温、筒体各部温度，分离器出口CO含量，如发现磨煤机入口热风门关闭不严造成磨煤机入口温度高，立即充入蒸汽惰化处理。24h内机组不能恢复或该磨煤机其他原因无法投运，联系人工清理，清理时注意防止烫伤。

b. 如果不是磨煤机出口温度高跳闸，就地确认磨外观无高温烧红，内部无煤粉燃烧声音，可以开启冷风门进行彻底吹扫，直到出口风粉温度低于40℃时停止。

c. 如果是磨煤机出口温度高跳闸，立即关闭该磨冷热风门及密封风门，禁止吹扫。密切监视磨煤机进出口风温、筒体各部温度，发现异常升高，立即充入蒸汽惰化处理。

d. 磨煤机再次启动时，应全开冷风，保持100t/h风量进行吹扫5min后，才逐渐开启热风门进行暖磨。

（2）1号炉E层燃烧器已发生＃7、＃3角火嘴烧损情况，要求各值加强对各层、各角燃烧器煤粉管温度监视（尤其是浓淡分离器后进入燃烧器部分），启磨前、停磨后也要记录温度。

（3）提高监盘质量，发现任何异常都应立即去现场核对情况，不放过任何蛛丝马迹。

（4）加强“两票三制”的检查。

（5）按“四不放过”原则，对全体运行人员进行事故学习，吸取经验教训，杜绝类似情况发生。

（6）由于燃烧器本体在二次风箱内，正常运行检查存在困难，建议利用大小修机会加装燃烧器壁温测点。

四、某电厂捞渣机内导轮断裂

（一）事故现象

2011年12月10日05：00左右，某电厂1号炉捞渣机油压从11MPa（瞬间油压达到18.15MPa，电流40A，此时机组运行负荷为93MW）突然变化到7MPa，变化后油压比较稳定，与当时运行情况不吻合，运行值班人员到现场检查发现捞渣机链条飘出水面，检查发现链条从前压紧轮下脱轨，2011年12月10日07：00机组停运。

图22-6 捞渣机导向轮轴断裂

（1）停机后，立即将捞渣机内部水放尽，清渣后检查发现捞渣机导向轮轴断裂，如图22-6所示。

（2）2011年12月10日，检查发现冷渣斗内还有一组水封板变形后悬挂在冷渣斗内部，随时有脱落危险，如图 22-7 所示。

（3）在 2011 年 11 月 28 日，1 号炉捞渣机因为炉膛掉大焦，导致水封板损坏，夜间有一块水封板脱落，并被捞渣机的刮板带到捞渣机头部，至此以后捞渣机运行不太稳定，时常有飘链现象，煤渣不能及时排出（水封板脱落导致前水下导轮损坏）。

（4）2011 年 12 月 8 日 16：00 左右，在 1 号炉捞渣机头部发现一块轴承内圈（见图 22-8），分析前右水下导轮损坏并且脱落。

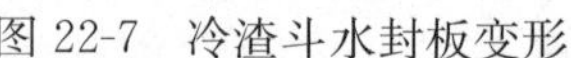
图 22-7　冷渣斗水封板变形

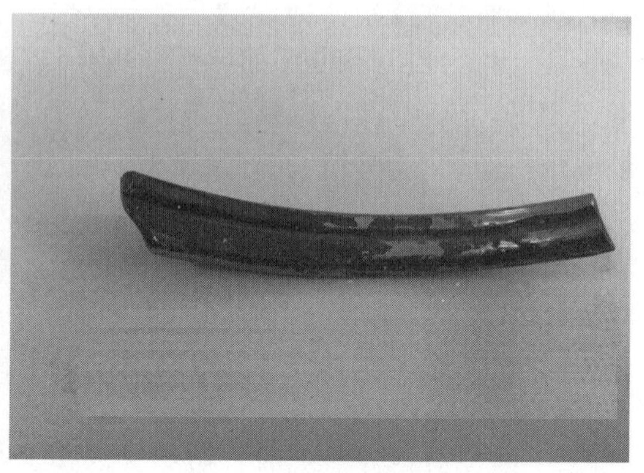
图 22-8　捞渣机轴承内圈脱落

（5）2011 年 12 月 10 日，检查捞渣机链条、刮板，发现刮板头部磨损比较严重，如图 22-9 所示。前右水下导轮损坏并且脱落后链条刮板和捞渣机水下导轮轴形成滑动摩擦，最终导致轴磨损断裂。

图 22-9　捞渣机刮板头部磨损比较严重

（二）原因分析

在 2011 年 11 月 28 日下午 15：30 左右，1 号炉捞渣机因为炉膛掉大焦，导致炉后中部部分水封板损坏脱落，脱落后水封板随着大量煤渣被刮板带走，到前水下导轮处使导轮损坏，损坏后的导轮从轴上脱落并被刮板带到渣斗，同时链条刮板抬高。接下来一段时间煤种较差，渣量大而且渣较细，自流性好，抬高后的刮板不能将细渣及时带走，捞渣机负载越来越大而且飘链，渣越积越多，捞渣机多次出现保护跳停，直到捞渣机导轮轴磨损断裂。

（三）防范措施

（1）因燃烧煤种改变使得煤渣很细时，建议关闭捞渣机头部冲链水，确保细渣及时排出，防止飘链。

（2）检查链条张紧程度适中，具体现象为捞渣机前下压张紧轮时转时不转，链条在此处没有堆积现象，尾部张紧轮油压在 0.8～1.0MPa 之间。

（3）检查捞渣机尾部不能有积渣，否则阻力增加，电流变大。

(4) 每天检查清理捞渣机头部渣斗，减少捞渣机回带渣量，避免尾部积渣。

(5) 锅炉排渣量较多时，适当调整捞渣机转速，确保渣能及时排出。

(6) 定期检查链条、刮板、齿圈磨损情况，磨损严重的需及时更换。

(7) 炉膛吹灰时，尤其燃烧易结焦煤种时，需加大对捞渣机的巡查力度。

(8) 运行过程中如发现捞渣机电流有大的波动、飘链等异常情况，请尽快联系检修人员进行检查。

(9) 每天检查捞渣机的油路有无渗油现象，如有异常需立即处理。

(10) 动力油站定期进行油站化验

(11) 内部导向轮半个月加油一次，每次加油不小于一杯。

(12) 头部主动轮轴承、尾部张紧轮轴承一个月加油一次，每次加油不小于 200kg。

(13) 调停、计划性检修必须检查导轮轴承，必要时更换轴承。

(14) 计划将捞渣机水下导轮进行技改，改成轴承外置式，在导轮轴承出现问题时不需要停机，保证机组运行安全。

五、某电厂水冷壁爆管事故

某电厂 5 号锅炉为 1000MW 超超临界机组锅炉，单炉膛、一次再热、平衡通风、露天布置、固态排渣、全钢构架、全悬吊结构、切圆燃烧方式超超临界参数、塔式直流锅炉，型号为 SG-3044/27.46-M53X。设计煤种：晋中烟煤，校核煤种：徐州混煤。锅炉蒸汽参数：27.46MPa(a)/605℃/603℃。

(一) 事故现象

2013 年小修停机后，发现该厂 5 号锅炉＃2 角与＃4 角水冷壁磨损严重，其中＃2 角为前墙与左侧墙搭角，＃4 角为后墙与右侧墙搭角。在电厂要求下，制造厂提出了在磨损部位焊接抓钩，在冷灰斗炉膛侧安装防磨浇铸料的防磨方案，电厂在检修中实施了制造厂提出的方案。

2013 年 3 月 18 日，锅炉水冷壁冷灰斗 4900mm 刚性梁平台处发生爆管，先发现炉外侧泄漏，进行带压堵漏将外泄漏点堵住；但发现炉内仍存在泄漏点，在进行带压堵漏尝试不成功后，5 号炉被迫停炉。

停炉后就 5 号锅炉冷灰斗防磨处理、水冷壁爆管状况、爆管后检查情况等进行调查分析。

1. 冷灰斗防磨处理

5 号锅炉冷灰斗炉内存在严重磨损，磨损区域在＃2 角与＃4 角。其中＃4 角磨损发生在底部折向垂直的拐角区域；＃2 角磨损严重，除底部折向垂直段的拐角区域存在磨损外，在前墙折向左侧墙的折角处也存在较严重的磨损现象。表 22-1～表 22-3 为磨损处理的统计数据。冷灰斗区域水冷壁材料为 15CrMo，规格为 ϕ38.1×7.00mm。对于直径低于 5.6mm 的水冷壁管进行更换处理，共换管处理 145 根。为避免损害锅炉刚性梁，换管时未更换至刚性梁区域，换管过程刚性梁未动。换管过程为防止管子承受额外应力，割管时采取隔一段再割管的方式，避免出现大面积连续割管的状况。

为方便换管时水冷壁对接的对口与焊接，对未更换的水冷壁管鳍片多割开一段，在对接完成后进行割开鳍片补焊，在补焊时存在新旧鳍片搭接、新旧焊缝搭接的状况，新补的鳍片采用双面焊接，并对换管进行质量检验。

表 22-1 冷灰斗底部磨损水冷壁管剩余壁厚

冷灰斗底部—右墙＃4 角

管子编号	剩余壁厚（mm）	管子编号	剩余壁厚（mm）	管子编号	剩余壁厚（mm）
1	3.1	6	5.3	11	5.2
2	严重无法测厚	7	4.7	12	5.4
3	严重无法测厚	8	5.4	13	5.7
4	2.6	9	4.8	20	4.1
5	4.4	10	5.6	—	—

冷灰斗底部—左墙＃2 角

管子编号	剩余壁厚（mm）	管子编号	剩余壁厚（mm）	管子编号	剩余壁厚（mm）
16	5.9	18	5.4	—	—
17	5.6	19	5.5	—	—

冷灰斗底部—后墙＃4 角

管子编号	剩余壁厚（mm）	管子编号	剩余壁厚（mm）	管子编号	剩余壁厚（mm）
1	已爆管	16	4.6	65	5.1
2	2.9	17	4.3	66	6.0
3	3.4	18	4.7	68	5.7
4	2.3	19	5.1	69	5.9
5	2.9	20	5.1	71	5.8
6	3.4	21	5.3	75	5.8
7	2.9	22	5.4	76	6.0
8	2.5	26	5.8	77	5.9
9	3.8	28	5.9	78	5.9
10	3.5	32	5.9	81	5.7
11	4.3	45	5.9	83	6.0
12	4.3	55	6.0	85	6.0
13	4.7	58	6.0	90	6.0
14	3.8	62	5.9		
15	4.2	64	5.9		

表 22-2　　冷灰斗前墙（♯2 角）直管段磨损水冷壁管剩余壁厚

管子编号	剩余壁厚 (mm)	管子编号	剩余壁厚 (mm)	管子编号	剩余壁厚 (mm)
9	5.9	39	3.9	69	5.2
10	5.2	40	5.5	70	5.3
11	5.5	41	4.2	71	4.9
12	—	42	4.2	72	4.4
13	4.1	43	4.2	73	4.7
14	3.5	44	4.1	74	3.1
15	4.7	45	3.2	75	5.7
16	3.8	46	4.8	76	5.2
17	4.1	47	3.8	77	4.0
18	5.4	48	3.4	78	5.9
19	4.3	49	4.2	79	4.1
20	5.5	50	3.8	80	4.8
21	4.5	51	4.7	81	—
22	5.0	52	4.6	82	4.2
23	6.0	53	4.1	83	5.6
24	5.0	54	4.9	84	5.4
25	5.2	55	3.4	85	5.8
26	5.1	56	5.2	86	5.9
27	4.1	57	4.5	87	3.9
28	3.2	58	5.5	88	—
29	4.4	59	4.8	89	5.6
30	5.0	60	3.5	90	—
31	5.0	61	5.2	91	5.8
32	5.3	62	4.5	92	5.7
33	5.2	63	4.3	95	5.8
34	4.1	64	5.1	100	5.8
35	3.0	65	5.1	110	5.1
36	5.0	66	4.2	111	凹坑
37	4.6	67	5.7	—	—
38	4.6	68	4.9	—	—

表 22-3　　冷灰斗后墙（♯4 角）直管段磨损水冷壁管剩余壁厚

管子编号	剩余壁厚（mm）	管子编号	剩余壁厚（mm）	管子编号	剩余壁厚（mm）
4	5.9	38	5.6	62	2.6
6	5.9	47	5.5	66	5.4
31	5.5	48	5.6	69	5.1
32	5.6	49	2.5	74	4.7
33	5.7	52	5.5	79	5.8
34	5.6	53	5.7	80	6.0
35	5.3	54	5.5	88	5.6
37	5.4	55	5.9	95	5.7

为防止灰渣沿倾斜水冷壁流动，速度加速过快导致水冷壁弯角处磨损，制造厂在电厂要求下制定了防磨方案，在水冷壁冷灰斗斜墙底部及变角区域加装防磨浇铸料（见图 22-10），电厂在♯2 角折角处也进行了防磨浇铸处理，浇铸区域在变角线左右各 700mm 区域，浇铸料从起折点至折为垂直段区，浇铸料采用焊挂钩与装龟甲网固定。爆管停炉后检查，发现浇铸料已基本脱落完，从残余的浇铸料看，浇铸料松散、易碎。

2. 爆管状况

2013 年 3 月 18 日，电厂发现 5 号锅炉♯2 角冷灰斗底部左侧墙水冷壁存在泄漏（见图 22-11），泄漏蒸汽射向炉外，电厂采取带压堵漏的方式成功将射向炉外的蒸汽射流堵住。堵住后电厂仍然听到有蒸汽泄漏的声音，割开鳍片后发现炉内泄漏蒸汽射流，在进行炉内侧带压堵漏尝试未成功后，电厂将一块厚度为 1mm 的钢板插入炉内，防止炉内泄漏蒸汽射流产生相互吹损。对塞入钢板进行定期检查，检查钢板吹损状况，在 3 月 20 日 16：00～23：00 间，塞入钢板被吹出一个半月形洞，考虑难以控制泄漏损失扩大，决定停炉处理。在发现炉

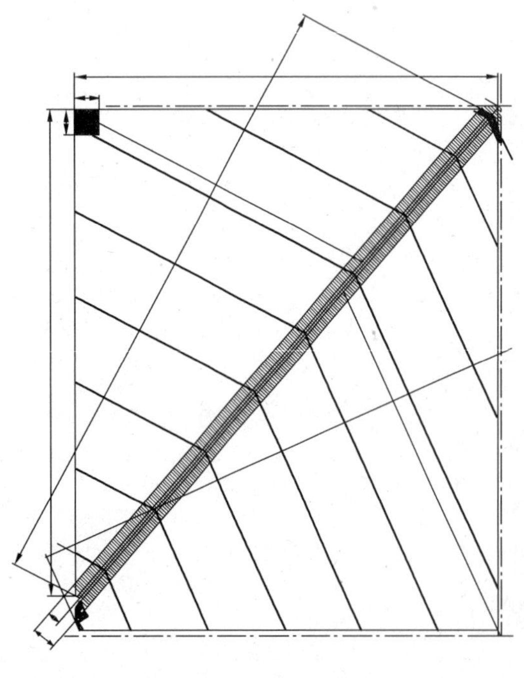

图 22-10　5 号炉冷灰斗

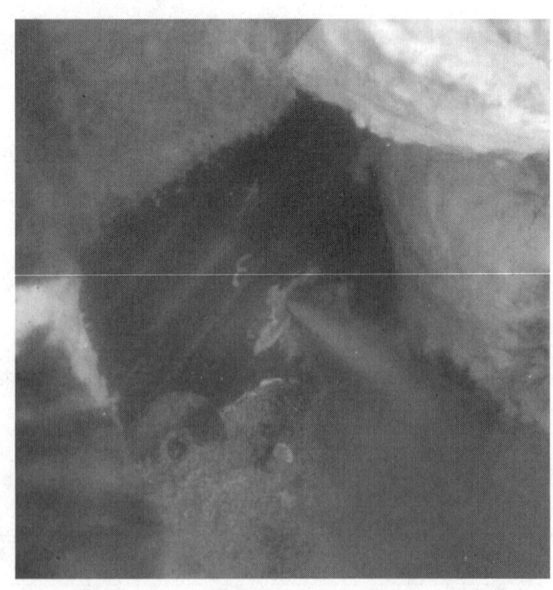

图 22-11　5 号炉♯2 角左墙向外泄漏

内泄漏到停炉，5 号锅炉坚持运行 3 天左右。

电厂反映在割开鳍片前，鳍片上存在裂纹，割开鳍片后裂纹被破坏。在进行炉外侧带压堵漏时也将鳍片焊缝上的裂纹一段破坏。在锅炉运行时割开的鳍片缝隙可以塞入钢板，进行检查与更换；停炉后检查时钢板时，发现钢板已完全卡死，无法拔出。

3. 爆管检查

5 号炉停炉后检查，发现♯2 角左侧墙 4.9m 左右标高加强筋板从炉前向炉后数上部第 2、3 根水冷壁出现泄漏（见图 22-12），外漏图片上编号 3 的管实际为第 4 根管。其中第 2 根管泄漏口属于明显的吹损减薄爆口，如图 22-13 所示。第 3 根管鳍片焊缝处存在多处吹损沟槽，在与第 2 根吹损区对应存在近似圆状洞，其上部存在几处吹损沟槽，如图 22-13 所示。第 3 根管的圆孔行泄漏点背部基本在焊接塞块头部区域。

图 22-12 第 2、第 3 根管泄漏点

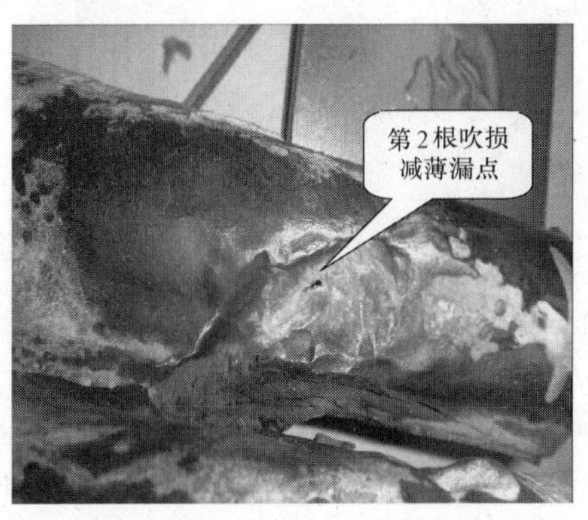

图 22-13 第 12 根管吹损减薄漏点

4. 鳍片焊缝裂纹

在新更换的水冷壁背部鳍片焊缝发现多处裂纹，已泄漏的第 3 根新焊接的鳍片焊缝存在一条长线状裂纹，裂纹顺管子轴线、沿焊缝曲折发展，其中下部裂纹已被带压堵漏的焊缝覆盖，如图 22-14 所示。从可见的裂纹发展状况看，裂纹存在向母材发展趋势，但未发展到母管上。

据电厂反映，在第 2、3 根水冷壁管间鳍片上也存在纵向裂纹，在割开鳍片准备带压堵漏时，裂纹已被全部破坏。

在另一处新更换的水冷壁背部也存在稍短的裂纹，如图 22-15 所示。裂纹完全存在在于鳍片焊缝的中间，未向换热管母材发展。

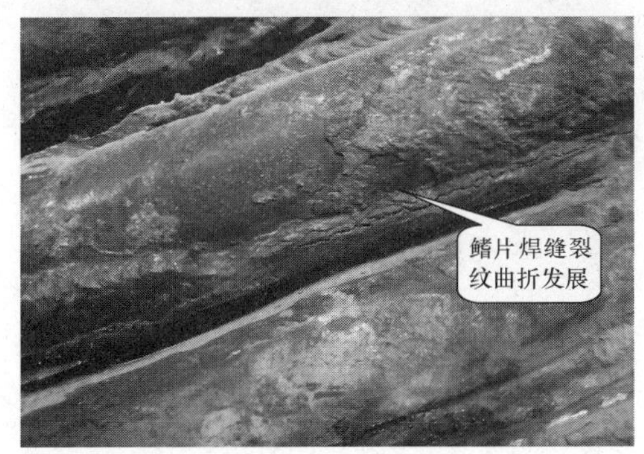

图 22-14 第 3 根水冷壁新焊鳍片焊缝裂纹

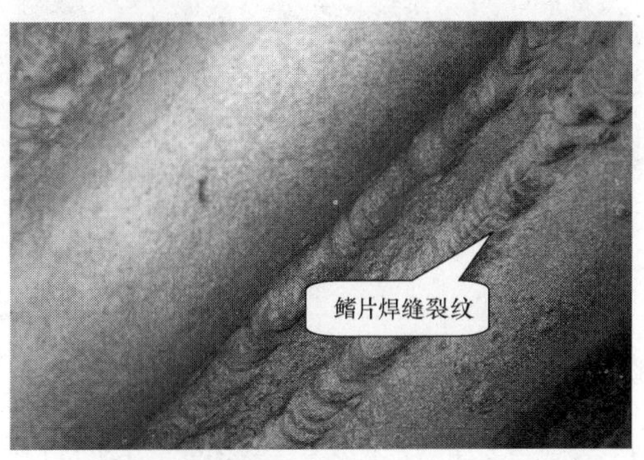

图 22-15 水冷壁新增鳍片焊缝存在裂纹

在新更换的水冷壁对接焊缝处，新补焊的鳍片密封焊缝存在 2 处横向裂纹，如图 22-16 和图 22-17 所示。横向裂纹位置都靠近对接焊缝，其中图 22-16 处横向裂纹离对接焊缝约 5mm，图 22-17 处横向裂纹离对接焊缝约 2mm。横向裂纹与开裂的前墙刚性梁连接块都较远。

图 22-16 水冷壁新焊鳍片焊缝横向裂纹

图 22-17 水冷壁新焊鳍片焊缝横向裂纹

5. 刚性梁焊缝拉裂

在前墙♯2 角与左侧墙交接处标高 6285mm 与 7537mm 的 2 根刚性梁，其与连接块的焊缝都开裂（见图 22-18 和图 22-19），分别为冷灰斗前墙从下往上数第 2 根与第 3 根梁。其中下数第 3 道刚性梁与连接块的焊缝已全部裂开，下数第 2 道刚性梁也接近全裂开。但下数第 2 道刚性梁仅与下部的连接块焊接，未与上部连接块焊接；而下数第 3 道刚性量则与上、下连接块都焊接。

图 22-18 前墙下数第 2 道刚性梁开裂

图 22-19 前墙下数第 3 道刚性梁完全开裂

6. 实验分析

对泄漏管样爆口位置进行了剖开分析，从泄漏管的内壁看，只在圆形爆口位置发现一砂眼，未发现穿透性裂纹，即使内壁表面打磨后也未发现裂纹，如图 22-20 所示。

将泄漏形成沟槽处横向切开，发现泄漏处存在鳍片未焊透，向炉外泄漏点已被带压堵漏的焊缝盖住。

（二）原因分析

5号锅炉冷灰斗♯2角底部左侧墙泄漏，泄漏原因是管材内壁存在砂眼，水冷壁管鳍片裂纹及刚性梁开裂不是水冷壁泄漏的直接原因，具体分析如下：

图22-20　第3根泄漏管内壁砂眼

1. 刚性梁开裂

刚性梁与连接块的焊缝开裂原因的原因为受到较大的应力，从开裂的焊缝观察，刚性梁与水冷壁连接块焊接质量较差也是开裂的一个原因。但如果连接块与刚性梁焊缝强度高，有可能导致连接块与鳍片焊缝裂纹或开裂，发展到母材就会引起泄漏。

分析刚性梁与连接块焊缝受到较大应力的原因可能由于膨胀不均的原因，♯2角折角区域在前墙700mm与左侧墙700mm进行了防磨浇铸，浇铸防磨材料后，由于防磨材料热阻较大，浇铸料下部的水冷壁管基本不吸热，管壁与鳍片材料的温度较正常受热的水冷壁管及鳍片存在较大的差别。从浇铸料破碎看，存在浇铸料温度过高的原因，说明冷灰斗区域也存在较大的辐射热负荷。实际上浇铸料破碎也可能存在浇铸料温度高、膨胀大，而下面水冷壁与鳍片膨胀少的原因，膨胀差别导致浇铸料很快破碎。由于♯2角拐角做防磨浇铸料后，壁温较相邻水冷壁及鳍片低，其膨胀较其他区域的水冷壁小，刚性梁与连接块的焊缝承受较大的力；而♯2角角部的膨胀差累计到下部，导致下部的刚性梁与连接块的焊缝产生开裂。

刚性梁与连接块焊缝开裂后，刚性梁承受的载荷加到附近的水冷壁上，使得水冷壁与鳍片承受额外的负载，会导致水冷壁与鳍片附加额外的应力。

冷灰斗前后墙变角度区也进行了防磨浇铸，也可能存在膨胀差别问题。

2. 水冷壁裂纹

5号锅炉在检修后，新换管补焊的鳍片存在多处裂纹，既有沿管轴线发展的纵向裂纹，也有垂直管子的横向裂纹。产生裂纹的原因可能有应力因素以及焊接质量问题。

从焊接质量分析，鳍片焊缝裂纹都产生在新补焊的鳍片焊缝上，说明补焊的焊缝质量不良；焊缝质量不良的原因可能有焊接时输入的能量过大、焊接后焊缝收缩量过大；焊接前底部未清理干净，可能导致夹渣、气孔及未焊透；割开的鳍片在补焊时中心区未焊透，焊接时气体膨胀、熔液渗漏，影响焊缝质量；对接焊缝及其热影响区与鳍片焊缝区重合，多次熔融与结晶对材料的组织影响等。

从承受的应力分析，由于♯2角拐角进行了防磨浇铸，使角部膨胀较其他区域水冷壁小，导致拐角区域的水冷壁及鳍片承受较大的应力。特别是刚性梁开裂后，原由刚性梁承受的负载转移到附近水冷壁上，使得水冷壁与鳍片承受额外的应力。当鳍片焊缝区域存在应力集中时就会在鳍片焊缝上产生较大的应力，导致裂纹的出现。当鳍片根部未焊透时会加重鳍片焊缝的应力集中。在运行中鳍片割开的缝可以进行钢板抽插更换，而停炉后无法取出，说明水冷壁管承受外力拉开，而不是正常热膨胀所致，不然钢板热膨胀后也应无法取出。

3. 水冷壁泄漏

冷灰斗♯2角左侧墙底部水冷壁管泄漏的直接原因是标高4900处从下往上数第3根管内壁存在砂眼。在此次进行水冷壁更换时，在切割鳍片时可能伤及管外壁，使得管壁有效厚度进一步减少，砂眼处于加强筋焊接塞块区，焊缝区较厚难以割除，是切割时发生伤害管子外壁的原因之一；在补焊时输入能量过大，也会导致砂眼缺陷的发展；在运行中水冷壁及鳍片承受较大应力，特别是焊缝未焊透与砂眼的存在，都会导致应力集中的出现。

从图22-21分析，鳍片根部未焊透的区域管子的厚度远低于水冷壁管壁厚，说明鳍片切割时有割伤管子的现象，切割后管子有效厚度明显减薄。从砂眼不透光分析，砂眼应该是母材缺陷，不应该是切割时熔透缺陷。

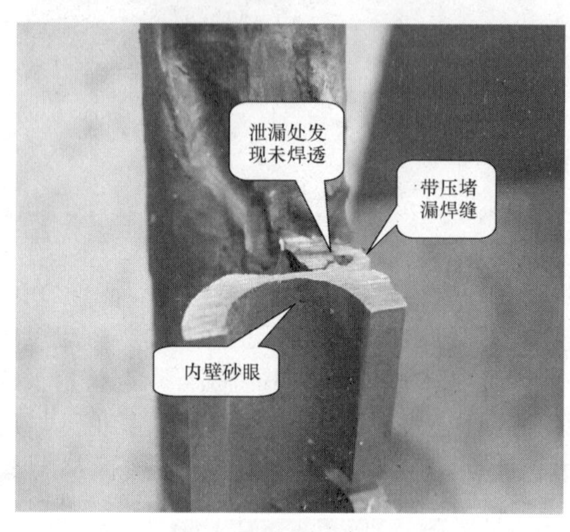

图22-21 第3根泄漏管鳍片未焊透

导致管材砂眼缺陷快速扩展的因素有鳍片切割导致的有效壁厚减薄，焊接时输入热量过大，以及运行中存在较大应力。

运行中水冷壁存在较大应力是由于♯2角折角线浇铸防磨材料后，折角线区水冷壁膨胀较其他区域水冷壁小，水冷壁承受较大力；当前墙刚性梁开裂后，其下部水冷壁承受额外附加力，导致水冷壁及鳍片有较大的应力；水冷壁背部塞块的存在、砂眼的存在、有效壁厚薄、未焊透导致较严重地应力集中现象。

砂眼发展成穿透性缺陷后，沿未焊透气孔，从鳍片焊缝密封不严处泄漏，同时存在二点泄漏。一向外泄漏，带压堵漏后封住；一为管3的泄漏点，在炉外漏点带压堵漏完成后，实际已将管2吹漏。从割开鳍片未达到管3泄漏点可以证明，在进行带压堵漏操作时未发现管3的真正泄漏点；从钢板吹出孔洞分析，该孔洞为管2泄漏蒸汽所致；插入的钢板也不能堵住管3泄漏的蒸汽射流。

（三）防范措施

1. 处理措施

5号锅炉在处理锅炉水冷壁泄漏时采取以下措施：

（1）对爆管的水冷壁管进行更换。

（2）对鳍片裂纹进行挖补处理。

（3）对开裂的刚性梁恢复焊接。

（4）对水冷壁炉内浇铸料未恢复，采取了防磨喷涂处理。

（5）对爆管切割掉的加强筋板恢复时未与新更换的水冷壁管焊接。

2. 建议

为保证水冷壁的运行安全，建议采取以下措施：

（1）对于水冷壁冷灰斗区炉内加防磨浇铸料的技术方案应暂缓实施。电厂与制造厂继续交流讨论，制定出有效地防止灰渣磨损的技术措施。

（2）对加强筋板切割后，未与水冷比进行焊接的，下次大修时建议恢复。

（3）进行鳍片切割与焊接时，应改进工艺，防止出现割伤管子或未焊透等焊接缺陷出现。切割中出现伤及管子时应仔细检查管子损伤状况。

（4）对进行过防磨浇铸的冷灰斗前后墙变角度区域水冷壁及刚性梁焊缝进行全面检查。

（5）对前墙从下往上数第二道刚性梁未与上部连接块焊接的原因进行仔细分析，查明未焊接的原因。

六、某电厂2号炉水冷壁爆管

某电厂＃2锅炉为1000MW超超临界燃煤机组锅炉，是由哈尔滨锅炉厂有限责任公司在日本三菱重工业株式会社的技术支持下，设计的超超临界变压运行直流锅炉，锅炉型号：HG-2980/26.15-YM2型，采用Π型布置、单炉膛、改进型低NO_x PM（Pollution Minimum）主燃烧器和MACT（Mitsubishi Advanced Combustion Technology）型低NO_x分级送风燃烧系统、反向双切圆燃烧方式，炉膛采用内螺纹管垂直上升膜式水冷壁、循环泵启动系统、一次中间再热、调温方式除煤/水比外，还采用烟气分配挡板、燃烧器摆动、喷水等方式。锅炉采用平衡通风、露天布置、固态排渣、全钢构架、全悬吊结构，燃用神府东胜、兖州、同忻煤。

（一）事故现象

2号锅炉在2009年1月4日10：00左右出现壁温骤降，怀疑水冷壁爆管，22：00左右停机。

就水冷壁爆管情况、水冷壁节流孔分布、以及壁温变化情况展开调查分析，结果如下：

1. 水冷壁爆管情况

2号炉侧墙靠炉后水冷壁一直存在超温现象，存在超温的有A侧墙由前向后数298根、320根，B侧墙由前向后数308根。从A侧水冷壁中间混合集箱区检查，A侧墙前数318根，319根水冷壁管外壁有明显的氧化皮，处于易剥落现象（见图22-22），特别是318根氧化皮较厚，厚度为0.2～0.3mm。其余水冷壁管外表未发现明显氧化皮。A侧墙第317～320根管属于同一水冷壁管屏，壁温测点在第320根。

图22-22　爆管管屏水冷壁背火面外壁状况

从B侧墙中间混合集箱区检查，前数第308根水冷壁管内壁存在较厚的氧化皮，厚度0.16 mm，且氧化皮明显起皮，处于比较容易剥落的状态。但管子外表面没有发现任何异常状态。根据水冷壁管测厚数据，318管直径为ϕ28.8mm、ϕ29.0mm；309根管直径为ϕ29.1mm、ϕ29.0mm；307根管直径为ϕ29.0mm、ϕ29.1mm。最大胀粗率为1.75%，管子胀粗不明显。

现场割管后发现A侧墙第318根进中间混合集箱弯头背弧面发生爆管（见图22-23），爆管发生在向火侧。爆口形状呈现明显的鱼嘴状，爆口处存在减薄，属短期超温爆管；但爆口周围存在明显的树皮状裂纹，存在长期过热特征。因此本次爆管是由于换热管长期过热，随管内冷却工质越来越少，导致短期超温爆管。

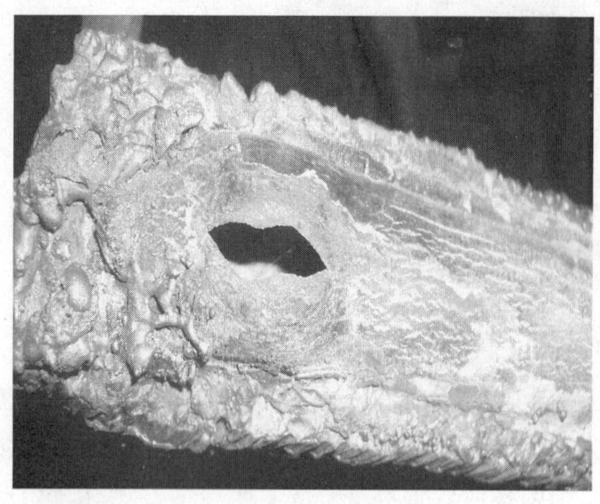
图 22-23 A 侧墙第 318 根水冷壁管中集箱进口弯头背弧侧爆管

A 侧墙第 319 根管几乎在同一位置直管段存在鼓包现象。

A 侧 318 根管爆管吹损 316 根与 317 根水冷壁管。

2. 水冷壁节流孔分布

2 号炉水冷壁二侧墙共 352 根水冷壁管，分 88 管屏，全部每 4 根管一屏，其中第 1～16 屏进口节流孔直径 ϕ8.5mm；第 17～24 屏进口节流孔直径 ϕ9.0mm，第 25～32 屏进口节流孔直径 ϕ9.5mm；第 33～48 屏进口节流孔直径 ϕ10.0mm；第 49～56 屏进口节流孔直径 ϕ9.5mm；第 57～64 屏进口节流孔直径 ϕ9.0mm；第 65～72 屏进口节流孔直径 ϕ8.5mm；第 73～80 屏进口节流孔直径 ϕ8.0mm；第 81～88 屏进口节流孔直径 ϕ7.5mm。

前后墙共 720 根水冷壁换热管，分为 198 屏，其中第 15～23 屏，第 76～84 屏，第 115～123 屏，第 176～184 屏每屏只有二根水冷壁管。节流孔直径分别为：第 1～7 屏节流孔直径 ϕ9.0mm；第 8～14 屏节流孔直径 ϕ9.5mm；第 15～23 屏节流孔直径 ϕ7.0mm；第 24～37 屏节流孔直径 ϕ10.0mm；第 38～55 屏节流孔直径 ϕ11.0mm；第 56～75 屏节流孔直径 ϕ14.0mm；第 76～84 屏节流孔直径 ϕ7.5mm；第 85～99 屏节流孔直径 ϕ12.0mm；第 100～114 屏节流孔直径 ϕ12.0mm；第 115～123 屏节流孔直径 ϕ7.5mm；第 124～143 屏节流孔直径 ϕ14.0mm；第 144～161 屏节流孔直径 ϕ11.0mm；第 162～175 屏节流孔直径 ϕ10.0mm；第 176～184 屏节流孔直径 ϕ7.0mm；第 185～191 屏节流孔直径 ϕ9.5mm；第 192～198 屏节流孔直径 ϕ9.0mm。

水冷壁管材料为 SA213T12，规格为 ϕ28.6×5.8mm，内径为 ϕ17mm；安装节流孔管子规格为 ϕ44.5×6mm，内径 ϕ32.5mm。安装节流孔的管子内横截面积为 829.6mm^2，水冷壁管内横截面积为 227.0mm^2，安装节流孔管流通面积是水冷壁管的 3.65 倍，水冷壁管流通面积变化不大。

二侧墙水冷壁由前向后数从 321 根到 352 根对应进口节流孔直径为 ϕ7.5mm，第 287～320 根对应进口节流孔直径为 ϕ8.0mm。从此次发生超温爆管的水冷壁管分析，集中在节流孔 ϕ8.0mm 的区域。

3. 水冷壁管壁温变化

在 1 月 4 日停机前发现 A 侧墙第 320 根、第 298 根水冷壁管壁温测点及 B 侧第 308 根水冷壁管壁温测点超温。B 侧第 308 根管有时壁温超过 600℃。

图 22-24 与图 22-25 是 A 侧第 298 根管与第 320 根管壁温测点变化趋势。从壁温变化曲线可知，A 侧墙第 298 根水冷壁壁温维持在 475～575℃波动；A 侧第 320 根水冷壁管壁温维持在 470～570℃波动，在 1 月 4 日 10：00 左右存在壁温突降的现象。B 侧墙第 308 根水冷壁测点壁温曲线在 mis 系统中无法绘制曲线。

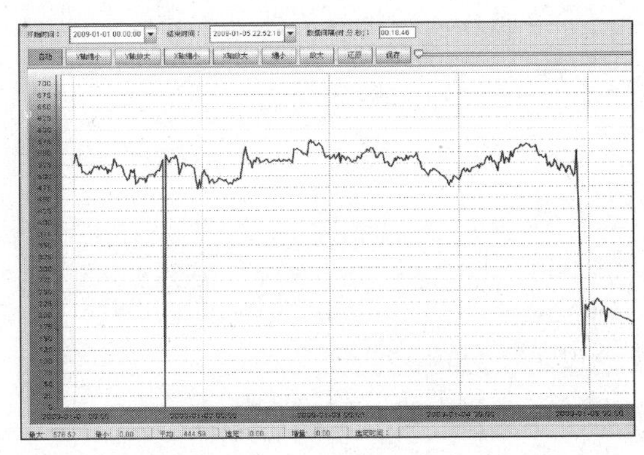

图 22-24　A 侧墙第 298 根水冷壁管壁温壁画曲线

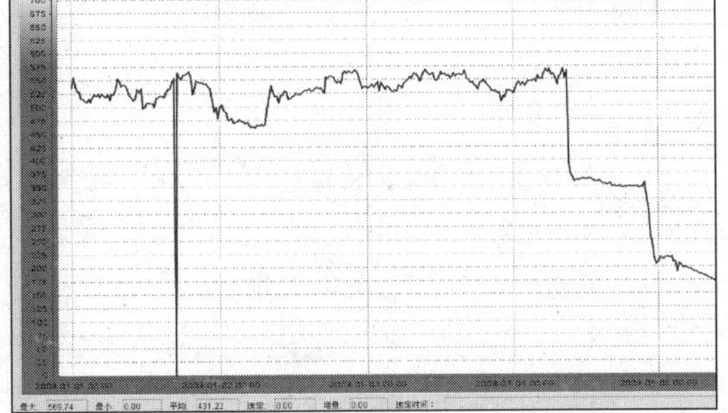

图 22-25　A 侧墙第 320 根水冷壁管壁温壁画曲线

（二）原因分析

锅炉侧墙水冷壁靠后墙区域水冷壁一直存在节流孔结垢现象。原因是给水中氧化物在节流孔处沉积。堵塞节流孔使整个管屏的四根水冷壁管内冷却工质流量减少，蒸汽温度上升，造成水冷壁整体温度上升；反过来由于蒸汽温度上升，蒸汽比容增加，使得管内流动阻力进一步增加，加重吸热恶化情况，存在一个正反馈效应，使水冷壁管不断冷却。

造成水冷壁节流孔堵塞的主要原因是给水中铁离子含量超标。这是由于超超临界锅炉给水压力很高，高压水对氧化铁的溶解度较大；虽然凝水和补给水中铁离子含量很低，但给水会溶解给水系统中管道表面氧化膜，一旦管道内壁氧化膜遭到破坏就会加速氧化膜的溶解和管道腐蚀。给水溶解了氧化铁后，在省煤器内加热时氧化铁溶解度降低，氧化铁析出沉积在省煤器换热管内壁。未完全析出的氧化铁在出现降压和升温等状况时，氧化铁溶解度下降，就会出现氧化铁析出沉积现象。

分析水冷壁管在侧墙靠炉后侧出现节流孔内氧化铁沉积现象与节流孔径分步有关。分析锅炉水冷壁节流孔直径，前后墙最低 ϕ7.0mm、ϕ7.5mm，但都对应 2 根水冷壁管，其他最小 ϕ9.0mm；而侧墙靠炉后，节流孔直径分别为 ϕ7.5mm、ϕ8.0mm。与水冷壁流通截面的面积比分别为前墙最小 0.070 1，最小节流孔处面积比为 0.084 8；侧墙靠后墙侧分别为 0.048 7、0.055 4。

如果锅炉满负荷运行时水冷壁进口给水温度 320℃，给水压力 29.0MPa。给水密度 711.9kg/m^3，给水焓值 1434.4kJ/kg。按平均流速计算，根据设计水冷壁管质量流量 1830kg/m^2 · s，水冷壁进口管中平均流速为 2.571m/s。安装节流孔中水冷壁（每屏四管）的平均流速为 2.814m/s，侧墙对应 ϕ7.5mm 的节流孔处平均流速为 52.83m/s；侧墙对应 ϕ8.0mm 的节流孔处平均流速为 46.43m/s；节流孔处静压降分别为 0.99、0.77MPa。对应前墙节流孔径为 ϕ7.0mm 与 ϕ9.0mm 的水冷壁管，节流孔处流速分别为 30.32m/s、36.69m/s；节流孔处静压降分别为 0.33、0.48MPa。给水压力瞬间降低使得给水中溶解的氧化铁在节流孔处析出沉积（节流孔处压力最低），降压幅度越大析出几率越高。由于水冷壁管实际质量流量与平均值烧有区别，节流孔处静压降低值与按平均值计算会有所不同，但静压降低值与按平均值计算不会误差很大。

由于侧墙靠近后墙处水冷壁进口节流孔与水冷壁管面积比最小，因此此区域水冷壁进口节流孔处给水压力最低，给水中溶解的氧化铁最有可能在此析出沉积。

由于侧墙1个节流孔对应4根水冷壁管，因此1个节流孔处出现氧化铁沉积会影响同一管屏4根管。

（三）防范措施

1. 处理措施

（1）对于锅炉水冷壁管爆管情况，建议采取以下措施。

（2）对节流孔处沉积的氧化铁结垢采取局部酸洗方法清除。

（3）对发生爆管以及吹损的水冷壁管段更换处理。

（4）对外表明显存在氧化皮脱落的水冷壁管段建议更换处理。

（5）对出现壁温报警的水冷壁管屏，如果此次不处理建议大修时应进行处理。

2. 建议

2号炉水冷壁爆管的原因是节流孔结垢堵塞造成的，由于节流孔处存在明显的静压降低，给水中氧化铁的溶解度降低，在节流孔处析出沉积。由于侧墙靠炉后侧节流孔处静压降低值最大，因此节流孔最容易出现氧化铁析出沉积。

（1）建议电厂在大修期间加强对水冷壁过热情况检查，对出现超温的管屏还应注意检查是否存在膨胀不均导致的裂纹。

（2）建议电厂根据机组状况，制定给水加氧处理运行规程，创造条件，尽快采取给水加氧处理。

七、某电厂末级过热器爆管现场分析报告

某电厂2号锅炉是由哈尔滨锅炉厂有限责任公司引进日本三菱重工业株式会社技术制造的超超临界变压运行直流锅炉，型号为HG-3100/27.46-YM3。采用Π型布置、单炉膛、低NO_x PM主燃烧器和MACT燃烧技术、反向双切圆燃烧方式。炉膛采用内螺纹管垂直上升膜式水冷壁、循环泵启动系统，一次中间再热系统。调温方式除采用煤/水比外，还采用烟气出口调节挡板、燃烧器摆动、喷水等方式。锅炉采用平衡通风、露天布置、固态排渣、全钢构架、全悬吊结构，设计煤种为神府东胜煤，校核煤种为混煤。制粉系统采用中速磨煤机直吹式制粉系统，每炉配6台磨煤机，5台运行，1台备用，煤粉细度为$R_{90}=22\%$。

锅炉炉膛上部及水平烟道沿烟气流程依次布置分隔屏过热器、后屏过热器、末级过热器与高温再热器；尾部竖井烟道分隔成前后烟道，分别布置低温过热器与低温再热器，采用烟气挡板调节前后烟道烟气量，达到调节再热汽温的目的；其中过热器系统由低温过热器、分隔屏过热器、后屏过热器与末级过热器。末级过热器U型布置，共100排，每排16根；每排换热管屏从进口集箱的两个横截面开口引出，其中第7、第8、第9、第10根换热管从底部引出。

末级过热器设计资料见表22-4。

表22-4　末级过热器设计资料

项　目	单位	数　据
管子规格(外径×壁厚)	mm	φ57.0/φ44.5(7.5～14)
节距(横向/纵向)	mm	333.8/54
材质/相对应的材质质量	—/kg	SA-213TP347H /93415 Code Case2115(HR3C)/32456 Code Case2328(Super304H)/204076

续表

项　目	单位	数　据
管组平均烟速	m/s	9.1
出口烟温	℃	917
进口烟温	℃	997
最高设计压力	MPa(g)	29.2
运行压力	MPa(g)	27.84
出口工质温度	℃	605
最高计算工质温度	℃	629
出口金属壁温	℃	648
最高金属壁温	℃	657
材质适用温度界限	℃	683/656
并联管数	根	16×100

（一）事故现象

2 号炉在 2012 年 5 月启动后末过 76 屏第 6 根换热管壁温偏高，一直控制汽温运行，5 月 16 日停炉处理，5 月 18 日启动后该点壁温仍然异常，后恢复正常，5 月 30 日出现末过爆管。事后就末级过热器爆管进行分析处理。

1. 设备资料

2 号锅炉末级过热器共 100 屏，每屏 16 根。换热管采用三种材料，SA-213TP347H，SA-213TP310 HCbN(HR3C)与 SA-213S30432(Super304H)，其中外圈第 1 根进口段为 SA-213S30432 材料 ϕ57×7.5mm 管，下弯头区为 SA-213TP310HCbN 材料 ϕ57×14mm 管，出口段为 SA-213S30432 材料 ϕ57×9mm 管；外圈第 2、3 根进口段为 SA-213TP347H 材料 ϕ44.5×7.5mm 管，下弯头区为 SA-213TP310HCbN 材料 ϕ44.5×10mm 管，出口段为 SA-213S30432 材料 ϕ44.5×9mm 管；其余换热管进口段为 SA-213TP347H 材料 ϕ44.5×7.5mm 管，下弯头区与出口段为 SA-213S30432 材料 ϕ44.5×9mm 管。

末级过热器进口集箱分为独立的两个部分，每侧单独从集箱中部经三通引入，三通位置分别在 25 屏与 75 屏。每屏换热管从两个集箱截面引入（两排并一排），其中的 7、8、9、10 管汽流引入口布置在集箱底部。

从外向里数各管进口节流孔直径分别为：1、2 管无节流孔，管 3 为 ϕ12.7mm，管 3 为 ϕ12.7mm，管 4、5 为 ϕ11.1mm，管 6～8、12～15 为 ϕ10.1mm，管 9～11、16 为 ϕ10.5mm。

2. 爆管状况

2 号炉末级过热器发生爆管的换热管为 63 屏第 12 根管，爆口位置在进口 TP347 与 S30432 材料焊口上方约 800 mm，顺轴线撕开，甩去爆口弯成四菱形，如图 22-26 所示。爆口处有明显的纵向树皮纹，爆破管外壁存在氧化

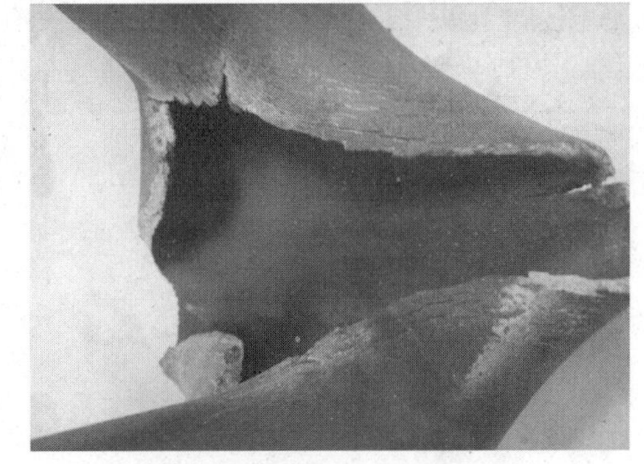

图 22-26　2 号炉末级过热器爆口图

皮剥落的痕迹，爆口甩去后吹损了附近换热管。

末过出口炉外管用 HR3C 短管与 T92 管焊接过渡（避免 S30432 与 T92 焊接），爆破换热管出口异种钢焊缝 T92 侧严重涨粗胀裂，焊缝处 T92 鼓包成纺锤型（见图 22-27），爆口及涨粗区域呈现明显地过热状态，外表面布满树皮纹，爆口成狭长缝状，爆破面不整齐，有裂纹扩展的特征。

2 号炉在 5 月 1 日启动后，末级过热器第 76 屏外数第 6 根换热管壁温异常，较其他管高 80℃以上（见图 22-28）。停机清理后，5 月 21 日启动时，76 屏 6 管壁温仍然偏高，后来在运行中突然降低，接近其他壁温水平。5 月 30 日 10：00，电厂发现末级过热器泄漏，及时停炉检查。

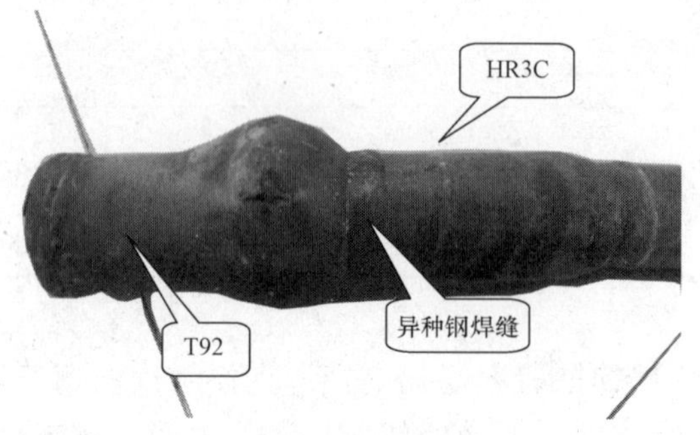

图 22-27 异种钢接头 T92 侧涨粗严重

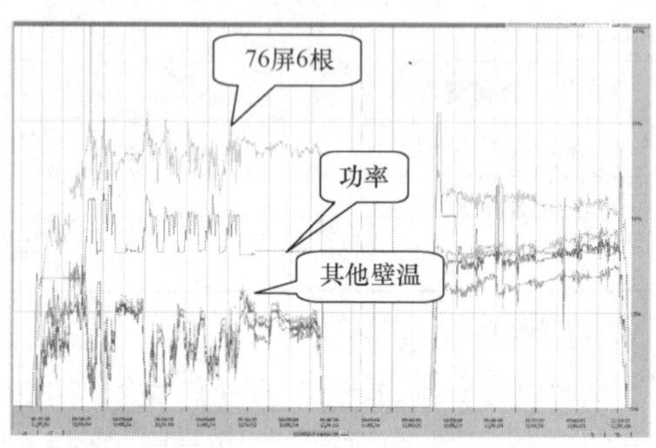

图 22-28 2 号炉末过壁温异常点壁温变化

3. 锅炉检修情况

2 号炉 5 月 16 日停炉，对末过 76 屏 6 管壁温超常进行处理，进口节流孔割管检查没有发现堵塞，出口端管道割管未发现异常；下弯头割管检查清理出少许堆积氧化皮，体积约装满矿泉水瓶盖；对 76 屏 6 管整根管道使用钢丝绳贯通检查，钢丝绳通畅自如，未发现异物。对末过进口集箱进行了割手孔检查，进口集箱内壁未见异物。对后屏过热器与末级过热器进口节流孔进行了较大比例地拍片抽查，对后屏过热器共拍片 224 根，对末级过热器共拍片 321 根。2 号炉 5 月 1 日启动前进行了下弯头内壁氧化皮堆积检查，检查报告结论为内壁氧化皮堵塞风险小。

5 月 30 日停炉后，对末过爆管情况进行了检查，对 63 屏 12 管节流孔进行了割管检查，未发现异物。对末过全部下弯头氧化皮堆积状况，采用磁性检测仪进行了检查，对后屏过热器下弯头氧化皮堆积状况进行了抽查，没有发现下弯头区存在较严重的氧化皮堆积状况。76/6 管出口异种钢接头无涨粗状况。

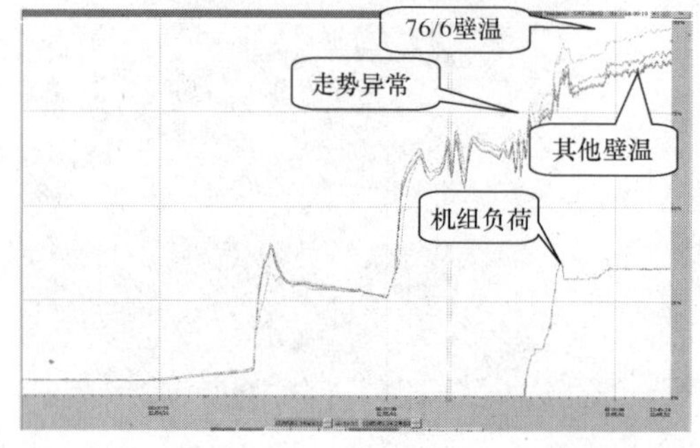

图 22-29 5/1 启动过程 2 号炉相关壁温变化

4. 启动参数变化

对 2 号锅炉在 5 月的二次启动时参数变化趋势进行了分析，结果发现在机组启动冲转前都存在投用减温水、减温器出口汽温与壁温都存在大幅度地瞬时波动。

图 22-29 给出了 5 月 1 日锅炉启动时过热器壁温变化趋势，在汽机冲转前与较低负荷时都存在较大的壁温波动，瞬时波动幅度在50～70℃；在锅炉启动初期 76 屏 6 根管壁温与附近

区域换热管壁温走势一致，该点壁温处于较低水平，在二次壁温瞬时波动后，该点壁温走势与其他壁温出现明显差异，壁温逐渐较其他点高，壁温波动幅度较其他点明显小，显示管内堵塞、蒸汽流量偏低的特征。

图 22-30 给出了 5 月 1 日启动中三级减温器调节阀阀位变化，以及减温器前后汽温变化趋势。从图中曲线分析，在 11：00 左右三级减温器调节阀开启，A 侧减温器后汽温存在很大幅度地瞬间降低，B 侧减温器后汽温下降幅度不大，三减 A/B 侧调节阀开度分别为 45%/25%，说明汽温突降主要是调门开度过大引起的；从 11：06：07 至 11：21：17，三减后 A 侧汽温从 394.5℃降低为 261.0℃，降温幅度 133.5℃，瞬时降温速率 8.8℃/分；在 14：00～16：00，三级减温器后 A/B 侧汽温都存在二次减温幅度在 100℃左右的瞬时温降及快速温升。在 21：00～23：00 也存在三次降温幅度稍小的波动。

图 22-31 给出了 5 月 21 日启动时末级过热器出口壁温变化曲线，从末级过热器 76 屏 6 管的壁温走势分析，启动之前走势与其他壁温一致，在 21 日 4：10 出现壁温异常降低时，该管壁温走势与其他壁温出现明显差异，逐步出现明显超过其他壁温的状况。在 11：20 时出现壁温突然下降，该点壁温较其他壁温高 30℃左右，走势恢复与其他的壁温一致。在 4：56 开始出现三次壁温波动，其中 4：56 时壁温脉动较大，几个壁温点下降 56、66、69℃，下降突变时间为 9min。

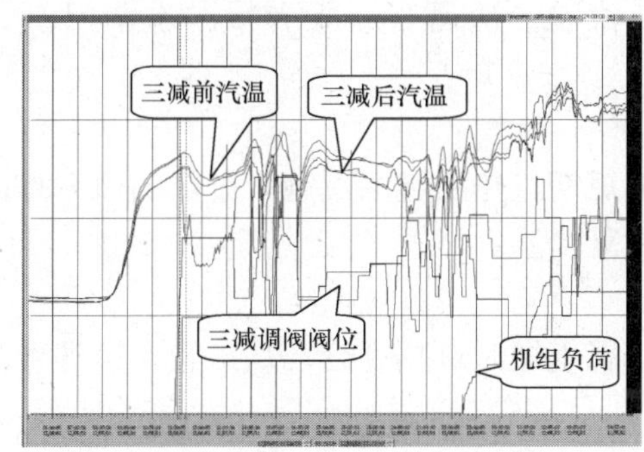

图 22-30　2 号炉启动过程相关减温后汽温变化

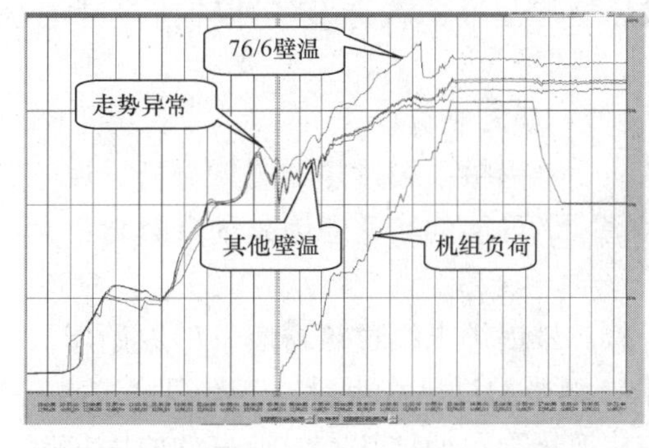

图 22-31　2 号炉启动过程相关壁温变化

图 22-32 给出了 5 月 21 日启动时，三级减温器调节阀阀位变化，以及减温器前后汽温变化趋势。在 3：56 时投三级减温器，三减后 B 侧汽温在 8min 内发生 160℃的突降，降温速率在 20℃/min；三减后 A 侧汽温也存在 150℃以上的突降；二侧减温器调节门开度都在 50%以上。投减温水引起汽温突变与末过出口壁温异常降低时间是吻合的。在冲转前与低负荷时还发生了四次以上较大幅度的三减后汽温突降。

图 22-33 给出了 5 月 21 日启动时磨煤机煤量变化曲线，在冲转前一台磨煤机出力从启动时的最小出力 25t/h 增加到 50t/h 以上，冲转前再投一台磨煤机。

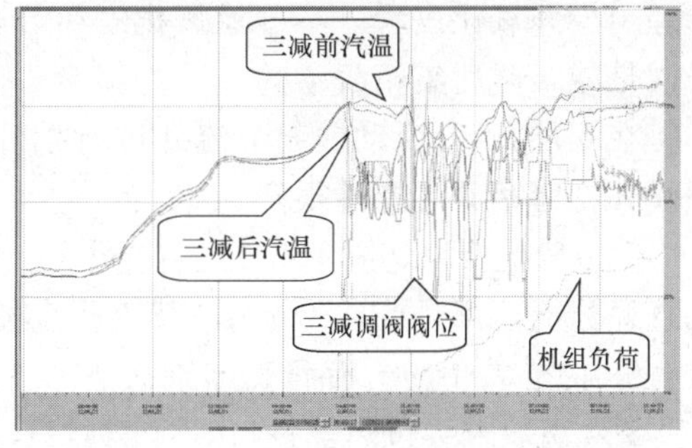

图 22-32　2 号炉启动过程相关减温后汽温变化

图 22-34 给出了 5 月 21 日启动时二级减温器后汽温的变化，与三级减温器投用情况基本相似，在冲转前 3：57 左右（时间与三减投用时间

很近），二侧减温器相继投用，A/B 侧开度分别在 45%/35%，A/B 侧二减出口汽温从 410℃分别降至 264/305℃，降温幅度分别为 144/105℃，降温速率在 20℃/min 以上。整个启动过程还存在 4 次较大幅度地瞬时降温。

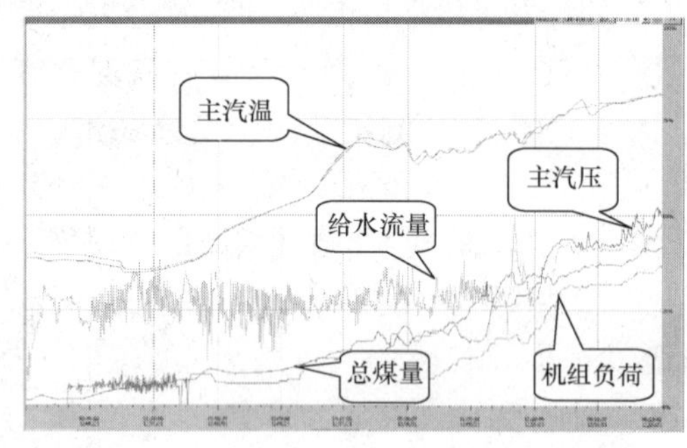

图 22-33　2 号炉启动过程总煤量变化

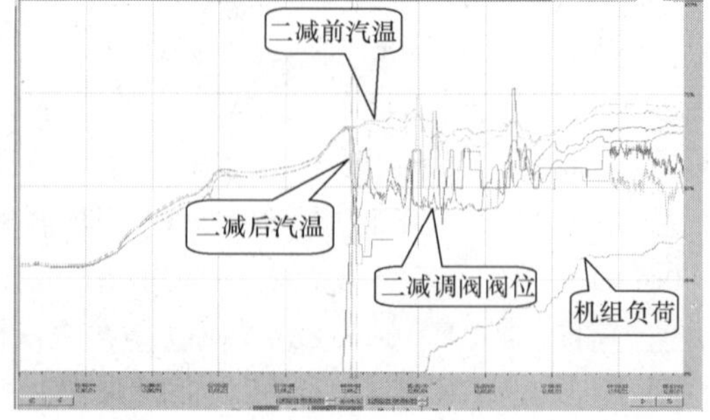

图 22-34　2 号炉启动过程二级减温后汽温变化

5 月 1 日启动时，二级减温器投用与出口汽温变化与 5 月 21 日基本类似；启动时磨煤机出力也是从最小出力 25t/h 左右增加到 50t/h 出力，并网前启动另一台磨煤机。

据了解，电厂习惯的锅炉启动方式为：点火时旁路开度设置在 5%，随蒸汽压力变化自动按压力与开度曲线调节，冲转前投减温水调节汽温。从运行经验看减温水调门严密性较好。

（二）原因分析

从 2 号锅炉末级过热器爆管分析，属于典型的短期过热引起的爆管，过热的原因是换热管堵塞，最可能的堵塞原因是内壁氧化皮大面积脱落堵塞。

1. 异物堵塞

从 2 号锅炉末级过热器爆管的原始爆口分析，属于短时过热爆管；从该管出口异种钢接头 T92 侧严重过热涨粗看，蒸汽温度较高。

从换热管短期过热看，唯一的原因只有异物堵塞。异物堵塞可能的原因有进口节流孔堵塞与内壁氧化皮大面积脱落堵塞。

2. 节流孔堵塞

对节流孔堵塞分为坚硬异物堵塞和纤维类杂物结团堵塞。从超温的末过 76 屏外数第 6 管停炉后检查看，节流孔处未发现堵塞物，可以排除坚硬杂物堵塞的可能；从停炉后下弯头清理出少许氧化皮看，不排除氧化皮在节流孔堵塞的可能；堵塞在节流孔的氧化皮可能是后屏或是减温器后集箱脱落的。

在 5 月 21 日启动前对节流孔进行拍片以及对进口集箱打开情况分析，63 排 12 根存在坚硬异物堵塞的可能性很低。

第 6 管与 12 管进口开口位置在集箱次下层，异物进入次下层的比例低于下层；从节流孔直径分析，都是 ϕ10.1 mm，节流孔直径小容易引起异物堵塞。

3. 内壁氧化皮大面积脱落堵塞

2 号锅炉末级过热器进口为 TP347H，除外 3 排下弯头区采用 HR3C 外，其他管下弯头与出口采用 S30432，壁温较高时内壁氧化皮可能生长较快；不锈钢管由于热膨胀系数与氧化皮差别较大，在存在快速和大幅度的瞬时温变时容易导致内壁氧化皮大面积脱落。根据其他电厂的经验，不锈钢氧化皮在厚度 5μm 就可能出现大面积脱落。

在锅炉启停过程中出现汽温与壁温大幅度波动时，很容易引起内壁氧化皮大面积波动。具体到 2 号炉二次启动过程，都出现了 100℃以上的瞬时末级过热器进口汽温波动，从超温壁温的变化趋势分析，都是在末过进口汽温发生大幅度波动后，以及在大幅度波动过程中，出现变化趋势与其他壁温不一致，引起壁温逐步大幅度超过其他壁温。这可以解释为在进口汽温瞬时大幅度波动时，内壁氧化皮大面积脱落，所谓大面积一是瞬时脱落的面积大，数量多；另一是以大尺寸方式脱落，氧化皮面积大。较大面积的氧化皮结团产生搭桥堵塞，在后续几个汽温波动中脱落的氧化皮逐渐产生严重堵塞，导致换热管冷却蒸汽流量严重降低，出口蒸汽温度大幅度上升，换热管过热爆管。

76 屏由于正对蒸汽引入三通，受减温器后蒸汽带水影响更大，内壁氧化皮大面积脱落的几率较高，这与 76 屏第 6 管二次出现壁温大幅度超温吻合。第 6 管是外侧第 1 根进口节流孔直径最小（ϕ10.1 mm），整体壁温水平偏高，内壁氧化皮生长较快，这也与 76 屏第 6 管二次出现壁温大幅度超温吻合。

由于后屏过热器也存在进口汽温瞬时大幅度波动的状况，后屏过热器内壁氧化皮大面积脱落的可能性也较大，不能排除后屏脱落的氧化皮携带至末过进口集箱，堵塞换热管进口节流孔的可能，但这种堵塞的可能性很小。

（三）防范措施

1. 处理措施

针对 2 号炉末级过热器爆管原因，建议采取以下处理措施：

（1）编制“防止锅炉高温受热面内壁氧化皮大面积堵塞的技术措施”，在下次锅炉启动时注意汽温汽压的控制，防止汽温上升过快，被迫在冲转前投减温水控制汽温；注意与汽机协调，注意汽机冲转的参数与时机优化，防止锅炉升温时间过长，难以控制汽温的上升；启动中注意磨煤机煤量的控制，磨煤机出力增加应参考汽温的变化趋势控制，防止汽温升高过快；注意启动旁路的开度控制，保持较大的蒸汽流量，抑制蒸汽温度波动幅度；在控制汽温变化速率的基础上，控制在汽机并网前以及机组低负荷时不投减温水。

（2）对爆管的进口节流孔进行割管检查，看是否有异物堵塞；利用检查节流孔的割口，用内窥镜检查末过进口集箱内是否存在异物遗留。

（3）对末级过热器下弯头的内壁氧化皮堆积进行全面检查，检查采用磁性检查仪进行，对堆积高度较高的进行清理。

（4）对后屏过热器下弯头进行脱落的内壁氧化皮堆积抽查，检查采用磁性检查仪进行。

（5）对末级过热器外壁过热状况进行全面检查，包括是否存在纵向裂纹、外壁氧化皮脱落状况以及外壁颜色。

（6）对末级过热器出口异种钢接头 T92 的状况，看是否存在过热或涨粗。

（7）检查高过、后屏，以及高再定位滑卡与定位管管夹是否存在脱扣，存在脱扣的应进行恢复。

（8）对高再上弯头悬吊管固定块进行检查，特别是发现定位滑卡与定位管管夹存在脱扣的。

（9）在抢修中注意对检修工艺和过程质量进行控制，防止抢修过程中带入异物，产生新的堵塞。

在检查中末级过热器下弯头未发现严重的氧化皮堆积，换热管节流孔处无异物，末过出口异种钢接头（特别检查 76—6 管）无过热涨粗。在 6 月 4 日启动中严格执行防止锅炉高温受热面内壁氧化皮大面积堵塞的技术措施，并网前及机组低负荷时没有投减温水，启动过程中蒸汽升温曲线平滑，未出现堵塞现象。

2. 结论及建议

2 号锅炉末级过热器爆管属于典型的短期过热引起的爆管，过热的原因是换热管堵塞，最可能的堵塞原因是启动过程中在汽机冲转前投减温水控制汽温，导致减温器后汽温存在大幅度地瞬时壁温波动，导致内壁氧化皮大面积脱落，堵塞换热管引起超温幅度高的过热。为保证末级过热器和其他高温受热面的运行安全，建议采取以下措施：

（1）建议编制完善“防止锅炉高温受热面内壁氧化皮大面积堵塞的技术措施”，在运行、检修与化学水处理等方面进行规范。在运行中注意控制超温，控制内壁氧化皮生长速率；在启停过程中注意控制汽温升降速率，防止启停时出现壁温瞬时大幅度波动，引起内壁氧化皮大幅度波动；检修在停炉后对下弯头的氧化皮堆积进行检查，对内壁氧化皮的生长速率和与母材结合状态进行跟踪监查；锅炉给水品质应达到制造厂要求的标准。并在今后的运行和锅炉启停时严格执行。

（2）建议锅炉末过壁温测点应多监测第 6 管壁温。

（3）电厂应制定检修过程洁净化施工的技术措施，确保检修中不将杂物带入汽水系统内。检修外包时应要求检修单位编制洁净化施工的细则，并由电厂审核批准。

（4）加强对检修外包队伍的管理，严格检修质量控制监督，对检修质量控制体系运行不正常的单位应取消其承包检修任务的资格。

（5）建议在大修中对末过出口异种钢接头的 T92 侧进行全面检查，主要检查焊缝 T92 侧硬度是否符合标准要求。

八、某电厂锅炉结焦现象分析

某电厂 1000MW 超超临界机组锅炉是上海锅炉股份有限公司自行设计的超超临界变压运行塔式直流锅炉，型号为 SG3099/27.46-M545。螺旋＋垂直水冷壁直流炉塔式布置，单炉膛、一次中间再热、火嘴摆动调温。采用四角切圆燃烧方式、平衡通风、露天布置、全钢构架、固态排渣，采用干式机械除渣。设计煤种、校核煤种均为山西、陕西以及徐州当地的混合烟煤，且灰熔点均较高，设计煤种数据见表 22-5。

表 22-5　　锅炉设计煤种煤质数据

名称	符号	单位	设计煤种	校核煤种 1	校核煤种 2	校核煤种 3
收到基碳分	C_{ar}	%	54.26	53.75	52.38	57.26
收到基氢分	H_{ar}	%	3.66	2.91	3.21	3.34
收到基氧分	O_{ar}	%	5.98	7.60	6.13	7.23
收到基氮分	N_{ar}	%	0.90	0.72	0.79	0.91
收到基硫分	$S_{t,ar}$	%	0.98	0.86	1.06	0.78
收到基灰分	A_{ar}	%	27.32	21.12	29.43	24.48
收到基水分	M_t	%	6.9	13.05	7.0	6.0

续表

名称	符号	单位	设计煤种	校核煤种1	校核煤种2	校核煤种3
空干基水分	M_{ad}	%	0.99		0.81	0.68
干燥无灰基挥发分	V_{daf}	%	31.62	31.31	30.65	27.07
低位发热量	$Q_{net,ar}$	MJ/kg Kcal/kg	20.97 5016	20.25 4844	20.23 4840	22.57 5397
可磨性指数	HGI		81	72.50	81	77
变形温度	DT	℃	>1500	1400	>1500	1100
软化温度	ST	℃	>1500	1450	>1500	>1500
融化温度	ET	℃	>1500	>1500	>1500	>1500
灰成分						
二氧化硅	SiO_2	%	55.89	46.83	55.50	53.53
三氧化二铝	Al_2O_3	%	29.80	21.62	28.91	31.33
三氧化二铁	Fe_2O_3	%	4.87	8.54	4.56	4.89
氧化钙	CaO	%	2.98	10.41	3.58	3.29
氧化镁	MgO	%	1.01	1.38	1.51	0.86
三氧化硫	SO_3	%	1.54	1.75	1.90	1.90
氧化钾	K_2O	%	0.52	6.75	1.05	1.72
二氧化钛	TiO_2	%	2.44	1.58	1.83	1.14
氧化钠	Na_2O	%	0.40	0.58	0.63	0.22
氧化锰	MnO_3	%	0.019		0.018	0.07
五氧化二磷	P_2O_5	%				

锅炉以最大连续负荷（BMCR）工况为设计参数，最大连续蒸发量3099t/h，过热器蒸汽出口温度为605℃，再热器蒸汽出口温度为603℃。锅炉自下而上沿烟气流程依次布置一级过热器、三级过热器、二级再热器、二级过热器、一级再热器与省煤器。锅炉采用冷一次风机直吹式制粉系统，配6台HP1163 /Dyn磨煤机，每台磨煤机带四根一次风管，在燃烧器前进行浓淡分离，浓淡煤粉分二层送入炉膛燃烧。

炉膛为正方形，宽与深均为21.48m，炉顶管中心标高117 275mm，水冷壁下集箱标高7500mm。燃烧器分三组布置，最上组为燃尽风，每组燃烧器包括6个一次风喷嘴，最下排燃烧器喷嘴中心标高27 091mm，最下排燃烧器喷口距冷灰斗转角5111mm；最上排燃烧器喷嘴中心标高46 936mm，距一级过热器屏底24 544mm。

锅炉燃烧系统采用低NO_x同轴燃烧系统（LNCFS），一共设12层煤粉喷嘴，燃烧器风箱分成独立三组；下二组各有6层煤粉喷嘴，相邻二层喷嘴中间设油枪风；每相邻二层喷嘴上方布置一层组合喷嘴，其中预置水平偏角的CFS风喷嘴占60%，直吹风喷嘴占40%。共有6层偏置风喷嘴；每二层喷嘴下方布置底部二次风。燃尽风喷嘴共六层，燃尽风喷嘴中心标高56 556mm，比最上层煤粉喷嘴中心高9620mm。每组燃烧器进行摆动调节，可上下摆动30°；SOFA风可水平摆动±25°，上下摆动30°。一次风与直吹二次风与壁面成39°夹角，在中心形成ϕ2906mm的顺时针方向切圆，偏置二次风与一次风射流形成同向22°夹角。

（一）事故现象

2013年3月以来，2号锅炉发现结焦状况恶化，锅炉渣量较大，掺杂有大量细灰，导致干渣机清扫链条出力不够跳闸。针对2号锅炉炉膛结焦状况，分别从结焦状况、燃煤煤质、二次风配风、锅炉吹灰、锅炉运行状况等进行调查分析。

1. 结焦状况

2号炉在今年3月以来出现明显地结焦状况，干渣机中渣量大，渣中掺杂大量细灰，积聚在干渣机爬坡区，导致干渣机清扫链条无法及时刮出，引起清扫链条电机跳闸。7月还出现干渣机中存在巨大焦块堵塞现象，大渣块坚硬、挤压头无法压碎，被迫进行人工机械碎渣；碎渣块上有清晰的管槽痕迹，说明是水冷壁上结焦。

运行中看火时，未发现炉膛结焦；在停炉后检查，未发现一级过热器屏底有结焦痕迹，也未发现燃烧器至SOFA风间炉膛有结焦痕迹，在上部燃烧器个别喷口存在结焦的痕迹。

炉膛结焦包括大焦块卡涩干渣机时，炉膛负压没有出现大幅度波动状况。从锅炉运行数据分析，炉膛结焦状况没有对减温水流量产生明显地影响。

锅炉炉渣量大的现象出现在锅炉启动过程以及低负荷时，机组负荷高时有所好转，在进行制粉系统调整，煤粉细度控制在合适的范围时炉渣量大的问题有所好转。

2. 燃煤煤质

2号锅炉燃煤来源较多，从6月、7月抽取的入厂煤化验单分析，除个别煤种外挥发分V_{daf}保持在30%～40%，燃煤硫分大部分在1%以内，煤的灰熔点高，未发现灰熔点低的煤种。从燃煤煤质看，这些煤种都属于不易结渣煤种。

3. 二次风配风

2号锅炉与#1锅炉二次风小风门开度基本一致，燃尽风开足，偏置风65%，周界风开60%～70%，底层风开度50%～60%，油辅助风开20%左右。区别在于2号炉前墙的#1、#4角上四层燃尽风开度为75%，而1号炉燃尽风开度全为100%；2号炉燃尽风开度是为减小高过、高再壁温差进行的调整。但从二台炉二次风箱的角风压分析，2号炉角风压分别为0.44kPa、0.38kPa、0.34kPa与0.43kPa；1号炉角风压分别为0.57kPa、0.50kPa、0.53kPa与0.59 kPa。

2号炉燃烧器摆动装置无法正常摆动，燃烧器角度处于基本水平略下倾位置。失去靠摆动喷嘴来调节再热汽温的功能。

2号炉#2角SOFA风喷嘴下部几个风门水平摆角与其他角不一致，摆角在中间位置，其他角在逆时针方向最大角度。

4. 锅炉运行状况

从机组1000MW负荷锅炉运行数据分析（见表22-6），当时1号机负荷998MW，2号机负荷981MW。从二台机组运行数据分析，2号炉风机电流明显大于1号炉，风烟流量也明显大。从过热器与再热器减温水流量分析，二台炉一级过热器屏底烟温基本一致，1号炉不存在明显烟温偏差，屏底烟温测点存在问题。

表 22-6　　1 号、2 号锅炉运行数据对照（压力 kPa，温度℃，电流 A，流量 t/h）

炉号	炉膛负压 Pa	屏底烟温	空进烟温	热风温度	排烟温度	送电流	送出风压
1 号	−125/−138	800/1267	353/354	335/335	147/148	133/145	1.9/1.8
2 号	−198/−224	1287/1282	352/351	328/329	151/145	154/159	2.1/2.2
炉号	一次风机电流	引电流	主汽温	过减水量	再热汽温	再减水量	中间温度
1 号	203/209	470/471	598	135.4	591	4.9	426
2 号	264/270	574/565	591	150.3	596	15.3	424
炉号	一次风机出压	空烟气压差	一次风差压	二次风差压			
1 号	11.8/12.0	1.30/1.30	0.43/0.56	0.80/0.79			
2 号	12.0/12.1	1.60/1.60	0.75/0.90	1.02/1.07			

从锅炉空气预热器的烟气、一次风与二次风流动阻力分析，2 号炉空气预热器阻力明显大于 1 号炉。从一次风出口压力看，二台炉相差不大，阻力不是引起一次风机出力明显大的主要原因。

从 SCR 进口烟气 NO_x 浓度数据看，2 号炉 SCR 进口 NO_x 浓度为 391/377mg/m^3；1 号炉 SCR 进口 NO_x 浓度为 297/298mg/m^3。SCR 出口烟气 NO_x 浓度 2 号炉为 82/8.8mg/m^3；1 号炉为 39/38mg/m^3；折合烟囱出口 NO_x 排放浓度 2 号/1 号炉分别为 40/72mg/m^3。SCR 进口烟气 O_2 2 号炉为 3.12/2.31%；1 号炉为 2.47/2.51%。喷氨量 2 号炉为 131/199Nm^3/h，喷氨调门开度为 45/60%；1 号炉为 180/186Nm^3/h，喷氨调门开度为 45/60%。

从脱硝系统数据分析，显示数据较矛盾，如 1 号炉与 2 号炉的喷氨量与阀门开度矛盾；喷氨量与进出口浓度差存在矛盾。从喷氨调门开度看，与 NO_x 浓度数据可以对应。

从水冷壁温度看，2 号炉后墙中间集箱进口水冷壁的壁温较其他墙高 10℃以上，存在明显的壁温偏差；而 1 号炉水冷壁壁温偏差基本一致。

5. 煤粉细度

制粉系统磨煤机出口一次风管未安装可调缩孔，依靠管道走向设计来平衡管路流动阻力。一般管路流动阻力系数计算与实际存在偏差，走向中存在较多易积粉的弯头时，煤粉沉积会导致流动阻力系数发生较大变化。一次风速分布存在较大的偏差会引起煤粉量分布存在较大偏差。

从两台磨出口煤粉细度测试数据（见表 22-7）显示，2 号炉磨煤机出口煤粉细度整体偏粗，与一次风量较大可能存在直接的关系。

表 22-7　　1 号、2 号炉煤粉细度分布对比数据

磨角号	R_{200}（%）	R_{90}（%）	R_{90}平均（%）	磨角号	R_{200}（%）	R_{90}（%）	R_{90}平均（%）
＃11-1 角	5.96	34.72	35.95	＃12-1 角	9.44	59.44	35.02
＃11-2 角	9.28	41.92		＃12-2 角	7.28	42.52	
＃11-3 角	9.12	41.04		＃12-3 角	0.76	12.04	
＃11-4 角	15.28	26.13		＃12-4 角	3.88	26.08	

续表

磨角号	R_{200}（%）	R_{90}（%）	R_{90}平均（%）	磨角号	R_{200}（%）	R_{90}（%）	R_{90}平均（%）
＃13-1角	2.16	29.76	24.66	＃22-1角	3.0	31.32	40.37
＃13-2角	2.64	17.68		＃22-2角	3.96	43.04	
＃13-3角	4.04	28.04		＃22-3角	6.6	44.60	
＃13-4角	4.64	23.16		＃22-4角	22.60	42.52	
＃14-1角	4.36	14.28	26.11	＃23-1角	2.04	13.20	23.00
＃14-2角	9.12	24.52		＃23-2角	8.68	36.64	
＃14-3角	6.08	25.36		＃23-3角	6.36	37.64	
＃14-4角	13.76	40.28		＃23-4角	0.55	4.51	
＃15-1角	0.60	8.28	19.51	＃24-1角	6.24	31.40	30.46
＃15-3角	1.04	17.32		＃24-2角	5.00	22.88	
＃15-4角	1.92	32.92		＃24-3角	1.68	23.92	
＃16-1角	2.08	19.44	28.70	＃24-4角	7.28	43.64	
＃16-2角	2.64	16.72		＃25-1角	9.24	42.48	30.85
＃16-3角	16.72	33.44		＃25-2角	4.88	19.88	
＃16-4角	22.80	45.20		＃25-3角	4.64	29.04	
＃21-1角	5.72	27.96	38.81	＃25-4角	8.04	32.00	
＃21-2角	3.28	61.20		＃26-1角	11.88	49.84	34.49
＃21-3角	4.24	28.91		＃26-2角	8.32	38.20	
＃21-4角	5.44	37.16		＃26-3角	4.04	25.04	
				＃26-4角	4.84	24.88	

6. 锅炉吹灰

锅炉吹灰采取每4天吹一次的频次，炉膛短吹与受热面长吹投运频次一致，吹灰采取某天按程序全面吹灰的方法。空气预热器吹灰每班一次，目的是确保排烟温度处于较低水平。吹灰时采取两侧对称吹灰器同时吹灰，吹灰过程中不存在受热面汽温突变的状况。炉膛吹灰时对再热汽温影响较大（再热器基本无减温水），吹灰时再热汽温下降20℃左右。

7. 锅炉其他问题

锅炉炉膛区域设置了部分看火孔，但到达看火孔的平台仅有爬梯与锅炉平台相连，各层看火孔平台间也必须利用爬梯才能到达。结焦时运行人员看火工作量大，也存在安全隐患。运行中运行人员一般不看火。

二台锅炉电除尘耗电量存在较大差别，从今年1月以来电除尘耗电率统计数据看（如表22-8），1号炉电除尘耗电率基本稳定，在0.10%～0.12%；而2号炉电除尘耗电3月前较1号炉大，从4月开始突然下降，明显较1号炉低。从一个侧面说明2号炉带出炉膛的飞灰量有所减少，说明2号炉炉渣量增加。

表 22-8　　电除尘耗电率统计（%）

炉号	1月	2月	3月	4月	5月	6月	7月
1号	0.10	0.12	0.10	—	—	—	0.12
2号	0.12	0.13	0.12	0.07	0.09	0.09	0.08

从干式除渣机检查看，2号炉干渣机存在较严重磨损，特别是清扫链条刮板（胶皮）磨损快；干渣系统碎渣机磨损快。

（二）原因分析

根据2号炉相关运行状况分析，引起干渣机清扫链条电机跳闸的原因在于锅炉结焦等导致的炉渣量大，以及干渣机磨损导致刮板清扫效果变差。导致锅炉结焦的可能原因有：燃烧器偏置风开度偏大，燃尽风水平角度不一致，积灰塌落，吹灰不及时等。以下具体分析。

1. 燃煤煤质

从抽查的燃煤煤质化验数据分析，所有燃煤都不属于易结焦煤种，1号炉燃烧相同煤种结焦状况不明显。可以推测锅炉燃烧煤种不是结焦的主要原因。

但2号炉发生大块坚硬的焦块堵塞干渣机，导致必须人工碎渣，这肯定是掺烧了低熔点煤所至，但煤质化验数据没有低熔点煤种，值得化验、取样人员注意。

目前2号炉煤粉细度较1号炉偏粗，会导致上部燃烧器的热负荷增加，上部燃烧器区域炉膛结焦的可能性增加。

2. 偏置风开度

锅炉二次风设置偏置风主要是形成风包粉火焰，延迟二次风与一次风混合，同时提高水冷壁区域烟气O_2浓度，防止出现水冷壁区域烟气还原性过强，引起炉膛结焦与高温腐蚀。偏置风对锅炉结焦影响较明显，偏置风开度过小，偏置风量过小形不成风包粉火焰，也难以起到提高水冷壁区域烟气O_2浓度作用；偏置风开度偏大，偏置风射流动量过大，会引拽一次风偏转，导致燃烧器区域结焦，这在配LNCFS燃烧系统的600MW锅炉上多次出现。

目前燃烧器偏置风开度在65%左右，开度偏大；从停炉后检查发现上层燃烧器区域存在结焦的痕迹，说明偏置风开度较大引起燃烧器结焦的可能性较大。

3. 燃尽风角度不一致

燃尽风喷嘴水平摆角不一致，导致炉膛烟气切圆在局部出现紊乱，在局部出现涡流或火焰刷边，可能导致角度不一致区域喷嘴附近水冷壁结焦。

2号炉SOFA风水平角度放在反切最大角度，而#2角下二层SOFA喷嘴水平角度在中间位置，存在喷嘴处水冷壁结焦可能。虽在停炉时检查未发现SOFA风喷嘴处存在结焦痕迹，说明发生严重结焦的可能性不大，但不能排除疏松结焦的状况。

4. 油枪风开度较低

从二次风小风门开度看，油辅助风开度在20%左右，基本只保持冷却风量。电厂运行考虑开大油枪风引起NO_x生成浓度显著升高，控制油辅助风风门开度在较小位置。主燃烧器区域二次风量依靠加大偏置风门开度来提供，引起偏置二次风射流强度过大。

5. 火焰中心偏斜

从炉膛水冷壁壁温数据分析，布置在后墙的中间集箱进口水冷壁壁温普遍较其他墙偏高，偏高在10℃以上。而其他墙偏差在5℃以内，1号炉四墙水冷壁壁温偏差较小，在5℃

以内。水冷壁壁温偏高，在炉膛不存在大面积结焦的状况下，说明炉膛火焰存在偏差，局部水冷壁吸热量偏大。由于水冷壁为螺旋布置，后墙中间集箱进口水冷壁壁温偏高不代表火焰中心偏右墙。

火焰中心的偏移可能原因有个别角二次风配风存在偏差、一次风风量煤粉分布严重不均，一般个别角二次风配风存在偏差的可能性较大。如果一次风量偏大、煤粉细度偏粗也会引起炉膛火焰偏斜。

6. 积灰塌落

塔式锅炉因为烟气在炉内都是垂直向上，飞灰因重力掉落与烟气携带相反，掉落的飞灰会大部分被烟气重新携带。管屏间距较小的受热面受上升烟气的携带作用，在受热管背部（背烟面）形成严重的积灰，严重时管间空间都充满流化状态的积灰。当炉内存在大的扰动，如烟速快速变化，炉膛负压较大幅度的波动，会导致换热管间的积灰塌落，导致干渣机上细灰较多。

如果炉膛烟气存在偏差，会导致局部烟气流速较低，沉积的飞灰会塌落；在低负荷时以及启动低负荷时，烟气流速较低积灰也容易塌落。这与低负荷及启动状态时干渣机上灰渣量较多是吻合的。

7. 蒸汽吹灰

炉膛吹灰是清除水冷壁上挂焦的实用方式，及时吹灰可以清除水冷壁上的底焦，防止结焦速度加快。如果吹灰时间间隔过长，在水冷壁底焦基础上黏附飞到壁边的飞灰，形成快速结焦，使得结焦增厚长大。

目前电厂采取4天吹一次的方法，炉膛和上部受热面吹灰间隔都过长，不利于及时清除水冷壁面上的疏松焦，在掺烧灰熔点较低的煤种时会形成较密实的焦块，形成大块掉落可能卡塞干渣机。

8. 干渣机磨损

干渣机刮板磨损，导致刮板与干渣机底板间间隙增大，细的灰渣粒子在刮板携带往上走时泄漏滑下，浪费了清扫机的出力。无法及时刮走的细灰渣沉积在干渣机折上角底部，导致清扫链条出力过大、电机跳闸。

9. 其他

塔式锅炉炉膛负压波动较大，为了防止炉膛漏风炉膛负压值控制在较大的值。炉膛负压大会导致烟气流速发生较大波动，引起换热管间积灰塌落。

炉膛结焦不能及时发现，会导致结焦加厚长大，大渣块掉落引起干渣机卡塞。不能定期看火、及时发现炉膛结焦现象，是结焦恶化的原因之一。

（三）防范措施

1. 处理措施

根据2号锅炉目前炉膛结焦状况以及干渣机清扫链条运行状况，建议进行如下处理措施：

（1）利用停炉检查结焦状况。在此次停炉处理爆管过程中，对炉膛结焦进行全面检查，主要观察结焦痕迹，燃烧器烧损与磨损状况。确定炉膛结焦的部位。

（2）调整燃尽风喷嘴水平摆角。在停炉中对＃2角下二层燃尽风喷嘴水平角度进行调整，将处于中间位置的喷嘴摆角调节到与其他喷嘴一致，并检查其他喷嘴的实际水平摆角。

（3）适当降低偏置风开度。在锅炉运行中进行偏置风风门开度调整，适当降低偏值风风量。该调整可与底层二次风开度、油辅助风开度同时进行。

（4）适当开大油辅助风开度。在降低偏置风风门开度同时，配合开大油辅助风风门开度，调整时注意 SCR 进口 NO_x 浓度变化趋势，防止调整出现烟气 NO_x 浓度显著升高的状况。

（5）优化吹灰方式。在不能每天进行炉膛及上部受热面吹灰时，建议改变目前按程序控制一次完成的方式。采取运行选择性吹灰，使得炉膛与上部吹灰器每天都有吹灰器投用吹灰。防止炉膛结焦长大而恶化结焦状况。

在炉膛出现较严重结焦，干渣机渣量过大或出现大焦块时适当增加炉膛吹灰器投用频次。

（6）加强运行看火。通过看火及时发现炉膛结焦状况，通过调整与吹灰及时消除结焦现象，防止结焦状况进一步恶化。

（7）注意炉膛负压变化趋势。在进行燃烧配风调整时，注意炉膛负压变化幅度。防止负压波动幅度大导致上部受热面积灰塌落，影响炉膛火检强度变化；积灰塌落过多增加干渣机清扫电机的出力负担。

2. 建议

2 号炉干渣机清扫链条跳闸的原因在于炉膛结焦与干渣机清扫链条刮板磨损过大，导致沉积在干渣机折上角底部的细灰渣粒子过多。炉膛结焦的原因有燃尽风喷嘴水平摆角不同步，偏置风开度偏大以及炉膛火焰偏斜以及结焦未及时清除等。为减轻锅炉结焦状况、维持干渣机正常运行，建议采取以下措施：

（1）利用机组停机机会对燃烧器烧损、变形以及喷嘴角度进行全面检查。

（2）利用机组停机机会对风门实际开度与指示开度进行检查调整，确保每个风门实际开度与指示开度一致。

（3）利用机组大小修机会，在一次风管加装耐磨性强的可调缩孔，并进行一次风调平工作。

（4）对 2 号炉干渣机钢丝带以及清扫链条刮板磨损状况进行全面检查。对网眼空隙大的钢丝带进行更换，对磨损的刮板进行更换。同时查明刮板磨损快的原因，改进结构改善刮板磨损及方便刮板及时更换。

（5）建议进行 2 号炉制粉系统调整试验，调平一次风速与煤粉浓度分布；针对一次风机出力大的状况，适当降低一次风速；充分利用制粉系统磨煤机的出力裕量，降低煤粉细度运行。

（6）在增加锅炉吹灰的情况下加强一级再热器、省煤器等间距小的受热面的吹损状况检查。

（7）在机组大小修时对燃烧器喷嘴摆角调节机会进行完善，使得喷嘴正常摆动。

（8）可以在炉膛上层燃烧器与燃尽风喷嘴间四面墙开烟气取样测点，进行水冷壁区域烟气取样分析，了解烟气的成分状况，以便有针对性地进行调整。

（9）对炉膛看火孔区的平台进行改造，安装到达平台的走道以及平台间的斜楼梯，方便运行人员看火。

第五篇　性能试验及经济性分析

第二十三章　锅炉性能试验

第一节　概　述

按照有关规定要求，1000MW 超超临界机组调试通过 168h 满负荷试运行移交生产后，必须进行达标投产或性能验收试验，以考核锅炉各项经济技术指标是否达到合同、制造厂所提供的各项性能保证指标或有关规定要求。因此，试验者、买方及卖方等相关人员都应非常熟悉性能试验标准中的相关各项规定，以保证试验结果的正确性和公平性。

锅炉性能试验标准最重要的内容是锅炉热效率试验。在保证蒸汽参数的基础上有一个较高的锅炉效率，是研究锅炉性能的终极目标。通常，在进行锅炉热效率试验时，均采用中国国家标准《电站锅炉性能试验规程》(GB/T 10184—1988)。但是，近年来随着我国经济与世界的不断融合，在 1000MW 超超临界的设计中均采用了 ASME 标准，因而在锅炉热效率试验中也必须采用 ASME 标准。

在实际生产活动中，根据对锅炉性能试验的不同要求，往往要对性能试验的内容与要求进行取舍，形成不同的锅炉性能试验类型，主要包括新机组验收考核试验、修前性能评估试验、修后性能评估试验、能耗评估试验、优化运行试验等。在本章和下章中将对新机组验收考核试验和优化运行试验做重点介绍。

一、新机组验收考核试验

新机组验收试验的主要目的就是考核锅炉是否达到设计要求。这直接涉及锅炉的买卖双方的合同条款是否得以执行和货款是否支付等内容，因此，要求试验结果必须公平、准确，按照合同规定的条款选择试验标准，并严格遵守试验规程，得到买卖双方的认可。但是，验收试验中常常会面临一个非常棘手的问题，即合同条款中规定的试验标准已经作废。到目前为止，我国的合同条款中还往往按 ASME PTC4. 1—1964 Fired Steam Generating Units 而不是 ASME PTC4—1998 或更新的 ASME PTC4—2008 标准来签订性能保证值，同时要求用低位热值来代替高位热值进行试验。在此种情况下，对于试验方来说，最希望遵循最新标准；而对于设计方来说，最希望按设计的方法进行，于是就出现了满足标准与满足合同要求之间的矛盾。三方需根据具体情况权衡后达成一致。当然，作为业主与设计制造方，最好能够及时提高认识水平，按最新的标准来执行。为了考虑现实的需要和专业技术的不断发展，本文对 ASME PTC4. 1—1964 和 ASME PTC4—2008 均做了简要介绍。

二、修前性能评估试验

修前性能评估试验的主要功能是评价设备健康状态，通过整体性能的劣化程度来决定需要进行修理、定位可能出现的故障部位，从而决定检修的项目等。试验时，最好能贴近实际生产状态，同时试验过程中最好对整体性能下降的可能性进行关注，必要时还需对设备运行期间的历史数据进行追溯，最好可较准确地定位整体性能劣化的病灶部位，从而达到指导大小修的目的。

三、修后性能评估试验

修后性能评估试验的主要功能是评价大小修的效果，同时对设备可以高效运行的时间间隔加以预估。由于检修的效果只能与修前结果进行比较，所以试验的安排方法、条件等同于修前试验，且最好将试验结果修正到修前试验条件下，然后进行比较。一般来说，如果检修过程中燃烧设备没有明显的损坏，受热面没有进行更换或改造，且修前也没有明显的结渣、积灰情况，则整体性能不会有太大的变化。如果存在这些变化，就必须加以注意。

四、能耗评估试验

能耗评估试验的主要任务是确定发电机组的整体性能。因此，真实运行条件下的性能数据是最主要的，试验条件应当完全在正常运行状态下进行，只要求状态稳定即可，不能为了试验而进行系统隔离。同时，试验也不应在一个工况下进行，至少要在满负荷工况之外再加一个常用负荷的工况。需指出的是，常用负荷的性能并不等于平均负荷下的性能，平均负荷下的性能也不等于各负荷下性能的平均。由于没有统一的试验方法和标准，该项试验有时争议也较大。例如，在评估锅炉整体运行性能时，锅炉若吹灰，其性能该如何考虑？按照试验标准，在测试锅炉热效率时是禁止吹灰的，如果吹灰，其带来的水蒸气损失的确定就是一个难点，更不用说吹灰带来的工况扰动对锅炉热效率测试带来的影响。

五、优化运行试验

为了提高锅炉机组性能，常常需要运行分析。优化运行试验主要是通过多工况的试验寻找一些优化性的操作或改造、改进对锅炉性能的影响，如通过变氧量试验、变煤粉细度试验、变辅助风试验、变燃尽风试验等。

第二节　性能试验的筹划、准备及组织分工

（1）在性能试验实施过程中，首先必须明确各方分工：

1）性能试验的地点为买方现场。

2）性能试验的时间为买方和卖方共同商定。

3）性能试验由买方主持，卖方参加。

4）性能试验方案、报告由买方委托的有资质第三方试验单位负责撰写，供方参加。

5）性能试验所需测点由卖方提供。

（2）性能试验前应熟悉试验锅炉设备的结构、运行特点，掌握锅炉设备存在的缺陷或运行中存在的问题。

（3）性能试验前应组织召开试验准备会议，掌握运行可调参数的调整范围，防止调整试验中运行参数超出锅炉和设备能够安全承受的范围。

（4）针对锅炉设备状况和厂家要求制定详细的试验方案。包括试验内容、试验方法、试验组织程序、危险源辨识、试验安全措施，准备试验三方会签表，并对所有相关技术人员进

行技术交底。

第三节 试验标准及依据

一、技术标准

(1) 美国机械工程师协会性能试验法规 ASME PTC4.1（或 ASME PTC—2008，待卖方采用该标准设计后使用）。

(2) Air Heaters Performance Test Codes，ASME PTC4.3。

(3)《电站锅炉性能试验规程》(GB/T 10184—1988)。

(4)《火电厂大气污染物排放标准》(GB 13223—2011)。

(5)《设备及管道绝热效果的测试与评价》(GB/T 8174—2008)。

(6)《设备及管道绝热设计导则》(GB /T 8175—2008)。

(7)《电站磨煤机及制粉系统性能试验》(DL/T 467—2004)。

(8)《火力发电厂制粉系统设计计算技术规定》(DL/T 5145—2012)。

(9)《火力发电厂燃料试验方法　第 5 部分：煤粉细度的测定》(DL/T 567.5—2015)。

二、其他标准及文件

(1)《电业安全工作规程》第一部分：热力和机械（GB 26164.1—2010）。

(2)《火电机组启动验收性能试验导则》。

(3)《火力发电建设工程启动试运及验收规程》(DL/T 5437—2009)。

(4) 有关商务合同、制造厂、设计院的技术资料。

第四节 新机组验收试验项目及指标分类

一、试验项目

(1) 锅炉热效率试验。

(2) 空气预热器漏风率测试。

(3) 锅炉额定出力工况特性试验（分上层磨煤机运行工况、下层磨煤机运行工况、高加全切运行工况）。

(4) 锅炉最大出力工况试验。

(5) 锅炉断油最低出力工况试验。

(6) 锅炉省煤器出口 NO_x 排放浓度测试。

(7) 磨煤机磨煤耗电率试验。

(8) 磨煤机出力试验。

(9) 机组散热测试。

(10) 锅炉汽水品质测定。

(11) 过热器、再热器热偏差试验。

(12) 汽水及烟风系统阻力测定。

二、性能指标分类

(一) 节能方面的性能

(1) 锅炉热效率。

（2）空气预热器漏风率。

（3）锅炉蒸汽参数，如压力、温度。

（4）烟气/蒸汽侧的严密性。

（5）辅助设备的耗电率，如磨煤机磨煤单位功耗。

（6）汽水系统压降。

（7）空气/烟气侧压降。

（8）烟气挡板及摆动燃烧器的调温特性（属运行优化项目）。

（二）操作性方面的性能

（1）锅炉蒸发量。

（2）锅炉调节范围。

（3）电站锅炉变负荷特性。该项试验虽不属于锅炉性能验收试验的一部分，但锅炉的变负荷特性常受到电网的关注。

（4）辅机的出力。如磨煤机的出力是否能满足锅炉带负荷的需求。

（三）环保性能

对于锅炉性能试验来说，锅炉的环保性能主要为 NO_x 排放，即在省煤器出口的 NO_x 排放是否满足合同或设计要求。

（四）安全方面的性能

对于锅炉性能试验来说，主要为锅炉的着火、稳燃特性、结渣特性、过热器/再热器的热偏差、金属超温特性、辅机轴承温度、辅机轴承振动、辅机电机线圈温度等。

第五节　测点布置及主要测量项目

一、测点布置

制粉系统测点布置图和锅炉性能试验测点布置图分别如图 23-1 和图 23-2 所示。

二、主要测量项目

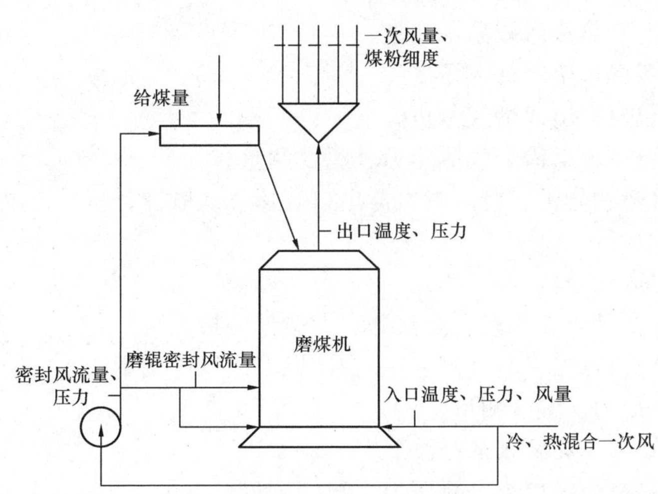

图 23-1　制粉系统测点布置图

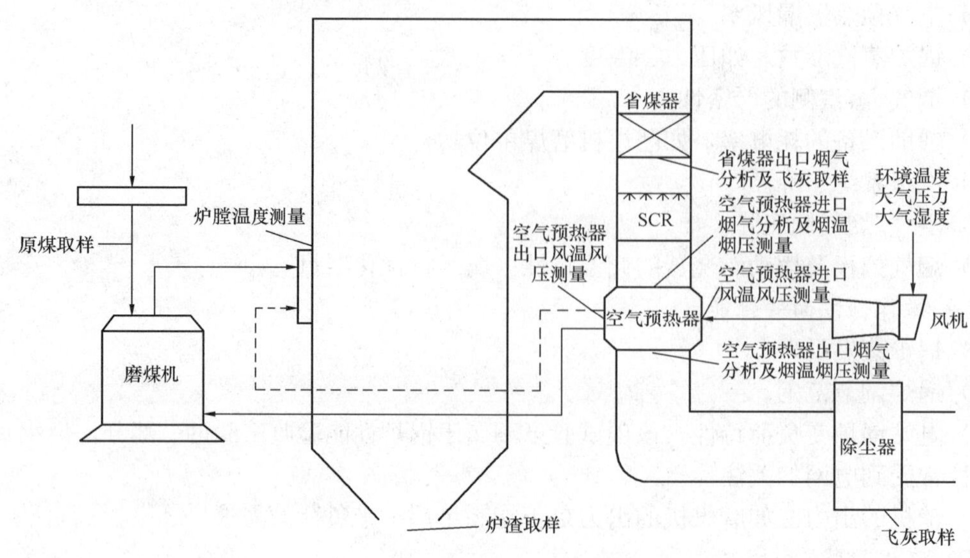

图 23-2　锅炉性能试验测点布置图

（一）锅炉热效率试验

（1）空气预热器出口烟气分析。

（2）空气预热器出口烟气侧压力、温度测量。

（3）飞灰取样可燃物分析（可由省煤器出口等速飞灰取样分析标定电除尘取样飞灰，以方便日常分析及优化运行）。

（4）炉渣取样可燃物分析。

（5）入炉煤取样及工业、元素、全水分、发热量分析。

（6）空气预热器进口空气侧一次/二次风温测量。

（7）环境温度、压力、湿度测量。

（8）锅炉给水、过热器出力压力、温度测量。

（9）再热器进口、出口压力、温度测量。

（10）过热蒸汽、再热蒸汽减温水测量。

（二）空气预热器漏风率测试

（1）空气预热器进口/出口烟气分析。

（2）空气预热器进口/出口烟气侧压力、温度测量。

（3）飞灰取样可燃物分析（可由省煤器出口等速飞灰取样分析标定电除尘取样飞灰，以方便日常分析及优化运行）。

（4）炉渣取样可燃物分析。

（5）入炉煤取样及工业、元素、全水分、发热量分析。

（6）空气预热器进口/出口空气侧一次/二次风温、风压测量。

（7）环境温度、压力、湿度测量。

（三）锅炉额定出力工况特性试验

（1）空气预热器进口/出口烟气侧压力、温度测量。

（2）入炉煤取样及工业、元素、全水分、发热量分析。

(3) 空气预热器进口/出口空气侧一次/二次风温、风压测量。
(4) 环境温度、压力、湿度测量。
(5) 锅炉给水、过热器出力压力、温度测量。
(6) 再热器进口、出口压力、温度测量。
(7) 过热蒸汽、再热蒸汽减温水测量。
(8) 过热器、再热器、水冷壁壁温。
(9) 锅炉汽、水品质分析。
(10) 锅炉及主要辅机运行参数记录。

(四) 锅炉最大出力工况试验

(1) 空气预热器进口/出口烟气侧压力、温度测量。
(2) 入炉煤取样及工业、元素、全水分、发热量分析。
(3) 空气预热器进口/出口空气侧一次/二次风温、风压测量。
(4) 环境温度、压力、湿度测量。
(5) 锅炉给水、过热器出力压力、温度测量。
(6) 再热器进口、出口压力、温度测量。
(7) 过热蒸汽、再热蒸汽减温水测量。
(8) 过热器、再热器、水冷壁壁温。
(9) 锅炉汽、水品质分析。
(10) 锅炉及主要辅机运行参数记录。

(五) 锅炉断油最低出力工况试验

(1) 空气预热器进口/出口烟气侧压力、温度测量。
(2) 入炉煤取样及工业、元素、全水分、发热量分析。
(3) 空气预热器进口/出口空气侧一次/二次风温、风压测量。
(4) 环境温度、压力、湿度测量。
(5) 锅炉给水、过热器出力压力、温度测量。
(6) 再热器进口、出口压力、温度测量。
(7) 过热蒸汽、再热蒸汽减温水测量。
(8) 过热器、再热器、水冷壁壁温。
(9) 锅炉汽、水品质分析。
(10) 锅炉及主要辅机运行参数记录。
(11) 锅炉燃烧器区域温度测量。

(六) 锅炉省煤器出口 NO_x 排放浓度测试

(1) 省煤器口烟气分析。
(2) 入炉煤取样及工业、元素、全水分、发热量分析。
(3) 锅炉给水、过热器出力压力、温度测量。
(4) 再热器进口、出口压力、温度测量。

(七) 磨煤机磨煤耗电率试验

(1) 入炉煤取样及工业、元素、全水分、发热量、可磨性指数分析。
(2) 煤粉取样及细度 R_{90}、R_{200} 分析。

(3) 环境温度、压力测量。

(4) 磨煤机运行参数记录。

(5) 磨煤机消耗电功率。

(八) 磨煤机出力试验

(1) 入炉煤取样及工业、元素、全水分、发热量、可磨性指数分析。

(2) 煤粉取样及细度 R_{90}、R_{200} 分析。

(3) 环境温度、压力测量。

(4) 磨煤机运行参数记录。

(5) 磨煤机消耗电功率。

(九) 机组散热测试

(1) 环境温度、压力、湿度测量。

(2) 锅炉给水、过热器出力压力、温度测量。

(3) 再热器进口、出口压力、温度测量。

(4) 锅炉本体及其管道保温外壁温度、环境温度、风速测量。

第六节 性能试验条件

一、通用条件

(1) 锅炉及辅机设备无重大缺陷，能维持预定出力工况稳定运行。

(2) 临时测点及设施安装完毕。

(3) 汽水系统及其阀门无泄漏（包括内漏和外漏)。

(4) 烟风系统无明显漏风之处。

(5) 锅炉过热蒸汽和再热蒸汽安全门正常，若有突发事件，可及时动作。

(6) 汽轮机调节级压力和各级抽汽压力不出现超压现象。

(7) 试验前锅炉持续运行时间应大于 72h，每个工况试验持续时间应大于 4h。

二、专项试验特有条件

(一) 锅炉热效率试验

(1) 与试验有关的表计经校验合格。例如，锅炉给水流量、压力、温度，主蒸汽流量，过热蒸汽出口压力、温度，再热蒸汽进/出口压力、温度，过热/再热蒸汽减温水流量，一次/送风机出口压力、温度，空气预热器出口一次/二次风压力、温度，省煤器出口运行氧量，空气预热器进/出口烟温、烟压，送风机、引风机、一次风机、磨煤机、给煤机、空气预热器电流等表计。

(2) 制粉系统通过优化调整在最佳工况运行，煤粉细度为符合锅炉燃烧的较佳细度。

(3) 经过燃烧调整试验，一、二、三次风（三次风适用于旋流燃烧器锅炉）调整在较佳燃烧工况。

(4) 吹灰器能正常投用，根据试验需要，试验前 1h 完成受热面吹灰工作，试验期间不吹灰、不打焦、不改变制粉系统运行方式。

(5) 煤质稳定，达到设计煤种或校核煤种，煤质成分变化范围（此为一事例，具体请根据设计要求确定)：

干燥无灰基挥发分：设计值±2%。

全水分：设计值±4%。

收到基灰分：设计值±5%。

收到基低位热值：设计值±1670kJ/kg。

(6) 锅炉主要参数变化范围：

给水流量：设计值（1±3%）。

蒸汽温度：设计值±5℃。

蒸汽压力：设计值（1±2%）。

给水温度：设计值（1±3%）。

氧量：设计值±0.5%。

（二）空气预热器漏风率测试

(1) 与试验有关的表计经校验合格。如：锅炉给水流量、压力、温度，过热蒸汽出口压力、温度，一次/送风机出口压力、温度，空气预热器出口一次/二次风压力、温度，省煤器出口运行氧量，空气预热器进/出口烟温、烟压，送风机、引风机、一次风机等表计。

(2) 吹灰器能正常投用，根据试验需要，试验前1h完成受热面吹灰工作，试验期间不吹灰、不打焦、不改变制粉系统运行方式。

(3) 煤质稳定。

(4) 锅炉主要参数变化范围：

给水流量：设计值（1±3%）。

蒸汽温度：设计值±5℃。

蒸汽压力：设计值（1±2%）。

给水温度：设计值（1±3%）。

氧量：设计值±0.5%。

（三）锅炉额定/最大出力工况特性试验

(1) 与试验有关的表计经校验合格。如：锅炉给水流量、压力、温度，主蒸汽流量，过热蒸汽出口压力、温度，再热蒸汽进/出口压力、温度，过热/再热蒸汽减温水流量，一次/送风机出口压力、温度，空气预热器出口一次/二次风压力、温度，省煤器出口运行氧量，空气预热器进/出口烟温、烟压，过热器、再热器、水冷壁管壁温度，送风机、引风机、一次风机、增压风机（若有）、磨煤机、给煤机、空气预热器电流等表计。

(2) 制粉系统通过优化调整在最佳工况运行，煤粉细度为符合锅炉燃烧的较佳细度。

(3) 经过燃烧调整试验，一、二、三次风（三次风适用于旋流燃烧器锅炉）调整在较佳燃烧工况。

(4) 吹灰器能正常投用，根据试验需要，实验前1h完成受热面吹灰工作，试验期间不吹灰、不打焦、不改变制粉系统运行方式。

(5) 给水、蒸汽品质合格。

(6) 煤质稳定，达到设计煤种或校核煤种，煤质成分变化范围（此为一事例，具体请根据设计要求确定）：

干燥无灰基挥发分：设计值±2%。

全水分：设计值±4%。

收到基灰分：设计值±5%。

收到基低位热值：设计值±1670kJ/kg。

(8) 锅炉主要参数变化范围：

给水流量：设计值（1±3%）。

蒸汽温度：设计值±5℃。

蒸汽压力：设计值（1±2%）。

给水温度：设计值（1±3%）。

氧量：设计值±0.5%。

（四）锅炉断油最低出力工况试验

(1) 与试验有关的表计经校验合格。如：锅炉给水流量、压力、温度，主蒸汽流量，过热蒸汽出口压力、温度，再热蒸汽进/出口压力、温度，过热/再热蒸汽减温水流量，一次/送风机出口压力、温度，空气预热器出口一次/二次风压力、温度，省煤器出口运行氧量，空气预热器进/出口烟温、烟压，过热器、再热器、水冷壁管壁温度，送风机、引风机、一次风机、增压风机（若有）、磨煤机、给煤机、空气预热器电流等表计。

(2) 制粉系统通过优化调整在最佳工况运行，煤粉细度为符合锅炉燃烧的较佳细度。

经过燃烧调整试验，一、二、三次风（三次风适用于旋流燃烧器锅炉）调整在较佳燃烧工况。

(3) 吹灰器能正常投用，根据试验需要，实验前1h完成受热面吹灰工作，试验期间不吹灰、不打焦、不改变制粉系统运行方式。

(4) 给水、蒸汽品质合格。

(5) 燃烧器根部着火稳定，未出现黑头和着火距离大幅波动。

(6) 燃烧器根部着火温度在700℃左右（不小于600℃）。

(7) 炉膛负压稳定。

(8) 火检信号稳定，不出现火检信号熄灭或频繁闪动的现象。

(9) 煤质稳定，达到设计煤种或校核煤种，煤质成分变化范围（此为一事例，具体请根据设计要求确定）：

干燥无灰基挥发分：设计值±2%。

全水分：设计值±4%。

收到基灰分：设计值±5%。

收到基低位热值：设计值±1670kJ/kg。

(10) 锅炉主要参数变化范围：

给水流量：设计值（1±3%）。

蒸汽温度：设计值±5℃。

蒸汽压力：设计值（1±2%）。

给水温度：设计值（1±3%）。

氧量：设计值±0.5%。

（五）锅炉省煤器出口NO_x排放浓度测试

(1) 与试验有关的表计经校验合格。例如，锅炉给水流量、压力、温度，主蒸汽流量，过热蒸汽出口压力、温度，省煤器出口运行氧量，SCR入口NO_x等表计。

(2) 制粉系统通过优化调整在最佳工况运行，煤粉细度为符合锅炉燃烧的较佳细度。

(3) 经过燃烧调整试验，一、二、三次风（三次风适用于旋流燃烧器锅炉）调整在较佳燃烧工况。

(4) 吹灰器能正常投用，根据试验需要，实验前1h完成受热面吹灰工作，试验期间不吹灰、不打焦、不改变制粉系统运行方式。

(5) 煤质稳定，达到设计煤种或校核煤种，煤质成分变化范围（此为一事例，具体请根据设计要求确定）：

干燥无灰基挥发分：设计值±2%。

全水分：设计值±4%。

收到基灰分：设计值±5%。

收到基低位热值：设计值±1670kJ/kg。

(6) 锅炉主要参数变化范围：

给水流量：(1±3%) 设计值。

蒸汽温度：设计值±5℃。

蒸汽压力：设计值 (1±2%)。

给水温度：设计值 (1±3%)。

氧量：设定值±0.5%。

（六）磨煤机出力/磨煤耗电率试验

(1) 与试验有关的表计经校验合格。例如，锅炉给水流量、压力、温度，一次风机出口压力、温度，空气预热器出口一次风压力、温度，一次风机、磨煤机风温、风压、电流，电能表等表计。

(2) 制粉系统通过优化调整在最佳工况运行，煤粉细度为符合锅炉燃烧的较佳细度。

(3) 试验过程应维持制粉系统运行稳定。出力、通风量与温度均不能有明显波动。

(4) 磨煤机出口风温及风压均需满足锅炉燃烧的要求。

(5) 试验制粉系统运行正常，无明显的缺陷和漏风漏粉现象。

(6) 试验压缩空气源接至试验现场。

(7) 煤质稳定，达到设计煤种或校核煤种，煤质成分变化范围（此为一事例，具体请根据设计要求确定）：

干燥无灰基挥发分：设计值±2%。

全水分：设计值±4%。

收到基灰分：设计值±5%。

收到基低位热值：设计值±1670kJ/kg。

（七）机组散热测试

(1) 与试验有关的表计经校验合格。

(2) 吹灰器能正常投用，根据试验需要，实验前1h完成受热面吹灰工作，试验期间不吹灰、不打焦、不改变制粉系统运行方式。

(3) 测量要求在环境风速小于或等于0.5m/s的条件下进行，如不能满足时应加装挡风装置。

(4) 室外测试应选择在阴天或夜间进行，如不能满足时应加用遮阳装置，稳定一段时间后再测试。

(5) 室外测试应避免在雨雪天气条件下进行。

(6) 环境温度应在距离被测位置1m处测得，并避免其他热源得影响。

(7) 机组出力大于90%额定电负荷，试验过程中机组运行稳定，不进行大幅度调整，主要参数允许波动范围如下：

给水流量：均值（1±3%）。

蒸汽温度：设计值±5℃。

蒸汽压力：均值（1±2%）。

给水温度：均值（1±3%）。

第七节 取样及测量方法

一、原煤取样及分析

原煤取样适用于锅炉热效率试验、空气预热器漏风率测试、锅炉额定出力工况试验、锅炉最大出力工况试验、锅炉断油最低出力工况试验、锅炉省煤器出口 NO_x 排放浓度测试、磨煤机磨煤耗电率试验、磨煤机出力等试验。

试验期间从运行的给煤机上方落煤管每30min取样一次，每台每次取约1kg样，装入桶内密封好。装原煤样的桶除非在加入或取出样品时才允许打开，否则应保证密封良好。取样结束后，全部样品混合均匀，缩分为4份，每份约2kg。电厂、设备厂、试验单位各执一份，留底备用一份。原煤全水分应在取样结束后立即送交电厂化验室分析，并以此分析结果作为正式的锅炉热效率计算的煤质全水分的依据。样品的其他成分分析需送交有资质煤质化验中心化验室进行分析，考虑到原煤水分有可能散失，最终用于正式的锅炉效率计算的煤质数据应经过电厂化验室提供的全水分修正后进行。

二、煤粉取样及分析

煤粉取样仅适用于磨煤机磨煤耗电率试验、磨煤机出力等试验。

在进行试验的磨煤机出口的每根一次风管进行煤粉等速取样。取样方式主要有三种：

(1) L型弯头等速取样枪，利用自动缩分器缩分煤粉样。试验中将煤粉管断面分为四个等截面圆环，上面分布着64个取样点。每个点的取样时间定为10s，取样一次用时640s。

(2) 平头式取样器、两级旋风子分离器及压缩空气抽气器。取样方法按等环面积原则静压平衡法，每根一次风管每次取样时间为240s。

(3) 多头枪等速取样系统，试验中将煤粉管断面分为四个等截面圆环，取样一次用时360s。

煤粉取样结束后立即送交电厂化验室进行细度分析（或由试验单位提供的气流筛现场筛分），用于细度分析的筛子由有资质单位提供并已经校验合格。

三、飞灰取样

飞灰取样仅适用于锅炉热效率试验、空气预热器漏风率测试等试验。

飞灰采用等速取样枪在省煤器出口烟道上进行连续等速取样，用于炉效计算。同时收集除尘器电场灰斗落灰样（可由省煤器出口等速飞灰取样分析标定该灰样，以方便日常分析及优化运行）。试验结束后，样品混合均匀，缩分为4份，电厂、锅炉厂、试验单位各执一份，留底备用一份。

四、炉渣取样

炉渣取样仅适用于锅炉热效率试验、空气预热器漏风率测试等试验。

炉渣的取样在炉底捞渣机排渣口（或干式排渣机）处接取，每 30min 取样一次，每次约 1kg。试验工况结束后，全部样品混合均匀，缩分为 4 份，每份约 1kg，电厂、锅炉厂、试验单位各执一份，留底备用一份。

五、烟气温度、压力及成分测量

烟气温度、压力及成分测量仅适用于锅炉热效率试验、空气预热器漏风率测试、锅炉额定出力工况试验、锅炉最大出力工况试验、锅炉断油最低出力工况试验、锅炉省煤器出口 NO_x 排放浓度测试等试验。

在空气预热器进/出口烟道按等截面原则，用网格法测量测点断面的速度场、氧量、温度场及其他烟气成分，确定出氧量及温度场的代表点。网格法的划分规则如下：

（1）矩形截面管道：应把矩形管道分成面积相等的网格，每个网格的中心为测点。对于截面面积大于 $9in^2$（$1in^2 \approx 6.45 \times 10^{-4} m^2$）的管道，在横截面上宜有 4～36 个测点。每个网格的面积宜不大于 9in（1in＝2.54cm），除非测点数多于 35 点。此时，单个网格的面积可大于 9in，但一般不要求多于 36 个测点。管道横截面上的高度与宽度方向上至少有两个测点。对分层严重的管道，推荐在最大梯度方向上增加测点。

相等面积的形状宜是：

矩形高宽比等于管道高宽比，因此，网格与管道截面几何相似，见图 23-3，如果实际测点多于推荐值，增加额外测点时可不考虑高宽比。

（2）圆形截面管道：圆形管道宜均分成面积等于或小于 $9in^2$ 的网格。管道截面上宜有 4～36 个测点。试验各方可协商确定将横截面分成 4、6 或 8 个扇形区域。每一个测点必须位于每块面积的中点。测点位置的确定方法见图 23-4 的示例，该例子为 4 个区域，共 20 个点。每一区域至少必须有一个测点。

烟气压力测量方法比较简单，这里主要对烟气温度测量和烟气取样分析做详细说明。

（一）烟气温度测量

测量烟气温度的仪表一般为热电偶。由这些装置可直接得到读数，或者输出一个信号，通过手

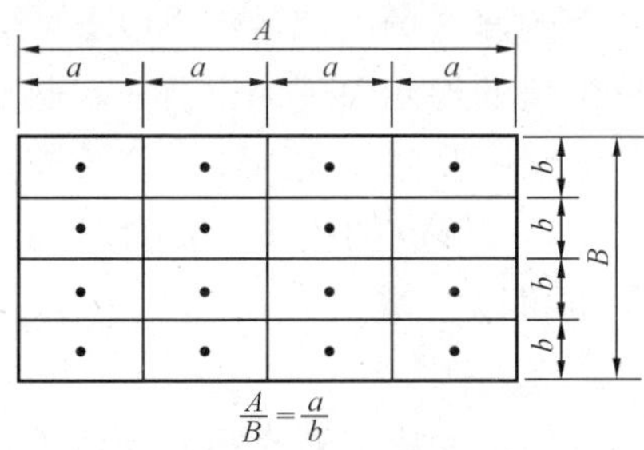

图 23-3　矩形截面

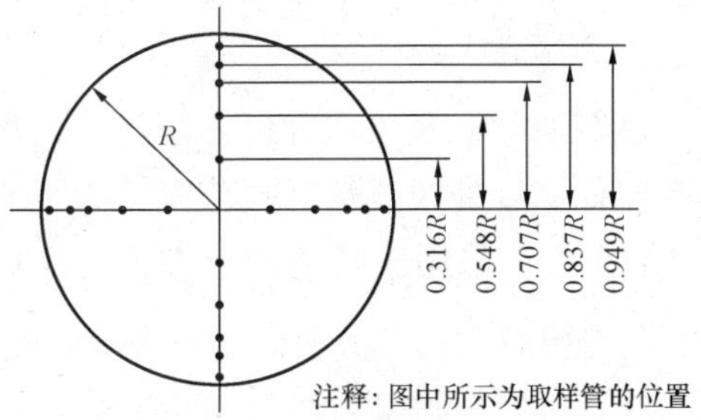

注释：图中所示为取样管的位置

图释：确定圆形管道中取样点的公式

$$r_p=\sqrt{\frac{2R^2(2p-1)}{n}}$$

式中　r_p—点 p 距管中心的距离；

R—管道半径；

p—取样点序号，从管中心向外，在相同圆周上的四个点具有同样的序号；

n—总点数。

注：r_p 与 R 的单位相同，示例：管道直径=R；共20点；距点3的距离=r_3

$$r_3=\sqrt{\frac{2R^2(2\times3-1)}{n}}=\sqrt{\frac{2R^2(5)}{20}}=\sqrt{0.5R^2}=0.707R$$

图 23-4　圆形截面

持显示仪器或数据记录仪读取。必须保证测量装置在测量环境中达到热平衡。热电偶导线不得与电源线平行放置，以避免电干扰。测量空气预热器进口烟温时一般采用K型、E型等热电偶，测量空气预热器出口烟温则一般采用T型测量烟气温度的仪表一般为热电偶。由这些装置可直接得到读数，或者输出一个信号，通过手持显示仪器或数据记录仪读取。必须保证测量装置在测量环境中达到热平衡。热电偶导线不得与电源线平行放置，以避免电干扰。测量空气预热器进口烟温时一般采用K型、E型等热电偶，测量空气预热器出口烟温则一般采用T型、E型等热电偶。

（二）烟气取样分析

烟气取样与温度测量必须在相同测点上进行。为将不确定度减至最小，宜将若干单个取样点汇合成为一组合烟气样品，并在试验期间连续采样分析。来自每一取样头的烟气流量宜相等。当测点数量不是很大以减少试验中横截面逐点测量的次数时，可采用独立测点取样分析（偏差也要取得大些）。

通过抽取烟气进行烟气分析的设备由两部分组成：样品采集与传输系统和烟气分析仪。样品采集与传输系统由多取样头网格、取样管线、烟气混合设备、过滤器、凝结器或气体干燥器和气泵等组成。每台烟气分析仪单独分析一种烟气成分。由于在烟气样品分析之前，要从抽取的样品中除去水分，因此，这类分析基于干燥基。无除湿或称为“就地”分析是基于湿基。烟气成分分析采用容积含量或摩尔含量，后者为被测成分的摩尔数除以总摩尔数。干燥基与湿基间的差别在于湿基在分母中包含干燥物质的摩尔数与水蒸气的摩尔数。

1. 氧气 O_2 分析

用于测量烟气含氧量的几种方法包括：顺磁氧量计、电化学氧电池、奥氏体法、燃料电池和氧化锆氧量计等。试验工程师必须保证所选方法能够满足应用要求。当采用电化学电池时，需谨慎确保其他气体，例如 CO_2，对 O_2 测量不造成干扰。在标定气体中配入与实际烟气中浓度大致相等的干扰气体，可减小误差。

2. 一氧化碳CO分析

最普通的一氧化碳分析方法是非色散红外线法。该方法的主要缺点是CO、CO_2 与 H_2O 具有相似的红外线波长吸收范围。为了CO读数精确，烟气样品必须干燥，分析仪必须补偿 CO_2 的干扰，采用较精确的仪器测定 CO_2，然用再对CO进行补偿；其他方法为采用一个 CO_2 干扰预测值。

3. 氮氧化合物 NO_x 排放测试

该测试适用于 NO_x 排放考核试验，其他试验中若需要测试 NO_x 排放，也适用于该方法。

在省煤器出口烟道按等截面原则，用网格法测量测点断面的速度场、氧量及 NO_x。

化学发光分析仪是首选的氮氧化合物分析方法。这类分析仪的检测原理为：首先在热交换器中将 NO_2 转化为NO，然后在反应容器将NO与臭氧（O_3）掺混并生成 NO_2，该反应过程会发光，检测发光程度来确定 NO_2 的浓度。即使 NO_2 仅占 NO_x 排放的很少一部分（通常低于5%）但还是将 NO_x 记录为 NO_2，这对锅炉热效率的影响可以忽略。

六、炉膛温度测量

低负荷断油稳燃试验中，在锅炉观火孔测量炉膛温度。其他试验中，若有需要测试炉膛温度，也适用于该方法。

七、汽、水品质分析

汽、水取样，每40min取样一次，做汽、水品质分析。汽、水取样适用于锅炉热效率试验、锅炉额定出力工况试验、锅炉最大出力工况试验、锅炉断油最低出力工况试验等试验。

八、过热蒸汽、再热蒸汽流量计算

过热蒸汽、再热蒸汽流量在计算中采用汽轮机侧试验数据，适用于锅炉额定出力工况试验、锅炉最大出力工况试验。

九、其他介质温度测量

（一）蒸汽和水的温度

流经管内的蒸汽和水流的温度分布通常接近均匀。一个可能的例外是减温器管道，喷水会引起不均匀。

测量方法与测温仪表的选择依赖于具体工况。通常把敏感器件插入安装在管道上的热偶套管来测量蒸汽和水的温度。

（二）固体物料流温度

进入和离开系统的固体物料流的温度通常难以测量。试验各方应决定是否采用指定值或是测量值。如有必要测量温度，温度探针需插入物料流中。多股固体物料流的平均温度宜为质量加权值。

应采用下列测点位置和测量方法：

（1）燃料。把可靠耐用的温度测量元件插至固体燃料流中，并宜尽可能地靠近一次风与煤粉混合点的上游处。

（2）灰渣。烟气携带的灰渣（飞灰）温度可认为等于取样点的烟气温度。空气预热器的排灰例外。应采用排除漏风影响的空气预热器出口烟温。

十、大气压测量

环境条件包含大气压力的确定。

首选方法为采用气压计测出测量点的大气压力。另一种替代方法是采用最近的气象站报导结果，而不采用海平面值进行修正的方法。宜记录气象站与试验现场的海拔高度，如果存在高度的差别则进行修正。

十一、其他压力测量

（一）空气与烟气——静压与差压

确定差压时要求测量空气和烟气管道内的静压。差压宜由差压测量装置测定，而不是由两个独立的仪表测定。压力由气压计、流体压力计或传感器测定。这些仪表的输出可采用目视，或输出信号，再由手持仪表或数据记录仪读取。

静压测点的安装必须使气流冲击引起的误差最小。可通过沿管道圆周合理布置取压测点或采用专门设计的探头来实现。宜在截面上或周围布置多点进行测量，宜专门布置导压管且严格检漏；宜考虑吹扫和疏水措施，仪表位置宜高于取压点位置，以使凝结水能回流至管道。不可行时，则必须采取措施考虑凝结水排放。吹扫可保持压力传感管线清洁，如果采用吹扫，宜维持较小的稳定流量。

（二）蒸汽和水——静压与差压

管道内蒸汽和水的静压可用于确定流体特性或压降。为使不确定度最小，压降宜由差压测量装置测定，而不是由两个独立的仪器测定。

选择压力测量装置的安装位置时，宜使温度与振动的影响最小。压力测量装置安装时应按以下原则：

(1) 压力测量装置的连接管宜短且直。

(2) 压力测量的所有连接处不得泄漏，并便于吹扫和疏水。

(3) 压力测点的安装位置和方式宜注意消除流速的影响。

(4) 仪表与取压头的连接管线应能清洗，凝结水应充满管线，计算中应计凝结水水柱。

第八节　数据处理及主要计算方法

一、数据处理

在试验过程中或试验结束后，发现观察到的数据中有严重的异常情况，则应考虑将此工况试验数据舍弃，如果受影响的部分是在试验的开头或结尾处，则可部分舍弃，对超出误差范围的异常值需经分析后进行取舍，如有必要应重做该工况试验，以求达到试验目的。

对已校准的仪器，应将实验室测定的误差修正应用于测量数据，,然后以每一工况的算术平均值为测量值进行计算。

二、能量平衡法热效率计算

能量平衡法采用能量损失和外来热量来计算效率，为计算热效率的首选方法，它比输入-输出法更精确，因为测量误差仅影响到各项热损失与外来热量，而不影响到总能量。例如，如果全部损失与外来热量是总输入热量的 10%，则 1% 的测量误差将对效率造成仅 0.1% 的误差，而测量燃料流量时 1% 的误差则会对效率造成能量平衡法采用能量损失和外来热量来计算效率，为计算热效率的首选方法，它比输入-输出法更精确，因为测量误差仅影响到各项热损失与外来热量，而不影响到总能量。例如，如果全部损失与外来热量是总输入热量的 10%，则 1% 的测量误差将对效率造成仅 0.1% 的误差，而测量燃料流量时 1% 的误差则会对效率造成 1% 的误差。能量平衡法的另一主要优点是能确认两次效率测试结果不同的原因。另外，对于诸如燃料分析数据等试验条件的变化，能量平衡法可容易地将效率修正到基准工况或保证工况。

对于锅炉热效率的计算方法，如前所述，当前由于供方在锅炉设计中一直沿用《ASME 蒸汽锅炉性能试验标准》(PTC4.1 版本)，因此这里仍以 PTC4.1 为主要依据进行计算。若有（或待）供方在锅炉设计中采用《ASME 蒸汽锅炉性能试验标准》(PTC4—2008 版本)，计算方法见（二）。

（一）ASME PTC4.1 方法

(1) 锅炉热效率计算以燃料低位发热量为基础计算。

(2) 灰、渣比例：飞灰 90%、炉渣 10%（或根据协商确定）。

(3) 干烟气携热引起的热损失 L_G（单位为 kJ/kg）为

$$L_G = W'_G \times G'_{PG}(t_{G15} - t_{RA}) \tag{23-1}$$

式中　W'_G——每千克入炉燃料生成的干烟气质量，kg/kg；

C'_{PG}——干烟气的平均比热，kJ/（kg·K）；

t_{G15}——锅炉出口烟气温度,℃;

t_{RA}——基准空气温度,℃。

(4)生成一氧化碳的热损失 L_{CO}(单位为 kJ/kg)为

$$L_{CO} = CO/(CO_2 + CO) \times 23\ 632.16 \times C_b \tag{23-2}$$

式中　CO——排烟 CO 体积,%;

CO_2——排烟 CO_2 体积,%;

C_b——每千克入炉燃料中燃烬碳的质量,kg/kg。

(5)总干灰渣中未燃尽碳的热损失 L_{UC}(单位为 kJ/kg)为

$$L_{UC} = 14\ 500 \times 2.326 \times U_{bc} \tag{23-3}$$

式中　U_{bc}——每千克燃料未燃烬碳,kg/kg。

(6)入炉燃料中水分引起的热损失 L_{mf}(单位为 kJ/kg)为

$$L_{mf} = m_f \times (h_{12.14.123} - h_{RV}) \tag{23-4}$$

式中　m_f——每千克入炉燃料中水分的质量,kg/kg;

$h_{12.14.15}$——在锅炉出口烟气压力和温度时,水蒸气焓,kJ/kg;

h_{RV}——基准温度 t_{RA} 下空气中饱和汽焓,kJ/kg。

(7)氢燃烧时水分引起的热损失 L_H(单位为 kJ/kg)为

$$L_H = 9 \times H \times (h_{12.14.123} - h_{RV}) \tag{23-5}$$

式中　H——燃料中 H 含量,kg/kg。

(8)空气中水分引起的热损失 L_{mA}(单位为 kJ/kg)为

$$L_{mA} = W'_{mA} \times W'_A \times (h_{12.14.123} - h_{RV}) \tag{23-6}$$

式中　W'_{mA}——每千克干空气的水蒸气质量,kg/kg;

W'_A——每千克入炉燃料的干空气质量,kg/kg。

(9)锅炉表面辐射和对流热引起的热损失 L_P(单位为 kJ/kg)为

$$L_P = x \times H_f / 100 \tag{23-7}$$

式中　x——修正系数,通过查 ASME PTC4.1 中图表获取;

H_f——每千克入炉燃料的低位发热量,kJ/kg。

(10)未计算在内的热损失 L_{um}(单位为 kJ/kg)为

$$L_{um} = y \times H_f / 100 \tag{23-8}$$

式中　y——未计算损失系数,取设计值。

(11)锅炉热效率为

$$\eta_g = 100 - \frac{L_{UG} + L_G + L_{mf} + L_H + L_{mA} + L_{CO} + L_P + L_{um}}{H_f} \tag{23-9}$$

(12)锅炉热效率结果修正。

1)环境温度偏差修正。保证排烟温度 $t_{G15\delta}$ 按下式计算,并将保证的进风温度 t_{A8D} 及换算后的排烟温度 $t_{G15\delta}$ 分别替代热损失中的 t_{RA} 与 t_{G15} 进行计算。其中

$$t_{G15}\delta = \frac{t_{A8D}(t_{G14} - t_{G15}) + t_{G14}(t_{G15} - t_{A8})}{t_{G14} - t_{A8}} \tag{23-10}$$

式中　t_{A8D}——空气预热器进口空气保证温度,℃;

t_{G14}——空气预热器进口烟气试验温度，℃；

t_{G15}——空气预热器出口烟气试验温度，℃；

t_{A8}——空气预热器进口空气试验温度，℃。

2）给水温度偏差修正。由于 ASME PTC4.1 中排烟温度通过空气预热器入口烟温修正而不是通过给水温度修正，而给水温度对于锅炉来说又是锅炉系统边界外的参数。因此下，需按照国家标准《电站锅炉性能试验规程》（GB/T 10184—1988）进行给水温度修正。

先进行环境温度修正，然后按下式进行给水温度偏差修正

$$\theta_{pyb} = \theta_{py} + [(\theta'_{sm} - \theta''_{sm})/(\theta'_{sm} - t_{gs})] \times [(\theta_{py} - t'_{k})/(\theta'_{ky} - t'_{k})] \times (t_{gsb} - t_{gs}) \tag{23-11}$$

式中　θ_{pyb}——换算到设计给水温度时排烟温度，℃；

θ'_{sm}——省煤器进口实测烟气温度，℃；

θ''_{sm}——省煤器出口实测烟气温度，℃；

t_{gs}——实测给水温度，℃；

θ'_{ky}——空气预热器进口实测烟气温度，℃；

t'_{k}——空气预热器进口实测空气温度，℃；

t_{gs}——设计给水温度，℃；

θ_{py}——经环境温度偏差修正后的排烟温度，℃。

3）排烟温度、环境温度修正热损失。将修正后排烟温度和保证环境温度代入干烟气热损失、水蒸气热损失公式中的试验值计算修正后的该项热损失。

4）煤种修正热损失。煤种修正将燃料各组分及低位发热量设计值替代干烟气损失、水蒸气热损失计算公式中的试验值计算修正后的该项热损失。

（二）ASME PTC4—2008 方法

（1）锅炉效率计算的燃料热值基准及灰、渣比例确定同 ASME PTC4.1。

（2）干烟气携热引起的热损失（%）为

$$QpLDFg = 100M_{qDFg} \times H_{DFgLvCr} \tag{23-12}$$

式中　M_{qDFg}——单位热量的干烟气质量，kg/J；

$H_{DFgLvCr}$——离开锅炉系统边界温度的烟气焓，J/kg。

（3）入炉燃料中水分引起的热损失（%）为

$$QpLWF = 100M_{qWF} \times (HstLvCr - HWRe) \tag{23-13}$$

式中　$MqWF$——单位热量的燃料中水分的质量，kg/J；

$HstLvCr$——在排烟温度修正后（无漏风）$TFgLvCr$ 及标准大气压的水蒸汽焓，J/kg；

$HWRe$——基准温度 t_{Re} 下水焓，J/kg。

（4）氢燃烧时水分引起的热损失（%）为

$$QpLH_2F = 100M_{qWH_2F} \times (HstLvCr - HWRe) \tag{23-14}$$

式中　M_{qWH_2F}——单位热量的燃料中 H_2 燃烧生成水的质量，kg/J。

（5）空气中水分引起的热损失（%）为

$$QpLWA = 100MFrWDA \times MqDA \times HwLvCr \tag{23-15}$$

式中　$MFrWDA$——干空气水分的质量份额，kg/kg；

$MqDA$——单位热量干空气质量，kg/J；

$HwLvCr$—— 在排烟温度修正后（无漏风）$TFgLvCr$ 及标准大气压的水焓，J/kg。

（6）总干灰渣中未燃烬碳的热损失（%）为

$$QpLUbc = MpUbc \times HHVCRs / HHVF \tag{23-16}$$

式中　$MpUbc$——未燃尽碳百分数,%；

$HHVCRs$——未燃尽碳发热量，J/kg；

$HHVF$——燃料高位发热量，J/kg。

（7）生成一氧化碳的热损失（%）为

$$QpLUbc = VPCO \times MoFg \times MwCO \times HHVCO / HHVF \tag{23-17}$$

式中　$VPCO$——未燃尽 CO 百分数（湿基）,%；

$MoFg$——单位质量燃料的湿烟气摩尔数，mol/kg；

$MwCO$——CO 分子量，kg/mol；

$HHVCO$——CO 高位发热量，J/kg；

$HHVF$——燃料高位发热量，J/kg。

（8）锅炉表面辐射和对流热引起的热损失（%）为

$$QpLSrc = 0.293 \times \Sigma(Hcaz + Hraz) \times Afz \times (TMnAfz - TMnAz) / HHVF / MrF \tag{23-18}$$

式中　$Hcaz$——某区域 z 对流换热系数，J/(m^2 · s · ℃)；

$Hraz$——某区域 z 辐射换热系数，J/(m^2 · s · ℃)；

Afz——位置 z 处外护板平面投影面积，m^2；

$TMnAfz$——区域 z 表面平均温度,℃；

$TMnAz$——区域 z 平均环境平均温度,℃；

MrF——燃料量，kg/s；

$HHVF$——燃料高位发热量，J/kg。

（9）其他未计算在内的热损失（%）为

$$QpLHU = y \times HHVF / HHVF \tag{23-19}$$

式中　y——未计算损失系数，依据锅炉厂设计数据。

（10）锅炉热效率（%）为

$$\begin{aligned} EGr = 100 &- QpLDFg - QpLWF - QpLH2F - QpLWA \\ &- QpLUbc - QpLSrc - QpLHU \end{aligned} \tag{23-20}$$

（11）锅炉热效率修正同 ASME PTC 4.1。

三、空气预热器漏风率计算

空气预热器漏风率计算、结果修正，依据 ASME PTC4.3 执行。

空气预热器漏风率为漏入空气预热器烟气侧的空气质量与进入该烟道的烟气质量之比率，即

$$A_L = \Delta W_G / W_{G14} \times 100 = (W_{G15} - W_{G14}) / W_{G14} \times 100 \tag{23-21}$$

式中　A_L——空气预热器漏风率,%；

W_{G14}——烟道进口处烟气质量，kg/kg；

W_{G15}——烟道出口处烟气质量，kg/kg；

ΔW_G——漏入空气预热器烟气侧的空气质量，kg/kg。

四、空气预热器烟气和空气侧阻力计算

空气预热器烟气和空气侧阻力计算式为

$$\Delta P=(p'_{d}-p''_{d})+(p'_{j}-p''_{j})-\rho_{k}(Y'-Y'')g+(Y'\rho'-Y''\rho'')g \tag{23-22}$$

忽略气体介质动压差得简化公式为

$$\Delta P=(p'_{j}-p''_{j})-\rho_{k}(Y'-Y'')g+(Y'\rho'-Y''\rho'')g \tag{23-23}$$

式中　p'_{j}、p''_{j}——进、出口气体静压，Pa；

p'_{d}、p''_{d}——进、出口气体静压，Pa；

ρ'、ρ''——进、出口气体介质密度，kg/m^3；

Y'、Y''——进、出口测量断面标高，m；

ρ_k——测点周围空气密度，kg/m^3；

g——重力加速度，m/s^2。

五、氮氧化物计算

氮氧化物质量浓度以NO_2计，按1μmol/mol氮氧化物相当于2.05mg/m^3，将体积浓度换算成质量浓度。

实测的氮氧化物排放浓度，必须执行《火电厂大气污染物排放标准》（GB 13223—2011）规定按下式进行折算，燃煤锅炉按O_2含量为6%对应的过量空气系数折算值$\alpha=1.4$进行折算

$$C=C'\times(\alpha'/\alpha) \tag{23-24}$$

式中　C——折算后的氮氧化物排放浓度，mg/m^3；

C'——实测的氮氧化物排放浓度，mg/m^3；

α——规定的过量空气折算系数；

α'——实测的过量空气系数。

六、中速磨煤机出力换算

在性能试验中，试验煤种往往会与设计煤种有一定偏差，故需要把试验煤种时的磨煤机出力修正到设计煤种条件下以做比较。

$$B_M=B_{M0}f_Hf_Rf_Mf_Af_gf_e \tag{23-25}$$

式中　B_{M0}——磨煤机基本出力，t/h；

B_M——设计煤种（或试验煤种）磨煤机出力，t/h；

f_H、f_R、f_M、f_A、f_g——哈氏可磨性指数、煤粉细度、原煤水分、原煤灰分、原煤粒度对磨煤机的出力修正系数，对于轮式磨煤机（MPS）、碗式磨煤机（RP/HP），$f_g=1.0$；

f_e——碾磨件碾磨至中后期时出力降低系数，在性能试验中可暂不考虑。

$$B_{MD}=B_{MT}f_{HD}f_{RD}f_{MD}f_{AD}/(f_{HT}f_{RT}f_{MT}f_{AT}) \tag{23-26}$$

式中　B_{MD}——修正到设计煤种时的磨煤机出力，t/h；

B_{MT}——试验煤种时的磨煤机出力，t/h；

f_{HD}、f_{HT}——设计煤种和试验煤种哈氏可磨性指数对磨煤机的出力修正系数；

f_{RD}、f_{RT}——设计煤种和试验煤种煤粉细度对磨煤机的出力修正系数；

f_{MD}、f_{MT}——设计煤种和试验煤种原煤水分对磨煤机的出力修正系数；

f_{AD}、f_{AT}——设计煤种和试验煤种原煤灰分对磨煤机的出力修正系数。

（一）轮式（MPS）磨煤机

$$f_H = (HGI/50)^{0.57} \tag{23-27}$$

$$f_R = (R_{90}/20)^{0.29} \tag{23-28}$$

$$f_M = 1.0 + (10 - M_t) \times 0.0114 \tag{23-29}$$

$$f_A = 1.0 + (20 - A_{ar}) \times 0.0114 \tag{23-30}$$

$A_{ar} \leqslant 20\%$ 时，$f_A = 1.0$

$$B_{MD} = B_{MT}(HGI_D/HGI_T)^{0.57}(R_{90D}/R_{90T})^{0.29} f_{MD} f_{AD}/(f_{MT} f_{AT}) \tag{23-31}$$

（二）碗式（RP、HP）磨煤机

$$f_H = (HGI/55)^{0.85} \tag{23-32}$$

$$f_R = (R_{90}/23)^{0.35} \tag{23-33}$$

$$f_M = 1.0 + (12 - M_t) \times 0.0125 \tag{23-34}$$

对低热值煤：$M_t \leqslant 12\%$时，$f_M = 1.0$

对高热值煤：$f_M = 1.0 + (23 - M_t) \times 0.0125$ (23-35)

$$f_A = 1.0 + (20 - A_{ar}) \times 0.005 \tag{23-36}$$

$A_{ar} \leqslant 20\%$ 时，$f_A = 1.0$

$$B_{MD} = B_{MT}(HGI_D/HGI_T)^{0.85}(R_{90D}/R_{90T})^{0.35} f_{MD} f_{AD}/(f_{MT} f_{AT}) \tag{23-37}$$

煤种热值高低可通过表 23-1 确定。

表 23-1　煤种分类

煤　种	含水无矿物基热值（MJ/kg）	干燥无矿物基固定碳（%）
高热值煤	32.6～37.2	40～86
低热值煤	25.6～32.6	40～69

含水无矿物基热值按式（23-38）计算

$$Q = (Q_{gr,ar} - 0.116S_{ar})/[100 - (1.08A_{ar} + 0.55S_{ar})] \times 100 \tag{23-38}$$

干燥无矿物基固定碳按式（23-39）计算

$$F_{cdmmf} = (FC_{ar} - 0.15S_{ar})/[100 - (M_{ar} + 1.08A_{ar} + 0.55S_{ar})] \times 100 \tag{23-39}$$

式中　$Q_{gr,ar}$——收到基高位发热量，MJ/kg；

S_{ar}——收到基硫分，%；

A_{ar}——收到基灰分，%；

M_{ar}——收到基水分，%；

FC_{ar}——收到基固定碳，%。

七、机组散热测试

机组散热试验依据《设备及管道绝热效果的测试与评价》（GB/T 8174—2008）和《设备及管道绝热设计导则》（GB /T 8175—2008）执行。

机组设备外壁按合同要求的保温材料保温，规程规定在机组出力大于 90%额定电负荷，天气无雨、无雪、环境风速小于 0.5m/s 时进行测试，在环境温度为 25℃时，运行设备、管道及其附件保温结构的外表面温度应小于或等于 50℃，机组常年运行工况下允许最大散热损失值小于国家标准规定值。

保温效果的热态测试方法主要包含焓降法、热流计法和表面温度法。

（一）焓降法

根据介质进出口的温度、压力计算出进出口的焓值 h_{01} 和 h_{02}，测出介质流量 G，可计算出沿程热损失 q，$q=G(h_{01}-h_{02})$，但是由于所需参数的测量比较困难，该方法很少使用。

（二）热流计法

热流计法就是采用低温热流计直接测量散热表面的热流密度，再根据测量得到的保温外表面温度，进行修正测得的表面热流密度，折算出环境温度为25℃时的散热热流密度和保温外表面温度。该方法测量热流密度的同时，还要测量表面温度、环境温度和环境风速。

（三）表面温度法

热力设备和管道保温层外表面与环境之间通过对流和辐射两种方式传热。表面温度法即应用红外测温仪测得表面温度，然后测得环境温度和环境风速。保温结构外表面的热流密度由下式得到

$$q=\alpha(t_w-t_0)+\varepsilon\cdot\sigma[(t_w+273)^4-(t_0+273)^4] \tag{23-40}$$

$$\alpha=1.163\times(10+6w^{1/2})$$

式中 q——保温层外表面热流密度，W/ m^2；

t_w——设备和管道的外表面温度,℃；

t_0——环境温度,℃；

α——保温层外表面向大气的放热系数，W/（m^2·℃)；

w——风速，m/s；

ε——保温层外表面黑度；

σ——玻耳兹曼常数，为 5.67×10^{-8}W/（m^2·℃)。

表面温度法测量简洁、准确，所以本测试采用表面温度法进行测量计算。

八、试验结果不确定度评估

（一）概述

不确定度（Uncertainty)，是测量结果不确定的程度，用以表征合理地赋予被测量值的分散性，它能够定量的表征测试结果的质量，是与测量结果相联系的参数。它是测量结果的不能肯定程度，反过来也表明该结果的可信赖程度。不确定度在本质上是由于测量技术水平、人类认识能力所限造成的。一切测量结果都不可避免地具有不确定度，因此，对于锅炉性能试验专业人员来说，掌握锅炉性能试验结果的不确定度评估方法是一项必不可少的工作。但是，对锅炉性能试验结果进行评估将耗费大量的时间和财力，一些业主基于费用方面的考虑，这项工作一般不做要求，因此，是否进行不确定度评估，也应视合同规定而执行。

（二）单个测量不确定度评定

1. 测量不确定度A类评定

通过对观测列进行统计分析所得到的相应的不确定度称为A类不确定度，记为 u_A。

在重复性条件下对被测量 X 进行 n 次独立重复观测，观测值为 x_1、x_2、…、x_n，有样本平均值 $\overline{x}=\frac{1}{n}\sum_{i=1}^{n}x_i$。

将平均值 $\overline{x}$ 作为测量结果，其A类标准不确定度为

$$u_A = s(\bar{x}) = \frac{s(x_i)}{\sqrt{n}} = \sqrt{\frac{\sum_{i=1}^{n}(x_i - \bar{x})^2}{n(n-1)}} \tag{23-41}$$

2. 测量不确定度B类评定

测量结果不确定度B类评定是指通过与A类评定不同的其他方法进行的评定，也可用实验标准偏差表征，根据经验或其他信息的概率密度函数评定。获得B类不确定度的信息来源一般有：以前的观测数据；对有关技术资料和测量仪器特性的了解和经验；生产部门提供的技术说明文件；校准证书、检定证书或其他文件提供的数据、准确度的等别或级别，包括目前暂在使用的极限误差等；手册或某些资料给出的参考数据及其不确定度；规定实验方法的国家标准或类似技术文件中给出的重复性限或复现性限。

如某仪器的说明书、检定或校准证书手册说明其扩展不确定度 $U(x_i)$ 为标准差的 k 倍，则 x_i的不确定度 $u(x_i)$ 等于引用值除以该倍数，即

$$u_B = u(x_i) = \frac{U(x_i)}{k} \tag{23-42}$$

如某仪器的说明书、检定或校准证书手册说明其精度为 n 级，可认为其为均匀分布，包含因子为 $k_p=\sqrt{3}$，则 x_i 的不确定度 $u(x_i)$ 等于引用值除以包含因子，即

$$u_B = u(x_i)\frac{n}{k_p} \tag{23-43}$$

在电厂锅炉性能试验中，输入量主要有烟气温度、烟气成分、烟气压力、环境状态、煤、灰、渣成分分析等，在进行B类不确定度评定是要根据不同的分布方式取不同的包含因子。

（三）合成标准不确定度

建立测量过程的数学模型，即被测量量与各输入量之间的函数关系。若 Y 的测量结果为 y，输入量 X_i的估计值为 x_i，则 $y = f(x_1、x_2、\cdots、x_n)$。

实际工作中，若各输入量之间均不相关，或有部分输入量相关，但其相关系数较小（弱相关），合成标准不确定度 $u_c(y)$ 为

$$u_c(y) = \sqrt{\Sigma\left(\frac{\partial f}{\partial x_i}\right)^2 u^2(x_i)} \tag{23-44}$$

式中 $u(x_i)$ 为各输入量估计值 x_i的标准不确定度，可按A类标准不确定度或B类标准不确定度进行评定。$u_c(y)$ 为合成标准不确定度，$c_i = \frac{\partial f}{\partial x_i}$ 为灵敏系数（也称为不确定度传播系数）。

（四）扩展不确定度评定

扩展不确定度是由合成标准不确定的倍数表示的测量不确定度，用 U 表示。

在合成标准不确定度 $u_c(y)$ 确定后，乘以一个包含因子 k，即 $U = k \cdot u_c(y)$。区间 $[y-U, y+U]$ 包含了测量结果可能值的大部分，k 值一般取2～3，在大多数情况下取2。

（五）锅炉性能试验结果不确定度评定

在ASME PTC4.1标准，锅炉热效率的计算模型见式（23-9）。

从式（23-9）的简化数学模型可以看出，锅炉效率 η_g的检测结果不确定度主要包括直接

测量不确定度和间接测量不确定度，而间接测量不确定度又可由直接测量不确定度推导得出。直接测量不确定度主要包括：煤质取样与分析不准；灰渣的取样与分析不准；环境温度、排烟温度、空气预热器入口风温、空气预热器入口烟温不准；排烟含氧量测量不准；排烟 CO 含量测量不准；大气相对湿度测量不准；其他一些协商所引起的不准。以上所有的不确定度来源除了煤质、灰渣的取样不确定度和一些协商所引起的不确定度采用经验数值以及煤质、灰渣的分析不确定度通过查表获得外，其他所有的不确定度来源都包括 A 类评定和 B 类评定不确定度分量。其中，A 类评定方法还应包括离散性引入的不确定度。由于锅炉辐射和对流热损失计算中涉及锅炉的输出热量，而输出热量又关系到锅炉蒸发量测量不准、主蒸汽压力和温度测量不准、再热蒸汽进出口压力和温度测量不准以及给水压力测量不准，因此为了计算的方便，我们根据经验通常把这几项因素的影响归结为一个经验值，然后再求出锅炉辐射和对流热损失不确定度。

知道了其数学模型和各输入量的不确定度，利用合成不确定度的方法就可以对试验结果进行不确定度评定。

$$u_c(\eta_g)=100\times\sqrt{\begin{aligned}&\left[\frac{u_c(L_{UG})}{h_f}\right]^2+\left[\frac{u_c(L_G)}{h_f}\right]^2+\left[\frac{u_c(L_{mf})}{H_f}\right]^2+\left[\frac{u_c(L_H)}{H_f}\right]^2+\left[\frac{u_c(L_{mA})}{H_f}\right]^2+\\&\left[\frac{u_c(L_{CO})}{H_f}\right]^2+\left[\frac{u_c(L_P)}{H_f}\right]^2+\left[\frac{u_c(L_{um})}{H_f}\right]^2+\\&\left[\frac{L_{UG}+L_G+L_{mf}+L_H+L_{mA}+L_{CO}+L_p+L_{um}}{(H_f)^2}u_c(H_f)\right]^2\end{aligned}} \tag{23-45}$$

（六）锅炉性能试验结果不确定度结果评定报告形式

以某一次锅炉性能试验为例，其锅炉热效率为 93.88%，扩展不确定为 0.22%，包含因子为 2。则锅炉热效率测试结果的不确定度评定可表示为以下两种方式：

（1）锅炉热效率 η_g=93.88%；扩展不确定度 U=0.22%；包含因子 k=2。

（2）锅炉热效率 η_g=（93.88±0.22）%；包含因子 k=2。

第九节 1000MW 超超临界锅炉性能试验分析

一、锅炉额定出力工况试验

根据《火电机组启动验收性能试验导则》要求，锅炉额定出力需进行两个 BRL 工况性能试验（分为停最上层磨煤机和停最下层磨煤机工况）和汽轮机高加全切除运行工况试验。

先后进行运行上 5 层磨煤机（或下 5 层磨煤机）锅炉 BRL 工况试验和机组额定出力汽轮机高加全切除试验。各项试验中调整至试验所需工况并保持运行工况稳定，对锅炉进行全面测量，同时记录锅炉运行参数和主要辅机运行数据。

在每个工况试验中，锅炉稳定运行并达到工况持续时间，由试验现象和试验数据分析，锅炉燃烧稳定、各受热面不超温、各辅机运行稳定，各项指标符合额定出力试验标准要求，则认定锅炉额定出力试验有效，试验结束。否则，需重新调整以致完成该项试验。

（一）记录锅炉主要运行参数（以一台 1000MW 机组为例）

锅炉 BRL 工况运行性能参数与设计值计较见表 23-2。

表 23-2　　锅炉 BRL 工况运行性能参数与设计值比较

名称	单位	变磨煤机组合			高加全切	
		设计值	工况 1	工况 2	设计值	工况 3
机组负荷	MW	—	1000	1042	—	1011
主蒸汽流量	t/h	2951	2978	2953	2355	2511
主蒸汽温度	℃	605	600.5	600.2	605	600.1
主蒸汽压力	MPa	27.34	26.13	27.04	24.15	26.72
再热蒸汽温度	℃	603	598.5	590.2	603	588.5
再热蒸汽压力	MPa	5.61	5.83	5.63	5.58	5.83
给水流量	t/h	2951	2978	2953	2355	2511
给水温度	℃	295	279.4	293.6	192	192.0
给水压力	MPa	30.97	29.26	30.30	26.46	28.74
引风机 A 电流	A	≤798	393.9	425.0	≤798	404.3
引风机 B 电流	A	≤798	389.9	427.7	≤798	404.8
送风机 A 电流	A	≤301	140.7	164.5	≤301	142.1
送风机 B 电流	A	≤301	135.4	163.8	≤301	141.0
一次风机 A 电流	A	≤450	240.1	246.7	≤450	255.7
一次风机 B 电流	A	≤450	237.8	249.9	≤450	259.2

锅炉 BRL 工况运行试验，锅炉蒸发量均达到了设计值要求，其中 B～F 磨组运行时，锅炉蒸汽参数符合设计要求，A～E 磨组运行时，锅炉再热蒸汽温度为 590.2℃，未达到设计值，但其他参数符合设计要求，汽轮机高加全切工况运行时，锅炉主、再蒸汽温度分别为 600.1℃和 588.5℃，主蒸汽温度满足设计值要求，但再热蒸汽温度低于设计值。

（二）记录辅机轴承温度及轴承振动

BRL 工况辅机轴承温度及轴承振动的保护值与运行值对比见表 23-3。

表 23-3　　BRL 工况辅机轴承温度及轴承振动的保护值与运行值对比

名　称	单位	保护值	工况 1	工况 2	工况 3
引风机 A 电机轴承温度	℃	75	43.4	44.3	45.4
引风机 A 轴承温度	℃	90	42.3	40.7	42.8
引风机 B 电机轴承温度	℃	75	44.3	45.0	45.9
引风机 B 轴承温度	℃	90	39.5	39.0	40.8
送风机 A 电机轴承温度	℃	85	35.2	49.1	40.2
送风机 A 轴承温度	℃	85	48.8	38.9	50.7
送风机 B 电机轴承温度	℃	85	31.9	35.7	39.7
送风机 B 轴承温度	℃	85	49.7	51.1	52.9
一次风机 A 电机轴承温度	℃	75	52.2	52.5	53.2
一次风机 A 轴承温度	℃	90	61.3	62.4	62.9
一次风机 B 电机轴承温度	℃	75	52.5	53.1	53.8

续表

名　称	单位	保护值	工况 1	工况 2	工况 3
一次风机 B 轴承温度	℃	90	60.8	60.5	60.9
引风机 A 轴承振动 X 向	mm/s	≤4.6	1.43	1.89	1.61
引风机 B 轴承振动 X 向	mm/s	≤4.6	1.63	1.29	1.31
引风机 A 轴承振动 Y 向	mm/s	≤4.6	1.14	1.45	1.38
引风机 B 轴承振动 Y 向	mm/s	≤4.6	1.21	1.12	1.10
送风机 A 轴承振动 X 向	mm/s	≤4.5	1.07	1.11	1.08
送风机 A 轴承振动 Y 向	mm/s	≤4.5	0.74	0.93	0.82
送风机 B 轴承振动 X 向	mm/s	≤4.5	0.94	0.85	0.93
送风机 B 轴承振动 Y 向	mm/s	≤4.5	1.04	0.77	1.11
一次风机 A 轴承振动 X 向	mm/s	≤4.5	1.25	0.97	1.27
一次风机 A 轴承振动 Y 向	mm/s	≤4.5	0.77	0.75	0.78
一次风机 B 轴承振动 X 向	mm/s	≤4.5	1.44	1.40	1.37
一次风机 B 轴承振动 Y 向	mm/s	≤4.5	0.82	0.77	0.85

锅炉各项辅机振动和轴承温度未超出规定限值。

（三）记录主要受热面壁温

如表 23-4 所示，锅炉水冷壁、过热器、再热器壁温最高值均未超过壁温限制，锅炉受热面安全。

表 23-4　BRL 工况锅炉受热面金属壁温保护值与设计值对比

名　称	单位	保护值	工况 1	工况 2	工况 3
螺旋水冷壁管壁温（最大值）	℃	450	436	438	435
垂直水冷壁管壁温（最大值）	℃	476	455	465	452
一级过热器壁温（最大值）	℃	534	501	490	482
二级过热器壁温（最大值）	℃	596	552	551	541
三级过热器壁温（最大值）	℃	626	609	607	609
一级再热器壁温（最大值）	℃	552	503	508	497
二级再热器壁温（最大值）	℃	640	611	601	609

（四）入炉煤分析

锅炉 BRL 及高加全切试验工况煤质化验结果见表 23-5。

表 23-5　锅炉 BRL 及高加全切试验工况煤质化验结果

项目	符号	单位	工况 1		工况 2		工况 3	
			BC 磨	DEF 磨	AE 磨	BCD 磨	BC 磨	DEF 磨
收到基碳	C_{ar}	%	56.37	53.00	53.61	53.51	56.37	53.00
收到基氢	H_{ar}	%	3.64	3.45	3.57	3.42	3.64	3.45
收到基氧	O_{ar}	%	9.48	8.97	8.28	10.15	9.48	8.97

续表

项目	符号	单位	工况 1		工况 2		工况 3	
			BC 磨	DEF 磨	AE 磨	BCD 磨	BC 磨	DEF 磨
收到基氮	N_{ar}	%	0.97	0.93	0.95	0.92	0.97	0.93
收到基硫	S_{ar}	%	0.69	1.08	1.54	0.38	0.69	1.08
收到基水分	M_t	%	12.4	12.2	8.8	24.1	12.4	12.2
收到基灰分	A_{ar}	%	16.45	20.37	23.25	7.52	16.45	20.37
收到基挥发分	V_{ar}	%	27.08	25.98	27.03	25.56	27.08	25.98
收到基固定碳	FC_{ar}	%	44.07	41.46	40.93	42.81	44.07	41.46
空干基水分	M_{ad}	%	2.96	5.50	2.24	15.86	2.96	5.50
干燥无灰基挥发分	V_{daf}	%	38.06	38.53	39.78	37.38	38.06	38.53
收到基低位发热量	$Q_{net,ar}$	MJ/kg	21.59	20.23	20.81	20.02	21.59	20.23

试验中，各工况试验煤种均在设计煤种和校核煤种的允许变化范围内，燃料合格。

（五）记录锅炉汽、水品质

如表 23-6 所示，各试验工况锅炉汽水品质合格。

表 23-6　　锅炉 BRL 及高加全切试验工况汽、水品质化验结果

项　目	单位	保护值	工况 1	工况 2	工况 3
凝泵出口 pH	—	9.2～9.6	9.2	9.2	9.3
凝泵出口 Na	μg/L	≤1	0.3	0.3	0.4
凝泵出口 O_2	μg/L	≤20	11	11	11
凝泵出口 SiO_2	μg/L	—	8	8	9
凝泵出口氢电导	μS/cm	≤0.20	0.15	0.14	0.15
省煤器入口 pH	—	9.2～9.6	9.23	9.22	9.24
省煤器入口 SiO_2	μg/L	≤10	9	9	9
省煤器入口电导率	μS/cm	10	6.66	6.66	6.67
省煤器入口氢电导	μS/cm	0.15	0.09	0.09	0.10
主蒸汽 pH	—	9.2～9.6	9.3	9.3	9.3
主蒸汽 SiO_2	μg/L	≤10	7.33	7.34	7.34

（六）结论

（1）锅炉 BRL 出力工况：B～F 磨组运行时，锅炉蒸汽参数符合设计要求，A～E 磨组运行时，锅炉再热蒸汽温度为 590.2℃，未达到设计值，但其他参数符合设计要求。

（2）机组额定出力汽轮机高加全切除试验中，锅炉主蒸汽蒸发量为 2511t/h，锅炉主、再蒸汽温度分别为 600.1℃和 588.5℃，主蒸汽温度满足设计值要求，但再热蒸汽温度低于设计值。

（3）锅炉在 BRL 出力工况及高加全切除工况运行时，锅炉及其辅机系统重要参数均未超出安全范围，能够安全、持续、稳定运行。

二、锅炉最大连续出力（BMCR）工况试验

锅炉 BMCR 工况试验与汽轮机四阀全开（VWO）工况同步进行，试验中应密切关注机

组运行状态，防止锅炉管壁超温、辅机运行异常及汽轮机超压运行。

逐步提高机组出力至试验所需工况并保持运行工况稳定，测量记录机组运行数据。锅炉稳定运行并达到工况持续时间2h以上，由试验现象和试验数据分析，锅炉燃烧稳定、各受热面不超温、各辅机运行稳定，各项指标符合BMCR出力试验标准要求，认定锅炉BMCR出力试验有效，试验结束。试验期间，各记录表如下：

（一）记录锅炉主要运行参数

锅炉BMCR工况运行性能参数与设计值比较见表23-7。

表23-7　锅炉BMCR工况运行性能参数与设计值比较

名　称	单　位	设计值	BMCR工况
机组负荷	MW	—	1070
主蒸汽流量	t/h	3098	3108
主蒸汽温度	℃	605	600.2
主蒸汽压力	MPa	27.46	27.14
再热蒸汽温度	℃	603	602.0
再热蒸汽压力	MPa	5.88	5.97
给水流量	t/h	3098	3108
给水温度	℃	298	297.6
给水压力	MPa	31.46	30.35
引风机A电流	A	≤798	427.3
引风机B电流	A	≤798	423.9
送风机A电流	A	≤301	154.3
送风机B电流	A	≤301	155.0
一次风机A电流	A	≤450	257.9
一次风机B电流	A	≤450	256.4

锅炉各项蒸汽参数指标均满足设计值要求。其中，主蒸汽流量3108t/h大于设计值；主蒸汽温度600.2℃、再热蒸汽温度602.0℃、主蒸汽压力27.14MPa均在设计允许的波动范围内；锅炉从省煤器到过热器出口汽水总压降约为3.21MPa，满足不超过4.0MPa的设计值要求；二次汽压降约为0.16MPa，满足不超过0.2MPa的设计值要求。

（二）记录辅机轴承温度及轴承振动

BMCR工况辅机轴承温度及轴承振动的保护值与运行值对比见表23-8。

表23-8　BMCR工况辅机轴承温度及轴承振动的保护值与运行值对比

名　称	单　位	保护值	BMCR工况
引风机A电机轴承温度	℃	75	43.8
引风机A轴承温度	℃	90	42.4
引风机B电机轴承温度	℃	75	44.5
引风机B轴承温度	℃	90	39.7
送风机A电机轴承温度	℃	85	43.8

续表

名　　称	单　　位	保护值	BMCR 工况
送风机 A 轴承温度	℃	85	42.4
送风机 B 电机轴承温度	℃	85	44.5
送风机 B 轴承温度	℃	85	39.7
一次风机 A 电机轴承温度	℃	75	52.3
一次风机 A 轴承温度	℃	90	61.7
一次风机 B 电机轴承温度	℃	75	52.8
一次风机 B 轴承温度	℃	90	60.8
引风机 A 轴承振动 X 向	mm/s	≤4.6	1.76
引风机 B 轴承振动 X 向	mm/s	≤4.6	1.46
引风机 A 轴承振动 Y 向	mm/s	≤4.6	1.28
引风机 B 轴承振动 Y 向	mm/s	≤4.6	1.37
送风机 A 轴承振动 X 向	mm/s	≤4.5	1.76
送风机 A 轴承振动 Y 向	mm/s	≤4.5	1.28
送风机 B 轴承振动 X 向	mm/s	≤4.5	1.46
送风机 B 轴承振动 Y 向	mm/s	≤4.5	1.37
一次风机 A 轴承振动 X 向	mm/s	≤4.5	1.27
一次风机 A 轴承振动 Y 向	mm/s	≤4.5	0.74
一次风机 B 轴承振动 X 向	mm/s	≤4.5	1.38
一次风机 B 轴承振动 Y 向	mm/s	≤4.5	0.80

锅炉各项辅机均有较大裕量，辅机振动和轴承温度未超出规定限值。

（三）记录主要受热面壁温

BMCR 工况锅炉受热面金属壁温保护值与设计值对比见表 23-9。

表 23-9　　BMCR 工况锅炉受热面金属壁温保护值与设计值对比

名　　称	单　　位	保护值	BMCR 工况
螺旋水冷壁管壁温（最大值）	℃	450	441
垂直水冷壁管壁温（最大值）	℃	476	459
一级过热器壁温（最大值）	℃	534	509
二级过热器壁温（最大值）	℃	596	559
三级过热器壁温（最大值）	℃	626	613
一级再热器壁温（最大值）	℃	552	506
二级再热器壁温（最大值）	℃	640	617

如表 23-9 所示，锅炉水冷壁、过热器、再热器壁温最高值均未超过壁温限制，锅炉受热面安全。

（四）入炉煤分析

锅炉 BMCR 试验工况煤质化验结果见表 23-10。

表 23-10　　锅炉 BMCR 试验工况煤质化验结果

项　目	符号	单位	BC 磨煤机	DEF 磨煤机
收到基碳分	C_{ar}	%	56.37	53.00
收到基氢分	H_{ar}	%	3.64	3.45
收到基氧分	O_{ar}	%	9.48	8.97
收到基氮分	N_{ar}	%	0.97	0.93
收到基硫分	S_{ar}	%	0.69	1.08
收到基水分	M_t	%	12.4	12.2
收到基灰分	A_{ar}	%	16.45	20.37
收到基挥发分	V_{ar}	%	27.08	25.98
收到基固定碳	FC_{ar}	%	44.07	41.46
空干基水分	M_{ad}	%	2.96	5.50
干燥无灰基挥发分	V_{daf}	%	38.06	38.53
收到基低位发热量	$Q_{net,ar}$	MJ/kg	21.59	20.23

试验中，BMCR 工况试验煤种均设计煤种和校核煤种的允许变化范围内，燃料合格。

（五）记录锅炉汽、水品质

锅炉 BMCR 试验工况汽水品质化验结果见表 23-11。

表 23-11　　锅炉 BMCR 试验工况汽水品质化验结果

项　目	单　位	保护值	BMCR
凝泵出口 pH	—	9.2～9.6	9.2
凝泵出口 Na	μg/L	≤1	0.3
凝泵出口 O_2	μg/L	≤20	11
凝泵出口 SiO_2	μg/L	—	8
凝泵出口氢电导	μS/cm	≤0.20	0.15
省煤器入口 pH	—	9.2～9.6	9.23
省煤器入口 SiO_2	μg/L	≤10	9
省煤器入口电导率	μS/cm	10	6.66
省煤器入口氢电导	μS/cm	0.15	0.09
主蒸汽 pH	—	9.2～9.6	9.3
主蒸汽 SiO_2	μg/L	≤10	7.33

（六）记录锅炉省煤器出口氮氧化合物排放

锅炉 BMCR 试验工况 NO_x 排放测试数据见表 23-12。

表 23-12　　锅炉 BMCR 试验工况 NO_x 排放测试数据

项目	省煤器出口 NO_x（6%O_2）（mg/m^3）
BMCR 工况	240

在省煤器出口通过测试 O_2、NO，然后换算到 6%O_2 条件下 NO_x 排放质量浓度为 240mg/m^3，满足不高于 350mg/m^3 的设计值要求。

（七）结论

锅炉 BMCR 出力工况时，NO_x 排放质量浓度满足设计值要求，锅炉蒸汽参数均符合设计要求，锅炉及其辅机系统重要参数均未超出安全范围，能够安全、持续、稳定运行。

三、额定负荷锅炉热效率及空气预热器性能试验

在额定负荷下进行锅炉热效率和空气预热器性能考核试验。

（一）热效率考核试验

锅炉热效率考核试验时至少应做两个平行工况的热效率测试，每次试验工况时间应维持4h。两次热效率测试结果的偏差不能超出标准规定的要求或试验各方试验前的约定（通常规定两次试验锅炉热效率偏差不大于 0.5%），否则重新进行第三次试验，该负荷下的最终热效率为两次试验的平均值。若试验各方有需要，可对最终热效率测试结果的不确定度进行评估。

锅炉热效率考核工况计算结果汇总见表 23-13。

表 23-13　　锅炉热效率考核工况计算结果汇总

项　目	单　位	工况 1	工况 2
环境温度	℃	17.9	18.5
空气相对湿度	%	91	83
就地大气压	kPa	101.5	101.3
基准温度	℃	22.74	24.59
空气预热器出口烟温	℃	124.52	125.41
空气预热器进口烟温	℃	356.25	358.15
飞灰含碳量	%	1.20	0.80
炉渣含碳量	%	0.30	0.40
二氧化碳	%	16.28	16.10
氧气	%	3.04	3.24
一氧化碳	μL/L	35	29
干烟气热损失百分率	%	4.18	4.19
燃料中水的热损失百分率	%	0.12	0.12
氢燃烧生成水引起的热损失百分率	%	0.29	0.29
灰渣中可燃物的热损失百分率	%	0.33	0.21
空气中水蒸气热损失百分率	%	0.09	0.08
生成一氧化碳引起的热损失百分率	%	0.01	0.01
辐射热损失百分率	%	0.21	0.21
未测量的热损失百分率	%	0.30	0.30
锅炉热效率	%	94.46	94.58
修正后锅炉热效率	%	94.57	94.66

由表 23-13 可知，两个工况锅炉热效率分别为 94.57%和 94.66%，两者相差 0.09%，小于两个工况偏差不大于 0.5%的要求，试验有效，锅炉最终热效率为 94.62%，达到锅炉热效率不低于 93.60%的要求。锅炉热效率较设计值明显偏高，主要是由于试验中灰、渣含

碳量很低，排烟温度也略低于设计值，这导致干烟气热损失和灰渣中可燃物带来的热损失远远低于设计值，虽然燃料中水分和氢成分造成的热损失有所上升，但其完全不足以抵消前者带来的影响，因此，锅炉热效率较设计值显著偏好。

（二）空气预热器性能考核试验

空气预热器性能考核试验与锅炉热效率考核试验同步进行。在空气预热器进、出口同时测量空气侧温度、静压、含氧量及烟气侧温度、静压、含氧量，计算得出空气预热器漏风率、阻力。

空气预热器考核工况计算结果汇总见表 23-14，空气预热器性能综合评价见表 23-15。

表 23-14　　空气预热器考核工况计算结果汇总

项　　目	单位	工况 1		工况 2	
		A 侧	B 侧	A 侧	B 侧
环境温度	℃	17.9	17.9	18.5	18.5
空气预热器入口一次风温	℃	29.4	29.1	31.1	30.9
空气预热器入口二次风温	℃	22.7	19.6	24.7	21.3
空气预热器入口一次风压	kPa	11.02	11.06	11.05	11.08
空气预热器入口二次风压	kPa	2.29	2.29	2.36	2.35
空气预热器入口烟温	℃	354.8	357.7	358.5	357.8
空气预热器入口烟压	kPa	−1.29	−1.29	−1.19	−1.20
空气预热器出口一次风温	℃	312.0	318.2	314.6	319.9
空气预热器出口二次风温	℃	322.8	324.1	324.8	326.3
空气预热器出口一次风压	kPa	9.92	9.97	10.01	10.07
空气预热器出口二次风压	kPa	1.51	1.51	1.57	1.57
空气预热器出口烟温	℃	125.2	123.9	126.0	124.8
空气预热器出口烟压	kPa	−2.56	−2.50	−2.44	−2.36
空气预热器入口一氧化碳含量	μL/L	81	18	37	43
空气预热器入口氧量	%	2.32	2.49	2.53	2.72
空气预热器出口一氧化碳含量	μL/L	59	11	26	32
空气预热器出口氧量	%	2.92	3.15	3.10	3.37
空气预热器漏风率	%	2.96	3.30	2.84	3.30
空气预热器一次风阻力	Pa	1166	1157	1105	1076
空气预热器二次风阻力	Pa	847	848	856	847
空气预热器烟气侧阻力	Pa	1183	1122	1163	1073

表 23-15　　空气预热器性能综合评价

项　　目	单位	A 侧	B 侧
空气预热器漏风率	%	2.90	3.30
空气预热器一次风阻力	kPa	1136	1116
空气预热器二次风阻力	kPa	851	847
空气预热器烟气侧阻力	kPa	1173	1097

由表 23-14 和表 23-15 可知，空气预热器在机组额定负荷下，A/B 侧空气预热器漏风率为 2.90%/3.30%，满足不高于 3.5%的设计值要求；A/B 侧空气预热器一次风阻力为 1136Pa/1116Pa，没有达到不大于 510Pa 的设计值要求；A/B 侧空气预热器二次风阻力为 851Pa/847Pa，满足不大于 1083Pa 的设计值要求；A/B 侧空气预热器烟气侧阻力为 1173Pa/1097Pa，满足不大于 1394Pa 的设计值要求。以上各项参数表明，锅炉空气预热器性能指标除一次风阻力外均达到设计值要求。

四、锅炉断油最低出力试验

（1）锅炉燃用设计煤种或接近设计煤种，并保持稳定。

（2）锅炉由高负荷逐渐降低至 30%BMCR 负荷。

（3）降负荷过程中，根据锅炉负荷的变化情况，及时调整给煤量、风量及水量使之与负荷相匹配。

（4）燃烧调整时保持中、下层磨煤机火嘴燃烧稳定，停运磨煤机时逐台进行，先停上层，后停下层。

（5）在锅炉降负荷过程中将燃料自动切为手动。严格控制降负荷速度，以免操作跟不上，造成炉膛熄火或汽温突变，甚至发生超温的现象。

（6）降负荷过程中应注意减温水和一、二次风风量、风压的跟踪调整。

（7）锅炉降负荷分阶段进行，在不同试验遵循不同原则。

1）80%～100%负荷区间：锅炉蒸发量每下降 10%BMCR，稳定燃烧 30min，对工况进行调整，检查一切正常后，继续降负荷。

2）60%～80%负荷区间：

① 锅炉蒸发量每下降 5%BMCR，稳定燃烧 30min，对工况进行调整，检查一切正常后，继续降负荷。

② 降负荷过程中，及时调整一次风量，检查运行火嘴的燃烧情况，煤粉着火点应距离喷口 0.5m 左右。

③ 若发现锅炉燃烧不稳、炉膛负压波动较大时，应及时根据情况投入油枪系统助燃，避免炉膛熄火 MFT 事故的发生。在进行必要调整后，依次撤掉油枪并注意维持炉膛燃烧稳定。

④ 保证运行中的一次风喷嘴出口风速应正常，避免因过大的风速而导致的着火推迟及燃烧不稳定的现象。

⑤ 保证一次风温正常，不能太低，否则不利于煤粉的燃烧。

⑥ 低负荷时首先保证下层的磨煤机运行稳定并维持正常出力，用上层磨煤机的出力来调整负荷，调整过程中，保证锅炉燃烧稳定，火检指示稳定。

3）30%～60%负荷区间：

① 锅炉蒸发量每下降 3%BMCR，稳定燃烧 30min，对工况进行调整，检查一切正常后，继续降负荷。

② 降负荷过程中，应及时调整一次风量，检查运行火嘴的燃烧情况，煤粉着火点应距离喷口 0.5m 左右。

③ 若发现锅炉燃烧不稳、炉膛负压波动较大时，应及时根据情况投入油枪系统助燃，避免炉膛熄火 MFT 事故的发生。在进行必要的工况调整后，依次撤掉油枪并注意维持炉膛

燃烧稳定。

④ 保证运行中的一次风喷嘴出口风速应正常，避免因过大的风速而导致的着火推迟及燃烧不稳定的现象。

⑤ 保证一次风温应正常，不能太低，否则不利于煤粉的燃烧。

⑥ 低负荷时首先保证下层的磨煤机运行稳定并维持正常出力，用上层磨煤机的出力来调整负荷，调整过程中，保证锅炉燃烧稳定，火检指示稳定。

⑦ 用远红外辐射高温计在燃烧器区域各看火孔测量燃烧器根部温度。

⑧ 当锅炉达到30%BMCR目标负荷且燃烧工况稳定后正式开始试验，试验持续时间为2h。

（8）以某1000MW机组为例，对低负荷断油出力工况下的锅炉运行状态做简单描述。该锅炉低负荷断油出力工况下的主燃烧区域温度见表23-16、锅炉表盘运行参数与设计值的对比见表23-17、辅机轴承温度及轴承振动的保护值与运行值对比见表23-18、锅炉受热面金属壁温保护值与设计值对比见表23-19。表23-16～表23-19的数据表明：

1）机组负荷330MW，锅炉蒸发量928t/h，历时2h。在此负荷下锅炉投用BC两套制粉系统、两台一次风机、两台送风机、两台引风机，没有投油助燃。

2）试验期间，炉膛负压稳定，炉膛温度较高，其中主燃烧区域最低温度在970℃以上，主燃烧器区域平均温度为1044℃，现场观察，火焰呈光亮的金黄色稳定燃烧状况。从喷燃器火检信号分析，火检信号强度在95%以上，火检信号强度稳定。锅炉主、再蒸汽温度较低，未达到设计值。

（9）结论：

1）试验期间，锅炉主蒸汽流量为928t/h，电负荷为330MW，达到不高于30%BMCR设计值要求。

2）试验期间，锅炉可不投油全燃煤稳定运行，炉膛负压稳定，炉膛温度较高，燃烧稳定，试验有效。

3）试验期间，锅炉主、再蒸汽温度较低，未达到设计值，其他重要参数均未超出安全波动范围，达到设计要求，锅炉可连续、稳定地运行。

表23-16　主燃烧区域温度　　单位：℃

项　目	＃1	＃2	＃3	＃4
B层	970	994	983	1025
C层	1055	1129	1048	1139

表23-17　锅炉表盘运行参数与设计值的对比

项　目	单　位	设计值	试验值
机组负荷	MW	—	330
主汽压力	MPa	10.24	12.21
主汽温度	℃	605	559
主蒸汽流量	t/h	931	928
再热汽出口压力	MPa	2.00	1.91
再热汽出口温度	℃	572	555
给水温度	℃	229	232

表 23-18 辅机轴承温度及轴承振动的保护值与运行值对比

项　目	单　位	保护值	试验值
A引风机电机轴承温度	℃	75	45.0
A引风机轴承温度	℃	90	43.8
B引风机电机轴承温度	℃	75	46.0
B引风机轴承温度	℃	90	41.0
A送风机电机轴承温度	℃	85	35.9
A送风机轴承温度	℃	85	39.6
B送风机电机轴承温度	℃	85	32.3
B送风机轴承温度	℃	85	48.5
A一次风机电机轴承温度	℃	75	51.1
A一次风机轴承温度	℃	90	58.1
B一次风机电机轴承温度	℃	75	51.3
B一次风机轴承温度	℃	90	58.7
A引风机轴承振动 X/Y 向	mm/s	≤4.6	1.40/1.61
B引风机轴承振动 X/Y 向	mm/s	≤4.6	1.26/1.00
A送风机轴承振动 X/Y 向	mm/s	≤4.5	1.02/0.69
B送风机轴承振动 X/Y 向	mm/s	≤4.5	0.86/0.78
A一次风机轴承振动 X/Y 向	mm/s	≤4.5	0.80/0.71
B一次风机轴承振动 X/Y 向	mm/s	≤4.5	1.26/0.75

表 23-19 锅炉受热面金属壁温保护值与设计值对比

项　目	单　位	保护值	试验值
螺旋水冷壁管壁温（最大值）	℃	450	332
垂直水冷壁管壁温（最大值）	℃	476	368
一级过热器壁温（最大值）	℃	534	485
二级过热器壁温（最大值）	℃	596	537
三级过热器壁温（最大值）	℃	626	568
一级再热器壁温（最大值）	℃	552	481
二级再热器壁温（最大值）	℃	640	551

五、磨煤机磨煤单位功耗试验

以某1000MW机组为例，选取一台主力磨煤机（D磨煤机）进行磨煤单位功耗试验，磨煤机保持在额定出力工况。试验期间D磨煤机出力101.5t/h，平均煤粉细度 R_{90} 为21.31%，磨煤机磨煤试验单位功耗为8.32kW·h/t，修正后磨煤单位功耗为8.39W·h/t，满足厂家的试验单位功耗不高于10.2kW·h/t的保证值要求，试验期间石子煤排量正常。具体数据见表23-20。

表 23-20 磨煤机额定出力工况磨煤单位功耗试验数据

项 目	单 位	数 值
磨煤机出力	t/h	101.5
磨煤机进口一次风量	t/h	158.1
磨煤机进口一次风压	kPa	9.85
磨煤机进口一次风温	℃	177.1
磨碗进出口差压	kPa	3.25
磨煤机出口风温	℃	69.70
磨煤机电流	A	96.21
磨煤机功率	kW	844
磨煤机磨煤耗电率	kW·h/t	8.32
修正后磨煤机出力	t/h	100.54
修正后磨煤机磨煤耗电率	kW·h/t	8.39
平均煤粉细度 R_{90}	%	21.31
平均煤粉均匀性指数	—	1.00

六、磨煤机出力试验

以某1000MW机组为例，选取一台主力磨煤机（D磨煤机）进行磨煤机额定出力和最大出力工况试验。由于磨煤机磨煤单位功耗试验是在磨煤机额定出力工况下进行的，故这里只介绍磨煤机最大出力试验工况。见表23-20和表23-21所示，磨煤机在额定出力时，磨煤机出力为101.5t/h，煤粉细度R_{90}为21.31%，经修正后磨煤机出力为100.54t/h，符合其保证不低于100.4t/h的要求；但磨煤机的最大出力仅达到106.6t/h，煤粉细度R_{90}为23.59%，经修正后磨煤机出力只有102.55t/h，低于其最大出力为111.6t/h的设计值要求。

表 23-21 磨煤机出力试验数据

项 目	单 位	数 值
磨煤机出力	t/h	106.6
磨煤机进口一次风量	t/h	156.1
磨煤机进口一次风压	kPa	9.92
磨煤机进口一次风温	℃	200.1
磨碗进出口差压	kPa	3.47
磨煤机出口风温	℃	68.67
磨煤机电流	A	102.21
磨煤机功率	kW	897
磨煤机磨煤耗电率	kW·h/t	8.41
修正后磨煤机出力	t/h	102.55
修正后磨煤机磨煤耗电率	kW·h/t	8.75
平均煤粉细度 R_{90}	%	23.59
平均煤粉均匀性指数	—	1.02

七、机组散热试验

（1）在机组出力大于90%额定负荷，天气无雨、无雪，环境风速小于0.5m/s时进行。

（2）对保温结构的表面温度测量采用红外辐射温度计法。

（3）在锅炉的炉墙、炉顶、炉底、一次风道、二次风道、送粉管、尾部烟道、燃烧器区和电除尘器，汽轮机的高中压缸本体、低加、高加，除氧器，以及主汽管道、冷再及热再管道、高压给水管道、抽汽管道、辅助蒸汽母管、主要阀门等处至少5点进行保温结构的表面温度、环境温度及风速的测量。

八、锅炉负荷特性试验

机组电负荷分别在1000、900、800、700MW四个工况下运行，对锅炉进行全面测量。锅炉主要运行及测量参数表23-22所示。

表23-22　　不同负荷下锅炉性能试验参数

参　数	单位	1000MW	900MW	800MW	700MW
表盘氧量	%	3.14	3.82	3.84	4.17
过热蒸汽温度（A/B/C/D）	℃	602.3/600.3/601.6/601.0	599.8/600.2/599.5/599.1	601.0/600.1/600.4/600.6	598.6/598.7/598.8/599.1
过热蒸汽最大温差	℃	2.0	1.1	0.9	0.5
再热蒸汽温度（A/B/C/D）	℃	593.8/600.0/601.6/599.1	572.3/589.7/595.3/577.2	576.0/595.1/590.0/577.3	568.6/581.8/591.8/567.9
再热蒸汽最大温差	℃	7.8	23.0	19.1	23.9
送风机电流（A/B）	A	133.5/131.2	111.7/113.3	101.3/102.5	96.7/96.1
引风机电流（A/B）	A	377.4/378.3	358.1/354.6	331.2/330.3	308.3/307.6
一次风机电流（A/B）	A	224.8/224.1	233.5/233.4	217.7/218.4	192.1/195.1
空预器出口实测CO（A/B）	μL/L	26/32	17/24	13/21	12/22
折算到6%O_2 SCR入口实测NO_x排放浓度	mg/m³	256	290	314	369
实测排烟温度（A/B）	℃	126.0/124.8	121.8/120.9	121.5/119.1	115.3/112.6
修正后排烟温度	℃	125.41	126.08	126.30	119.20
飞灰可燃物含量	%	0.80	1.24	1.05	0.73
炉渣可燃物含量	%	0.40	0.67	0.96	0.93
锅炉热效率	%	94.58	93.90	93.64	94.08
修正后锅炉热效率	%	94.66	94.18	94.02	94.35

在700～1000MW负荷区间，过热蒸汽温度均达到了设计值，而对于再热蒸汽，除1000MW负荷外，其他几个负荷其蒸汽温度均未达到设计值。

从表23-22数据也可以看出，在各个负荷，锅炉的灰渣燃尽特性较好，排烟中CO含量很低，排烟温度也较低，该锅炉在1000MW附近时锅炉热效率最高。随着锅炉负荷从高到低，锅炉热效率逐渐下降，在800MW负荷时达到一个极小值，然后锅炉热效率逐渐回升。随负荷的降低，锅炉的NO_x排放浓度呈逐渐走高趋势。机组在800MW以上负荷时，锅炉的NO_x排放浓度均低于设计值要求（不高于350mg/m³），但800MW以下负荷时，锅炉的

NO_x排放浓度上升较快，其中700MW负荷时的NO_x排放浓度虽仍低于400mg/m^3、但已高于350mg/m^3，其主要原因是此时运行氧量较高且燃尽风风量份额下降较快所致。

在不同负荷下，锅炉过热蒸汽温度偏差较小，均在可接受的范围之内，但锅炉的再热蒸汽温度偏差较大。

九、锅炉启、停特性试验

在机组启、停过程中进行锅炉冷态、温度和热态启、停特性试验，记录其相应数据。

十、变工况特性试验

在机组运行过程中分别在定压和滑压工况下进行锅炉负荷连续变化率测试，记录每分钟的负荷变化率。

第十节 试 验 报 告

一、试验目的

二、试验标准

三、试验内容

四、设备规范

五、性能设计值

六、测量项目及方法

七、试验步骤

八、试验数据处理方法

九、试验结果及分析

十、试验结论

十一、附录（含运行数据、煤/灰/渣化验报告、仪器检定证书、工况会签确认单，见附表23-23～附表23-30）

表23-23　锅炉出力（最大、额定、最低）试验数据汇总表

项　目	单位	数据来源	数值
时间	—	实测	
负荷	MW	表盘	
总燃料量	t/h	表盘	
主蒸汽流量	t/h	表盘	
主蒸汽温度	℃	表盘	
主蒸汽压力	MPa	表盘	
再热蒸汽温度	℃	表盘	
再热蒸汽压力	MPa	表盘	
A/B/C/D/E/F分离器出口温度	℃	表盘	
给水流量	t/h	表盘	
给水温度	℃	表盘	
给水压力	MPa	表盘	

续表

项目	单位	数据来源	数值
过热器一级减温器进口温度 1/2/3/4	℃	表盘	
过热器一级减温器进口压力 1/2/3/4	MPa	表盘	
过热器一级减温器出口温度 1/2/3/4	℃	表盘	
一级减温水流量 A/B/C/D	t/h	表盘	
过热器二级减温器进口温度 1/2/3/4	℃	表盘	
过热器二级减温器出口温度 1/2/3/4	℃	表盘	
二级减温水流量 A/B/C/D	t/h	表盘	
过热器三级减温器出口温度 1/2/3/4	℃	表盘	
过热器三级减温器出口压力 1/2/3/4	MPa	表盘	
再热器减温水总管温度	℃	表盘	
再热器减温水总管压力	MPa	表盘	
再热器事故喷水减温器进口温度 A/B	℃	表盘	
再热器事故喷水减温器进口压力 A/B	MPa	表盘	
再热器事故喷水减温器出口温度 A/B	℃	表盘	
再热事故喷水流量 A/B	t/h	表盘	
再热器微量喷水减温器进口温度 1/2/3/4	℃	表盘	
再热器微量喷水减温器出口温度 1/2/3/4	℃	表盘	
再热微量喷水流量 A/B/C/D	t/h	表盘	
二级再热器出口蒸汽温度 1/2/3/4	℃	表盘	
二级再热器出口蒸汽压力 1/2/3/4	MPa	表盘	
省煤器出口烟气氧量	%	表盘	
炉膛压力	Pa	表盘	
A/B 引风机电流	A	表盘	
A/B 引风机出口烟气温度	℃	表盘	
A/B 引风机出口烟气压力	kPa	表盘	
A/B 引风机入口烟气压力	kPa	表盘	
A/B 引风机静叶调节挡板阀位	%	表盘	
A/B 引风机电机轴承温度	℃	表盘	
A/B 引风机轴承温度	℃	表盘	
A/B 引风机电机润滑油温度	℃	表盘	
A/B 引风机电机定子绕组线圈温度	℃	表盘	
A/B 引风机轴承振动 X 向	mm/s	表盘	
A/B 引风机轴承振动 Y 向	mm/s	表盘	
A/B 送风机电流	A	表盘	
A/B 送风机出口温度	℃	表盘	
A/B 送风机出口压力	kPa	表盘	
A/B 送风机电机线圈温度	℃	表盘	

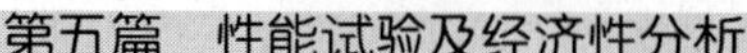

续表

项　　目	单位	数据来源	数值
A/B送风机电机轴承温度	℃	表盘	
A/B送风机轴承温度	℃	表盘	
A/B送风机电机润滑油温度	℃	表盘	
A/B送风机调节挡板执行机构阀位	%	表盘	
A/B送风机轴承振动 X 向	mm/s	表盘	
A/B送风机轴承振动 Y 向	mm/s	表盘	
A/B一次风机电流	A	表盘	
A/B一次风机电流	A	表盘	
A/B一次风机出口温度	℃	表盘	
A/B一次风机出口压力	kPa	表盘	
A/B一次风机电机线圈温度	℃	表盘	
A/B一次风机电机轴承温度	℃	表盘	
A/B一次风机轴承温度	℃	表盘	
A/B一次风机电机润滑油温度	℃	表盘	
A/B一次风机调节挡板阀位	%	表盘	
A/B一次风机轴承振动 X 向	mm/s	表盘	
A/B一次风机轴承振动 Y 向	mm/s	表盘	
A/B空气预热器后一次风压	kPa	表盘	
A/B空气预热器后二次风压	kPa	表盘	
A/B空气预热器进口烟压	kPa	表盘	
A/B空气预热器出口烟压	kPa	表盘	
A/B空气预热器进口烟温	℃	表盘	
A/B空气预热器出口烟温	℃	表盘	
A/B空气预热器出口一次风温	℃	表盘	
A/B空气预热器出口二次风温	℃	表盘	
A/B/C/D/E/F磨给煤量	t/h	表盘	
A/B/C/D/E/F磨风量	t/h	表盘	
A/B/C/D/E/F磨进口风压	kPa	表盘	
A/B/C/D/E/F磨出口风压	kPa	表盘	
A/B/C/D/E/F磨压差	kPa	表盘	
A/B/C/D/E/F磨出口风温	℃	表盘	
A/B/C/D/E/F磨电流	A	表盘	
A/B/C/D/E/F磨电机线圈温度	℃	表盘	
A/B/C/D/E/F磨电机轴承温度	℃	表盘	
A/B/C/D/E/F磨减速箱推力轴承温度	℃	表盘	
A/B/C/D/E/F磨减速箱输入端轴承温度	℃	表盘	
A/B/C/D/E/F磨旋转分离器轴承温度	℃	表盘	

续表

项　　目	单位	数据来源	数值
螺旋水冷壁管壁温（最大值）	℃	表盘	
垂直水冷壁管壁温（最大值）	℃	表盘	
一级过热器壁温（最大值）	℃	表盘	
二级过热器壁温（最大值）	℃	表盘	
三级过热器壁温（最大值）	℃	表盘	
一级再热器壁温（最大值）	℃	表盘	
二级再热器壁温（最大值）	℃	表盘	
凝结水泵出口 pH	—	实测	
凝结水泵出口 Na	μg/L	实测	
凝结水泵出口 O_2	μg/L	实测	
凝结水泵出口 SiO_2	μg/L	实测	
凝结水泵出口氢电导	μS/cm	实测	
省煤器入口 pH	—	实测	
省煤器入口 SiO_2	μg/L	实测	
省煤器入口电导率	μS/cm	实测	
省煤器入口氢电导	μS/cm	实测	
主蒸汽 pH	—	实测	
主蒸汽 SiO_2	μg/L	实测	
环境温度	℃	实测	
空气相对湿度	%	实测	
就地大气压	kPa	实测	
空气预热器出口烟温	℃	实测	
空气预热器进口烟温	℃	实测	
氧气	%	实测	
一氧化碳	μL/L	实测	
收到基碳分	%	取样分析	
收到基氢分	%	取样分析	
收到基氧分	%	取样分析	
收到基氮分	%	取样分析	
收到基硫分	%	取样分析	
收到基水分	%	取样分析	
空干基水分	%	取样分析	
收到基灰分	%	取样分析	
收到基低位发热量	kJ/kg	取样分析	
飞灰含碳量	%	取样分析	
炉渣含碳量	%	取样分析	
干烟气热损失百分率	%	计算	

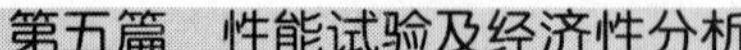

续表

项　　目	单位	数据来源	数值
燃料中水的热损失百分率	%	计算	
氢燃烧生成水引起的热损失百分率	%	计算	
灰渣中可燃物的热损失百分率	%	计算	
空气中水蒸气热损失百分率	%	计算	
生成一氧化碳引起的热损失百分率	%	计算	
辐射热损失百分率	%	计算	
未测量的热损失百分率	%	计算	
锅炉热效率	%	计算	
修正后锅炉热效率	%	计算	

表 23-24　　锅炉不同负荷下性能试验数据汇总表

项　　目	单位	数据来源	数值
时间	—	实测	
负荷	MW	表盘	
总燃料量	t/h	表盘	
主蒸汽流量	t/h	表盘	
主蒸汽温度	℃	表盘	
主蒸汽压力	MPa	表盘	
再热蒸汽温度	℃	表盘	
再热蒸汽压力	MPa	表盘	
A/B/C/D/E/F 分离器出口温度	℃	表盘	
给水流量	t/h	表盘	
给水温度	℃	表盘	
给水压力	MPa	表盘	
过热器一级减温器进口温度 1/2/3/4	℃	表盘	
过热器一级减温器进口压力 1/2/3/4	MPa	表盘	
过热器一级减温器出口温度 1/2/3/4	℃	表盘	
一级减温水流量 A/B/C/D	t/h	表盘	
过热器二级减温器进口温度 1/2/3/4	℃	表盘	
过热器二级减温器出口温度 1/2/3/4	℃	表盘	
二级减温水流量 A/B/C/D	t/h	表盘	
过热器三级减温器出口温度 1/2/3/4	℃	表盘	
过热器三级减温器出口压力 1/2/3/4	MPa	表盘	
再热器减温水总管温度	℃	表盘	
再热器减温水总管压力	MPa	表盘	
再热器事故喷水减温器进口温度 A/B	℃	表盘	
再热器事故喷水减温器进口压力 A/B	MPa	表盘	

续表

项　　目	单位	数据来源	数值
再热器事故喷水减温器出口温度 A/B	℃	表盘	
再热事故喷水流量 A/B	t/h	表盘	
再热器微量喷水减温器进口温度 1/2/3/4	℃	表盘	
再热器微量喷水减温器出口温度 1/2/3/4	℃	表盘	
再热微量喷水流量 A/B/C/D	t/h	表盘	
二级再热器出口蒸汽温度 1/2/3/4	℃	表盘	
二级再热器出口蒸汽压力 1/2/3/4	MPa	表盘	
省煤器出口烟气氧量	%	表盘	
炉膛压力	Pa	表盘	
A/B 引风机电流	A	表盘	
A/B 引风机出口烟气温度	℃	表盘	
A/B 引风机出口烟气压力	kPa	表盘	
A/B 引风机入口烟气压力	kPa	表盘	
A/B 引风机静叶调节挡板阀位	%	表盘	
A/B 送风机电流	A	表盘	
A/B 送风机出口温度	℃	表盘	
A/B 送风机出口压力	kPa	表盘	
A/B 送风机调节挡板执行机构阀位	%	表盘	
A/B 一次风机电流	A	表盘	
A/B 一次风机电流	A	表盘	
A/B 一次风机出口温度	℃	表盘	
A/B 一次风机出口压力	kPa	表盘	
A/B 一次风机调节挡板阀位	%	表盘	
A/B 空气预热器后一次风压	kPa	表盘	
A/B 空气预热器后二次风压	kPa	表盘	
A/B 空气预热器进口烟压	kPa	表盘	
A/B 空气预热器出口烟压	kPa	表盘	
A/B 空气预热器进口烟温	℃	表盘	
A/B 空气预热器出口烟温	℃	表盘	
A/B 空气预热器出口一次风温	℃	表盘	
A/B 空气预热器出口二次风温	℃	表盘	
A/B/C/D/E/F 磨给煤量	t/h	表盘	
A/B/C/D/E/F 磨风量	t/h	表盘	
A/B/C/D/E/F 磨进口风压	kPa	表盘	

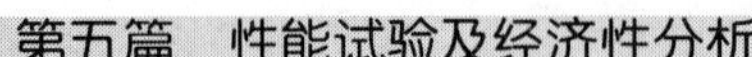

续表

项　　目	单位	数据来源	数值
A/B/C/D/E/F 磨出口风压	kPa	表盘	
A/B/C/D/E/F 磨压差	kPa	表盘	
A/B/C/D/E/F 磨出口风温	℃	表盘	
A/B/C/D/E/F 磨电流	A	表盘	
环境温度	℃	实测	
空气相对湿度	%	实测	
就地大气压	kPa	实测	
空气预热器出口烟温	℃	实测	
空气预热器进口烟温	℃	实测	
氧气	%	实测	
一氧化碳	μL/L	实测	
收到基碳	%	取样分析	
收到基氢	%	取样分析	
收到基氧	%	取样分析	
收到基氮	%	取样分析	
收到基硫	%	取样分析	
收到基水	%	取样分析	
空干基水	%	取样分析	
收到基灰分	%	取样分析	
收到基低位发热量	kJ/kg	取样分析	
飞灰含碳量	%	取样分析	
炉渣含碳量	%	取样分析	
干烟气热损失百分率	%	计算	
燃料中水的热损失百分率	%	计算	
氢燃烧生成水引起的热损失百分率	%	计算	
灰渣中可燃物的热损失百分率	%	计算	
空气中水蒸气热损失百分率	%	计算	
生成一氧化碳引起的热损失百分率	%	计算	
辐射热损失百分率	%	计算	
未测量的热损失百分率	%	计算	
锅炉热效率	%	计算	
修正后锅炉热效率	%	计算	

表 23-25　　锅炉变负荷试验结果

项　　目	单位	负荷 1	负荷 2	负荷 3	负荷 4
负荷变化率	MW/min				
运行磨组	—				

续表

项　　目	单位	负荷 1	负荷 2	负荷 3	负荷 4
表盘氧量	%				
给水流量	t/h				
给煤量（A/B/C/D/E/F）	t/h				
过热蒸汽温度（A/B/C/D）	℃				
再热蒸汽温度（A/B/C/D）	℃				
螺旋水冷壁管壁温（最大值）	℃				
垂直水冷壁管壁温（最大值）	℃				
一级过热器壁温（最大值）	℃				
二级过热器壁温（最大值）	℃				
三级过热器壁温（最大值）	℃				
一级再热器壁温（最大值）	℃				
二级再热器壁温（最大值）	℃				
一次风机电流（A/B）	A				
送风机电流（A/B）	A				
引风机电流（A/B）	A				

表 23-26　　磨煤机出力/单耗试验数据汇总表

项　　目	单　　位	数据来源	数　　值
机组负荷	MW	表盘	
主蒸汽压力	MPa	表盘	
主蒸汽温度	℃	表盘	
主蒸汽流量	t/h	表盘	
锅炉总给煤量	t/h	表盘	
磨煤机出力	t/h	表盘	
再热蒸汽出口温度	℃	表盘	
空气预热器出口一次风温（甲/乙）	℃	表盘	
磨煤机进口一次风量	t/h	表盘	
磨煤机进口一次风压	kPa	表盘	
磨煤机进口一次风温	℃	表盘	
磨碗进出口差压	kPa	表盘	
磨煤机出口风压 1	kPa	表盘	
磨煤机出口风压 2	kPa	表盘	
磨煤机出口风温	℃	表盘	
空气预热器出口一次风压（甲/乙）	kPa	表盘	
磨进口热风门开度	%	表盘	

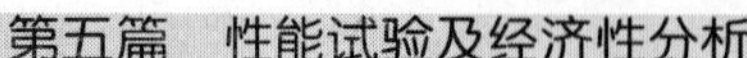

续表

项　　目	单　　位	数据来源	数　　值
磨进口冷风门开度	%	表盘	
磨煤机电流	A	表盘	
一次风机电流	A	表盘	
一次风机出口风压	kPa	表盘	
密封风差压	kPa	表盘	
磨煤机功率	kW	实测	
动态分离器转速	r/min	表盘	
石子煤量	kg/h	实测	
磨煤机磨煤耗电率	kW·h/t	计算	
哈氏可磨性指数 HGI	—	计算	
可磨性指数修正系数 f_H	—	计算	
煤粉细度修正系数 f_R	—	计算	
煤的全水分修正系数 f_M	—	计算	
煤的灰分修正系数 f_A	—	计算	
修正后磨煤机出力	t/h	计算	
修正后磨煤机磨煤耗电率	kW·h/t	计算	
磨出口管 1 煤粉取样质量	g	实测	
磨出口管 2 煤粉取样质量	g	实测	
磨出口管 3 煤粉取样质量	g	实测	
磨出口管 4 煤粉取样质量	g	实测	
平均取样煤粉质量	g	计算	
磨出口管 1 煤粉分配偏差率	%	计算	
磨出口管 2 煤粉分配偏差率	%	计算	
磨出口管 3 煤粉分配偏差率	%	计算	
磨出口管 4 煤粉分配偏差率	%	计算	
磨出口管 1 煤粉细度 R_{90}	%	实测	
磨出口管 1 煤粉细度 R_{200}	%	实测	
磨出口管 1 煤粉均匀性指数	—	计算	
磨出口管 2 煤粉细度 R_{90}	%	实测	
磨出口管 2 煤粉细度 R_{200}	%	实测	
磨出口管 2 煤粉均匀性指数	—	计算	
磨出口管 3 煤粉细度 R_{90}	%	实测	

续表

项　　目	单　　位	数据来源	数　　值
磨出口管 3 煤粉细度 R_{200}	%	实测	
磨出口管 3 煤粉均匀性指数	—	计算	
磨出口管 4 煤粉细度 R_{90}	%	实测	
磨出口管 4 煤粉细度 R_{200}	%	实测	
磨出口管 4 煤粉均匀性指数	—	计算	
平均煤粉细度 R_{90}	%	计算	
平均煤粉均匀性指数	—	计算	
磨出口管 1 煤粉细度分配偏差	%	计算	
磨出口管 2 煤粉细度分配偏差	%	计算	
磨出口管 3 煤粉细度分配偏差	%	计算	
磨出口管 4 煤粉细度分配偏差	%	计算	
原煤全水分	%	实测	
磨出口管 1 煤粉取样含水率	%	实测	
磨出口管 2 煤粉取样含水率	%	实测	
磨出口管 3 煤粉取样含水率	%	实测	
磨出口管 4 煤粉取样含水率	%	实测	
平均煤粉取样含水率	%	计算	
管 1 压力平衡管静压	kPa	实测	
管 2 压力平衡管静压	kPa	实测	
管 3 压力平衡管静压	kPa	实测	
管 4 压力平衡管静压	kPa	实测	
煤粉浓度 1	kg/kg	计算	
煤粉浓度 2	kg/kg	计算	
煤粉浓度 3	kg/kg	计算	
煤粉浓度 4	kg/kg	计算	
风管 1 风速	m/s	实测	
风管 2 风速	m/s	实测	
风管 3 风速	m/s	实测	
风管 4 风速	m/s	实测	
通风量	km^3/h	计算	
煤粉管平均通风速度	m/s	计算	
风管 1 风速偏差	%	计算	

续表

项　目	单　位	数据来源	数　值
风管 2 风速偏差	%	计算	
风管 3 风速偏差	%	计算	
风管 4 风速偏差	%	计算	

表 23-27　　机组散热试验数据汇总表

测试部位	保温层外表面温度（℃）	环境温度（℃）	环境风速（m/s）	保温层内表面金属温度（℃）	折算保温层外表面温度（℃）	折算散热损失（W/m²）	散热损失超标率（%）	结论
	实测	实测	实测	表盘	计算	计算	计算	合格或不合格
汽水分离器								
汽水分离器回水管								
炉顶二次密封								
燃烧器区域								
二次风箱								
锅炉侧墙（烟温探针）								
锅炉侧墙（工业电视）								
水平烟道（固）								
空气预热器一次风室								
空气预热器烟气室								
一次风道								
送粉管								
二次风道								
电除尘进口烟道								
电除尘器								
高压缸								
中压缸								
低压缸								
汽泵								
主汽管道								
热再管道								
冷再管道								
1 号高加进水侧								
1 号高加出水侧								
1 号高加抽汽侧								
1 号高加本体								

续表

测试部位	保温层外表面温度（℃）	环境温度（℃）	环境风速（m/s）	保温层内表面金属温度（℃）	折算保温层外表面温度（℃）	折算散热损失（W/m^2）	散热损失超标率（%）	结论
	实测	实测	实测	表盘	计算	计算	计算	合格或不合格
2号高加进水侧								
2号高加出水侧								
2号高加抽汽侧								
2号高加本体								
3号高加进水侧								
3号高加出水侧								
3号高加抽汽侧								
3号高加本体								
除氧器进水侧								
除氧器出水侧								
除氧器抽汽侧								
除氧器本体								
5号低加进水侧								
5号低加出水侧								
5号低加抽汽侧								
5号低加本体								
6号低加进水侧								
6号低加出水侧								
6号低加抽汽侧								
6号低加本体								
6号低加本体								
高压旁路								
低压旁路								
主汽阀								
中联门								
炉侧给水管道								
机侧给水管道								
厂用蒸汽母管								

表 23-28　　磨煤机性能试验会签表

<table>
<tr><td colspan="2">磨煤机性能试验认可书

电　　厂：　　　　机　　组：
试验项目：　　　　试验工况：
试验日期：　　　　试验单位：</td></tr>
<tr><td>试验开始</td><td>1. 机组运行工况负荷试验条件；
2. 所有仪器仪表及测试条件负荷试验条件；
3. 所有测试人员能够胜任测试工作。
经参加试验各方同意，本项试验于　　年　月　日　时　分正式开始。
试验代表：
电厂：
供货方：
试验单位：</td></tr>
<tr><td>试验记事</td><td>给　煤　量：　　　　其他：
一 次 风 量：
磨 出 口 温 度：
磨 煤 机 电 流：
磨 煤 机 差 压：
冷 / 热 风 门 开 度：</td></tr>
<tr><td>试验结束</td><td>1. 试验工况有效；
2. 所有试验记录有效；
3. 所有样品有效。
经参加试验各方同意，本项试验于　　年　月　日　时　分结束。
试验代表：
电厂：
供货方：
试验单位：</td></tr>
</table>

表 23-29　锅炉性能试验会签表

<table>
<tr><td colspan="2">锅炉性能试验认可书

电　　厂：　　　　　　　　机　　组：
试验项目：　　　　　　　　试验工况：
试验日期：　　　　　　　　试验单位：</td></tr>
<tr><td>试验开始</td><td>1. 锅炉运行工况负荷试验条件；
2. 所有仪器仪表及测试条件负荷试验条件；
3. 所有测试人员能够胜任测试工作。
经参加试验各方同意，本项试验于　　年　月　日　时　分正式开始。
试验代表：
电厂：
供货方：
试验单位：</td></tr>
<tr><td>试验记事</td><td>机组负荷：　　　　　　　　其他：
主汽流量：
主汽温度：
主汽压力：
给水流量：
再热汽温：
减温水量：</td></tr>
<tr><td>试验结束</td><td>1. 试验工况有效；
2. 所有试验记录有效；
3. 所有样品有效。
经参加试验各方同意，本项试验于　　年　月　日　时　分结束。
试验代表：
电厂：
供货方：
试验单位：</td></tr>
</table>

表 23-30　　试验仪器清单（可查验）

序　　号	设　　备	证书编号
	＊＊＊＊型热电偶	
	＊＊＊＊型热电偶	
	＊＊＊＊型热电偶	
	＊＊＊＊型热电偶	
	……	
	＊＊＊＊型烟气分析仪	
	＊＊＊＊型烟气分析仪	
	＊＊＊＊型大气压力表	
	＊＊＊＊型温湿度计	
	＊＊＊＊型风速仪	
	＊＊＊＊型点温仪	

第二十四章

超超临界 1000MW 锅炉优化运行技术

对于火力发电机组而言，锅炉燃烧工况的好坏直接影响到锅炉设备和整个发电厂运行的安全性、经济性和环保性。一般来说，对于大型火力发电机组，锅炉热效率每提高 1%，机组整体效率将提高 0.3%～0.4%，发电煤耗可下降 3～4g/（kW・h）。影响电站锅炉安全经济运行的因素错综复杂，燃烧工况调整得当，是保证锅炉达到额定参数、避免结焦和设备烧损的必要条件。对于 1000MW 超超临界机组锅炉，恰当的燃烧运行方式更是维持锅炉的正常水动力工况，确保锅炉安全、可靠运行必不可少的要素。

由于锅炉设备的庞大和复杂性，燃烧系统的可调参数很多，它们对整个燃烧过程以及与之相关的其他过程的影响已经不可能只凭表面现象和直观经验作出准确的判断。因此，为了准确掌握锅炉运行的经济技术特性，发现和解决锅炉运行中存在的问题，适应日益严格的环保排放标准要求，提高燃烧过程的经济性和稳定性，就需要进行各种各样的热态调整试验，其主要手段就是以提高锅炉运行安全性、经济性和环保性为目的的制粉系统优化调整技术和燃烧系统优化调整技术。

第一节　优化调整试验方法

通常，优化调整试验一般有两种方法，正交法试验法和单因素轮换法。

正交试验法是研究和处理多因素试验的一种科学方法，它是利用正交表来安排试验，其主要优点是能在很多试验工况中挑选出代表性强的少数试验工况，并且通过对少数试验工况的分析得出最佳的运行参数组合，而且可以得到各参数之间关系的相互信息。理论上，正交试验法是一种比较科学的试验方法，运用该方法进行试验研究不仅全面而且又能节省大量的时间和费用，因此该方法在科学试验中得到了广泛的应用。但是，电站锅炉是一个复杂而庞大的设备且燃煤品质变动很大，有时候由于我们在正交试验法中选取的因素和水平不够合理和完善，这样就会导致我们的寻优结果不尽理想，反而不能取得预期效果。

单因素轮换法，即一组试验只改变一个参数，比如运行氧量，其他参数固定在某一个值并保持不变，即负荷、煤粉细度、配风等可调参数在这组工况中均保持不变，分析运行氧量对锅炉性能的影响。运行氧量优化调整后，将氧量固定在一合适的范围，选择另一个参数（如 OFA、SOFA 等）进行调整，再进行另一组试验。对于单因素轮换法，虽然在理论层面不够严谨，对各可调参数之间的相互作用无法判断，且各可调参数对锅炉所起的作用大小也无法科学比较。但是，这种试验方法工作量少，在具体操作中，凭借试验人员的经验，仍能找到相对比较好的运行方式，尽管这种优化方式可能不是锅炉的最佳运行方式，但对于锅炉这样一个庞大而又“粗糙”的系统来说，这已经足够了。因此，在电站锅炉的优化调整试验中，单因素轮换法得到了广泛的应用。本章主要以单因素轮换法论述各影响因素对锅炉运行性能的影响。

第二节　优化调整试验前的技术条件

锅炉优化调整试验是对锅炉本体的综合性试验，试验涉及的人员和设备较多，试验前应有充分的准备和沟通，试验准备工作应满足以下技术条件：

(1) 熟悉试验锅炉设备的结构、运行特点和历史状况，掌握锅炉设备存在的缺陷或运行中存在的问题。

(2) 组织召开试验准备会议，掌握运行可调参数的调整范围，防止调整试验中运行参数超出锅炉和设备能够安全承受的范围。

(3) 针对锅炉设备状况和厂家要求制定详细的优化调整试验方案。包括试验内容、试验方法、试验组织程序、危险源辨识、试验安全措施，并对所有相关技术人员进行技术交底。

第三节　制粉系统优化调整技术及分析

一、概述

目前，在1000MW超超临界机组锅炉中，均采用了中速磨煤机正压直吹式制粉系统，而国内可供选择的中速磨煤机主要有两种型式，一种是上海重型机器厂按引进美国燃烧公司CE技术生产的HP（RP）型磨煤机，另一种是北京电力设备总厂和沈阳重型机器厂按引进德国Babclock公司技术生产的MPS型磨煤机。两种磨煤机在运行、寿命及检修等方面各有特点。

各类中速磨煤机的工作原理基本都相似。原煤由落煤管进入两个碾磨部件的表面之间，在压紧力的作用下受到挤压和碾磨而被粉碎成煤粉。由于碾磨部件的旋转，磨成的煤粉被抛至风环处。热一次风以一定速度通过风环进入干燥空间，并将干燥后的煤粉带入上部的煤粉分离器中。没磨好的煤粉也将在风环处被高速的一次风吹起，但由于重力作用，落回到磨盘上重新磨制。经过分离，不合格的煤粉返回碾磨区重磨。合格的煤粉经由煤粉管送入炉膛燃烧。煤中夹杂的石块等杂物，由于风环处风速不足以阻止其下落，经风环由刮板刮入石子煤箱内。

HP（RP）型磨煤机和MPS型磨煤机都不能碾磨硬质无烟煤和贫煤，适合碾磨低灰分、中高挥发分（$V_{daf}\geqslant14\%$）、中低水分（$W_{ar}<25\%$）、和哈氏可磨性指数HGI>40的烟煤，MPS型磨煤机由于磨盘较HP型磨煤机深，磨辊碾压较大，因而MPS型磨煤机允许被碾磨煤的磨损指数较大，运行实践表明MPS型磨煤机不但能够碾磨烟煤，也能够碾磨部分$V_{daf}=10\%\sim14\%$的贫煤，因此MPS型磨煤机对煤种的适应范围比HP（RP）型磨煤机广。

但是，MPS型磨煤机较深的磨盘造成了碾磨电耗增大，MPS型磨煤机的电动机功率通常比HP型磨电动机功率大1.25～1.4倍；同时较深的磨盘也增加磨煤机通风阻力（MPS型磨煤机阻力约7000Pa，HP型磨煤机阻力约4000Pa，前者是后者的1.75倍），较大的阻力要求一次风机具有较高TB压头，约为17 000Pa，接近动叶可调轴流风机压头18 000Pa上限，HP型磨煤机一次风机TB点压头约13 000Pa）；同时较高压头造成空预器一次风漏风量增加，要求增大一次风量，压头和风量的增加导致了一次风机电功率增加。因此 MPS 型磨煤机制粉系统电耗比 HP 型磨煤机大，增加了运行成本。

新机组投产后，一般都要对机组性能进行优化。而在锅炉的性能优化中，制粉系统的优化调整则是一个重要的环节，其直接影响到锅炉机组优化调整的效果。在对 MPS 型和 HP（RP）型磨煤机运行性能进行优化调整时，采用的手段基本上是一致的，主要有煤粉分离器特性调整、磨煤机通风量特性调整、磨煤机出力特性调整。由于是新投产机组，按照厂家设计原则磨辊间隙在出厂设定好之后一般不做调整，因此，新投产机组的磨辊间隙不作为优化运行调整的手段。

在对以上两种磨煤机优化调整时不同之处则是，MPS 型磨煤机采用的是液压加载系统，HP（RP）型磨煤机多采用的是弹簧加载系统，因此，对 MPS 型磨煤机需进行液压加载力特性研究，而对于 HP（RP）型磨煤机，其弹簧加载力的改变需通过复杂的整定计算，且在实际运行中调整工作量大、可操作性差，这样，HP（RP）型磨煤机的弹簧加载力在出厂设定好之后也一般不做调整。此外，按照设计习惯，对于 MPS 型磨煤机所配动态分离器，其运行操作的分离器转速为通过转速器变比换算后得出的数值，因此其数值较小，一般 100r/min 以下（或略超 100r/min）；而对于 HP（RP）型磨煤机所配动态分离器，其运行操作的分离器转速为电机最原始转速，没有通过转速器变比换算，因此其数值较大，一般在几百甚至上千 r/min。动态分离器显示转速的不同也是以上两种类型磨煤机的差异所在。

二、磨煤机变动态分离器转速特性试验

对于燃煤锅炉来说，保证煤粉细度在一定的范围内，是整个锅炉进行燃烧调整和优化的前提和基础。锅炉的很多燃烧问题都与煤粉细度有关，因此，对锅炉系统进行优化调整，首先就要进行煤粉细度的调整。

中速磨煤机的煤粉分离装置均采用离心式分离器，该装置也是调整煤粉细度的主要手段。在 1000MW 机组中，回转式离心分离装置（动态分离器）则被广泛使用。

回转型离心式分离器的分离效率，决定于转子的回转速度和气粉混合物的容积流量。磨煤机通风量一定时，转速越高，分离器输出的煤粉愈细。通风量改变时，要保持煤粉细度不变，必须相应调节转速。当通风量增加时，分离器转速也相应予以提高，反之亦然。

以某电厂 MPS 型磨煤机为代表进行四个工况的动态分离器变转速调节特性试验。试验过程中控制磨煤机出力为 73.5t/h 左右，磨煤机进口一次风量为按风煤比曲线自动控制的风量，分别控制磨煤机动态分离器转子转速为 90r/min、85r/min、80r/min 与 70r/min。试验数据汇总见表 24-1。

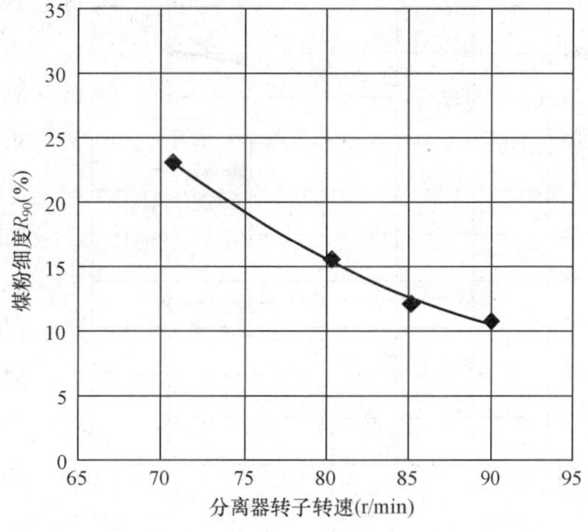

图 24-1 MPS 磨煤机煤粉细度与动态分离器转速关系

从动态分离器转子转速对磨煤机出口煤粉细度影响分析（见图 24-1）。煤粉细度 R_{90} 随分离器转子转速升高明显降低，在试验转速范围内 R_{90} 的变化与转速成二次方关系，在转速低时转速对细度影响较大，在高转速时转速对

细度影响降低。通过试验作出的关系曲线拟合的曲线方程为

$$R_{90} = 184.48 - 3.5699 \times n + 0.01820 \times n^2 \tag{24-1}$$

式中　R_{90}——磨煤机出口煤粉细度，%；

n——动态分离器转速，r/min。

需要说明的是此方程是对应一种特定煤种的关系曲线，煤粉细度 R_{90} 数据对于不同煤种存在较大变化，但细度 R_{90} 变化率受不同煤种的影响不大。不同煤种的细度可以根据得出的细度 R_{90} 变化率调整。从分离器不同转速下的煤粉均匀性指数 n 看，煤粉均匀性指数 n 随转速降低而减少，但变化不大，都处于较好的水平。

表 24-1　MPS 磨煤机磨煤机动态分离器变转速试验有关运行参数

项　目	单位	工况 1	工况 2	工况 3	工况 4
给煤机给煤量	t/h	73.56	73.83	73.91	73.46
动态分离器转子转速	r/min	70.70	90.01	85.10	80.35
磨煤机进口一次风量	t/h	148.3	149.3	147.4	146.8
磨煤机进口风压	kPa	9.87	10.63	10.49	10.08
磨煤机进出口差压	kPa	4.19	5.03	4.93	4.53
磨煤机出口风压	kPa	5.68	5.61	5.57	5.55
实测出口管平均风速	m/s	25.91	25.94	25.92	25.88
磨煤机进口风温	℃	221.6	220.1	221.4	227.0
磨煤机出口风温	℃	71.2	70.6	70.5	72.1
实测风速折合通风量	t/h	176.98	177.47	177.45	176.37
平均煤粉细度 R_{90}	%	23.05	10.82	12.13	15.51
磨煤机电流	A	73.15	81.15	78.90	76.63
平均煤粉均匀性指数	—	1.16	1.19	1.17	1.17
原煤全水分	%	10.83	10.83	10.83	10.57

动态分离器转子转速的变化对磨煤机的进出口流动阻力以及磨煤机电流也存在明显的影响（图 24-2）。从磨煤机出口管风压看，不同转速时出口管风压基本保持一致，说明分离器转速变化虽增加风粉的旋转速度，但对磨出口一次风管的流动阻力没有影响。磨煤机差压变化与分离器转子转速成直线关系，转速升高 20r/min 磨煤机差压增加 0.84kPa，磨差压受分离器转子转速的影响较大。分离器转子转速从两个方面影响磨差压，一是分离器转子转速升高，分离出的粗煤粉粒子增加，使磨碗上的煤层厚度增加，增加了磨环喷嘴处的流动阻力，二是分离器转子转速增加，使风粉混合物流经转子分离区域的流动阻力增加。同样的磨煤机进口风压与转子转速的变化也成直线关系。从磨煤机运行电流与分离器转子转速关系看，磨煤机运行电流随分离器转子转速升高而增大，电流与转速的变化基本成直线关系，在转子转速升高 20r/min 时磨运行电流增加 8A，电流受转子转速的影响较大。磨煤机电流受转子转速的影响主要是，风速升高，

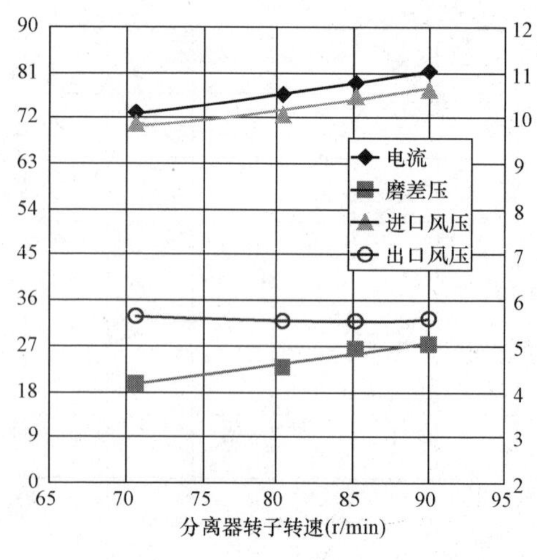

图 24-2　MPS 磨煤机磨差压、电流与分离器转子转速关系曲线

分离出的粗煤粉粒子增加，使磨碗上的煤层厚度增加，增加了磨辊的碾压能量，增加驱动电机的功率。

典型的 HP 型磨煤机动态分离转速与煤粉细度和磨煤机电流关系曲线如图 24-3 所示。虽然 HP（RP）型磨煤机所配动态分离器转速为电机最原始转速，没有通过转速器变比换算，但其总体规律与 MPS 型磨煤机的试验结果是相一致的，即动态分离器转速提高，煤粉细度下降，磨煤机电流增加。

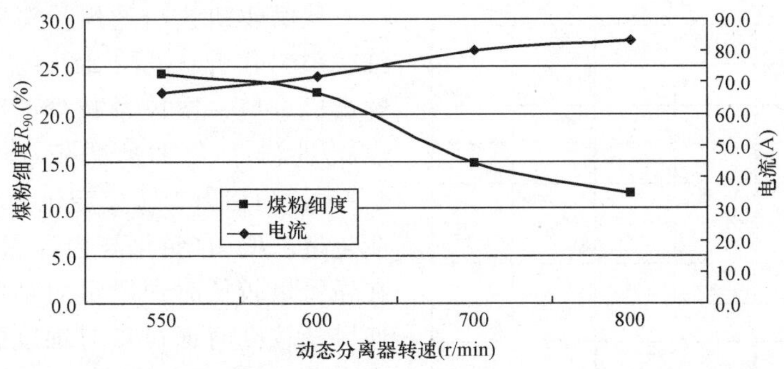

图 24-3 HP 型磨煤机动态分离器转速与煤粉细度、磨电流的关系

三、磨煤机变通风量特性试验

中速磨煤机直吹式制粉系统的正确运行，是通过稳定磨煤机的通风量（一次风量）和给煤量，并使风煤比控制在合适的范围来实现的。

磨煤机通风量的变化会改变对煤粉的携带能力和干燥出力，进而影响磨煤机的运行性能。磨煤机通风量对煤粉细度、磨煤机电耗、石子煤量和磨煤机出力均有影响。在一定的给煤量下增大风量，煤粉会变粗，磨内循环量减小煤层变薄，磨煤机电耗下降；但由于风环风速增大，石子煤量减小，风机电耗增加，减薄煤层和降低磨煤机电耗使磨煤机最大出力潜力加大。风量的高限取决于锅炉燃烧和风机电耗，如果一次风速过大，煤粉浓度太低或煤粉过粗，易对燃烧产生不利影响，或者风机电流超限，则风量不可继续增加。风量的低限主要取决于煤粉输送和风环风速的最低要求。

试验过程中控制磨煤机出力为 73.5t/h，磨煤机出口风温控制在 70℃，分离器转子转速控制在 80r/min 左右。磨煤机进口通风量调节特性试验数据如表 24-2 所示。

表 24-2　MPS 磨煤机变通风量试验有关运行参数

项　目	单位	工况 5	工况 6	工况 7
磨煤机进口一次风量	t/h	146.8	137.7	131.6
给煤机给煤量	t/h	73.46	73.49	73.69
动态分离器转子转速	r/min	80	80	80
磨煤机进口风压	kPa	10.08	9.70	9.36
磨煤机进出口差压	kPa	4.53	4.47	4.51
磨煤机出口风压	kPa	5.55	5.23	4.86
实测出口管平均风速	m/s	25.88	25.19	24.48
磨煤机进口风温	℃	227.0	248.3	238.2
磨煤机出口风温	℃	72.1	71.7	70.3
实测风速折合通风量	t/h	176.37	171.64	167.33

续表

项　目	单位	工况 5	工况 6	工况 7
平均煤粉细度 R_{90}	%	15.51	13.68	11.32
磨煤机电流	A	76.63	77.15	79.88
平均煤粉均匀性指数	—	1.17	1.15	1.13
原煤全水分	%	10.57	10.57	10.57

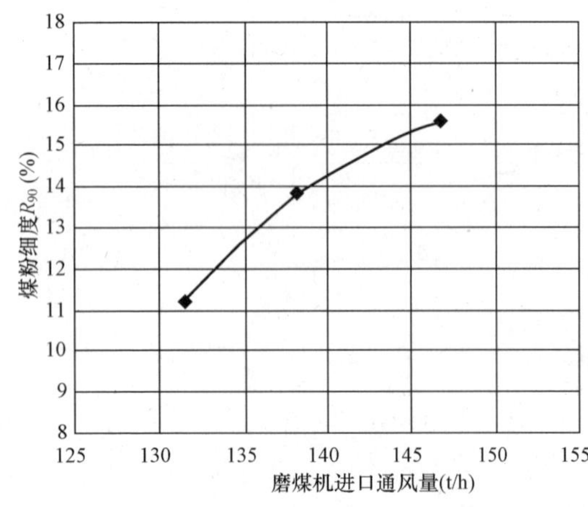

图 24-4　MPS 磨煤机煤粉细度与磨通风量关系曲线

从磨煤机进口通风量对磨煤机出口煤粉细度影响分析（见图 24-4）。煤粉细度 R_{90} 随磨煤机进口一次风量减少而明显下降，在磨煤机进口一次风量减少 15t/h 而 R_{90} 降低 4.2%，约相当于转速变化 10r/min 时的细度变化量。R_{90} 的变化与通风量呈二次方关系，在通风量较低时通风量对细度影响较大，在通风量较高时通风量对细度影响降低。从不同通风量下的煤粉均匀性指数 n 看，煤粉均匀性指数 n 随通风量减少而降低，但变化不大，都处于较好的水平。

从减少一次风量对磨煤机进口温度影响看，在出口温度基本稳定的状态下，磨进口一次风量降低 10t/h，进口风温升高 20℃以上，可以使制粉系统少掺冷风，有利于锅炉排烟温度的降低。

磨煤机进口通风量的变化对磨煤机本身的流动阻力和磨出口流动阻力以及磨煤机电流也存在明显的影响（见图 24-5）。从磨煤机流动阻力看，不同通风量时磨进出口差压基本保持一致，说明通风量变化对磨流动影响存在两个方面的影响，一是通风量增加，提高了磨煤机通风速度，增加了风粉混合物的流动阻力；另一面由于风速的提高，增加了风环喷口射流对煤粉的携带能力，使磨碗上的煤层减薄，减少了磨煤机的流动阻力。在试验磨通风量的变化范围，这两种作用基本相同，因此表现出磨煤机进出口阻力基本没有变化。而通风量对磨出口一次风管的流动阻力基本呈现直线变化关系，说明降低磨通风量可以明显降低磨出口管风压，从而降低磨进口风压。进口通风量减少 15t/h，磨煤机出口风压降低 0.7kPa 左右。相应的磨煤机进口风压也降低 0.7kPa 左右。

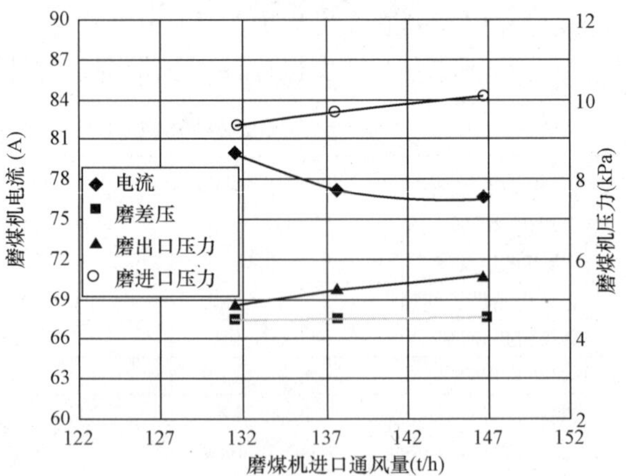

图 24-5　MPS 磨煤机磨差压、电流与磨通风量关系曲线

从磨煤机运行电流与磨煤机进口通风量之间的关系看，磨煤机运行电流随磨进口一次风量减少而升高，说明通风量的降低使射流的携带煤粉能

力减弱，磨碗上的存煤厚度增加，增加了磨辊的碾压能量，增加驱动电机的功率。在磨进口通风量降低 10t/h 时磨电流变化不大，磨进口通风量再降低 5t/h 时磨运行电流增加了 2.7A，电流受磨通风量的影响已比较大。说明此时磨碗上的存煤厚度有了较大的增加。

从实测出口管风速分布数据看，磨煤机三个不同的进口一次风量都可以保证磨煤机的正常携带煤粉的能力，磨煤机出口一次风速都能保持稳定的流动速度。

在变风量试验时，根据真空抽吸系统排出的石子煤量看，在磨煤机进口通风量下降 15t/h 左右时，磨煤机石子煤排放量仍保持在 100kg/h 左右，且排放的石子煤仍呈粉末状态，颜色也基本维持灰黑色，明显是磨碎的石子粉末，说明在试验通风量的变化范围内仍能保证磨煤机的石子煤排放正常。

典型的 HP 型磨煤机通风量对磨煤机性能的影响曲线见图 24-6 和图 24-7。总体上，其规律与 MPS 型磨煤机的试验结果相一致，即磨煤机通风量增加，煤粉细度升高，磨煤机电流下降，磨煤机进、出口一次风压升高，不同的是磨碗差压随通风量增加呈增长态势，且磨碗差压较 MPS 型磨煤机明显偏低，而 MPS 型磨煤机磨碗差压则随通风量的增加没有太明显的变化。

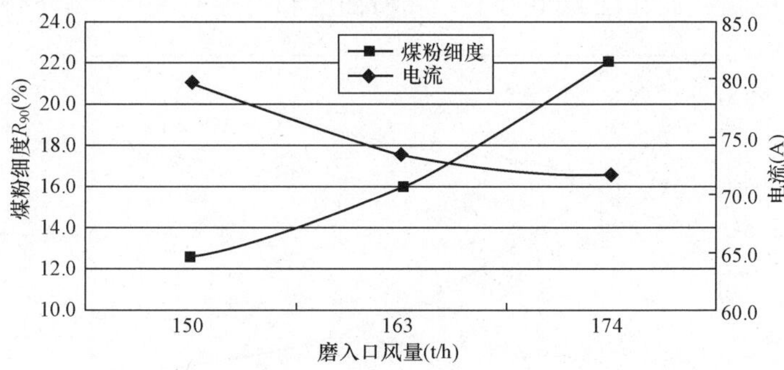

图 24-6　HP 型磨煤机通风量与煤粉细度、磨电流的关系

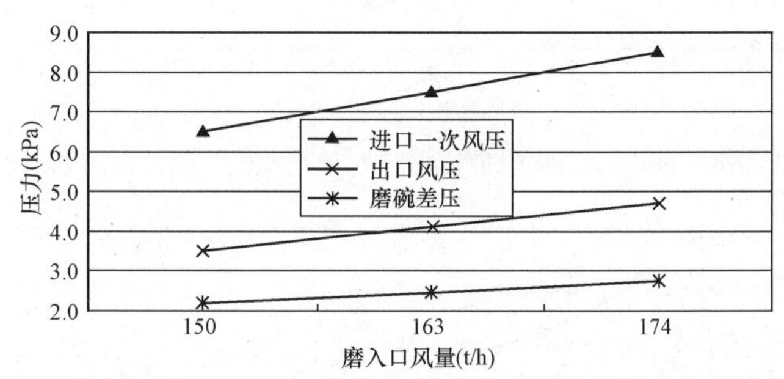

图 24-7　HP 型磨煤机通风量与磨碗差压、进、出口风压的关系

四、变液压油加载力特性试验

选取一台 MPS 型磨煤机进行变液压加载力特性试验，液压加载力分别为 6.5MPa、8.0MPa、10.0MPa 和 13.7MPa，给煤量 81t/h 左右。试验主要数据见表 24-3。

表 24-3　　MPS 型磨煤机变液压油加载力试验数据

项　目	单位	工况 8	工况 9	工况 10	工况 11
磨给煤量	t/h	80.45	81.71	80.00	81.49
液压油加载力	MPa	6.7	7.9	10.5	13.70

续表

项　目	单位	工况 8	工况 9	工况 10	工况 11
磨进口一次风压	kPa	10.8	10.91	10.03	10.45
磨进口一次风温	℃	279.5	282.6	276.6	242.60
磨煤机出口管风温	℃	66.4	65.37	67.7	70.6
磨煤机出口风压	kPa	5.74	5.66	5.51	6.09
磨煤机差压	kPa	5.66	5.3	4.76	4.52
磨煤机电流	A	85.2	87.3	88.1	89.90
磨煤机磨煤耗电率	kW・h/t	9.04	9.24	9.32	9.97
一次风机通风耗电率	kW・h/t	10.80	10.67	10.72	9.59
制粉耗电率	kW・h/t	19.84	19.91	20.04	19.56
平均煤粉细度 R_{90}	%	24.12	23.20	22.11	14.97
平均煤粉均匀性指数	—	1.23	1.24	1.26	1.04
实测通风量	t/h	143.57	147.25	148.56	146.56

随着液压加载力的增加，磨煤机电流稍有增加，磨煤机差压随液压油加载力增加呈降低趋势，煤粉细度 R_{90} 呈降低趋势，磨煤电耗则呈上升趋势，通风电耗呈降低趋势，具体参见图 24-8～图 24-10。这表明，提高液压加载力，可提高煤层上的磨制能力，使磨煤机最大出力增加，降低通风电耗，而在任意出力下，煤粉细度和磨煤机差压则降低。

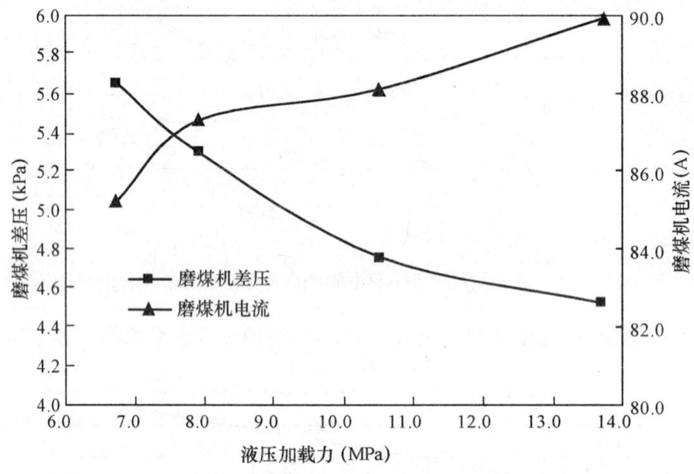

图 24-8　MPS 型磨煤机液压加载力对磨煤机差压及电流的影响

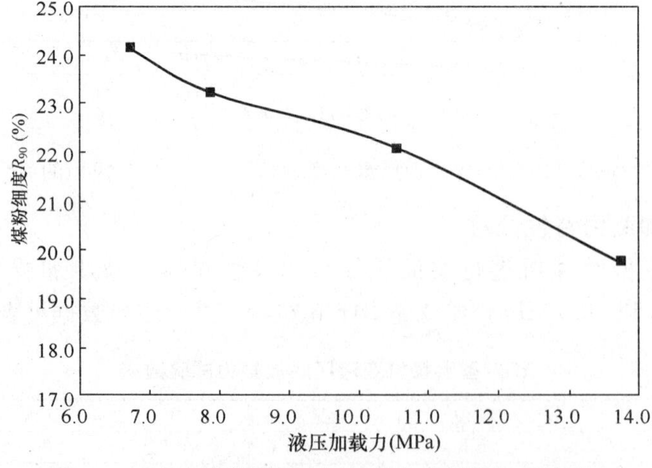

图 24-9　MPS 型磨煤机液压加载力对煤粉细度的影响

但是，磨煤电耗会因磨辊负载增大而增大，且磨煤机的磨损加重。当碾磨压力增加到一定程度后，制粉经济性开始降低。而从燃烧经济性来看，增加碾磨压力是有利的，尤其当分离器转速已达到极限位置时更是如此。

从煤粉均匀性指数 n 分析，液压油加载力变化期间，煤粉均匀性指数在1.0以上，煤粉颗粒比较均匀。从石子煤排放情况看，由于总体石子煤排放均比较小，都在5kg/h以内，液压油加载力变化对石子煤的影响不明显。

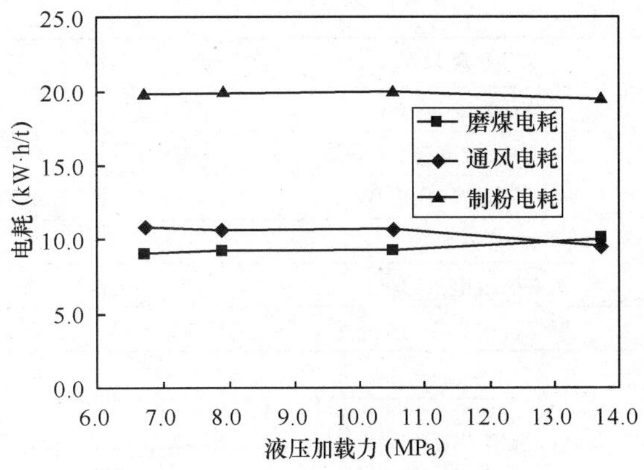

图24-10　MPS型磨煤机液压加载力对电耗的影响

五、磨煤机变出力特性试验

中速磨煤机的稳定运行，关键问题是在磨碗的风环上部空间处于悬浮状态的煤粉，能否保持平衡状态。即由风环喷嘴喷出的高速气流将自磨碗中溢出的煤粉及时地带入磨腔空间进行离心分离和重力分离，而后再带入分离器内进行离心分离，这一流动过程将消耗磨煤机阻力的80%左右。如果流动过程遭到破坏，将会使石子煤量增多，风环阻力增大，致使风量减小，回粉量增加，磨碗内煤层加厚，引起磨煤机电流晃动幅度增加，磨煤机磨碗内溢出煤量增多。如此恶性循环，将使石子煤量剧增，导致磨煤机堵塞。因此，中速磨煤机在加减给煤量的同时，必须相应调节一次风量，保持一定的风煤比，这对中速磨煤机经济安全运行极为重要。通常情况，在较低出力、中等出力和高出力下稳定3～4个负荷，靠调整其他并列运行磨煤机的负荷不足试验负荷的变化量。

根据磨煤机动态分离器调节特性试验和变通风量调节特性试验数据，采取增加磨煤机进口通风量，同时降低动态分离器转子转速以维持磨出口煤粉细度的措施来优化磨煤机运行工况，共进行了四个工况的磨煤机变出力特性试验。试验过程中分别控制磨煤机出力为74.1t/h、61.6t/h、51.6t/h与81.2t/h，磨煤机进口一次风量为按风煤比曲线自动控制的风量，磨煤机出口温度控制在70℃左右。磨煤机变出力特性试验数据见表24-4。

表24-4　MPS型磨煤机变出力试验有关运行参数

试验参数名称	单位	工况12	工况13	工况14	工况15
给煤机给煤量	t/h	74.07	61.60	51.64	81.15
动态分离器转子转速	r/min	70	70	70	70
磨煤机进口一次风量	t/h	137.3	127.7	120.0	141.1
磨煤机进口风压	kPa	9.30	7.55	6.22	10.48
磨煤机进出口差压	kPa	4.12	3.49	2.94	4.76
磨煤机出口风压	kPa	5.19	4.06	3.28	5.72
实测出口管平均风速	m/s	24.96	23.82	21.36	25.51
磨煤机进口风温	℃	232.7	216.2	198.0	238.5
磨煤机出口风温	℃	70.7	70.7	69.9	70.8
实测风速折合通风量	t/h	170.46	162.16	145.40	174.58

续表

试验参数名称	单位	工况 12	工况 13	工况 14	工况 15
平均煤粉细度 R_{90}	%	16.03	16.14	12.31	16.93
磨煤机电流	A	74.33	69.56	66.34	78.69
平均煤粉均匀性指数	—	1.10	1.14	1.13	1.10
原煤全水分	%	12.79	12.79	12.79	10.45
磨煤机磨电机功率	kW	585.7	533.8	489.0	638.0
磨煤机磨煤耗电率	kW·h/t	7.91	8.67	9.47	7.86

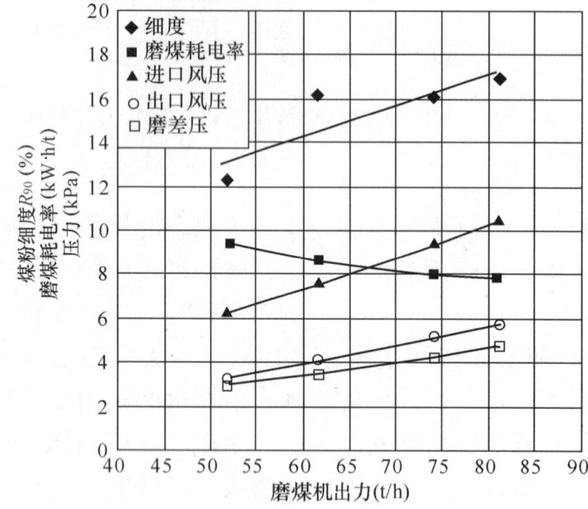

图 24-11 MPS 型磨煤机煤粉细度、磨煤耗电率、风压与出力关系曲线

从优化运行参数后相同出力工况与电厂习惯控制工况比较，磨煤机磨制煤种基本一致且磨煤机出力基本相似，工况 5 与工况 8 出力分别是 73.46t/h、74.07t/h；磨煤机出口煤粉细度 R_{90} 分别是 15.51%、16.03%；磨煤机运行电流分别为 76.63A、74.33A；磨煤机进口风压分别为 10.08kPa、9.30kPa。在出力与煤粉细度都基本相似的情况下，运行电流降低 2.3A，磨煤机进口风压降低 0.78kPa，磨煤机进口一次风量降低约 10t/h，这都可以明显降低制粉系统耗电率，并且磨煤机进口风温提高还有利于锅炉降低排烟温度。

从磨煤机不同出力对煤粉细度 R_{90} 的影响分析（见图 24-11）。除出力在 61t/h 的试验工况细度稍有波动外，其他试验工况的煤粉细度 R_{90} 与出力成直线变化关系，细度 R_{90} 随出力降低而减小，但这种影响也相对较小，这也与锅炉负荷越低经济燃烧要求的煤粉细度越细是一致的。从不同出力时煤粉均匀性指数 n 看，煤粉均匀性指数 n 随出力减少而升高，但变化不大，都处于较好的水平。

从磨煤机出力的变化对进出口流动阻力以及出口一次风管阻力也存在明显的影响。从出口管风压看，磨煤机不同出力时出口管风压与出力变化基本成直线关系，磨煤机出力变化从风速变化和煤粉浓度变化两方面影响磨出口一次风管的流动阻力。磨煤机差压变化与出力也基本成直线关系，出力变化从磨碗上煤层厚度、通风量与煤粉浓度三个方面影响磨煤机流动阻力，由于出力与通风量同步调整，磨差压与出力变化的关系曲线并不陡峭，出力对磨差压的影响小于对磨出口风压的影响。由于磨煤机出力增加使得磨出口风压与磨差压一起增加，磨煤机进口压力增加很明显，磨出力从 51t/h 增加到 81 t/h 时，进口压力由 6.22kPa 升高到 10.48kPa，升高了 4.28kPa。说明随磨煤机的出力变化，磨煤机需要的通风压头明显下降，为降低一次风机出力，就要求运行时随着锅炉负荷和磨煤机负荷变化及时调整一次风母管风压，尽量少用磨煤机进口风门来调节风量，降低一次风出口风压，降低一次风机耗电。

从不同出力时磨煤机的通风量变化看（见图 24-12），磨煤机进口一次风量与出力基本保持直线变化关系，说明磨煤机风煤比自动控制较好。而实测磨煤机出口通风量与磨进口通风量基本保持 25～30t/h 的风量差。从磨进口风温分析，由于磨煤机出力较高时风粉比相对较低，需要的干燥风温都较高，磨煤机出力从 51t/h 增加到 81t/h 时，30t/h 出力变化引起进口风温从 198℃升高到 239℃，升高了 40℃，这意味着减少干燥风中的掺冷风量，有利于锅炉排烟温度的降低。因此，从降低锅炉排烟温度的角度应该尽量保持磨煤机高负荷运行。

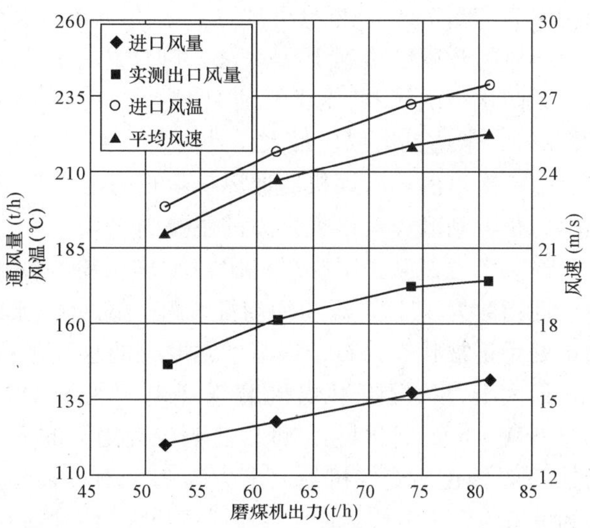

图 24-12　MPS 型磨煤机通风量、磨进口风温、磨出口风速与出力关系曲线

此外，磨煤机出力的增加也会引起磨碗上煤层厚度的增加，磨辊的研磨能耗增加，从而使磨煤机的运行电流和驱动功率增加。从磨变出力试验数据分析（见图 24-13），磨煤机运行电流与磨煤机出力基本成直线关系，出力增加 30t/h，运行电流增加 12.3A。而驱动电机功率的变化与磨煤机出力成二次方的关系。磨出力越高驱动电机的功率随出力增加的幅度越大。因为电机功率低时功率因数小，功率高时功率因数大，因此磨煤机电机功率与电流并不成直线对应关系。从磨煤机的磨煤耗电率分析，虽然出力增加引起磨驱动电机功率增加，但磨制单位质量煤所需的做功仍然降低（见图 24-11）。从关系曲线上看，磨煤耗电率随出力增加而显著下降，但磨煤耗电率与出力的变化呈现明显的二次方关系，出力低时出力变化对磨煤耗电率的影响越大，出力高时出力变化对磨煤耗电率的影响越小，这与磨煤机出力越大驱动电机功率增加越快是一致的。这样，就可能导致出力增大而磨煤机的磨煤耗电率上升的状况。MPS 型磨煤机变出力试验有关运行参数见表 24-4。

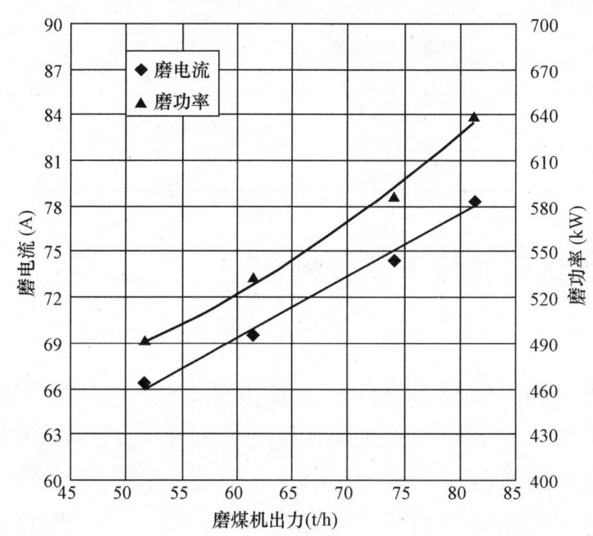

图 24-13　MPS 型磨煤机电流与磨出力关系曲线

六、磨煤机最大出力试验

磨煤机最大出力试验，在经过分离器转子转速调节特性试验、液压油加载力调节特性和通风量调节特性试验的基础上进行，试验时控制分离器转子转速为 75r/min，磨煤机进口一次风量按习惯控制量降低 10t/h，磨煤机出口风温控制在 70℃左右。试验稳定最大给煤量为 90t/h 左右，实测出口通风量为 175t/h 左右，磨出口一次风管平均风速 27.8m/s 左右。

磨煤机电流为 90.47A，磨煤机电流与电机额定电流 128A 仍存在相当差距，磨煤机电机功率为785.7kW，与电机额定功率1000kW也存在较大差距。从磨煤机进口风门开度分析，热风门开度已达到100%，磨进口风压在11.7kPa左右，一次风机出口风压在13kPa左右，为防止一次风机出现失速现象，未再进一步提高一次风压。磨煤机进出口差压为5.67kPa，未达到磨煤机最大设计阻力。磨进口一次风温达到275℃左右，基本上等于空预器出口一次风温。磨煤机的通风携带出力与干燥出力都达到了极限，磨煤机的通风出力与干燥出力是限制磨煤机最大出力的主要因素。

最大出力试验工况磨煤机出口平均煤粉细度R_{90}为20.74%，比较适合锅炉燃烧，煤粉均匀性指数为1.19，煤粉均匀性较好，说明磨煤机在最大出力状态下运行正常。石子煤排放量处于正常状态，石子煤基本是磨碎的灰黑色石块粉末。

最大出力状况下磨煤机磨煤耗电率为9.48kW·h/t、9.56kW·h/t，制粉耗电率为18.19kW·h/t。将煤粉细度修正到设计出力的R_{90}=15.3%，M_t=15.55%以及哈氏可磨性指数55，修正后磨煤机最大出力为82.72t/h，超过了设计的最大出力。修正后的磨煤耗电率为9.50kW·h/t。MPS型磨煤机最大出力试验相关参数见表24-5。

表24-5　MPS型磨煤机最大出力试验相关参数

项　目	单位	数值	项　目	单位	数值
磨分离器转子转速	r/min	75	修正后磨煤耗电率	kW·h/t	9.50
给煤机累计给煤量	t/h	90.13	磨进口一次风量	t/h	140.90
磨煤机进口风压	kPa	11.58	磨煤机出口风压1	kPa	5.73
磨煤机出口风压2	kPa	6.10	显示平均风速	m/s	27.83
实测出口平均风速	m/s	25.43	实测出口通风量	m^3/h	174.82
磨煤机进口风温	℃	275.1	磨煤机出口风温	℃	69.6
磨煤机电流	A	90.47	平均煤粉细度R_{90}	%	20.74
煤粉均匀性指数	—	1.19	石子煤排放量	t/h	正常
磨煤机功率	kW	785.7	可磨性指数	—	56
原煤全水分	%	16.59	磨煤耗电率	kW·h/t	8.72
修正后磨煤机出力	t/h	82.72	制粉耗电率	kW·h/t	18.19

第四节　燃烧优化调整技术及分析

一、概述

近年来，超超临界技术作为一种较为成熟的洁净煤燃烧技术，以其容量大、参数高、能耗低、可靠性高和环境污染小等特点而备受关注，应用也越来越广泛，此技术也是解决我国当前能源利用率低和环境污染严重等问题较为现实有效的重要途径之一。在出现的众多超超临界机组锅炉中，燃烧方式多以前后墙对冲旋流燃烧和切圆直流燃烧为主，后者又分为双炉膛双切圆燃烧方式和单炉膛四角切圆燃烧方式。具体上可主要归类为：①双炉膛反向双切圆燃烧系统、Π型布置锅炉，由哈尔滨锅炉厂引进三菱重工技术设计制造；②前后墙对冲旋流燃烧系统、Π型布置锅炉，由东方锅炉厂引进巴布科克-日立公司技术设计制造；③四角切圆燃烧系统、塔式布置锅炉，由上海锅炉厂引进ALSTOM公司技术设计制造。虽然燃烧调整技术有许多共性的地方，但由于以上三种类型锅炉燃烧系统布置差别较大，因此，相应的燃烧调整技术也各不相同。在本节中，将分别对三种不同燃烧方式炉型燃烧调整技术做具体阐述，共性的地方若在一种炉型中出现（如变氧量试验），则不在其他两种炉型中赘述。

二、燃烧调整试验的要求

锅炉燃烧调整试验是为了寻求锅炉安全、经济、环保的运行方式，其参量项目较多，如锅炉热效率、污染物排放、辅机电耗、炉膛烟气气氛测量、汽温和壁温等，这些测量项目可以根据调整试验的要求和目的的不同进行取舍。对锅炉燃烧调整试验的要求除满足有关测量项目所应用的标准中规定的要求外，还应满足以下要求：

（1）试验工况的调整应满足工况之间的完全可比性，即当进行某一个参数调整的一组工况时，其他所有可调参数均应保持不变。在实际调整试验中，这一点不一定完全能够满足，比如试验前是否吹灰以及吹灰的范围，对锅炉的炉膛温度和排烟温度有很大的影响，要保证试验前炉膛和受热面保持同样的沾污程度比较困难。还有运行人员为保证汽温所进行的操作，使得某些参数在一组工况中无法保证一致。出现这种情况时，可通过增加试验工况的方法使一组工况具有比较好的比较性，以便于试验分析。

（2）一组试验工况之间应满足测量的可比性，即对一组调整试验工况，测量的内容和位置、测量仪器等应保持不变。比如，在进行锅炉燃烧调整试验时，热效率的测量并不一定完全按照标准的要求进行，飞灰有可能只在一个孔中取样，则这一组工况的飞灰取样应该在同一个测孔中进行。

三、塔式布置四角切圆燃烧系统锅炉燃烧调整技术

（一）低 NO_x 同轴燃烧系统布置

燃烧系统采用低 NO_x 同轴燃烧系统（LNCFS），一共设有 12 层煤粉喷嘴，在煤粉喷嘴四周布有燃料风。燃烧器风箱分成独立的 3 组，每组风箱各有 4 层煤粉喷嘴，对应 2 台磨煤机，在每相邻 2 层煤粉喷嘴之间布置有 1 层燃油辅助风喷嘴。每相邻 2 层煤粉喷嘴的上方布置了 1 个组合喷嘴，其中预置水平偏角的辅助风喷嘴（CFS）和直吹风喷嘴各占约 50%出口流通面积。在紧邻上层煤粉燃烧器组顶部布置有 1 层紧凑燃尽风（CCOFA）喷嘴。在整个煤粉燃烧器组顶部布置有 1 组 6 层可水平摆动的分离燃尽风（SOFA）喷嘴。煤粉燃烧器喷口布置如图 24-14 所示。

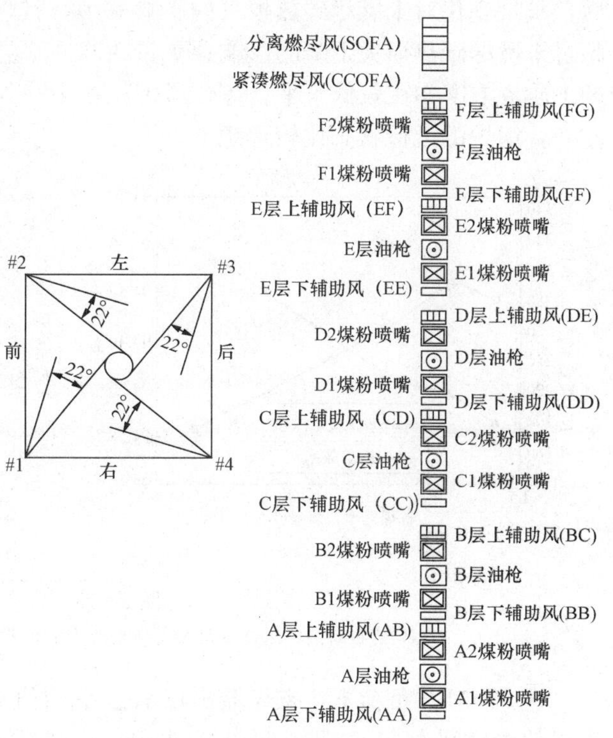

图 24-14　低 NO_x 同轴燃烧系统（LNCFS）燃烧器喷口示意

（二）运行氧量标定标定

在燃烧调整中，由于涉及的调整工况较多，如果对每个工况的氧量都按照等面积网格法进行详细的测量，将花费巨大的工作量。因此，在正式的燃烧调整试验前，需对运行氧量进行标定，这项工作一般在摸底试验中进行，以此为基础，经过标定的氧量可作为燃烧调整和计算的依据。此项工作对任何燃烧方式炉型均有效。

（三）运行氧量的影响

运行氧量大小对锅炉运行性能影响很大，运行氧量的确定主要取决于锅炉热损失和NO_x排放质量浓度等方面。氧量过大，会使干烟气热损失增加；若过小，又会使未燃尽碳热损失和CO引起的热损失增加，以上三项热损失之和最小时的氧量是锅炉运行最适合的氧量。但同时也应兼顾NO_x排放浓度，还应考虑炉膛内壁面还原性气氛，以防止或减弱高温腐蚀的发生；另外，辅机电耗也是机组运行氧量的考虑因素。

变氧量试验是在1000MW、900MW、800MW和700MW负荷下进行的。在同一负荷变氧量试验过程中，维持二次风配风方式基本不变，通过总风量来控制炉膛出口的氧量，基本原则是不改变锅炉各级燃烧空气的比例。同时，磨煤机组合方式一致，且各运行磨煤机给煤量均基本相同。试验中NO_x排放质量浓度是在脱硝系统进口截面测得NO_x体积分数平均后再折算到$\phi(O_2)=6\%$条件下的质量浓度。

1000MW负荷下变氧量试验分为4个工况，省煤器出口氧量平均值分别为2.67%、2.95%、3.37%和4.57%。试验结果表明，随着运行氧量的增加，锅炉热效率有较明显的先升后降趋势，4个工况锅炉热效率分别为94.48%、94.52%、94.42%和94.21%；锅炉NO_x质量浓度随氧量的增加而呈显著上升态势，4个工况NO_x质量浓度分别为201mg/m^3、220mg/m^3、234mg/m^{3}和319mg/m^3［见图24-15（a）］。分析氧量对锅炉主要热损失的影响，当氧量从2.67%增加到4.57%时，干烟气热损失明显升高，从4.38%上升到4.79%；未燃尽碳热损失有降低趋势；三项热损失之和（干烟气热损失、未燃尽碳热损失及CO引起的热损失之和）呈现出先降后升的趋势。从图24-15（b）可以看出，当氧量大于3.0%以后，氧量变化对未燃尽碳热损失的影响减小，其降低趋势减缓，此时干烟气热损失的升高将超过未燃尽碳热损失下降的影响；氧量在3.0%左右时，三项热损失之和达到最低值，此时NO_x质量浓度亦在较低水平。综合考虑，在1000MW负荷下，省煤器出口氧量控制在3.0%左右，锅炉的运行状态比较理想。

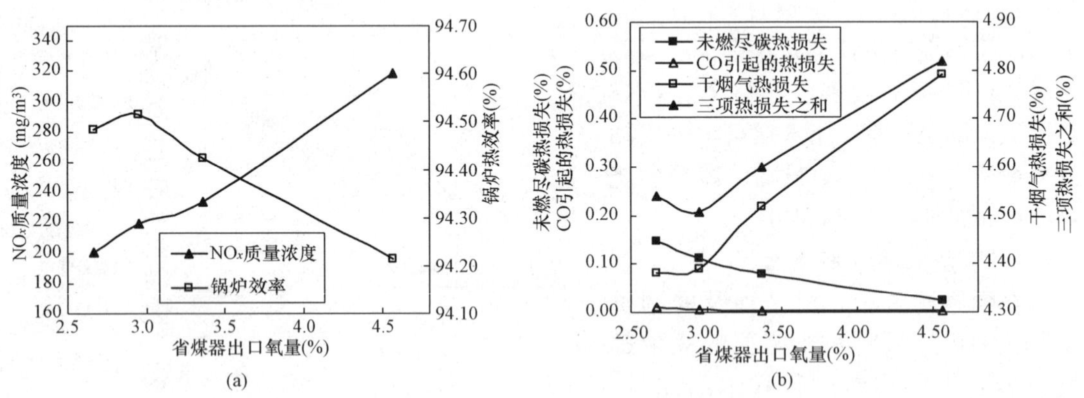

图24-15　氧量的影响

（a）氧量对锅炉热效率和NO_x质量浓度的影响；（b）氧量对锅炉主要热损失的影响

在900MW负荷下，省煤器出口氧量平均值分别为3.15%、3.67%和4.08%，对应锅炉热效率分别为94.53%、94.54%和94.47%，锅炉效率有先升后降的趋势。NO_x质量浓度则随氧量的增加而升高，分别为191mg/m^3、215mg/m^{3}和247mg/m^3。三个工况CO排放浓度均控制在较低浓度范围内。综合考虑，在900MW电负荷下，将省煤器出口氧量控制在3.6%左右效果较佳（见图24-16）。

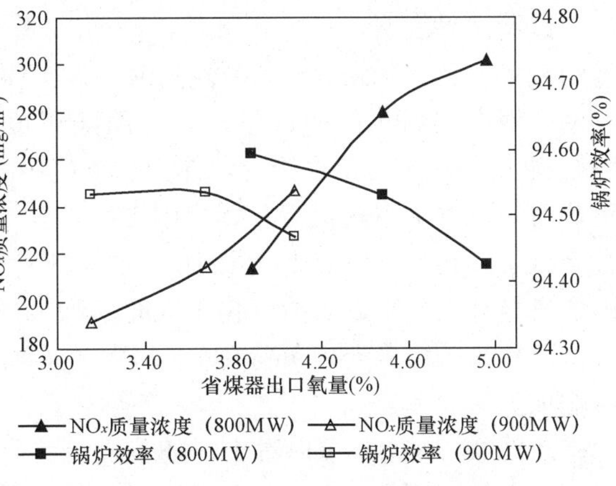

图24-16　900MW和800MW负荷下氧量对锅炉效率和NO_x质量浓度的影响

在800MW负荷下，省煤器出口氧量平均值分别为3.90%、4.48%和4.97%。随着氧量的增加，干烟气热损失上升明显，未燃尽碳损失则略微有所下降，锅炉热效率有降低趋势，锅炉热效率分别为94.60%、94.53%和94.43%。NO_x质量浓度则随氧量的增加而升高，分别为213mg/m³、280mg/m³和302mg/m³。综合考虑，在800MW电负荷下，将省煤器出口氧量控制在3.9%左右即可（见图24-16）。

在700MW负荷下仅进行一个试验工况，实测省煤器出口氧量平均值为4.89%。干烟气热损失为4.60%，未燃尽碳损失为0.07%，锅炉热效率为94.40%，CO排放浓度为52μL/L，NO_x排放浓度分别为237mg/m³。在700MW电负荷下，省煤器出口氧量控制在4.9%左右即可。

从各负荷下NO_x质量浓度随氧量变化趋势可以看出，随着氧量的增加，NO_x质量浓度均是升高的。这种变化趋势是符合预期的，因为运行氧量是由总风量来控制的，而总风量的变化一般不改变各级燃烧空气的比例，所以增加运行氧量也就增加了燃烧区域和还原区的氧浓度，从而使得燃料型NO_x生成量增加；同时，在相同负荷下，氧量的增加会使燃烧区域的中心温度增加，热力型NO_x生成量也会有所增加；此外，氧化性环境也会障碍已生成NO_x的还原。因而，总的NO_x生成量增加。

通过不同负荷的变氧量试验，可得出氧量随负荷变化的运行特性曲线（见图24-17），以指导锅炉安全、经济运行。

（四）负荷的影响

针对负荷变化对炉内燃烧及NO_x排放的影响，进行了4个负荷的试验，试验结果如图24-18所示。

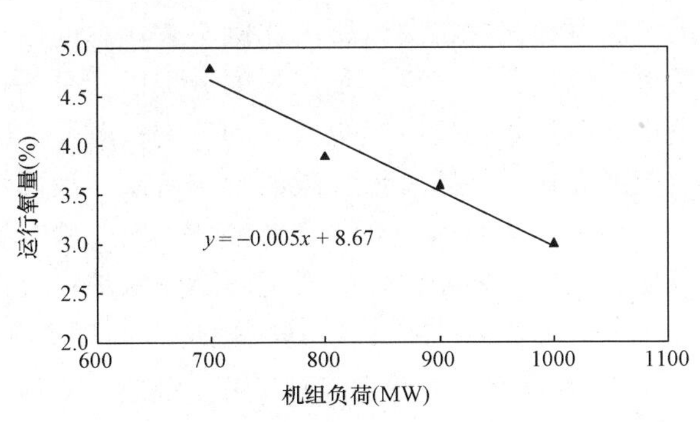

图24-17　锅炉运行氧量控制曲线

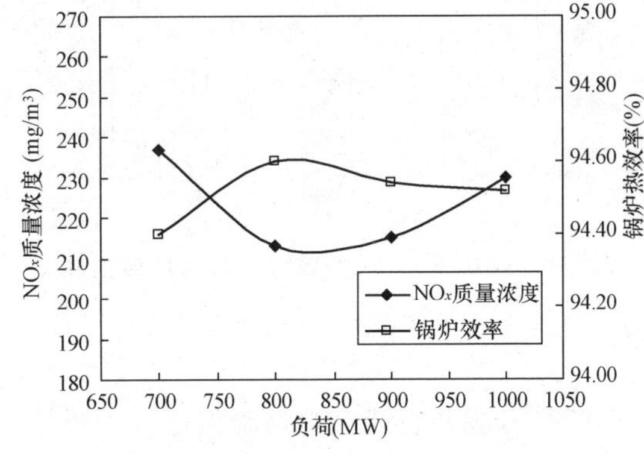

图24-18　负荷对锅炉效率和NO_x质量浓度的影响

试验结果表明，机组负荷从1000MW降低到700MW时，NO_x质量浓度呈现出先降后升的趋势，负荷降到800MW左右时，NO_x质量浓度最低。机组负荷主要从炉膛温度和氧浓度两方面影响NO_x的生成量；一方面随着负荷的降低，炉内热负荷和燃烧温度明显下降，随燃料入炉的N总量也减少，热力型NO_x和燃料型NO_x的生成量均减少；但另一方面，低负荷时，虽然炉内热负荷和燃烧温度低，热力型NO_x得到有效控制，但习惯运行的高氧量会导致了燃料型NO_x的显著增加。已有研究表明，在锅炉负荷降低的过程中，只有当炉膛内含氧量和火焰附近氧量变化不大时，NO_x排放浓度才会随着炉膛温度和机组负荷的降低而降低。从试验结果看，负荷在700MW左右时，炉内氧量对NO_x生成量的影响比炉膛温度的影响大。

从图24-18中还可以看出，随着机组负荷的降低，机组负荷在800MW左右时锅炉效率出现最大值，而满负荷和低负荷时的锅炉热效率均略低。

（五）二次风配风方式的影响

变二次风配风方式试验是在1000MW负荷下进行的，试验工况为3个，省煤器出口氧量平均值均在3.0%左右，磨煤机组合方式不变。二次风配风方式分别为正塔配风、均等配风和束腰配风。其中均等配风为各主要辅助风门开度基本一致；正塔配风为主燃烧区域上部辅助风门开度较小，下部辅助风门开度较大；束腰配风为主燃烧区域上部和下部风门开度较大，中间较小。在不同配风方式下，CCOFA和SOFA风门开度维持不变。各配风方式风门开度见表24-6。

表24-6　各工况二次风配风方式　（%）

配风方式	FG	FF	EF	EE	DE	DD	CD	CC	BC	BB
正塔	30	40	50	45	60	60	70	70	80	100
均等	55	55	55	55	55	55	55	55	55	100
束腰	70	55	50	50	40	40	50	55	70	100

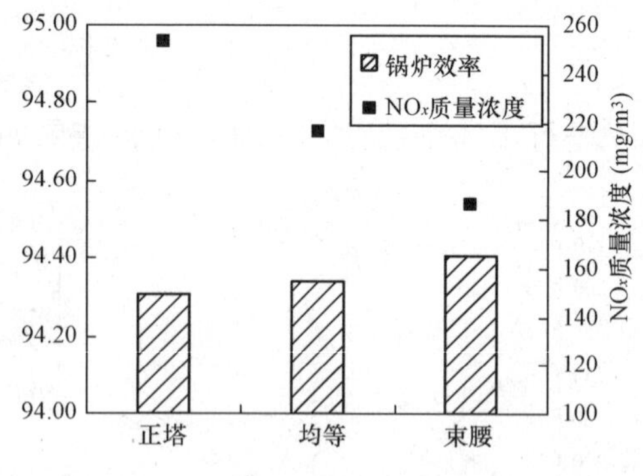

图24-19　二次风配风方式对锅炉效率和NO_x生成量的影响

试验结果表明，二次风配风方式对锅炉效率影响不大，但对NO_x生成量的影响较明显，束腰配风时NO_x生成量最低，均等次之，正塔最高（见图24-19）。这是因为在LNCFS燃烧系统大比例燃尽风（CCOFA和SOFA）设计理念下，辅助二次风和偏置二次风所占比例不大，总的燃尽风量，CCOFA和SOFA风量的分配以及总的过量空气系数才是决定燃烧效率的关键；改变二次风配风方式对整体风量分配的影响有限，因而锅炉效率变化不明显。而与1000MW级Ⅱ型布置双切圆燃烧锅炉相比，塔式切圆燃烧锅炉在受热面布置等方面存在优势，其主燃烧区高度更大，一般被分成两组或三组，确保燃烧喷嘴之间有足够的间距。主燃烧区风量分配的改变对该区域内分级燃烧效果影响较显著，因而，总的NO_x生成量变化也较大。同时，二次风配风方式对主再热蒸汽温度偏差也有影响，相对于正塔和束腰配风，均等配风方式下主再热蒸汽温度偏差较小。综合考虑，二次风配风方式采用均等配风即可。

（六）CCOFA 风量的影响

变 CCOFA 风量试验是在 1000MW 负荷下进行的，共进行了 3 个试验工况，省煤器出口氧量平均值均在 3.0%左右，磨煤机组合方式不变，二次风配风方式为均等配风，CCOFA 风门开度分别在 50%、70%和 100%。试验过程中，3 个工况 SOFA 风门开度基本维持不变，其中 6 层 SOFA 风门开度由下至上依次为 100%、100%、90%、80%、70%和 70%。试验结果如图 24-20 所示。

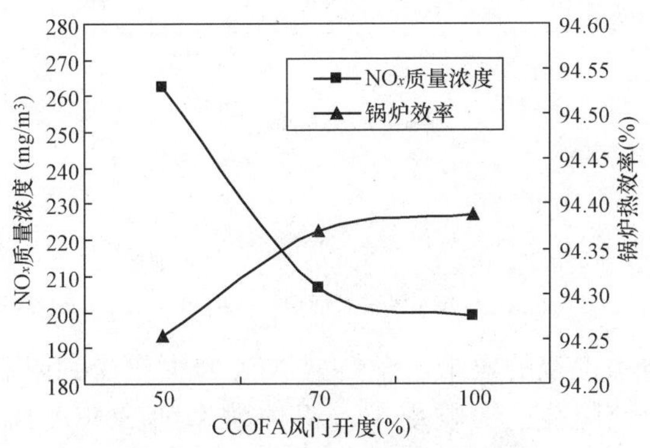

图 24-20　CCOFA 风门开度对锅炉热效率和 NO_x 质量浓度的影响

试验结果表明，随着 CCOFA 风门开度的增加，锅炉效率略有升高，但变化不大；NO_x 质量浓度则下降较为明显。其主要原因是在 LNCFS 燃烧系统中 CCOFA 位于主燃烧器区域，在总风量不变的条件下，当 CCOFA 风门开大时，主燃烧器区域内氧量增加，燃烧加强，锅炉效率提高，但由于煤质较好，煤粉燃尽率均较高，故 CCOFA 风量对锅炉效率的影响有限。同时，由于 CCOFA 位于主燃烧器区域的上部，CCOFA 风量增加后，主燃烧器区域下部风量相对减少，该区域内分级燃烧效果加强；虽然 CCOFA 风量的变化对 SOFA 风量也有一定的影响，即在总风量不变时，CCOFA 风量增加后 SOFA 风量会有所减少；但由于 CCOFA 风在总的二次风中所占比例较小且离 SOFA 风喷口较远，其对主燃烧器区域下部风量的影响要远大于对 SOFA 风量的影响。可以认为，CCOFA 风量增加后，仅加强了主燃烧器区域内的分级燃烧效果，而对 SOFA 风的分级燃烧效果几乎没有减弱影响，因此 NO_x 排放质量浓度下降。

（七）SOFA 风量的影响

变 SOFA 风量试验是在 CCOFA 风门全开状态下进行的，共进行了三个试验工况，负荷为 1000MW 左右，省煤器出口氧量平均值均在 3.0%左右，二次风配风方式均为均等配风，各层 SOFA 风门开度见表 24-7。从 SOFA 风门开度来看，T3 SOFA 风比例最大，T2 次之，T1 最小。试验结果如图 24-21 所示。

表 24-7　　各工况 SOFA 风门开度　　(%)

工况	Ⅰ	Ⅱ	Ⅲ	Ⅳ	Ⅴ	Ⅵ
T1	100	100	90	80	50	20
T2	100	100	90	80	70	70
T3	100	100	100	100	100	90

试验结果显示，随着 SOFA 风比例的增加，NO_x 排放质量浓度呈下降趋势，从 T_1 到 T_2，NO_x 质量浓度下降明显，但随着 SOFA 风比例的进一步增加，NO_x 质量浓度下降并不明显。NO_x 排放浓度随 SOFA 风比例的增加而下降主要是由于 SOFA 风处于 NO_x 还原区和燃尽区，当总风量不变时，SOFA 风量增加后，主燃烧区域风量相对减少，从而加强了炉内

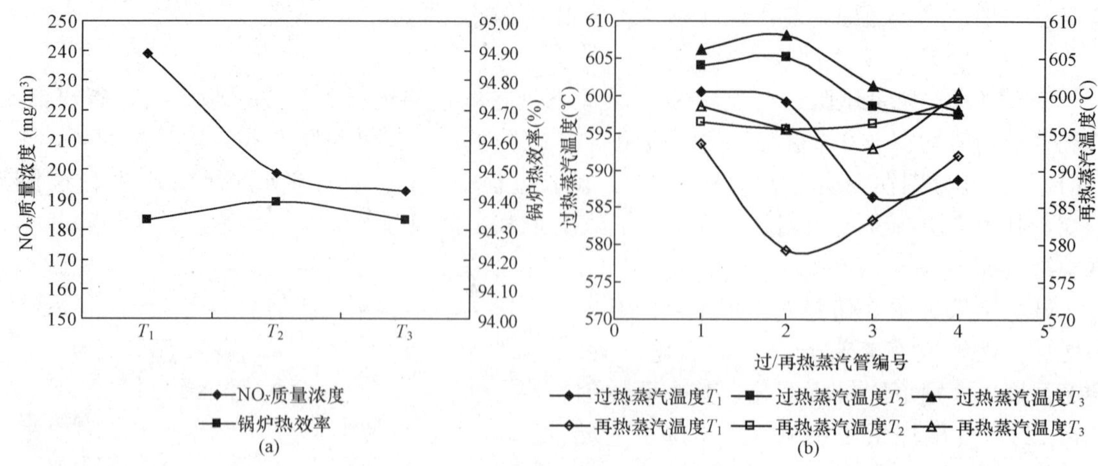

图 24-21 SOFA 风量的影响

(a) SOFA 风量对锅炉热效率和 NO_x 质量浓度的影响；(b) SOFA 风量对汽温和汽温偏差的影响

分级燃烧的效果，燃料型 NO_x 的生成受到限制，在 SOFA 风比例进一步增加后，其对炉内分级燃烧的影响变小。锅炉效率随 SOFA 风量的增加有先增后减的趋势，但变化不是很明显。

从蒸汽温度来看，随着 SOFA 风门开度的增加，过热蒸汽温度和再热蒸汽温度均稍有增加；SOFA 风量增加后炉膛内火焰中心的上移是主再蒸汽温度上升的主要原因。同时，随着 SOFA 风量的增加蒸汽温度偏差也有所减小。由于在受热面布置及炉膛高度上的优势，塔式锅炉相比于相同容量级别的 Π 型布置的双烟道锅炉，炉膛出口及各受热面的左右烟温偏差要小；并且在 LNCFS 燃烧系统中，顶部 6 层可水平摆动的 SOFA 风喷嘴反切一定角度安装，SOFA 风量增加后，减弱了气流在该区域的旋流强度。因此在保证 NO_x 排放浓度的前提下，适当的 SOFA 风比例对锅炉效率和汽温偏差均有积极作用。

（八）磨煤机组合方式的影响

不同的磨煤机组合方式由于其炉膛温度水平、煤粉颗粒在炉膛内的停留时间以及运行磨组到燃尽风的平均距离不同而影响锅炉燃烧及 NO_x 排放特性。通常，磨煤机组合方式试验不是作为燃烧调整的必要一部分，一般在锅炉存在汽温偏低、壁温超温、NO_x 排放浓度超标等问题的时候，才结合锅炉的具体情况进行试验研究，且不以提高锅炉热效率为主要目标。在 1000MW 负荷下进行了变磨煤机组合方式试验，省煤器出口氧量两侧平均值均在 3.0%左右，磨煤机组合方式分别为 ABCEF、BCDEF 和 ABCDE。试验结果如图 24-22 所示。

试验结果显示，三种磨组方式下锅炉热效率分别为 94.54%、94.47%和 94.57%，其中 BCDEF 上五台磨运行时，锅炉效率最低，ABCDE 下五台磨运行时，锅炉效率最高。三种磨组方式下，NO_x 排放浓度分别为 187mg/m³、261mg/m³ 和 216mg/m³；BCDEF 上五台磨运行时 NO_x 排放浓度最高，ABCDE 运行时次之，ABCEF 运行时最低。这是因为 BCDEF 磨运行时燃烧区域离 SOFA 的距离相对 ABCDE 磨运行时近，炉内分级燃烧效果弱化，从而导致 NO_x 生产量增加；而采用 ABCEF 磨运行时，主燃烧区域扩大导致该区域温度水平降低，从而减少了 NO_x 的生成。从磨组方式对飞灰含碳量的影响分析，BCDEF 上五台磨运行

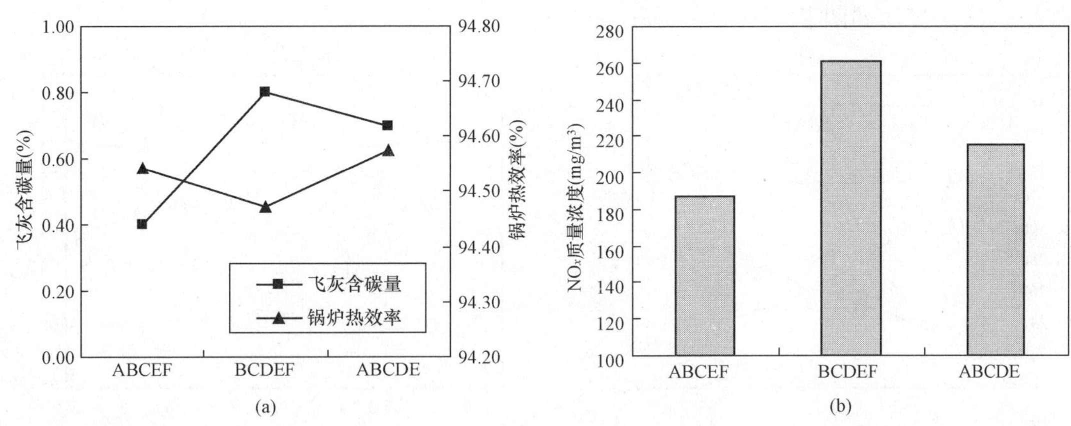

图 24-22　磨煤机组合方式的影响

(a) 磨煤机组合对锅炉热效率与飞灰含碳量的影响；(b) 磨煤机组合对 NO_x 排放质量浓度的影响

时，飞灰含碳量最大，其次是ABCDE，ABCEF五台磨运行时飞灰含碳量最小，煤粉颗粒在炉内的停留时间及燃烧区域的温度水平决定了其燃尽率。

四、Π型布置双炉膛反向双切圆燃烧系统锅炉燃烧调整技术

（一）低 NO_xPM主燃烧器＋MACT燃烧技术和反向双切圆燃烧方式系统布置

锅炉炉膛为长方形结构，燃烧器采用前后墙布置，共布置8只燃烧器，前墙布置4只燃烧器，后墙布置4只燃烧器，逆时针排列。8只燃烧器为反向双切圆摆动式燃烧器(图24-23)。

主燃烧器采用PM煤粉燃烧技术，煤粉经过PM煤粉分离器以后，分成了浓淡两相煤粉，这两相煤粉又分别进入浓煤粉燃烧器和淡煤粉燃烧器燃烧。为了控制 NO_x 排放量，主燃烧器上端又布置了OFA和AA，形成了先进的MACT（Mitsubishi Advanced Combustion Technology）燃烧技术。

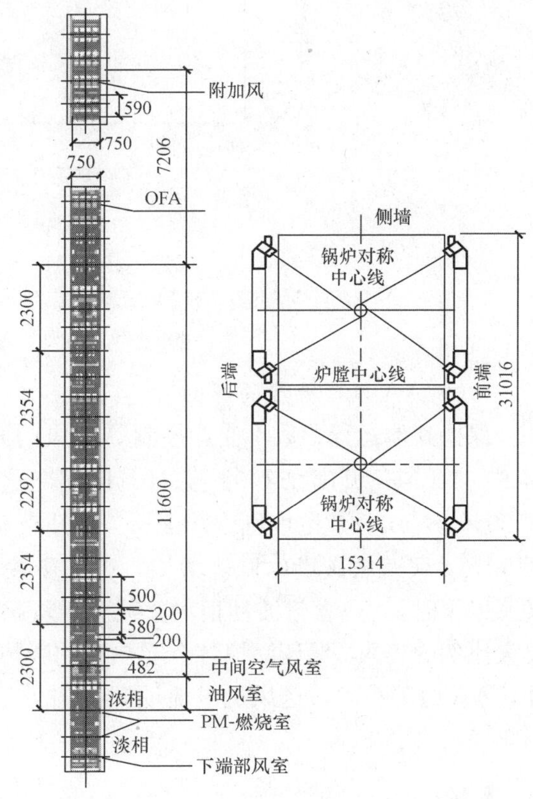

图 24-23　低 NO_xPM主燃烧器＋MACT燃烧技术和反向双切圆燃烧系统布置

（二）运行氧量标定标定

略，方法同塔式炉。

（三）运行氧量的影响

运行氧量调整方式同塔式布置四角切圆燃烧系统锅炉燃烧调整技术，不同的是各负荷对应的氧量略有差别。与塔式锅炉不同的是，由于Π型布置双炉膛反向双切圆燃烧系统锅炉不存在再热汽温偏低的问题，且在低氧燃烧时，锅炉效率较高、NO_x 排放浓度较低，发挥了低氧燃烧的效果，因此，其运行氧量可

以降得更低。具体如图 24-24(a)～(c)所示。

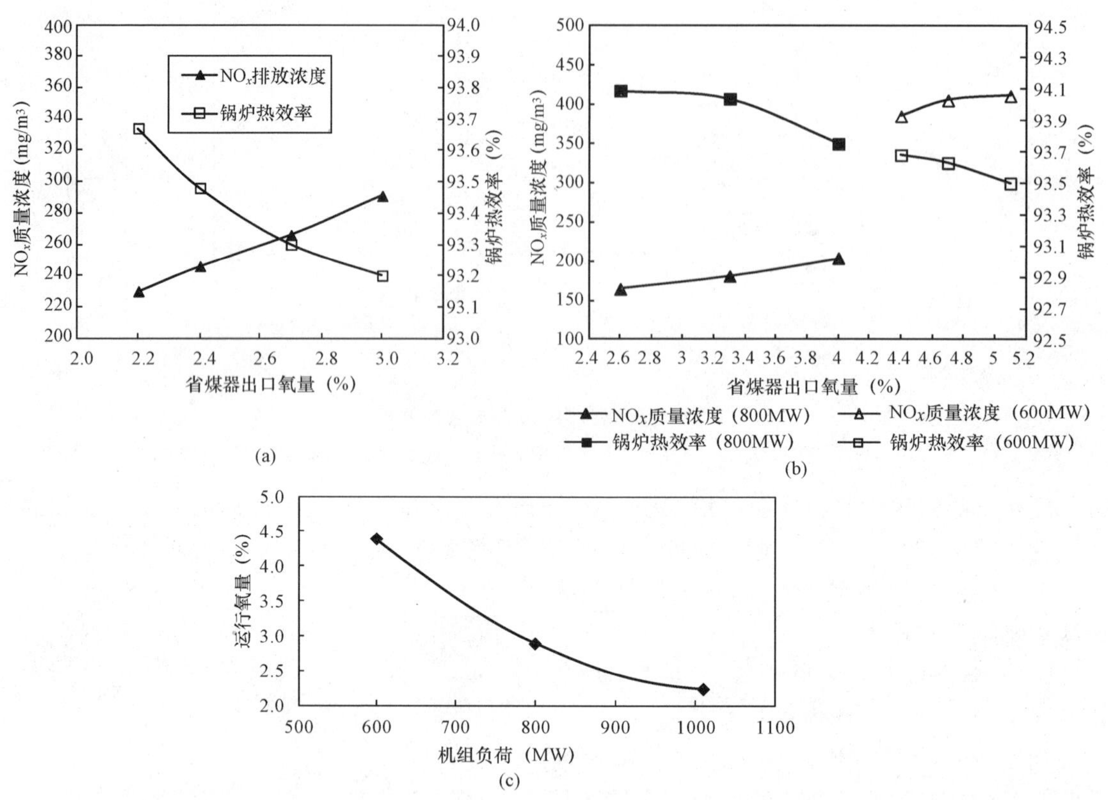

图 24-24　运行氧量的影响

(a) 氧量对锅炉热效率和 NO_x 质量浓度的影响 (1015MW)；(b) 800MW 和 600MW 负荷下氧量对锅炉热效率和 NO_x 质量浓度的影响；(c) 运行氧量控制曲线

(四) AA 风门开度的影响

保持其他运行参数不变，控制 AA 风门开度从 100%关到 50%和 20%，具体数据见表 24-8。AA 风门开度在 100%至 50%区间变化时，NO_x 排放浓度仅略有增加，继续关小风门至 20%，NO_x 排放浓度则由 182mg/m^3 升高至 258mg/m^3；随着 AA 风风门开度从 100%关至 50%，飞灰含碳量也显著增加，进一步关小风门则影响不大。同时，AA 风门开度关至 50%以下时，CO 含量波动很大，甚至严重超标，同时屏过壁温较高。因此，该燃烧系统需要大比例的 AA，保证锅炉各个受热面的吸热比例，同时保证燃烧效率及 NO_x 排放浓度。此外，AA 门关小后，送风机电流明显上升，这也说明过度关小 AA 会带来较为明显的负面影响。

表 24-8　　AA 风对锅炉性能的影响

项　目	单位	数值 1	数值 2	数值 3
AA 风门开度	%	100	50	20
飞灰含碳量	%	0.65	1.31	1.13
NO_x 排放质量浓度	mg/m^3	182.3	183.1	257.6

续表

项 目	单位	数值 1	数值 2	数值 3
空气预热器入口 CO 体积浓度	μL/L	22.1	46.0	77.6
A/B 送风机	A	67.5/67.3	67.9/68.1	70.0/70.2
干烟气热损失百分率	%	5.08	5.16	5.11
灰渣中可燃物的热损失百分率	%	0.13	0.22	0.19
生成一氧化碳引起的热损失百分率	%	0.01	0.01	0.05
锅炉热效率	%	93.83	93.67	93.75

AA 对 NO_x 排放浓度的影响可由下面的分析来解释。由于该锅炉采用的 MACT 燃烧系统的主燃烧器（包括 OFA）过量空气系数约为 1，因此，当小幅度关小 AA 时，并没有显著改变炉内空气分级燃烧的特征，而只有在大幅度关小 AA 的条件下，才能显著改变主燃烧区域的气氛为氧化性气氛，炉内分级燃烧的减弱直接导致 NO_x 排放浓度的大幅度上升。

（五）OFA 风门开度的影响

保持其他运行参数不变，控制 OFA 风门开度从 100%关到 60%和 40%，具体数据如图 24-25 所示。试验结果显示，随着 OFA 风门开度的增大，NO_x 排放浓度呈降低趋势，但变化幅度不大，飞灰含碳量有所减小，OFA 风全开时，飞灰含碳量降到最低。其主要原因是采用 MACT 燃烧系统的主燃烧器区域包含了燃尽风 OFA，当 OFA 开大时，主燃烧器区域的燃烧加强，故飞灰含碳量下降；另一方面，虽然 OFA 处于主燃烧器区域，但由于其位于主燃烧器区的上部，故也在主燃烧器区域内部形成了分级燃烧，因此 OFA 风门开大，NO_x 排放浓度下降，同样也是由于 OFA 位于主燃烧器区域且面积不大的原因，NO_x 排放浓度下降幅度并不大。因此，满负荷运行时，OFA 风宜全开。

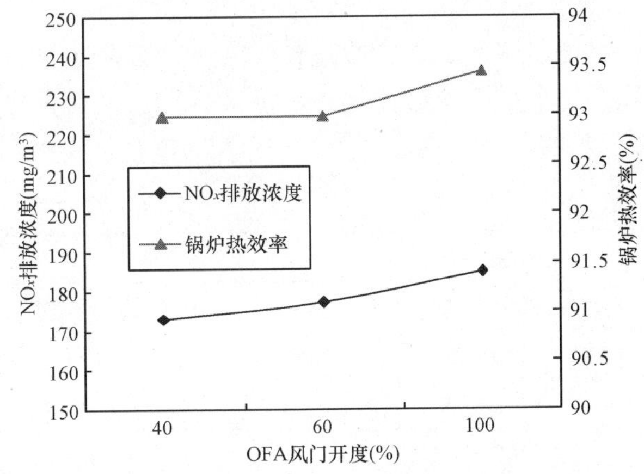

图 24-25 OFA 对锅炉性能的影响

（六）二次风配风方式变化的影响

燃烧器区域辅助风配风方式对锅炉性能的影响见表 24-9。试验时辅助风配风方式分别采用了正塔型（各层辅助风风门开度从上至下为由小到大）、缩腰型（中间辅助风风门开度最小）、倒塔型（各层辅助风风门开度从上至下为由大到小）及系统自动设置的配风方式。

表 24-9 二次风配风方式对锅炉性能的影响

项 目	单位	数值 1	数值 2	数值 3	数值 4
二次风配风方式	—	正塔	束腰	倒塔	自动
飞灰含碳量	%	0.80	0.97	0.76	0.75
NO_x 排放质量浓度	mg/m^3	179	176	191	180
空预器入口 CO 体积浓度	μL/L	100	81	154	53

续表

项　　目	单位	数值 1	数值 2	数值 3	数值 4
干烟气热损失百分率	%	5.27	5.29	5.31	5.24
灰渣中可燃物的热损失百分率	%	0.15	0.19	0.17	0.14
生成一氧化碳引起的热损失百分率	%	0.03	0.03	0.04	0.02
锅炉热效率	%	93.62	93.55	93.56	93.66

试验结果表明：二次风配风方式的改变对锅炉 NO_x 排放浓度影响不大，且对飞灰含碳量和锅炉效率的影响也较微弱。这主要是因为 MACT 系统中一、二次风风量提供的过量空气系数为 0.8～0.9，燃烧器区域形成了强烈的还原性气氛，属还原态燃烧方式，即使加上紧凑型 OFA，过量空气系数也仅为 1.0，这有效抑制了主燃烧区域 NO_x 的生成。二次风配风方式的改变，只是改变了主燃烧区域局部的氧浓度和燃烧，对主燃烧区域气氛和整体燃烧温度水平的影响很小，因此不会显著影响 NO_x 的生成、排放浓度及燃烧效率。

因此，可以得出这样的结论，即风门按照自动控制系统给出的设定值进行调节是合适的。

（七）燃烧器摆角的影响

燃烧器摆角一般是为调节再热汽温而设计的。进行燃烧器喷口摆动影响试验时，AA 风燃烧器的水平摆动未做调整，而对一、二次风喷口进行了向上 10°、水平、向下 10°、AA 风向下 15°的调整，具体见表 24-10。

表 24-10　　二次风配风方式对锅炉性能的影响

项　　目	单位	数值 1	数值 2	数值 3	数值 4
AA 风摆角	°	水平	水平	水平	向下 15
一、二次风燃烧器摆角	°	向下 10	水平	向上 10	水平
飞灰含碳量	%	1.37	1.20	0.65	0.91
NO_x排放质量浓度	mg/m^3	173	197	213	208
空预器入口 CO 体积浓度	μL/L	68	352	90	24
干烟气热损失百分率	%	5.02	5.05	5.06	5.10
灰渣中可燃物的热损失百分率	%	0.17	0.14	0.08	0.11
生成一氧化碳引起的热损失百分率	%	0.02	0.04	0.03	0.01
锅炉热效率	%	93.87	93.87	93.91	93.84

从以上数据可以看出，随着燃烧器向上摆动，排烟热损失变大，灰渣可燃物热损失变小，总体上，燃烧器摆角向上摆动时锅炉效率高于向下摆动，同时氮氧化物排放浓度高于向下摆动。当 AA 风嘴向下摆动时，排烟热损失会变大，灰渣可燃物热损失则变小，总的锅炉热效率变差，氮氧化物浓度偏高。

因此，在运行中，建议 AA 风嘴水平，燃烧器火嘴如需要摆动，则向上摆动。

（八）磨煤机组合方式的影响

在 1000MW 负荷中，研究了 ABCEF、ABCDE、BCDEF、ABDEF、ABCDF 五种磨煤机组合方式的影响，具体如图 24-26 所示。

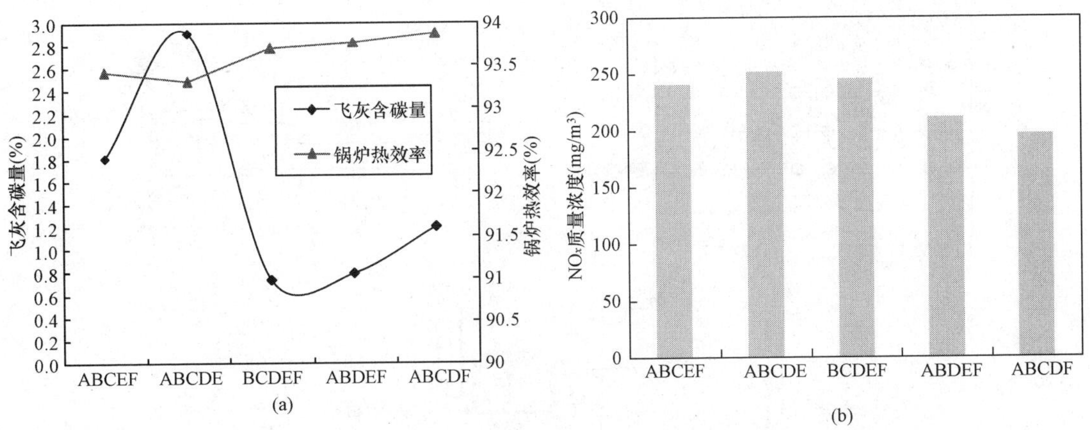

图 24-26　磨煤机组合方式的影响

(a) 磨煤机组合对锅炉效率与飞灰含碳量的影响；(b) 磨煤机组合对 NO_x排放质量浓度的影响

当下五台磨ABCDE运行时，灰渣可燃物热损失偏高，锅炉热效率较低，氮氧化物排放浓度较高；上五台磨BCDEF运行时，灰渣可燃物热损失有所下降，锅炉效率升高，氮氧化物排放浓度降低；停运E磨时，锅炉热效率最高，氮氧化物排放浓度最低。其原因主要是BCDEF磨组合时，一方面燃烧器火焰集中，可能导致燃烧区域温度的升高有利于 NO_x的生成；另一方面，上五层燃烧器运行时，燃烧区域离AA风区域相对较近，导致还原区短而生成较多的 NO_x；而采用ABDEF磨组运行时，主燃烧区域扩大，势必导致该区域平均温度的降低，且较大的低过量空气区域减少了 NO_x的生成。

若条件允许，在运行中，宜多运行ABCDF磨组合。

（九）负荷的影响

针对负荷变化对炉内燃烧及 NO_x排放的影响，进行了4个负荷的试验，试验结果如图24-27所示。

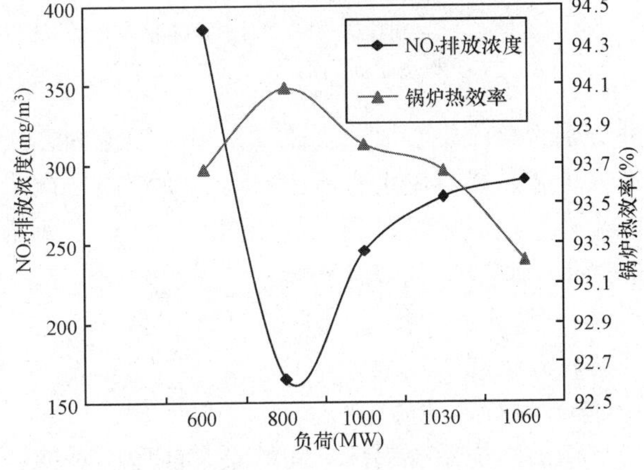

图 24-27　负荷对锅炉热效率和 NO_x质量浓度的影响

试验结果表明，机组负荷从1000MW降低到600MW时，NO_x质量浓度呈现出先降后升的趋势，负荷降到800MW左右时，NO_x质量浓度最低。此外，随着机组负荷的降低，机组负荷在800MW左右时锅炉效率出现最大值，而满负荷和低负荷时的锅炉热效率均略低。其规律与塔式锅炉的运行特点也是相一致的。

五、Π型布置前后墙对冲旋流燃烧系统锅炉燃烧调整技术

（一）前后墙对冲式布置HT-NR$_3$低 NO_x旋流燃烧器结构

该型炉膛前、后墙各布置3层（每层8只）HT-NR$_3$低 NO_x旋流燃烧器和1层［每层2只侧燃尽风（Side Air Port，SAP）喷口和8只燃尽风（After Air Port，AAP）喷口］。燃烧器布置如图24-28（a）所示。

HT-NR$_3$低 NO_x旋流燃烧器结构如图24-28（b）所示，在径向采用分级燃烧技术，由内

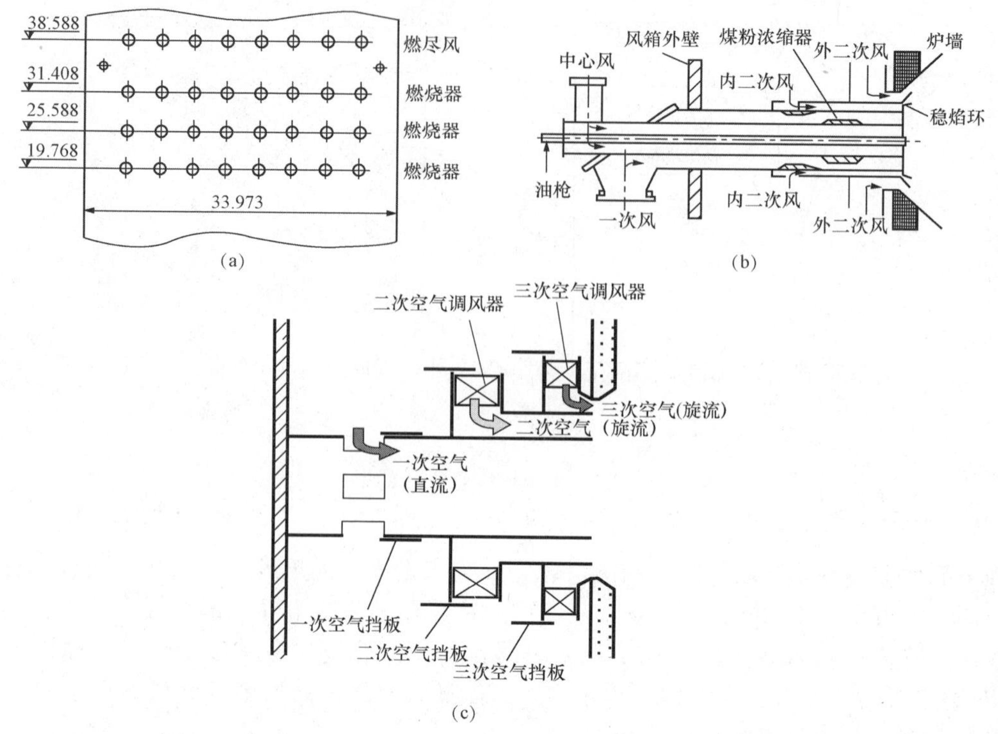

图 24-28　前后墙对冲式布置 HT-NR$_3$ 低 NO_x 旋流燃烧器

(a) 燃烧器布置图；(b) HT-NR$_3$旋流煤粉燃烧器结构简图；(c) 燃尽风调风器简图

到外分别为直流中心风，直流一次风，旋流内二次风和旋流外二次风，在燃烧的不同阶段分别送入炉膛。燃尽风由直流中心风、旋流内二次风和外二次风组成，侧燃尽风由直流中心风和旋流外二次风燃尽风调风器如图 24-28（c）所示组成。同一燃烧器或燃尽风喷口风量配比可通过手动调风器调节。

（二）运行氧量标定

略，方法同塔式炉。

（三）运行氧量的影响

与切圆燃烧系统锅炉不同的是，前后墙对冲旋流燃烧锅炉并不是氧量越低，锅炉效率就越高，氧量存在一最佳值，在这一点，锅炉热效率最高，1000MW 负荷时的最佳氧量为 3.0%。其主要原因就是当运行氧量从 2.5%升高到 3.0%时，未燃尽碳热损失减小的幅度大于干烟气热损失增加的幅度，而运行氧量从 3.0%升高到 3.5%时，未燃尽碳热损失减小的幅度小于干烟气热损失增加的幅度。NO_x 排放浓度随氧量的变化规律与前述几种炉型基本一致，即 NO_x 排放浓度随氧量的升高而升高、降低而降低。具体如图 24-29 所示。

（四）燃烧器内二次风量的影响

内二次风螺纹调节机构如图 24-30 所示。内二次风门调节拉杆穿过燃烧器面板伸到燃烧器外，拉杆尾部为螺纹杆，通过转动调节装置中相应的调节螺母便可调节风门的轴向位置。在调节装置中配有简易刻度板，当拉杆尾端面与刻度板上“200”基准对齐时，表示风门处于最小开度，通过的风量最小。当拉杆尾端面与刻度板上“500”基准对齐时，表示风门处于最大开度，通过的风量最多。

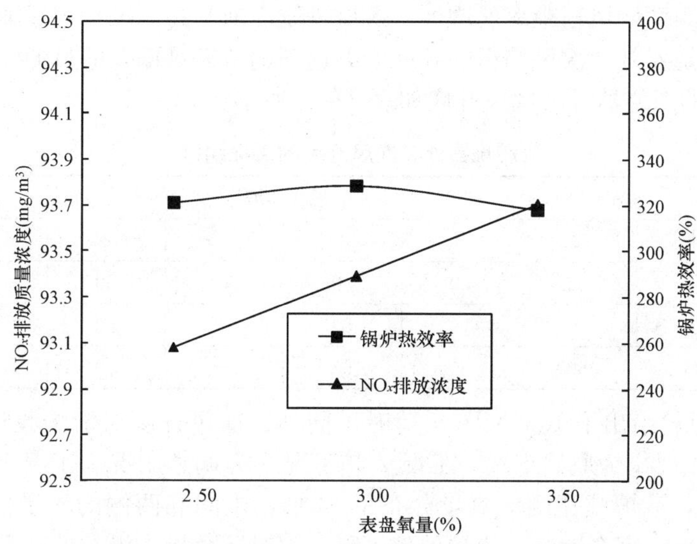

图 24-29　氧量对锅炉热效率和 NO_x 质量浓度的影响

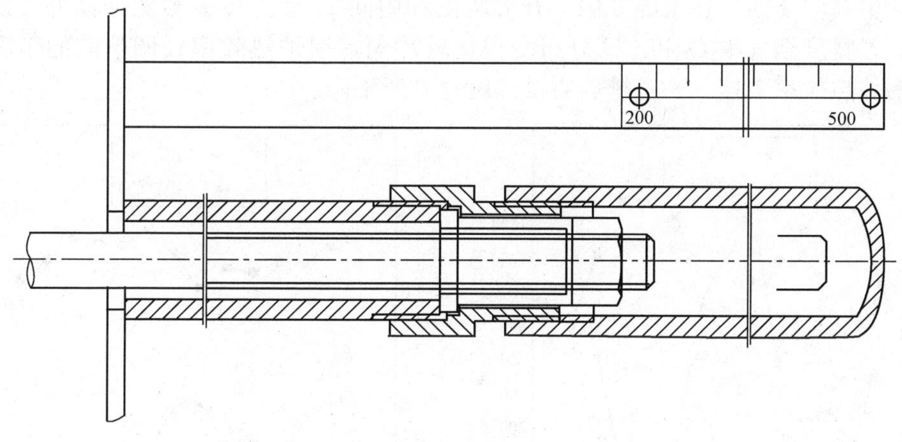

图 24-30　内二次风螺纹调节机构

从燃烧器的设计说明可以看出，内二次风量占总二次风量的份额虽然较低，但对锅炉性能影响较大，其对煤种特性发生变化时。内二次风量的大小应视煤种特性而定，当煤种挥发分较低、着火点较高时，可使内二次风开大甚至全开。当煤种挥发分较高、着火点较低时，可使内二次风关小甚至全关。

（五）燃烧器外二次风挡板开度的影响

进入煤粉燃烧器的外二次风量可通过燃烧器上切向布置的叶轮式风门挡板进行调节。外二次风门刻度变小时，外二次风量减小、外二次风旋流强度增加；外二次风门刻度变大时，反之。

燃烧器旋流外二次风的空气量占燃烧器区域总风量的 60%以上，由于炉膛较宽并采用大风箱两侧进风方式，外二次风开度一致的情况下，同一层 8 个燃烧器的进风量并不相同，这会导致沿炉膛宽度的氧量偏差。根据流体力学原理，对于从两侧风箱进风的旋流燃烧器，在保持同层各燃烧器风门开度相同的情况下，距离风箱最近的燃烧器入口处风压最低、风量最高，随着燃烧器距两侧风箱距离的增加，入口风压逐渐升高，风量则逐渐下降。按照这一原理，调节同层燃烧器外二次风挡板的开度可以达到调整氧量偏差的目的。

3 个试验工况的燃烧器外二次风开度如表 24-11 所示。

表 24-11　　　　变燃烧器外二次风开度的工况编排

工况号	燃烧器编号							
	1	2	3	4	5	6	7	8
1	50	50	50	50	50	50	50	50
2	75	50	50	50	50	50	50	75
3	75	50	50	60	60	50	50	75

图 24-31(a)～(c)给出了 1000MW 负荷时不同外二次风开度对沿炉膛宽度烟气中 O_2 和 CO 分布的影响。工况 1 为原始工况，工况 2 和工况 3 为调整工况。工况 1，即在风门挡板开度相同的情况下，沿炉膛宽度的氧量分布呈 M 形，中间和两侧的氧量偏小、对应的 CO 含量偏高，造成局部不完全燃烧，锅炉效率下降，同时还会增大沿炉膛宽度方向的烟温偏差和受热面管壁的超温风险。燃烧器局部缺氧产生的还原性气氛和管壁超温均会导致该区域两侧水冷壁产生高温腐蚀。在工况 3 中，开大两侧和中间 1、4、5、8 号燃烧器外二次风风门开度，沿炉膛宽度烟气中 O_2 和 CO 分布变得比较均匀，锅炉热效率较调整前的工况 1 提高 0.25%，锅炉热效率最佳，NO_x 排放质量浓度也有所下降。

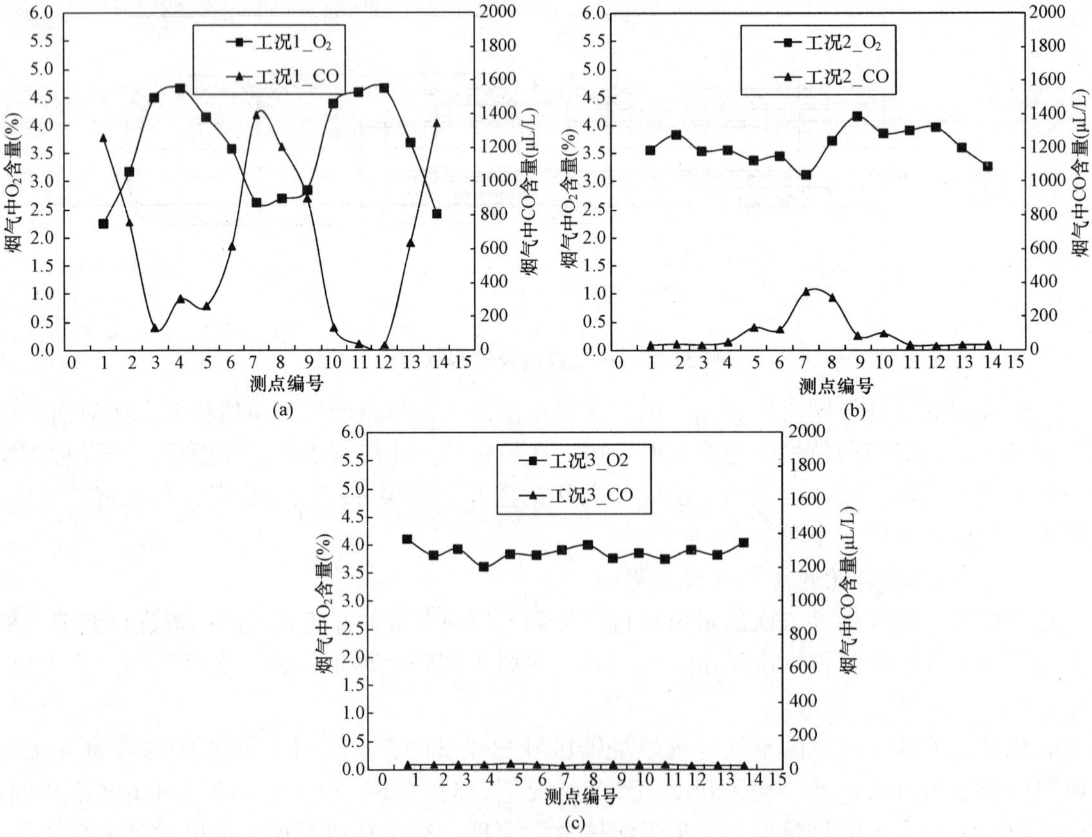

(a)

(b)

(c)

图 24-31　外二次风开度对沿炉膛宽度烟气成分的影响

（六）燃烧器中心风量的影响

燃烧器中心风为油枪供风，燃煤时其对燃烧的影响也很大。图 24-32 表明，随着燃烧器中心风流量的增加，炉渣含碳量逐渐下降，飞灰含碳量则现降后升。其主要原因是，中心风会改善煤粉初期燃烧的着火条件，延长煤焦粒子下落时间中心风量增加，飞灰、炉渣含碳量下降，但继续增加中心风量，一次风刚性也会相应增强，反而会使着火推迟，飞灰含碳量从而上升。此外，中心风量变化对 NO_x 排放浓度并无太大影响。因此，中心风风门开度不宜过大也不宜过小。

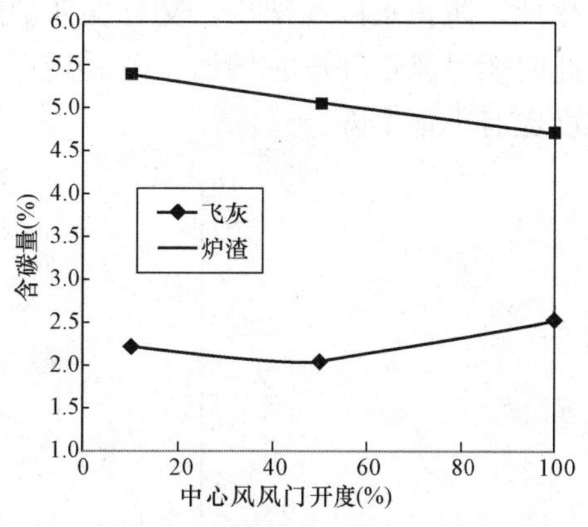

图 24-32　中心风对锅炉燃尽程度的影响

（七）燃尽风风率的影响

燃尽风层的风量配比直接影响燃烧器区域的风量分配和燃烧份额。在 1000MW 工况下，保持其他参数不变，改变燃尽风层大风箱入口挡板开度，调整燃尽风量，试验结果如图24-33所示。随燃尽风量增加，主燃烧器区域过量空气系数和燃烧份额降低，烟气温度降低，NO_x 排放浓度直线下降，飞灰含碳量也随之增大，增加趋势先缓后急，燃尽风量较小时，飞灰含碳量增加较慢，燃尽风量超过一定数值后，飞灰含碳量增加明显，锅炉热效率随飞灰含碳量的变化也出现了相应下降。此外，燃尽风率增加，也会达到降低屏式过热器壁温的效果。

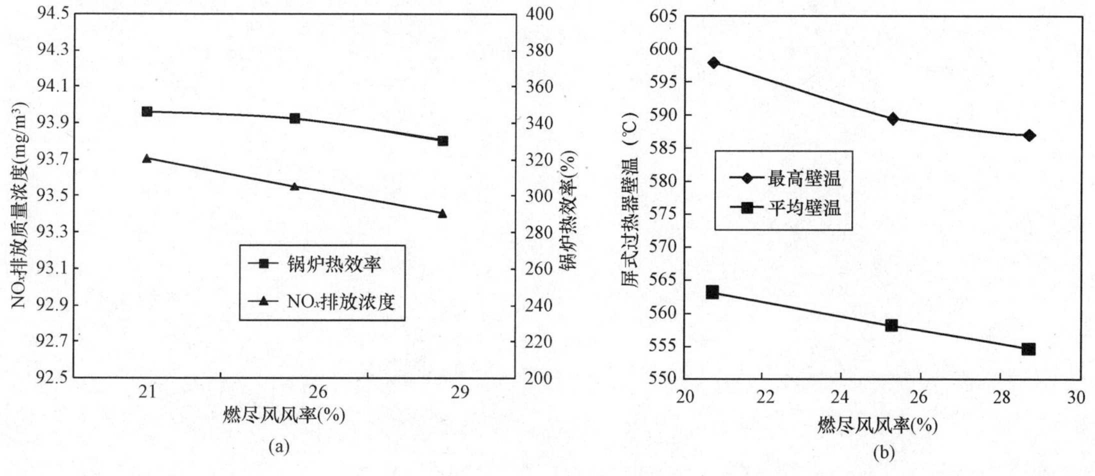

图 24-33　燃尽风率的影响

(a）燃尽风率对锅炉热效率和 NO_x 质量浓度的影响；(b）燃尽风率对屏式过热器壁温的影响

（八）燃尽风外二次风挡板开度的影响

提高燃尽风率可以降低 NO_x，但是飞灰含碳量会升高，为了降低飞灰含碳量，在保持其他参数条件不变的基础上，进行燃尽风外二次风挡板开、关试验，如图 24-34 所示。在燃尽风量基本不变的情况下，外二次风全关后，由于通流面积减小，通过中心风和旋流内二次风的流量增加，风速提高，增强直流中心风进入炉膛中心的穿透力和旋流内二次风在水冷壁附近的旋转强度，使燃尽风在炉膛宽度和深度方向同烟气充分混合，既可保证水冷壁区域呈氧化性，防止水冷壁结焦，又可保证炉膛中心不缺氧，有利于燃尽，使飞灰含碳量下降。虽然此时燃尽风量并没有增加，但其延滞了煤焦粒子在还原空间的停留时间，因此 NO_x 排放浓度也有小幅下降。

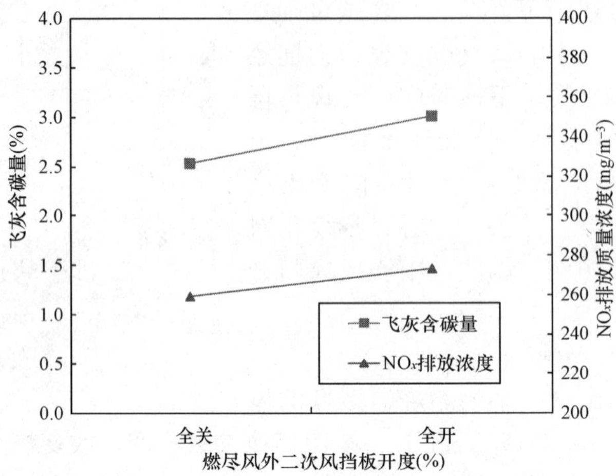

图 24-34　燃尽风外二次风挡板开度对锅炉性能的影响

参 考 文 献

[1] 岑可法．锅炉燃烧试验研究方法及测量技术．北京：中国电力出版社，1999.

[2] 岑可法．大型电站锅炉安全及优化运行技术．北京：中国电力出版社，2002.

[3] 朱全利．超超临界机组锅炉设备及系统．北京：化学工业出版社，2008.

[4] 樊泉桂．超超临界锅炉设计及运行．北京：中国电力出版社，2010.

[5] 赵志丹．超(超)临界机组启动运行与控制．北京：中国电力出版社，2011.

[6] 西安热工研究院．超临界、超超临界燃煤发电技术．北京：中国电力出版社，2008.

[7] 赵振宁，张清峰，赵振宙，等．电站锅炉性能试验原理方法及计算[M]. 北京：中国电力出版社，2010.

[8] 金维强．大型锅炉运行[M]. 北京：中国电力出版社，1998.

[9] 廖宏楷，王力．电站锅炉试验[M]. 北京：中国电力出版社，2007.

[10] 黄新元．电站锅炉运行与燃烧调整[M]. 北京：中国电力出版社，2003.

[11] 胡志宏，郝卫东，薛美盛，等．1000MW 超超临界燃煤锅炉燃烧与 NO_x 排放特性试验研究[J]. 机械工程学报，2010，46(4)：105-110.

[12] 高小涛．大型燃煤电站锅炉低 NO_x 燃烧及其排放特性的研究[D]. 南京：东南大学，2009.

[13] 高继录，邹天舒，冷杰，等．1000MW 超超临界锅炉燃烧调整的试验研究[J]. 动力工程学报，2012，32(10)：741-746.

[14] 胡志宏，杨兴森，王军，等．1000MW 超超临界锅炉燃烧优化调整[J]. 锅炉技术，2008，39(4)：42-46.

[15] 邹磊，梁绍华，岳峻峰，等．1000MW 超超临界塔式锅炉 NO_x 排放特性试验研究[J]. 动力工程学报，2014，34(3)：169-175.

[16] 河南省电力公司．火电工程调试技术手册锅炉卷[M]. 北京：中国电力出版社，2003.